电子与信息作战丛书

光学卫星信号处理与增强

Shen-En Qian　著

王建宇　译

科学出版社

北　京

图字:01-2015-0278

内 容 简 介

本书全面介绍了近年来发展起来的光学卫星信号处理和增强的方法与算法,内容覆盖星载光学传感器的基本知识、卫星数据生成方法、光学卫星图像品质评估指标、星上数据压缩和数据定标方法。为了更好地进行图像信息增强和开发应用,还介绍了降低数据的噪声、提高信噪比和增强空间分辨率等改善光学卫星图像数据质量的方法及使用这些数据的技术。

本书可以作为从事光学卫星信息获取、图像处理、数据分发和应用的专业科研人员的参考书,也可以作为学习光学卫星信号处理的基本原理和进展的本科生、研究生教材。

图书在版编目(CIP)数据

光学卫星信号处理与增强/(加)钱神恩(Shen-En Qian)著;王建宇译.
—北京:科学出版社,2017.6
(电子与信息作战丛书)
书名原文:Optical Satellite Signal Processing and Enhancement
ISBN 978-7-03-053495-8

Ⅰ. 光⋯ Ⅱ.①钱⋯ ②王⋯ Ⅲ. 卫星通信-光学信号处理
Ⅳ. TN927

中国版本图书馆 CIP 数据核字(2017)第 125783 号

责任编辑:魏英杰 / 责任校对:桂伟利
责任印制:张 伟 / 封面设计:陈 敬

科 学 出 版 社 出版
北京东黄城根北街 16 号
邮政编码:100717
http://www.sciencep.com

北京建宏印刷有限公司 印刷
科学出版社发行 各地新华书店经销
*
2017 年 6 月第 一 版 开本:720×1000 B5
2018 年 1 月第二次印刷 印张:27 1/4
字数:521 000
定价:198.00 元
(如有印装质量问题,我社负责调换)

"电子与信息作战"丛书序

21世纪是信息科学技术发生深刻变革的时代,电子与信息技术的迅猛发展和广泛应用,推动了武器装备的发展和作战方式的演变,促进了军事理论的创新和编制体制的变革,引发了新的军事革命。电子与信息化作战最终将取代机械化作战,成为未来战争的基本形态。

火力、机动、信息是构成现代军队作战能力的核心要素,而信息能力已成为衡量作战能力高低的首要标志。信息能力,表现在信息的获取、处理、传输、利用和对抗等方面,通过信息优势的争夺和控制加以体现。信息优势,其实质是在获取敌方信息的同时阻止或迟滞敌方获取已方的情报,处于一种动态对抗的过程中,已成为争夺制空权、制海权、陆地控制权的前提,直接影响整个战争的进程和结局。信息优势的建立需要大量地运用具有电子与信息技术、新能源技术、新材料技术、航天航空技术、海洋技术等当代高新技术的新一代武器装备。

如何进一步推动我国电子与信息化作战的研究与发展?如何将电子与信息技术发展的新理论、新方法与新成果转化为新一代武器装备发展的新动力?如何抓住军事变革深刻发展变化的机遇,提升我国自主创新和可持续发展的能力?这些问题的解答都离不开我国国防科技工作者和工程技术人员的上下求索和艰辛付出。

"电子与信息作战"丛书是由设立于沈阳飞机设计研究所的隐身技术航空科技重点实验室与科学出版社在广泛征求专家意见的基础上,经过长期考察、反复论证之后组织出版的。这套丛书旨在传播和推广未来电子与信息作战技术重点发展领域,介绍国内外优秀的科研成果、学术著作,涉及信息感知与处理、先进探测技术、电子战与频谱战、目标特征减缩、RCS测试与评估等多个方面。丛书力争起点高、内容新、导向性强,具有一定的原创性。

希望这套丛书的出版,能为我国国防科学技术的发展、创新和突破带来一些启迪和帮助。同时,欢迎广大读者提出好的建议,以促进和完善丛书的出版工作。

中国工程院院士

译 者 序

随着空间技术长足的发展,光学卫星对地球信息获取的能力也不断提高,光学遥感图像数据的空间分辨率、光谱分辨率、辐射分辨率和时间分辨率均得到很大的改善。然而,当数据传回地面后,科学家希望能够开发出更有效的定量化应用产品,并不断对图像数据的质量提出更高的要求。不重新设计和研制昂贵的载荷硬件,而是采用低成本的信号处理软件的方法,同样可以降低图像数据的噪声,提高信噪比,改善图像数据的空间和光谱分辨率,并改善图像数据的其他性能。本书介绍了用于提高光学卫星图像数据质量的信息处理新方法和新技术。

本书全面论述了光学卫星信息流的生成、传输、定标、增强和反演的过程,是基于作者30余年研究经验和第一手资料写成的,同时还汇集了国际上该领域优秀科学家大量的最新研究成果,内容具有前瞻性、系统性、严谨性和权威性,充分体现了作者在该研究领域渊博的知识和独特的见解。本书的翻译过程,也是对光学卫星的信号处理和增强这一专业领域一次系统的学习,自感收益匪浅。本书可以作为该领域的专业工作者和相关研究人员十分有价值的参考书,也可以作为对愿意学习光学卫星信号处理的基本原理和进展的读者的一种导读。

多位同事和研究生参加了本书的翻译,其中王跃明、何志平、李春来和谢锋四位同事为本书的翻译付出了大量的精力。特别要提及的是,本书的作者钱神恩先生对翻译稿进行了逐字逐句的修改,使得译稿在专业上的表达更加准确,内容上更能反映原著的特色。对此一并表示我衷心的感谢。

王建宇

2016 年 7 月

前　　言

在过去的二十年里,我作为加拿大太空总署的资深科学家和技术权威,通过与总署内和联邦政府其他部门的同事、我指导的博士后访问学者、实习学生和加拿大航天工业界的工程师们合作,领导和开展了先进航天技术的研究和开发。我们提出各种用于光学卫星信号处理的新颖方法和技术,并获得多项专利。我经常应大学教授(主要是在加拿大)的邀请给学生做讲座,作为一名曾经的教授,我总是喜欢与学生互动,并回答他们的各种问题。我被他们对获取知识和解决问题的渴望和激情深深感动。在现代社会,电子邮件是一个强大的沟通的工具:我经常收到来自世界各地学生的邮件,询问有关研究工作,希望我解答他们对我发表的论文的问题,并为他们的研究提供参考文献。

虽然我已经发表一百多篇论文,持有在光学卫星的信号处理和增强领域十项美国专利、三项欧洲专利和一些正在申请的专利,但之前我没有把这些成果整理成一本书。本书是基于我 30 余年在这方面的研究经验和第一手资料而写成的,在书中我试图对光学卫星信号处理和增强的内容进行全方位的介绍。本书可以作为对愿意学习光学卫星信号处理的基本原理和进展的读者的一种导读,也可以作为对从事卫星图像处理、数据分发、卫星通信系统操作部署的工作人员的一种指导。清晰而且准确的描述是本书的写作风格,这对高级研究人员、专业从业者及初学者都是适合的。本书各章节的结构布局采用了类似于期刊论文的方式,从简要介绍章节的主题开始,然后回顾以前的方法及其缺点,接下来介绍能改进性能的技术,最后报告评估其有效性的实验结果,并得出结论。

读者不需要从书的第一页开始完全按顺序阅读,但建议先阅读第 1～3 章,它们覆盖星载光学传感器的基本知识、卫星数据生成方法、评估卫星图像的如品质指标。第 4 章构成一个单独的部分,致力于星上数据压缩的专题。希望更加全面了解卫星数据压缩的内容,推荐读者阅读本书的姐妹篇著作《光学卫星数据压缩和实现》*Optical Satellite Data Compression and Implementation*。第 5～8 章构成本书另一部分,是关于星上压缩完成后数据通信和定标的后续流程,也就是数据从卫星传输到地面后,通过定标消除仪器的由各种人为因素引入的影响。第 9～14 章构成本书的第三部分,致力于图像增强和开发。当数据传回地面后,科学家希望能够开发出定量化应用产品。本书介绍了改善这些数据质量的方法和使用这些数据的技术。为了降低数据的噪声,提高信噪比、空间分辨率和其他数据的特征,本书采用了低花费的信号处理算法,而不是重新设计和研制昂贵的新载荷。

这里我要感谢很多人，他们为本书提供了许多有价值的材料。感谢在过去的20 年里我一直工作的加拿大太空总署，感谢我的同事 Allan Hollinger、Martin Bergeron、Michael Maszkiewicz、Davinder Manak 和 Ian Cunningham，他们参与了数据压缩项目；感谢我指导的博士后访问学者，包括 Guangyi Chen、Reza Rashidi-Far、Hisham Othman、Pirouz Zarrinkhat、Charles Serele 和 Riadh Ksantini，他们在卫星数据的噪声去除、空间分辨率提高、数据维数降低、光谱分离、目标检测和数据压缩方面做出了贡献；超过 40 名实习生在本书中留下了他们各自贡献的痕迹。感谢加拿大遥感中心的 Robert Neville（已退休）、Karl Staenz（现工作于莱斯布里奇大学）和 Lixin Sun，包括他们同意我引用他们在 Keystone 和 Smile 探测及其校正的工作，以及在加拿大高光谱卫星项目上的合作，感谢加拿大国防研究与发展中心的 Josée Lévesque 和 Jean-Pierre Ardouin 在目标探测和空间分辨率增强方面的合作。感谢太平洋林业中心的 David Goodenough；感谢约克大学的 John Miller 和 Baoxin Hu，他们为本书提供了实验数据，并在高光谱数据应用方面开展了积极的合作；感谢美国威斯康星大学麦迪逊分校的气象卫星合作研究所的 Bormin Huang 关于卫星数据压缩方面的探讨。我也要感谢 NASA 戈达德太空飞行中心的 Pen-shu Yeh、喷气推进实验室的 Aaron Kiely、法国国家空间研究中心的 Carole Thiebaut 和 Gilles Moury、欧洲空间局的 Raffaele Vitulli。我还想感谢三位匿名审稿者不知疲倦的工作和对本书的强烈认同，他们代表 SPIE 出版社对本书的每一章进行了谨慎而细致的审阅，他们详细的评论，使得本书得以改进，并最终完成。感谢 SPIE 出版社的 Tim Lamkins、Scott McNeill 和 Dara Burrows，是他们把我的手稿变成这本书。

最后，如果没有我的夫人 Nancy 和女儿 Cynthia 的帮助和支持，这本书也不可能完成。很多次，当我在工作之余准备、撰写和编辑这本书时，她们都会给我极大的鼓励和帮助。对于她们的耐心和爱，我发自内心地感谢。

钱神恩
加拿大太空总署资深科学家
蒙特利尔
2013 年 9 月

目　　录

第1章　星载光学传感器

1.1　序　　言

自从 1957 年苏联发射了世界上第一颗人造卫星"斯普特尼克 1"以来,人类已发射了数以千计的用于各种用途的卫星到地球和其他星球的轨道上。常见的军用和民用卫星类型包括地球观察卫星、通信卫星、导航卫星、气象卫星和科学卫星。

卫星从空间观测地球,向人类提供关于陆地环境、海洋、冰川和大气的重要信息。对地观测卫星对环境的监测和保护、资源管理,以及人类安全提供有效的帮助。卫星图像也常用来支持全球人道主义活动和可持续发展。

在全球知识经济时代的竞争中,拥有先进的通信卫星是最经济的联络和通信方式连接我们的社区,提供先进的服务,即使是世界上最偏远的地区。这些卫星能为搜索和救援、船舶和飞行器,以及地面交通工具提供地理位置信息,还能为全国各地的教育传播辅导信息。

导航卫星发射无线电时间信号,能让地面的移动接收者确定他们精确的位置。在卫星和地面接收者之间没有遮挡的情况下,卫星导航系统能实时测量的位置精度大约为几米。

气象卫星主要用于监视地球天气和气候。这些气象卫星也能监视火灾、污染、极光、沙尘暴、积雪、冰川覆盖、洋流边界、能量流和其他环境信息。气象卫星图片还能帮助监视火山灰。

科学卫星和空间飞行器研究地球与其他行星现象的物理现象及其影响,如地球磁场引发的北极光。这些卫星拓宽了我们对于天体和宇宙起源、形成、结构和进化的理解。

1.2　光学卫星传感器及其类型

按照所搭载的有效载荷的波长可以把卫星粗略分为光学卫星和微波卫星。光学载荷或光学传感器能探测的反射光的波长范围是紫外线到红外线(包括近红外、中红外和热红外)。微波传感器探测的波长比可见光和红外线的长,微波是波长从 1m～1mm 或频率从 300MHz～300GHz 的电磁波。微波传感器的探测能力不受白天、夜晚或天气的影响。雷达传感器和合成孔径雷达传感器是典型的微波传感器。

光学传感器和微波传感器有被动式和主动式两种探测方法。被动式传感器探测和测量的是被研究物体或周围区域自然发射或反射的电磁波。主动式传感器则是为了探测被研究物体或周围区域先发射能量,然后探测和测量物体反射的或背向散射的辐射量。雷达传感器是主动式传感器,测量能量发射和接受之间的延时,因此能得到物体的位置、高度、速度和方向。本书的核心是光学卫星信号处理与增强,雷达卫星不在本书的覆盖范围。

根据功能的不同,光学卫星传感器可粗略地分为全色传感器、多光谱传感器、高光谱传感器、傅里叶变换光谱传感器、激光探测和测距传感器(激光雷达)。

前四类是被动式传感器,激光雷达是主动式传感器。

1.3　全色传感器

全色传感器可获得被可见光全波段曝光的黑白图像。为减少蓝色波长散射的影响,往往采用蓝光衰减滤光片,这样一个卫星全色传感器通常能接收的可见光的范围的典型值是 $0.50\sim0.80\mu m$。在同一个卫星上,全色传感器产生更小的地面印迹(或更高的空间分辨率),其图像质量优于多光谱传感器产生的图像[1]。例如,快鸟(QuickBird)卫星产生的全色图像的分辨率是 $0.6m\times0.6m$,而多光谱图像的分辨率是 $2.4m\times2.4m$。

全色图像通常与多光谱的图像一起在同一个卫星上获取。某些特殊的应用需要高分辨率图像,全色图像较好的空间分辨率使其常用来锐化或增强较低分辨率的多光谱图像。图 1.1 是 Landsat ETM＋获取的位于内华达山脉东部 Panum Crater 小火山口图像[2]。可以看到,全色图像比多光谱图像清楚。全色图像可用来锐化 30m 空间分辨率的多光谱图像。

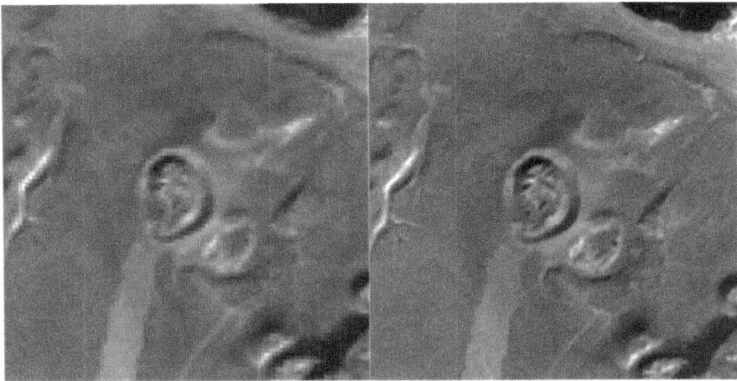

(a) 30m分辨率的多光谱图像　　　　　(b) 15m分辨率的全色图像

图 1.1　内华达山脉东部 Panum Crater 易喷发的火山口,
Landsat ETM＋获得(图像来源:USGS/UCSC)

　　全色传感器通常配有宽视场镜头，以获得宽刈幅（或穿轨方向的宽度）的图像。这使得传感器能拍摄大面积的图像，典型的图像刈幅宽度是40～50km。

　　全色传感器产生的图像也能单独应用于遥感，如地质学、生物学圈、工程测绘和制图。一个典型的例子是由日本宇航研究院（JAXA）研制的搭载于先进陆地观测卫星（ALOS）的全色立体绘图遥感仪（PRISM）[3]。PRISM 有三个在下视方向分辨率为 2.5m 的独立全色相机，获得的数据为遥感应用提供了高精度的数字表面模型（DSM）图像。每个全色传感器有自己的望远镜，包括 3 个反射镜和 1 个运行于推扫模式的线列 CCD 探测器阵列。3 个全色传感器沿着卫星飞行路径以下视、前视和后视的方式同时拍摄地球，用于生成立体图像（图 1.2）。下视相机望远镜拍摄的图像覆盖宽度是 70km，前视和后视望远镜各覆盖 35km。PRISM 不需要卫星的机械扫描或侧摆操作，其宽视场可提供 3 幅完全重叠、立体的 35km 宽的图像[4]。

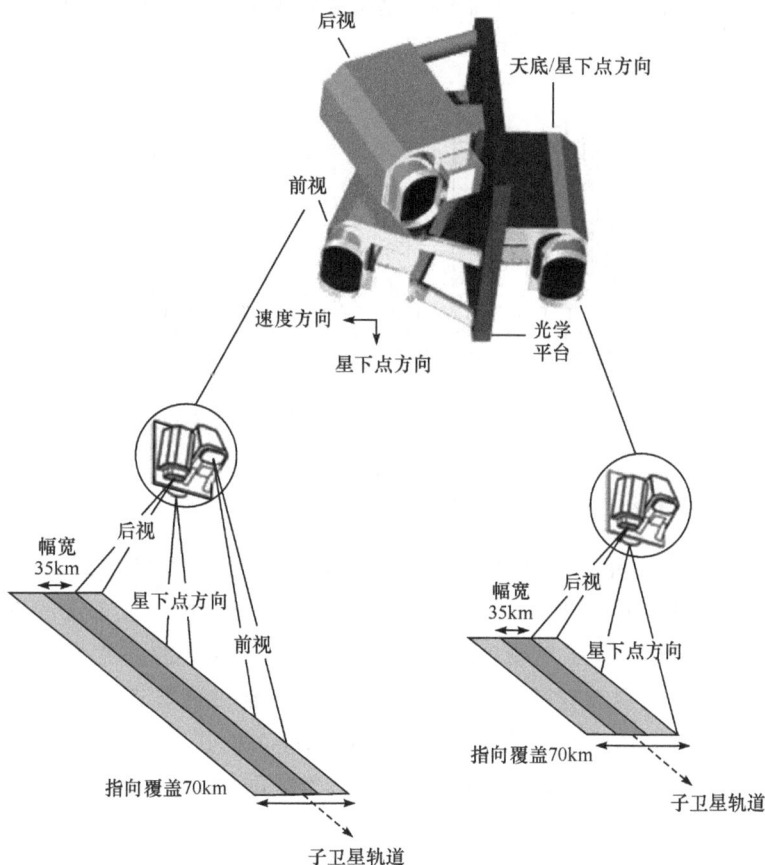

图 1.2　3 个全色传感器沿着卫星飞行路径以下视、前视和后视方式同时
对地成像，以获得数字表面模型（来源：JAXA）

1.4　多光谱传感器

与全色传感器只记录落在全色图像像素上的辐射总强度不同,多光谱传感器同时还可获得目标的特殊谱段或波长的多光谱图像。多光谱传感器获得的图像是遥感图像的主要类型和图像来源。一个多光谱传感器通常有 3 个或更多谱段的辐射计(Landsat 7 有 7 个)。每个辐射计在一个可见光波段获得一幅目标图像,波长 $0.4\sim0.7\mu m$(红色 $635\sim700nm$、绿色 $490\sim560nm$ 和蓝色 $450\sim490nm$(RGB))和 $0.8\sim10\mu m$ 或波长更长的红外波段(分为近红外(NIR)、中红外(MIR)和远红外(FIR 或热红外))。以 Landsat 7 为例,获得的图像包含 7 个波段的多光谱图像。谱段和宽度如图 1.3 所示。表 1.1 所列是星载多光谱传感器的卫星平台和详细技术指标。

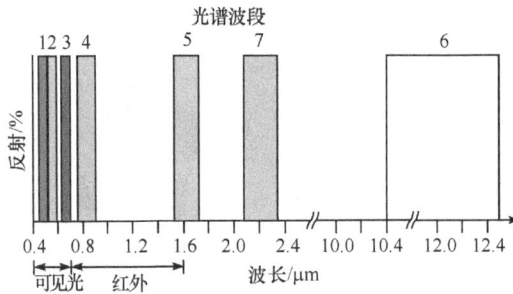

图 1.3　多光谱传感器的光谱波段和相应的光谱带宽(Landsat 7)

1.4.1　Landsat MSS、TM 和 ETM＋

Landsat 系列卫星和 SPOT 系列卫星是两个多光谱卫星系列。Landsat 系列卫星提供最长的连续卫星观测记录。Landsat 是监测全球变化的非常宝贵的资源,是中分辨率地球观测应用于决策的主要信息来源。为了满足大范围观测自然和人为景观改变的需求,Landsat 提供了唯一的季节性全球表面信息。第一颗 Landsat 卫星于 1972 年发射,随着技术能力的进步,各种星载传感器获得图像信息的数量和质量也不断提高。表 1.2 是每个 Landsat 陆地卫星的通用指标。

表 1.1

Sensor	Satellites	# of Bands	VNIR Bands						SWIR Bands				TIR Band			Panchromatic Band		
			Blue/μm	Green/μm	Red/μm	NIR/μm	Spatial Res. m	Swath Width/km	Spatial Res./m	Swath Width/km	SWTR 1/μm	SWTR 2/μm	Spatial Res./m	Swath Width/km	TIR/μm	Pan	Spatial Res. m	Swath Width/km
MSS	Landsat 1,2	4	—	0.50-0.60	0.60-0.70	0.70-0.80	30	185	—	185	0.80-1.10	—	—	—	—	—	—	—
MSS-B	Landsat3	5	—	0.50-0.60	0.60-0.70	0.70-0.80	80	185	—	185	0.80-1.10	—	238	185	10.4-12.6	—	—	—
TM	Landsat 4,5	7	0.45-0.52	0.52-0.60	0.63-0.69	0.76-0.90	30	185	30	185	1.50-1.75	2.08-2.35	120	185	10.4-12.5	—	—	—
ETM+	Landsat7	8	0.45-0.52	0.53-0.61	0.63-0.69	0.76-0.90	30	185	30	185	1.50-1.75	2.08-2.35	60	185	10.4-12.5	0.52-0.90	15	185
HRV	SPOT-1,2,3	4	—	0.50-0.59	0.61-0.68	0.79-0.89	20	60	—	60	—	—	—	—	—	0.51-0.73	10	60
HRVIR	SPOT-4	5	—	0.50-0.59	0.61-0.68	0.79-0.89	20	60	20	60	1.58-1.75	—	—	—	—	0.61-0.68	10	60
HRG	SPOT-5	4	—	0.50-0.59	0.61-0.68	0.79-0.89	10	60	20	60	1.58-1.75	—	—	—	—	0.51-0.73	5 or 2.5	60
HRG	SPOT-6,7	5	0.45-0.52	0.53-0.59	0.62-0.69	0.76-0.89	8	60	—	—	—	—	—	—	—	0.45-0.74	1.5	60
VHR	Plciades	5	0.43-0.52	0.49-0.61	0.60-0.72	0.75-0.95	2	20	—	—	—	—	—	—	—	0.48-0.83	0.5	20
AVNIR-1	ADEOS-1	5	0.42-0.50	0.52-0.60	0.61-0.69	0.76-0.89	16	80	—	—	—	—	—	—	—	0.52-0.69	8	80
AVNIR-2	ALOS	4	0.42-0.50	0.52-0.60	0.61-0.69	0.76-0.89	10	70	—	—	—	—	—	—	—	—	—	—

续表

Sensor	Satellites	# of Bands	VNIR Bands						SWIR Bands				TIR Band			Panchromatic Band		
			Blue/μm	Green/μm	Red/μm	NIR/μm	Spatial Res. m	Swath Width/km	SWTR1/μm	SWTR2/μm	Spatial Res./m	Swath Width/km	TIR/μm	Spatial Res. m	Swath Width/km	Pan	Spatial Res. m	Swath Width/km
CCD	CBES S-1,2,2B	5	0.42-0.52	0.52-0.59	0.63-0.69	0.77-0.89	20	113	—	—	—	—	—	—	—	0.51-0.73	20	113
IRMSS	CBER S-3,4	4	—	—	—	0.76-0.90	40	120	1.50-1.75	2.08-2.35	40	120	10.4-12.5	80	120	0.51-0.84	5	60
MX-T	IMS-I	4	0.45-0.52	0.52-0.59	0.62	0.77-0.86	37	151	—	—	—	—	—	—	—	—	—	—
LISS-I	IRS-1A,1B	4	0.45-0.52	0.52-0.59	0.62	0.77-0.86	72.5	148	—	—	—	—	—	—	—	—	—	—
LISS-II	IRS-1A,1B	4	0.45-0.52	0.52-0.59	0.62	0.77-0.86	30	74	—	—	—	—	—	—	—	—	—	—
LISS-IIIA	IRS-1C,1D,P2	4	—	0.52-0.59	0.62	0.77-0.86	23.5	141	1.55-1.70	—	70.5	148	—	—	—	—	—	—
LISS-IIIB	IRS-P6	4	—	0.52-0.59	0.62	0.77-0.86	23.5	141	1.55-1.70	—	23.5	141	—	—	—	—	—	—
AViFS	IRS-P6	4	—	0.52-0.59	0.62	0.77-0.86	56	740	1.55-1.70	—	56	740	—	—	—	—	—	—
MS	THEOS	4	0.45-0.52	0.53-0.60	0.62-0.69	0.77-0.90	15	90	—	—	—	—	—	—	—	—	—	—

表 1.2　每个 Landsat 卫星的通用信息

Satellite	Sensors	Launch Date	Decommission	Altitude /km	Inclination /deg	Period /min	Repeat Cycle Days	Crossing Time/am
Landsat 1	MSS,RBV	July23,1972	Jan. 6,1978	920	99.20	103.34	18	9:30
Landsat 2	MSS,RBV	Jan. 22,1975	Jan. 22,1981	920	99.20	103.34	18	9:30
Landsat 3	MSS,RBV	Mar. 5,1978	Mar. 31,1983	920	99.20	103.34	18	9:30
Landsat 4	MSS,TM	July 16,1982	June 15,2001	705	98.20	98.20	16	9:45
Landsat 5	MSS,TM	Mar. 1,1984	Operational	705	98.20	98.20	16	9:45
Landsat 6	ETM	Oct. 5,1993	Did not achieve orbit	N/A	N/A	N/A	N/A	N/A
Landsat 7	ETM+	Apr. 15,1999	Operational	705	98.20	98.20	16	10:10
EO-1	ALI	Nov. 21,2000	Operational	705	98.20	98.20	16	10:01

　　Landsat 系列卫星包括 Landsat 1、2、3、4、5 和 7,按照传感器和平台的特点可分为 3 组。

　　第一组包括 Landsat 1、2、3,它们以多光谱扫描(MSS)传感器和返束光导管摄像机(RBV)作为"NIMBUS-like"平台的有效载荷。Landsat 1 原名地球资源技术卫星 1,1972 年 7 月 23 日发射,1978 年 1 月 6 日退役。Landsat 1 和 2 上的 MSS 传感器有 4 个波段绿色(0.52~0.6μm)、红色(0.63~0.69μm)、近红外(0.76~0.90μm)和红外(0.80~1.10μm)获得地球的辐射图像。MSS 的运行方式如图 1.4 所示。MSS 传感器装备线性扫描部件,以垂直于轨道路径的方向观测地球。以摆镜交叉扫描的方式实现 185km 刈幅宽度的覆盖。每个波段有一个包含 6 个单元的线列探测阵列,因此每当镜子扫过时,每个波段的 6 条线同时扫描。空间分辨率是 80m×80m。卫星的向前飞行使得传感器能沿着轨道路径扫描。与 Landsat 1 和 2 相比,Landsat 3 增加了 1 个热红外波段,波长 10.4~12.6μm。

　　第二组包括 Landsat 4 和 5,每个卫星在多任务模块航天器搭载了主题绘图仪(TM)传感器,与 MSS 一样。第二代 Landsat 卫星的先进性在遥感方面是增加了更复杂的传感器,增强了数据获取和传输能力,设备更快速的自动数据处理能力。MSS 传感器仍然装备在第二代 Landsat,提供与早期 Landsat 数据应用的连续性,但很快 MSS 数据被 TM 数据代替并成为主要的数据源,这是因为 TM 数据增强的空间、光谱、辐射和几何方面的性能优于 MSS 传感器采集的数据。与 MSS 一样,TM 也是交叉扫描器,但它利用双向扫描镜子和一个包含更多单元的线列探测阵列。

　　如图 1.5 所示,当航天器沿着南北方向飞行时,双向扫描反射镜从东向西和从西向东以垂直于航天器路径的方向扫描探测器的视线。TM 传感器的 6 个反射波

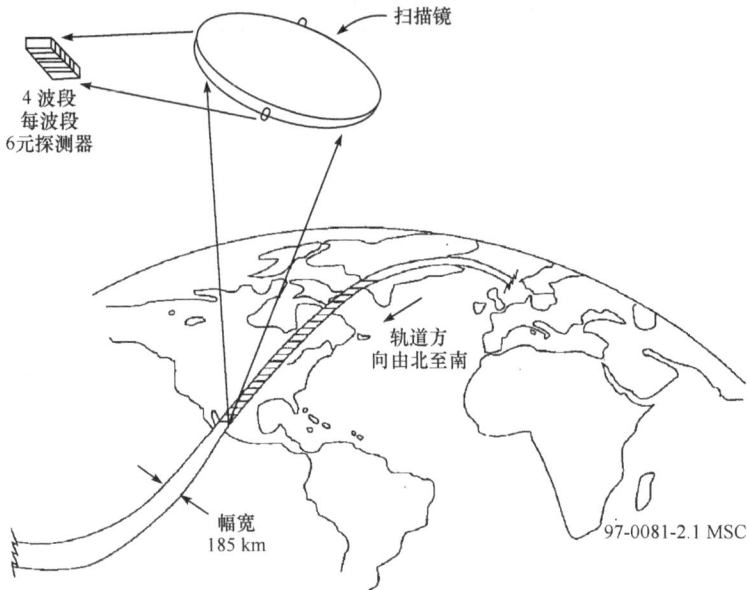

图 1.4　Landsat 1 MSS 扫描路径(授权于美国摄影测量与遥感协会,
马里兰州,贝塞斯达,www. asprs. org)[43]

段有 30m 的空间分辨率,在热波段有 120m 的空间分辨率。由于没有星载记录器,因此获得的信息只限于实时的向地面传输。

第三组包括 Landsat 6 和 7,包含增强型主题绘图仪(ETM)传感器和增强型主绘图(ETM+)传感器。Landsat 6 发射失败。Landsat 7 是最近的 Landsat 系列,于 1999 年发射。第三组的任何一个卫星都不再搭载 MSS 传感器。ETM+传感器是固体扫描的"推帚式"多光谱传感器,能提供地球表面高分辨率的图像信息。它的 6 个反射波段的空间分辨率是 30m,热波段的空间分辨率是 60m,全色波段的空间分辨率是 15m。当卫星轨道高度是 705km 时,它以 185km 的刈幅宽,滤光片的方式探测被太阳照亮的地球,探测的光谱辐射范围包括可见光、NIR、短波红外(SWIR)、长波红外(LWIR)和全色波段。

Landsat 7 主要的新特点是全色波段和热红外波段比 TM 的空间分辨率提高了 4 倍。Landsat 7 有 378Gb 的固体存储器能同时存储 42min(大约 100 个场景)的传感器数据和 29 小时的内务处理遥测数据。细节信息如表 1.1 所示。

Earth Observer-1(EO-1)卫星搭载的先进陆地成像仪(ALI)是一个作为技术验证的多光谱相机,是 Landsat 卫星数据连续任务(LDCM)的原型。ALI 在 10 个光谱波段观测地球,9 个光谱波段有 30m 的空间分辨率,1 个全色波段有 10m 的空间分辨率。

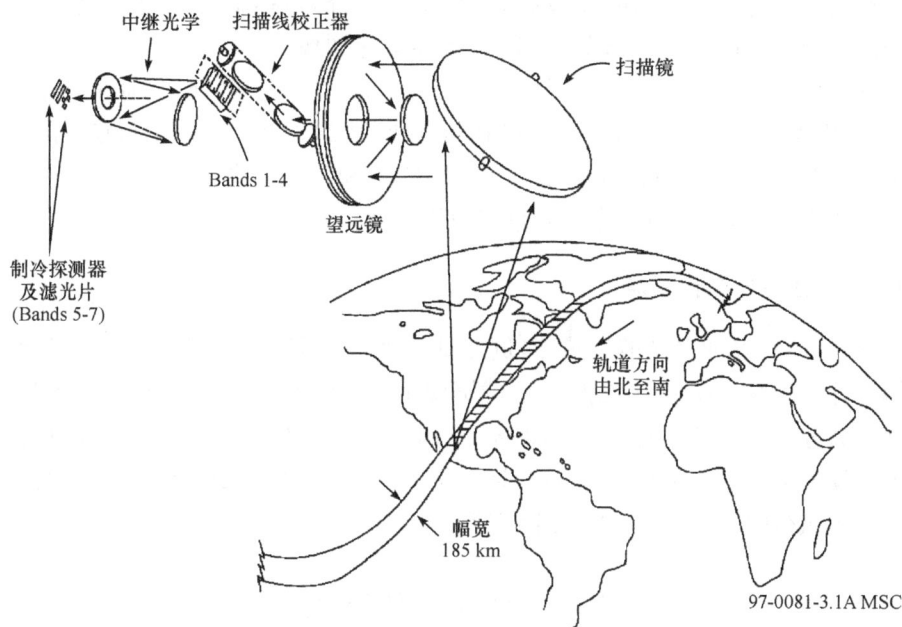

图 1.5　主绘图扫描路径(授权于美国摄影测量与遥感协会，
马里兰州，贝塞斯达，www.asprs.org)[43]

1.4.2　SPOT 卫星的 HRV、HRVIR 和 HRG

　　SPOT 系列卫星搭载多光谱传感器。SPOT 计划由 CNES 在 1970 年发起，与比利时和瑞典的合作伙伴合作研发。计划的目标是探索地球资源、探测和预报气候和海洋现象、监测人类活动和自然现象以增加对地球的了解和管理。共发射了6 颗 SPOT 卫星(SPOT 1~SPOT 6)。表 1.1 是星载多光谱传感器的技术信息。

　　SPOT 1,2 和 3 搭载了高分辨率可见光(HRV)传感器，有 3 个波段包括绿色($0.50\sim0.59\mu m$)、红色($0.61\sim0.68\mu m$)和近红外($0.79\sim0.89\mu m$)，有 20m 的空间分辨率和全色图像 10m 的分辨率，扫描宽度是 60km。SPOT 1 于 1986 年 2 月22 日发射，1990 年 12 月 31 日退役。SPOT 2 于 1990 年 1 月 22 日发射，2009 年 7月降轨。SPOT 3 于 1993 年 9 月发射，1997 年 11 月 14 日停止运行。

　　SPOT 4 于 1998 年 3 月 24 日发射，搭载了高分辨率可见光和红外(HRVIR)传感器。与 SPOT 1~3 的 HRV 相比，HRVIR 增加了 SWIR 波段($1.58\sim1.75\mu m$)达 20m 的空间分辨率。SPOT 4 的扫描刈幅宽度是 60km。

　　SPOT 5 于 2002 年 5 月 4 日发射，有两个高分辨率几何成像仪(HRG)传感器，HRG 是由 SPOT 4 的 HRVIR 衍生而来的。在绿色、红色和近红外波段提供

10m 空间分辨率,在 SWIR 波段提供 20m 空间分辨率,高分辨率立体成像仪(HRS)能提供高达 2.5~5m 的空间分辨率的全色图像。

SPOT 6(2012 年 9 月发射)和 SPOT 7(2014 年 6 月发射)形成地球成像卫星群,设计用来提供连续、高分辨率、宽扫描的数据到 2023 年。每颗卫星搭载的多光谱传感器有 4 个 8m 空间分辨率的波段(R/G/B 和 NIR),搭载 1.5m 分辨率的全色图像传感器和 1.5m 分辨率的彩色图像传感器。

1.4.3　其他多光谱传感器

此外,还有多种多光谱传感器,例如日本 ALOS 搭载的增强型可见光和近红外辐射计(AVNIR);中国-巴西的地球资源卫星 CBERS-1、CBERS-2、CBERS-2B 搭载的高分辨率 CCD 相机;CBERS-3、CBERS-4 卫星搭载的红外多光谱扫描仪。印度研发的第三世界微型卫星-1(IMS-1)搭载的多光谱相机(Mx-T)是印度空间研究组织执行的成像任务的低成本微型卫星。

1.5　高光谱传感器

1.5.1　什么是高光谱传感器

高光谱传感器是一种能成像的光谱仪,可以同时收集数百个波段的图像信息,覆盖近紫外到短波红外波段。图像数据能直接对感知的材料进行识别。它在遥感中得到广泛的应用,包括地质、海洋、石油、植被、大气、雪/冰川等。图 1.6 是高光谱传感器[6](又称作成像光谱仪)的概念图,可以获得具有地物固有特征的许多连续、窄波段的图像,获得的数据是三维的,由二维空间和一维光谱图像构成。每个地面样品单元在场景中对电磁波谱有独有的特征(也称"指纹")。这些"指纹"是样品的光谱特征,能用来鉴别物质。例如,金子的光谱特征能帮助矿物学家找到新的金矿[7]。

高光谱传感器比多光谱传感器先进在于可以完整的得到地面样品的光谱数据,用户不需要样品的先验知识。信息处理使得数据立方体的所有信息都能被利用。高光谱成像能利用地面样品邻域的不同光谱关系,生成更精细的光谱-空间模型用于更精确的鉴定、分割和图像分类。其主要缺点是图像数据获取和处理过程中的复杂性和高成本[8]。为得到数据立方体,需要更大、更灵敏的探测阵列和更复杂的光学系统。分析高光谱数据需要计算机有很大存储能力和快速计算能力。无论在卫星上还是在地面,有效的数据存储能力是必需的,因为高光谱数据立方体数据量很大,一个数据立方体的数据量能超过几百兆。由于目前许多遥感图像处理算法是为多光谱图像开发的,第 13 章将讨论怎样用常见的遥感算法从高光谱数据

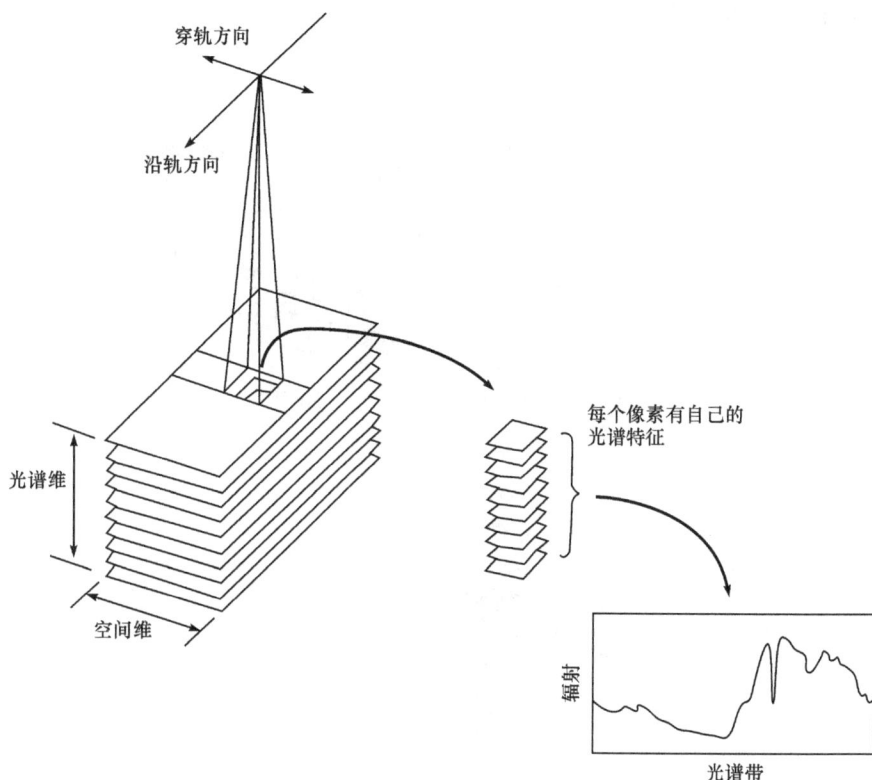

图 1.6　高光谱传感器(成像光谱仪)示意图

立方体的几百光谱波段减少维度以帮助获取应用产品。作为新的分析技术,高光谱成像数据的潜力还未被完全认识。

1.5.2　高光谱传感器的工作原理

高光谱传感器建立在成像摄谱仪基础上,其基本原理如图 1.7 所示。场景中地面样品单元(阳光照射的)的反射光经过望远镜后进入仪器的狭缝。狭缝作为视场光阑测量从空间 y 到 Δx 方向的瞬时视场,如图 1.7 所示。Δx 是垂直于卫星飞行轨道路径方向(也叫沿轨方向)的长度,y 是垂直于沿轨方向的线的长度(也叫刈幅宽度)。穿过狭缝的光线被一个透镜或反射镜准直,然后被色散单元色散,这个单元可以是光栅或棱镜。图 1.7 用的是光栅。光栅色散入射光线,将入射光分成各波长的光谱来自地面样品单元光线的传播方向由其波长确定。每个地面样品单元色散的光线被聚焦镜片汇聚到成像平面(叫焦平面)。在穿轨地物上的地面样品单元 D 光线被色散成一条光谱曲线信号成像于探测器光谱维方向 D 行的光敏面上(图 1.7 探测阵列亮色的行)。在这行探测器单色组件上,形成地面样品单元 D

的连续光谱像(即一条光谱曲线)。

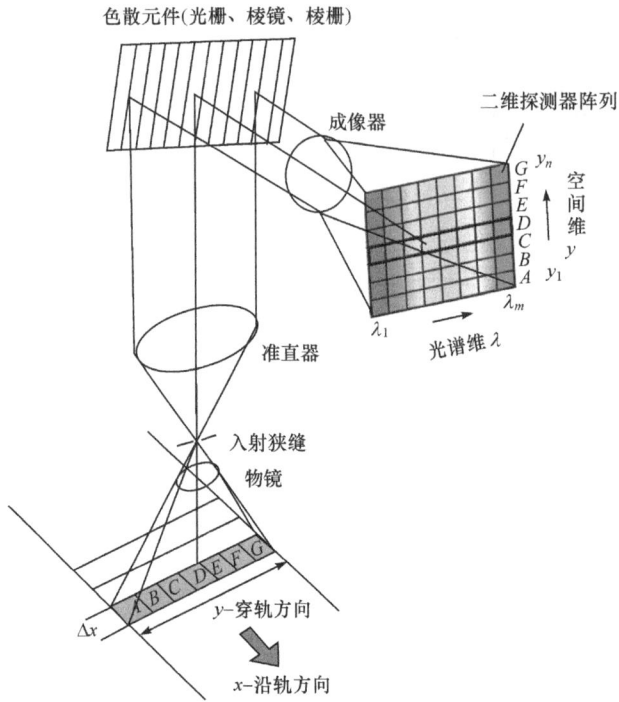

图 1.7 含有一个色散单元和一个二维探测阵列的高光谱传感器原理图

地面辐射量被二维探测器探测,如 CCD 或 CMOS 探测器。通过这种方式,当卫星"看"地球一行的场景时,便瞬时形成二维图像。该行图像的一个维是地面穿轨方向的空间信息;另一个维是地面样品单元扩展的光谱信息。随着卫星在沿轨方向的飞行更多的行图像产生,这些行图像在高光谱传感器中形成三维数据立方体[9]。

1.5.3 高光谱传感器的类型

高光谱传感器有 3 种类型。
① 基于色散元件的传感器,用光栅、棱镜和棱栅色散光谱。
② 基于光学滤波元件的传感器,用吸收或干涉滤波器色散光谱。
③ 基于电子可调谐滤波器的传感器,用可调谐带通滤波器色散光谱。

1. 基于色散元件的高光谱传感器

这类高光谱传感器用衍射光栅来色散光线[10]，被色散的单色分量呈线列分布，如图 1.7 所示，亦可用透明的棱镜把光线分成连续的单色分量，但用棱镜色散后的光是非线性的。棱栅由光栅和棱镜组成（光栅棱镜），它使符合中心波长的光通过并把光线色散为单色分量。单色光照到仪器的会聚光路中，然后把分散的光谱汇聚在仪器视场的目标位置。

2. 基于光学滤波元件的高光谱传感器

这种类型的高光谱传感器用光学滤波器（如吸收或干涉滤波器）色散光谱。例如，线性可变滤波器，这种滤光片是在玻璃表面镀上沿一个方向增加厚度的干涉滤光器，如图 1.8 所示的滤波器，这个方向就是对应的光谱方向。带通滤波器的位置和中心波长随着涂层厚度线性变化。

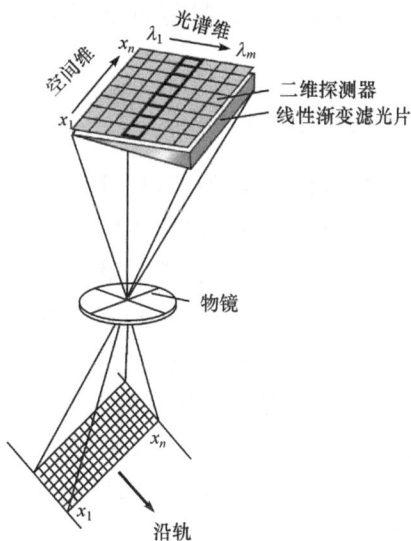

图 1.8　用光学滤波器和二维探测阵列成像的成像光谱仪的示意图

这种传感器的基本原理与色散传感器类似，主要区别是通过望远镜的光线直接汇聚到二维线性可变滤波器代替聚焦后再用光栅色散。滤波器与二维探测阵列一样大，能紧密的装配到探测器的传感器表面，把地面样品的光谱按光谱方向色散。

二维探测阵列只"看"完整地面场景一次。不像基于色散元件的高光谱传感器,这种类型传感器的 FOV 不受沿轨方向狭缝的限制。探测阵列的每列以不同波长(从 λ_1 到 λ_m)在穿轨方向探测地面样品 $x_i,i=1,2,\cdots,n$,如图 1.8 所示。因此,每次探测器得到一帧数据,就得到一幅完整的二维图像。图像的每列表示不同波长不同穿轨的线图像。在卫星飞过场景时,每个探测器列扫过场景。在完整的视场扫过场景时,每个地面样品的光谱图才可以重建。

光学滤波器具有代表性的光谱范围是在可见光和近红外区域(450~900nm)。光学滤波器的光谱带宽随波长变化。波长越长,光谱带宽越宽。光谱带宽受涂料厚度、玻璃参数、涂料质量、镜片的 f/# 和光的波长限制。典型的带宽(宽度为最大值的一半)在 450nm 时是 -7nm,900nm 时是 -12nm。光谱范围的通光量是 -40%~-60%。

像光栅或棱镜辐射计一样,通过辐射计光学滤波器的光包含复杂的成分,如主波长和干扰波长。对于探测器的一行,包括主波长和多达 15% 来自其他波段的干扰信号。消除干扰光谱信号需要在图像处理中进行。欲校正过多的干扰光谱信号会产生额外噪声、降低信噪比,最好的途径是只校正主要的干扰波长信号。

3. 基于电子可调谐滤波器高光谱传感器

这种类型的传感器把电子可调谐滤波器(EFT)安装在单色相机的前面,能产生一叠以波长为序的图像帧。EFT 的光谱线传播装置可由电压、声波信号控制。基于 EFT 的成像光谱仪的先进在于当滤波器调谐到一个波段时直接形成一幅完整的光谱的二维图像[11]。不像色散元件和光学滤波成像光谱仪,电子可调谐滤波成像光谱仪可以不用依赖卫星飞行获得地物的二维图像。

在卫星移动视场观测下,一个视场的间隔内需调谐滤波器,使其覆盖整个波段。ETF 包括液晶可调谐滤波器(LCTF)、基于双光折射的声波光学可调谐滤波器(AOTF)、基于衍射的干涉滤波器。例如,法布里-珀罗(F-P)滤波器是干涉滤波器。图 1.9 是基于 F-P 滤波器的成像辐射计。F-P 滤波器安装在成像镜片前,只让波长满足共振 $\lambda=2d$ 的波传播。每次平板的分开生成一幅二维图像,其光谱成分由 F-P 滤波器的响应带宽决定。

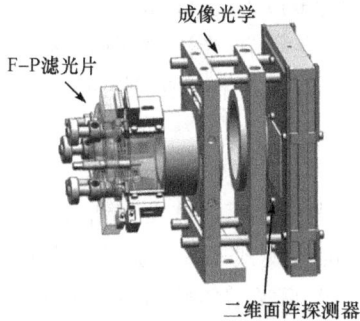

图 1.9　F-P 滤波器成像辐射计示意图

1.5.4　高光谱传感器的运行模式

基于色散元件的高光谱传感器是用于航空和航天遥感的最流行的传感器。如之前提到的,这类传感器扫描地面场景时利用专用的扫描器或依靠卫星飞行获得空间覆盖。其工作模式有摇扫模式和推扫模式。

1. 摇扫模式

早期用在航空的高光谱传感器,如由喷气推进实验室(JPL)研制的航空可见光/红外成像光谱仪(AVIRIS),摇扫模式是最常用的模式(最近的 AVIRIS 传感器仍用摇扫模式[9]),用线性探测器阵列记录地面样品单元的单色光谱。仪器以摇扫模式在垂直于沿轨方向逐次扫描地面单元。在扫描完当前的穿轨线后,仪器需在飞行器或卫星以沿轨方向向前移动到扫描下一个穿轨线,重复扫描。摇扫模式的优点在于仪器设计简单;宽的视场,在空间方向没有由二维探测阵列的像素限制;易校准,由于地面样品单元的光谱是由相同的线性探测阵列和镜片生成,因此有相同的光谱特征。这种传感器没有像推扫模式传感器那样的空间失真(如空间梯形失真)。

摇扫模式的缺点在于需机械扫描,在真空腔中增加运动部件;由于空间的不一致性,需进行后处理;由于积分时间短,对较高的光谱和空间分辨率的要求受到限制。

2. 推扫模式

几乎所有的空间高光谱传感器都使用推扫模式。在这种模式,二维探测阵列同时对在穿轨线的所有地面样品单元成像,如图 1.7 所示。一维记录穿轨方向的空间信息,另一维记录地面样品单元的光谱信息。

推扫模式的优点在于没有运动模块;图像的空间一致性;对每个地面样品单元有更长的积分时间。这样就能收集更多的光子,得到更高的信噪比。

推扫模式的缺点在于复杂的光学设计和焦平面;视场窄,在空间方向视场受二维探测阵列像素数的限制;校准复杂;光谱畸变(也称为光谱弯曲)和梯形失真(如Keystone 失真)。推扫的光谱畸变和梯形失真在第 8 章讨论。

1.5.5　星载高光谱传感器

本书截稿时已有 5 个高光谱传感器被发射到低地球轨道(LEO)卫星上。它们都采用二维阵列探测器,以推扫模式工作。然而,其中 4 个采用光栅作为色散部件,一个用棱镜。另外,有 2 个高光谱传感器被发射到火星和月球轨道用来进行空间探索。这些传感器也运行于推扫模式,用光栅色散光谱。表 1.3 是空间高光谱传感器的技术参数。

1. 紫外/可见光成像仪和摄谱仪成像仪系统

装载有紫外/可见光成像仪和摄谱仪成像仪系统(UVISI)的中程空间实验(MSX)卫星由美国国防部(DoD)为军事应用在 1996 年 4 月 24 日发射。UVISI 由 5 个光谱成像仪(SPIMs)组成[12]:SPIM 1~5。每个覆盖不同的波段范围(110~170nm、165~258nm、251~387nm、381~589nm 和 581~900nm),依赖于波长范围和数据模式在 0.5~4.3nm 光谱分辨率是可变的,每个 SPIM 有 272 个光谱的波段。UVISI 能同时记录 1360 个光谱波段数据,星下视点空间分辨率是 770m,成像刈幅宽约为 15km。

SPIM 1~3 提供紫外成像能力,SPIM 4,5 是可见光和近红外(VNIR)摄谱仪成像器。MSX 能从多角度成像,对了解大气的表面特点或结构和构成,以及海洋的构成和性能是有力的工具。MSX 也搭载全色成像器。摄谱仪成像器和全色成像器的组合特别强大,因为 UVISI 传感器能提供详细光谱信息,全色成像器则提供了更宽范围数据的观测平台。

2. Hyperion

Hyperion 是第一个实验性的星载高光谱成像器。它安装在 EO-1 卫星,是NASA 新千年计划的一部分,是为了探索和验证一些仪器和飞行器总线的突破性技术,以促进未来地球成像观测的发展。Hyperion 是推扫模式工作的高光谱传感器,扫描刈幅宽度为 7.65km,空间分辨率为 30m×30m,沿轨方向 30m 的分辨率是基于帧速率能满足飞行器在 705km 轨道的运动速度而定。单帧图像的扫描宽度为 7.65km,每幅图像包含的数据为 7.65km 宽、185km 长[13]。

表 1.3　星载高光谱传感器的参数

Sensor	Satellites	Launch Year	#Bands	Spectral Range/μm	Spectral Resolution /nm	Spatial Resolution/m	Swath Width/km	Orbit	Imaging Technique
SPIMs 1-5	MSX	1996	272	0.11-0.9	0.5-4.3	770	15	LEO	Grating, push-broom
Hyperion	EO-1	2000	220	0.4-2.5	10	30	7.65	LEO	Grating, push-broom
CHRIS	PROBA	2001	19-62	0.4-1.0	1.25-11	25-50	13	LEO	Prism, push-broom, multi-viewing
MERIS	ENVISAT	2002	390 (transfer 15 only)	0.41-0.9	1.25-30	260-390	1150	LEO	Grating, push-broom, onboard bandwidth selection
CRISM	MRO	2005	544	0.37-3.92	6.55	18	10.8	Mars low orbit (300km)	Grating, push-broom, onboard compresion
M3	Chandrayaan-1	2008	260	0.45-3.0	10	67	40	Moon orbit	Grating, push-broom
ARTEMIS	TacSat-3	2010	400	0.4-2.5	5	4	4	LEO	Grating, push-broom, single 2D detector
EnMap	German HS	2015	244	0.42-2.5	5,10	30	30	LEO	Grating, push-broom

SPIMs 1～5:光谱成像仪 1-5;MSX:中程空间实验卫星;Hyperion:高光谱成像器;EO-1 地球观测-1 任务;CHRIS:紧凑型高分辨率成像光谱仪;PROBA:欧空局的在星自主卫星计划;MERIS:中分辨率成像光谱仪;ENVISAT:欧空局的环境卫星;CRISM:紧凑型火星勘探成像光谱仪;MRO:火星勘探卫星;M3:月球矿物成像仪;Chandrayaan-1:印度第一次月球任务;ARTEMIS:先进快速响应战术侦察成像光谱仪;TacSat-3:美国军事侦察卫星系列的第 3 颗卫星;EnMAP:环境成像和分析仪;German HS:德国高光谱卫星。

Hyperion 有一个单体望远镜和两个光谱仪,即可见/近红外光谱仪和短波红外光谱仪。望远镜把对地面场景的成像映射到狭缝使得瞬时视场(IFOV)宽度方向是 0.624deg(如 705 千米高度时幅宽为 7.65km),卫星运行方向是 42.55μrad (30m)。对地面场景的狭缝成像被传递到两个光栅光谱仪的焦平面。系统中分色滤光片把 400～1000nm 的光谱反射到 VNIR 光谱仪上,把 900～2500nm 的光谱传递到 SWIR 光谱仪上。

3. 紧凑型高分辨率成像光谱仪

2001 年 10 月 22 日发射的 PROBA 卫星搭载的紧凑型高分辨率成像光谱仪是为陆地和环境应用研制的。它的主要目的是测试平台设计、主姿态控制和误码恢复等一系列创新设计,从而最小化运行时的地面干预。CHRIS 获取电磁谱中可见/近红外区域的光谱数据。它用常规的 CCD 探测阵列实现了具有多角度拍摄能力的高空间分辨率(17～20m 或 34～40m)和可编程的高光谱波段成像(波长在 415～1050nm 有 62 个波段,光谱分辨率在 5～15nm)。CHRIS 有 5 种常用工作模式,每种模式工作于不同的波长范围、光谱带宽和不同的空间分辨率,空间分辨率随着光谱分辨率的增加而降低,如表 1.4[14] 所示。

因为 CHRIS 能从 5 个不同的角度得到高光谱数据,其数据能改善图像分类、植被结构和功能的定量描述。它还能提供太阳-目标-传感器相对的几何关系,这能够用于双向反射系数分布函数(BRDF)的测量。

4. 中分辨率成像光谱仪

欧空局的 ENVISAT 卫星搭载的中分辨率成像光谱仪传感器是用来观测空旷海域和沿海区域海洋的水色,研究全球碳循环的海洋部分和这些区域的生产力,以及其他诸多的应用[15]。

表 1.4　CHRIS 的 5 中运行模式

CHRIS Key Parameters	Mode 1	Mode 2	Mode 3	Mode 4	Mode 5
Number of Bands	62	18	18	18	37
Spectral Range/nm	406-992	406-1003	438-1035	486-788	438-1003
Bandwidth/nm	6-20	6-33	6-33	6-11	6-33
Spatial Resolution at Nadir/m	34	17	17	17	17

　　中分辨率成像光谱仪每观测 3 天就能覆盖全球。沿轨方向的采样接近 290m，ENVISAT 卫星运行在高度 799.8km，倾角 98.55° 的太阳同步轨道上，绕轨一周的时间是 100.6min，回归周期是 35 天。

　　中分辨率成像光谱仪是宽视场的推扫式成像光谱仪，在扫描刈幅宽为 1150km 时能测量地球对太阳辐射反射的 15 个光谱波段信号，波长 412.5～900nm。其空间采样率从穿轨方向星下点的 260m，到边缘最宽的 390m 变化。所有波段的带宽（1.25～30nm）和位置是可编程可调的，但它们是在发射前被固定下来的。根据设计，在光谱间隔设为 1.25nm 时，MERIS 传感器能记录其光谱范围内 390 个波段的信号。然而，MERIS 受对地传输能力的限制，只能传输 15 个通道，每个通道是阵列中 8～10 个光谱单元的平均值[16]。表 1.5 列出了 15 个通道的带宽及其主要应用。

表 1.5　MERIS 传感器 15 个通道的信息

Channel Number	Bandwidth/nm	Application
1	402.5-422.5	Yellow substance and detrial pigments
2	432.5-452.5	Chlorophyll absorption maximum
3	480-500	Chlorophyll and other pigments
4	500-520	Suspended sediment, red tieds
5	550-570	Chlorophyll absorption minimun
6	610-630	Suspended sediment
7	655-675	Chlorophyll absorption and fluorescence reference
8	673.25-688.75	Chlorophyll fluorescence peak
9	698.75-718.75	Fluorescence reference, atmospheric corrections
10	746.25-761.25	Vegetation, cloud
11	756.88-746.38	Oxygen absorption R-branch
12	763.75-793.75	Atmosphere corrections
13	845-885	Vegetation, water vapor reference
14	875-895	Atmosphere corrections
15	890-910	Water vapor, land

5. 紧凑型火星勘探成像光谱仪

紧凑型火星勘探成像光谱仪是可见光/红外成像光谱仪,搭载在 2005 年 8 月 12 日发射的 NASA 火星勘探卫星上,2006 年 3 月 10 日到达火星轨道。它用于获取火星表面详细的矿物图确认火星表面过去的矿物和化学成分,以及现在有水存在的证据。

这些物质包括铁、氧化物、层状硅酸盐和碳酸盐,在可见光/红外波段有独特的光谱特征。

CRISM 光谱范围为 370～3920nm 测量可见光和红外电磁辐射,光谱间隔是 6.55nm。仪器工作有一般推扫模式和凝视模式。在一般推扫模式,CRISM 在 544 个可测量光谱波段中选取 50 个,用多光谱方式勘探火星,每个像素的空间分辨率是 100～200m。在这种模式下,CRISM 能在制动后的几个月内为半个火星制图,一年后能完成大部分星球的制图。这种模式的目标是确定新的具有科学意义和有兴趣的位置,以备进一步研究之用。在凝视模式,CRISM 用高光谱的方法探测火星。成像光谱仪用 544 个光谱波段测量火星表面反射的能量。当 MRO 的高度为 300km 时,CRISM 能探测到宽 18m,长 10.8km 窄长条的火星表面,仪器在 MRO 绕火星运行的轨道上扫过其表面的长条带而完成对火星的成像。

6. 月球矿物成像仪

月球矿物成像仪是美国宇航局研制的,搭载于印度第一次月球任务 Chandrayaan-1 的成像光谱仪,航天器于 2008 年 10 月 22 日发射。M3 是第一个对月球表面空间和光谱成像的高分辨率成像光谱仪。测量的信息提供太阳系早期发展的线索和指导未来宇航员储备珍惜资源。在遭遇一些技术故障后,包括星敏感器的失效和不足的热防护,Chandrayaan-1 只运行了 312 天,而不是计划的两年[18]。

M3 是工作于推扫模式的高光谱传感器。它生成的月球表面图像是窄长带,并像彩虹一样把它们展开。太阳光被月球表面反射后进入 M3,被反成像系统成像。光谱仪入射的狭缝决定了仪器的视场,该视场只能看到月球表面一条线的场景。光谱仪将 400～3000nm(蓝光到红外光)的辐射信号色散到 260 行探测器阵列上。这样就以渐变的方式形成了 260 幅光谱图像。在某一固定的时刻月球表面扫描刈宽度(线场景的宽度)是 40km。这个场景成像在 600 个探测器像素上,每个像素的月球表面分辨率是 67m×67m。第二维空间的成像依赖于飞行器沿轨方向的飞行。月球的周长是 10 930km。在考虑重叠的情况下,拍摄 274 幅图像就能完全覆盖月球。

7. 先进快速响应战术侦察成像光谱仪

搭载先进快速响应战术侦察成像光谱仪的美国国防部 TacSat-3 卫星在 2009 年 5 月 19 日发射。ARTEMIS 是 offner 型高光谱成像仪,包括两个高次非球面反射表面镜作为主镜和三镜。第二个镜子被凸面光栅代替用来色散光线。offner 型高光谱成像仪的特点是简单、紧凑,低空间和光谱失真。低失真对高光谱传感器的运行是非常重要的,这使数据产品具有更好的鲁棒性。此外,设计带来的空间和光谱失真小于 5%。

ARTEMIS 用一个二维探测器阵列覆盖完整的从 400~2500nm 可见近红外/短波红外的光谱,5nm 均匀的光谱分辨率,空间分辨率是 4m。扫描幅宽是 4km。探测器阵列用衬底减薄碲镉汞器件,灵敏度延伸到蓝色波段以覆盖完整光谱范围。这个单一焦平面解决了多焦平面阵列(FPA)系统影像配准融合的问题。它同时配置可实时获取监控信息的星载可编程数字信号处理器,并直接向战区下传侦察情报,支持战术军事行动[19]。

8. 环境成像和分析仪

环境成像和分析仪装备于德国高光谱卫星,计划在 2017 年发射。它有 244 个波段,覆盖波长 420~2450nm,地面分辨率是 30m×30m。它设计用来测量全球范围的生物物理、生物化学和地球化学量的变化,以增加人类对生物圈/地球圈进程的理解,并确保再生资源的可持续[20,21]。

1.6　傅里叶变换成像光谱仪

1.6.1　简述

傅里叶变换成像光谱仪(IFTS)是一种配备焦平面探测器的傅里叶变换光谱仪(FTS)。被强度调制过的场景成像在焦平面探测器上。地面样品单元的调制信号的傅里叶变换会生成那个单元的频谱。所有单元的组合数据生成一个三维数据立方体。以迈克尔孙干涉仪为基础的傅里叶变换成像光谱仪的基本原理如图 1.10 所示。辐射源的光线被光束分解器(半镀银的镜子)分解为两束光,一束被固定的镜子反射,另一束被可移动的镜子反射——这可产生光程的延迟。FTS 是包括可移动镜子的迈克尔孙干涉仪。

光束的干涉使得时域相干的光可以按确定时间间隔进行测量,把时域信号有效地转换为空间坐标。通过对动镜移动产生的许多离散位置信号的测量,利用光的时间相干的傅里叶变换可以重建光谱。二维探测器阵列被用来探测和对辐射源的成像。迈克尔孙干涉仪对高亮度的光源的观测具有非常高的光谱分辨率。

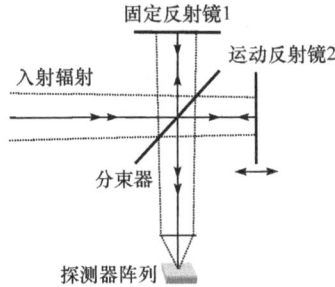

图 1.10　利用迈克尔孙干涉仪的傅里叶变换成像光谱仪的基本原理

1.6.2　FTS 传感器的类型和工作原理

按干涉仪调制的不同,FTS 有两种类型,即光谱调制型和空间调制型。大多数 FTS 是光谱调制型,包括一个单独探测器单元或几个探测器单元的 FTS 属于 FTS 分光计。包含一个二维探测器阵列的 FTS 属于 IFTS。IFTS 与 FTS 分光计的主要不同是,后者在视场内只能提供单一足印或一组足印的光谱信息(大气的竖直剖面),FTS 分光计不能得到每个光谱波段的空间图像。

图 1.11 是空间调制型 IFTS 传感器,是基于固体萨格纳克干涉仪的传感器。在垂直于沿轨方向的地面样品单元的辐射经过望远镜后进入仪器的狭缝。空间方向的瞬时视场由狭缝决定。从狭缝出来的辐射由镜片准直到干涉仪。干涉仪通过移动镜子,把地面每个像元对应的入射光信号调制到许多离散的位置上,地面每个像元对应的干涉光谱被透镜成像到探测器对应的列方向上重构光谱信息。

1.6.3　星载 IFTS

不像 FTS 探测器,IFTS 要为每个干涉图分量成像。IFTS 的一个挑战是必须对海量的数据进行格式化、传输和存储,常常还要在很短的时间内完成分析。这是因为要实时的重建地物目标光谱,IFTS 产生的干涉图分量的数量大于(数以千计)色散型高光谱传感器(数以百计)产生的光谱数量。

1. 红外大气干涉分光计

红外大气干涉分光计(IASI)是 MetOp 系列卫星的主要载荷,该系列卫星由 3 颗极轨气象卫星组成,由欧洲气象卫星开发组织运行。搭载第一个 IASI 的 MetOp-A 卫星在 2006 年 10 月发射。搭载第二个 IASI 的 MetOp-B 卫星在 2012 年 9 月发射。第三个设备将搭载到 MetOp-C 卫星,计划 2017 年发射。

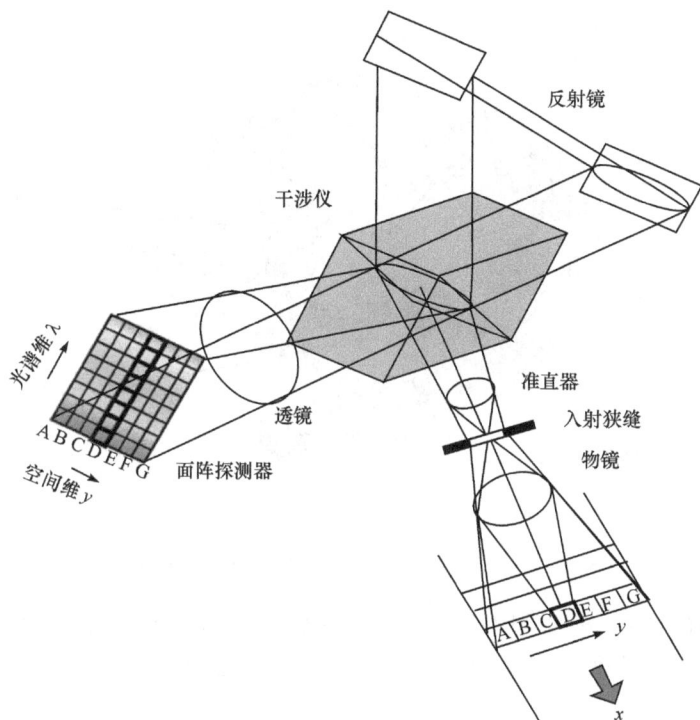

图 1.11　包括二维探测器阵列的 IFTS 图示

　　IASI 的原理是基于迈克尔孙干涉仪,如图 1.10 所示。入射光线被光束分散器分为两束光。第一束光沿着固定长度的路径传播。第二束光被可移动的镜子反射,传播的路径随着镜子的移动而改变。两个路径的差异叫光程差(OPD)。光束重新合并后入射到探测器,具有的能量随传播路径的不同而不同。当这些光束相位相同(光路差异是波长的整数倍)时具有的能量最大。当这些光束相位相反(光路差异是半波长的奇数倍)时具有的能量为 0。因此,探测器探测到的能量随着直角反射镜的移动而变化。这个变化就是所谓的干涉,反映的是目标光谱分布的傅里叶变换。接下来,探测器的电子信号被数字化,对这些数据进行傅里叶反变换,就能复原入射光束的光谱。图 1.12 是 IASI 仪器的设计原理。

　　IASI 仪器覆盖的光谱范围从波长是以太阳的散射开始起主导的热红外起始波长的 $3.6\mu m$(2760cm^{-1})～$15.5\mu m$(645cm^{-1}),覆盖了热红外的峰值波段和 CO_2 波段,即波长是 666cm^{-1} 的 Q 分支峰值。光谱分辨率在 0.35～0.5cm^{-1},共有 8461 个光谱通道。为达到全球覆盖,IASI 仪器能在卫星飞行轨道上左右侧摆 48.3°观测地球。景物扫描以步进方式进行,并带有视场运动补偿。对每个视场,仪器在向下的方向能观测的大气空间单元是 3.3°×3.3°或 50km×50km。每个单

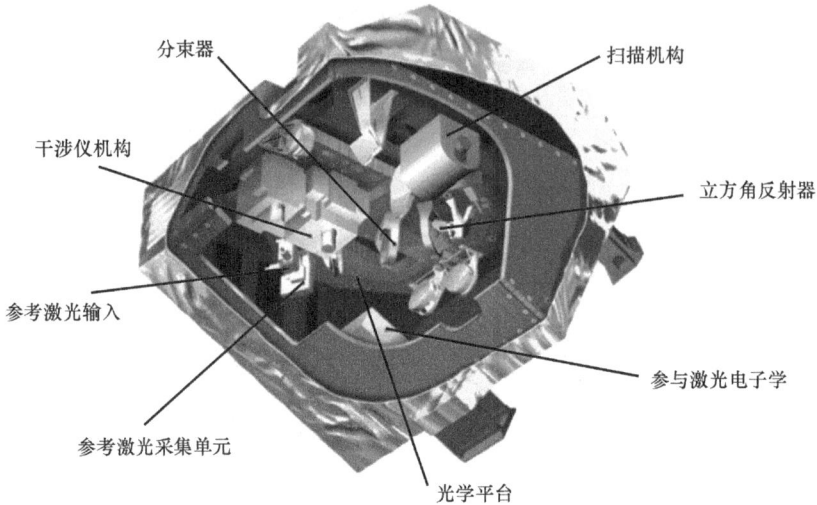

图 1.12　IASI 的设计原理图(来源:CNES)

元被探测器的 2×2 阵列同时成像。在高层方向大气的分层厚度为 1km,IASI 能测量的大气温度精度在 1℃,相对湿度精度在 10% 之内。地球表面的重访周期为每天两次[22]。

2. 对流层辐射光谱仪

对流层辐射光谱仪(TES)是红外 FTS,搭载于 NASA 的 Aura 卫星,卫星在 2004 年 7 月发射进入极地轨道,基于科纳型的 4 端口 FTS。测量地球表面和对流层气体和颗粒发出的红外辐射。地球大气层的辐射波长随云量、各种气体、吸收和发射红外能量的颗粒的浓度而变化,并与这些存在的压力和温度有关。因为辐射的波长随温度和压力的变化而变化,温度和压力随高度而变化,如果能精确测量辐射光谱,化学物质种类的海拔就能被推测出来。

TES 的高光谱分辨率使得它能测量大气不同高度臭氧层、一氧化碳、水蒸气和甲烷的浓度,以揭露全球变暖和气候变化、水循环和大气污染的重要信息。

TES 包括 4 个 1×16 单元(像素)配准的探测器阵列,每个阵列对应不同的最佳光谱区域。每个像素的 IFOV 是 0.075mrad×0.75mrad。在下视观测模式,TES 能观测的区域(即扫描刈宽度)是 8.5km×5.3km,空间分辨率是 0.53km×5.3km。光谱范围是 3.2～15.4μm,光谱分辨率是 0.1cm^{-1}(低分辨率模式)。TES 是可指向型仪器,能在竖直方向的 45° 范围内获得目标,并在相应区域内的垂直断面的长度达 885km 无任何覆盖缝隙。TES 的边缘观测模式能观测的区域是 37km×23km,空间分辨率是 2.3km×23km,覆盖 0～33km[23]。

3. 穿轨红外分光计

穿轨红外分光计(CrIS)是极轨气象分光计,搭载在美国极轨业务气象卫星上,于 2011 年 10 月 28 日发射。为天气预报提供温度、压力和水蒸气的竖直剖面图。它运行在近圆的太阳同步轨道(833km 的高度),传感器具有 8cm 的光学口径,14.0km 瞬时视场中安装了 3×3 阵列探测器。一个动态对齐的迈克尔孙干涉仪覆盖 3 个波长区域,范围是 3.92~15.38μm(650~2550cm^{-1})。穿轨红外辐射计在 LWIR 的光谱分辨率≤0.625cm^{-1},在 MWIR 的光谱分辨率≤1.25cm^{-1},在 SWIR 的光谱分辨率≤2.5cm^{-1}[24]。

4. 大气化学实验傅里叶变换光谱仪

大气化学实验傅里叶变换光谱仪(ACE-FTS)是 FTS 探测器,搭载在加拿大科学卫星一号(SCISAT-1),于 2003 年 8 月 12 日发射。迈克尔孙干涉仪的光谱分辨率高达 0.02cm^{-1},运行波段是 2.2~13.3μm(750~4400cm^{-1})。FTS 有 1.25mrad 的圆视场。ACE 的测量原理是太阳掩星技术,它的高倾角(74deg)650km 低地球轨道提供了 ACE 热带、中纬度和极点区域的覆盖(图 1.13)。ACE-FTS 任务的主要科学目标是测量和了解对流层和同温层上层控制臭氧的化学和动力学过程[25]。

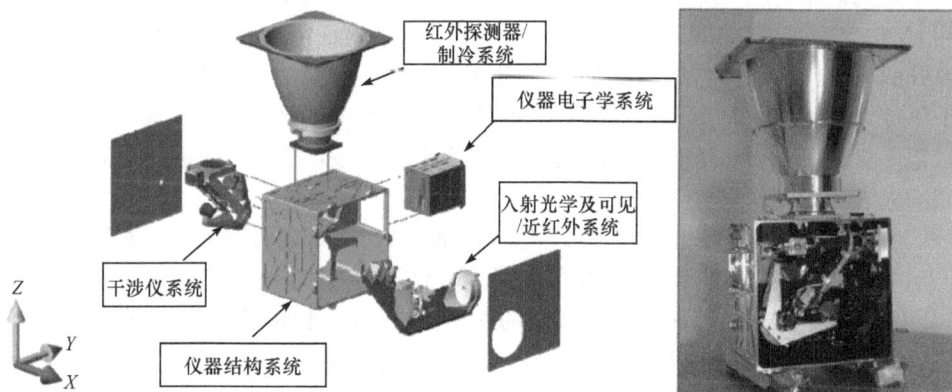

图 1.13 搭载在加拿大 SCISAT-1 卫星的 ACE-FTS 探测器

5. 傅里叶变换高光谱成像仪

傅里叶变换高光谱成像仪(FTHSI)搭载在美国空军研究实验室的 MightySat Ⅱ.1 卫星上,是成像 FTS 传感器。卫星发射于 2000 年 7 月 19 日,进入高度 575km,倾角 97.8°的太阳同步轨道。FTHSI 是空间调制型 FTS,原理是基于固体萨格纳克干涉仪,在 475~1050nm 的波长范围光谱分辨率为 85cm^{-1},空间分辨率为 30m。传感器运行在推扫模式,在垂直沿轨方向扫描 1024 个地面像元[26]。

6. ASTRO 傅里叶变换光谱仪

为下一代空间望远镜(NGST)设计的 ASTRO 傅里叶变换成像光谱仪已被建造用来接替哈勃望远镜。它是一个基于动态校准平面镜的伺服步进扫描器干涉仪。光谱带宽是 0.6cm^{-1},覆盖的光谱范围是 350~900nm。干涉图的数量在 50~1000,图像尺寸是 1300×1340 像素。只要光学设计确保良好的成像,傅里叶变换成像光谱仪能适应探测器的任意数量的像素和读出速率。在确定的光程差、不确定的时间间隔情况下,采样的步进扫描方法可以使光子得到积聚,以探测非常低的辐射量。干涉图的采样间隔能被设置为任意需要的值以满足光谱覆盖的要求。在镜子扫描机械装置的物理限制范围内,干涉图的数量(采样窗口)也能被设置。这个成像 FTS 的缺点是它的获得时间,需要 1 秒的时间从步进到稳定其在纳米范围内的光程差,需要超过 15min 得到 1000 个干涉成分的反射图。如此长的时间在多数领域是不可接受的,除了天文应用[27]。

7. 地球同步傅里叶变换成像光谱仪

地球同步傅里叶变换成像光谱仪(GIFTS)是一个属于 NASA 新千年计划的气象观测设备,拟搭载在 NASA 的地球观测 3(EO-3)地球同步卫星,是 NASA、NOAA、美国海军、空军联合发起的一个任务,用来验证需要提供至少一个数量级提升的下一代地球同步轨道测量能力的技术。然而,在 2008 年,EO-3 计划随着新千年计划的结束而结束。这迫使计划取消了飞行活动,而 GIFTS 设备变成了工程示范样机(EDU)。GIFTS EDU 被建造时经过了热真空测试。一系列地面向上探测的大气测量工作已经完成。

图 1.14 是 GIFTS 的原理图。大面积格式(128×128 像素)的 FPA 使得在 FTS 提供高光谱分辨率的同时能提供频繁的、高空间分辨率的大区域覆盖。GIFTS 在 4 个维观测表面上升热气流的性质,大气气象和化学变量,能在 512km× 512km 的地理区域同时得到 4km×4km 单元的大气辐射光谱,在二维探测器阵列成像。数据的前 3 个维中的一个维是辐射光谱,另外两个维是空间(垂直沿轨方向和沿轨方向)。

第四维是地球同步卫星平台提供的时间,这使其能近似连续地对大气的三维结构成像。用快速剖面恢复算法把每个时刻探测的分辨率为 0.6cm^{-1} 辐射光谱转换为高垂直分辨率温度、水与蒸汽混合比率的剖面图。这些剖面图以 4km 的网格的显现,然后转换成相对湿度剖面图。每个空间扫描的大气相对湿度水平分布图像被重构,其竖直间隔大约为 2km。取决于光谱分辨率和所选的测量覆盖的区域,采样周期范围从数分钟到 1 小时[28,29]。

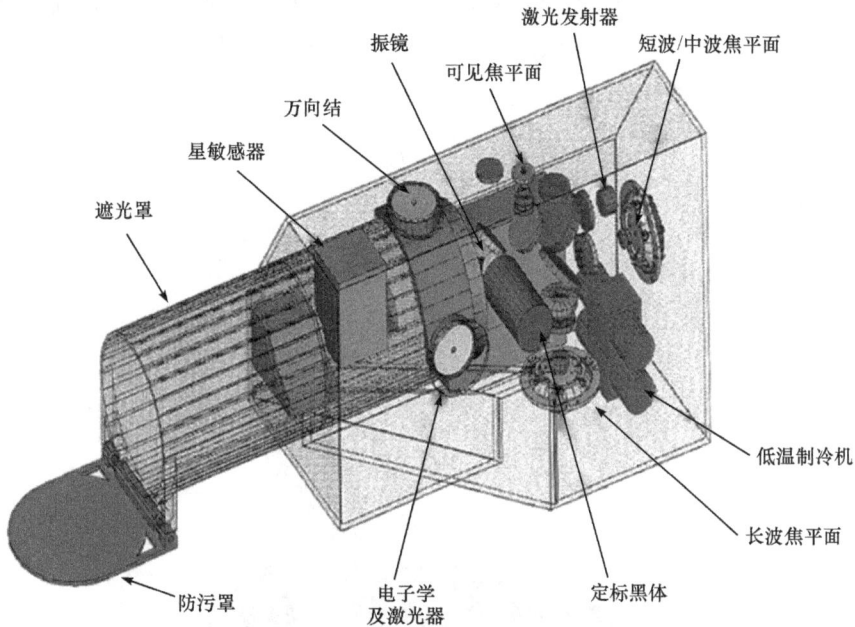

图 1.14　GIFTS 的原理图(来源:NASA)

1.7　激光雷达传感器

1.7.1　定义和描述

　　激光雷达(光探测和测距)用激光器照亮目标的方式测量目标的距离或其他属性。在对地球观测时,被动传感器不容易对竖直方向解析和确定对流层的种类。激光雷达本身的特点是可以提供地面小的足印、高水平空间分辨率、高竖直分辨率、大气层高敏感度以测量气溶胶和云。由于激光光谱的纯净使得对噪声有极好的分辨力,也许最重要的是这些特点使得激光雷达传感器能探测云层、穿透薄云和剖析对流层。

　　激光雷达传感器在许多方面得到应用,如考古学、大气物理、地理、地质、测绘、地形、地震、遥感(航空激光高度测量)激光雷达的平面和高层成像。激光雷达用波长范围从紫外(250nm)到红外(10μm)的光源照亮成像物体。目标包括非金属物体、岩石、雨、化合物、气溶胶和云。用窄的激光光束成像能使目标的物理特征有非常高的分辨率。激光雷达是光的后向散射典型应用,不同类型的散射用于不同的激光雷达应用;最常用的是瑞利散射、Mie 散射、拉曼散射和荧光。按反向散射类型的不同,激光雷达传感器可叫瑞利激光雷达、Mie 激光雷达、拉曼激光雷达或Na/Fe/K 荧光雷达传感器。

　　图 1.15 是大气应用的星载激光雷达的工作原理图。把一束窄激光脉冲发射到大气,大气分子和颗粒把光脉冲的一小部分反射到激光雷达。

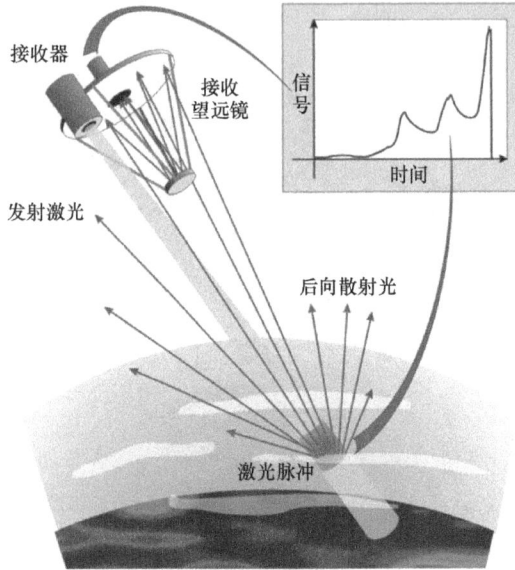

图 1.15　星载激光雷达(credit:ESA)的工作原理图

　　一个望远镜收集光线,把光线传递到接收器。信号以时间函数的方式记录,以决定散射层的高度。

　　探测地表需要充足的后向散射能量,该能量要超过激光雷达传感器的阈值。反向散射依赖于激光照亮的表面的垂直投影面积、激光波长范围的反射系数和大气的透过率。探测阈值随着背景的光学噪声水平变化而变化。背景噪声由太阳辐射(白天与晚上相对)和被传感器的视场观测表面的反射系数决定。对于没有云的植物区域,地理定位的高程则依赖于植物的密度和空间结构。对有充足稠密植物覆盖的区域,得到的高程反映的是覆盖植物的顶部。类似的,在城市化的区域,地理定位的高程依赖空间建筑结构,如果建筑物的顶部有足够的反射区域和反射率,反射能量能够超过探测阈值,那么得到的就是建筑物顶部的高程。对没有云,也没有植物和建筑的区域,高程数据反映的是区域中有足够的反射区域和反射率的最高地表。在不透光稠密的云存在时,激光雷达探测到的是云顶的高程。对平坦的表面激光雷达高程数据的竖直精度的评估,是通过与海洋地形的平均海平面(由雷达高度计的数据得到)的比较得到的,这还需要对海洋潮汐,而不是海况进行修正。

1.7.2　激光雷达空间技术实验

在 20 世纪 70 年代后期和 80 年代早期,激光雷达由于重量过大和功率过高而无法在卫星上与被动式传感器竞争。此外,激光器的寿命、功效和冷却问题也需要解决。在 20 世纪 80 年代后期和 90 年代,二极管驱动的长寿命 ND-YAG 激光器和轻量化的光学和结构的出现大大提高了激光雷达在轨道飞行的可行性。1994年 9 月,第一个激光雷达传感器——激光雷达空间技术实验(LITE)成功地搭载在航天飞机上。LITE 是一个 3 波段反向散射激光雷达传感器,如图 1.16 所示。LITE[30]的任务是验证星载应用激光雷达的关键技术;探索空间激光雷达的应用;积累运行经验,为自由飞行卫星平台的未来系统研制打下基础。

LITE 数据提供了第一幅以全球视野观测到的从地球表面到平流层高精细的云和气溶胶的垂直分布图。这个飞行是真正的未来空间激光雷达传感器的探路任务,它引领了行星轨道遥感的新时代,这次飞行向科学界展示了空间激光雷达能提供极其重要的数据。

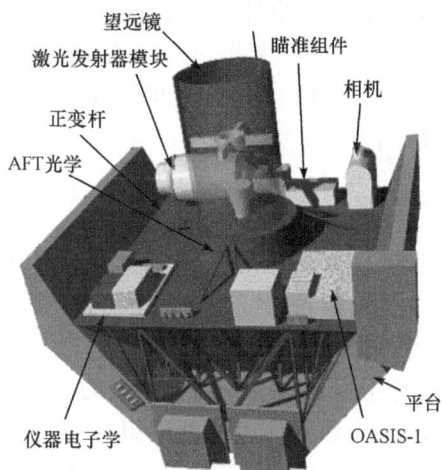

图 1.16　LITE 被搭载到发现号航天飞机的货运仓标准空间实验平台上。设备被安装到与平台连接的正交 4 杆支撑的底座上。正交 4 杆支撑的底座是一个设备子系统的支撑底座,用来隔离影响光学校准的热变形(来源:NASA)

1.7.3　航天飞机激光高度计

航天飞机激光高度计(SLA)是用来评估高分辨率的轨道激光高度计观测陆地表面的工程和算法技术。SLA 两次飞行提供的陆地表面的观测数据构成了对解决全球地球系统科学问题有价值的科学数据集。SLA-II 是这种传感器的第一次飞行,1996 年 1 月的 STS-72 任务中搭载在"奋进"号航天飞机。它利用第一个回波数据生成地理定位的高程,反映直径为 100m 的探测足印中最高表面的高度。SLA-II=2〔ROMAN〕是这种传感器的第二次飞行,搭载在"发现"号航天飞机上,是 1997 年 8 月的 STS-85 任务部署的。SLA-II 包括一个 38cm 的望远镜,二极管驱动的 Nd:YAG 激光器(调 Q),高度接收器电子系统,与高度接收器相匹配的、用于接受与地球表面作用的窄激光脉冲(8ns)反向散射回波的 250MHz 波形数字转换器。

1.7.4 火星轨道激光高度计

火星轨道激光高度计(MOLA)是火星全球勘测(MGSX)空间飞行器的 5 个设备之一,1997 年 9 月～2006 年 11 月在火星轨道运行。MOLA 直到 2001 年 7 月才传输火星高度数据。MOLA 激光发射器是二极管驱动调 Q 的 Cr:Nd:YAG 激光器。单脉冲激光能量为 45mJ,脉冲宽度为 8ns。经测量激光束的发散角为0.42mrad。发射激光脉冲能被开始脉冲探测器探测到,该探测器包括光电二极管、低通滤波器、阈值探测器、脉冲计数器。接收器包括硅雪崩光电二极管(APD)、带有 4 个电子滤波器的平衡器、时间-间隔单元。MOLA 传感器[32] 以10Hz 的频率发射红外激光脉冲到火星,通过测量 MGS 空间飞行器到火星表面的距离产生精确的火星地形图[33]。

1.7.5 地球科学激光高度计

地球科学激光高度计(GLAS)是冰川、云、陆地高度图卫星(ICESat)的唯一有效载荷,卫星在 2003 年 1 月发射到高度是 600km 的极地近圆轨道。ICESat 的主要目标是定量化冰川数量平衡状况和了解地球大气、气象的变化是怎样影响极点的冰川和全球的海平面,它还用于气溶胶和云数据的测量。GLAS 把精确表面激光雷达和一个敏感、双波长、云和气溶胶传感器组合起来。ICESat 激光发射器发射 1064nm 的红外激光和 532nm 的可见光激光。ICESat[34] 在轨时,GLAS 在地球表面产生一系列直径为 70m 的激光投影点,这些投影点沿着飞行器地面轨迹的径向间隔约为 170m[35]。

1.7.6 正交极化的云气溶胶激光雷达

正交极化的云气溶胶激光雷达(CALLOP)是云气溶胶激光雷达和红外探路者卫星观测项目 3 个载荷中的一个。CALIPSO 是美国(NASA)和法国(CNES)联合研制的环境卫星,于 2006 年 4 月 28 日发射。搭载在 CALIPSO 卫星的被动式和主动式遥感设备每天 24 小时监测气溶胶和云。CALIPSO 是"A Train"计划的一部分,与其他 4 颗卫星(Aqua、Aura、CloudSat 和 PARASOL)编队逐行共同获取信息。CALIOP 是一个双波长、极化敏感激光雷达,能提供气溶胶和云的竖直高分辨率剖面图。

　　CALIOP 采用 3 个接收通道:一个测量 1064nm 的后向散射强度,两个波段测量 532nm 的后向散射信号的正交极化成分。每个通道包括双 14bit 数字转换器,能提供有效位数是 22bit 的动态范围。接收器望远镜的口径是 1m。CALIOP 还装备了一个激光发射系统的备份和一个主动瞄准调准系统,用于支持激光发射器和接收器的配准。图 1.17 是 CALIPSO 的实际布局[36],包括正交极化云气溶胶激光雷达、成像红外辐射计(IIR)、宽场照相机(WFC)。

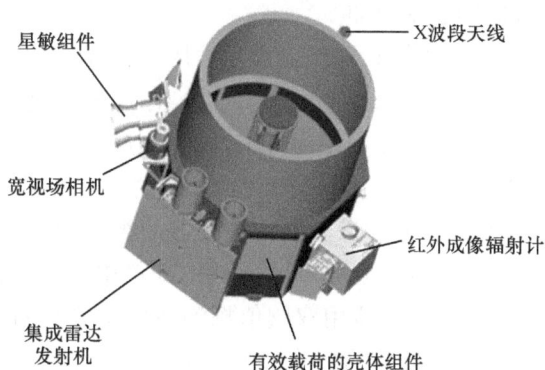

图 1.17　CALIPSO 的实际布局(来源:NASA)

1.7.7　大气激光多普勒激光雷达

　　搭载在欧空局大气动态任务 Aeolus(ADM-Aeolus)卫星的(大气激光多普勒激光雷达 ALADIN)是一个直接探测型多普勒测风雷达。该仪器工作在近紫外波段(355nm),组合了一个分析气溶胶和云的后向散射接收器和分析分子后向散射的双边缘接收器。它主要由两部分组成。

　　① 发射器。二极管激光驱动的 Nd:YAG 激光器,3 倍频至 355nm,脉冲能量为 150mJ,脉冲重复频率是 100Hz。

　　② 接收器。口径为 1.5m 的 SiC 望远镜,包括斐索干涉光谱仪的 Mie 通道(气溶胶和水滴)和瑞利通道(分子散射)。

　　在卫星沿轨方向,每 200km 后向散射信号的处理会产生浓密的云的上面或下面清澈的空气 LOS 风的剖面图。ADM-Aeolus 于 2013 年发射,是第一个能进行全球风剖面观测的设备,能提供改善天气预报所需的信息。任务的目标是增加我们对地球大气和气象系统的了解。通过记录和监测世界不同区域的气象,ADM-Aeolus 能使科学家建立复杂的环境模型,这能用来预测未来环境的变化。这些预测在短期是有效的,因此为了使气象预报更准确,它们应用于数字气象预报。这项任务将增加我们对各种天气现象的了解,从全球变暖到环境污染[37]。

1.7.8 水星激光高度计

水星激光高度计(MLA)是执行水星表面、空间实验、地质化学、测距任务的 7 个科学设备中的一个。2004 年 8 月 3 日发射,经过 79 亿千米的旅程在 2011 年 3 月 18 日进入水星轨道,开展一个地球年的科学测量(等效于 4 个水星年)。MES-SENGER 运行在水星高椭圆和近极点轨道,近火星点高度是 200~400km,远火星点高度是 15 000km,周期是 12 小时[38]。

MLA 的设计原理源于 MOLA,但尺寸和质量只有 MOLA 的 1/5[30],有 2~4 倍的测距能力。它装备了二极管驱动的调 Q 的 Nd:YAG 激光器,在波长 1064nm 时的脉冲能量为 20mJ,脉冲重复频率为 8Hz,脉冲宽度为 6ns,经过扩束后的光束发散角为 80urad。接收器包括 4 个口径为 11.5cm 的折射式望远镜,4 个多模光纤用于连接光到硅雪崩光电二极管探测器。接收器的视场为 400urad,光学带宽是 0.8nm。多折射望远镜的主要优点是在水星热的环境中有较低的热失真,比单个反射望远镜成本低。MLA 接收器用双阈值探测技术接收相对较强的信号,提供每次接收脉冲波形的 4 次采样估测接收脉冲的能量。在信号能量较低时,接收器用低探测阈值,最多可对 10 个不同的阈值进行采样[39]。

MLA 的激光脉冲能量监测和反射脉冲能量测量,可以主动估测在 1064nm 火星表面反射率。激光脉冲以 8Hz 的频率发射,发射到接收时间测量的精度是 2.0ns。因此,地质数据的精度是 0.3m。因为它发射激光脉冲时探测器在移动,在移动路径每 100~300m 收集测量数据。MLA 测量水星北半球的地势,绘制地形图,以帮助描述该星球的地质历史。地势数据能与其他数据组合来了解水星全球地形、旋转轴、核的尺寸状态。

1.7.9 月球轨道激光高度计

NASA 月球侦查卫星任务搭载的月球轨道激光高度计于 2009 年 6 月 18 日发射,激光高度计提供精确的全月球地形图,辅助未来机器人和人类探索月球任务的着陆地点选择,它还试图探测表面附近冰的存在,这也是 NASA 探测计划的目标之一。我们现有的月球地形的知识,是不足以决定安全着陆地点的。只有阿波罗任务调查的那些区域是有足够的细节,对月表面其余部分的知识大概只有 1km 量级的水平。

LOLA(图 1.18)是脉冲探测飞行时间型高度计,包含一个 5 光束的激光发射系统,在 5 个点同时测量到月球表面的距离,因此在垂直于月球的表面能提供 5 张剖面图。LOLA 发射重复频率为 28Hz 的单脉冲激光,沿月面路径的速度是 1600m/s,所以每隔 57m 有一个测量点。在 50km 的高度,5 个光束的每个点表面的直径是 5m,探测器的视场看到的直径是 20m;表面扩展是 25m,这些点形成一个逆时针 26°的交叉图案以提供相邻的剖面图。在 50km 的轨道,LOLA 用调 Q Nd:YAG 1064nm 波长的激光器和雪崩二极管测量到月球表面的光的飞行时间[38]。发射的激光束被 0.5mrad 间隔的衍射光学单元分成 5 束不同的光束。接收器的望远镜把反射光束汇聚到望远镜焦平面的光纤光学阵列。阵列包括 5 个光纤,每个光纤与地面激光点对齐。光纤把反射光传送到探测器。探测器电子电路学把信号放大,然后把它与预设的阈值比较。比较器的输出相对于飞行器时间的延迟,形成反映高程(或距离信息)的时间标记。该标记是采用分辨率为 0.5ns 的时间数字转换器得到的。

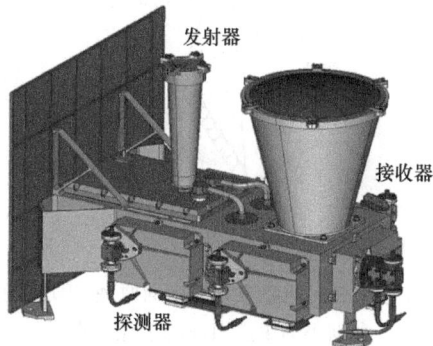

图 1.18　月球轨道激光高度计(LOLA)示意图(来源:NASA)

1.7.10　新一代高分辨率扫描成像激光雷达

虽然以前多数星载激光雷达采用单个激光点投射和成像进行高度测量,最近 LOLA 设计用非扫描型 5 光束的方法对月球地形成像。用多激光束可以进行斜坡测量,极大地减少了全月面地形成像测量所需的时间。新一代高效扫描成像空间激光雷达已在研究[42]。

这个研究的目标是验证未来进行地球表面地形测量任务新的、高效激光雷达的关键能力。这个任务要求激光雷达在 5000m 扫描宽度的情况下有 5m 的分辨率,以探测器阵列对目标并形成成像方式,生成 5000m×5m 的采样条带的地形高程图像。仪器具有对植被的穿透能力,并由此测量植物覆盖的三维模型。推扫模式(图 1.19)用来对 5000m×5m 的区域扫描成像,垂直于沿轨方向的区域由 1000 束 5m×5m 的激光束组成。在高度 400～425km 轨道投射到地面的激光束的直径是 5m,激光束在垂直于沿轨方向是连续的。

在激光脉冲频率是 10kHz，空间飞行器地面速率是 7km/s 时，沿轨方向激光束向飞行器飞行方向每次发射扫过 0.7m 的区域，在 5m 的直径距离中产生 7 次的激光束的照射。这样的过采样使得能在更有利的观测条件下探测地面反射脉冲，如薄云对激光的衰减、植物对地面的覆盖。一个灵活的方法能用来规划仪器的扫描宽度、分辨率、激光功率、望远镜尺寸。对激光器其他的需求还包括线性极化的输出、光束发散角要优于 1.5 倍衍射限制、光谱宽度和波长的稳定性小于 20pm，以使太阳照射表面背景光子的影响最小。

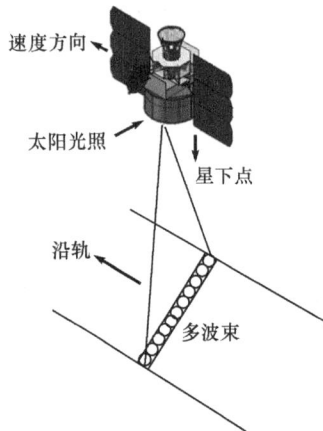

图 1.19　扫描成像型表面地势激光雷达的原理，生成的扫描宽度包括
由细小的单点组成的多光束点

高敏感度、低噪声型 APD 探测器工作在准模拟探测模式是临界的。理想的探测器要具备单光子敏感、高量子效率、1GHz 带宽的特点，可选的探测器包括碲镉汞（MCT）、碲锌镉（CZT）、基于碰撞电离的铟铝砷（InAlAs）雪崩光电二极管、多元阴极 InGaAsP 基光电二极管探测器。每个探测器单元的输出被转换为直方图，并用电子计数的方式分析，可以反演得到包括到被测表面的距离、表征表面及植被垂直结构的回波波形等数据。

参 考 文 献

[1] Lauer, D. T., S. A. Morain, and V. V. Salomonson, "The Landsat Program: Its Origina, Evolution, and Impact," Photogrammetric Engineering & Remote Sensing 63 (7), 831-838 (1997).

[2] Mika, A. M., "Three Decades of Landsat Instruments," Photogrammetric Engineering & Remote Sensing 63(7), 839-852 (1997).

[3] Moriyama, T., "Advanced Land Observing Satellite (ALOS) Missions and Satellite Outline," Proc. IGARSS 2000 (July 2000).

[4] Osawa, Y., N. Ito, and T. Hamazaki, "PRISM and AVNIR-2: ALOS's Optical Sensors," Proc. IGARSS 2000 (July 2000).

[5] Fratter, C., M. Moulin, H. Ruiz, P. Charvet, and D. Zobler, "The SPOT 5 mission," 52nd International Astronautical Congress, Toulouse, France, (Oct 2001).

[6] Goetz, A. F. H. et al., "Imaging spectrometry for Earth remote sensing," Science 228, 1147-1153 (1985).

[7] Goetz, A. F. H., "Imaging spectrometer for remote sensing: vision to reality in 15 years," Proc. SPIE 2480, 2-13 (1995) [doi: 10. 1117/12. 210867].

[8] Picon, A., O. Ghita, P. F. Whelan, and P. Iriondo, "Fuzzy spectral and spatial feature integration for classification of non-ferrous materials in hyper-spectral data," IEEE Transactions on Industrial Informatics 5(4), 483-494 (2009).

[9] Green, R. O. et al., "Imaging spectroscopy and the Airborne Visible/Infrared Imaging Spectrometer (AVIRIS)," Remote Sensing of Environment 65(3), 227-248 (1998).

[10] Hutley, M. C., Diffraction Gratings, Academic Press, San Diego, CA(1990).

[11] Gat, N., "Imaging spectroscopy using tunable filters: a review," Proc. SPIE 4056, 50-64 (2000) [doi: 10. 1117/12. 381686].

[12] Paxton, L. J., C. -I. Meng, D. E. Anderson, and G. J. Romick, "MSX-A Multiuse Space Experiment," Johns Hopkins APL Technical Digest 17(1), 19-34 (1996).

[13] Pearlman, J., "Overview of the Hyperion Imaging Spectrometer for the NASA EO-1 Mission," Proc. IGARSS 2001 7, 3036-3038 (2001).

[14] Barnsley, M. J. et al., "The PROBA/CHRIS Mission: A Low-Cost Smallsat for Hyperspectral, Multi-Angle, Observations of the Earth Surface and Atmosphere," IEEE Transactions on Geosciences and Remote Sensing 42, 1512-1520 (2004).

[15] Gortl, P. and J. P. Huot, "Overview of the Envisat MERIS and AATSR data quality, calibration and validation program," Proc. IGARSS 2003 3, 1588-1590 (2003).

[16] Rast, M. and J. L. Bazy, "ESA's Medium Resolution Imaging Spectrometer (MERIS): Mission, System and Applications," Proc. SPIE 1298, 114-126 (1990) [doi: 10. 1117/12. 21341].

[17] Murchie, S. et al., "CRISM: Compact Reconnaissance Imaging Spectrometer for Mars on the Mars Reconnaissance Orbiter," Lunar and Planetary Science XXXIII (2002).

[18] Boardman, J. W. et al., "Full-Mission Selenolocation Progress for the Moon Mineralogy Mapper on Chandrayaan-1," Lunar and Planetary Science Conference (2011).

[19] Lockwood, R. B. et al., "Advanced Responsive Tactically Effective Military Imaging Spectrometer (ARTEMIS) Design," Proc. IGARSS 2002 (2002).

[20] Stuffler, T. et al., "Hyperspectral imaging-An advanced instrument concept for the EnMAP mission (Environmental Mapping and Analysis Program)," Acta Astronautica 65, 1107-1112 (2009).

[21] Sang, B. et al., "The EnMAP hyperspectral imaging spectrometer: instrument concept, cali-

bration and technologies,"Proc. SPIE 7086,708605 (2008) [doi:10. 1117/12. 794870].

[22] Hilton, F. et al. , "Hyperspectral Earth Observation from IASI: five years of accomplish-ments,"Bulletin of American Meteorological Society 93,347-370 (2012).

[23] Larson, S. and R. Beer, "Overview of the Tropospheric Emission Spectrometer ground sys-tem,"IEEE Proc. Aerospace Conference 20014,1601-1610 (2001).

[24] Glumb, R. J. , J. P. Predina, and J. A. Fennelly, "Overview of the Cross-Track Infrared Sounder (CrIS),"in Fourier Transform Spectroscopy, Sawchuk, A. , Ed. , Vol. 84 of OSA-Trends in Optics and Photonics, OSA, Washington, D. C. (2003).

[25] Moreau, L. , M. -A. Soucy, H. Buijs, and R. Hughes, "ACE-FTS instrument: after five years on-orbit,"Proc. SPIE 7082,708212 (2008)[doi:10. 1117/12. 796818].

[26] Yarbrough, S. et al. , "MightySat II. 1 hyperspectral imager: summary of on-orbit perform-ance,"Proc. SPIE 4480,186-197 (2002) [doi:10. 1117/12. 453339].

[27] Moreau, L. , F. Grandmont, and A. Morin"Imaging spectrometers bring the heavens into clear view,"available online athttp://www. pdfplace. net/review-of-imaging-spectrometers-at-abb-bomem.

[28] Smith, W. L. et al. , "GIFTS-the precursor geostationary satellite component of the future Earth Observing System,"Proc. IGARSS 2002 1,357-361 (2002).

[29] Bingham, G. E. et al. , "Geosynchronous Imaging Fourier Transform Spectrometer (GIFTS) Engineering Demonstration Unit (EDU) overview and performance summary,"Proc. SPIE 6405,64050F (2006) [doi:10. 1117/12. 696861].

[30] Winker, D. M. , R. H. Couch, and M. P. McCormick, "An overview of LITE: NASA's Lidar In-space Technology Experiment,"Proc. IEEE 84(2),164-180 (1996).

[31] Garvin, J. et al. , "Observations of the Earth's topography from the Shuttle Laser Altimeter (SLA):Laser-pulse Echo-recovery measurements of Spaceborne Optical Sensors 41 terres-trial surfaces,"Physics and Chemistry of The Earth 23(9-10),1053-1068 (1998).

[32] Abshire, J. B. et al. , "Mars Orbiter Laser Altimeter: receiver model and performance analy-sis,"Applied Optics 39,2449-2460 (2000).

[33] Smith, D. E. et al. , "The Global Topography of Mars and Implications for Surface Evolu-tion,"Science 284(5419),1495 (1999).

[34] Abshire, J. B. et al. , "Geoscience Laser Altimeter System (GLAS) on the ICESat Mission: On-orbit measurement performance," Proc. Sixth Earth Science Technology Conference, L21S02 (2006).

[35] Schutz, B. E. et al. , "Overview of the ICESat Mission,"Geophysical Research Letters 32, L21S01 (2005).

[36] Winker, D. M. , W. H. Hunt, and M. J. McGill, "Initial performance assessment of CALIOP,"Geophysical Research Letters 34,L19803 (2007).

[37] Ingmann, P. et al. , "ADM-AEOLUS: ESA'S Doppler Wind Lidar Mission,"Proc. 87th AMS Annual Meeting, San Antonio, TX (Jan. 2007).

[38] Zuber, M. T. et al. , "Laser Altimeter Observations from MESSENGER's First Mercury Flyby," Science 321,77-79 (2008).

[39] Ramos-Izquierdo, L. et al. , "Optical system design and integration of the Mercury Laser Altimeter," Applied Optics 44(9),1748-1760 (2005).

[40] Cavanaugh, J. F. et al. , "The Mercury Laser Altimeter Instrument for the MESSENGER Mission," Space Science Review 131,451-479 (2007).

[41] Riris, H. et al. , "The Lunar Orbiter Laser Altimeter (LOLA) on NASA's Lunar Reconnaissance Orbiter (LRO) Mission," Proc. SPIE 6555, 65550I (2010) [doi: 10. 1117/12. 719266].

[42] Yu, A. W. et al. , "A spaceborne Lidar for high-resolution topographic mapping of the Earth's surface," SPIE Newsroom, 1 March 2010 [doi: 10. 1117/2. 1201002. 002655].

[43] Reprinted with permission from Figure 1 and Figure 3 in the article: Mika, A. M. , "Three Decades of Landsat Instruments," Photogrammetric Engineering & Remote Sensing 63(7), 839-852 (1997).

第2章　卫星数据生产和产品分级标准

2.1　空间数据和信息系统

人类通过使用卫星遥感系统采集科学数据与科学信息了解地球,尤其是气候、气象和自然灾害。长期持续的观测使科学家能够获取地球气候随时间变化的规律,以此预测地球气候变化的趋势。然而,仅有卫星是不够的。一个完整的数据信息系统,遥感数据科学应用团队,以及大量的地面应用实践都是非常重要的。与其他因素相比,让科学应用团队容易获得遥感数据,并确保数据可用是卫星遥感任务成功的关键。为了满足这种要求,美国国家航空航天局自1994年8月以来建造运行了8个分布式主动数据档案中心(DAACs),使地球观测系统(EOS)的数据信息系统能够保持运行[1-3]。

为了向行星探测科学家团队提供高质量、有用的行星科学数据产品,近年来建立了行星数据系统(PDS)。该系统收集了行星科学遥感标准数据产品、工程、其他辅助数据产品,以及与数据集相对应的文档。行星数据系统根据科学家团队要求进行了改进,使行星科学数据更易被用户获取。针对科学家、教育工作者、公众等不同层次的用户,改进后的行星科学数据系统向他们提供不同等级的遥感数据[4]。

2.2　地球观测系统数据和信息系统

地球观测系统数据信息系统的主要功能是采集、处理、归档和分发与地球遥感有关数据。这些数据包括上传的运行航天器和仪器的控制数据;监测航天器、仪器运行状态和安全性的管家与工程遥测数据;卫星采集的地球科学数据;辅助数据及其他对于生成地球科学数据产品必需的仪器数据;仪器研制人员对归档的数据产品的质量评估数据;用户搜索访问数据的请求信息。数据通过计算机互联网渠道传输给相关的用户[3]。

地球观测系统数据信息系统向研究地球科学、专门研究领域的科学家,以及一般公众和国际科学研究团队提供基础设施及任务数据系统的服务。主要服务包括飞行器指挥和控制,数据采集和0级数据处理,数据产品生产,数据归档、管理和发布,数据产品的目标定位和访问机制。

2.2.1　飞行器指挥与控制中心

控制中心的职责是计划安排与任务调度,通过发送上行控制数据实现对航天器和在轨仪器的指挥与控制。控制中心的其他职责包括处理数据采集请求,控制多台仪器协同观测,确保上行控制命令的有效性,并满足航天器资源约束,监控和维护航天器及其携带仪器的运行状况和安全性,分析航天器运行状态数据,并记录航天器及其仪器的操作和维护过程信息。仪器研制团队可以通过控制中心提供基于网页的操作界面来监测仪器和航天器的活动。

2.2.2　数据接收和 0 级数据处理

地面接收站接收来自航天器的“原始”数据,并进行剔除遥测错误(第 6 章),消除传输误码,生成 0 级数据产品等处理。从载荷获得的原始科学数据生成 0 级标准数据产品(2.3 节)。对于业务化运行的环境监测仪器,必须确保观测数据能够及时提供给应用部门,如美国国家海洋和大气局(NOAA),因为它需要利用几小时内观测的数据支持天气预报等观测业务。

2.2.3　数据产品生产

开发数据产品处理算法与软件是应用与科学团队的科学研究内容之一。分布式数据中心具有将原始数据处理成数据产品的功能。项目科学办公室负责审查数据产品的技术规范,以确保其完整性和一致性,并能满足任务目标。确定有效载荷任务前,用户和科学团队需要对数据产品的物理、化学和生物基础,以及数据产品生成方法的可靠性进行审查评估。通过向相关的科学家咨询,并根据科学目标、技术可行性及成本因素确定任务的优先级。

2.2.4　数据归档、管理和分发

分布式数据中心归档、管理和分发的数据包括通过航天任务直接获取的数据产品、科学研究处理的过程数据,以及其他相关数据和信息。航天任务采集处理的所有标准数据产品均存储在分布式数据中心,分布式数据中心还根据用户请求,通过网络向用户分发数据产品。数据处理算法、软件、文档、定标数据、工程技术参数和其他辅助数据也存储在分布式数据中心,并根据用户请求进行分发。系统结构配置历史的有关信息都被记录,以便在发生意外故障或灾难性损失时能进行数据恢复。

2.2.5　数据产品的目标定位和访问机制

数据信息系统提供了便捷的对卫星数据产品的电子化定位与访问机制,通过提供可扩展的工具和功能包,使用户成员可以使用自己的计算机设备访问数据产品,从而促进科学合作。系统有一个实用化的访问接口,通过这个接口能够访问分布式数据中心和其他参与数据中心的所有数据资源。该访问接口向用户提供访问、浏览、选择、预订等功能。卫星数据搜索与获取是分布式数据中心提供增值服务和在用户与数据供应方之间扮演经纪人角色的方法。这种方法能支持对科学数据的有效发现和访问。

2.3　地球观测系统数据产品分类标准

地球观测系统载荷产生的数据产品依次分为 4 个级别。0 级数据产品是具有设计采样分辨率的仪器原始数据。在较高的产品水平,原始仪器数据被转化为更有用的,并且科学家感兴趣的参数和格式。通过应用模型,4 级数据产品的参数进一步精细化。数据产品级别定义如下。

0 级:0 级数据产品是经过格式编排整理的,具有设计采样分辨率的未经处理的数据。0 级数据剔除了同步数据帧、传输数据包头及重复的数据等数据通信传输过程中人为添加的数据。在大多数情况下,0 级数据产品作为数据集提供给分布式数据中心,处理成标准的数据产品,并用于生产更高等级的数据产品。

1A 级:1A 级数据产品是将 0 级数据产品与参考时间,辐射定标系数、几何定标系数等辅助数据,以及平台轨道等几何定位参数组合打包的数据产品,科学数据仍然保持原始分辨率。

1B 级:1A 级数据产品经过传感器特征相对较正得到 1B 级数据产品(并不是所有的仪器都有一个 1B 等级)。

2 级:1 级数据产品经过地理信息反演得到 2 级数据产品,2 级数据产品与 1 级数据产品分辨率及定位参数相同。

3 级:2 级数据产品映射到统一的时空网格尺度下得到 3 级数据产品,通常具有一定的完整性和一致性。

4 级:由底层数据模型推导或分析得到 4 级数据产品,如通过多次测量或多种测量手段综合推导出的规律。

所有的地球观测卫星有效载荷都有 1 级数据产品。大多数地球观测卫星任务会生产 2 级和 3 级数据产品,部分任务会生产 4 级数据产品。分布式数据中心或科学家主导的数据处理系统负责生产标准数据产品。

2.4　行星数据系统和产品

行星数据系统负责归档和分发行星数据。具体任务包括根据行星数据系统的规范规划、生成和审核数据档案；为跨任务或多仪器综合数据分析构建数据归档系统；为用户提供超越一般仪器或数据集的搜索与访问服务[5]。

行星科学数据产品包括标准数据产品、工程数据和其他辅助数据产品、交付给PDS 的与数据产品相对应的文档资料。

2.4.1　标准数据产品

标准数据产品包括实际测量数据和经处理的数据两类。实际测量数据为 0 级数据产品，如表 2.1 所示为按时间顺序排列的各类行星科学数据类型。实际测量数据是按仪器类型来分类的，通常还包含相应的工程数据，工程数据主要用来记录仪器的工作状态。实验测量数据的具体内容与仪器相关。经处理的数据是指原始数据被处理成 1 级数据产品或更高级的科学数据产品。它们通常根据实验测量数据和一些与行星探测设备有关的基本辅助数据集（如航天器轨道位置、行星轨道位置、仪器工作状态、航天器的坐标系等）处理得到。标准数据产品在任务的过程中主要由调查团队通过一种系统化的方式生产获得。标准数据产品有时也被称作业务数据产品或流水线数据产品，因为它们通常通过确定的程序来生成[6]。

表 2.1　行星数据产品分级和相应的地球观测系统数据产品分级

等级	相应的地球观测数据等级	数据类型	数据处理操作说明
1	未定义	原始数据	包含其他传输辅助编码的下传数据
2	0 级	格式化数据	实际测量数据，主要进行传输错误修正处理，并根据仪器特点将数据级进行拆分或存档，数据包包含采集时刻及地理位置
3	1A 级	校正后数据	与格式化数据不同，校正处理操作完成从仪器数字化码值到对应的物理量单位，如辐亮度。该数据未数字重采样，因此格式化数据可以被重构
4	1B 级	重采样数据	格式化数据按时间域或空间域进行重采样后得到重采样数据，经编辑原始数据已不能重构，但通过重采样，也可以做进一步定标处理

等级	相应的地球 观测数据等级	数据类型	数据处理操作说明
5	2～5 级	反演后数据	反演运算结果,如分布图、报告、图形等
6	未定义	辅助数据	除科学数据,用于生成校正或重采样数据集的数据,包括仪器增益、偏置、扫描平台的指向角度信息等
7	未定义	相关数据	指用于解译星上数据集的其他数据,它有可能是地面测量的土壤类型数据或海洋浮标测量的风漂流数据
8	未定义	用户说明	主要说明该数据的用途,以及与该数据有关的相关特性,为其他用户从数据中提取信息提供足够的文档

2.4.2　工程数据和其他辅助数据产品

工程数据主要用于辅助科学数据解释,其他辅助数据产品包括事件序列文件、日志文件、深空网络监视文件等。工程数据产品及其他辅助数据产品通过导航和辅助信息设备来归档存储。在某些情况下,工程数据可以和科学数据打包在一起。

辅助数据由下列基本数据组成。

① 航天器轨道位置数据,通常记录航天器轨道位置随时间变化的文件。

② 行星轨道位置数据,以及相应目标形体的物理或制图学常数。

③ 仪器信息,包括安装配准基准、视场大小/形状/方向。

④ 航天器的主要定位坐标系定义和可能的角速率。

⑤ 事件信息,包括名义序列、实时指挥、计划外事件和参与实验人员的评论记录。

大部分辅助数据由飞行控制团队采集处理生成,包括来自仪器研发团队提供的仪器信息和序列数据。辅助数据通常在原始数据采集的基础上处理生成,仪器研发团队可以访问这些数据。利用辅助数据,研究机构通过软件包进行反演,反演结果有助于规划观测任务和处理实际测量数据。

2.4.3　数据集说明

将数据采集和处理过程进行文档化说明,对于项目科学数据的长期成功应用至关重要。辅助数据包包含为什么会进行某些观测任务的解释,以及是否是一系列观测任务的一部分的说明。与系列观测任务有关的航天器事件信息和数据产品也将包括在内。重建的辅助数据文件与原始数据、处理后的数据一起存储在一个长期保存的数据库内。

　　为了长期使用行星任务科学数据,还会处理生成一些有助于深入理解实际测量数据、辅助数据、处理后数据的辅助信息。每个仪器研制团队通常提供定标要求、定标报告、科学报告,描述具体仪器数据产品生成的用户指南,仪器履历说明书。

　　行星数据系统归档数据集的说明通常会放置在行星数据系统目录的访问入口处。数据提供商需要为行星数据系统目录提供说明。具体来说,该项目科学办公室负责对任务和仪器系统(航天器)进行说明,仪器研制团队负责对仪器和仪器产生的数据集进行说明。

2.5　行星数据产品分级标准

　　表 2.1 定义了行星科学数据产品的分级标准,使用由美国宇航局开发的常规命名方法,包括 8 个数据产品等级,每个等级均有数据类型和数据处理操作说明[4]。为了和地球观测系统数据产品等级相比较,相对应的地球观测系统产品等级在表中列出。基于未来数据产品数量和类型增加的可能性,将设置特殊数据产品说明。

2.6　地球观测系统产品等级划分案例

　　表 2.2 列出了用于天气预报和气候变化的气象卫星数据产品的分级标准,通常和地球观测系统数据产品的分级标准一样,实际操作时会有一些差异。例如,1 级数据产品有 3 个子级,即 1A、1B 和 1C。下面以这个卫星的数据产品等级划分为例,了解每个数据产品等级的详细信息和数据产品的要求。

表 2.2　用于天气预报和气候变化的气象卫星数据产品等级划分

产品等级	数据产品说明
0 级	根据仪器观测模式按时间顺序进行重新编排的原始数据,数据类型为仪器原始码值,包括进一步处理必需的所有辅助数据
1A 级	0 级数据附加上质量控制标识及相应的几何信息,如地理位置
1B 级	1A 级数据产品附加上辐射定标系数,每个像素附加上地理位置信息,得到 1B 级数据产品,但不进行重采样
1C 级	1B 数据转换成反射率数据(可见光波段)或亮温数据(红外波段),并重采样到特定的参考网格得到 1C 级数据产品
2 级	由 1B 或 1C 产品数据反演得到的数据产品,地理位置和分辨率不变
3 级	基于时间或空间均化的网格化数据,可以是 2 颗或更多颗卫星镶嵌组合的数据

2.6.1　0级数据产品

数据产品包含所有带有时间标记的辅助数据,这些辅助数据对于科学数据的定标及配准是必需的,用来确认仪器状态、运控模式、仪器健康、航天器姿态和轨迹。

数据产品包含辅助数据质量信息,包括图像采样的好坏标识(如焦平面探测器中的坏像素信息)及数据传输通信子系统是否发生数据块丢失(不可恢复的数据错误)。

数据产品包含辐射和地理定位的辅助数据,这些辅助数据将影响 1A、1B 和 1C 产品图像样本的质量。

数据产品应按符合后处理要求,并按协议的格式保存。

对于任何场景的一个单元,数据产品采集的延迟不能超过重复采样周期(如 10 分钟)

2.6.2　1级数据产品

数据产品在完整场景的两个正交方向上进行了一致的空间距离采样,并且每个光谱波段采用相同的空间采样处理。

1A 级数据产品涵盖完整的场景。

1B 级数据产品包括辐射校正信息。

1C 级数据产品进行了地球地理定位校正。

1C 级数据产品所有区域能满足视角条件为基本要求,并将单一视角能覆盖完整的场景作为目标。

1C 级数据产品需要被重采样到一个特定地球固定参考网格,或参数可选择的网格(包括地图投影,网格间距和地理范围)进行重采样。

1C 级数据产品的空间分辨率满足奈奎斯特频率处的调制传递函数要求。

数据产品满足任务所必需的各种视场角下对图像几何质量的要求。

2.6.3　2级及更高级别数据产品

2 级数据产品是低等级数据产品经反演后,能满足科学任务用户需求带地理属性的数据产品。表 2.3 是一个气象卫星数据反演出的地理数据产品的示例。表中的产品延迟时间是交付时间和有效时间的间隔。有效时间由最新图像下方场景中心的观测时间决定。

2 级数据产品和 1 级数据产品一样,是在相同的标称像素分辨率下处理得到的。

3 级数据产品是基于 1C 级数据产品的固定网格或更粗的网格进行网格化处理得到的数据产品。

数据产品的格式按全球气象团体的通常使用的规范确定,这便于业务化气象任务全球网络的集成使用。

表 2.3 气象卫星 2 级数据产品示例

2 级数据产品	水平分辨率 /km	精度	产品更新周期 /h	产品延迟时间 /h
云覆盖	15	10%	1.0	1.0
云顶高度	15	0.9km	1.0	1.0
低空风速(>700hPa)	100	5.0m/s	3.0	1.5
中高空风速 (400~700hPa)	100	5.5m/s	3.0	1.5
高空风速 (<400hPa)	100	7.5m/s	3.0	1.5
气溶胶/粉尘总光学厚度	5	50%	3.0	3.0
净红外辐射	15	0.45K	1.0	1.0
海表温度	30	1.0K	3.0	3.0
陆表温度	15	2.5K	1.0	1.0
林火、热点	15	10K	1.0	1.0
表面辐射率	15	0.01	24	24
表面反照率	10	0.10	24	24
雪/冰覆盖	10	0.15	24	24

2.7 行星数据产品分级的案例

未来火星任务的行星数据产品是另一个数据产品分级说明的例子。用于未来火星探测任务的飞行仪器是一个轻小型拉曼传感器,主要用于碳化合物遥感探测。拉曼传感器是一个基于出射激光光束拉曼散射效应的主动光学仪器。散射光包含被照射目标材料的光谱特征,基于这种光谱特征可以确认材料的组成分子或化合物类型。作为一个纯粹的光学技术,虽然信号强度随着距离增加迅速衰减,但是拉曼散射可以用在远距离测量应用上。尽管使用紫外激光会漂白样本,但原理上也是一种无损分析方法。

拉曼传感器是检测和识别火星上的有机化合物很好的手段。寻找有机化合物被认为是在火星上寻找生命的一项必须工作。有机化合物的主要特征是含碳,因此碳传感器是未来火星任务中描述碳化学和碳循环(为了了解火星的演化过程和判断火星能否适合居住)的传感器系统的重要组成部分[7]。

拉曼传感器包括传感器头、发射激光器、收集散射光的望远镜和聚焦阶段用于确定位置的激光测距仪组成。传感器安装在倾斜转盘上,转盘可以扫描目标区域。在未来任务中,拉曼传感器被安装在火星巡视器上[8]。

2.7.1　1级数据产品:原始数据

拉曼传感器生成的最基本数据是采集到的原始光谱数据。这些数据包含被嵌入的遥测数据。原始数据包括感兴趣的目标混合物或标定目标的光谱数据,也可能是目标背景的光谱数据。

2.7.2　2级数据产品:拉曼数据包

一系列1级数据产品被分割成数据包或实际测量数据记录,包括采集的时间和位置。同一个目标的所有光谱通常存储在一个数据包中。如果一个目标获得多个光谱(如正常的仪器校准期间一个系列的光谱),这些光谱将被分组存入一个数据包。如果仪器工作在扫描模式,那么仪器通过扫描二维表面获得的光谱信息也被视为一个数据包进行保存。如果目标只采样一个光谱样本(因此只有一个光谱数据),那么这个光谱数据构成一个独立的数据包。存在这样的一种可能,为评估目标点是否具有较高的探测价值,在很远距离就对目标点进行试采样。

2.7.3　3级数据产品:校正未识别的拉曼光谱

1级原始数据产品经分类形成由一个或多个光谱数据组成的2级数据包,需要进一步校正,来确保峰值信号位于正确波长的位置,并且保留峰值的相对强度(如果需要),2级数据产品经校正生成3级数据产品。生成的3级数据产品将用于评估数据的初步质量,并将被用于巡视器科学团队快速查看数据产品的情况。

① 评估数据是否具有足够的质量。

② 制作评估目标的碳含量和/或矿物性质的报告。

③ 进行进一步直接研究,如在线测量或者可能的样本采集。

为了进行以上分析,以纳米为波长单位的仪器测量结果可以转换为以波数为单位的拉曼位移,无需对数据进行重采样操作。

2.7.4　5级数据产品:碳含量/矿物学的结果

行星数据产品分级中没有4级数据产品,但是有两种类型的5级产品标准。

碳/矿物识别:经过光谱校正后的3级数据产品可以用来评估分析目标中存在的含碳物质或矿物成分。这一分析评估工作依赖于样本和矿物质光谱数据库,但仍然需要进一步的实验室工作来确认。这可能还需要使用外部数据,如漫游器成像系统采集的光谱特征,尤其是被测量样品的辅助信息(2.7.5 节和 2.7.6 节)。反演评估的结果将是 5 级数据产品,这将提供一个经确认识别的目标包含的化合物列表。第 2 类 5 级数据产品是单一化合物的简单的二维分布,这个分布是根据倾斜转盘单元的位置关系,通过仪器的制图模式获得。

　　碳/矿物地理定位:3 级数据产品将结合漫游器绝对位置和倾斜转盘单元角度有关的拉曼传感器姿态,以及激光测距仪数据来定位 2 级数据在绝对 xyz 坐标(行星)框架(或者纬度、经度和海拔高度)的位置。将反演结果、定位数据、数字高程图交叠在一起进行展示是比较理想的,可以提供整个区域,以及目标前后左右的辅助信息。

2.7.5　6 级数据产品:辅助数据

　　非科学数据包括头文件信息,如采集时刻、曝光次数、曝光时间、光脉冲长度、增益、相机温度,以及其他仪器参数。辅助数据还包括描述激光方向和目标距离的参数。确定定标参数和目标地理环境需要用到这些辅助数据。

2.7.6　7 级数据产品:相关数据

　　外部数据,如漫游器成像系统采集的光谱特征,这样的外部数据对于提供目标的局部环境是必需的。激光测距仪数据和拉曼传感器倾斜转盘上的状态,再结合漫游器绝对位置和姿态,将在更大范围内对目标地理定位提供支持。

2.7.7　8 级数据产品:用户说明

　　作为前面描述的数据产品的补充,8 级数据产品主要是结果和方法的定性描述,包括对数据异常的描述或数据包采集操作背后的动机说明,通过意图说明,将有利于未来用户对拉曼传感器数据的分析。

参 考 文 献

[1] Asrar,G. and H. K. Ramapriyan,"Data and Information System forMission to Planet Earth," Remote Sensing Review 13,1-25 (1995).

[2] Price,R. D. et al. ,"Earth science data for all:EOS and the EOS Data andInformation System,"Photogrammetric Engineering Remote Sensing 60,277-285 (1994).

[3] Parkinson,C. L. ,A. Ward,and M. D. King,Eds. ,NASA's Earth Science Reference Handbook,available at http://eospso. gsfc. nasa. gov/ftp _ docs/2006ReferenceHandbook. pdf (2006).

[4] Arvidson,R. E. ,S. H. Slavney,and J. G. Ward,"Mars ExplorationProgram Data Management Plan,"Rev. 4. 0,available at http://geo. pds. nasa. gov/missions/mep/mepdmp. pdf

(June 2011).

[5] NASA, "Planetary Data System Data Archive Preparation Guide," Version 1. 4, JPL D-31224, available at http://pds. jpl. nasa. gov/tools/archiving. shtml (April 2010).

[6] NASA, "Planetary Data System Standards Reference," Version 3. 8, JPLD-7669, Part-2, available at http://pds. jpl. nasa. gov/tools/standards-refer-ence. shtml (February 2009).

[7] Steele, A. et al. , "The Astrobiology Field Laboratory," unpublished whitepaper by the Mars Exploration Program Analysis Group (MEPAG), available at http://mepag. jpl. nasa. gov/reports/index. html (December 2005).

[8] Cottin, P. , R. Forest, P. Dietrich, M. Daly, G. Slater, R. Leveille, andS. -E. Qian, "Compact rover mounted Raman Lidar for carbon detectionfor astrobiological research on Mars," Proc. 16 th Canadian CASIAstronautics Conference, Québec City, Canada (2012).

第3章　卫星数据和图像的质量度量

3.1　质量度量的需求分析

对卫星数据和图像进行质量度量是有必要的。当卫星数据产品是为特定领域的应用而生产时,必须在验证卫星数据的质量后,才能将卫星数据交付给用户使用。对用户而言,数据或图像经过应用算法处理之后,需要对处理数据结果进行质量评价,以确保衍生出的中间数据或最终产品能够满足该应用的需求。本章将阐述评价原始卫星数据产品及其衍生产品的图像质量度量。

定义一组综合的图像质量度量准则的原因是显而易见的。受仪器特性的影响,譬如辐射噪声和调制传递函数(MTF),光学卫星传感器在数据采集过程中会出现退化。采集系统的退化会导致图像质量受损。图像产品出现的第一种退化是辐射噪声,主要由光子探测过程中的光电效应、电子器件和量化过程引起。辐射噪声常常被比作为白噪声,尽管不同波段之间存在相关。质量度量准则之一的信噪比(SNR)常被用来定量描述信号遭噪声干扰的程度。

其他退化由光谱仪的光学特性造成。点扩散函数(PSF)能够造成空间维的平滑效应。光谱仪的色散元件和探测器阵列的特性可造成光谱维的平滑效应。在对光学卫星传感器的特性进行标定时,根据具体的应用需求,使用适当质量度量准则对图像质量进行测量,然后集中改善光学传感器中的关键特性,能够帮助提高传感器的性能。

多光谱传感器的一组光谱波段图像质量可能受配准问题的影响。误配准导致光谱波段图像之间不能对准。高光谱图像或数据立方体可能存在光谱失真和空间失真的问题。空间失真使给定地面采样点在光谱辐射光被分散后,不能成像在二维探测阵列的同一列上,而造成探测单元成像的偏移。因此,利用一个定义明确的度量准则来检测光学传感器的光谱和空间失真,是非常必要的。

另一个例子是数据压缩。高光谱传感器生成是海量数据,对星上数据存储和传输至地面都是挑战。目前传输的数据量受到可用数据下连通道带宽和机上存储容量的限制。星上有损数据压缩能够大幅度减少数据量,提高存储和寻访能力,传输更多的数据。因为数据压缩是在星上完成的,也就是说,在数据从空间传输到地面之后,由于数据压缩导致的信息损失是不可复原的。人们发现数据压缩后信息有所损失,但这些损失使得传感器可以获得和传输更多图像。另外,摒弃相对不那么重要的信息是为了省出空间获得更有用的信息。当星上数据压缩是有损压缩时,对压缩后的数据进行质量评价是重要的。为正确量化因数据压缩造成的信息损失,需要定义一套图像质量准则或失真测量。质量度量准则可以用来确保在数据压缩过程中关键信息没有丢失,并且原始数据中有科学价值的信息被很好地保留了下来。

基于所用参考源的不同,图像质量度量可分为全参考(full-reference,FR)、半参考(reduced-reference,RR)、无参考(no-reference,NR)。

全参考度量方法是基于一幅参考图像来测量待测图像的质量(参考图像常常指的是原始图像)。这种度量提供了更准确的评价,因为参考图像或原始图像包含全部待评价信息。然而,有时参考图像或者原始图像无法获得。半参考度量方法是仅用参考图像中的部分代表性信息(如平均值、方差、部分空间代表性信息等),而不是用整幅参考图像来评价待测图像的质量,与此相对应,参与比较的是待测图像的部分代表信息或者整幅待测图像。无参考度量方法评价待测图像,不用参考图像的任何信息。无参考度量是基于待测图像的先验知识来找到图像失真的本质。

3.2　全参考度量

评价卫星图像质量的全参考度量有很多。全参考度量是以计算参考图像和待测图像之间的误差为基础,如均方差(MSE)、均方根差(RMSE)、SNR 等。上述度量均不考虑待测图像的视觉感知质量。文献[1]-[5]提出一组考虑待测图像的视觉感知质量的全参考度量,通用图像质量指数(Q 指数)是其中之一。Q 指数依据的原理是,结构信息是从人眼睛的视域中提取出来的,人眼将误差检测转换到结构失真检测。多幅图像测试证实了 Q 指数有利于失真图像的质量评价。本节将分为两个独立的小节,分别阐述考虑视觉感知质量的全参考度量和不考虑视觉感知质量的全参考度量。

待测图像可以是一幅二维全色图像,一组多光谱图像或者三维数据立方体。假设一幅待测图像是 $I(X,Y,\Lambda)$,参考图像是 $I_r(X,Y,\Lambda)$,二者均为数据立方体(空间维是 N_x 列、N_y 行,光谱维是 N_λ 波段)。若待测图像只是一幅二维图像,那么 N_λ 等于 1。数据立方体(图像)也能够以矩阵形式表示,其中 $I(x,y,\lambda)$ 代表待测数据立方体中 x 列和 y 行,λ 波段处的像元值;$I_r(x,y,\lambda)$ 代表参考数据立方体中与待测数据立方体相同空间位置和光谱位置处的像元值。光谱曲线 $I(x,y,\cdot)$,对应数据立方体在 (x,y) 处的一个地面样点,定义为

$$I(x,y,\cdot) = \{ I(x,y,\lambda) \mid 1 \leqslant \lambda \leqslant N_\lambda \} \tag{3.1}$$

这条光谱曲线常被表示为长度为 N_λ 的光谱矢量。数据立方体 $I(X,Y,\Lambda)$ 中波段为 λ 的一幅图像 $I(\cdot,\cdot,\lambda)$,即

$$I(\cdot,\cdot,\lambda)=\{I(x,y,\lambda)\mid 1\leqslant x\leqslant N_x;1\leqslant y\leqslant N_y\} \tag{3.2}$$

3.2.1　常见全参考度量

1. 均方误差(mean-square error,MSE)

$$\text{MSE}=\frac{1}{N_xN_yN_\lambda}\sum_{x=1}^{N_x}\sum_{y=1}^{N_y}\sum_{\lambda=1}^{N_\lambda}\left[I(x,y,\lambda)-I_r(x,y,\lambda)\right]^2 \tag{3.3}$$

均方根误差(root-mean-square error,RMSE)

$$\text{RMSE}=\sqrt{\frac{1}{N_xN_yN_\lambda}\sum_{x=1}^{N_x}\sum_{y=1}^{N_y}\sum_{\lambda=1}^{N_\lambda}\left[I(x,y,\lambda)-I_r(x,y,\lambda)\right]^2} \tag{3.4}$$

2. 相对均方误差(relative-mean-square error,ReMSE)

$$\text{ReMSE}=\frac{1}{N_xN_yN_\lambda}\sum_{x=1}^{N_x}\sum_{y=1}^{N_y}\sum_{\lambda=1}^{N_\lambda}\left[\frac{I(x,y,\lambda)-I_r(x,y,\lambda)}{I_r(x,y,\lambda)}\right]^2 \tag{3.5}$$

相对均方根误差(root relative-mean-square error,RReMSE)

$$\text{RReMSE}=\sqrt{\frac{1}{N_xN_yN_\lambda}\sum_{x=1}^{N_x}\sum_{y=1}^{N_y}\sum_{\lambda=1}^{N_\lambda}\left[\frac{I(x,y,\lambda)-I_r(x,y,\lambda)}{I_r(x,y,\lambda)}\right]^2} \tag{3.6}$$

3. 信噪比(signal-to-noise ratio,SNR)

$$\text{SNR}=10\lg\frac{\text{Signal-power}}{\text{MSE}} \tag{3.7}$$

其中

$$\text{Signal-power}=\frac{1}{N_xN_yN_\lambda}\sum_{x=1}^{N_x}\sum_{y=1}^{N_y}\sum_{\lambda=1}^{N_\lambda}I_r(x,y,\lambda)^2 \tag{3.8}$$

4. 峰值信噪比(peak signal-to-noise ratio,PSNR)

$$\text{PSNR}=10\lg\frac{(\text{Peak-value})^2}{\text{MSE}} \tag{3.9}$$

其中,Peak-value 是参考图像的像元最大值。

量化的上限值有时用来作为 Peak-value,如 8 位量化的上限 255,12 位量化的上限 4095,16 位量化的上限 65 535,但是并不推荐使用这些值作为峰值。原因是卫星传感器系统设计时,为了避免亮信号造成的饱和,量化动态范围的上限常常比真实图像数据的最大值大得多。在这种情况下,量化上限值作为峰值将人为地造成 PSNR 偏高。

5. 最大绝对差(maximum absolute difference,MAD)

$$\text{MAD} = \max_{(x,y,\lambda)} \left\{ \left| I(x,y,\lambda) - I_r(x,y,\lambda) \right| \right\} \qquad (3.10)$$

MAD 能够界定待测图像中任意像元值与相应参考图像的对应像元值的误差限,在计算局部误差时非常有用。

6. 最大绝对差百分比(percentage maximum absolute difference,PMAD)

$$\text{PMAD} = \max_{(x,y,\lambda)} \left\{ \frac{\left| I(x,y,\lambda) - I_r(x,y,\lambda) \right|}{I_r(x,y,\lambda)} \right\} \times 100\% \qquad (3.11)$$

由于引入了归一化,PMAD 更能容纳待测图像中个别更大的误差。

7. 平均绝对误差(mean absolute error,MAE)

$$\text{MAE} = \frac{1}{N_x N_y N_\lambda} \sum_{x=1}^{N_x} \sum_{y=1}^{N_y} \sum_{\lambda=1}^{N_\lambda} \left| I(x,y,\lambda) - I_r(x,y,\lambda) \right| \qquad (3.12)$$

8. 相关系数(correlation coefficient,CC)

$$\text{CC}(\lambda) = \frac{\sum_{x=1}^{N_x} \sum_{y=1}^{N_y} \left[I(x,y,\lambda) - \mu_{I(\cdot,\cdot,\lambda)} \right] \left[I_r(x,y,\lambda) - \mu_{I_r(\cdot,\cdot,\lambda)} \right]}{\sqrt{\sum_{x=1}^{N_x} \sum_{y=1}^{N_y} \left[I(x,y,\lambda) - \mu_{I(\cdot,\cdot,\lambda)} \right]^2} \sqrt{\sum_{x=1}^{N_x} \sum_{y=1}^{N_y} \left[I_r(x,y,\lambda) - \mu_{I_r(\cdot,\cdot,\lambda)} \right]^2}}$$

$$(3.13)$$

其中,$\mu_{I(\cdot,\cdot,\lambda)}$ 和 $\mu_{I_r(\cdot,\cdot,\lambda)}$ 分别是波段为 λ 处的波段图像 $I(\cdot,\cdot,\lambda)$ 和 $I_r(\cdot,\cdot,\lambda)$ 的平均值,定义为

$$\mu_{I(\cdot,\cdot,\lambda)} = \frac{1}{N_x N_y} \sum_{x=1}^{N_x} \sum_{y=1}^{N_y} I(x,y,\lambda) \qquad (3.14)$$

$$\mu_{I_r(\cdot,\cdot,\lambda)} = \frac{1}{N_x N_y} \sum_{x=1}^{N_x} \sum_{y=1}^{N_y} I_r(x,y,\lambda) \qquad (3.15)$$

设 CC(λ)是波长为 λ 的波段图像与其参考波段图像的相关系数。待测数据立方体与其参考数据立方体总的相关系数 CC 为

$$\text{CC} = \frac{1}{N_\lambda} \sum_{\lambda=1}^{N_\lambda} \text{CC}(\lambda) \qquad (3.16)$$

对于高光谱图像而言,检测光谱失真是必要的。以下度量是专门针对高光谱图像的。

9. 均方光谱误差(mean-square spectral error, MSSE)

$$\mathrm{MSSE}_{x,y} = \frac{1}{N_\lambda} \sum_{\lambda=1}^{N_\lambda} \left[I(x,y,\lambda) - I_r(x,y,\lambda) \right]^2 \qquad (3.17)$$

它是待测数据立方体像元在(x,y)处的光谱与参考数据立方体同一位置处光谱之间的均方误差。

均方根光谱误差(root-mean-square spectral error, RMSSE)为

$$\mathrm{RMSSE}_{x,y} = \sqrt{\frac{1}{N_\lambda} \sum_{\lambda=1}^{N_\lambda} \left[I(x,y,\lambda) - I_r(x,y,\lambda) \right]^2} \qquad (3.18)$$

10. 光谱相关(spectral correlation, SC)

光谱矢量$I(x,y,\cdot)$与参考光谱矢量$I_r(x,y,\cdot)$之间的光谱相关为

$$\mathrm{SC}_{x,y} = \frac{\sigma_{I(x,y,\cdot)I_r(x,y,\cdot)}}{\sigma_{I(x,y,\cdot)}\sigma_{I_r(x,y,\cdot)}} = \frac{\sum\limits_{\lambda=1}^{N_\lambda} \left[I(x,y,\lambda) - \mu_{I(x,y,\cdot)} \right]\left[I_r(x,y,\lambda) - \mu_{I_r(x,y,\cdot)} \right]}{(N_\lambda - 1)\sigma_{I(x,y,\cdot)}\sigma_{I_r(x,y,\cdot)}}$$

$$\qquad (3.19)$$

其中,$\mu_{I(x,y,\cdot)}$和$\sigma^2_{I(x,y,\cdot)}$是矢量$I(x,y,\cdot)$的平均值和方差,即

$$\mu_{I(x,y,\cdot)} = \frac{1}{N_\lambda} \sum_{\lambda=1}^{N_\lambda} I(x,y,\lambda) \qquad (3.20)$$

$$\sigma^2_{I(x,y,\cdot)} = \frac{1}{N_\lambda} \sum_{\lambda=1}^{N_\lambda} \left[I(x,y,\lambda) - \mu_{I(x,y,\cdot)} \right]^2 \qquad (3.21)$$

11. 光谱角(spectral angle, SA)

光谱角指的是在N_λ维空间中,两个光谱矢量(v_1,v_2)的夹角为

$$\mathrm{SA}(v_1,v_2) = \arccos\left(\frac{v_1 \cdot v_2}{\| v_1 \| \cdot \| v_2 \|} \right) = \arccos\left(\frac{\sum\limits_{\lambda=1}^{N_\lambda} \left[v_1(\lambda) \cdot v_2(\lambda) \right]}{\sqrt{\sum\limits_{\lambda=1}^{N_\lambda} v_1(\lambda)^2 \sum\limits_{\lambda=1}^{N_\lambda} v_2(\lambda)^2}} \right)$$

$$\qquad (3.22)$$

为计算待测数据立方体的光谱$I(x,y,\cdot) = \{ I(x,y,\lambda) \,|\, 1 \leqslant \lambda \leqslant N_\lambda \}$与其参考数据立方体同一位置处像元的光谱$I_r(x,y,\cdot) = \{ I_r(x,y,\lambda) \,|\, 1 \leqslant \lambda \leqslant N_\lambda \}$的光谱角,则方程(3.22)变为

$$\mathrm{SA}\bigl[\boldsymbol{I}(x,y,\cdot),\boldsymbol{I}_r(x,y,\cdot)\bigr]= \arccos\left(\frac{\displaystyle\sum_{\lambda=1}^{N_\lambda}\bigl[I(x,y,\lambda)\cdot I_r(x,y,\lambda)\bigr]}{\sqrt{\displaystyle\sum_{\lambda=1}^{N_\lambda}I\,(x,y,\lambda)^2\sum_{\lambda=1}^{N_\lambda}I_r\,(x,y,\lambda)^2}}\right)$$

$$(3.23)$$

若方程(3.23)的结果为 0,则待测图像该像元没有光谱失真,但可能存在辐射失真(如两个光谱矢量平行但大小不同)。光谱角的单位是度或弧度,通常计算整个数据立方体所有像元的光谱角的平均值来表现整体的光谱失真情况。

一个数据立方体中所有像元的最大光谱角(maximum spectral angle,MSA)为

$$\mathrm{MSA} = \max_{x,y}\{\mathrm{SA}[\boldsymbol{I}(x,y,\cdot)-\boldsymbol{I}_r(x,y,\cdot)]\} \tag{3.24}$$

光谱角制图(spectral angle mapper,SAM)是计算待测数据立方体和参考数据立方体所有像元的光谱之间的光谱角得到的,是一幅二维图像[6],即

$$\mathrm{SAM} = \mathrm{SA}[\boldsymbol{I}(x,y,\cdot),\boldsymbol{I}_r(x,y,\cdot)]\,|\,1\leqslant x\leqslant N_x;1\leqslant y\leqslant N_y \tag{3.25}$$

12. 最大光谱信息离散度(maximum spectral information divergence,MSID)

$$\mathrm{MSID} = \max_{x,y}\left\{\sum_{\lambda=1}^{N_\lambda}(\rho_{r\lambda}-\rho_\lambda)\ln\left(\frac{\rho_{r\lambda}}{\rho_\lambda}\right)\right\} \tag{3.26}$$

其中

$$\rho_{r\lambda} = \frac{I_r(x,y,\lambda)}{\displaystyle\sum_{\lambda=1}^{N_\lambda}|\,I_r(x,y,\lambda)|} \tag{3.27}$$

$$\rho_\lambda = \frac{I(x,y,\lambda)}{\displaystyle\sum_{\lambda=1}^{N_\lambda}|\,I(x,y,\lambda)|} \tag{3.28}$$

该度量是以 Kullback-Leibler(K-L)距离为基础,K-L 距离指的是被视为分布的两条光谱之间的距离[7]。

13. ERGAS-全色锐化后的多光谱图像度量

研究人员提出一个度量准则来测量经过全色锐化后的多光谱图像图像质量,即 ERGAS(名称来源于法语名),意思是合成图像的相对全局误差,定义为[8]

$$\mathrm{ERGAS} = 100\,\frac{d_h}{d_l}\sqrt{\frac{1}{N_\lambda}\sum_{\lambda=1}^{N_\lambda}\left[\frac{\mathrm{RMSE}(\lambda)}{\mu_{I_r(\cdot,\cdot,\lambda)}}\right]^2} \tag{3.29}$$

其中,d_h/d_l 是多光谱图像与全色图像的像元大小之间的比值,例如 IKONOS-2 与

快鸟图像之间的 d_h/d_l 是 $4:1$；$\mu_{I_r(\cdots,\lambda)}$ 是参考图像第 λ 波段的图像的像元平均值；RMSE(λ) 是第 λ 波段的经全色锐化后的多光谱图像与其参考图像之间的 RMSE；N_λ 是多光谱波段数。

ERGAS 大于 3，表示是低质量的融合产品；ERGAS 小于 3，表示产品质量令人满意，甚至更好[8]。ERGAS 将多项测量集成到一个数值中，是一次引人注目的尝试。然而，它并没有将相关系数、光谱失真和辐射失真考虑进去。

3.2.2　基于视觉感知质量的全参考度量

1. 通用图像质量指数

文献[1]提出一个适用于多种图像处理应用的客观图像质量指数（Q 指数）。这个图像质量度量的设计思想是用三个因子-相关性损失、亮度失真和对比度失真组合建立二维图像失真模型。令 $v=\{v_i\,|\,i=1,2,\cdots,N\}$ 和 $u=\{v_i\,|\,i=1,2,\cdots,N\}$ 分别代表待测图像和参考图像。Q 指数定义为

$$Q = \frac{4 \cdot \sigma_{uv} \cdot \bar{u} \cdot \bar{v}}{(\sigma_u^2 + \sigma_v^2)(\bar{u}^2 + \bar{v}^2)} \tag{3.30}$$

其中，σ_{uv} 是图像 u 和 v 的协方差；$\bar{u}$ 和 $\bar{v}$ 是图像 u 和 v 的平均值；σ_u^2 和 σ_v^2 是图像 u 和 v 的方差；Q 的值域是 $[-1,1]$。

当 $u=v$ 时，例如待测图像与参考图像所有像元值都相等，Q 达到最优值 1；当 $v_i=2\bar{u}-u_i(i=1,2,\cdots,N)$ 时，Q 达到最低值 -1。

方程(3.30)可以重写成三因子的乘积形式，即

$$Q = \frac{\sigma_{uv}}{\sigma_u \cdot \sigma_v} \times \frac{2 \cdot \bar{u} \cdot \bar{v}}{\bar{u}^2 + \bar{v}^2} \times \frac{2 \cdot \sigma_u \cdot \sigma_v}{\sigma_u^2 + \sigma_v^2} \tag{3.31}$$

第一个因子是图像 v 和 u 之间的相关系数。第二个因子总是小于或等于 1，对 v 关于 u 的平均值偏差很敏感。第三个因子也总是小于或等于 1，表现出 u 和 v 之间对比度的相对变化。相对变化的意思是，如果两个对比度 σ_u 和 σ_v 都乘以相同系数时，对比度不变。为了提高 Q 指数三个因子的分辨力，所有的统计都是在适当的 $N \times N$ 图像块上计算，然后对整幅图像的 Q 指数取平均，得到一个全局评分。这种方式可以更好地评价待测图像的空间变化性。

2. 图像质量指数

Q 指数已经被广泛应用在二维图像的质量评价中。在评价多光谱图像在全色锐化后的图像质量时，Q 指数并没有考虑光谱失真。为了解决这个局限，研究人员针对具有 4 个波段的多光谱图像，提出一个基于 Q 指数的图像质量指数[9]。它利用了超复数理论，或称为四元素理论[10]。该度量被称为 Q4，它将光谱失真和辐射失真测量封装成一个测量项，同时考虑局部平均偏差、对比度变化、单个波段相关

性损失和光谱失真。$Q4$ 指数已经用于全色锐化后的多光谱图像的质量评价。

在阐述 $Q4$ 指数之前,先简单介绍四元素的理论基础。四元素是一个超复数,用以下形式表示,即

$$z = a + \mathrm{i}b + \mathrm{j}c + \mathrm{k}d \tag{3.32}$$

其中,a、b、c 和 d 是实数;i、j 和 k 是虚数单位,因此有

$$\mathrm{i}^2 = \mathrm{j}^2 = \mathrm{k}^2 = \mathrm{ijk} = 1 \tag{3.33}$$

四元素的不可交换性来源于下述虚数单位之间进一步的关系,即

$$\mathrm{jk} = \mathrm{i}; \quad \mathrm{kj} = -\mathrm{i}$$
$$\mathrm{ki} = \mathrm{j}; \quad \mathrm{ik} = -\mathrm{j} \tag{3.34}$$
$$\mathrm{ij} = \mathrm{k}; \quad \mathrm{ji} = -\mathrm{k}$$

类似于复数,四元素 z 的共轭 z^* 定义如下,即

$$z^* = a - \mathrm{i}b - \mathrm{j}c - \mathrm{k}d \tag{3.35}$$

模数为

$$|z| = \sqrt{z \cdot z^*} = \sqrt{a^2 + b^2 + c^2 + d^2} \tag{3.36}$$

给定两个四元素随机变量 z_1 和 z_2,类似于复数方差,z_1 和 z_2 的四元素方差定义为[11]

$$\sigma_{z_1} = E[(z_1 - \bar{z}_1)^2] = E[z_1^2] - \bar{z}_1^2 \tag{3.37}$$
$$\sigma_{z_2} = E[(z_2 - \bar{z}_2)^2] = E[z_2^2] - \bar{z}_2^2 \tag{3.38}$$

像复数协方差一样,z_1 和 z_2 之间的四元素协方差可以定义为

$$\sigma_{z_1 z_2} = E[(z_1 - \bar{z}_1)(z_2 - \bar{z}_2)^*] = E[z_1 z_2^*] - \bar{z}_1 \bar{z}_2^* \tag{3.39}$$

其中,$\bar{z}_1 = E[z_1]$;$\bar{z}_2 = E[z_2]$;$\bar{z}_2^* = (\bar{z}_2^*) = E[z_2^*]$。

两个变量 z_1 和 z_2 之间的四元素相关系数同常规协方差一样,可以定义为

$$\mathrm{CC}(z_1, z_2) = \frac{\sigma_{z_1 z_2}}{\sigma_{z_1} \cdot \sigma_{z_2}} \tag{3.40}$$

其中,$\mathrm{CC}(z_1, z_2)$ 的模数是一个真值,表示相关系数的延伸集,适于评价有 4 个因子的多元数据,如四波段多光谱图像。在三个因子(如一幅 RGB 三波段的彩色图像)的情况下,将四元素中其中一元素的实部设为 0 即可[12]。

对于具有四个光谱波段的多光谱图像(典型的,红、绿、蓝和近红外波段),令 $I(\cdot, \cdot, 1)$,$I(\cdot, \cdot, 2)$,$I(\cdot, \cdot, 3)$ 和 $I(\cdot, \cdot, 4)$ 表示这四个波段图像。类似 Q 指数,$Q4$ 指数由不同的因子组成,考虑每个波段的相关性、均值偏差和对比度变化。因此,当辐射失真伴随着光谱失真出现时,$Q4$ 指数可能很低。辐射失真和光谱失真因而被封装在一个参数中。

令

$$z = I(\cdot, \cdot, 1) + \mathrm{i}I(\cdot, \cdot, 2) + \mathrm{j}I(\cdot, \cdot, 3) + \mathrm{k}I(\cdot, \cdot, 4) \tag{3.41}$$
$$z_r = I_r(\cdot, \cdot, 1) + \mathrm{i}I_r(\cdot, \cdot, 2) + \mathrm{j}I_r(\cdot, \cdot, 3) + \mathrm{k}I_r(\cdot, \cdot, 4) \tag{3.42}$$

用四元素变量形式分别表示四波段待测多光谱图像及其参考图像。$Q4$ 指数的定

义为

$$Q4 = \frac{4 \cdot |\sigma_{z\,z_r}| \cdot |\bar{z}| \cdot |\bar{z}_r|}{(\sigma_z^2 + \sigma_{z_r}^2)(\bar{z}^2 + \bar{z}_r^2)} \tag{3.43}$$

$Q4$ 是一个真值,值域为 $[0,1]$,1 是最优值。它是 Q 的延伸,适于评价具有 4 个成分的多元数据。类似于方程(3.31),方程(3.43)也可以写成三因子的乘积,即

$$Q4 = \frac{|\sigma_{z\,z_r}|}{\sigma_z \cdot \sigma_{z_r}} \times \frac{2 \cdot |\bar{z}| \cdot |\bar{z}_r|}{\bar{z}^2 + \bar{z}_r^2} \times \frac{2 \cdot \sigma_z \cdot \sigma_{z_r}}{\sigma_z^2 + \sigma_{z_r}^2} \tag{3.44}$$

第 1 个因子是 z 和 z_r 之间超复数相关系数的模数,它对待测多光谱图像与其参考图像之间的相关性损失和光谱失真是敏感的。同时,第 2 和第 3 个因子分别是四个波段的测量均值偏差和对比度变化。同样,如同方程(3.31),总体期望是通过 $N \times N$ 图像块求平均来计算的,因此 $Q4$ 也依赖于 N。$Q4$ 指数连同特定块大小 N,记作 $Q4_N$。最后,求整幅图像 $Q4_N$ 的平均值作为全局评分。此外,整幅图像中最小的 $Q4_N$ 可以代表局部质量的测量。方程(3.41)和方程(3.42)中 z 和 z_r 的 $[I(\cdot,\cdot,1), I(\cdot,\cdot,2), I(\cdot,\cdot,3), I(\cdot,\cdot,4)]$ 位置变换后,方程(3.43)得到的 $Q4$ 并无变化。这是因为方程(3.40)的大小不受因子顺序的影响。

3. 多光谱或高光谱图像的质量指数

为评价单波段图像,研究人员提出图像质量度量 Q 指数,$Q4$ 指数是在此基础上进一步扩展。然而,$Q4$ 指数只能用于评价具有四个波段的多光谱图像。于是研究人员又提出一个新的图像质量指数,即 $Q2^n$,用于评价具有任意波段数的多光谱图像[13]。$Q2^n$ 指数也来源于超复数理论[10],特别是 2^n-ons[14]。这个新的指数用不同的因子表示相关、每个光谱波段的均值、波段间局部方差和光谱角。因此,$Q2^n$ 指数将波段间和波段内的光谱失真都考虑进去了。若有参考数据立方体,计算 $Q2^n$ 指数很容易,可用于评价具有任意多个光谱波段的多光谱图像和高光谱数据立方体的质量。2^n-ons 是以 2^{n-1}-ons 递归的方式定义的。2^n-on 是一个超复数,可以表示为

$$z = z_0 + z_1 i_1 + z_2 i_2 + \cdots + z_{2^n-1} i_{2^n-1} \tag{3.45}$$

其中,$z_0, z_1, \cdots, z_{2^n-1}$ 是实数;$i_1, i_2, \cdots, i_{2^n-1}$ 是超复数单位矢量。

类似复数,共轭 z^* 为

$$z^* = z_0 - z_1 i_1 - z_2 i_2 - \cdots - z_{2^n-1} i_{2^n-1} \tag{3.46}$$

模数为

$$|z| = \sqrt{z_0^2 + z_1^2 + z_2^2 + \cdots + z_{2^n-1}^2} \tag{3.47}$$

给定两个 2^n-on 超复数随机变量 z 和 z_r,二者之间的超复数方差 σ_z 和 σ_{z_r},协方差 $\sigma_{z\,z_r}$ 和相关系数 $CC(z, z_r)$ 可以同样用式(3.37)~式(3.40)定义。

在一个空间大小为 $N \times N$ 的块中,待测数据立方体与其参考数据立方体的 $Q2^n$ 指数的计算公式如下,即

$$Q2^n_{N \times N} = \frac{|\sigma_{zz_r}|}{\sigma_z \cdot \sigma_{z_r}} \times \frac{2 \cdot |\bar{z}| \cdot |\bar{z}_r|}{\bar{z}^2 + \bar{z}_r^2} \times \frac{2 \cdot \sigma_z \cdot \sigma_{z_r}}{\sigma_z^2 + \sigma_{z_r}^2} \tag{3.48}$$

$Q2^n$ 是通过数据立方体整个空间区域内所有 $Q2^n_{N \times N}$ 大小的平均值得到,即

$$Q2^n = E[\,|Q2^n_{N \times N}|\,] \tag{3.49}$$

$Q2^n$ 值越接近 1,数据立方体的辐射和光谱质量越高。作为 $Q4$ 指数的延伸,$Q2^n$ 指数也是 $[0,1]$ 的一个真值,1 是最优值。一个 $Q2^n$ 指数可以同时评价空间失真和光谱失真,每个光谱波段的相关性、每个光谱波段的均值和波段间的局部方差都考虑到了,如方程(3.48)所示。待测数据立方体与其参考数据立方体的光谱角评价也包含在 $Q2^n$ 指数中,由多元数据的超复数相关系数的模数反映。

4. 结构相似度指数

从图像提取出的结构信息高度影响人的视觉感知,基于这样的认识,研究人员提出一个基于结构信息退化的图像质量度量,被称为结构相似度(structural simi-larity,SSIM)指数[15]。

一幅待测图像与其参考图像之间的均方差是最简单和应用最广泛的失真测量。两幅待测图像与其参考图像之间的均方差一样,但这并不能说明误差类型一定相同,其中有些误差比其他的误差看上去明显得多。文献[16]-[19]提到的大多数感知图像质量评价方法试图根据误差的可见性来衡量误差信号不同方面的权重,像人类的心理物理学测量和动物的生理测定一样。

结构相似度指数将三个因素-亮度、对比度和结构综合成一个总的相似度测量项,来测量待测图像 u 与其参考图像 v 之间的结构相似度。亮度函数以图像均值 μ_u 和 μ_v 为基础,即

$$l(u,v) = \frac{2\mu_u\mu_v + C_1}{\mu_u^2 + \mu_v^2 + C_1} \tag{3.50}$$

其中,为避免 $\mu_u^2 + \mu_v^2$ 非常接近于 0 时,方程不稳定;$C_1 = (K_1 L)^2$,L 是像素值的动态范围(8 位量化,最高是 255),$K_1 \ll 1$ 是一个很小的常数。

同样,对对比度因子和结构因子也做了类似的研究,对比度函数采用亮度函数的形式,即

$$c(u,v) = \frac{2\sigma_u\sigma_v + C_2}{\sigma_u^2 + \sigma_v^2 + C_2} \tag{3.51}$$

其中,$C_2 = (K_2 L)^2$,$K_2 \ll 1$。

结构函数的定义如下,即

$$s(u,v) = \frac{\sigma_{uv} + C_3}{\sigma_u^2 \sigma_v^2 + C_3} \tag{3.52}$$

同亮度和对比度测量一样,结构函数也包含一个小的常数 C_3。最后,方程(3.50)～方程(3.52)的三个因子组合成一个结构相似度,测量待测图像 v 与其参考图像 u 之间的 SSIM 指数为

$$\text{SSIM} = [l(u,v)]^\alpha \cdot [c(u,v)]^\beta \cdot [s(u,v)]^\gamma \qquad (3.53)$$

其中,$\alpha > 0, \beta > 0$ 和 $\gamma > 0$ 用来调整三个因子的权重。

为了简化该表达式,令 $\alpha = \beta = \gamma = 1$ 和 $C_3 = C_2/2$,于是结构相似度指数的具体形式如下,即

$$\text{SSIM}(u,v) = \frac{(2\mu_u\mu_v + C_1)(2\sigma_{uv} + C_2)}{(\mu_u^2 + \mu_v^2 + C_1)(\sigma_u^2 + \sigma_v^2 + C_2)} \qquad (3.54)$$

方程(3.31)中定义的 Q 指数,对应于结构相似度指数中 $C_1 = C_2 = 0$ 的特殊情况,但是当 $(\mu_u^2 + \mu_v^2)$ 或 $(\sigma_u^2 + \sigma_v^2)$ 非常接近 0 时,计算结果不稳定。

相对于全局图像质量评价,结构相似度指数更适于局部图像质量评价。原因如下,通常空间维的图像统计特征表现不平稳;图像失真可能随着空间变化而变化,并不一定依赖局部图像统计特征;在典型的视距内,观测者一次只能高清地看到图像中的一部分区域;小范围的质量测量能够提供一幅图像的质量分布图,图中位置不同,质量不同,质量分布图能够传递更多关于图像质量退化的信息,这对一些应用领域可能有用。文献[1],[15]建议,在整幅图像中,逐像元移动 8×8 方形窗口,计算局部窗口内的局部统计量 μ_u、σ_u 和 σ_{uv}。

整幅图像的全局质量评价是通过计算所有块的局部结构相似度的平均值得到的,被称为结构相似度均值指数,即

$$\text{MSSIM}(u,v) = \frac{1}{M} \sum_{k=1}^{M} \text{SSIM}(u_k, v_k) \qquad (3.55)$$

其中,u 和 v 分别是待测图像及其参考图像;u_k 和 v_k 是图像中第 k 局部块的内容;M 是图像中局部块的数量。

根据具体应用,也能计算 SSIM 指数图中不同样本的权重平均值。例如,对感兴趣区域,图像处理系统可以赋给不同分割区域不同的权重。

5. 视觉信息保真度

视觉信息保真度(visual information fidelity, VIF)是一个考虑到人类视觉系统(human visual system, HVS)的图像质量度量。它从人脑能够分别从待测图像和参考图像中提取图像信息量的角度,来评价待测图像的视觉质量。该度量由量化两种交互信息量得来,无失真信道影响(参考图像信息)的人类视觉系统信道的输入和输出之间的交互信息,以及失真信道(待测图像)输入和人类视觉系统信道输出之间的交互信息[20]。

视觉信息保真度是待测图像信息与参考图像信息的比率,即

$$\text{VIF} = \frac{\sum_{j \in \text{subbands}} I(\vec{C}_{N,j}; \vec{F}_{N,j} \mid s_{N,j})}{\sum_{j \in \text{subbands}} I(\vec{C}_{N,j}; \vec{E}_{N,j} \mid s_{N,j})} \tag{3.56}$$

其中, $I(\vec{C}_{N,j}; \vec{F}_{N,j} \mid s_{N,j})$ 和 $I(\vec{C}_{N,j}; \vec{E}_{N,j} \mid s_{N,j})$ 分别代表大脑能够从待测图像和参考图像的一个特定的子带(小波变换后)中真正提取出来的信息。

$I(\vec{C}_{N,j}; \vec{E}_{N,j} \mid s_{N,j})$ 被称为参考图像信息。直观上,视觉质量应该与大脑能够从待测图像提取出来的信息量和从参考图像中提取出来信息量有关。例如,如果从待测图像中提取出来的信息是每像元 2.0 比特,从参考图像中提取出来的信息是每像元 2.1 比特,那么大脑就能从待测图像中恢复大部分参考图像的信息内容。相反,如果相应的参考图像信息,假设是每像元 5.0 比特,那么 3.0 比特信息就在失真信道中丢失了,待测图像的视觉质量应该是差的。

方程(3.56)给出的视觉信息保真度计算来自每个子带 $N \times M$ 小波系数集,它可以代表一幅完整的子带图像,或者一个空间局部区域。前者视觉信息保真度是一个代表整幅图像的信息保真度的数值,后者使用滑动窗的方法计算局部区域的质量图,能够直观地说明待测图像视觉质量的空间变化。

视觉信息保真度有许多重要特性。

① 它的下界是 0(比如当 $I(\vec{C}_{N,j}; \vec{F}_{N,j} \mid s_{N,j}) = 0$ 和 $I(\vec{C}_{N,j}; \vec{E}_{N,j} \mid s_{N,j}) \neq 0$ 时,参考图像的所有信息都丢失在失真信道中了)。

② 在图像根本没有失真的情况下,计算参考图像和副本的视觉信息保真度,视觉信息保真度恰好是 1。因此,对于所有实际的失真类型,VIF 的值在区间 $[0, 1]$。

③ 视觉信息保真度与传统的质量评价方法有一个区别,若参考图像经过不添加噪声的线性对比增强,增强后的图像的视觉信息保真度会大于1,因为增强后的图像比原参考图像的视觉质量要好。常识上,图像对比度增强后提高了视觉质量,除非数字量化、裁剪或非线性显示引入另外的失真。在理论上,增强对比度能够提高人类视觉系统神经元输出结果的信噪比,从而使大脑更好地区分视觉信号形式的物体。视觉信息保真度能够捕捉到这种视觉质量上的提高。如图 3.1 所示,分别是原始图像、对比度增强后的图像和 JPEG 压缩后的图像。

3.3　半参考度量

半参考图像质量度量是仅利用参考图像的部分信息来测量待测图像的图像质量度量。半参考度量方法有很多应用,例如可以用来测量空间分辨率提高后的高光谱图像的视觉质量。对于某些高光谱图像,无法获得它的全参考图像,而能获得它的低空间分辨率的参考图像,此时这些高光谱图像的视觉质量可用半参考度量来测量。全参考度量要求待测图像和参考图像具有同样的尺寸大小。高光谱图像的空间分辨率提高后,其图像尺寸要比原始图像大。因此,全参考度量不适用。一种常用的方法是,首先将原始图像降采样得到一幅低分辨率图像,然后再利用增强技术将降采样后的低分辨率图像进行空间分辨率增强。这样原始图像就同增强后的图像具有相同的大小,全参考度量能够被用来测量图像质量。然而,如果直接在原始图像上进行空间分辨率增强,上述方法便无法直接评价这种增强后的图像的质量。

(a) 原始图像(VIF=1.0)

(b) 对比增强后的图像(VIF=1.2)

(c) JPEG-压缩(压缩率118:1)后的图像(VIF=0.15)

图 3.1　一幅图像以及线性对比增强和压缩后的图像的范例

另一种应用情况是在实时可视通信系统中,半参考度量用来跟踪图像质量退化和控制信息流资源。实时可视通信系统包含发送端的特征提取,接收端的特征提取和半参考质量分析,利用半参考度量来估计接收端的图像质量。通常提取出来的半参考特征比图像数据的数据速率低得多,一般经辅助通道传到接收端。

3.3.1　四种半参考度量——用于空间分辨率提高后图像的质量评价

在 3.2.1 节和 3.2.2 节讲过,峰值信噪比、Q 指数、结构相似度均值指数和视觉信息保真度广泛应用于图像处理中的全参考度量。为了评价空间分辨率提高后图像的质量,这四种全参考度量都衍生出对应的半参考度量[21],具体描述如下。

令低空间分辨率图像 f 的大小是 $P \times Q$,其对应的空间分辨率提高后的图像 g 的大小是 $2P \times 2Q$。这意味着图像 f 的空间分辨率提高了 2×2 倍。下面四幅图像(以 2×2 因子降采样)定义为

$$g_{11} = g(1:2:2P, 1:2:2Q) \tag{3.57}$$

$$g_{12} = g(1:2:2P, 2:2:2Q) \tag{3.58}$$

$$g_{21} = g(2:2:2P, 1:2:2Q) \tag{3.59}$$

$$g_{22} = g(2:2:2P, 2:2:2Q) \tag{3.60}$$

其中,$g(i:2:2P, j:2:2Q)$,$(i=1,2; j=1,2)$ 是一个矩阵,它从图像 g 的像素 (i,j) 开始,沿着 x 和 y 方向提取 g 的其余像素,步长是 2。

因为低空间分辨率图像 f 和图像 $g_{i,j}$ 的大小相同,任意全参考度量都可以用来测量它们之间的图像质量。下面的四个半参考度量定义为

$$\mathrm{PSNR}(f;g) = \frac{1}{4} \sum_{i=1}^{2} \sum_{j=1}^{2} \mathrm{PSNR}(f;g_{ij}) \qquad (3.61)$$

$$Q(f;g) = \frac{1}{4} \sum_{i=1}^{2} \sum_{j=1}^{2} Q(f;g_{ij}) \qquad (3.62)$$

$$\mathrm{MSSIM}(f;g) = \frac{1}{4} \sum_{i=1}^{2} \sum_{j=1}^{2} \mathrm{MSSIM}(f;g_{ij}) \qquad (3.63)$$

$$\mathrm{VIF}(f;g) = \frac{1}{4} \sum_{i=1}^{2} \sum_{j=1}^{2} \mathrm{VIF}(f;g_{ij}) \qquad (3.64)$$

它们都是为特定空间分辨率提高因子 2×2 衍生的。很容易将其扩展到其他空间分辨率提高因子 M×N,其中 M 和 N 都是正整数。

为了证明提出的半参考度量的可行性,研究人员做了大量实验[21]。3 个高光谱数据立方体被用来进行测试。它们的二维波段图像用来测试提出的半参考度量。第一个高光谱数据立方体是 1997 年内华达赤铜矿矿区(Cuprite)的 AVIRIS[22]图像。第二个高光谱数据立方体是机载短波全光谱成像仪二型(SFSI-II)[23]在加拿大萨斯喀彻温省北部的 Key Lake 获取的图像,其目的是研究成像光谱仪在识别铀矿及其相关活动的能力,地面采样距离(GSD)是 3.19m×3.13m,数据立方体大小是 1090 行×496 列×240 波段。第三个高光谱数据立方体也是利用机载短波全光谱成像仪二型采集的,其目的是研究短波高光谱图像对目标(Target)的探测,地面采样距离是 2.20m×1.85m,数据立方体大小是 140 行×496 列×240 波段。在该数据立方体的场景中,不同材料和不同大小的人造真实目标被沙石和稀疏草地的混合物覆盖。

对于 Cuprite、Key Lake 和目标三个数据立方体的♯16、♯50 和♯13 波段图像,分别使用迭代反投影(IBP)[24,25]和双线性插值方法来提高数据立方体的空间分辨率。

表 3.1　利用迭代反投影和插值方法进行空间分辨率增强后的
待测图像的四个全参考度量和四个半参考度量的实验结果

数据立方体	空间分辨率增强方法	全参考度量				半参考度量			
		PSNR	Q	MSSIM	VIF	PSNR	Q	MSSIM	VIF
Cuprite	IBP	36.51	0.82	0.91	0.69	43.82	0.97	0.99	0.87
	插值	35.67	0.78	0.9	0.48	38.37	0.92	0.96	0.75
Key Lake	IBP	34.87	0.75	0.89	0.77	40.11	0.96	0.98	0.87
	插值	32.41	0.7	0.87	0.54	34.59	0.87	0.94	0.78
目标	IBP	53.33	0.78	0.99	0.77	61.67	0.97	1.00	0.98
	插值	53.14	0.74	0.99	0.65	56.35	0.89	1.00	0.88

在该实验中,对比四种全参考度量与其对应的半参考度量。表 3.1 列出了对 3 个实验数据立方体经迭代反投影法和双线性插值法空间分辨率增强后的图像进行两类度量准则的实验结果。

对于全参考度量,首先以因子 2×2 降采样待测图像,然后以因子 2×2 进行空间分辨率增强,以满足待测图像必须同参考图像大小相同的要求。对于半参考度量,直接以因子 2×2 空间增强原始待测图像,无需经过降采样处理。从表 3.1 可以看出,半参考度量对空间分辨率提高的图像测量结果很好,与对应的全参考度量一致。这表明,提出的半参考度量用于测量空间分辨率提高后的图像质量是可靠的。

3.3.2 基于小波域自然图像统计模型的半参考度量

研究人员提出一个基于小波变换域自然图像统计模型的半参考图像质量度量[26]。它引入待测图像小波系数边际概率分布与其参考图像小波系数边际概率分布之间的 K-L 距离[27]作为图像失真的度量。利用广义高斯模型概括参考图像的小波系数概率分布,使相对少的半参考特征参与估计待测图像的质量。该度量容易实现且计算高效。

小波变换是一种在空间域和频率域同时表达局部信号的简便方法,研究人员受此启发,提出半参考度量。小波变换已广泛应用于视觉系统的处理模型,成为许多图像处理和计算机视觉算法的首选表现形式。经证明,广义高斯密度模型能够很好地拟合原始图像水平子带的小波变换系数的直方图。研究发现,图像失真的类型不同,则子带的小波系数边际概率分布直方图不同。小波系数边际概率分布直方图的变化可以作为图像质量评价的线索。

令 $q(x)$ 和 $p(x)$ 分别代表待测图像和参考图像同一子带的小波系数的概率密度函数。$x = \{x_1, x_2, \cdots, x_N\}$ 是 N 维选定的随机独立系数集合。$q(x)$ 和 $p(x)$ 的 K-L 距离估计值为

$$\hat{d}(p \parallel q) = d(p_m \parallel q) - d(p_m \parallel p) \tag{3.65}$$

$$= \int p_m(x) \log \frac{p(x)}{q(x)} \mathrm{d}x \tag{3.66}$$

其中,$p_m(x)$ 是双参数广义高斯密度函数,可以很好地拟合单个小波子带系数的边际概率分布,定义为

$$p_m(x) = \frac{\beta}{2\alpha \Gamma\left(\dfrac{1}{\beta}\right)} \mathrm{e}^{-(|x/\alpha|)^\beta} \tag{3.67}$$

在方程(3.67)中,对于 $a > 0$,$\Gamma(a) = \int t^{a-1} \mathrm{e}^{-t} \mathrm{d}t$,它是伽玛函数。这种模型可以提供一种非常高效的方法来概括参考图像的小波系数直方图,只需要传给接收端

两个模型参数 $\{\alpha, \beta\}$。$\hat{d}(p \| q)$ 的估计误差是

$$
\begin{aligned}
e &= d(p \| q) - \hat{d}(p \| q) \\
&= d(p \| q) - \left[d(p_m \| q) - d(p_m \| p) \right] \\
&= \int \left[p(x) - p_m(x) \right] \log \frac{p(x)}{q(x)} \mathrm{d}x
\end{aligned} \tag{3.68}
$$

对典型自然图像来说,当 $p_m(x)$ 和 $p(x)$ 很接近时,$\hat{d}(p \| q)$ 的估计误差很小。虽然多发送一个参数 $d(p_m \| p)$ 会增加额外开支,但是方程(3.66)不但能够更准确地估计 $d(p \| q)$,而且能够提供有用的特性。当原始图像和接收到的图像之间没有失真时(即对于所有 x,$p(x) = q(x)$),失真测量 $d(p \| q)$ 和失真测量估计 $\hat{d}(p \| q)$ 都正好等于 0。失真待测图像与其参考图像之间的这种半参考度量指数可以定义为

$$
D = \log_2 \left[1 + \frac{1}{D_0} \sum_{k=1}^{K} | \hat{d}^k (p^k \| q^k) | \right] \tag{3.69}
$$

其中,K 是小波系数子带数;p^k 和 q^k 分别是参考图像和待测图像的第 k 子带的概率密度函数;$\hat{d}^k$ 是 p^k 和 q^k 之间的 K-L 距离的估计;D_0 是一个常数,用于控制失真测量的范围。

计算 D 指数的步骤如下。对于参考图像,对参考图像进行三级四方向的可控金字塔小波变换,将参考图像分解成 12 个方向子带(每级 4 个),剩余一个高通子带和一个低通子带。选择 12 个方向子带中的 6 个(每级 2 个)提取特征(即半参考)。从所有子带选择子集,降低半参考特征的数据率,然而研究发现选择其他 6 个方向子带或全部 12 个方向子带,图像质量预测的整体表现大致相同。对于每一个选中的子带,计算它们的小波系数直方图,使用梯度递减算法求得 $p_m(x)$ 和 $p(x)$ 之间 K-L 距离的最小值,用于估计每个选中子带的特征参数 $\{\alpha, \beta, d(p_m \| p)\}$。这样总共可以提取出 18 个参考图像的标量特征,用于半参考图像质量评价。

对于待测图像,首先进行与参考图像相同的小波变换,计算相应子带的系数直方图。为了评价每个子带的 $d(p_m \| p)$,将子带直方图与参考图像的相应半参考特征 $\{\alpha, \beta\}$ 的直方图进行对比。从量化中减去第三个半参考特征 $d(p_m \| p)$,估计 $d(p \| q)$,最后计算所有子带的 K-L 距离,利用方程(3.69)将它们合并成一个失真测量 D。

3.4　无参考度量

当不能获得参考图像时,无参考度量是评价图像质量的唯一选择。无参考质量评价的基本理念是一种"无米之炊"的失真测量。在无参考质量评价中,评价算

法无法获取参考图像,只处理待测图像来评价其质量。从应用的角度来看,无参考度量比全参考度量更有需求。遗憾的是,无参考质量评价方法在很大程度上没有得到解决,但通过将算法的适用范围限制到特殊失真类型,可以取得部分成果,如块状压缩算法导致的块效应或模糊等。文献[28]-[33]仅提出几种无参考方法,主要针对图像和视频压缩中的块效应。下面介绍一个 JPEG 压缩图像的无参考度量和一个针对全色锐化的多光谱图像无参考度量。

3.4.1　针对 JPEG 压缩图像的无参考度量

文献[28]-[34]中的这些无参考算法用于检测 JPEG 压缩过的视频信号和图像的块效应。假设每 8 个像素出现一次块边界,块效应测量是对跨边界像元差异的亮度进行加权平均。这些块度量用来测量经过其他地区的平均灰度斜率调整过的块边界的平均灰度斜率。这些度量茫然地检测图像的若干失真,包括全局模糊(假设台阶边缘是正态模糊)、基于局部平滑违背的加性白噪声和脉冲噪声、基于简单块边界探测的块效应和基于各向异性扩散的环效应[30,31]。这些块效应度量准则也能评价频率域视频和图像。这些度量认为块状信号在边缘增强图像的功率光谱密度(power spectral density,PSD)函数中表现为尖峰。这些尖峰的强度定量地表现了块效应的强度[32,33]。

JPEG 是一种基于离散余弦变换(discrete cosine transform,DCT)的分块有损图像编码技术。因为对 8×8 的编码块离散余弦变换的量化操作,JPEG 是有损的。量化过程会造成模糊和块效应。高频离散余弦变换系数的缺失,相当于平滑每块内的图像信号,造成了模糊。块效应的出现归因于块边界的不连续性,这是由于 JPEG 是基于分块且每块都独立量化造成的。

将信号转换到频域,是一种检测模糊和块效应的有效方法。通过若干特征峰频谱可以较容易地识别出块效应,同样通过能量从高频到低频波段转移可以辨别出模糊的特性。频域方法的一个缺点是每幅图像要进行多次快速傅里叶变换(fast Fourier transform,FFT),因此计算消耗大。快速傅里叶变换需要更多存储空间,因为它不能局部计算。

文献[34]提出一种计算开销小和内存使用高效的方法,通过计算水平方向内和垂直方向间的差值信号来估计块效应[34]。令 $u(x,y)$,$x \in [1, N_x]$ 且 $y \in [1, N_y]$ 代表待测图像;沿着图像水平方向的信号差,可由以下公式计算,即

$$d_h(x,y) = u(x+1,y) - u(x,y), \quad x \in [1, N_x-1] \tag{3.70}$$

块效应由跨块边界的信号差平均值来估计,即

$$B_h = \frac{1}{N_y(N_x/8-1)} \sum_{j=1}^{N_y} \sum_{i=1}^{N_x/8-1} |d_h(8i,j)| \tag{3.71}$$

利用两个参数来测量活动图像信号。第一个活动测度是整块图像样本间的绝对差的平均,即

$$A_h = \frac{1}{7}\left[\frac{8}{N_y(N_x-1)}\sum_{j=1}^{N_y}\sum_{i=1}^{N_x-1}|d_h(i,j)-B_h|\right] \tag{3.72}$$

第二个活动测度是过零点(zero-crossing,ZC)率。水平 ZC 率可以估计为

$$Z_h = \frac{1}{N_y(N_x-2)}\sum_{j=1}^{N_y}\sum_{i=1}^{N_x-2}z_h(x,y) \tag{3.73}$$

其中

$$z_h(x,y)=\begin{cases}1, & \text{在 } d_h(x,y)\text{处的水平方向过零点}\\0, & \text{其他}\end{cases} \tag{3.74}$$

同理,垂直方向特性 B_v,A_v 和 Z_h 也可使用水平方向特性相同的方法计算。最后,给出所有特性,即

$$B=\frac{B_h-B_v}{2},\quad A=\frac{A_h-A_v}{2},\quad Z=\frac{Z_h-Z_v}{2} \tag{3.75}$$

有多种方法将这些特性组成一个质量评价模型,检测表现优秀的方法为

$$S=\alpha+\beta B^{\gamma_1}A^{\gamma_2}Z^{\gamma_3} \tag{3.76}$$

其中,α,β,γ^1,γ^2 和 γ^3 是需要从待测图像中估计的模型参数,如平均意见分数[34]。

计算 S 分数的流程如图 3.2 所示。

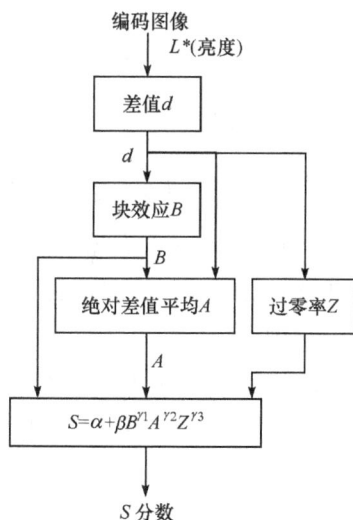

图 3.2 计算无参考度量 S 分数的流程图

3.4.2 针对全色锐化多光谱图像的无参考度量

研究人员提出一种基于 Q 指数的针对全色锐化多光谱图像的无参考度量[35]。融合前后的多光谱波段图像任意两幅波段图像之间的 Q 指数,可以用于定义光谱失真的测量。类似地,融合前后的每个多光谱波段图像与全色波段之间的 Q 指数,可以用于定义空间失真的测量。基本原理是当多光谱数据由大尺度转至精细尺度时,融合后 Q 指数不变。

1. 光谱失真指数

光谱失真指数衍生于融合后的多光谱波段图像,可以表示为 $\{\hat{M}_\lambda\}$,$\lambda=1,2$,$\cdots$,N_λ,与原始多光谱波段图像,可以表示为 $\{M_\lambda\}$,$\lambda=1,2,\cdots,N_\lambda$,各自波段之间的 Q 指数的差值。$Q(\hat{M}_i,\hat{M}_j)$ 和 $Q(M_i,M_j)$ 可以分组为两个 $N_\lambda \times N_\lambda$ 矩阵,它们是对称矩阵,主对角线上的值均等于 0。光谱失真指数 D_λ,计算公式如下,即

$$D_\lambda = \left(\frac{1}{N_\lambda(N_\lambda-1)} \sum_{i=1}^{N_\lambda} \sum_{\substack{j=1 \\ i \neq j}}^{N_\lambda} |Q(\hat{M}_i,\hat{M}_j) - Q(M_i,M_j)| \right)^{\frac{1}{p}} \qquad (3.77)$$

其中,p 是一个正整数,用于突出大的光谱差值;当 $p=1$,所有差值权重相同;随着 p 增加,大的差值的权重增加;D_λ 与差值矩阵 p 范成比例,当且仅当两矩阵相等时,$D_\lambda=0$。

波段图像不相关时,$Q(\hat{M}_i,\hat{M}_j)$ 和 $Q(M_i,M_j)$ 会出现负值,剔除负值后,D_λ 总是小于或等于 1。

2. 空间失真指数

空间失真指数的计算方程如下,即

$$D_s = \left(\frac{1}{N_\lambda} \sum_{i=1}^{N_\lambda} |Q(\hat{M}_i,P) - Q(M_i,P')| \right)^{\frac{1}{q}} \qquad (3.78)$$

其中,P 是全色图像;P' 是空间退化后的全色图像,通过利用低通滤波器对全色图像进行滤波,滤波时的归一化截止频率为多光谱图像空间分辨率与全色图像空间分辨率的比值,然后再重采样得到。

类似地,D_s 与差值向量的 q 范成比例,可以选择 q 突出较大的差值。当两个向量相同时,D_s 指数等于 0;如果去掉小于 0 的 Q 值,D_s 的上界是 1。

3. 光谱和空间失真联合指数

使用两个独立指数评价融合图像的质量是不够的。实际上,D_λ 和 D_s 分别测量发生在重采样图像和融合图像之间的光谱变化和由融合导致的空间细节上的

差异。

单个指数 Q_{NR}，综合了两个指数，是空间和光谱失真指数的一个补充产品。指数 p 和 q 共同决定在[0,1]的非线性响应，可以得到一个更好地比较融合结果的好坏。Q_{NR} 的定义为

$$Q_{NR} = (1-D_\lambda)^\alpha \cdot (1-D_s)^\beta \tag{3.79}$$

其中，α 和 β 分别是光谱失真和空间失真的权重。

因此，当光谱和空间失真都是 0 时，Q_{NR} 达到最大值 1。Q_{NR} 指数的主要优点是，尽管缺失参考数据集，融合后图像的全局质量可用全色图像的原尺度进行评价。

参 考 文 献

[1] Wang, Z. and A. C. Bovik, "A universal image quality index," IEEE Signal Process. Lett. 9 (3), 81-84 (2002).

[2] Wang, Z., A. C. Bovik, and L. Lu, "Why is image quality assessment so difficult?" Proc. IEEE Int. Conf. Acoust., Speech, Signal Process. 4, 3313-3316 (2002).

[3] Wang, Z., A. C. Bovik, H. R. Sheikh, and E. P. Simoncelli, "Image quality assessment: From error visibility to structural similarity," IEEE Trans. Image Process. 13(4), 600-612 (2004).

[4] Sheikh, H. R., M. F. Sabir, and A. C. Bovik, "A statistical evaluation of recent full reference image quality assessment algorithms," IEEE Trans. Image Process. 15 (11), 3440-3451 (2006).

[5] Sheikh, R. H. and A. C. Bovik, "Image Information and Visual Quality" IEEE Trans. Image Process. 15(2), 430-444 (2006).

[6] Qian, S. -E., "Hyperspectral data compression using a fast vector quantization algorithm," IEEE Trans. Geosci. Remote Sens. 42(8), 1791-1798 (2004).

[7] Aiazzi, B. et al., "Spectral distortion evaluation in lossy compression of hyperspectral imagery," Proc. IGARSS 2003 3, 1817-1819 (2003).

[8] Wald, L., T. Ranchin, and M. Mangolini, "Fusion of satellite images of different spatial resolutions: Assessing the quality of resulting images," Photogramm. Eng. Remote Sens. 63(6), 691-699 (1997).

[9] Alparone, L., S. Baronti, A. Garzelli, and F. Nencini, "A global quality measurement of pan-sharpened multispectral imagery," IEEE Geosci. Remote Sens. Lett. 1(4), 313-317 (2004).

[10] Kantor, I. L. and A. S. Solodnikov, Hypercomplex Numbers: An Elementary Introduction to Algebras, Springer-Verlag, Berlin (1989).

[11] Moxey, C. E., S. J. Sangwine, and T. A. Ell, "Hypercomplex correlation techniques for vector images," IEEE Trans. Signal Process. 51, 1941-1953 (2003).

[12] Sangwine, S. J. and T. A. Ell, "Color image filters based on hypercomplex convolution," Proc. Inst. Elect. Eng., Vis. Image Signal Process. 147(2), 89-93 (2000).

[13] Garzelli, A. and F. Nencini, "Hypercomplex quality assessment of multi/hyperspectral images," IEEE Geosci. Remote Sens. 6(4), 662-665 (2009).

[14] Ebbinghaus, H. B., Numbers, Springer-Verlag, Berlin (1991).

[15] Wang, Z. et al., "Image quality assessment: from error visibility to structural similarity," IEEE Trans. Image Process. 13(4), 600-612 (2004).

[16] Mannos, J. L. and D. J. Sakrison, "The effects of a visual fidelity criterion on the encoding of images," IEEE Trans. Inform. Theory 4, 525-536 (1974).

[17] Winkler, S., "Issues in vision modeling for perceptual video quality assessment," Signal Process. 78, 231-252 (1999).

[18] Pappas, T. N., R. J. Safranek, and J. Chen, "Perceptual criteria for image quality evaluation," Ch. 8. 2 in Handbook of Image and Video Processing, 2nd Ed., Bovik, A., Ed., Academic Press, San Diego, CA (2005).

[19] Wang, Z., H. R. Sheikh, and A. C. Bovik, "Objective video quality assessment," Ch. 41 in The Handbook of Video Databases: Design and Applications, Furht, B. and O. Marques, Eds., CRC Press, Boca Raton, FL (2003).

[20] Sheikh, R. H. and A. C. Bovik, "Image Information and Visual Quality" IEEE Trans. Image Process. 15(2), 430-444 (2006).

[21] Qian, S. -E. and G. Chen, "Four Reduced-Reference Metrics for Measuring Hyperspectral Images after Spatial Resolution Enhancement," in International Archives of the Photogrammetry, Remote Sensing (IAPRS), Wagner, W. and B. Székely, Eds., ISPRS TC VII Symposium-100 Years ISPRS, Vienna, Austria, 37, Part 7A, 204-208 (2010).

[22] Green, R. O. et al., "Imaging spectroscopy and the Airborne Visible/Infrared Imaging Spectrometer (AVIRIS)," Remote Sens. Environ. 65(3), 227-248 (1998).

[23] Neville, R. A., N. Rowlands, R. Marois, and I. Powell, "SFSI: Canada's First Airborne SWIR Imaging Spectrometer," Canadian J. Remote Sens. 21, 328-336 (1995).

[24] Irani, M. and S. Peleg, "Improving resolution by image registration," Computer Vision, Graphics, and Image Processing 53, 231-239 (1991).

[25] Irani, M. and S. Peleg, "Motion analysis for image enhancement: resolution, occlusion and transparency," J. Visual Comm. Image Representation 4, 324-335 (1993).

[26] Wang, Z. and E. P. Simoncelli, "Reduced-reference image quality assessment using a wavelet-domain natural image statistic model," Proc. SPIE 5666, 149-159 (2005) [doi: 10. 1117/12. 597306].

[27] Cover, T. M. and J. A. Thomas, Elements of Information Theory, Wiley-Interscience, New York (1991).

[28] Wu, H. R. and M. Yuen, "A generalized block-edge impairment metric for video coding," IEEE Signal Process. Lett. 4(11), 317-320 (1997).

[29] Liu, V-M. et al., "Objective image quality measure for block-based DCT coding," IEEE Trans. Consumer Electr. 3(3), 511-516 (1997).

[30] Kayargadde,V. and J. -B. Martens,"Perceptual characterization of images degraded by blur and noise:model,"J OSA 13(6),1178-1188 (1996).

[31] Marziliano,P. et al. ,"Perceptual blur and ringing metrics:Application to JPEG2000,"Signal Processing:Image Communication 19(2),163-172 (2004).

[32] Tan,K. T. and M. Ghanbari,"Frequency domain measurement of blockiness in MPEG-2 coded video,"Proc. IEEE Int. Conf. Image Proc. 3,977-980 (2000).

[33] Wang,Z. et al. ,"Blind measurement of blocking artifacts in images,"Proc. IEEE Int. Conf. Image Proc. 3,981-984 (2000).

[34] Wang,Z. ,H. R. Sheikh,and A. C. Bovik,"No-Reference Perceptual Quality Assessment of JPEG Compressed Image,"Proc. IEEE ICIP-2002 111,477-480 (2002).

[35] Alparone,L. et al. ,"Multispectral and panchromatic data fusion assessment without reference,"Photogrammetric Eng. & Remote Sen. 74(2),193-200 (2008).

第4章 卫星数据压缩

4.1 无损和近无损数据压缩

传感器技术的迅速发展使卫星生成大量的数据,并用于各种各样的应用中,如高光谱成像仪和成像傅里叶变换光谱仪。这些传感器获取一个场景图像的数百到几千光谱波段,并产生大量的数据,因此为了有效地把数据从太空传回地面和其在地面归档,越来越需要数据的压缩。高光卫星数据压缩之前已有报导[1,2]。本章描述无损和近无损数据压缩技术,这些压缩技术已经应用于多光谱、高光谱和超光谱卫星图像,以及卫星数据压缩的三个国际标准中。光学卫星数据压缩技术及其实现和应用的更全面描述,读者可参阅本作者撰写的另一本配套专著[2]。

数据压缩技术可以分为无损压缩、近无损压缩、有损压缩。

无损压缩技术是可逆的压缩技术,能够无损地压缩图像。重建的图像与原始图像完全相同。因为没有信息损失,这种压缩技术被用于不容忍原始数据和重建数据之间有任何差异的应用中。然而,无损压缩技术不能达到较高的压缩比,无损压缩的压缩比取决于图像的冗余度,冗余度越大,压缩比越高。光学卫星图像的无损压缩比通常不到3∶1。如果一个图像的场景非常平滑,或者数据具有极低的空间或光谱信息,那么压缩可以取得较高的压缩比。

有损压缩技术是有误差地压缩图像,即重建图像与原始图像是不完全相同的。它不约束重构像素和原始像素之间的差别,而是在均方值误差方面,需要重建图像与原始图像相似。这种压缩方法可以实现高压缩比,压缩比越高,压缩误差越大。

在无损压缩技术与有损压缩技术之间存在一种近无损压缩技术。近无损压缩技术引入的误差受一个预定义的阈值界定,如均方根误差,这种误差影响应用产品的准确性。由于近无损压缩的不可逆性,这意味着在理论上仍然是有损压缩;然而,经良好设计的近无损压缩引起的信息丢失对衍生的最终数据产品或应用的影响可以忽略不计或非常轻微。卫星数据用户往往不喜欢有损数据压缩,但可能愿意接受近无损压缩带来的数据量减少和成本降低。

对于卫星数据,有损压缩通常是不推荐的,因为它降低了获取数据的应用价值。基于此,本章重点描述无损和近无损数据压缩技术。

4.1.1 无损压缩

无损压缩技术通常可以分为基于预测和基于变换的两种压缩技术。前者是基于预测编码模式,即当前像素是从以前的像素预测的,然后对预测误差进行熵编码[1-3]。无损压缩技术使用的查找表或矢量量化方法均是基于预测的方法,因为这两种方法都产生预测数据。基于矢量量化的无损检测技术是一种非对称的压缩过程,这个压缩过程比解压过程更需密集计算。基于预测的无损压缩,为了提高压缩比,波段重排序技术也可以应用在预测之前。

基于变换的方法在有损压缩中的使用比无损压缩使用更加成功。这是因为用于无损压缩的变换必须是可逆的或是整数,如离散余弦变换和小波变。这一要求可能限制了压缩数据的去相关能力。

图 4.1 所示的是基于预测的无损压缩过程的框图。假设输入的是一个高光谱数据立方体 $I(x,y,\lambda)$,其中 x,y 和 λ 分别表示数据立方体场景中地面样本的空间坐标和光谱波段数。如果输入是一个二维的图像,则 $\lambda=1$。第一步是波段重新排序,这一过程可有可无,取决于特定的应用(如果输入是二维图像,这一步是不必要的)。重新排序之后的数据立方体 $I'(x,y,\lambda)$ 是预测步骤的输入,为原始数据立方体的每个像素生成预测值。这一步可以采用常规的预测方法实现,如在空间域或光谱域的最近邻预测,或者两者结合的最近邻预测,这种预测可以使用查找表或矢量量化方法。得到原始的 $I(x,y,\lambda)$ 或波段排序后的 $I'(x,y,\lambda)$ 与预测值 $\hat{I}(x,y,\lambda)$ 的差值 $E(x,y,\lambda)$(有时候叫做残差),并输入到熵编码器,生成压缩数据或比特流。

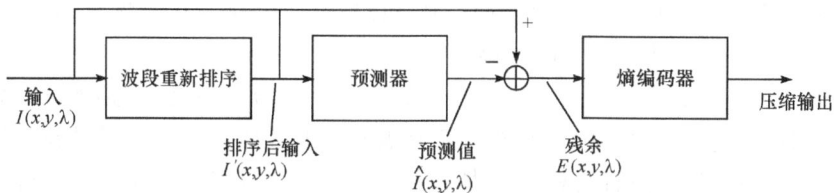

图 4.1 基于预测的无损压缩过程的框图

图 4.2 所示的是基于变换的无损压缩过程的框图。在这种情况下,不需要波段的重新排序,即使输入的是高光谱数据立方体。变换函数可以是单一可逆的离散余弦变换、整数小波变换、主成分分析变换。或两个变换后的组合,一个用于光谱去相关,另一个用于空间去相关性。变换系数是去相关,从而有利于去除冗余。系数被发送到熵编码器之前,以适用于编码的形式进行编辑,在熵编码器生成压缩数据。

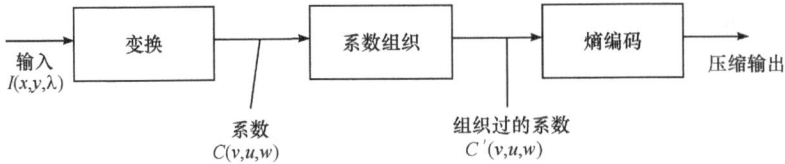

图 4.2 基于变换的无损压缩过程框图

4.1.2 近无损压缩

在卫星数据压缩技术的发展中,选用有损数据压缩算法时必须谨慎。例如,高光谱数据包含丰富的光谱信息用于遥感应用。如果高光谱数据立方体使用有损压缩的方法压缩,任何信息损失的压缩都会减少数据立方体的价值。传统的有损压缩方法是为二维和三维图像设计的,不适合高光谱图像,因为它们都没有设计用来保护高光谱图像的光谱信息。

通过卫星获得的科学数据集有噪声,包含各种各样仪器的噪声,如热噪声、散粒噪声、椒盐噪声、量化噪声等。热噪声是探测器阵列和放大器引起的,并且独立于信号强度。探测器阵列的散粒噪声取决于信号强度。它是通过量子统计涨落引起的,即光子在一个给定的曝光水平下的数量变化。散粒噪声正比于信号强度的平方根,并在不同像素的噪声探测器阵列之间的这种噪声是相互独立的。散粒噪声服从泊松分布,除了光子噪声,探测器阵列的漏电流产生额外的散粒噪声。这种噪声有时被称为暗电流噪声。椒盐噪声是脉冲噪声,由模数转换器的误差引起。量化噪声是由感测像素从模拟电信号量化成数字信号产生的,具有近似均匀分布,并且依赖于信号。由于仪器存在噪声,卫星仪器获取的科学数据集有一个信噪比指标,用于度量有多少信号被噪声破坏。

此外,原始的数字化卫星数据集在作为产品交付给用户之前,必须进行处理。原始数据在辐射定标过程中需要被转换成辐射数据,以除去所有由仪器本身和大气造成的影响。这一过程为科学数据引入了不确定性或误差。在这个过程之后,辐射数据需进行校正以消除大气的影响和转换为反射率数据。大气校正过程是科学数据集误差的另一个来源。

本章把包含在原始卫星数据集中所有的噪声(如仪器噪声、定标过程和大气校正过程引入的噪声)定义为固有噪声,以此区分由压缩算法引入的噪声,即有损压缩的压缩误差。

为了保存卫星数据的科学价值,有损压缩算法应限制误差,在压缩过程中产生的误差应低于原数据固有噪声的水平,或与其在同一水平上。这种有损压缩被定义为"近无损",与固有噪声相比,对遥感应用的影响很小或可忽略。

4.2.2 节描述了 2 种用于星机上处理的、基于矢量近无损量化压缩技术,即聚集逐次逼近多级矢量量化(SAMVQ)和递归分层自组织聚类矢量量化(HSOCVQ)。通过设置比固有噪声小的压缩保真度阈值,这两种压缩技术能够控制压缩误差小于原数据固有噪声。与原始数据的固有噪声相比,由这两种压缩技术引入的噪声预计对遥感应用的影响很小或可忽略。这种近无损压缩方法是不同于 Chen 和 Ramabadran[4]的视觉近无损压缩,不同于 Wu 和 Bao[5]的医学图像和虚拟近无损压缩,也不同于 Aiazzi 等[6]和 Magl 等[7]的高光谱图像。

在 Wu 和 Bao[5]的方法中,由方程(3.10)和方程(3.11)描述的两种图像质量指标被用来限制压缩误差。这种近无损压缩的定义为医学界提出并被采用[4]。一种基于 MAD 为度量有损压缩定义为虚拟近无损,其重建数据的误差小于全局动态变化 1%。

基于虚拟近无损压缩的定义,Aiazzi 等[6]和 Magl 等[7]提出高光谱数据立方体多波段的虚拟无损压缩算法,称为 M-CALIC(基于情景的多波段自适应无损图像编码)。为了实现这种虚拟近无损压缩,他们在无损 M-CALIC 算法的量化噪声反馈回路中引入一个统一尺度的量化器,压缩的峰值绝对误差限制在 δ,量化器的尺度是 $2\delta+1$。

4.2　高光谱图像的矢量量化数据压缩

矢量量化对高光谱图像的数据压缩是一种有效的编码技术,因为它的简单和矢量特性保留了场景中光谱特征与单独地样本之间的联系。在与加拿大航天局的同事,以及与公共和私营部门合作的情况下,在过去十年里 Qian[8]已经研究出了应用于高光谱图像的基于矢量量化的近无损数据压缩技术。许多为地面和空间使用的创新压缩技术已被开发并获得专利[9-21]。在许多数的遥感应用中,这些技术已经实现了相当高的近无损压缩比[3](大于 10∶1)。

4.2.1　快速矢量量化压缩算法综述

矢量量化压缩过程的两个主要步骤包括码本训练(有时也称为码本生成)和编码(即码字矢量匹配)。在训练阶段,一个训练序列中相似的矢量组成一个簇,每个簇分配一个代表矢量,叫做码字矢量。在编码阶段,用最相近的码字矢量替换输入矢量,并用该码字矢量在码书中的索引(或地址)来表达,从而实现压缩。在码本中,匹配的码字矢量的索引(或地址)通过每个信道传送给译码器,并被译码器用来检索同一编码本中相同的编码矢量,这是相应输入矢量的重构再现。因此,压缩是通过发送码字矢量的索引,而不是整个矢量码字取得的[22]。

在高光谱数据的矢量量化压缩中,数据立方体的每个地面样本完整的光谱曲线被定义为一个矢量,即常指的光谱矢量。因为在一个数据立方体的场景中独特的目标数量是有限的,训练光谱矢量数目(即码字矢量)要比数据立方体的光谱矢量总数小得多。因此,数据立方体所有的光谱矢量可以用相对较少编码向量的码本表示,以实现高的重建保真度。

矢量量化压缩技术充分利用频域中波段之间的高相关性,达到了很大的压缩比。然而,在操作使用方面,高光谱图像的矢量量化压缩技术有一个很大的挑战,就是需要大量的计算资源,特别是码本生成阶段。高光谱数据立方体的数据量比传统的遥感数据大成百上千倍,因此训练码本或用码本编码数据库所需时间也是大几百倍的。在一些应用中,只训练一次码本,并把它重复地应用于随后压缩的数据立方体中,就像用在传统的二维图像压缩,这样就避免了训练时间较长的问题。当压缩的数据立方体是由用于训练码本的训练集界定时,这种方法将会发挥得很好。

高光谱遥感通常很难获得一个所谓的"通用"码本,以涵盖很多数据立方体并取得高保真度。这个事实一部分是因为目标(季节、位置、光照、角度、大气的影响的准确需求等)和仪器配置(光谱和空间分辨率、光谱范围、信噪比的仪器等)的特性,将高变化引入了数据立方体。另一部分原因是其压缩数据下游使用需要高重建的保真度。由于这些原因,最好是为每个压缩的立数据方体生成一个新的码本,并且它和索引图一起作为压缩数据发送到解码器。因此,在基于矢量量化技术的压缩高光谱图像的研发中,主要目标是寻求更快、更有效的压缩算法来克服这一挑战,特别是在轨的应用。

Qian 等[9]提出一种代表高光谱数据的光谱矢量的有效表示方法。这种光谱编码方法被称为基于光谱特征的二进制编码(SFBBC)。它把一个具有 N_b 元素(每个元素字长为 Len=16bits)的高光谱矢量转化成一个 $3N_b-2$ 比特的 SFBBC码。例如,一个 AVIRIS 数据立方体的光谱矢量有 224 个元素,其中每个元素的长度 Len=16,因此一个 AVIRIS 光谱矢量总的字节数是 $224\times16=3584$。然而,一个 SFBBC 编码矢量总的字节数是 $3N_b-2=3\times224-2=670$,这比原始光谱矢量的比特数少得多。更重要的是,在高光谱图像矢量量化压缩过程中,使用 SFBBC码时,可以把汉明距离用于码本的训练和码字矢量的匹配。汉明距离是一个逻辑的位异或运算的简单和,比欧氏距离运算快得多。对原始光谱矢量使用广义的劳埃德算法(GLA),基于 SFBBC 矢量量化压缩技术能使压缩过程加速 30～40 倍,但是以 PSNR(峰值信噪比)保真度<1.5dB 为代价的。这种压缩技术被称为基于SFBBC 的 3DVQ。

为了降低计算的复杂度,相关矢量量化(CVQ)技术被引入,可以使高光谱数据立方体的矢量量化压缩和索引图编码同时去除空间域和光谱域的相关。CVQ使用一个活动窗口覆盖一个高光谱数据立方体相邻样本的 2×2 光谱矢量模块。

编码时间(CT)可以提高 $1/(1-\beta)$ 倍,其中 β 是窗口内的一个光谱矢量,可被窗内 3 个已编码的矢量之一逼近的概率。实验结果表明,编码时间可以提高到 2 倍左右,比 3DVQ 的压缩比约高 30%。CVQ 结合 SFBBC 可以进一步降低 3DVQ 的编码时间[11]。

矢量量化压缩的码本生成是一个迭代过程,这个过程几乎占据整个处理时间。因此,减少码本生成时间(CGT)至关重要。因为 CGT 与训练集的尺度大小成正比,那么减小训练集的数据量很容易获得一个快速压缩系统。为生成小而有效的训练集,三个光谱矢量选择方案被采纳,通过下采样的方式形成训练集。数值分析显示,4% 的下采样比例是最佳的保持重建保真度和降低 CGT。实验结果表明,当训练集经下采样后为 2.0% 数据立方体时,压缩处理时间可以提高 15.6~17.4 倍,但是以 0.6~0.7dB PSNR 的损失为代价的[12]。

通过使用包含在被压缩的高光谱数据立方体中的遥感知识,矢量量化技术的压缩比可以进一步提高。如归一化植被指数(NDVI)这样的光谱指数被引入,来优化压缩算法。一种称为基于光谱指数的多个子码本算法(MSCA)的新颖的矢量量化压缩技术被提出[13]。对一个被压缩的数据立方体,先产生该数据立方体的光谱索引图,然后根据索引值划分为 n 个(通常 $n=8$ 或 16)不同的区域(或类)。根据分段的光谱索引图将数据立方体分为 n 个子集,每个子集对应一个区域(或类)。一个独立的码本为每一个子集而训练,并用来压缩相应的子集。MSCA 算法可以提高 CGT 和 CT 近 n 倍,实验结果表明当测试数据立方体划分为 16 个子集时,可以提高 CGT 和 CT 14.1~14.8 倍,而且重建保真度和 3DVQ 的几乎一样。

使用之前研发的快速 3DVQ 技术的组合(SFBBC、下采样和 MSCA)二个矢量量化高光谱图像数据压缩系统被提出,并进行了测试。模拟结果显示,CGT 可以减小超过三个数量级,而且码本的质量保持很好。3DVQ 的整体处理速度可以提高 1000 倍,但是恢复数据精度 PSNR 的平均损失小于 1.0dB[14]。

Qian 等还提出基于矢量量化压缩算法的快速搜索方法[15]。它利用这样一个事实,在 GLA 的全搜索范围内,与前次的迭代分区距离相比,如果一个训练矢量与当前的迭代分区距离有所缩短,那么对该矢量不需要全搜索来发现最小距离分区。该方法的优点是简单,大量减少了计算时间,产生了与 GLA 一样好的压缩保真度,包含各种场景类型的四种高光谱数据立方体用于测试此快速搜索方法。实验结果表明,码书尺寸大小从 16~2048 字时,四个测试数据立方体,压缩处理时间改善了 3.08~27.35 倍。码本的尺寸越大,节省的时间越多。由压缩造成的光谱信息损失已用光谱角制图和遥感应用进行了评价。

经过 Qian 在文献[15]提出的矢量量化快速搜索方法之后,矢量量化压缩技术的搜索方法又被进一步改善[16]。充分利用这一事实,在 GLA 搜索中,训练序列的矢量是作为先前的迭代放置在相同的最小距离分区(MDP)中,或放置在一个叫做最近分区集(NPS)的非常小的区域子集中。他提出的方法将搜索这个小的 NPS 中用于训练矢量的 MDP 和以前迭代 MDP 的单个分区。由于 NPS 尺寸比编码矢量总数小得多,搜索过程明显加快。他提出的方法生成的码本与使用 GLA 生成的码本相同。实验结果表明,当码本的大小是 16～2048 时,两个测试数据集的编码训练计算时间分别降低了 7.7～58.7 和 13.0～128.7。

4.2.2　近无损压缩的矢量量化技术

Qian 等提出两种近无损压缩技术,这两种技术都可以限制由压缩过程中引入的压缩误差水平低于原始数据的固有噪声。

1. 逐次逼近多级矢量量化

SAMVQ 是一种多级矢量量化压缩算法,这种算法是用逐次逼近的方法和非常小的码本压缩数据立方体。用这种算法传统的矢量量化方法中的计算负担将不再是个问题,因为码本的大小比传统的码本小两个数量级。假设在多级逼近过程中,SAMVQ 压缩一个数据立方体使用 4 个码本,每个码本包含 8 个码字矢量。为取得相同的重建保真度,传统的矢量量化码本需要 $N=8^4=4096$ 个码字矢量,然而 SAMVQ 码本仅包含 $N'=8\times4=32$ 个编码矢量。因为码字生成时间和编码时间都与码本大小成正比,所以这两个时间都可以降低 $N/N'=4096/32=128$ 倍。因为码字矢量的总数比较小,在重建数据的保真度相同时,SAMVQ 比传统 VQ 的压缩比高。同理,压缩比相同时,SAMVQ 的重建保真度高于传统 VQ。

此外,得益于光谱特征的相似性,SAMVQ 自适应地将压缩数据立方体分为簇(子集),并独立地压缩每个子集。在这种特征在星载使用中,可以进一步加快处理时间,这是因为可以把每个压缩子集分配给单独的压缩引擎,以供硬件实现并行运算。例如,如果一个数据立方体被分为 8 个子集,时间可以进一步加快约 8 倍。这一特征也提高压缩数据的重建保真度,因为每个子群集中的光谱向量相似,当使用相同数量的码字矢量时,编码失真会很小。

适当地选择码本的大小和逼近级数,就能很容易地控制压缩比和保真度,逼近级数越多,保真度就越高。在压缩过程中,该算法可以自适应地选择与每个码本尺度逼近的级数,以减少失真和最大化压缩比。对于星上使用,SAMVQ 可以设置在压缩比(CR)模式或保真度模式。在 CR 模式中,所需的压缩比可以在压缩之前设置参数而取得。不同的数据立方体有不同的压缩保真度。RMSE 经常用来衡量保真度的高低。在保真度模式,RMSE 的阈值在压缩之前设置,算法将确保压缩误差小于或等于设定的阈值。当设置的阈值水平等于或低于原始数据的固有噪声时,可以实现近无损压缩。SAMVQ 算法的详细描述可以在相关文献中找到[3,18,19]。

2. 分层自组织聚类矢量量化

HSOCVQ 压缩数据立方体中的光谱矢量的群集,直到每个光谱矢量的编码误差小于给定的阈值(如 RMSE)。这一特点允许 HSOCVQ 更好地保存稀有的光谱或压缩高光谱数据立方体中的小目标。

不像 SAMVQ,HSOCVQ 首先从压缩数据立方体中训练数量极少的码字矢量(如 8),并使用这些码字矢量将数据立方体中的光谱矢量分成群集。然后,通过训练一小部分新的码字矢量压缩每个簇中的光谱向量。如果群集中所有光谱向量的编码误差小于阈值,HSOCVQ 就完成当前集群编码并开始压缩下一个群集;否则,它将该集群中的光谱向量进行分类,并将群集划分为子群集。群集的划分是逐次的,直到每个子群集的编码误差小于阈值。在 HSOCVQ,群集划分为子群集的数目(即新码字矢量的数量)是自适应确定的。如果一个群集的保真度与阈值差得很远,将会生成大量的子群集。以这种方式产生的集群是不相交的,它们的大小随划分层次变深而减小。因此,压缩过程是快速和有效的,因为训练集(簇)的规格和码本的规格都很小,并且每个群集或子群集中的光谱向量只训练一次。

由于聚类和划分的独特方式,HSOCVQ 编码矢量的训练有可控制的重建保真度,若码字矢量数量很小,以便在高重建保真度下获得高压缩比。在星载应用中,HSOCVQ 只运行保真度模式。类似于 SAMVQ,当阈值设置的水平等于或低于原始数据的固有噪声时,可以实现近无损压缩。HSOCVQ 算法的详细描述可以在文献中找到[3,20,21]。

4.3　光谱图像的星上数据压缩

地球资源探测卫星和 SPOT 卫星是两种主要的多光谱卫星系列。自 1986 年以来,7 个 SPOT 卫星(SPOT 1~7)已经发射进入轨道。自从第一个 SPOT 卫星以来,星载数据压缩已经被用于减少传输数据速率和数据量。

4.3.1　一维差分脉冲编码调制

固定长度编码的一维差分脉冲编码调制(1D-DPCM)被采用,并在 SPOT-1 上实施。这种压缩算法已应用于直到 SPOT-4 这些老的 SPOT 卫星中。其压缩算法简单,SPOT 影像的每 3 个像素 P1、P2、P3,第一像素直接传送(编码),剩余两个像素的值用来预测的上一个编码像素和下一个编码像素的平均值。SPOT 卫星图像用 8 比特字节量化。直接发送的像素 P1 为

$$CR = \frac{3 \times 8}{8 + 5 + 5} = 1.33 \tag{4.1}$$

这个简单的压缩算法具有每像素操作的低复杂度,这与当时航天电子元器件的低性能有关[23]。

4.3.2 基于离散余弦变换的压缩

正如第 1 章所述,SPOT-5 卫星有 2 个主载荷称为 HRG 成像仪和一个次载荷称为 HRS 成像仪。相比 SOPT 1~4 的 HRG 载荷,SOPT 5 的 HRG 地面采样距离细化了 2 倍,全色波段图像是 5 米(替代了过去 SPOT 卫星的 10 米)、多光谱图像是 10 米(替代了 20 米)。这个地面采样距离等效于将数据速率翻了两番(如全色图像是 16 兆像素/秒,而不是 4 兆像素/秒)。另一方面,为了与 SPOT 卫星现有的遍布全世界的地面接收站保持严格的兼容,数传信道的传输比特率是不变的 50Mb/s。为适应改进的地面采样距离,两个数传信道(替代 SOPT 1~4 的一个)同时使用,总的传输速率是 100Mb/s。

随着 SPOT-5 地面采样距离的改进,就必须寻求一种能够显著增加压缩比的新图像压缩算法,并同时满足 SPOT 用户对图像质量的要求。

SPOT-5 卫星选择使用基于离散余弦变换的压缩算法。这是一个带有率调整的可变压缩率 DCT。它用一个可变的长度和统一尺度的量化器编码 DCT 的系数,为用户获取了可接受的图像质量,使图像的压缩比提高到 3:1。这个使用了统一量化矩阵压缩算法的定义非常接近 ISO/JPEG 基线有损算法[24]。

SPOT-5 系统的要求之一是星载压缩系统应以固定的速率传送比特流。为满足这一要求,速率调节算法被用于推扫式数据。这种 DCT 压缩如图 4.3 所示。

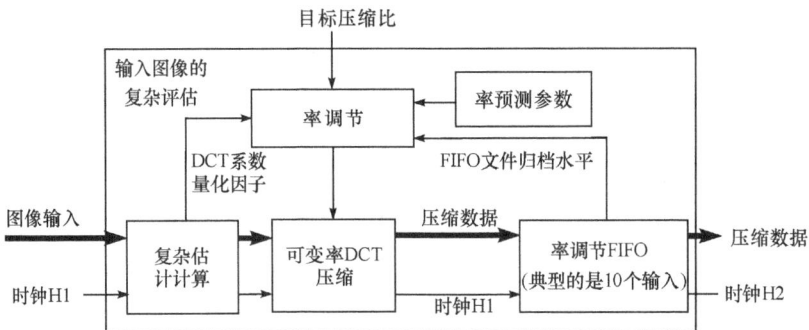

图 4.3 采用速率可调节算法的速率可变 DCT 编码器框图

该算法的工作原理如下:块的每一行(LOB,即连续 8 行,每行 1200 像素),首先进行一个复杂的估计。根据估计和先进先出缓冲器输出的填充水平,使用率预测参数,率调节算法计算出一个最佳的量化因子 F 用于该 LOB 的压缩。该压缩算法具有以下优点。

① 由于需要良好的调节稳定性,率平滑的 FIFO 缓冲区是相当小的(典型地只需要 10 个输入行)。

② 率调节算法非常简单,可以应用于任何类型的可变率图像编码方案。

③ 由于 SPOT-5 的宽刈幅(每个穿轨行有 12 000 像素),变量 F 的变化是非常缓慢的,因此沿轨道图像质量是均匀的。

该压缩算法源于 ISO/JPEG,有以下几点不同。

① 量化因子是以很小的步长可调,因为输出比特率和均匀的图像质量要求调节是微量的。

② DCT 系数精度较高,这是为了可能时可以达到无损压缩。

③ 输出码流的格式是特定的自定义同步标记和标题,以提供强有力的差错控制结构。

在可变率的 DCT 压缩算法被部署到 SPOT-5 之前,这种算法已经被大范围的用来模拟图像和早期 SPOT 卫星真实的影像进行定量的评价。利用 10 米的空间分辨率,代表了 SPOT 幅宽的实际图像,这在率调节的验证中非常重要。所有的图像都使用可变率 DCT 的 2.4～3.4 的比率进行压缩和解压。

均方根误差式(3.4)和最大绝对差式(3.10)可以作为图像质量度量的定量评价。对于定量评价,重点分析最敏感的应用和图像判读,因此图像的压缩/解压缩的方法,从民用和军用,通过许多照片判读人员的视觉检查。第一个验证检查阶段是为了检查率调节有没有引入任何不可接受图像质量沿地面轨道的不稳定性。沿着轨道具有明显过渡点的 SOPT 图像被使用(如基因位点),因为这些都有可能导致量化因子显著变化。事实上,该算法不仅正确的平滑了量化步长的变化,而且用户没有发现图像质量沿地面轨道的任何变化。

4.3.3 基于小波变换的压缩

一种基于小波变换的压缩算法被研发用来压缩 Pleiades-HR 卫星的全色和多光谱图像[25]。该算法采用 9/7 双正交滤波器和位平面编码器来编码小波系数。全色图像压缩比特率等于 2.5 比特/像素,多光谱图像的压缩比特率为 2.8 比特/像素。

对于 SPOT-5,其用户团体包括军事用户,用调谐数据率来保持压缩图像的质量以满足其最终产品的质量。一个包括海量存储器和压缩模块 ASIC 电路被应用于 SPOT-5 卫星上。这个单元集成了一个通用的压缩模块叫做小波图像压缩模块。这种高性能的图像压缩模块实现了接近 JPEG2000 性能的基于小波变换的图像压缩算法。ASIC 优化的内部结构可以有效地以高于 25 兆像素/秒的吞吐量进行无损到有损的图像压缩。压缩是以一个固定的比特率进行,并在每一条带或完整的图像中进行。除了设置压缩率,该模块无需调整任何压缩参数。高达13位动态范围的输入图像可以通过模块处理。压缩模块进行抗辐射设计。

　　基于小波分析的Pleiades压缩模块不需要压缩率调节环。因为位平面编码器分层次地组织输出比特流,以至于有针对性的固定比特率的比特流可以通过截断此比特流获得。由于内存限制,离散小波变换、位平面编码和截断只能在一个固定大小的图像区域进行。Pleiades压缩模块的图像区域是16个穿轨线。位平面截断引起的量化和研究图像区域是相同的,SPOT-5图像压缩的一些缺陷仍会出现在基于离散小波变换(DWT)的压缩模块。为了局部纠正缺陷块的异常,额外的处理方法已经做了研究。决定某一区域是否进行异常处理的标准是(信号的方差)/(压缩噪声方差)的比值。一个小波系数包括来自LL3小波变换子波段的单一系数,称为直流系数和63个交流系数。根据这一比例值,该块的小波系数在比特平面编码前被乘以一个正系数。这些被乘过的系数比那些未经特殊处理的系数由编码器先处理。该小波系数的处理是类似在JPEG200的感兴趣区的处理。异常处理产生的图像质量的改进已通过图像分析证实[26]。

4.3.4　选择性压缩

　　为了保持良好的图像质量,DCT和小波变换压缩算法不能提供一个显著的高压缩比去克服增加的数据率。要达到这样高的压缩比,一个所谓的"聪明"的压缩已被提出,即用不同的压缩比压缩一个场景。有用的数据少压缩,而没有用的数据多压缩来实现总体的高压缩比。因此,星载实时检测有用的和非有用的数据是必要的。这种压缩被称为选择性压缩,由检测和随后的压缩组成,即包括所谓的感兴趣区域(ROI)压缩或非感兴趣区域压缩。选择性压缩没有被广泛使用,因为它很难区分有用和没有用的数据。幸运的是,一种类型的数据可以被认为是没有用的数据,即云,尽管其在气象卫星中是有用的。大多数光学卫星图像包含云。以SPOT-5卫星为例,SPOT图像神经网络鉴别器将多于80%的图像归类为云。

　　经研究,卫星云图检测模型已实现。其想法是通过简化和优化后用于星载处理[28],该工作是通过一个已有的用于地面Pleiades-HR图像专辑的云图检测模型来进行的。算法支持低分辨率图像,使用支持向量机器分类器(小波变换的第三个分解层),主要步骤包括采用绝对校正因子计算图像的大气顶辐射,计算的分类标准,并最终用训练支持向量机的配置把这些标准进行分类。

　　本研究首先独立地分析这个过程的所有阶段,提出一种基于支持向量机技术的云检测算法的星载简化模型。所提出的限制,通过浮点软件模型计算,证明等效的性能可以用星载简化模型得到(小于1%的误差)。

　　选择性压缩的最后一步是ROI的"聪明"编码。在星载云检测的情况下,背景是云掩膜,前景(ROIs)是该图像的其余部分。ROI编码方法已经存在,通用的基于 ROI 缩放方法原理是缩放(或移动)小波系数,以至于与其他背景相比,ROIs 相联系的位放置在更高的位平面。在嵌入式编码过程中,最重要的 ROI 位平面在图像背景位平面之前被放置在比特流中。

两个不同的 ROI 编码方法,小波变换和缩放已添加到现有的压缩模块中,以对所有类型的图像进行选择性的压缩,包括云图像。这两种方法各有优点和缺点。小波变换是云检测最好的选择,因为它通过 ROI 保留了最好的图像质量,并且解压器可以自动地解码云覆盖掩膜。其主要缺点是用户无法控制背景区域(云)之间或不同程度的感兴趣区域的图像质量。缩放的方法是这种应用的优选,但 ROI 掩模传输预计会带来额外的开销。

4.4 超光谱探测仪数据的无损压缩

第 1 章已描述了星载 FTSs 成像仪(也被称为超光谱探测仪),如 IASI、HES、CrIS 和 GIFTS。一个超光谱探测器产生的三维数据立方体,其中两个维度空间对应于空间尺寸中的扫描线和每个扫描线的轨道穿轨足印。第 3 个维度对应于每个轨道的成千上万的红外频谱分量(通常称为通道)。使用迈克尔孙干涉仪或光栅光谱仪测量反演大气温度、湿度和微量气体分布,测量地表温度、发射率和云与气溶胶光学性质,从而生成超光谱探测器数据。考虑到三维超光谱数据的超大体积,数据压缩有益于数据传输和存档。超光谱探测数据需要精确的重建,以提取下游应用中有用的信息。为了满足这种需求,压缩技术记录都是无损的。

4.4.1 基于小波变换和基于预测方法的比较

Huang 等[29]研究了三维超光谱探测数据的两种算法,即基于小波变换和基于预测无损压缩算法。小波零树编码方案属于基于小波变换数据压缩方法,如二维 EZW[30]、二维 SPIHT[31] 和二维 JPEG2000[32],而二维 JPEG-LS[33] 和二维 CAL-IC[34] 属于基于预测的无损压缩方法。调查发现,二维 EZW 和二维 SPIHT 可扩展到三维的版本。对于三维方法,数据立方体的尺寸大小不需要除以 2^N,其中 N 是进行的小波分解的层。其他 2D 方法还有 JPEG2000、JPEG-LS 和 CALIC 等,为了使用这些方法,通过水平锯齿连续扫描,将 $N_r \times N_c$ 的光谱转化为线型形式,从而将测试三维数据立方体减少到二维数据。

1. 基于小波变换的方法

在图像压缩方面小波变换已经是一个成功的工具,具有紧凑的多分辨率分析和线性计算次数的特点。作为图像压缩技术,由一组基函数组成的变换将该图像投影,并且编码所得的系数。小波压缩开发尺度冗余度以减少存储在小波域的信息。整数小波变换是整数到整数可逆的有限精度运算,因此在无损数据压缩中有重要应用。

整数小波变换可以使用提升算法实现[35]。提升算法有几个理想的优势,包括低复杂度、线性执行时间、就地计算和可用于任意长度的信号使用。整数小波变换包括3个步骤,即正向小波变换、一个或多个双向和原始提升操作、重新缩放。

经小波变换获得的系数可以通过一个树结构来表示。嵌入式零树小波(EZW)和设定划分等级树(SPIHT)编码器得益于该结构实现更好的压缩。不同级别的分层小波变换子带(但在同一空间定向)显示了类似的特点。EZW采用多层次的小波变换,通过在分解结构中定义父-子关系而有效地编码小波系数。SPIHT是EZW的提升,提供了更好的压缩,同时也有较快的编码和译码时间。它采用空间定向树表示更高层次和低层次之间的父母与孩子和孙子的关系。这些空间关系树在SPIHT和EZW是常见的。

JPEG2000作为ISO/IEC的新标准出版,也作为ITU-T推荐。举例来说,它的功能列表包括通过质量渐进传输、分辨率、组件或空间局部性、有损和无损压缩、ROI级数编码和有限存储器的实现,包括DWT、标量化和块编码。在DWT阶段之后,执行嵌入式标量化,量化步长大小因每个子带不同而异。块编码器是基于优化截断的嵌入式编码块的原则,同时包括一个算术编码器和率失真优化算法以达到最佳比特率。

2. 基于预测的方法

JPEG-LS和CALIC是公认的无损压缩算法。它们都具有使用一些以前相邻数据来预测当前像素值的特征,接着对预测值和实际像素值之间的误差进行熵编码。ISO/IEC工作组于1999年发布了连续色调图像无损/近无损压缩的新标准,俗称JPEG-LS[33],具有基于预测编码技术的低复杂性。近无损压缩通过一个整数值的阈值控制,这个阈值表示的是原始像素值和解压值之间最大允许绝对差值。JPEG-LS编码器包括预测、情景建模、误差编码和运行模式。

CALIC被认为是二维连续色调图像压缩的有效和复杂的编码器。在1995年7月最初的关于ISO/JPEG的9个提议中,CALIC名列第一。它的工作原理是上下文自适应非线性预测,以调整当前像素的梯度。该算法运行在二进制或连续模式。在二进制模式编码图像的区域的强度值不超过2。在连续模式中,有四个主要成分,即梯度调整预测、邻域选择和量化、上下文建模预测误差和熵编码预测误差。

3. 比较结果

用美国宇航局的 Aqua 卫星的大气红外探测器(AIRS)获得的超光谱测探仪数据进行测试。该 AIRS 数据在光谱的 3.74～15.4 毫米区域有 2378 个红外通道。AIRS 数据的一天值被分成 240 个三维数据立方体,每一个持续六分钟时间。每个数据立方体有 135 条扫描线,每条扫描线有 90 穿轨足迹组成,因此每个数据立方体总共有 135×90＝12 150 个足迹。16 位的原始辐射被转换成亮度温度,再调整为 16 位无符号整数,将生成的立方体以二进制文件保存,这个数据立方体具有 135 条扫描线(每条扫描线有 90 交叉轨道足迹),每个数据立方体包含 2108 个信道(在移除 270 个坏的信道后)。从地球上不同的地理区域选出 10 组数据立方体(5 日间和夜间 5)进行测试。

7 种不同的 3D 整数小波变换用于 EZW 或 SPIHT 测试数据立方体的压缩。这些整数小波变换是 5/3、5/11-A、5/11-C、(1,1)、(1,5)、(2,6)和(4,2)。$\frac{L_{L0}}{L_{Hi}}$ 符号分别表示整数小波变换的低通滤波器和高通滤波器的长度;符号(n_1, n_2)表示小波变换消失矩,其中 n_1 和 n_2 分别是分析高通滤波器和合成高通滤波器的消失矩的个数。

EZW 或 SPIHT 编码器的三维整数小波变换得到的 10 个数据立方体的压缩比均小于 2:1。SPIHT 编码器获得的压缩比较 EZW 编码器的压缩比略高(约 0.3)。在 7 个三维整数小波变换中,(2,6)整数小波变换产生了最佳结果。

如 JPEG2000,基于预测压缩方法的 JPEG-LS 和 CALIC 是从三维转换为二维之后运用到立方体的二维压缩算法。三维 SPIHT 小幅度优于 JPEG2000,然而三维 EZW 方法具有最低的压缩比。涉及算法设计时,在所有的压缩方法中 JPEG-LS 的复杂度最低。该详细压缩结果可以在文献中找[36]。

为了使超光谱测深仪数据产生较高的无损压缩比,Huang 等[29]提出偏置调整重新排序(BAR)方法[29],采用一种在类似的高度同类型吸收成分,来开发不相交的光谱和空间区域的相关性。

因此,所有的压缩算法与 BAR 的方法结合明显优于其相应的算法独自运行时的效果,其压缩比超过 2:1。详细的压缩结果请参阅文献[29]。BAR 在光谱维比在空间度能产生明显更好的结果。说明更好的压缩增益可以通过排序不相交的光谱区的相关通道,而不是排序不相交的空间区域相关像素获得的。这也意味着,由光谱波数给定的传统通道的顺序,在相邻信道中可能不具有最高的相关性,因为每个维度有压缩增益,对于大部分数据立方体,两个维度的重新排序优于光谱维度或空间维度单独重新排序。

4.4.2　使用预先计算的矢量量化无损压缩

一种快速预计算矢量量化（FPVQ）方法已用于压缩超光谱探测仪的数据[37]。该方法使用线性预测首先将超光谱探测仪数据转化成高斯分布的预测残差数据。然后，根据预测残差数据的长度将它们分成组，用预先计算的2^k维高斯归一化的码书对它们进行矢量量化，该码书有2^m个码字矢量。用一种新的比特分配方案对所有子组进行比特分配，该比特分配方案在给定的总比特率的约束下能达到一个最佳的解决方案。预先计算码本的 FPVQ 方法消除在线码本生成所需的时间，而且预先计算的码本不需要作为附加信息发送到解码器。FPVQ 方法包括如下步骤。

1. 线性预测

这一步骤是为减少数据的方差，使数据接近高斯分布。线性预测采用一组相邻像素预测当前像素。超光谱探测仪数据的光谱相关性比空间相关性更强[38]。用光谱通道相邻数值的线性组合为预测值是合理的，这种线性预测可以描述为

$$\hat{\pmb{X}}_i = \sum_{k=1}^{N_\lambda} c_k \hat{\pmb{X}}_{i-k} \quad \text{或} \quad \hat{\pmb{X}}_i = \pmb{X}_\lambda \pmb{C} \tag{4.2}$$

其中，$\hat{\pmb{X}}_i$是当前信道中包含N_λ个元素的矢量，是一个二维空间帧图像；$\pmb{X}_\lambda$是由N_λ个相邻信道组成的矩阵；$\pmb{C}$是N_λ预测系数的矢量。

预测系数可以由下式获得，即

$$\hat{\pmb{X}}_i = \pmb{C} = (\pmb{X}_\lambda^{\mathrm{T}} \pmb{X}_\lambda)^{\mathrm{pi}} (\pmb{X}_\lambda^{\mathrm{T}} \hat{\pmb{X}}_i) \tag{4.3}$$

其中，pi 代表伪逆，具有该矩变病态的鲁棒性。

预测误差矢量（即残余）是原始信道向量和预测矢量之间的差异。

2. 基于位长度分组

具有相同字长预测误差的信道被分到同一组。给定n_c个字长，信道分组为

$$n_c = \sum_{i=1}^{n_d} n_i \tag{4.4}$$

其中，n_i是第 i 组的通道数。预先计算的矢量量化码本独立地应用于每一组。

3. 具有预计算码本的矢量量化

为避免实时进行码本训练，码本预先计算生成。在线性预测之后，每个通道的预测误差接近高斯分布，且各自有不同的特性偏差。用 Linde-Buzo-Gray（LBG）

算法预先计算 2^k 维归一化的高斯分布预测误差来产生码书,每个码书有 2^m 个码字矢量。已知的第 i 组中任何信道个数 n_i 可以用下面 2^k 的线性组合表示,即

$$n_i = \sum_{k=0}^{[\log_2^{n_i}]} d_{i,k} 2^k, \quad d_{i,k} = 0 \text{ 或 } 1 \tag{4.5}$$

所有 $d_{i,k}=1$ 的 2^k 个信道形成在第 i 个位长组子组。子分区的总数为

$$n_s = \sum_{i=1}^{n_d} n_i, \quad b \tag{4.6}$$

其中, $n_{i,b}$ 是第 i 位长组的子组的数目。

码本是预先计算的归一化高斯码本,并且被数据立方体的标准差谱延展。

4. 最佳比特分配

每个子组表示量化残差的比特数取决于子组的尺寸和码本的大小。一种改进的比特分配方案能保证在约束条件下得到最佳结果。它确定该问题为最小化预期的用于表达在第 i 个分区及第 j 个子分区和量化索引的总比特数(或总位数)。提出的比特分配方案包括 9 个步骤,前 6 个步骤是边界分析。比特分配方法的边界分析是类似于由 Riski[39] 和 Cuperma[40] 提出的有损压缩算法。步骤 7~9 沿约束超平面方向比较邻近的位分配以达到局部最低成本函数。从某种意义上说,提出的方案是要快得多,仅需要更新子组的裕量,使其凸和非凸的情况下为小裕量。与 Riskin 和 Cuperman 提出的方案不同,这种方法允许相邻的比特分配沿约束超平面进行比较,以达到局部最低成本函数。

5. 熵编码

算术编码[41] 被选为熵编码器。在矢量量化之后,一个基于上下文的自适应算术编码器进行量化索引和量化误差数据的编码。

该基于 FPVQ 的无损压缩方法已被应用在由 AIR 仪器获得的三维超光谱探测仪数据的压缩中[42]。在 4.4.1 节使用的 10 个数据立方体并被用来测试本节的算法。每个数据立方体包含一个二维图像,图像的大小是 135 条扫描线(每条扫描线有 90 交叉轨道足迹)。每一个足迹对应于波长在 3.75~15.4 毫米的红外信道光谱。三分之二的预测器使用线性预测。预测残差的分布接近高斯分布,表明它们有很好的去相关。用于测试 AIRS 超光谱数据立方体的 FPVQ 方法的压缩比是 3.2∶1~3.4∶1。JPEG2000 和没有矢量量化的残差熵编码的线性预测的压缩比分别为 2.2∶1~2.5∶1 和 8∶1~3.2∶1。FPVQ 方法的压缩比 JPEG2000 的压缩比高约 1.4 倍,比没有矢量量化的线性预测的压缩比高约 1.8 倍[37]。

4.4.3　采用基于预测的下三角变换的无损压缩

Karhunen-Loeve 变换(KLT)是最优去相关变换,可以产生最大的编码增益。与 KLT 类似,基于预测的下三角变换(PLT)也有相似的去相关能力,而且有较低的复杂度。与 KLT 不同,PLT 有完美的重建属性,允许其直接用于无损压缩。Wei 和 Hang 等把 PLT 应用到超光谱探测器数据的无损压缩中。10 个 AIRS 数据立方体的超光谱样本测试实验显示,与 SPIHT[31]、JPEG2000[32]、JP-LS[33]、LUT[45] 和 CCSDS 122.0-B 标准(IDC 5/3)[46] 相比,PLT 压缩方法更优。

1. 基于预测的下三角变换

为了去除超光谱探测器数据光谱特性的相关性,采用一种具有固定预测器的线性预测[47]。PLT 采用线性预测,并用尽可能多的预测序列。然而,PLT 不需要对每个序列做线性回归,可以通过较低的对角线(LDU)上矩阵分解直接进行计算[43]。

设 $x(n)$ 是观测信号的序列。为了利用序列的相关性,M 个连续的信号被组合在一起,以形成一个矢量信号 $\vec{x}(t)$。然后,每个矢量信号 $\vec{x}(t)$ 通过 PLT 转化为 T,以获得转换系数矢量 $\vec{y}(t)$。转换系数进行量化,并比原始数据有更小的方差,这样方便储存和传输。当需要时,一个逆 PLT 变换 T^{-1} 施加到变换系数以恢复原信号。

为计算 PLT 变换和逆变换,源信号的统计学特性是需要的。假定共收集了 $N \times M$ 个样本,那么 $N \times M$ 个信号矩阵 X 可以表示为

$$X = (\vec{x}(1)\,\vec{x}(2)\,\vec{x}(3)\cdots\vec{x}(N)) \tag{4.7}$$

假设 R_X 是序列 M 中观测信号 $x(n)$ 的自相关矩阵。经 LDU 分解 R_X 后,信号 X 的 PLT 变换可以计算为

$$P = L^{-1}, \quad R_X = LDU \tag{4.8}$$

PLT 变换 T 时,P 是 L 的逆矩阵,其中 L 是下三角矩阵,所有的对角项等于 1,D 是一个对角矩阵。U 是上三角矩阵,其所有对角元素等于 1。因为 R 是对称矩阵,LDU 矩阵的分解是唯一的,这样就有

$$LDU = R_x = R_x^{\mathrm{T}} = U^{\mathrm{T}}DL^{\mathrm{T}} \tag{4.9}$$

或者

$$U = L^{\mathrm{T}} \tag{4.10}$$

设 $y(n)$ 是 $x(n)$ 上的变换 P 的系数。$y(n)$ 是原始信号 $x(n)$ 与根据以往的 $M-1$ 信号(即通过 $x(n-M+1)$ 得到 $x(n)$)得到的预测值之间的误差。设 R_y 是预测误差 $y(n)$ 的自相关矩阵。根据转换性质,即

$$\boldsymbol{R}_y = \boldsymbol{P}\boldsymbol{R}_x(M)\boldsymbol{P}^{\mathrm{T}} \tag{4.11}$$

和 $\boldsymbol{R}_x = \boldsymbol{LDU}$ 的 LDU 分解，$\boldsymbol{R}_y$ 是一个对角矩阵，即

$$\boldsymbol{R}_y = \boldsymbol{P}\boldsymbol{R}_x\boldsymbol{P}^{\mathrm{T}} = \boldsymbol{P}(\boldsymbol{LDU})\boldsymbol{P}^{\mathrm{T}} = \boldsymbol{P}\boldsymbol{P}^{-1}\boldsymbol{D}(\boldsymbol{P}^{\mathrm{T}})^{-1}\boldsymbol{P}^{\mathrm{T}} = \boldsymbol{D} \tag{4.12}$$

这就是说，该预测误差是由初始选择的 $\boldsymbol{P} = \boldsymbol{L}^{-1}$ 去相关。关于 $\boldsymbol{D}$ 的对角矩阵中的对角元素将是序列 $0\sim(M-1)$ 预测误差的方差。由于下三角变换 $\boldsymbol{P}$ 包括序列 M 以下的所有线性预测，用莱文森-德宾算法[48]计算 $\boldsymbol{P}$。当信号满足广义平稳性质时，这种算法比 LDU 分解算法的复杂度低。

2. 下三角变换无损压缩算法

压缩超光谱探测仪的数据，每个数据立方体由 $N = n_s$ 个足迹组成，每个足迹包含 $M = n_c$ 个光谱信道。为了充分利用光谱相关性和减少预测误差，n_c 个光谱信道被选作预测序列 M。也就是说，所有之前可用的足迹光谱值被用于预测当前值。

设 $X = (x_1, x_2, \cdots, x_{ns})^{\mathrm{T}}$ 是原始的减去均值的超光谱探测仪数据，由 n_s 足迹的 n_c 信道组成。$Y = (y_1, y_2, \cdots, y_{ns})^{\mathrm{T}}$ 是 $N_c \times N_s$ 的预测误差，P 是 PLT 的变换。因此，X、Y 和 P 可以表示为

$$\boldsymbol{X} = (\vec{x}(1)\,\vec{x}(2)\,\vec{x}(3)\cdots\vec{x}(n_s)) \tag{4.13}$$

$$\boldsymbol{Y} = (\vec{y}(1)\,\vec{y}(2)\,\vec{y}(3)\cdots\vec{y}(n_s)) \tag{4.14}$$

$$\boldsymbol{P} = \begin{bmatrix} 1 & 0 & 0 & & 0 \\ P_{1,0} & 1 & 0 & \cdots & 0 \\ P_{2,0} & P_{2,1} & 1 & & 0 \\ \vdots & \vdots & \vdots & & \vdots \\ P_{n_c-1,0} & P_{n_c-1,1} & P_{n_c-1,2} & \cdots & 1 \end{bmatrix} \tag{4.15}$$

转换系数或预测误差 $\boldsymbol{Y}$ 可以由 $\boldsymbol{Y} = \boldsymbol{PX}$ 算得，或

$$y_1 = x_1$$
$$y_2 = x_2 - \hat{x}_2 = x_2 + p_{1,0}x_1$$
$$y_3 = x_3 - \hat{x}_3 = x_3 + p_{2,0}x_1 + p_{2,1}x_2$$
$$\vdots$$
$$y_{n_c} = x_{n_c} - \hat{x}_{n_c} = x_{n_c} + p_{n_c-1,0}x_1 + p_{n_c-1,1}x_2 + p_{n_c-1,2}x_3 + \cdots + p_{n_c-1,n_c-2}x_{n_c-1}$$
$$\tag{4.16}$$

其中，$\hat{X}_m$ 是预测信道 m，是对之前 $m-1$ 个信道使用线性组合达到的。逆变换 $\boldsymbol{S} = \boldsymbol{P}$ 可以得到一个类似的结果，这源于 LDU 分解中的 $\boldsymbol{L}$。原始信号可以由 $\boldsymbol{X} = \boldsymbol{SY}$ 计算得到，或

$$x_1 = y_1$$
$$x_2 = y_2 + \hat{x}_2 = y_2 + s_{1,0} y_1$$
$$x_3 = y_3 + \hat{x}_3 = y_3 + s_{2,0} y_1 + s_{2,1} y_2 \qquad (4.17)$$
$$\vdots$$
$$x_{n_c} = y_{n_c} + \hat{x}_{n_c} = y_{n_c} + s_{n_c-1,0} y_1 + s_{n_c-1,1} y_2 + s_{n_c-1,2} y_3 + \cdots + s_{n_c}-2 y_{n_c-1}$$

可以看出,变换 P 或反变换 S 可以用于将信号 X 压缩到预测误差 Y 中,也可以从 Y 中重建原始信号 X。为了减少转化过程中的数据量,变换核 P 或 S 和预测误差 Y 需要被量化。为了实现无损压缩,一个完美的重建是必需的。为了满足这些要求,一个具有完美重建性质的基于阶梯最小噪声结构被采纳。当变换 P 用于编码和解码时[43],基于阶梯最小噪声结构编码也被采用。选一个底平面函数用于量化,其 x 和 y 都是整数。同样,当逆变换 S 用于编码和解码时,使用具有完美重建性质的基于阶梯最小噪声结构,一个天花板函数被选来用于量化,PLT 的编码和译码的数据流如图 4.4 所示。

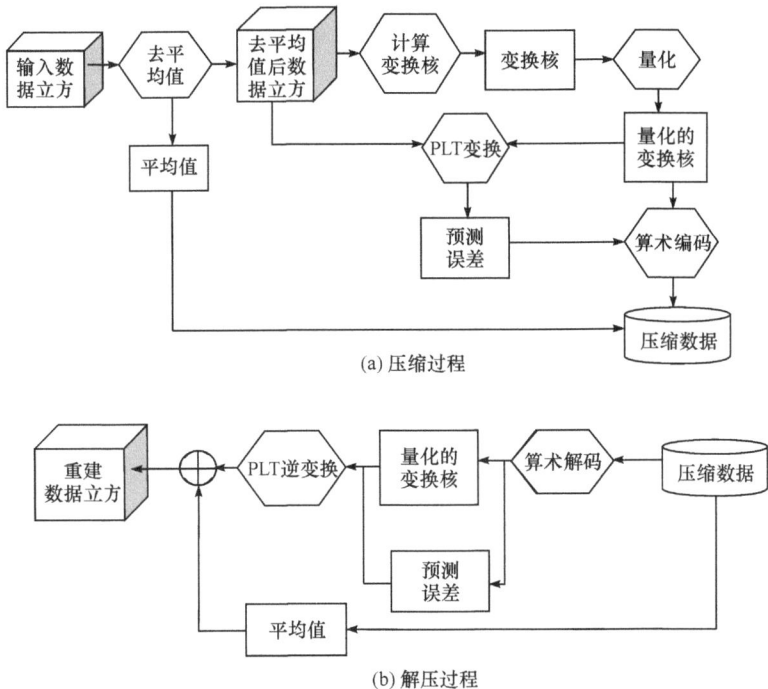

(a) 压缩过程

(b) 解压过程

图 4.4　PLT 的数据流程图

3. PLT 无损数据压缩的结果

采用与 4.4.1 节和 4.4.2 节相同的 AIRS 超光谱数据的十个数据立方体用于测试 PLT 算法。基于阶梯最小噪声结构的变换 P(PLT-P)和逆变换 S(PLT-S)被评估。通过调谐 PLT-P 的量化器来保持乘法器的精度达到三位小数点,而调谐 PLT-S 量化器来保持乘法器的精度达到两位小数点。因为转换过程中使用高位或低位量化器,变换系数和预测误差是整数。一个基于上下文的算术编码器[49]被用来编码变换核和预测误差。

先算出 10 个 AIRS 超光谱数据立方体光谱信道的方差。在 PLT 变换后的相同数据立方体的光谱信道的方差也被计算。比较后发现大部分光谱信道,转换系数 Y 的方差显著低于转换系数 X 的方差。更低的 Y 方差暗示编码时需要更少的字节。

为了评估无损压缩中 PLT 变换的效果,两个统计学测量被引入,称为能量压缩[50]和编码增益[51]。能量压缩定义为图像的算术平均值(AM)的方差与图像的几何平均值(GM)方差的比。AM/GM 比总是大于或等于 1。当一个图像的 AM/GM 比值很高时,这个图像具有大量的能量聚集特性,非常适合数据压缩[52]。编码增益定义为 DPCM 编码的均方重构误差除以转换编码 T 的均方重建误差。重建误差是重建数据和原始数据之间的绝对差。

测试结果表明,对于 10 个测试数据立方体,转换系数 Y 的 AM/GM 比率 (10.8~13.8)比原始图像 X 的比率(3.2~5.9)高。这表明 PLT 变换很好的压缩了超光谱数据的能量。PLT 变换的编码增益是由原始数据子带的方差的几何平均值除以变换系数子带方差的算术平均值来计算的[43]。PLT 变换和 KLT 变换一样,实现了相同的最大编码增益,被认为是最佳的变换。

表 4.1 列出了测试的 10 个超光谱数据立方体的压缩比。压缩结果表明,PLT-S 比 PLT-P 略好;然而,他们都优于基于预测的方法,如 LUT[53]和 JPEG-LS[33],也优于小波变换方法,如 JPEG2000[32]、SPIHT[31],也优于 CCSDS 的 IDC-(5/3)算法[46]。然而,PLT 方法的主要缺点是它的复杂度,这是由于预测使用了所有之前的光谱通道。

表 4.1 AIRS 超光谱数据中测试的十个数据立方体的无损压缩比

Granule#	PLT-S	PLT-P	JPEG-LS	JPEG2000	LUT	SPIHT	CCSDS IDC(5/3)
9	3.06	3.03	2.46	2.36	2.29	1.99	2.00
16	3.05	3.08	2.51	2.45	2.39	2.05	2.05
60	2.99	2.97	2.40	2.24	2.25	1.88	1.89
82	3.06	3.08	2.58	2.55	2.43	2.12	2.13
120	3.01	3.02	2.48	2.27	2.28	1.92	1.93
126	2.99	2.95	2.40	2.30	2.27	1.93	1.93
129	3.11	3.09	2.58	2.51	2.11	2.09	2.10
151	2.92	2.93	2.44	2.22	2.22	1.89	1.89
182	2.91	2.89	2.37	2.28	2.17	1.93	1.93
193	3.00	2.98	2.41	2.22	2.22	1.88	1.88

4.5 航天器数据的 CCSDS 数据压缩国际标准

4.5.1 三个空间数据压缩标准

为卫星或航天器遥感数据压缩设计的三个无损数据压缩国际标准是由 CCS-DS[54] 的数据压缩工作组(DCWG)提出的(本书作者是该工作组的成员,并参与了 CCSDS 国际标准的制定)。CCSDS 是在 1982 年由全球主要空间署构成的一个国际组织,旨在讨论航天器数据系统的运行和研发中常见的问题。目前有 11 个空间署成员、22 个观察机构,以及超过 100 个工业协会。委员会定期召开会议,以解决所有参与者常见的航天数据系统问题,并制订完善的技术解决方案。自成立以来,已积极地为空间数据和信息系统制定了许多国际标准。

① 通过消除不合理的项目独有的设计和开发,减少执行多空间署之间共用数据功能的成本。

② 促进空间署之间的互操作性和交叉支持,通过共享设施以减少操作成本。

CCSDS 为空间数据和信息系统制定和发布了 50 项推荐标准(蓝皮书),并已经由国际标准化组织公布为国际标准,超过 500 项空间任务使用这些标准。

虽然 JPEG 和 JPEG2000 是发表的图像压缩的国际标准,但它们不是为卫星数据和图像压缩设计的。CCSDS 推荐的压缩算法是专门为在航天器上使用的。特别是,算法复杂性设计的较低,有利于硬件高速实现,设计的算法允许内存高效使用。此外,CCSDS 标准力在限制数据丢失的影响,数据丢失可能发生在通信下行传输通道。因此,CCSDS 压缩算法适用于基于帧格图像的(两个维度同时获得)生成,如 CCD 阵列(称为图像帧)和基于条带的输入格式(即图像输入格式获得一次一行)。

三个 CCSDS 制定的无损数据压缩标准如下。

① 无损数据压缩。CCSDS121.0-B[55](ISO-15887:2000[56,57]),用于从一维科学数据的无损压缩。

② 图像数据压缩。CCSDS122.0-B[46](ISO-26868:2009[58])进行有损到无损的二维图像压缩[59]。

③ 无损多光谱和高光谱图像压缩。CCSDS123.0-B[60](ISO-18381:2013[61])用于无损多光谱/高光谱图像压缩。

4.5.2 无损数据压缩国际标准

CCSDS 无损数据压缩标准(CCSDS 121.0-B)的计算复杂度很低,包含预处理和自适应熵编码,如图 4.5 所示。

压缩器的输入是 $X = x_1, x_2, \cdots, x_j$,这是一个长度为 J 的样品块,每个样品的字长为 n。预处理器包含两个功能,即预测和映射,如图 4.6 所示。预处理器从当前值 x_i 中减去预测值 $\hat{x}$。

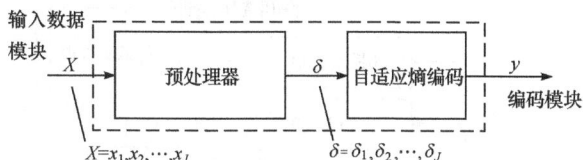

图 4.5 CCSDS 无损数据压缩编码器的流程图(来源:CCSDS)

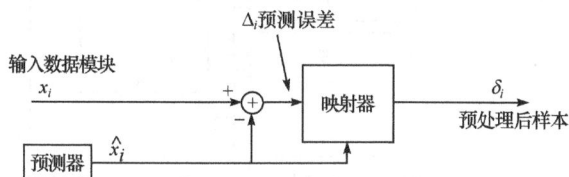

图 4.6 CCSDS 无损数据压缩编码器的预处理(来源:CCSDS)

获得的 $(n+1)$ 位预测误差 Δ_i 根据预测值 $\hat{X}_i$ 映射为一个 n 位整数值 δ_i,即

$$\delta_i = \begin{cases} 2\Delta_i, & 0 \leqslant \Delta_i \leqslant \theta_i \\ 2|\Delta_i| - 1, & -\theta_i \leqslant \Delta_i < 0 \\ \theta_i + |\Delta_i|, & \text{其他} \end{cases} \tag{4.18}$$

其中

$$\theta_i = \min(\hat{x}_i - x_{\min}, x_{\max} - \hat{x}_i) \tag{4.19}$$

有符号的 n 位信号值为

$$x_{\min} = -2^{n-1}, \quad x_{\max} = 2^{n-1} - 1 \tag{4.20}$$

非负的 n 位信号值为

$$x_{\min} = 0, \quad x_{\max} = 2^n - 1 \tag{4.21}$$

当预测器选择合适时,预测误差很小,这个特性采用单位延迟预测技术。它是一个取样延迟输入数据 x_{i-1},作为当前数据信号 x_i 的预测值误,这个预测误差和预测值一起传到下一个映射器,以映射一个非负整数。

自适应熵编码的功能如图 4.7 所示,从预处理器中计算每个采样输入块对应的可变长度码字。选择的编码是可变长度编码,并使用 Rice 的自适应编码技术[60]。在 Rice 编码中,几个编码方案被同时应用到长度为 J 的样品中。能够使当前数据块产生最短编码长度的方案被选择用于传输。零块方案是一个特殊的例子,该单一码字序列表示一个或多个 J 大小的连续采样块。在所有其他选项中,码字序列代表的一个长度为 J 的样品块。唯一标识符(ID)的比特序列连接到代码块,以指示解码器的解码选项使用。

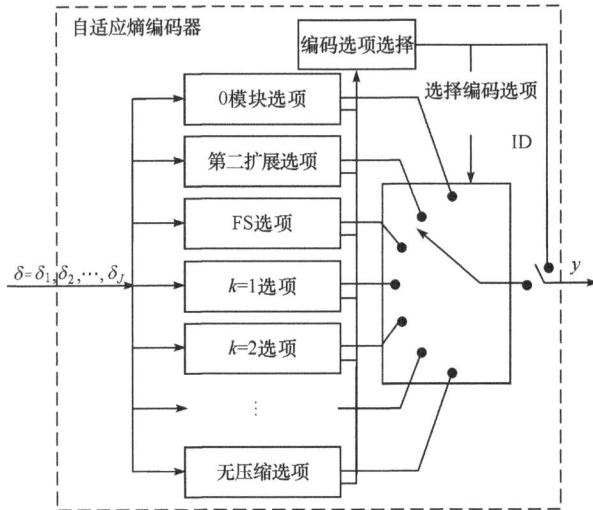

图 4.7　自适应熵编码框图(来源:CCSDS)

编码数据集(CDS)格式的结构如下。

① 当选择样本分割选项时,ID 比特序列之后跟随的是 n 位参考样本,压缩数据,以及级联每个样品的 k 个最低-显著位。

② 当选择了无压缩选项,CDS 是固定的长度,包含 ID 字段选项和任选的 n 位参考样本和 J 预处理样本 δ_i。

③ 当选择零块选项,CDS 包含 ID 字段选项,任选的一个 n 比特参考样本和所需的 FS 码字,指定级联零值块的数目或该段剩余情况。

④ 当选择第二延伸选项时,CDS 包含选项 ID 字段,任选的一个 n 位参考样品和 $2J$ 转化样品所需的 FS 码字。

4.5.3　图像数据压缩标准

CCSDS 图像数据压缩标准(CCSDS 122.0-B)是一种具有较低实现复杂度的基于小波变换的图像压缩,由两个功能部分组成,如图 4.8 所示。离散小波变换模块执行图像数据的小波分解和位平面编码器(BPE)编码小波变换的数据。该标准支持 DWT 的两种选择,整数和浮点型小波变换。整数小波变换只需要整数算法,并提供无损压缩。

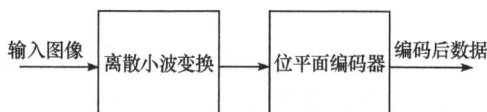

图 4.8　CCSDS 图像数据压缩标准框图

CCSDS 图像数据压缩标准在以下几个方面不同于 JPEG2000。

① 在航天器这一特定的目标上使用。

② 在压缩性能和复杂性之间的进行仔细权衡。

③ 复杂性更低,在硬件或软件上更容易实现。

④ 只有一组有限的选项,无需深入的算法知识,就可以胜任它的成功使用。

DWT 阶段有三级二维小波分解,产生 10 个系数子带图像,如图 4.9 所示。

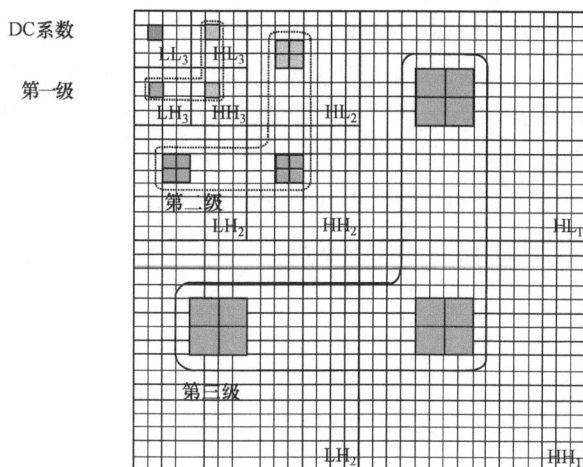

(a) 小波子带图像

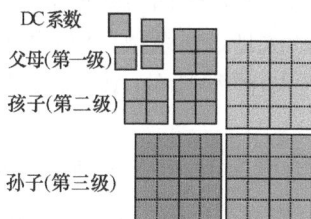

(b) 有 64 个小波系数的单个块

图 4.9　图像的三级二维小波分解,有 64 个阴影像素的变换图像的图解,
并由一个单独块组成(来源:CCSDS)

　　整个输入图像第一级小波分解后的子带图像为 LH_1、HH_1 和 HL_1，LL_1 子带图像二级小波分解后的子带图像为 LH_2、HH_2 和 HL_2，LL_2 子带图像第三级小波分解后的子带图像为 LH_3、HH_3 和 HL_3，第三级低-低子带图像（子带图像）为 LL_3。

　　在小波变换系数进行计算并放置在缓冲器中后，BPE 阶段开始编码小波系数。BPE 处理小波的 64 个系数组称为块。

　　一个块由最低空间频率子带图像中的一个系数组成，简称 DC 系数（子带图像 LL_3 系数），以及三级子带图像中的 63 个 AC 系数，如图 4.9 所示。一个块松散地对应于原始图像的某个局部区域。

　　块由 BPE 以光栅扫描顺序进行处理，也就是说，块的行是从上到下进行处理，行内是水平从左到右处理。一个段定义为 1 组 S 个连续的块。每段对应于原始图像的不同区域。DWT 系数的编码是由段与段处理得到，且每个段是独立于其他段编码。每个段（S 值）的大小可以改变。

　　为了限制通信通道数据丢失的影响，CCSDS 标准把 WT 系数分成段。每段独立压缩，如果出现数据丢失或数据残损这种情况，仅限于受影响的部分。把 WT 图像数据分成段有利于限制一些应用所需的存储空间。该段的大小可以调整，以数据保护程度来换取压缩有效性。更小的段可对防止数据丢失提供更多的保护，但往往会降低整体压缩比。

　　BPE 从 DWT 系数缓冲区取得 DWT 系数数据，编码系数数据，并将编码的输出放在压缩数据流。段的编码有如下步骤。

　　① 编码段头。

　　② 编码量化 DC 系数。

　　③ 编码 AC 系数块的位长度。

　　④ 编码 AC 系数的位长度，包括对段内所有块的父母系数、子女系数和孙子系数进行编码。

　　如图 4.10 所示为分段的编码位平面的数据结构。排序段的熵编码数据，以使父母系数放在该段的第一，其次是孩子系数，然后孙子系数，从而支持期望的嵌入数据格式。最后，该段包括（未压缩）段的 AC 系数的细化位，更显著量级位不都为零。

　　在 CCSDS 图像数据压缩标准中，没有单独的无损压缩模式。无损压缩是通过使用整数小波变换（IWT）和一些参数设置为特殊值来获得（即设置 DCStop 为 0，BitPlaneStop 为 0，StageStop 为 3，同时设定最大字节数，使每个压缩段的段字节容限足够大，以容纳该段无损编码所需的压缩数据量）。

	模块0	模块1	…	模块S-1
DC系数	阶段0	阶段0	…	阶段0
父母	阶段1	阶段1	…	阶段1
孩子	阶段2	阶段2	…	阶段2
孙子	阶段3	阶段3	…	阶段3
细化位	阶段4	阶段4	…	阶段4

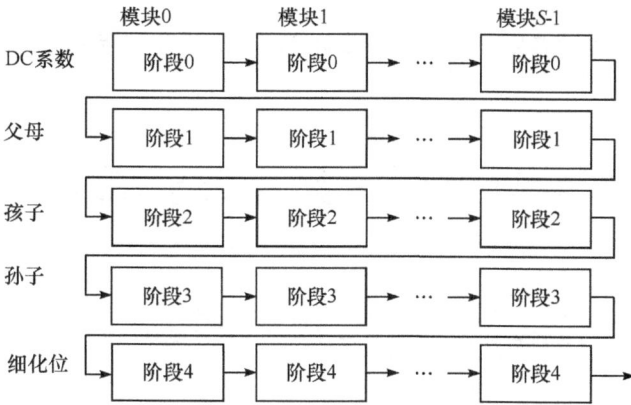

图 4.10　一段的编码平台的数据结构

表 4.2 列出了由以下几种标准压缩 CCSDS 测试数据集内 30 个图像获得的无损压缩结果,即 CCSDS 图像数据压缩标准(CCSDS122.0-B)、CCSDS 无损数据压缩标准(CCSDS121.0-B,Rice 算法)、JPEG2000、JPEG 无损(JPEG-LS)、SPIHT(等级树集分割)和 ICER。对 JPEG2000 结果使用验证模型(VM)9.0。使用的是基于帧或基于扫描的压缩选项,或 5/3 整数滤波器 DWT 和三级小波分解。SPIHT 算法是一个低复杂度、渐进的、零树小波图像压缩算法。ICER 也是渐进基于小波无损到有损图像压缩算法,提供小波域图像分割以达到遏制错误的目的。相比 CCSDS122.0-B 标准,ICER 生产稍有改善的无损和有损压缩比,但它有较高的复杂性,且只能用基于帧的压缩器实现。它采用四级小波分解和 2/6 整数滤波 DWT。

从表 4.2 可以看出,在测试图像中,ICER 产生最低的平均比特率。然而,JPEG-LS 对 8 位和 10 位图像同样有效,并且比基于小波变换压缩器具有更低的复杂度。比较所有给定比特结的图像的平均压缩率,对 8 位、10 位、和 12 位测试图像,CCSDS122.0-B 标准比基于帧的 SPIHT、ICER 和 JPEG2000 压缩,具有更高的比特率。对于 16 位测试数据,CCSDS 122.0-b 标准优于 JPEG2000。在基于带和基于帧的选择,JPEG2000 的性能与 CCSDS 122.0-b 标准非常相近。对基于带和基于帧的压缩 CCSDS122.0-B 标准中都提供了类似的性能。CCSDS /Rice(CCSDS 121.0-B)压缩器的性能最低,这些都是预料之中的,因为压缩中只开发了一维相关性。

表 4.2

Bit depth	Image	Strip-based compression				Frame-based compression			
		CCDS	CCSD/Rice	JPEG-LS	JPEG 2000	CCSDS	JPEG 2000	SPIHT	IGER
8	coastal_b1	3.36	3.56	3.09	3.18	3.36	3.13	3.09	3.07
	coastal_b2	3.22	3.32	2.90	3.03	3.22	2.97	2.94	2.92
	coastal_b3	3.48	3.68	3.22	3.30	3.48	3.23	3.21	3.20
	coastal_b4	2.81	2.91	2.41	2.59	2.81	2.53	2.57	2.55
	coastal_b5	3.16	3.30	2.81	3.01	3.17	2.94	2.91	2.89
	coastal_b6h	3.02	2.75	2.50	2.68	3.02	2.60	2.71	2.54
	coastal_b6l	2.35	2.03	1.76	2.03	2.35	1.96	2.02	1.87
	coastal_b7	3.45	3.66	3.17	3.28	3.45	3.22	3.17	3.15
	coastal_b8	3.66	3.93	3.42	3.42	3.67	3.40	3.35	3.31
	europa3	6.61	7.48	6.64	6.56	6.60	6.52	6.46	6.30
	marstest	4.78	5.39	4.69	4.79	4.77	4.74	4.64	4.63
	lunar	4.58	5.23	4.35	4.56	4.58	4.49	4.43	4.40
	spot-1a b3	4.80	5.20	4.53	4.74	4.79	4.69	4.70	4.56
	spot-1a panchr	4.27	4.87	4.00	4.16	4.26	4.13	4.11	4.03
	8-bit-image averages	**3.82**	**4.09**	**3.54**	**3.67**	**3.82**	**3.61**	**3.59**	**3.53**
10	ice_2kbl	4.78	5.44	4.74	4.77	4.78	4.73	4.61	4.64
	ice_2kb4	3.37	3.86	3.23	3.28	3.37	3.25	3.17	3.18
	india_2kb1	4.77	5.25	4.63	4.76	4.77	4.72	4.63	4.63
	india_2kb4	4.06	4.70	3.97	4.05	4.07	4.01	3.93	3.94
	landesV_G7_10b	5.04	6.30	4.42	4.64	5.04	4.56	4.99	4.42
	marseille_G6_10b	6.74	7.56	6.57	6.77	6.72	6.72	6.60	6.49
	ocean_2kb1	4.94	5.32	4.61	4.91	4.94	4.88	4.79	4.75
	ocean_2kb4	3.81	4.41	3.60	3.76	3.81	3.73	3.67	3.64
	10-bit-image averages	**4.69**	**5.36**	**4.47**	**4.62**	**4.69**	**4.57**	**4.54**	**4.46**
12	foc	3.43	3.35	3.28	3.21	3.45	3.20	3.12	3.07
	pleiades_portdebouc_b3	7.87	8.63	7.79	8.01	7.87	7.97	7.71	7.73
	pleiades_portdebouc_pan	7.18	7.92	7.10	7.31	7.18	7.28		7.01
	solar	6.21	7.12	6.05	6.06	6.21	6.01	5.96	5.88
	sun_spot	5.79	6.63	5.67	5.71	5.78	5.66	5.66	5.49
	wfpc	3.82	4.04	3.61	3.69	3.84	3.47	3.43	3.32
	12-bit-image averages	**5.72**	**6.28**	**5.58**	**5.63**	**5.72**	**5.60**	**5.42**	**5.42**
16	P160_B_F	12.23	12.62	12.22	12.50	12.22	12.47	—	12.03
	sar16bit	9.92	10.31	9.90	10.07	9.92	10.02	—	9.68
	16-bit-image averages	**11.07**	**11.47**	**11.06**	**11.29**	**11.07**	**11.25**	—	**10.86**

4.5.4　无损多光谱/高光谱压缩标准

　　CCSDS 推荐标准(CCSDS 123.0-B)为多光谱和高光谱成像仪及超光谱探测器定义了一个无损数据压缩器。多光谱和高光谱成像仪及超光谱探测器能够生成三维数据立方。该压缩器包括两个功能部件,即预测器和编码器。预测器采用自适应线性预测方法,在一个小的三维区域中,依据相邻样本的值,预测每个图像样本的值。预测依次在单次扫描中进行。预测残差,即预测值与样品之间的差异,映射到一个无符号整数,可以使用相同比特数作为输入数据来表示样品。这些映射的预测残差由熵编码器编码。在编码过程中,熵编码器参数是自适应调整的,以适应映射预测残差统计学值的变化[60]。

　　$\{S_{z,y,x}\}$定义为输入是三维数据立方体的有符号或无符号整数采样值,其中 x 和 y 是空间维度,z 指的是光谱波段。x、y 和 z 的取值范围是 $0 \leqslant x \leqslant N_x - 1$,$0 \leqslant y \leqslant N_y - 1$ 和 $0 \leqslant z \leqslant N_z - 1$。其中,空间维度$N_x$、$N_y$和$N_z$的最小值 为 1,最大值为$2^{16}$。

　　预测是在数据立方体的一次扫描中以因果关系进行的。预测当前采样$S_{z,y,x}$,即 $\hat{s}_{z,y,x}$ 和预测残差$\delta_{z,y,x}$的计算,通常依赖于当前光谱波段相邻采样值和 P 光谱带的采样值,其中 P 是一个用户指定的参数。图 4.11 显示了用于预测的典型相邻采样值。

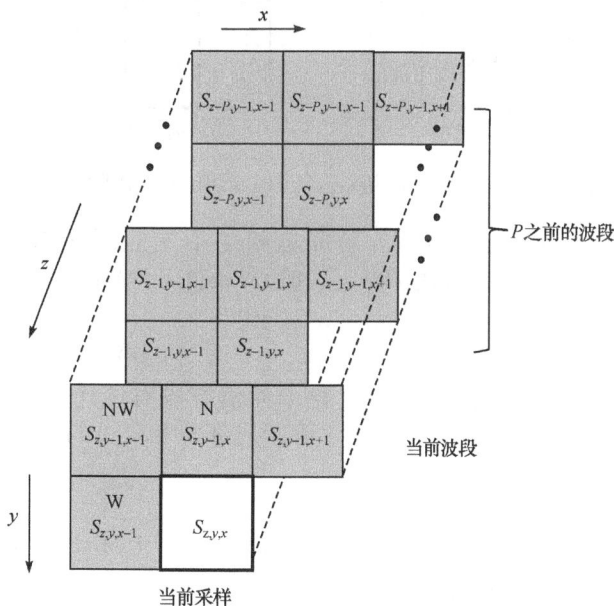

图 4.11　典型的预测邻里区域(来源:CCSDS)

在每个光谱波段中,预测器计算相邻的采样值$\sigma_{z,x,y}$的局部总和。每一个这样局部总和被用于计算一个局部差。当前光谱波段的局部总和与当前光谱波段与先前光谱波段之间的局部差值的加权总和被用于用来计算预测采样值。计算中使用的权重跟随每一个预测采样值自适地应更新。每个预测残差,即目前的采样值$S_{z,y,x}$与相应的预测值$\hat{s}_{z,y,x}$之间的差,映射到一个无符号整数$\delta_{z,x,y}$,即映射预测残差。

局部总和$\sigma_{z,y,x}$是光谱波段Z采样值的权加总和,这些采样值与当前采样值$s_{z,y,x}$相邻。图4.12展示了用于计算局部总和的采样值。该压缩标准为用户进行预测提供了两个选项,使用邻里方向或列方向的局部总和。当使用邻里方向的局部总和时,局部总和等于光谱波段Z的四个相邻采样值的总和。方程(4.22)定义了邻里方向局部总和$\sigma_{z,x,y}$;x及$y=0,x=0$或$x=N_x-1$的边界条件。

$$\sigma_{z,y,x}=\begin{cases}s_{z,y,x-1}+s_{z,y-1,x-1}+s_{z,y-1,x}+s_{z,y-1,x+1}, & y>0,\quad 0<x<N_x-1\\4s_{z,y,x-1}, & y=0,\quad x>0\\2(s_{z,y-1}x+s_{z,y-1,x+1}), & y>0,\quad x=0\\s_{z,y,x-1}+s_{z,y-1,x-1}+2s_{z,y-1,x}, & y>0,\quad x=N_x-1\end{cases}$$

$$(4.22)$$

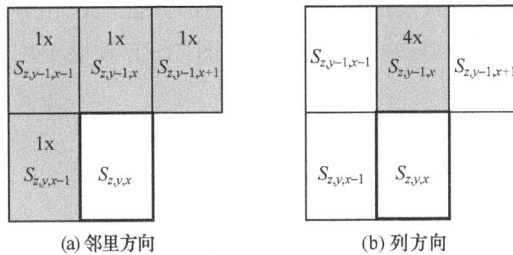

图4.12　计算局部和$\sigma_{z,x,y}$的两个选项(来源:CCSDS)

当使用列方向的局部总和时,局部总和等于先前列相邻采样值的4倍。式(4.23)定义了面向列的局部总和$\hat{\sigma}_{z,x,y}$和边界条件$y=0$,即

$$\sigma_{z,y,x}=\begin{cases}4s_{z,y-1,x}, & y>0\\4s_{z,y,x-1}, & y=0,\quad x>0\end{cases}$$

$$(4.23)$$

该局部总和用于计算局部差值。每个光谱波段有4个局部差值,即$d_{z,y,x}$、$d_{z,y,x}^N$、$d_{z,y,x}^W$和$d_{z,y,x}^{NW}$。中心局部差值$d_{z,y,x}$等于局部总和$\sigma_{z,y,x}$与4倍采样值$S_{z,y,x}$的差值,即

$$d_{z,y,x}=4s_{z,y,x}-\sigma_{z,y,x}$$

$$(4.24)$$

3个方向局部差异值$d_{z,y,x}^N$、$d_{z,y,x}^W$和$d_{z,y,x}^{NW}$,分别等于$d_{z,y,x}$与4倍采样值之间的差值,记为N、W和NW,如图4.11所示。

$$d_{z,y,x}^N=\begin{cases}4s_{z,y-1,x}-\sigma_{z,y,x}, & y>0\\0, & y=0\end{cases}$$

$$(4.25)$$

$$d_{z,y,x}^{W}=\begin{cases}4s_{z,y,x-1}-\sigma_{z,y,x}, & y>0, \quad x>0 \\ 4s_{z,y,x-1,x}-\sigma_{z,y,x}, & y>0, \quad x=0 \\ 0, \quad y=0 \end{cases} \tag{4.26}$$

$$d_{z,y,x}^{NW}=\begin{cases}4s_{z,y,x-1}-\sigma_{z,y,x}, & y>0, \quad x>0 \\ 4s_{z,y-1,x}-\sigma_{z,y,x}, & y>0, \quad x=0 \\ 0, \quad y=0 \end{cases} \tag{4.27}$$

在压缩数据立方体时,用户可能选择全预测模式或缩减预测模式进行预测。在全满预测模式,光谱波段 z 的预测使用处理光带中心局部差 $d_{z,y,x}$ 的加权和,以及当前光波段的 3 个方向局部差。在缩减模式,预测使用前面波段的中心局部差 $d_{z,y,x}$ 的权加和;无使用方向局部差。

正如 CCSDS120.2-G-0 绿皮书[65]所描述的,缩减少预测模式和列方向局部求和的组合,使无定标原始数据的压缩比更高,这些数据是通过推扫式成像器获得的,具有明显的沿轨伪影。全预测模式和邻方向局部总和的组合,往往使摇扫成像、帧成像和校准图像有更高的压缩比。

使用采样自适应熵编码器或块自适应熵编码器来编码映射预测残差。采样自适应熵编码器是基于使用可变长度二进制编码字的熵编码器[66]。块自适应熵编码器是 CCSDS 早期开发的无损数据压缩标准[55]。

使用 CCSDS123.0-B 标准的高光谱图像无损压缩的实验结果已被报道[67],并和 LUT、JPEG-LS,以及差分 JPEG-LS 相比较,其中 JPEG-LS 压缩的是两个相邻频谱波段图像之间的差值。表 4.3 比较了原始原高光谱图像(即未校准)的压缩结果。21 景高光谱图像进行了测试。AIRS 图像是有 1501 光谱波段的超光谱测深仪图像。位于美国黄石地区的图像是用 AVIRIS 传感器获得的。Hyperion 图像是星载高光谱图像。

可以看出,CCSDS 123.0-b 标准使用最短的比特率。每个光谱波段像素的平均比特率是 4.67 每像素每波段比特位。与 LUT、JPEG-LS 和 JPEG-LS Diff 相比,它产生最佳的编码性能。JPEG-LS Diff 比 JPEG-LS 的少用了 1.0 每像素每波段比特位。LUT 算法的性能接近 JPEG-LS Diff,尽管它仍是比 CCSDS123.0-B 标准要多 1.0 每像素每波段比特位。

表 4.3　采用 CCSDS-123 标准、JPGE-LS-Diff、LUT 算法的高光谱图像无损压缩结果的比较

Intage	CCSDS-123	LUT	JPEG-LS	JPEG-LS-Diff
AIRS-Granuk-9	4.24	5.47	6.87	5.19
AIRS-Granuk-16	4.22	5.40	6.71	5.06
AIRS-Granuk-60	4.37	5.84	7.33	5.39
AIRS-Granuk-82	4.17	5.16	6.39	4.94
AIRS-Granuk-120	4.30	5.60	6.79	5.20

续表

Intage	CCSDS-123	LUT	JPEG-LS	JPEG-LS-Diff
AIRS-Granuk-126	4. 40	5. 81	7. 19	5. 41
AIRS-Granuk-129	4. 17	5. 32	6. 08	4. 90
AIRS-Granuk-151	4. 42	5. 94	6. 95	5. 37
AIRS-Granuk-182	4. 42	6. 15	7. 02	5. 40
AIRS-Granuk-193	4. 41	5. 84	7. 11	5. 39
CASI-t0180107-raw	4. 78	5. 51	5. 23	4. 93
CASI-t0477106-raw	4. 97	5. 81	5. 44	5. 20
SFSI-Mantar-raw	4. 76	5. 23	4. 89	5. 12
Yellowstone-Sc00	6. 41	7. 16	9. 18	6. 98
Yellowstone-Sc03	6. 27	6. 93	8. 87	6. 86
Yellowstone-Sc10	5. 67	6. 28	7. 32	6. 19
Yellowstone-Sc11	5. 97	6. 72	8. 50	6. 51
Yellowstone-Sc18	6. 52	7. 24	9. 30	6. 96
Maine	2. 78	3. 45	4. 53	3. 39
Hawaii-614	2. 71	3. 26	4. 61	3. 30
Hyperion-GeoSample	4. 64	5. 82	5. 03	4. 57
Hyperion-GeoSample (Flat-Ficlded)	4. 09	4. 46	4. 83	4. 36
Average	4. 67	5. 65	6. 64	5. 30

参 考 文 献

[1] Huang,B. ,Satellite Data Compression,Springer,New York (2012).

[2] Qian,S. -E. ,Optical Satellite Data Compression and Implementation,SPIEPress,Bellingham, WA (2013).

[3] Qian,S. -E. ,M. Bergeron,I. Cunningham,L. Gagnon,and A. Hollinger,"Near Lossless Data Compression On-board a Hyperspectral Satellite,"IEEE Trans. Aerospace and Electron. Systems 42(3),851-866 (2006).

[4] Chen,K. and T. V. Ramabadran,"Near-lossless compression of medical images through entropy-coded DPCM,"IEEE Trans. Med. Images 13,538-548 (1994).

[5] Wu,X. and P. Bao,"L 1 constrained high-fidelity image compression via adaptive context modeling,"IEEE Trans. Image Process. 9,536-542 (2000).

[6] Aiazzi,B. ,L. Alparone,and S. Baronti,"Near-lossless compression of 3-D optical data,"IEEE Trans. Geosci. Remote Sens. 39(11),2547-2557 (2001).

[7] Magli,E. ,G. Olmo,and E. Quacchio," Optimized onboard lossless and near-lossless compression of hyperspectral data using CALIC,"IEEE Geosci. Remote Sens. Lett. 1, 21-25

(2004).

[8] Qian, S. -E. ,"A decadal R&-D of near lossless data compression on-board satellites at Canadian Space Agency,"J. Applied Remote Sensing, 4, 041797. 1-22 (2010) [doi: 10. 1117/1. 3515313].

[9] Qian, S. -E. , A. Hollinger, D. Williams, and D. Manak, "Fast 3D data compression of hyperspectral imagery using vector quantization with spectral-feature-based binary coding,"Opt. Eng. 35, 3242-3249 (1996) [doi: 10. 1117/1. 601062].

[10] Qian, S. -E. , A. Hollinger, D. Williams, and D. Manak, "A near lossless 3-dimensional data compression system for hyperspectral imagery using correlation vector quantization,"Proc. 47th Inter. Astron. Congress, Beijing, China (1996).

[11] Qian, S. -E. , A. Hollinger, D. Williams, and D. Manak, "3D data compression system based on vector quantization for reducing the datarate of hyperspectral imagery,"in Applications of Photonic Technology II, G. Lampropoulos, Ed. , pp. 641-654, Plenum Press, New York (1997).

[12] Manak, D. , S. -E. Qian, A. Hollinger, and D. Williams, "Efficient Hyperspectral Data Compression using vector Quantization and Scene Segmentation,"Can. J. Remote Sens. 24, 133-143 (1998).

[13] Qian, S. -E. , A. Hollinger, D. Williams, and D. Manak, "3D data compression of hyperspectral imagery using vector quantization with NDVI-based multiple codebooks,"Proc. IEEE Geosci. Remote Sens. Symp. 3, 2680-2684 (1998).

[14] Qian, S. -E. , A. Hollinger, D. Williams, and D. Manak, "Vector quantization using spectral index based multiple sub-codebooks for hyperspectral data compression," IEEE Trans. Geosci. Remote Sens. 38(3), 1183-1190 (2000) [doi: 10. 1109/36. 843010].

[15] Qian, S. -E. ,"Hyperspectral data compression using a fast vector quantization algorithm," IEEE Trans. Geosci. Remote Sens. 42(8), 1791-1798 (2004) [doi: 10. 1109/TGRS. 2004. 830126].

[16] Qian, S. -E. ,"Fast vector quantization algorithms based on nearest partition set search," IEEE Trans. Image Process. 15(8), 2422-2430 (2006) [doi: 10. 1109/TIP. 2006. 875217].

[17] Qian, S. -E. and A. Hollinger, "Current Status of Satellite Data Compression at Canadian Space Agency,"Proc. SPIE, 6683 668304 (2007) [doi: 10. 1117/12. 740633].

[18] Qian, S. -E. and A. Hollinger, "System and method for encoding/decoding multi-dimensional data using Successive Approximation Multi-stage Vector Quantization (SAMVQ),"U. S. Patent No. 6, 701, 021 B1, issued on March 2, 2004.

[19] Qian, S. -E. and A. Hollinger, " Method and System for Compressing a Continuous Data Flow in Real-Time Using Cluster Successive Approxi mation Multi-stage Vector Quantization (SAMVQ),"U. S. Patent No. 7, 551, 785 B2, issued on June 23, 2009.

[20] Qian, S. -E. and A. Hollinger, " System and method for encoding multi dimensional data using Hierarchical Self-Organizing Cluster Vector Quantization (HSOCVQ),"U. S. Patent No. 6, 724, 940 B1, issued on April 20, 2004.

[21] Qian, S. -E. and A. Hollinger, " Method and System for Compressing a Continuous Data

Flow in Real-Time Using Recursive Hierarchical Self Organizing Cluster Vector Quantization (HSOCVQ),"U. S. Patent No. 6,798,360 B1 issued on September 28,2004.

[22] Gray,R. M. ," Vector quantization,"IEEE ASSP. Mag. 1,4-29 (1984).

[23] Thiebaut,C. and R. Camarero,"CNES studies for on-board compression of high resolution satellite images,"in Satellite Data Compression,B. Huang, Ed,Springer,New York,29-46 (2012).

[24] Lier,P. ,G. Moury,C. Latry,and F. Cabot,"Selection of the SPOT-5 Image Compression algorithm,"Proc. SPIE,3439,541-551 (1998) [doi:10. 1117/12. 325660].

[25] Lambert-Nebout,C. ,G. Moury,and J. E. Blamont,"A survey of on board image compression for CNES space missions,"Proc. IGARSS 1999,Hamburg (June 1999).

[26] ISO/IEC 15444-2,"Information technology-JPEG 2000 image coding system: Extensions" (2004).

[27] Camarero,R. ,C. Thiebaut,P. Dejean,and A. Speciel"CNES studies for on-board implementation via HLS tools of a cloud-detection module for selective compression,"Proc. SPIE 7810,781004 (2010) [doi:10. 1117/ 12. 860140].

[28] Latry, C. , C. Panem, and P. Dejean, "Cloud Detection with SVM Technique," Proc. IGARSS'07,Barcelona,Spain (13-27 Jul. 2007).

[29] Huang,B. H-L A. Huang,A. Ahuja,T. J. Schmit,and R. W. Heymann,"Lossless data compression for infrared hyperspectral sounders-an update,"Proc. SPIE 5548,109-119 (2004) [doi:10. 1117/12. 560404].

[30] Shapiro, J. M. , "Embedded image coding using zerotrees of wavelet coefficients," IEEE Trans. SignalProcessing 41,3445-3462 (1993).

[31] Said,A. and W. A. Pearlman,"A new,fast,and efficient image codec based on set partitioning in hierarchical trees,"IEEE Trans. Circuits and Systems for Video Technology 6(3), 243-250 (1996).

[32] ISO/IEC 15444-1: " Information technology-JPEG2000 image coding system-part 1: Core coding system"(2000).

[33] ISO/IEC 14495-1 and ITU-T Recommendation T. 87. " Information Technology-lossless and near lossless compression of continuous-tone still images"(1999).

[34] Wu,X. and N. Memon," Context-based adaptive,lossless image coding,"IEEE Trans. Commun. 45(4),437-444 (1997).

[35] Daubechie, I. and W. Sweldens, "Factoring wavelet and subband transforms into lifting steps,"J. Fourier Anal. Applica. 4,245-267 (1998).

[36] Huang,B. ,H. -L. Huang,A. Ahuja,H. Chen,T. J. Schmit,and R. W. Heymann,"Lossless data compression for infrared hyperspectral sounders-an overview,"20th Int. Conference on Interactive Information and Processing Systems (IIPS) for Meteorology,Oceanography,and Hydrology,AMS Annual Meeting,Seattle (Jan. 2004).

[37] Huang,B. ,"Fast Precomputed Vector Quantization with Optimal Bit Allocation for Lossless Compression of Ultraspectral Sounder Data,"in Satellite Data Compression,B. Huang, Ed,Springer,New York,253-268 (2012).

[38] Huang, B. et al. , "Lossless compression of 3D hyperspectral sounding data using context-based adaptive lossless image codec with bias-adjusted reordering," Opt. Eng. 43(9), 2071-2079 (2004) [doi:10. 1117/1. 1778732].

[39] Riskin, E. A. , "Optimal bit allocation via the generalized BFOS algorithm," IEEE Trans. Inform. Theory 37, 400-402 (1991).

[40] Cuperman, V. , "Joint bit allocation and dimensions optimization for vector transform quantization," IEEE Trans. Inform. Theory 39, 302-305 (1993).

[41] Witten, I. H. , R. M. Neal, and J. G. Cleary, "Arithmetic coding for data compression," Communications of the ACM 30(6), 520-540 (1987).

[42] Aumann, H. H. and L. Strow, "AIRS, the first hyper-spectral infrared sounder for operational weather forecasting," Proc. IEEE Aerospace Conf. 2001 4, 1683-1692 (2001).

[43] Phoong, S. -M. and Y. -P. Lin, "Prediction-based lower triangular transform," IEEE Trans. Signal Process. 48(7), 1947-1955 (2000).

[44] Wei, S. -C. and B. Huang, "Ultraspectral Sounder Data Compression by the Prediction-Based Lower Triangular Transform," in Satellite Data Compression, B. Huang, Ed, Springer, New York, 149-168 (2012).

[45] Mielikainen, J. , "Lossless compression of hyperspectral images using lookup tables," IEEE Signal Process. Lett. 13(3), 157-160 (2006).

[46] Image Data Compression. Recommendation for Space Data System Standards, CCSDS 122. 0-B-1. Blue Book, Issue 1, Washington, D. C. ; CCSDS, November 2005 (available at http:// public. ccsds. org/publications/ archive/122x0b1c3. pdf).

[47] Huang, B. , A. Ahuja, H. -L. Huang, T. J. Schmit, and R. W. Heymann, " Fast precomputed VQ with optimal bit allocation for lossless com pression of ultraspectral sounder data," Proc. IEEE Data Comp. Conf. , 408 417 (2005).

[48] Gersho, A. and R. M. Gray, Vector Quantization and Signal Compression, Kluwer Academic Publishers, Norwell, MA (1992).

[49] Nelson, M. R. , "Arithmetic coding and statistical modeling," Dr. Dobb's Journal, 16-29 (1991).

[50] You, Y. , Audio Coding-Theories and Applications, Springer, Berlin (2010).

[51] Jayant, N. S. and P. Noll, Digital Coding of Waveforms-Principles and Applications to Speech and Video, Prentice Hall, New York (1984).

[52] Sayood, K. , Introduction to Data Compression, 2nd ed. , Morgan Kaufmann Publishers, San Francisco, CA (2000).

[53] Huang, B. and Y. Sriraja, "Lossless compression of hyperspectral imagery via lookup tables with predictor selection," Proc. SPIE 6365, 63650L (2006) [doi:10. 1117/12. 690659].

[54] http://public. ccsds. org/default. aspx.

[55] Lossless Data Compression. Recommendation for Space Data System Standards, CCSDS 121. 0-B-2. Blue Book, Issue 2, Washington, D. C. ; CCSDS, May 2012 (available at http:// public. ccsds. org/publications/ archive/121x0b2. pdf).

[56] Space data and information transfer systems-Data systems- Lossless data compression, ISO

15887：2000 (available at http：//www. iso. org/iso/ iso_catalogue/catalogue_tc/catalogue_
detail. htm？ csnumber 1/4 29440).

[57] Space data and information transfer systems-Data systems- Lossless data compression, ISO
15887：2000 / Cor 1：2009 (available at http：//www. iso. org/iso/iso_catalogue/catalogue_
tc/catalogue_detail. htm？ csnumber 1/4 52985).

[58] Space data and information transfer systems-Data systems- Lossless Image Compression,
ISO 26868：2009 (available at http：//www. iso. org/iso/ iso_catalogue/catalogue_tc/cata-
logue_detail. htm？ csnumber 1/443849)

[59] Lossless Data Compression. Report Concerning Space Data System Stan dards, CCSDS 120.
0-G-2. Green Book, Issue 2, Washington, D. C. ：CCSDS, December 2006. (available at ht-
tp：//public. ccsds. org/publications/archive/ 120x0g2. pdf).

[60] Lossless Multispectral & Hyperspectral Image Compression. Recommen dation for Space
Data System Standards, CCSDS 123. 0-B-1, Blue Book, Issue 1, Washington, D. C. ：CCSDS,
May 2012. (available at http：//public. ccsds. org/publications/archive/123x0b1ec1. pdf).

[61] Space data and information transfer systems-Lossless multispectral and hyperspectral image
compression, ISO 18381：2013 (available at http：// www. iso. org/iso/home/store/cata-
logue_tc/catalogue_detail. htm？ csnumber 1/4 62319).

[62] Information Technology-JPEG 2000 Image Coding System：Core Coding System, Interna-
tional Standard, ISO/IEC 15444-1：2004, 2nd Ed, Geneva：ISO (2004).

[63] Chrysafis, C. and A. Ortega, "Line-Based, Reduced Memory, Wavelet Image Compression,"
IEEE Trans. Image Process. 9(3), 378-389 (2000).

[64] Kiely, A. and M. Klimesh, "The ICER Progressive Wavelet Image Compressor," The Inter-
planetary Network Progress Report 42(155) (2003).

[65] Lossless Multispectral & Hyperspectral Image Compression. Report Concerning Space Data
System Standards, CCSDS 120. 2-G-0, Green Book, Issue 1, Washington, D. C. ：CCSDS
(2013).

[66] Kiely, A. , "Simpler Adaptive Selection of Golomb Power-of-Two Codes," NASA Tech
Briefs-November 2007, 28-29 (2007).

[67] Sánchez, J. E. , E. Auge, J. Santaló, I. Blanes, J. Serra-Sagristá, and A. Kiely, "Review and
implementation of the emerging CCSDS Recommended Standard for multispectral and hy-
perspectral lossless image coding," IEEE Int. Conf. Data Compression, Comm. , and
Process. (2011).

第5章 卫星数据的格式化与分包

5.1 采用 CCSDS 空间数据传输协议格式化卫星数据

卫星仪器在航天器上生成科学数据和相关的工程数据、内务管理数据及其他的元数据。这些数据要可靠、透明地传输给在空间中或在地球上的使用者，就需要建立一种标准、以高度自动化的方式，将数据格式化并编排成数据包，从空间的数据源传送到用户。

CCSDS[1]是一个由世界各国宇航局共同组成的国际组织，推荐和制定航天器数据和信息系统的国际标准。作为国际标准化组织的下属委员会，CCSDS 已经制定了多个关于从空间数据源到用户之间数据传输的国际标准，使单个空间机构自身的数据传输更加自动化，并确保不同空间机构之间的数据的协调性，以此促进相互之间更深入的合作和服务。

CCSDS 标准中的遥测传输（telemetry，TM）系统可以分为两个主要概念范畴，分别是分包遥测传输和遥测信道编码。分包遥测传输提供一种实现公共数据结构和协议的机制，从而加强空间任务系统的发展和运行。分包遥测传输涉及如下过程。

① 空间任务数据集端-端传输，即从空间数据源的应用过程到分布在空间或地球上用户的应用过程。

② 这些数据集通过空间数据网络的中继传输。更确切地说，这些网络单元包括航天器、无线电连接、地面跟踪站和空间任务控制中心。

就传统而言，航天器的遥测传输按照时分多路（time-division multiplexing，TDM）方案格式化，就是基于一个预定义的多路规则，数据项由多路转换为一个固定帧长的连续数据流。由于缺少这方面标准，为了设计和实现航天器的数据系统，每一个空间任务都必须开发其各自的系统。

20 世纪 80 年代早期，CCSDS 制定了一个遥测传输分包协议国际标准，使用可变长度的数据单元被称为源数据包的数据格式，可以实现遥测数据的有效传输。由航天器上的各种仪器和子系统产生的源数据包以固定长度传输帧的连续数据流格式，将数据从空间传输到地面。这个标准被很多空间任务采用，使得这些空间任务能共享星载和地面数据处理设备。

在分包遥测传输协议提出不久后，CCSDS 基于类似的概念，提出另一个遥控

(telecommand，TC)数据传输的国际标准，以遥控数据包的数据单元向航天器发送指令。发向航天器上各种仪器和子系统的遥控数据包以长度可变的传输帧、不连续的数据流的方式从地面传输到空间。

20 世纪 80 年代末，CCSDS 拓展了前面发布的标准来满足先进在轨系统（AOS）的标准需求，如国际空间站，这样就提出了第三个国际标准。先进在轨系统标准被加入到分包遥测传输标准行列，用来传输不同类型的在线数据（如音频和视频数据），可用于空对地和地对空的双向链接传输。该标准使用和分包遥测传输标准一样的分包结构，但帧格式略有不同。

为了协议的定义具有更好的结构性和统一性，CCSDS 对这三个标准（分包遥测传输、遥控传输、先进在轨系统）进行了整理。以下面的标准替代原先的标准。

① 空间分包协议[2]。

② 遥测传输，遥控传输和先进在轨系统空间数据链路协议[3-5]。

③ 遥测传输，遥控传输同步和信道编码[5,6]。

作为航天器和地面站之间传输的无线电频率信号的国际标准，CCSDS 制定了一个称为无线电频率和调制系统的标准。这个标准明确了用于传输数据包和帧的无线电频率（射频）信号的特征。

到 20 世纪 90 年代，CCSDS 提出另一套协议，统称为空间通信协议规范（SCPS），包含 SCPS 网络协议[9]、SCPS 安全协议[10]、SCPS 传输协议[11]、SCPS 文件协议[12]。这些空间通道协议总体上是基于互联网的协议，但在这些协议的设计中，进行了修改和扩展，以满足航天任务的具体需求。

为了应对航天任务中从星载存储器发出和送入文件的需求，CCSDS 制定了一个 CCSDS 文件传送协议（CFDP）[13]。该协议能够提供一个让不可靠协议可靠并有效传输文件的方式，如空间数据包协议。

在数据压缩方面，CCSDS 制定了无损数据压缩标准[14]、图像数据压缩标准[15]和多光谱/超光谱图像无损压缩标准[16]，这些标准可以增加科学回报或降低星载内存需求，降低地面站与航天器的联络时间和数据归档量。无损压缩标准能保证原始数据完整地重建，在处理过程中不会产生任何失真，而通用的图像数据压缩标准可能无法重现完全不失真的原始数据，这是由于在压缩过程中的量化或其他近似引入了失真。

CCSDS 制定了一个称为邻近空间链路协议[17-19]用于邻近空间的链路传输。邻近空间链路被定义为短距离、双向、固定或移动的无线链路，通常是用于固定的宇宙探测器、登陆器、空间漫游器、在轨群座卫星和轨道中继卫星之间的通信。该协议定义了一种数据链路协议[19]、编码和同步的方法[18]、无线电频率和调制特性[19]。

数据安全是很多空间任务关心的问题。CCSDS 已经发表了一份报告为那些希望采用 CCSDS 特性的空间任务提供指导。CCSDS 空间通信协议能使用到航天器控制和数据处理中,同时给予一定的安全性和数据保护。

5.2　遥测传输系统的概念

在 CCSDS 空间数据链路协议中,系统设计分层技术是把遥测传输系统概念转化为一组可操作和格式化流程的有用的工具。分层的方法仿照国际标准化组织的开放系统互联网络分层模型,是一个七层的结构,每个层按照逻辑功能运作,并给不同层之间的功能互联提供协议。分层可以使复杂的过程,例如将航天器的遥测数据传输给用户,被分解成对等功能的普通结构层。

在每一层中,其功能是根据建立的协议进行数据交换。每一层都利用下一层提供明确定义的服务,同时为上一层提供类似的服务。只要这些服务接口被保留,层中的内部操作是不被约束的,同时对其他层来说是透明的。因此,用户可以移除或替换系统中的完整一层,而且移除或替换不破坏系统其余部分的完整性。此外,在满足适当的接口协议条件下,用户可以在任何层中进行系统/服务的交互操作。因此,对于需求和技术的进步而发生变化的系统结构设计,分层技术是强有力的工具。

一个配套的标准化技术就是在单一封包下的数据封装,该技术概念上简单,并具有非常好的鲁棒性。封包的头部包含该层提供服务的同时保持封包内容完整性所需的识别信息。

5.2.1　分包层

在分包遥测传输中,航天器产生的应用数据被格式化成端到端传输的数据单元,这些单元被称为遥测源数据包。这些数据被封装成一个包主导头,包括包识别、包顺序控制和包长信息、选项的尾误码控制域。遥测源数据包是一个基本数据单元,由航天器在一个特定数据源的相关测量中获得,通常包含一定量的有意义的数据。

5.2.2　传输帧层

遥测传输帧是用于通过遥测传输信道,可靠地传输源数据包到远程通信网络的接收端。作为 CCSDS 遥测传输系统的核心,遥测传输帧协议提供一系列传输服务选项。服务选项的一个实例就是多路传输遥测传输帧到虚拟信道(VCs)。

遥测传输帧是一个固定长度的单元,是为了提高弱信号帧(如在空-地链路中就会出现)同步能力,并对某些基于块的信道编码方案具有兼容性而选的。帧主导头包含帧识别、信道帧计数、帧数据域状态信息。遥测传输帧以一个隶属的帧同步标志开始,随后是一个帧主导头。

传输帧数据域之后跟随一个可选项帧尾,包含帧操作控制域和/或帧误码控制域。这些域的第一部分包含少量实时功能的标准化操作,如遥控传输校验或者航天器时钟校准。帧误码控制域提供了检测误码的能力,这些误码可以在数据处理过程中加到传输帧中。

传输帧的传送需要较低层(如载波、调制/检测、编码/解码)提供的服务来完成其角色。

5.2.3　信道编码层

因为无误码传送是遥测传输中传输帧的一个基本系统要求,遥测传输系统的信道编码被用来保护传输帧以抵御传输信道噪声引起的误码。CCSDS 的遥测传输信道编码标准由 CCSDS 131.0-B-2[6] 描述。该标准包括卷积码、面向码块的 Reed-Solomon(RS)码、卷积内码和 RS 外码结合的级联码和 Turbo 码等规范。与低层接口相连的 CCSDS 遥测传输信道编码的基本数据单元是卷积编码器输出的信道符号,这些信息比特代表一个或多个传输帧的用于奇偶保护作用的信道符号。

射频信道将信道符号确实地调制到以比特为特征的射频信号模式。在选择信道的误码检测和纠正的能力范围内,实际传输过程中产生的误码可以被接收单元检测到并纠正。

如果一个空间任务全部符合 CCSDS 标准,所有 CCSDS 遥测传输系统潜在的服务都能实现。另一选择是,空间任务可以通过接口和遥测传输系统任意层联系,只要它们满足 CCSDS 标准[2-7]规定的接口要求。

5.3　空间数据分包的概念

从利用传统的时分多路方法,即把航天器上产生的科学应用和工程数据传输给位于空间或者地面上的用户,到采用空间分包技术是一种重大的进步。空间数据分包处理包括如下概念。

① 在源头打包观测到的数据(可以添加辅助数据用于随后解释观测数据),从而在航天器上形成一个实时自主的信息包。

② 提供这样一个标准化的进程,把航天器上的多个数据源自动打包嵌入一个共同的"帧"结构中,通过有噪数据信道传输到另一个航天器或者地球上,交付给可以提取数据包的设备,提取数据交付用户。

空间数据打包过程的概念属性。

① 以适应于被观测现象的速率,使仪器数据的采集和传输更容易。

② 定义仪器和其相关的地面支持设备之间的逻辑接口和协议,并在仪器的整个生命周期中保持不变(实验台实验、组装、空间飞行和可能的重复使用)。

③ 通过对仪器控制和数据路径(遥控数据包输入和遥测传输数据包输出)基于微处理器的均衡设计,并兼容商业可用组件和互连协议标准,简化了整个系统的设计。

④ 在空间数据流的分布网络中,去除依赖于具体空间任务的硬件或者软件。特别而言,能够以高度自动化方式设计和运行这些网络中的多任务的组件,带来成本和性能的优势。

⑤ 使遥测传输接口符合 CCSDS 标准的航天器之间的交互得以变得容易,例如允许空间机构之间的航天器和网络功能进行非常简单的交叉支撑。

⑥ 使高质量的数据产品在交付给用户的时候,比传统的遥测传输模式更快、更便宜。

5.4　空间数据包结构

一个空间数据包是包长可变的、有界的,字节对齐的数据单元,封装了一组观测数据,这些观测数据可能包含辅助数据,也可以由接收端的应用程序直接解读。空间数据包由 7~65 542 字节组成。关于遥测传输源数据包的格式规范在 CCS-DS 133.0-b-1[2]有详细的论述。

如图 5.1 所示,空间数据包包含两个主要的域,可以按照以下顺序连续排列。

① 数据包主导头(强制固定为 6 个字节)。

② 数据包的数据域(从 1~65 536 字节,强制性)。该数据域包含一个强制的用户数据域和一个可选项包副导头。

一个特定的航天器或者地面接收设备允许的最大数据包长可以小于最大值(65 536 字节)。

图 5.1　空间数据包的构成(图像由 CCSDS 提供)

5.4.1 数据包主导头

数据包的主导头部分在 CCSDS 标准中是强制性的,包含四个字域,按照下列顺序依次列出。

① 数据包版本号(3 位)。

② 数据包识别域(13 位)。

③ 数据包顺序控制域(16 位)。

④ 数据包数据长度(16 位)。

数据包主导头的格式如图 5.2 所示。

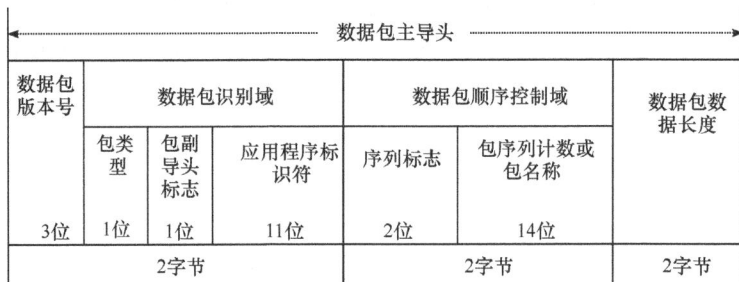

数据包版本号	数据包识别域			数据包顺序控制域		数据包数据长度
	包类型	包副导头标志	应用程序标识符	序列标志	包序列计数或包名称	
3位	1位	1位	11位	2位	14位	
	2字节			2字节		2字节

图 5.2　空间数据包主导头(图像由 CCSDS 提供)

1. 数据包版本号

数据包的版本号表示的是该数据包的版本格式(长度是三位,允许 8 个不同的版本被识别)。这个数字是用来保留引入其他数据包结构的可能性。空间数据包协议标准[2]定义 CCSDS 版本 1 的数据包,二进制编码的版本号是"000"。

2. 数据包识别域

数据包识别域包含 3 个子域,即包类型(1 位)、包副导头标志(1 位)和应用过程标识符(11 位)。包类型是用来区别数据包是用于遥测传输,还是用于遥控传输。对于一个遥测传输数据域包来说,这一位设置为"0";对于一个遥控传输数据包,这一位设置成"1"。

包副导头标志表示在空间数据包中包副导头存在或不存在。如果一个数据包的包副导头存在,那么这一位设置成"1",如果一个数据包的包副导头不存在,这一位设置成"0"。

应用过程标识符为逻辑数据路径提供命名途径,就是通过子网络从源用户应用程序到目的用户应用程序的路径。这个子域可以唯一地识别独立的发送者或接收者在特定的航天器中的应用进程。空间数据包在它的数据域包含空闲数据,也被称为空闲数据包。对于空数据包该子域设置成"全 1",即"11111111111"。

3. 数据包顺序控制域

数据包顺序控制域包含两个子域,即序列标志(2 位)和包序列计数或包名称(14 位)。序列标志表明空间数据包中的用户数据是一个更大的应用数据集中的一个段。这些标志识别了包中数据域是否包含包中的第一、连续或者最后的段,或者识别它是否不包含任何段数据(意思是它包含一组完整的用户数据)。序列标志设置用以下值表示。

① 如果空间数据包包含用户数据的连续段,用"00"表示。

② 如果空间数据包包含用户数据的第一部分,用"01"表示。

③ 如果空间数据包包含用户数据的最后一个部分,用"10"表示。

④ 如果空间数据包包含非分段的用户数据,用"11"表示。

数据包序列计数是用来对相同用户应用程序生成的每个包进行计数,以区别其他包的顺序,即使他们的顺序可能在由发送方到接收方的传输过程中受到干扰。对于遥测传输数据包来说(包类型设置为"0"),该域包含了包序列计数。对于遥控传输数据包(包类型设置为"1"),该域包含包序列计数或者包的名称。

数据包序列计数为数据应用程序产生的每个空间数据包提供顺序的二进制计数。包序列是连续的,以 16 384 为模。该包序列计数可以与时间编码一起使用,用来提供明确的顺序,因此在包序列计数完成一次循环的时间内,要确保时间码有足够分辨率,使得时间码至少能够增加一位。包的名称允许一个特定的包在同一通信过程中与其他事件不同。没有对包的名称的二进制编码进行限制,也就是说,包的名称可以是任意 14 位二进制模式。

4. 包数据长度

数据包主导头的最后部分确定了不同空间包之间的边界,是包内数据域的字节计数从包的主导头(48 位,6 个字节)的最后一位开始,以该包长最后一个字节结束。这 2 字节(16 位)的域允许包长达到 65 536 个字节(不包含 48 位包主导头)。这个数据包长度的限制是对大多数用户(它们生成中型等尺寸的数据包)和那些少量生成非常大的数据包用户之间的折中处理。对数据包大小设置合理的尺寸限制,有助于避免与非常大的数据包相关的流量控制问题,同时也消除了大部分数据包源生成更大长度数据域产生的危害。

5.4.2　包数据域

如图 5.1 所示,空间数据包的数据域至少包含以下两个域中的一个,按照下列顺序连续表示包副导头(可变长度)和用户数据域(可变长度)。一个包的数据域包含至少1个字节和最多的65 536字节。

1. 包副导头

数据包副导头的格式如图5.3所示。包副导头的目的是允许CCSDS在空间数据包内定义一种方式来一致性地放置辅助数据(时间,内部数据域格式,航天器姿态/位置)在空间数据包的相同位置。包副导头是可选的,只有在用户数据域是空的时候才是强制性的。包副导头的存在与否是由包主导头中的副导头标志位决定的。

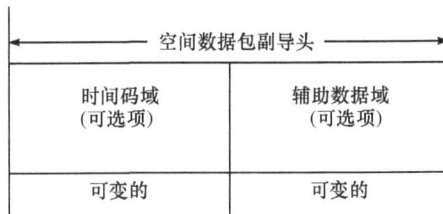

图5.3　空间数据包的副导头(图像由CCSDS提供)

对每个不同路径ID包副导头的内容由源端用户指定,并通过管理系统报告到目标终端用户。如果存在,包副导头可以只包括时间码域的一个整数字节(可变长度),或者只有一个辅助数据域(可变长度),也可以是一个时间码域紧随着一个辅助数据域。

时间码域由CCSDS标准下分段二进制或不分段二进制时间码之一构成,这些时间码都在CCSDS301.0-B-3[21]中。在该传输中,定义的时间码包含一个可选的能识别出时间码及其特性的前缀和另一个强制的时间域。时间码的例子是CCSDS的不分段时间码和CCSDS的日分段时间码。具体例子的特征包括模糊周期、元历、长度和分辨率。

辅助数据域可以包含任何用于解释包含在空间包中用户数据域信息必需的辅助信息。

2. 用户数据域

用户数据域紧跟数据包副导头(如果包副导头存在)或者包主导头(如果包副导头不存在)。数据域包含数据发送者提供的应用数据。如果数据域副导头不存在,那么数据域是强制性的,否则就是选项。

5.5　遥测传输帧

5.4 节描述的空间数据包结构不适合用于通过航天器和空间,或者地球上数据接收单元之间的空间通信链路直接的传输。它们必须嵌入到一个数据传输结构中,这种结构可以通过介质进行可靠、误码率可控的传输。CCSDS 标准已经定义了这样的数据结构,称为传输帧,对于给定的空间任务或者航天器有一个固定的长度。本节介绍传输和传输帧的属性。图 5.4 显示了遥测传输帧的格式。

遥测传输帧包含 5 个主要域,按照如下连续的顺序排列。

① 传输帧主导头(6 字节的传输帧,强制性)。

② 传输帧副导头(最多 64 字节,可选)。

③ 传输帧数据域(整数字节,强制性)。

④ 操作控制域(4 字节,可选)。

⑤ 帧误码控制域(2 字节,可选)。

如图 5.4 所示,操作控制域和帧误码控制域的组合被称为传输帧尾。传输帧的开始是由下一层的编码子层触发。对一个给定的空间任务或者航天器传输帧长度是固定的,帧长的改变可能导致失去接收端的同步。

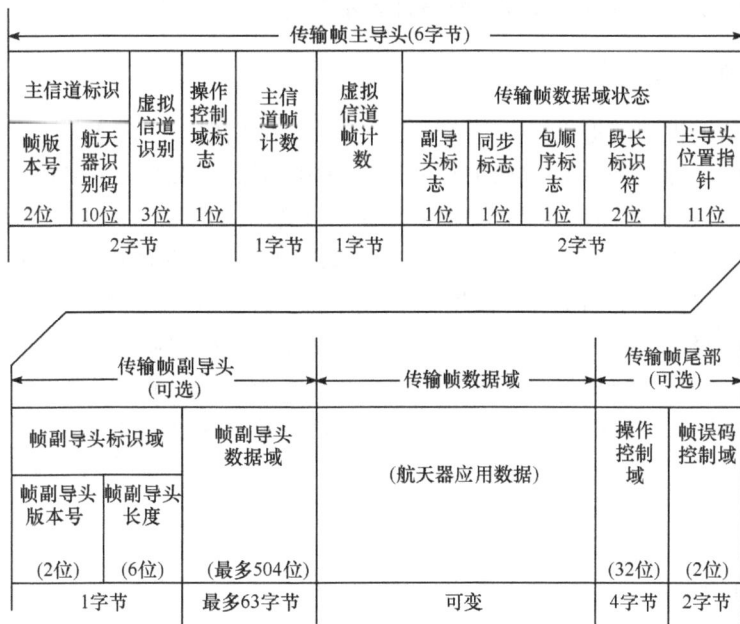

图 5.4　遥测传输帧格式(图像由 CCSDS 提供)

5.5.1 传输帧的主导头

传输帧的主导头是强制性的,包含 6 个域,按照如下顺序依次排列。

① 主信道识别,包括 2 位帧版本号和 10 位航天器识别码(12 位)。

② 虚拟信道识别(3 位)。

③ 操作控制域标志(1 位)。

④ 主信道帧计数(1 字节)。

⑤ 虚拟信道帧计数(1 字节)。

⑥ 传输帧数据域状态(2 字节)。

传输帧的主导头的格式如图 5.4 上半部分所示。

1. 主信道识别

前 2 位数据域作为传输帧的版本号标识,设置为"00"。这是同步传输帧的版本 1,其版本号的二进制编码是"00"。

随后 10 位的航天器标识域提供航天器的标识符,它和包含在传输帧的数据相关。分配给航天器标识符的是 10 个数据位,允许多达 1024 个独立的标识符。航天器的标识符是由 CCSDS 秘书处依据 CCSDS320.0-B-3[22]规定的程序来分配的。航天器的标识符在所有空间任务阶段都是不变的。

2. 虚拟信道识别

虚拟信道识别域提供虚拟通道标识。这 3 个数据位允许多达 8 个虚拟信道在一个特定的实际数据信道上同时运行。从不同虚拟信道来的帧由多路器送到同一通信信道上,在被地面接收后,根据每一帧中的这个标识符,都可以很容易地将不同的帧分开。虚拟信道可以用作各种用途,如防止长数据包的流量限制,选择不同类型的数据以便在地面上进行数据流分离(例如,当收到数据后低速率的工程数据必须从经多路后的高速率的科学数据中分离出来时,这样就可以将数据通过受容量限制的实时地面数据连接进行发送),或当不同的数据质量等级要被包含在不同类型的数据中时(在这种情况下,误码保护可以应用到某些虚拟信道中,而不是其他地方)。8 个虚拟信道被认为可以为未来自由飞行的航天器提供足够的灵活性。

3. 操作控制域标志

操作控制域标志指示操作控制域的存在或者不存在。如果操作控制域存在,就设置为"1";如果操作控制域不存在,就设置为"0"。操作控制域标志在整个空间任务期间,信道的相关的主信道或者虚拟信道内是不变的。

4. 主信道帧计数

主信道帧计数的目的是提供一个在相同的主信道内已经传输的帧数流水账计数。这个 8 位域包含一个连续的在特定主信道上各个被传送的传输帧的二进制计数值(模 256)。如果主信道帧计数由于不可避免的原因重新初始化而复位,那么在相关主信道传输的一系列传输帧的完整性将无法得到保证。

5. 虚拟信道帧计数

这 8 位域的目的是为每个虚拟通道提供单独的计数,主要是为了实现从传输帧的数据域提取出系统的数据包。这个域包含连续的在一个特定的虚拟信道上各个被传送的传输帧的二进制计数(模 256)。如果虚拟信道帧计数由于不可避免的原因重新初始化而复位,那么在相关虚拟信道传输的一系列传输帧的完整性将不能得到保证。

6. 传输帧数据域状态

如图 5.4 所示,这 16 位数据域被划分为 5 个子域。
① 传输帧副导头标志(1 位)。
② 同步标志(1 位)。
③ 包顺序标志(1 位)。
④ 段长标识符(2 位)。
⑤ 主导头位置指针(11 位)。
这些状态提供控制信息,能使接收端提取并重建数据包和/或数据段。

传输帧副导头标志表明传输帧副导头存在或不存在。如果传输帧副导头存在,它就被设置为"1";否则,就被设置为"0"。帧副导头标志在整个空间任务期间在相关主信道或虚拟信道内是不变的。

同步标志表明插入传输帧数据域的数据类型。如果插入整字节同步、前向排列的数据包或空闲数据,那么就设置为"0"。如果插入一个虚拟信道寻访服务数据单元,那么它就被设置为"1"。同步标志在整个空间任务期间在相关性或虚拟通道内是不变的。

包顺序标志取决于同步标志。如果同步标志设置为"0",包顺序标志被保留为 CCSDS 的将来使用,必须设置为"0"。如果同步标志设置为"1",包顺序标志的用途未被定义。

段长标识符是早期 CCSDS 版本的空间数据链路标准所需要的,用来保证源数据包段的实用性,且没有再定义过。它的值已被设置为等于用于表示以前不使用的版本中源数据包段的值。如果同步标志设置为"0",段长标识符被设置为

"11"。如果同步标志设置为"1",那么段长标识符未被定义。

主导头位置指针直接指向第一个数据包的首字节位置或帧数据域中段主导头。它从主导头(副导头如果存在的话)的结束位开始计数,有效界定了第一数据包/段的开始;反过来,包/段长识别域界定了下一个包/段的开始,如此往复。由于位置指针计数是整字节的,此功能只在导头与字节边界对齐时工作,例如当包/段数据同步的时候(数据域同步标志设置为"0")。分配给指针的11位数据位允许总计达2048字节,超过指针指向数据域中最后一个字节所需的计数。

如果同步标识被设置为"0",主导头指针包含传输帧数据域开始传输的第一个数据包的第一个字节的位置。如果同步标志设置为"1",主导头指针没有定义。字节在传输帧数据域的位置将按升序编号。数据域的第一个字节分配的数字是"0"。主导头指针将包括一个二进制数,表示在传输帧数据域开始传输的第一个数据包的第一个字节的位置。

如果在传输帧的数据域没有原始数据包存在,主导头指针将被设置为"11111111111"。这样的情况会在长包横跨多个传输帧时发生。如果一个传输帧包含的传输帧数据域只有空闲数据,主导头指针将被设置为"11111111110"。主导头指针被设置为"11111111110"的传输帧被称为数据域的空闲帧(OID)。

5.5.2　传输帧副导头

一个可选择的传输帧副导头为用户提供了需要插入实时数据的途径(如TDM数据)。这可能是航天器监测和控制程序的需要。当副导头存在时,由副导头标识表明,它的长度必须是一个固定值,必须出现在通过实际信道传输的每一帧中。考虑到传输帧长度固定的要求,一个固定的副导头长度简化了接收端的数据处理和数据提取。

传输帧的副导头是可选的,存在或不存在将由传输帧主导头内的帧副导头标志决定。如果存在,帧副导头会紧随着帧主导头。帧副导头包含一个字节的帧副导头标识域和一个帧副导头数据域(1～63字节)。

如果存在,帧副导头必须与主信道或者虚拟信道相关。与主信道相关的帧副导头允许数据在主信道上同步传输。与虚拟信道相关的帧副导头允许数据在虚拟信道上同步传输。如果存在,此数据域必须发生在每个传输帧中,在空间任务期间通过相关的主或者虚拟信道传输。传输帧副导头长度是固定的,在空间任务期间与主信道或者虚拟信道相关。

传输帧副导头标识域包含帧副导头版本号(2位)和帧副导头长度(6位)。

这个2位帧副导头版本号的子域最多允许的副导头有四个版本。目前的CCSDS标准只认识一个版本,也就是版本1,二进制编码的版本号是00。这就是为什么传输帧的二级标题版本号必须设置成"00"。

　　帧副导头长度子域包含帧副导头的长度,长度为字节值减一,表示为一个二进制数。传输帧的副导头长度在空间任务期间内在相关的主或者虚拟信道内不变。当一个副导头存在,它的长度可以用来计算传输帧数据域的起始位置。

　　传输帧副导头的数字域必须无间隙的紧跟帧副导头识别域。帧副导头数据域包含帧副导头的数据,并在空间任务期间在相关的主或者虚拟信道长度固定。

5.5.3　传输帧数据域

　　传输帧的数据域包含从航天器传输到接收单元的整数字节的数据。它的长度可变,等于被选定为使用在一个特定实际信道上的固定帧长;帧主导头的长度加上副导头的长度或帧尾的长度(如果这些项存在的话)。

　　传输帧的数据域包含空间数据包,一个虚拟信道寻访服务数据单元或空闲数据。虚拟信道寻访服务数据单元不能与在同一虚拟信道的数据包混合。空闲的数据必须通过传输数据包的虚拟信道传输。无论一个特定的虚拟信道传输空间数据包(可能空闲的数据),还是虚拟信道寻访服务数据单元,他们都必须由管理单元建立,并在整个空间任务期间保持不变。

　　如果空间数据包是包含在帧数据域内的,那么空间数据包以正向顺序连续的方式插入传输帧数据域中。传输帧数据域中的第一个和最后一个空间数据包不需要是完整的,因为第一个空间包可能是之前数据包传输帧的延续,最后一个空间数据包可能在同一虚拟通道上随后的传输帧中继续传送。

　　当传输帧在帧释放的时间内没有足够的数据(空间数据包含空闲数据或寻访服务数据单元的虚拟信道)插入传输帧数据域时,在这种情况下,将发送一个在帧数据域中包含 OID 的传输帧。这样的传输帧被称为 OID 传输帧。OID 传输帧的主导头位置指针被设定为“11111111110”,且一个由项目指定的“空闲”模式被插入到传输帧数据域。一个 OID 传输帧的虚信通道的识别必须是用于传递那些数据包的通道识别之一。

5.5.4　操作控制域

　　操作控制域是可选的,其存在或缺席是通过在传输帧主导头中的操作控制域标志来确定的。操作控制域无间隙地紧跟在传输帧数据域后,占 4 个字节。

　　操作控制域与主信道或虚拟信道相关。操作控制域与主信道之间的相关性使数据可以在这个主信道中进行同步传输,而操作控制域与虚拟信道之间的相关性使数据得以在此虚拟信道中进行同步传输。

　　如果操作控制域存在,在整个空间任务期间,这个域产生在每个传递的传输帧中,这些传输帧是通过相关的主信道或虚拟信道传送的。

　　该域的首位,即 0 位,包含一种具有以下含义的标志。

当操作控制域为第 1 类型的报告时,标志类型被设置为"0",该报告包含一个通信链路控制字符(内容由 CCSDS 标准 133.0-B-1[2]定义)。

当操作控制域为第 2 类型的报告时,标志类型被设置为"1"。

在载有操作控制域的相同的主信道或虚拟信道中,类型标志是可以在传输帧之间变化的。第 2 类型报告即操作控制域的位 1 的首位指示该报告的使用如下。

① 如果该位是"0",那么报告的内容是项目相关的。

② 如果这位是"1",那么报告的内容为未来的 CCSDS 应用所保留。

2 型报告首位的值可能会在载有操作控制域相同的主或虚拟信道传输的传输帧之间变动。这个域的目的是提供一种标准化的机制来报告小数据量的实时功能(如重传控制或航天器时钟校准)。目前,重传控制(类型 1 报告)的使用是由 CCS-DS[2]定义的。

5.5.5　帧误码控制域

帧误码控制域是可选的,是否存在由上级管理部门确定。这个数据域的目的是提供检测误码的能力,这些误码可能会在传输和数据接收处理时引入到传输帧中。这个域是否要被使用到特定的实际信道,是由空间任务数据质量需求和下一层信道编码子层选定的选项决定。

帧误码控制域占用两个字节在紧跟操作控制域之后(如果有的话)或传输帧数据域(如果操作控制域是不存在的)。帧误码控制域如果存在,在整个空间任务期间,会出现在同一实际信道传送的每一传输帧中。

编码过程接受一个 $(n-16)$ 位的传输帧,不包括帧误码控制域,并产生一个系统的二进制 $(n,n-16)$ 块码,附加上 16 比特的帧误码控制域作为该码块最后的 16 位,其中 n 是帧长,帧误码控制域内容的方程为

$$\text{FECF}=\left[(X^{16} \cdot M(X))+(X^{(n-16)} \cdot L(X))\right]\text{modulo}G(X) \tag{5.1}$$

其中,所有的运算模块都是以 2 为模,n 为编码信息的比特数;$M(X)$ 是 $(n-16)$ 位的被编码信息,表示为一个二进制系数的多项式;$L(X)$ 是设多项式,即

$$L(X)=\sum_{i=0}^{15} X^i \tag{5.2}$$

$G(X)$ 是生成的多项式,即

$$G(X)=X^{16}+X^{12}+X^5+1 \tag{5.3}$$

$X^{(n-16)}L(X)$ 项对在编码之前将移位存储器都预设为"1"有影响。

在帧误码控制域的译码过程中,检测误码的综合式 $S(X)$ 由下式给出,即

$$S(X)=\left[(X^{16} \cdot C^*(X))+(X^n \cdot L(X))\right]\text{modulo}G(X) \tag{5.4}$$

其中,$C^*(X)$ 是接收到的块,包含帧误码控制域,以多项式的形式呈现;$S(X)$ 是综合多项式,如果无误码被检测到,它为 0;如果有一个误码被检测到,它不为 0。

参 考 文 献

[1] http://public. ccsds. org/about/default. aspx.

[2] CCSDS 133. 0-B-1, Space Packet Protocol, Recommendation for Space Data System Standards, Blue Book, Issue 1, CCSDS, Washington, D. C. (September 2003).

[3] CCSDS 132. 0-B-1. TM Space Data Link Protocol. Recommendation for Space Data System Standards, Blue Book, Issue 1, CCSDS, Washington, D. C. (September 2003).

[4] CCSDS 232. 0-B-1, TC Space Data Link Protocol, Recommendation for Space Data System Standards, Blue Book, Issue 1, CCSDS, Washington, D. C. (September 2003).

[5] CCSDS 732. 0-B-2, AOS Space Data Link Protocol, Recommendation for Space Data System Standards, Blue Book, Issue 2, CCSDS, Washington, D. C. (July 2006).

[6] CCSDS 131. 0-B-2, TM Synchronization and Channel Coding, Recommendation for Space Data System Standards, Blue Book, Issue 2, CCSDS, Washington, D. C. (August 2011).

[7] CCSDS 231. 0-B-1, TC Synchronization and Channel Coding, Recommendation for Space Data System Standards, Blue Book, Issue 1, CCSDS, Washington, D. C. (September 2003).

[8] CCSDS 401. 0-B-17, Radio Frequency and Modulation Systems-Part 1: Earth Stations and Spacecraft, Recommendation for Space Data System Standards, Blue Book, Issue 17, CCSDS, Washington, D. C. (July 2006).

[9] CCSDS 713. 0-B-1, Space Communications Protocol Specification (SCPS) -Network Protocol (SCPS-NP), Recommendation for Space Data System Standards, Blue Book, Issue 1, CCSDS, Washington, D. C. (May 1999).

[10] CCSDS 713. 5-B-1, Space Communications Protocol Specification (SCPS) -Security Protocol (SCPS-SP), Recommendation for Space Data System Standards, Blue Book, Issue 1, CCS-DS, Washington, D. C. (May 1999).

[11] CCSDS 714. 0-B-2, Space Communications Protocol Specification (SCPS) -Transport Protocol (SCPS-TP), Recommendation for Space Data System Standards, Blue Book, Issue 2, CCSDS, Washington, D. C. (October 2006). 142 Chapter 5

[12] CCSDS 717. 0-B-1, Space Communications Protocol Specification (SCPS) -File Protocol (SCPS-FP), Recommendation for Space Data System Standards, Blue Book, Issue 1, CCS-DS, Washington, D. C. (May 1999).

[13] CCSDS 727. 0-B-4, CCSDS File Delivery Protocol (CFDP), Recommendation for Space Data System Standards, Blue Book, Issue 4, Washington, D. C. : CCSDS, January 2007.

[14] CCSDS 121. 0-B-1, Lossless Data Compression, Recommendation for Space Data System Standards, Blue Book, Issue 1, CCSDS, Washington, D. C. (May 1997).

[15] CCSDS 122. 0-B-1, Image Data Compression, Recommendation for Space Data System Standards, Blue Book, Issue 1, CCSDS, Washington, D. C. (November 2005).

[16] CCSDS 123. 0-B-1, Lossless Multispectral &·Hyperspectral Image Compression, CCSDS 123. 0-B-1, Blue Book, Issue 1, CCSDS, Washington, D. C. (May 2012) (available at http://

public. ccsds. org/publications/archive/123x0b1ec1. pdf).

[17] CCSDS 211. 0-B-4, Proximity-1 Space Link Protocol-Data Link Layer, Recommendation for Space Data System Standards, Blue Book, Issue 4, CCSDS, Washington, D. C. (July 2006).

[18] CCSDS 211. 2-B-1, Proximity-1 Space Link Protocol-Coding and Synchronization Sublayer, Recommendation for Space Data System Standards, Blue Book, Issue 1, CCSDS, Washington, D. C. (April 2003).

[19] CCSDS 211. 1-B-3, Proximity-1 Space Link Protocol-Physical Layer, Recommendation for Space Data System Standards, Blue Book, Issue 3, CCSDS, Washington, D. C. (March 2006).

[20] CCSDS 350. 0-G-2, The Application of CCSDS Protocols to Secure Systems. Report Concerning Space Data System Standards, Green Book, Issue 2, CCSDS, Washington, D. C. (January 2006).

[21] CCSDS 301. 0-B-3, Time Code Formats, Recommendation for Space Data Systems Standards, Blue Book, Issue 3, CCSDS, Washington, D. C. (January 2002).

[22] CCSDS 320. 0-B-3, CCSDS Global Spacecraft Identification Field Code Assignment Control Procedures, Recommendation for Space Data System Standards, Blue Book, Issue 3, CCSDS, Washington, D. C. (April 2003).

第6章 信道编码

6.1 遥测传输系统的层及信道编码

遥测传输系统的作用是将一个远程数据源生成的遥测信息,可靠并清晰地传递到位于地面或太空中的用户。一般而言,数据生成源可以是科学传感器、内务管理传感器、工程传感器及其他一些装载在航天器上的子系统。

过去,大部分用于科学空间任务的遥测数据源都全部包含在相应项目的数据管理中,并且专用于该空间任务。由于缺少各个空间任务之间有效的数据标准,迫使多空间任务跟踪网去完成最低级的遥测数据传输服务,如位传输系统。更高级的数据交付服务更倾向于电脑与电脑之间的数据传输和典型的用于现代商务及军事网络的服务。他们必须以空间任务与空间任务之间关系为基础,由用户定制设计。

CCSDS 的遥测传输系统标准被推荐用于缓解单个空间署的数据传输的过渡,并拓展到各个空间署内更大程度的自动化,以保证各个空间署之间的和谐运作,因此会产生更大的空间署间相互支持的良机和服务。分层技术被用在 CCSDS 标准的遥测传输系统上以保证航天器提供给用户的遥测数据能被分解为在普通架构层下的对等的功能组。在 CCSDS 标准的遥测传输系统中有三个层[1],即信息分包层、传输帧层和信道编码层。

在每一层中,根据已经建立的标准规则或者"协议",各个功能之间交换数据。每层系统都有明确的定义,由下一层提供明确定义的系列服务,并对上层提供相似的系列服务。只要这些服务的接口保存不变,那么每层内部的处理是不受限制的,并且对其他层公开。因此,整个系统层可以被用户或者其他技术需求去除和替换,而不破坏整个系统剩余部分的完整性。除此之外,只要满足合适的接口协议,用户就可以和系统的任何一层进行交互。因此,在设计某些根据设计要求或者硬件技术发展而变化的结构系统中,分层技术是一个非常强大的工具。分包层和传输帧层在第 5 章已经介绍过,这一章将介绍信道编码层。

信道编码是一种通过数据处理把数据从信源传输到目的地的方法,能够让不同信息彼此容易地区分开。保证了数据重建后有较低的误码率[2]。信道的编码方法适应于信道的统计特性,并且应用于发送的完整的数据流,而不仅仅是特定的信源。

在航天器中,信源数据用 0 和 1 组成的信号串来表示。一个信道编码器(或者简称编码器)是一种将一连串二进制数据输出为调制波形的仪器。对一个特定的信道,如果信道编码选择准确,那么即使波形被信道的噪声损坏,一个设计合适的译码器还是能够重建原始的二进制数据。如果信道的特性被完全掌握,并且选择的编码方案合适,那么信道编码相对于非编码的传输能够在相同的总体质量(由误码率计量)情况下提供更高的数据吞吐量,同时信道编码却在每信息位花费更少能量。等价地,信道编码在产生每个信息位使用相同能量时提供了相对于非编码系统更低的总误码率。

信道编码还有其他的优点。纯净的信道有助于传输被压缩的数据。机上数据压缩的目的是为了将大量数据压缩成更小数量的二进制数据。自适应的压缩器持续地发送压缩信号到地面,并且指示地面的解压器怎样处理随后接收的数据。这些压缩的数据位中的一个误码会导致对接下来的数据进行不正确操作。最后,压缩的数据一般会远比不压缩的数据对传输误码更加敏感。把高效、低误码率的信道编码和复杂的自适应的数据压缩结合起来,能够显著提升系统的总体的性能。

在进行自适应遥测传输时低误码率也是必要的。自适应遥测传输特别像自适应数据压缩,其中各种地面处理器应该如何处理传输的数据这样的信息被包括为数据中的一部分。包含在这些指令中的一个误码可能导致对随后数据不合适的处理,并且可能丢失信息。

低误码率的遥测传输允许一定数量的无人空间任务操作。这主要是因为操作系统会知道在下载的数据中任何检测到的异常现象都极有可能是真实的,不是由于信道误码导致的。因此,处理人员可能不需要试着去区分差错是实际航天器异常,还是数据的误码。

在一个典型的空间信道中,主信号的退化是由于传输距离而引起的信号能量损失,也会因为接收系统的热噪声影响。在 CCSDS131.0-B-22 标准中描述的编码通常能够在这类信道上提供很好的通信质量。

如果空间署之间交互支持需要一个空间署解码另一个空间署的遥测数据,那么就应该使用 CCSDS 推荐的信道编码标准[2]。CCSDS 推荐的信道编码描述如下。

① 一个约束长度 $K=7$,码率 $r=1/2$ 的卷积码及其各种删余卷积码版本。

② (255,223)和(255,239)RS(reed-solomon)码和它们任意种缩短码。

③ 将任意的推荐 RS 码和任意的推荐卷积码级联的编码。

④ 一列不同码率和码块大小的 Turbo 码。

⑤ 一列低密度奇偶校验码。

这些编码被包含在 CCSDS 推荐的标准中,是因为它们相对于未编码系统能提供可观的编码效益。它们已经被包含在 CCSDS 成员空间署中的几乎所有的空间任务中。

6.2　信道编码提升空间数据的连接性能

6.2.1　信道编码性能测量

信道编码的性能由它的误码率来计量,这与为了达到这个误码率使信道足够好所需要的信号源的量有关。本节展示的推荐编码质量是在加性高斯白噪声(AWGN)信道测量的。对于所需信道源的相关测量由单个参数 E_b/N_0 给出。该参数是每个信息位接收到的信号能量与高斯白噪声的谱密度之比。这个信道参数 E_b/N_0 被公认为比特信噪比(bit-SNR)。

CCSDS 推荐的编码达到的误差率由如下三种不同方法测量。

① 位误码率(BER),测量单个数据位的误码率。

② 字误码率(WER),测量单个编码字的误码率。

③ 帧误码率(FER),测量单帧数据的误码率。

以上三种误码率对于任何一种编码来说都是互相密切相关的,但是一种误码率在没有对误码独立性作假设情况下,一般不能从另一个误码率中推导出来。例如,一个数据帧由 L 个独立位组成,那么它的 $FER=1-(1-BER)^L$;这个假设适用于在加性高斯白噪声信道上的任何未编码的数据帧上,但是对于从属于任何特定推荐的编码方案的数据帧是不适用的。

在某些情况下,一些这样的误码率是同义的。例如,对于非编码数据 WER=BER,因为在这种情况下任意"编码字"都由 1 个位组成。类似地,对于 CCSDS Turbo 码来说,FER=WER,因为在这样的情况下 CCSDS 传输帧由从一个 Turbo 码块中的信息位组成。一个编码字对于未终结的卷积码理论上来说是无穷长的,WER=1(除了在一个没有误码的信道上),因此 WER 在此例中并非是一个非常有意思的测试性能的方法。对终结的卷积码很自然的定义了 WER,甚至为未终结的卷积码,也能够有效地对卷积码字中的一个段(在帧中定义)计算 FER。

6.2.2　信道编码性能的香农极限

好的信道编码能降低数据的误码率,或者说作为在该信道上比特信噪比(bit-SNR)E_b/N_0 的函数能够更高效地达到想得到误码率。香农推导了所有信道编码性能的基本极限[6]。对于可靠通信所要求的 E_b/N_0 最小值,存在与码率相关的信道容量存在限制。这些限制在理论上可由一个给定码率的编码在无限大码块的界限范围内达到。此外,当码块大小也受到约束时,存在依赖于码块尺寸的限制。这些限制阻碍信道容量发挥其性能。

图 6.1 表示香农极限关于二进制输入加性高斯白噪声信道,在码率为 1/6、1/4、1/3 和 1/2 时的特性曲线。码率是指输入到编码器的二进制数据位数量与从

编码器输出的二进制数据位比值的平均值。这些曲线表示的是使用上述码率时，针对加性高斯白噪声二进制输入信道编码，达到指定 BER 所需最低概率的比特信噪比(bit-SNR)E_b/N_0 值。

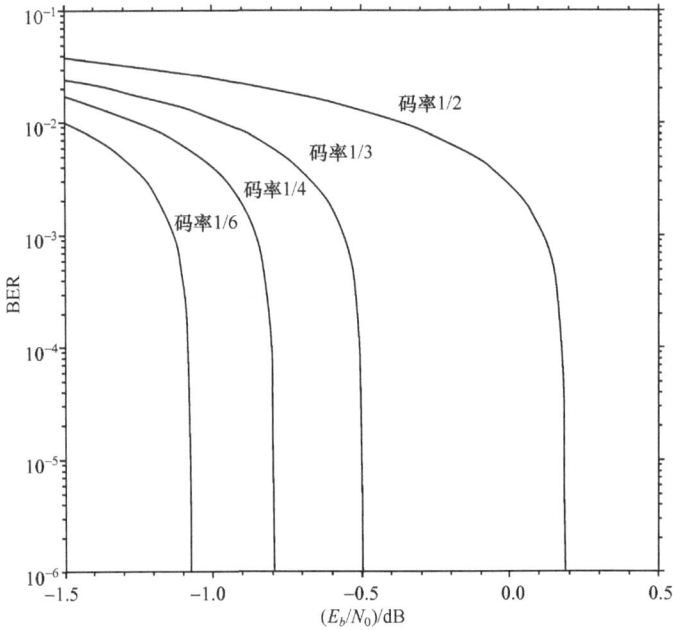

图 6.1　通过操作在一个加性高斯白噪声二进制信道上得到的对于码率为 1/2、1/3、1/4
和 1/6 的 BER 性能的容量极限(图由 CCSDS 提供)

对低 BER，每个这些受容量限制的性能曲线都逼近一个依赖于码率的垂直渐近线。这个渐近线对于 1/2 码率的值接近 0.2dB，对于 1/3 码率是 −0.5dB，对于 1/4 码率是 −0.8dB。垂直渐进线对于最终的香农极限性能曲线(码率接近于 0)是 −1.6dB。通过这些曲线的相互比较发现，理论上降低码率提升性能是可行的。例如，对于一个加性高斯白噪声的二进制输入信道，码率为 1/2 的编码相对于 1/3 编码遭受 0.7dB 的固有的损失，相对于 1/4 码率是 1.0dB，与相对最终极限(码率 →0)是 1.8dB。

图 6.2 显示不同的推荐编码在高斯信道上的特性。在此，输入限制在两个等级中选择，因为整个推荐标准假定双向调制。这里的性能数据是由软件仿真，并且假定了没有同步丢失条件下得出的。信道符号误码数假定是独立的。这是个合理的假设对深空信道和近似假设对近地连接，对后者忽略了脉冲噪声和射频干扰。级联码假定无限交织，并且只使用 BER。

可以发现，当误码率为 10^{-5} 时，卷积码相对于非编码系统提供了 5.5dB 的编码增益，将卷积码和外层 RS 码级联的码产生了额外的 2dB 的编码增益。Turbo

码,甚至能够提供更高的编码增益,如图 6.2 所示的 Turbo 码的码率为 1/2,码块长度为 8920 位。这个编码以 1dB 之差接近最终的香农极限,并提升了推荐的级联编码的增益 1.5dB。

这些编码包括在 CCSDS 推荐的标准中,因为它们相对于非编码系统提供了可观的编码增益,已经被用于或者正在筹划被用于所有 CCSDS 成员空间署所有的空间任务中。本章接下来仔细描述各个推荐的编码性能及参数,介绍如何实现它们的编码和译码。

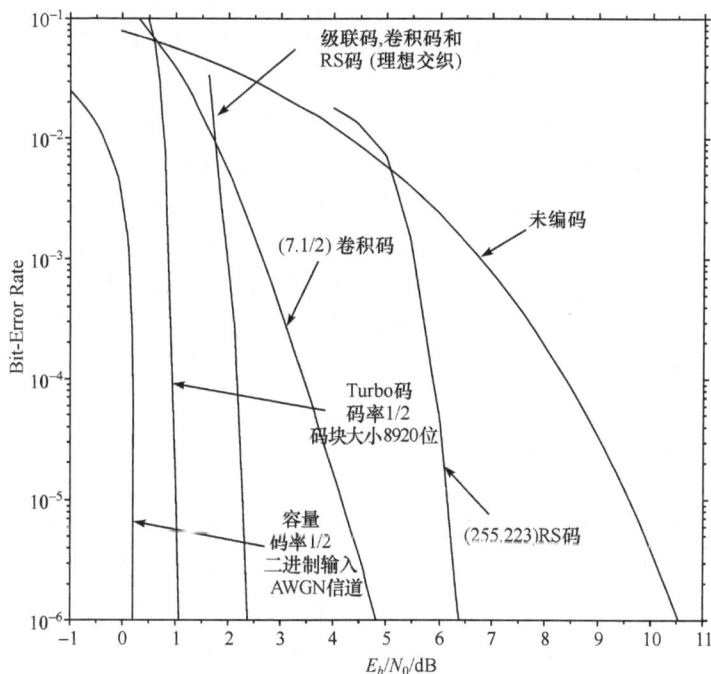

图 6.2　卷积码、RS 码、级联码和 Turbo 码的性能(比较图由 CCSDS 提供)

6.3　Reed-Solomon 编码

6.3.1　定义

RS 编码是一种非二进制、环形的误码校正的编码,由 Reed 和 Solomon 发明[7]。这种编码能够检测并纠正多个随机符号的误码。通过向数据添加 t 个校验符号,一个 RS 码能够检测到多达 t 个任何误码符号组合,并且能够纠正多达 $\lfloor t/2 \rfloor$ 个符号。对于纠删码来说,它能纠正多达 t 个已知纠删码,或者检测并纠正误码和纠删码的组合。除此之外,RS 码还适合用作多点突发误码纠正,因为一连串 $b+1$ 连续误码能影响多达 2 个长度为 b 的符号。t 的大小由编码设计人员确定,并且能在较宽范围内选择。

　　在 RS 编码中,源符号被看做有限域内多项式 $p(x)$ 的系数。最初的想法是从 k 个源符号中产生 n 个编码符号,通过在 $n>k$ 个分立节点上过采样 $p(x)$,发送采样点,并在接收端使用插入技术恢复原始信息,但这不是 RS 码的现代用法。取而代之的是,RS 码被看做是环状 Bose-Chaudhuri-Hocquenghem(BCH)编码[8,9],其中编码符号从多项式系数中推导得到,该多项式由 $p(x)$ 乘以环状多项式生成器产生,这样可得到高效的译码算法。

　　RS 编码从此以后便找到了重要的应用,这些应用从消费电子产品到深层空间通信都有涉及。它们被广泛地应用到消费电子品上,如 CD、DVD、蓝光光碟、数据传输技术和计算机应用领域。

　　RS 码在空间数据通信上特别有用。一个 RS 码的码块长 n 是 $q-1$,$q=2^J$ 表示符号的字母表大小 k 个信息符号和码块长为 n 的编码有最小码距 $d=n-k+1$,这些编码已经有效地应用到级联码体系中,在外层 RS 码的符号被内层卷积码再次编码。误码概率是一个随码块长指数级降低的函数,并且译码复杂度是与一个小的 $n-k$ 次幂成比例。因为可以用一连串信道字母表示每个编码字中的字母,RS 码可以通过运用小的输入字母表直接用在一个信道上。当误码集聚在信道上时,这样的技术是十分有用的,因为译码器的操作只在输出包含误码的信道序列上进行。

　　使用的符号中 $q=2^J$ 对于某些 J,码块长度是 $n=2^J-1$。对于任选的奇异的最小码距 d,信息符号的数量是 $k=n-d+1$,并且任何 $E=(d-1)/2=(n-k)/2$ 的误码都能被纠正。如果码字中的每一个字母都能被 J 个二进制数字表示,那么就能获得拥有 kJ 个信息位和码块长度为 nJ 位的二进制编码。相对于 n 个二进制 J 个元组最多改变 E 的任何噪声序列都能被纠正,因此所有突发长度不超过 $J(E-1)+1$ 误码都能被纠正,并包含许多相互结合的小突发误码。因此,RS 码适合突发噪声信道,例如由卷积编码器构成的信道——AWGN 信道和 Viterbi 译码器。RS 码不太合适直接用于 AWGN 信道,因为它们的性能比卷积码要差。

　　RS 编码是一种透明的编码,意味着假如信道符号在流水线上某处被颠倒,译码器仍会正常工作。最终的结果是原始数据的互补码,但是如果使用虚拟补零技术,RS 码将会丢失其透明性。因此,按照 CCSDS 标准的要求[2],它被强制在进行译码前决定各个数据的意义(即是真实数据,还是互补数据)。

　　CCSDS 推荐[3]两种 RS 码,两者都有码块大小 $n=255$ 符号,以及符号大小是 $J=8$ 位或者字母数为 $2^J=256$。第一个编码拥有信息码块大小 $k=223$,最短距离 $d=33$,并且能够纠正 $E=16$ 个误码。第二个编码 $k=239$,$d=17$,并且能纠正 $E=8$ 个误码。推荐的 RS 码是非二进制编码。编码字母表的任何成员是 256 个有限域元素中的一个,而不是 0 或者 1。一串 8 位字符串被用来表示区域中的任意元素,这样编码器的输出依然像一个二进制数据。

　　RS 码的符号位数选为 8 位是因为对于更大的符号位数的译码器用现在的技术是很难实现的,同样也是因为遥测传输帧是八进制的。这个选择使最长的码字是 255 个符号数。CCSDS 标准 $E=16$ 的 RS 码被选的原因是当该 RS 码与(7,1/2)内层卷积码级联的时候,表现出了最好的性能。因为两个校验符号对于每个符号来说都是需要的,为了让每个符号误码都能被纠正。结果每个码字包含 32 个校验符号和 223 个信息符号。为了允许有另一个更高编码率的编码供选择,$E=8$ 的 RS 码后来被加到了标准[2]中。

　　同样的编码和译码硬件能够实施一个缩短的 $(n',n'-2E)$ RS 码。其中 $n'=33,34,\cdots,254$,另有一个未编短编码,当 $n'=n=255$ 时,通过假定剩下的符号是固定的才得到(都假定为 0)。虚拟补零允许如有需要,帧的长度能够被加尾,以适合特定的空间任务或情况。缩短的编码能够纠正和非缩短的编码相同的误码数,但是整体的编码性能(每位能量效率)一般(并不总是)会变差,因为码率会随着缩短而降低。

6.3.2　RS 编码器

　　Reed-Solomon 编码是块编码,意味着一个输入数据的固定码块被处理到输出 RS 码的固定码块中。对于 $(255,k)$ 码,$k=255-2E$ 个 RS 输入符号(每个 8 位长)编译至 255 个输出符号中。RS 码在 CCSDS 标准中是系统化的。这意味着一部分的编码字以不变的形式包含了输入数据。相对而言,在这个标准中,前 k 个($k=$223 或 239)符号是两个推荐编码的输入数据。

　　一个 (n,k) RS 编码器的一个非常简单的块图如图 6.3 所示,其中 $n=2^J-1$,并且 $k=n-2E$。一个 RS 符号由 J 位的序列组成,因此其中有 2^J 个可能的 RS 符号。所有编码和译码操作只关系到 RS 符号,而不是独立的位。编码器的输入由一个包含 $k=2^J-1-E$ 个从一些数据源提取的信息符号的码块组成。编码操作的结果是一个长度是 $n=2^J-1$ 的码字,它的前 k 个的符号与从左边进入的符号是相同的;这就使得编码系统化。码字的剩余部分由 $2E$ 个奇偶校验符号组成,其中 E 是 RS 码中可纠错的误码符号的数量。如果一个或多个出错的 J 位组成了这个符号,一个 RS 符号集是有错的。

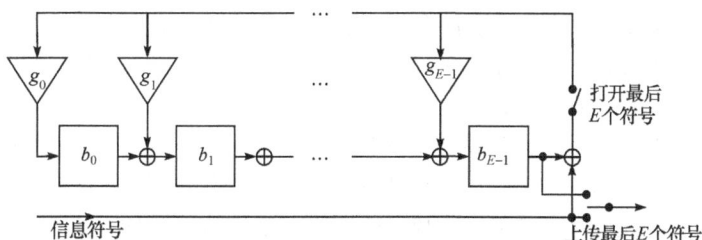

图 6.3　一个 (n,k) RS 码编码器的方块图(图由 CCSDS 提供)

特别要注意的是,推荐的 $J=8$ 和 $E=16$ 的 RS 码,即(255,223)码。这个特定编码的基本码字的结构如图 6.4 所示。若需要,快速浏览数据(信息位)依然是可能的,因为编码是系统性的。值得注意的是,与奇偶校验符号相关的额外开销只占 15%。这个百分数将随着编码的缩短而上升。

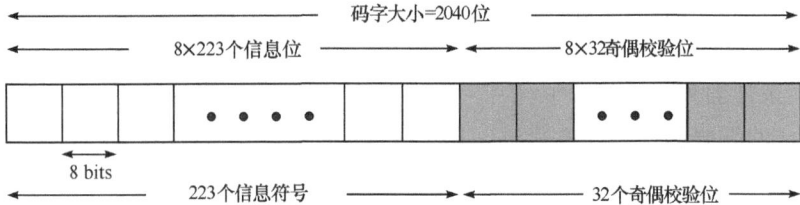

图 6.4　当 $J=8$, $E=16$ 的 RS(255,223)码字结构(图由 CCSDS 提供)

有两种多项式,每个定义一个 CCSDS 推荐的 RS 码:码生成器多项式 GF(2^8)和域生成器多项式 GF(2)。域生成器多项式 $F(X)=x^8+x^7+x^2+x+1$ 对于两种编码是相同的。码生成器多项式 $g(x)$ 对于(255,223)码的阶数是 $2E=32$,对于(255,239)码的阶数是 $2E=16$。

推荐的编码特性中的特定多项式是为了最小化编码器硬件的复杂性而选的。码生成器多项式是回文结构(自反多项式),因此在编码电路中只需要一半数量的乘法器。特别的,原始元素"α"(并由此得到的域生成器多项式)被选作让这些乘法器尽可能的简单。一个使用"对偶基"来表示的编码器,只需要一小部分集成电路或一个超大规模集成的芯片就能实现。

6.3.3　RS 符号交织

交织是一种为了提高通信性能,而以非连续的方式安排数据的手段。它常用于数字通信和存储系统来提高前向纠错编码的性能。许多通信信道并非无记忆的,误码通常是成群突发,而不是孤立地发生。如果误码在编码字中的数量超过纠错码的能力,将不能恢复原始的码字。交织改善了这个问题,通过移动信源符号跨多个码字,从而创建一个更加均匀的误码分布。

当 RS 码在突发误码的信道没与级联码连用,那么 RS 译码器的性能在几个连续的符号中会因为高度相关的误码而严重退化。交织的 RS 码符号可以提高编码的性能。没有交织,突发误码事件会发生在一个 RS 码字内,并且一个码字必须纠正这些误码。因此,在一段时间内,系统会趋向于一些码字有"太多"误码,而不能纠正,其误码数量超过了纠错能力 E。

交织的目的是使 RS 符号的误码在输入到 RS 译码器时是彼此独立的,并让 RS 码的误码符号均匀地分布。换句话说,交织是让突发误码分布在几个码字中,从而使码字中的误码数量能够被限制在纠错能力 E 的范围内。

矩形(也称为均匀)交织是一种流行的方法。图 6.5 演示了它是如何工作的。

假设一组 $I=7$ 码字为"aaaabbbbccccddddeeeeffffgggg",每个码字都有 $n=4$ 个符号,在突发通道上传输。矩形交织可以解释为将 $I=7$ 码字组织成 $1,2,\cdots,7$ 行矩阵,然后在信道中按列传输 $1,2,3$ 和 4 列的符号,其中 I 是指交织深度。假设一个长度为 5 的突发误码在传输信道里出现在交织符号"efgab"上,在接收机上进行去交织之后,5 个符号的突发误码分布在接收到的多个码字上。因为突发误码分布在多个码字中,并且它们的数量是在纠错能力 E 内的,所以它们通过 RS 码是可以纠正的。

7个码字每个伴随4个符号	aaaabbbbccccddddeeeeffffgggg
	aaaa
	bbbb
	cccc
矩形交织矩阵	dddd
交织深度7	eeee
	ffff
	gggg
用于传输的交织码字	abcdefgabcdefgabcdefgabcdefg
传输中带有5个突发误码	abcdefgabcd_____cdefgabcdefg
去交织后接收的编码字	aa_abb_bccccdddde_eef_ffg_gg

图 6.5 在传输信道上当接收带有突发误码的码字时交织码字(矩形交织的交织深度为 $I=7$)如何分散突发误码的解释

矩形码块交织的 RS 符号最大限度地分散了一串码字中突发性的符号误码到许多码字中。交织深度是 RS 码字的数量,包含交织和去交织操作的 RS 码字。深度为 I 的交织是将 RS 码块长度乘以 I。I 个 RS 码字的整数据包组成一个码块,但是通常对于单个 RS 码字计算 WER,而不是对于整个交织码块。交织码块的误差率是对于 CCSDS 帧的 FER。

6.3.4 RS 码的译码

RS 译码器的输入符号是"硬的",这意味着 RS 译码器操作从符号系统中来的符号,这个符号系统与编码时使用的完全相同。对每组信道符号应该做"硬"决定,这些符号对应一个 RS 的字节。

允许对信道符号的一些决定拥有一点"柔软"是有可能的,这样除了拥有在原生符号系统中的"硬"符号之外,一个 RS 译码器也可以接受"擦除"。每当在两个或两个以上的硬符号之间有重大决策不确定性时,适当擦除是可以的,因为 RS 码能够纠正相对于误码数两倍的"擦除"。

只纠正误码的 RS 译码器要比误码和擦除都纠正的版本在某种程度上更简单,但是描述更通用的情况会方便些。所有 RS 译码算法背后的基本思想是由 Berlekamp 提出[10],但现在在该基本算法的基础上有几十种变异版本被使用。一个 RS 译码算法非常详细的讨论可以在 McEliece 论文中找到[11]。

RS 译码器是一个不完整的、有界距离的译码器。只纠正误码的译码器产生没有标记位的译码输出,而且仅当接收的序列中损坏符号与一个有效的码字之差不超过 E 个符号时才有效。对于那些能同时纠正误码和擦除版本的 RS 译码器,相应的条件是 $2t+e\leqslant 2E$,其中 e 是擦除符号的数量,t 是非擦除的接收符号和那些有效码字之间的差异的数量。对于这两种译码器来说,误码序列将接收到的符号序列转移至正确码字周围的有界距离译码半径之外,但是也让它在所有其他码字的有界距离译码半径之外。在这样的情况下,RS 译码器是不完整的,因为它知道接收到的序列已经被损坏,并超出了保障的纠错能力之外,而且不会尝试解决这些损坏。事实上,这种类型的可检测损坏比误码更容易发生,该误码序列移动接收的符号序列至一个不正确的码字的译码半径内。因为这个原因 RS 译码器几乎总是知道什么时候有太多误码而不能纠正一个码字。当这一切发生的时候,译码器可以标记检测到误码,通知用户这一事实。

6.3.5 RS 码的性能

当对 RS 码字进行译码时,可能会发生三种不同的情况。

(1) 正确译码

如果在码字中有 E 个或更少 RS 符号误码。在这种情况下,译码器成功地纠正了误码,并输出正确的信息码块。

(2) 检出误码

如果在码字中,RS 符号误码的数量比 E 多,但损坏的码字在 E 符号距离内不靠近任何其他码字。在这种情况下,RS 译码器不能译码,并且可能(如果需要)输出前 k 个未译码信息符号,其中可能包含一些符号误码。

(3) 未检出误码

如果码字中 RS 符号的误码数量比 E 多,并且损坏码字在 E 符号距离内接近一些其他码字。在这种情况下,译码器是被"愚弄"的,译码错误,并且输出一个带误码的信息码块。换句话说,它声称译码块是正确的,这样做可能产生额外的 E 个符号误码(相比未编码的信息码块中误码的数量)。

幸运的是,大部分感兴趣的 RS 码具有大的符号系统(特别是 $(255,223)$ RS 码),第三个事件发生的概率非常小。这个概率在 RS 码的兴趣范围内对误码概率性能的影响很小。在 McEliece 和 Swanson 的文章中已经表明,第三个事件的概率,即一个不正确的译码事件,不到 $(1/E!)$。因此,在感兴趣的实际范围内对于该误码概率性能,几乎肯定可以认为只有第一和第二事件发生。值得注意的是,对于推荐的 $(255,239)$ RS 码,$E=8$ 的这个结论是不太确定的。

6.4 卷 积 码

卷积码是一种纠错码,在卷积码中每个待编码的 m 位信息符号被转换为一个

n 位符号,其中 m/n 是编码率(n/m)。这种转换是关于最后 K 个信息符号的函数,其中 K 是码的约束长度。

卷积码被广泛地使用,可以实现可靠的数据传输,包括数字视频、广播、移动通信和卫星通信。这些码经常用于和一个硬判决编码级联,特别是 RS 码。在 turbo 码之前,这样构成的码是最有效的,最接近香农极限。

一个编码率为 $r=1/n$ 的卷积码编码器是一个线性有限状态机伴随一个二进制输入、n 个输出,以及一个 m 阶移位寄存器,其中 m 是编码器的存储器。这样一个有限状态编码器有 2^m 个可能状态。卷积码的长度约束 K 被定义为 $K=m+1$,这种编码被称为 $(k,l/n)$ 的码。与分组码相比,卷积码对输入数据位是连续地编码,而不是对码块编码。

一般来说,一个编码率为 $r=l/n$ 的卷积编码器是一个包含 l 个二进制输入和 n 个二进制输出的线性有限状态机。一个编码率为 $r=l/n$ 的码也可以由删余码码率为 $r=l/n$ 的卷积码生成。

6.4.1　CCSDS 标准($7,1/2$)卷积码编码器

($7,1/2$)卷积码在 20 世纪 70 年代被选作空间应用,在当时它是十分杰出的。穷举搜索所有误码率为 $r=1/2$ 和 $K\leqslant7$ 卷积码发现,只有该卷积码能实现自由距离 $d_\text{free}=10$。自由距离是不同的编码序列之间的最小汉明距离。卷积码的纠错能力 t 是该码可以纠正的误码数量,能从下面公式计算得到,即

$$t=\frac{d_\text{free}-1}{2} \tag{6.1}$$

因为卷积码不使用码块,而是处理一个连续的比特流,t 值适用于相对彼此靠近的一些误码。也就是说,当 t 个误码的多个组相对离的较远时,它们通常是可以纠正的。

通过比较,最好的($6,1/2$)卷积码只能得到 $d_\text{free}=8$,并且最好的($8,1/2$)卷积码只能匹配推荐的($7,1/2$)码 $d_\text{free}=10$。最大化自由距离是一个重要的考虑因素,因为在低误码率时,一个带有最大似然译码的卷积码的误码率随 d_free 呈指数级下降。在合理的低约束长度值下,实现好的 d_free 也是很重要的,是因为在 K 中,每个单位的增加都会让编码器的状态数翻倍,因此也让最大似然译码的复杂性翻倍。在当时具有的技术条件下,该编码被选为最大似然译码,其卷积码的约束长度为 $K=7$,而不能更高。因此,推荐的基于这个 d_free 的编码显然是局部最佳的。

约束长度超过 $K=7$ 的卷积码早期也被用于空间应用,但它们从来没有被标准化过。这些编码的最大似然译码是不可行的;相反,它们在用串行译码方法译码时性能上会有很大的损失。

推荐的($7,1/2$)码还有另一个特性透明,使其在空间应用中更有用。透明度是指在稳态时,如果编码器的输入序列反向,那么输出也会反向。同样,如果译码器

的输入序列反向,当译码器稳态时,其输出序列也将反向。这个特性是有用的,因为伴随二进制相移键控(BPSK)调制通常会有180度相位模糊,并且解调器会产生反向传输的符号,即使锁定时也是如此。用一个透明的编码,当解调器产生反向传输符号,译码器产生反向的编码位。分包遥测传输包括各种已知头文件,如果译码比特位已经反向,这是很容易识别的,并且需要的话可以把它们反回去。

推荐的卷积码编码器框图如图 6.6 所示,其编码率为 $1/2$,且 $K=7$。这个特定的编码器结构取决于连接到移位寄存器的加法器的方式。这些连接点可以由一组向量来标注,即

$$g_i = (g_{i,1}, g_{i,2}, \cdots, g_{i,m}), \quad i = 1, 2, \cdots, n \tag{6.2}$$

其中 $g_{i,l} = 1$ 表示第 i 阶位等存器和第 l 个加法器的连接;$g_{i,l} = 0$ 表示没有连接,一组完整的 g_i 定义了该编码。

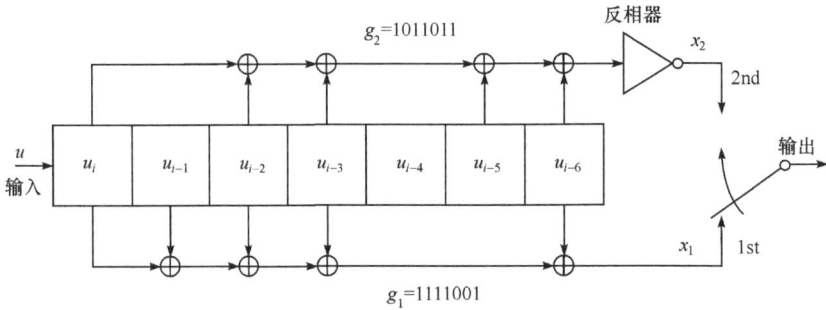

图 6.6　CCSDS 标准约束长度 $K=7$,码率为 $r=1/2$ 的卷积码(图片由 CCSDS 提供)

图 6.6 表示 CCSDS 标准编码的编码器。它是极简单的,并且只由一个移位寄存器和一些异或门组成,实现两个奇偶位校验。这两个检查位由多路复用器并,这意味着编码器可以做得很小,而且耗费很少的能量。对于航天器硬件来说,这些都是很好的属性。

在编码器中反转一个或另一个奇偶校验码已经成为惯例,这使推荐的编码变成一个共组的纯线性卷积码。进行反转是为了确保在信道流中有足够的转换量,让符号同步器在稳态输入(所有为 0 或所有为 1)到编码器的情况下工作。虽然改变符号转换方向可能增加或减少平均转换密度;取决于数据源模型,但是它确实限制相邻符号的数量同时没有转换特定类别的卷积码,使之独立于数据源模型。此外,这一限制是足够小的,可以保证可接受的符号同步器在典型应用程序中的性能。对于图 6.6 中的卷积码来说,没有转换的连续符号最大数量是 14。

6.4.2　CCSDS 标准删余卷积码编码器

CCSDS 标准卷积码,限制长度 $K=7$,码率为 $1/2$。这个编码率能通过使用删余模式来提升,因此获得带宽效率的提升。在传输之前删余模式删去一些已经编

码的符号,导致相对于原始编码有更高的码率和更低的带宽,但是随之也降低了纠错性能。删余编码器如图 6.7 所示。

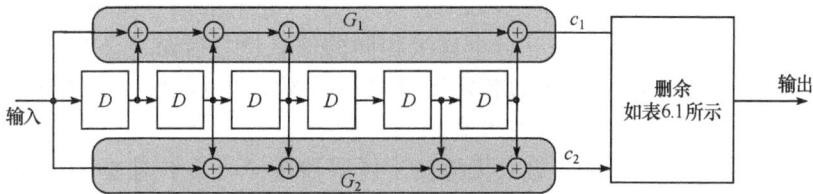

图 6.7 CCSDS 删余卷积码的编码器方框图(图由 CCSDS 提供)

从 CCSDS 标准的 1/2 码率的卷积码,以固定的删余模式,获取推荐的删余码,产生的码率为 2/3、3/4、5/6 和 7/8,如表 6.1 所示。

表 6.1 CCSDS 删余卷积码率的删余模式

删余模式 1=已传输符号 0=未传输符号	编码率	输出 C_1,C_2 表示在位时间 t 的 值($t=1,2,3,\cdots$)
C_1: 1 0 C_2: 1 1	2/3	$C_1(1)C_2(1)C_2(2)\cdots$
C_1: 1 0 1 C_2: 1 1 0	3/4	$C_1(1)C_2(1)C_2(2)C_1(3)\cdots$
C_1: 1 0 1 0 1 C_2: 1 1 0 1 0	5/6	$C_1(1)C_2(1)C_2(2)C_1(3)C_2(4)C_1(5)\cdots$
C_1: 1 0 0 0 1 0 1 C_2: 1 1 1 1 0 1 0	7/8	$C_1(1)C_2(1)C_2(2)C_2(3)C_2(4)C_1(5)C_2(6)C_1(7)$

6.4.3 卷积码的最大似然软译码

卷积码的最大似然译码可以利用 Viterbi 算法来完成[13,14]。这种译码算法适用于删余和非删余编码,通过在删余码编码时删除的编码符号对应位置上插入 0 符号(即中性符号位,既不倾向于收到的 0,也不倾向于收到的 1),就能使接收到的符号流"去删余"。

作为穷尽搜索的最大似然译码器,它是编码符号序列计算接收到的数据在网格上所有路径的各种可能情况。最大可能性的路径将被选中,对应路径的信息位作为译码器的输出。不幸的是,一个 L 位信息序列的路径数量是 2^L,因此随着 L 的增加,这个穷举搜索译码很快就会变得不切现实。

事实上,Viterbi 算法可以实现最大似然译码。Viterbi 译码可以通过构建特殊结构的编码网格来减少最大似然译码所需的工作量。在网格深度 K 达到后,网格假设一个固定的周期结构。

路径在某些状态和深度 j 时,如果在深度 $j+1$ 它们的信息位不一致,就认为路径有发散度 d。之后,在 $(k-1)$ 个连续相同的信息位之后路径会合并。最大似然序列估计问题在形式上与通过特定图寻找的最短路线的问题是一致的。Viterbi 算法成为一种自然递归解决的方案。

Viterbi 最大似然译码的最大优势在于译码器在译码 L 位数据的操作量 $L2^m$ 对于 L 是线性的。当然,作为一个实用技术,Viterbi 译码是受长度相对较短编码约束的,这是由于译码器对 K 的每个操作,每个决定都有指数级增长的依赖性。最近的卷积码在深空通信中使用约束长度达到 15。在过去连续的译码器上,曾经使用的约束长度为 24、32,甚至 40,这些译码器相对于最大似然译码都表现为次最佳。

6.4.4 (7,1/2)码和删余卷积码的性能

图 6.8 所示为从非量化的软判决到硬判决(对应于 1 位量化),CCSDS 推荐的 1/2 码率的卷积码在不同量化位时,仿真实验的 BER 性能。结果表明,8 位量化提供了接近理想的性能(相对于非量化曲线少于 0.2dB 损失),而一个硬判决会遭受大于 2dB 的损失。

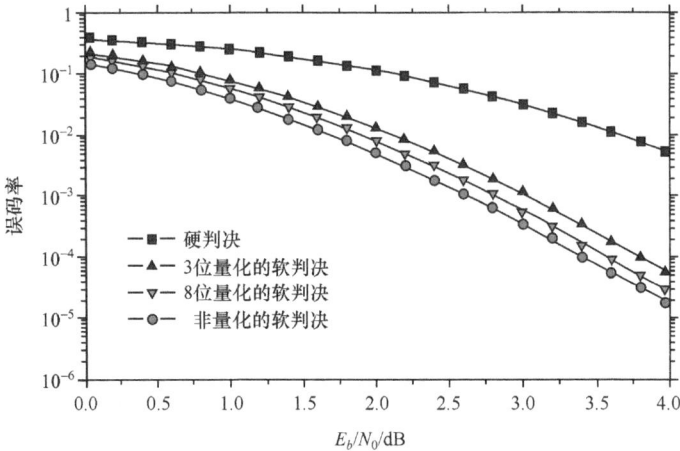

图 6.8 CCSDS 标准码率为 1/2 的卷积码对于不同的量化器的比特误码率性能(图由 CCSDS 提供)

在原则上,Viterbi 译码器应该操作整个接收到的序列。然而,这将导致不可接受的长译码延迟和对剩余的序列过度的内存存储需求。实际操作是使用一个截断的 Viterbi 算法,这就迫使在一个固定和足够长的延迟或截断长度 D 之后,再对最低度量路径的最先出现的符号做判决。这是因为在足够的深度下,探索网格时

所有剩余的路径往往合并成一个单一的路径。计算机模拟表明,使用五倍延迟约束长度(即 $D=5K$)就足以使衰减可以忽略。

对于 CCSDS 的码率为 1/2 的卷积码,当使用非量化的软判决,BER 对于译码延迟的依赖性如图 6.9 所示。图中使用 $D=30$ 位的延迟,也就是 5 倍的内存,表现出一个非常小的衰减。使用 $D=60$ 位的延迟就能得到接近最佳的结果。

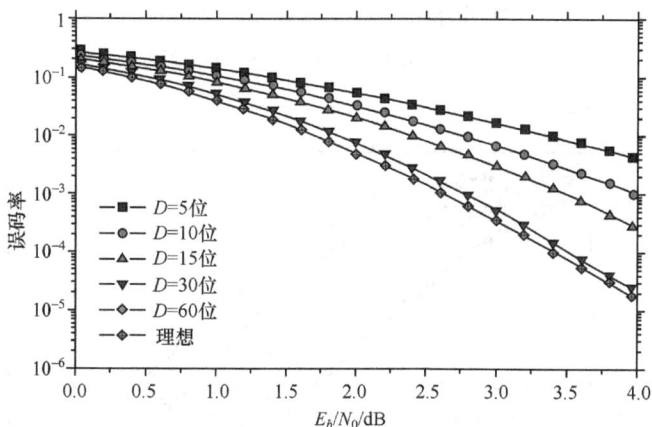

图 6.9　CCSDS 标准码率为 1/2 的卷积码对于不同的译码延迟 D 的
比特误码率性能(图由 CCSDS 提供)

如第 5 章所述,遥测数据被收集在数据包内,并以传输帧的形式传送。原则上,任何传输帧长度 L 一直达到 16 384 位都是可以接受的。图 6.10 给出了 Viterbi 译码器输出的帧误码率相对于 CCSDS 级联码[RS(255,223)+卷积码]的不同帧的长度的关系。如果一帧数据的任何组成部分发生误码,那么该帧就是误码

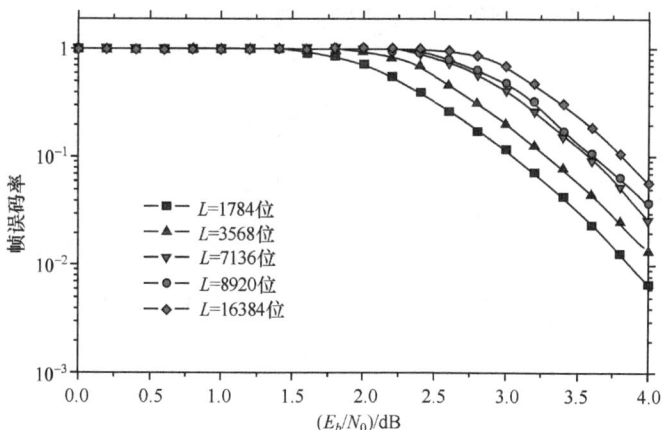

图 6.10　CCSDS 码率为 1/2 的卷积码在不同传输帧的长度和译码延迟
$D=60$ 的传输帧误码率的性能(图由 CCSDS 提供)

的。这些曲线是在非量化的软判决和译码延迟 $D=60$ 位的基础上得到的。因为
Viterbi 译码器的误码是突发的,在图 6.10 中的 FER 曲线不能通过假设比特误码
的独立性直接从图 6.9 中 $D=60$ 位的 BER 曲线中推导出。

　　当一个非量化的软判决和译码延迟 $D=60$ 位时,CCSDS 删余卷积编码的
BER 曲线如图 6.11 所示。为了便于比较,非删余的 CCSDS 码率为 1/2 的曲线也
包括在图中。由于减少了带宽的扩张,在码率为 1/2 和码率为 7/8 之间的情况下,
预期性能下降约为 2.4dB。在图 6.12 给出了一个传输帧大小为 8920 位的删余卷
积码的帧误码率性能。

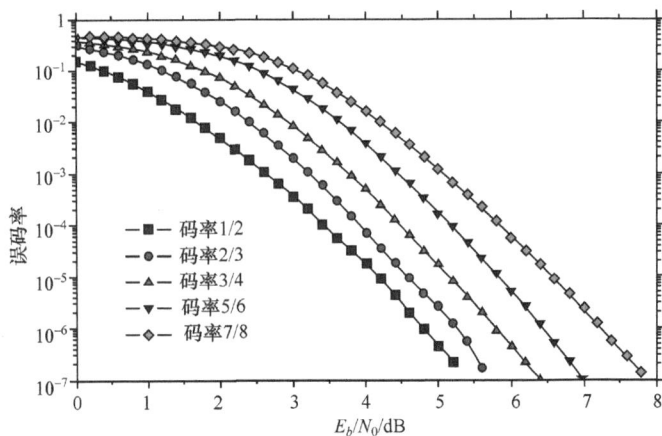

图 6.11　CCSDS 标准的删余卷积编码的比特误码性能(图由 CCSDS 提供)

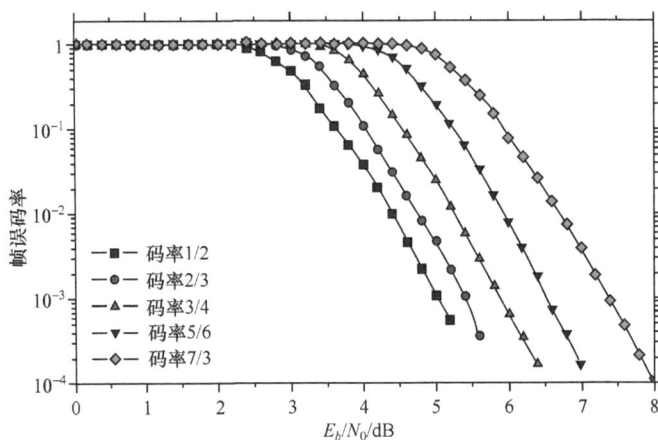

图 6.12　CCSDS 标准下,传输帧长度 $L=8920$ 时的删余卷积码的帧误码率性能
(图由 CCSDS 提供)

6.5 RS 码和卷积码的级联

建立一个强大的编码,同时保持可控的译码复杂度的一种方法是级联两个编码方案的编码,一个外码和一个内码。本节描述 CCSDS-推荐的级联编码,这里由 RS 外码和卷积内码组成。

通常内部卷积码足以纠错,这样高码率的外码可以将误码概率减少到所需的水平(级联码理论和更多关于 RS/Viterbi 级联码的信息,可分别参考文献[15],[16])。

在 CCSDS 标准中,级联码使用推荐的 RS 码或其缩短版本与任何推荐的卷积码相级联。这种级联码系统如图 6.13 所示。二进制输入数据序列被分解为 8 位序列,在 $2^8 = 256$ 元的符号系统中构成一系列待编码符号。然后,RS 编码器编码这些符号,这样每个 RS 字中任意 E 个或更少的组合符号误码(每个字 255 个符号)都是可以纠正的。

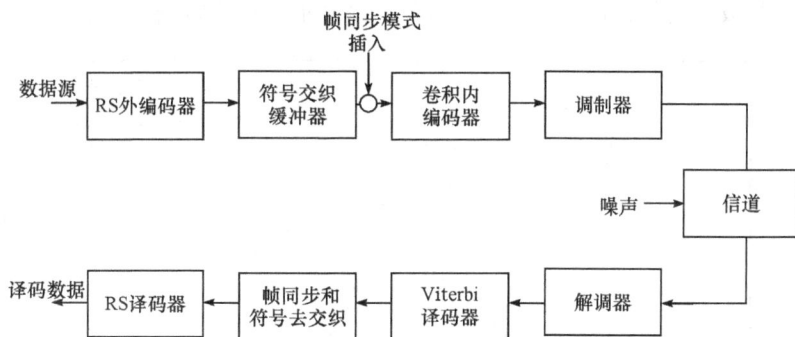

图 6.13　CCSDS 标准下,级联编码系统的框图(图由 CCSDS 提供)

推荐级联码的原因是其内部和外部代码源于 Viterbi 译码性质的高效组合。由长度限制为 7 的卷积译码器,译码的比特误码往往在很短时间内聚集。在一个使用卷积内码的级联编码系统,外码应该根据由卷积译码器建立的突发误码环境进行裁剪。

一个 $(255, 255-2E)$ RS 外码与约束长度 7 的内卷积码是一个很好的匹配,因为从卷积译码器发生的突发误码长度通常为几位到几个约束长度。这相当于只有少数 8 位符号在外码中,因此只需要适量的交织就能阻止一些超过 RS 译码器校正能力外的突发误码。

另一方面,将在单个 RS 符号中的 Viterbi 译码器误码聚集起来是有利的,因为一个含有误码的 RS 符号无论包含 1 个比特误码或 8 个比特误码,对于 RS 译码器一样都是带误码的。因为 Viterbi 译码器误码以突发形式发生,其长度与 RS 符号长度可比(3 或 4 个)Viterbi 译码器比特误码通常会被打包成一个 RS 的符号。在给定内码误码率的情况下,这些操作造成的损害远小于孤立的比特误码对纠错能力的损害。

总之,典型的在约束长度为 7 的卷积译码器中突发的误码长度足以收益于把 Viterbi 译码器比特误码打包成单个 8 位 RS 符号,但是为使 RS 码不被过长的突发误码所淹没,并不需要过多的交织就能阻止。

当使用级联编码时,推荐使用交织,因为内层 Viterbi 译码器误码往往是突发的误码,这些突发的误码偶尔长达几个约束长度。没有交织,Viterbi 译码器突发误码事件会发生在一个 RS 码字内,这样一个码字中须纠正所有这些误码。因此,会有这样的可能性,有些码字会有"太多"误码而不能被纠正。

图 6.14 所示的是假设交织产生独立的 RS 符号误码,未缩短的 $E=16$ 的 (255,223)RS 码与无限交织的删余和未删余卷积码级联的误码率性能。单独的 RS 码性能曲线和单独卷积码的性能曲线也显示在图中以供比较。用于计算性能曲线的卷积译码器用一个非量化、最大似然、软件决定的算法进行运行。为了比较级联码和非级联码的性能,x 轴上的 E_b/N_0 值表示信息比特信噪比。

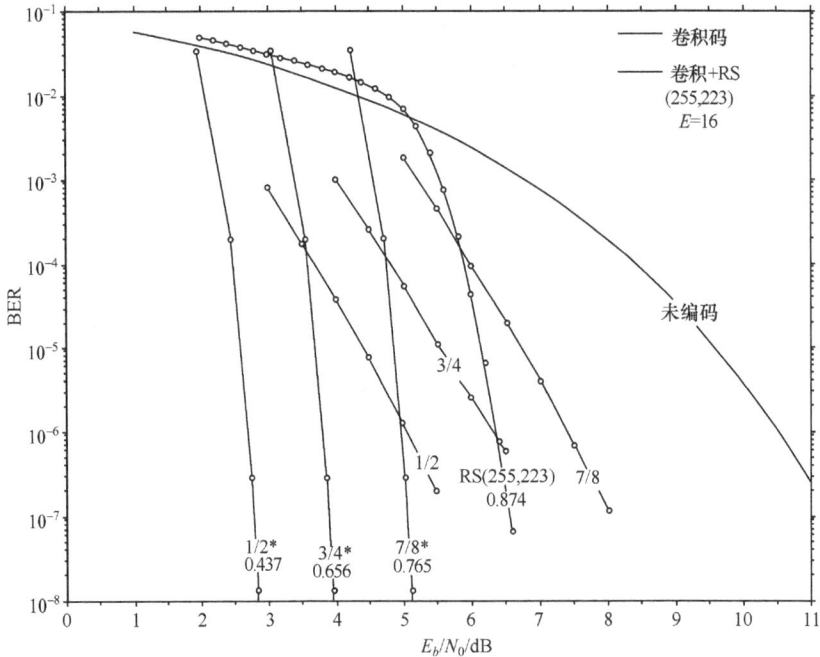

图 6.14 级联的 RS 码和卷积码无限交织时的比特误码率性能(图由 CCSDS 提供)

当交织深度 I 不够大时,在 Viterbi 译码器输出中的误码不能被认为是独立的。因此,无论是设计一个合理的模型还是仿真,在有限交织下的性能,必须通过设计一个合理的模型或者仿真来考虑这些突发误码的统计特性。Miller 等已经开发了可能的突发误码长度和到达时间的模型。

考虑到带宽效率,相对于单独使用的 RS 码,最好使用 RS 码和删余卷积码的级联。

6.6 Turbo 码

下面介绍一类新型的级联码,称为 Turbo 码。这些编码在合理的译码复杂度下可以实现接近香农极限的纠错性能。Turbo 码要比迄今所知的最强大的编码还好,但更重要的是它们的译码更简单。我们发现,当位误码率为 10^{-6} 时,好的 Turbo 码大约可以达到理论极限值 0.8dB 的范围内。

6.6.1 Turbo 码的定义

Turbo 码是两个简单递归卷积码的组合,每个使用少量的状态。这些简单的卷积码实际上是"终止"卷积码,因此是分组码。对于有 k 个信息位的码块,每个构成码生成一组奇偶校验位。

图 6.15 显示 Turbo 码的操作过程,由两组奇偶校验位和信息位组成。Turbo 编码器建立在使用并行连接的两个递归系统卷积码,并且相应的译码器使用反馈的译码规则,做成流水线式相同的基本译码器。

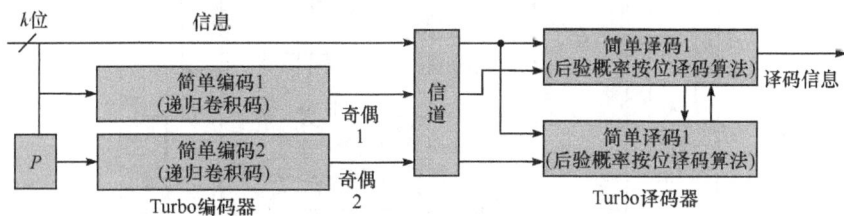

图 6.15 Turbo 码的运行流程(图由 CCSDS 提供)

Turbo 码创新的关键是一个交织器,在编码第二个码之前变更原 k 个信息位排列。如果仔细选择交织器,信息码块中一个编码时那些易于误码的码字对应另一个编码时不易于误码的码字。生成的编码达到了类似于香农随机编码的性能,但随机编码方法的最佳性能是以一个非常复杂的译码器为代价的。

Turbo 码使用两个简单的译码器,各自独立地配对简单的构成编码。每个译码器将译码的似然估计位发送到另一个译码器,并使用从该译码器来的相应估计作为先验似然。构成译码器使用后验概率按位译码算法,如著名的 Viterbi 算法需要相同数量的状态。Turbo 码在两个译码器的输出间迭代,直到达到令人满意的收敛结果。最终输出的是其中某个译码似然估计的硬量化版本。

为了达到最大的性能，Turbo 码使用大的码块长度和相对大的交织器。交织器的大小影响缓冲需求和译码延迟，但它对译码速度或译码复杂度的影响很小。最近发现，在对于给定码块长度的编码理论性能约束时，小码块的 Turbo 码同样表现很好。因此，Turbo 码也可以为大小是几百个比特的小数据码块的应用提供良好的编码性能。

6.6.2 Turbo 编码器和译码器

图 6.16 显示了一个 Turbo 编码器的实现框图。输入是一个 k 位信息的数据帧，其编码器是由两个简单的组分编码器组成，从两个简单的递归卷积码中生成奇偶校验符号，每个具有少量的状态。信息位在不编码情况下发送。在输入到第二个编码器之前，交织器对原始的 k 个信息位按位重新排列。

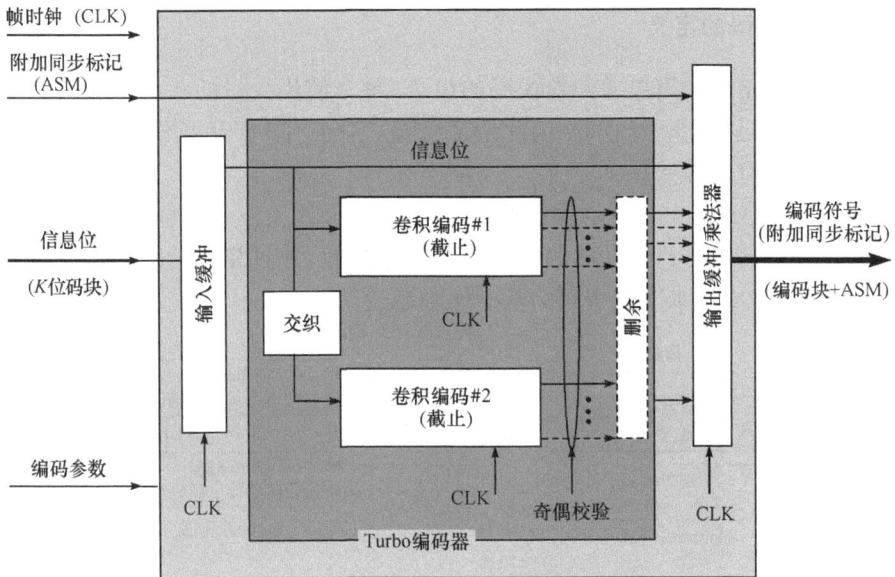

图 6.16 Turbo 编码器构成方块图(图由 CCSDS 提供)

在 CCSDS 标准中[2]，这两个卷积编码器以约束长度 $K=5$ 递归，由反馈移位寄存器来实现。然而，与 CCSDS 标准卷积码的编码器不同，Turbo 编码器在信息帧结束之后的额外 $K-1$ 比特的时间之后，通过运行每个组分编码器，使得 Turbo 码块终止。编码了帧的最后一位，在每个组分编码器最左边的加法器接收两份相同的反馈位的拷贝，使其输出为零。在比 $K-1$ 位更多的时间后，所有四个记忆单元全变成被置零，但在此期间编码器连续输出非零编码符号。

CCSDS 标准[2]允许选编码率为 1/3、1/4 和 1/6 的非删余码。删余器仅用于 1/2 码。对所有容许帧长度(1784～16384 位)，CCSDS 标准的交织器是基于这样一个排列规则,可以在飞行时动态地计算或事先计算好并存储在一个查找表中。

在图 6.16 中,CLK 表示帧时钟,它的作用如下。

① 作为缓冲区输入信号,用来决定什么时候清空,或填满缓冲区。

② 作为缓冲/多路转接器的输出信号,用来决定何时插入帧同步标志。

③ 被每个组分卷积编码器用来决定何时终止编码块。

注意整个 k 位信息码块必须在编码进行之前读入,由于一些码块的末尾位会被重新排列到前端,并将首先进行编码,因此编码过程中至少有 k 位的基本编码时延。

Turbo 码引入了两个独特的编码器复杂度争议点。作为编码过程的一部分,信息码块需要以排序的顺序进行缓冲和读出。这个缓冲在卷积编码器中没有相似的部分,但这个缓冲区的大小与所需的交织 RS 编码块的大小相同。不同的是,传统的级联编码结构从卷积编码器中完全分离了 RS 编码器(及其相关的缓冲区)。因此,交织编码器不能被视为卷积编码器硬件的一个插入的替代品。实际上,它取代了 RS/卷积编码器的组合。

另一个复杂性的考虑是如何实现重新排列。Turbo 码的最佳排列看起来很随机,但它们需要通过 ROM 查找表指定一个看似随机的读出顺序。另一种方法是牺牲小部分性能,使用简单规则进行排列来替代查找表。CCSDS 标准 2 指定基于简单规则进行排列,因为它更容易在航天中使用。

Turbo 译码器使用的是基于简单译码器的迭代译码算法。译码器分别匹配两个简单的组分编码。每个组分译码器产生似然估计,由来自其相应的在产生这些似然估计时没有使用任何收到的未由它相应的组分编码器编码的奇偶校验符号。接收的未编码信息符号都是可用于这两种译码器做估计。每个译码器发送其似然估计至另一个译码器,并使用从另一个译码器来的相应估计来确定新的似然。估计新似然是通过基于只提供给奇偶校验符号,并从中提取出包含在另一个译码器估计中的"外在信息"实现的。两个组分译码器都使用后验概率位相关译码算法。该算法需要相同数量的状态,如 Viterbi 算法。Turbo 码在两个组分译码器输出之间迭代,直至达到一个令人满意的收敛结果。最终的输出是其中一个译码器的似然估计的硬量化版本。

6.6.3 Turbo 码与传统级联码的比较

Turbo 码相对于传统的 CCSDS 标准的 RS 码和卷积级联码,能获得显著的性能改进。例如,为了使码块长度为 8920 位(交织深度 5)的数据块达到整体误码率为 10^{-6},所需比特信噪比分别大约为 0.8dB、1.0dB 和 2.6dB,分别对应于标准码由 (255,223) RS 码与 (15,1/6) 卷积码构成的级联码、(15,1/4) 卷积码和 (7,1/2) 卷积码。对应码率的 Turbo 码,性能提升范围从 0.9dB~1.6dB。

图 6.17 表示 CCSDS 标准块长度为 1784 位,且编码率为 1/3 和 1/6 的 Turbo

码与在"航行者"号太空探测器上使用的 CCSDS 级联码性能和在卡西尼号和火星探路者号使用的非 CCSDS 级联码的性能的比较结果。

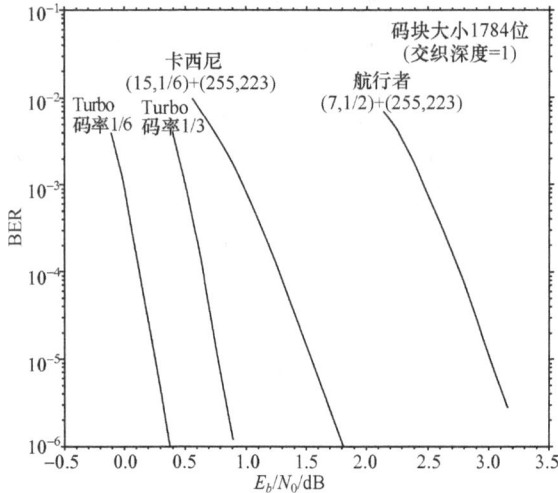

图 6.17　Turbo 码的比特误码率性能(块大小为 1784 位,交织深度是 1)
与早期的 CCSDS 级联码的比较

"航行者"号信道编码由 CCSDS 标准级联的(255,223)的 RS 码和(7,1/2)卷积码构成。卡西尼/探索者信道编码由相同的 RS 码与(15,1/6)卷积码相级联组成,为此相对于(7,1/2)编码,Viterbi 译码器需要 $2^8 = 256$ 倍状态数。图中两个级联码的性能都是通过使用一个交织深度为 $I=1$ 得到的,这个交织深度不是在"航行者"号/卡西尼/探索者空间任务中实际使用的交织深度。这么做是为了对码块长度为 1784 的两个交织码的性能提供一个公平的比较。或者说,假设图中 4 条曲线都具有帧长度为 1784 比特。

图 6.18 比较了推荐的码块长度为 8920 位和码率为 1/3 和 1/6 的 Turbo 码与"航行者"和卡西尼号/探索者使用的级联码的性能,现在允许交织深度为 $I=5$,以此对所有展示的编码产生等长的 8920 位的帧。

虽然 Turbo 码被发现在要求的非常小误码率时可以接近香农极限,但 Turbo 码不像卷积/RS 级联码那样,性能曲线并不永远保持陡峭。当它达到所谓的"误码水平",曲线会变得非常平缓。从那个时候开始的曲线看起来像是一条虚弱的卷积码的性能曲线。在误码水平区域,虚弱部分构成的编码开始起作用,其性能曲线从那个时候开始变得平缓。误码水平不是可实现误码率的绝对下限,但它是一个区域,在那里 Turbo 码的误码率曲线的斜率变得非常差。

Turbo 码性能存在传递函数界限,能在所谓的计算截止率阈值之上的误码水平区域中,准确预测实际的 Turbo 译码器的性能,在计算截止率之下,界限变成发散且是无效的。Divsalar 提出一些更先进的界限,这些界限在较低值比较信噪比时是紧凑的[19]。这些边界由码权重计数器来计算,在误码水平区域有效的近似估计可以从只考虑最低权重码字获得。

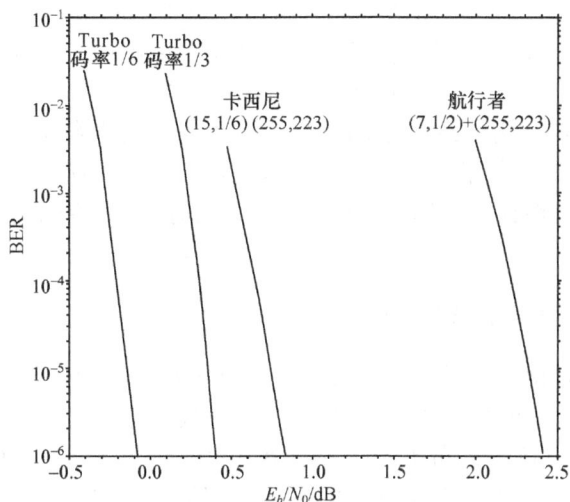

图 6.18　Turbo 码与早期 CCSDS 级联码的比特误码率性能比较图
(码块大小均为 8920 位,交织深度 5)

6.7　低密度奇偶校验码

6.7.1　LDPC 码简介

顾名思义,低密度奇偶校验(LDPC)码是只包含少量非零位数的奇偶校验矩阵的分组码。LDPC 码是由 Gallager[20] 1961 年在他的博士学位论文中发明的。这个编码技术几乎被遗忘了 30 多年,是一个稀疏奇偶校验矩阵 H,该矩阵保证了译码复杂度和最小距离都只随码长线性增加而增加。

除了要求奇偶校验矩阵 H 是稀疏的,LDPC 码自身比其他任何分组码没有什么不同。事实上,现有的分组码可以与 LDPC 迭代译码算法成功地使用,如果它们可以表示为一个稀疏奇偶校验矩阵。一般来说,为现有的一个编码找到一个稀疏奇偶校验矩阵是不实际的。相反,DPC 码的设计,首先构造一个稀疏奇偶校验矩阵,然后确定一个编码的生成矩阵。

LDPC 码和经典的分组码之间的最大区别在于译码的方式。经典的分组码一般用最大似然算法进行译码,所以它们一般都很短,而且代数上它们都被设计得尽可能的简单。LDPC 码运用奇偶校验矩阵的图解表示迭代方法译码,因此设计一个合适的 H 矩阵是问题的焦点。

LDPC 码的主要进步是发现一种迭代译码算法,现在叫做置信传播(belief-propagation,BP)译码,在可控复杂度下,该方法对于大型线性 LDPC 编码可提供接近于最优的性能。LDPC 码性能增益在 20 世纪 60 年代从技术上很难实现,近几十年的超大规模集成电路的发展最终使这种编码的应用成为现实。

LDPC 码的结构最近以新的编码方式得以发展,相比原始的 Gallager LDPC 编码,其性能得到了提升。不规则 LDPC 码是这些编码的一种,展现了在直线下降区域改进的性能。但是,不规则码的弊端一般包括为了译码的收敛而增加的迭代次数和由不规则结构导致在编码位之间的不对等的误码保护。另一类 LDPC 码运用基于有限几何学代数结构得以发展,展现出很低的误码水平和很快的迭代收敛次数。这些特性让这些编码能很好地适合具有很高的数据率和可靠度需求的近地轨道应用。

6.7.2 CCSDS 推荐的 LDPC 编码

线性分组码是由 (n,k) 设计决定的,其中 n 是码长(或块长),k 是信息序列的长度。LDPC 码是一种线性分组码,其中 1 的总数与奇偶校验矩阵中元素的总数之比远小于 0.5。"1"的分布决定了译码器的结构和性能。LDPC 码由它的奇偶校验矩阵定义。$k \times n$ 生成矩阵用于线性分组码编码,可以通过线性操作从奇偶校验矩阵中导出。

这里考虑的 LDPC 码是被称为准循环码的成员之一。这些编码的构成包含并列较小的循环行列式(或循环子矩阵),形成一个更大的奇偶校验矩阵或基础矩阵。

在循环行列式中,每一行是之前一行的右移一位,其中最后一位被卷回到起始位。整个循环行列式是唯一的,并由其第一行决定。"1"在各行中的数量是行的权重。

作为一个例子,一个准循环的奇偶校验矩阵大小为 10×25,是由一个大小为 2×5 行列式阵列组成,阵列中每个行列式大小为 5×5。为了明确地描述这个矩阵,只有在每一个行列式子矩阵第一行"1"的位置和基础矩阵中的每个子阵的位置是才必要的。

以这种方式构建奇偶校验矩阵有两个优点:通过使用移位寄存器,编码复杂度可以和码长或奇偶校验位数保持线性;在集成电路中编码器和译码器互联路径的复杂性减少了。

1. 基础(8176,7156)LDPC 码

(8176,7156)LDPC 码的奇偶校验阵由一个 2×16 的阵列组成,阵列中每个元是 511×511 正方形低环行列式。这样就创建了一个维度为 $(2 \times 511)(16 \times 511) = 1022 \times 8176$ 的奇偶校验矩阵。奇偶校验矩阵的结构如下所示,即

$$\begin{bmatrix} A_{1,1}A_{1,2}A_{1,3}A_{1,4}A_{1,5}A_{1,6}A_{1,7}A_{1,8}A_{1,9}A_{1,10}A_{1,11}A_{1,12}A_{1,13}A_{1,14}A_{1,15}A_{1,16} \\ A_{2,1}A_{2,2}A_{2,3}A_{2,4}A_{2,5}A_{2,6}A_{2,7}A_{2,8}A_{2,9}A_{2,10}A_{2,11}A_{2,12}A_{2,13}A_{2,14}A_{2,15}A_{2,16} \end{bmatrix} \quad (6.3)$$

每一个 $A_{i,j}$ 表示一个 511×511 的循环行列式。32 个循环行列式中每个行列

式的行权重是 2,即在每行中有两个"1"。奇偶校验矩阵每一行的总行权重是 2×16 或者 32,每个循环行列式的列权重也是 2,即在每一列都有两个"1"。奇偶校验矩阵中的每一列总权重是 2×2 或者 4。每个循环行列式中"1"的位置在 CCSDS 的 131.1-O-2 标准[23]中,表 2.1 中定义。

编码器采用 Li 等[24] 提出的方法设计。(8176,7156)编码的生成矩阵由以下两个部分组成。

① 第一部分是系统的循环行列式形式下的 7154×8176 子矩阵。它由 7154×7154 单位矩阵和与单位矩阵连接的两列 511×511 循环行列式 $B_{i,j}$ 组成,每一列由 14 个循环行列式组成。

② 第二部分由两个独立行组成。第一部分生成(8176,7156)编码的(8176,7154)LDPC 子码。每个子码的码字由 7154 个信息位和 1022 奇偶校验位组成。用子码实现有许多优点。循环行列式 $B_{i,j}$ 由下面所述的算法构成。

第一,定义大小为 1022×1022 的 $D=\begin{bmatrix} A_{1,15} & A_{1,16} \\ A_{2,15} & A_{2,16} \end{bmatrix}$ 矩阵。

第二,让 $u=(1\,0\,0\,0\,0\cdots0)$ 作为 511 单位的码元,即一个长度为 511 的向量,其最左边的位置都为 1,其他的全是 0。

第三,定义 $z_i=(b_{i,1}b_{i,2})$,其中 $i=1,2,\cdots,14$,而且 $b_{i,j}$ 是循环行列式 $B_{i,j}$ 的第一行。

第四,定义 $\begin{bmatrix} A_{1,i} \\ A_{2,i} \end{bmatrix}$,其中 $i=1,2,\cdots,14$,现在奇偶校验矩阵能够被表示为 $[M_1, M_2,\cdots,M_{14}D]$。

第五,因为 D 的秩为 1020,而不是 1022,有两个线性依赖的列,第 511 列和 1022 列。令 z_i 的第 511 列和第 1022 列的元素置零,解 $M_iU^T+DZ_i^T=0$ 方程中的 z_i,式中 $i=1,2,\cdots,14$,并且 T 表示矩阵转置。

第六,$b_{i,j}$ 可以从 z_i 提取。

基于以上介绍过的生成矩阵有多种方法设计编码器。这些设计方案的复杂度与码字长度或者奇偶校验位长度成比例关系[24]。

2. 缩短的(8160,7136)LDPC 编码

使用前面提到过的生成矩阵,采用 Li 等[24] 描述的电路,一种编码器就能得到实施。这个编码器生成一个(8176,7156)编码的(8176,7154)LDPC 子码。现在的航天器和地面系统在 32 位的计算机字长下操作和处理数据。(8176,7154)和(8176,7156)都不是 32 的倍数。

缩短码字的大小至(8160,7136)是有利的。换句话说,通过使用 18 位虚拟填充技术缩短信息序列至 7136,(8176,7154)的子代码编码器可以得到使用。这是通过编码零值的虚拟填充位,而不是传输这些位来实现的,因此总码长变成 8158。

请注意,没有必要为了编码完整的(8176,7156)码,而将两个独立的行添加到生成矩阵,因为这些位不管如何都将缩短,因此这个应用中的子码是足够的,但并不复杂。

因为码长 8158 比 8160(正好 32 的整数倍)少两个比特,2 位实际传输的零填充被添加到码字的末端,以达到缩短码码字尺寸为(8160,7136)比特,(1020,892)字节或(255,223)32 位字。缩短的码字如图 6.19 所示。

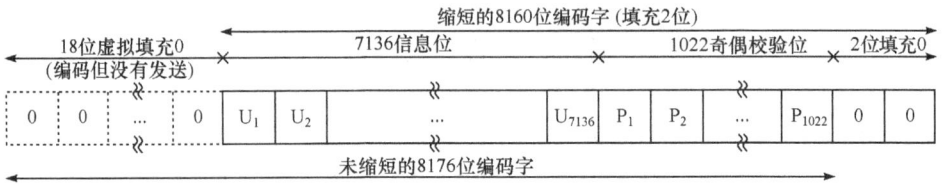

图 6.19　CCSDS 缩短的(8160,7136) LDPC 码(图由 CCSDS 提供)

收到缩短的码字需要在译码之前移除这两个填零位,在此之后译码器再产生 18 个虚拟填零位,但一般来说,不传输这 18 个 0 至地面设备中去。

缩短的 LDPC 码的使用并不能保证有足够的位传输来采集或保持位同步。在 CCSDS131.0b-2[2]标准中的第七节,CCSDS 推荐在编码之后使用伪随机发生器。此外,帧(码字)同步是需要的,这样接收器可以识别帧(码字)起始以便合适的译码。

6.7.3　LDPC 码的性能

图 6.20 显示最大迭代数为 50 或 10 的用于可编程门阵列(FPGA)硬件实现

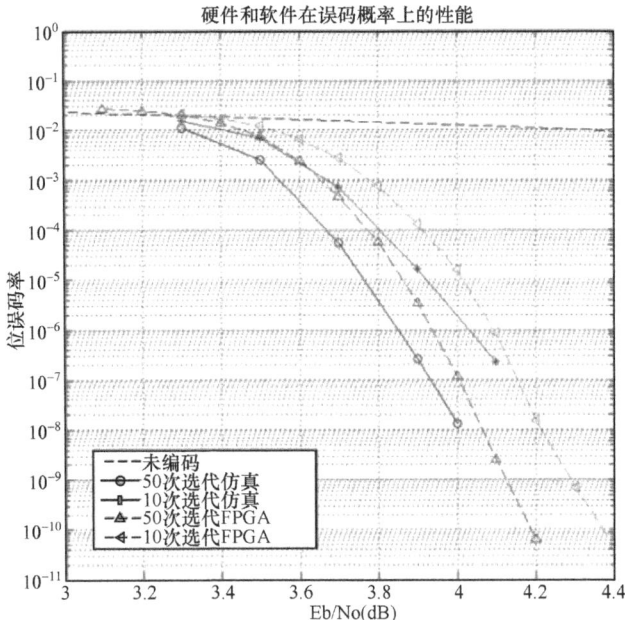

图 6.20　基础(8176,7156)LDPC 码的位误码率结果(图由 CCSDS 提供)

和软件模拟的基础(8176,7156)码的 BER 测试结果[24]。仿真和硬件测试的性能差别为 0.1dB 或更少。

编码器数据率限于系统时钟的 2 倍,而译码器在系统时钟或者迭代次数的 14 倍下工作。在测试中,系统时钟设置为 100MHz,因此对 10 次迭代,译码器工作在 140Mb/s 的数据率下。

基础(8176,7156)和缩短的(8160,7136)编码会有相似的结果是合理的,尽管缩短的(8160,7136)编码在 Li 等[24]的报告中没有提及。

参 考 文 献

[1] CCSDS 130. 1-G-1, TM Synchronization and Channel Coding-Summaryof Concept and Rationale, Information Report for Space Data SystemStandards, Blue Book, Issue 1, CCSDS, Washington, D. C. (June 2006).

[2] CCSDS 131. 0-B-2, TM Synchronization and Channel Coding, Recommendation for Space Data System Standards, Blue Book, Issue 2, CCSDS, Washington, D. C. (August 2011).

[3] CCSDS 121. 0-B-1, Lossless Data Compression, Recommendation for Space Data System Standards, Blue Book, Issue 1, CCSDS, Washington, D. C. (May 1997).

[4] CCSDS 122. 0-B-1, Image Data Compression, Recommendation for SpaceData System Standards, Blue Book, Issue 1, CCSDS, Washington, D. C. (November 2005).

[5] Zarrinkhat, P. and S. -E. Qian, "Enhancement of Resilience to Bit-Errors of Compressed Data On-board a Hyperspectral Satellite using Forward Error Correction," Proc. SPIE 7084, 708407 (2008) [doi:10. 1117/12. 798499].

[6] Shannon, C. E. , "A Mathematical Theory of Communication," Bell System Technical Journal 27, 623-656 (1948).

[7] Reed, I. S. and G. Solomon, "Polynomial Codes over Certain Finite Fields," J. Soc. Industrial and Appl. Math. 8(2), 300-304 (1960).

[8] Bose, R. C. and D. K. Ray-Chaudhuri, "On A Class of Error Correcting Binary Group Codes," Information and Control 3(1), 68-79 (1960).

[9] Hocquenghem, A. , "Codes correcteurs d'erreurs," Chiffres 2, 147-156 (1959).

[10] Perlman, M. and J. J. Lee, "Reed-Solomon Encoders: Conventional vs. Berlekamp's Architecture," JPL Publication 82-71, Jet Propulsion Laboratory, Pasadena, California (December 1982).

[11] McEliece, R. J. , "The Decoding of Reed-Solomon Codes," TDA Progress Report 42(95), 153-157 (1988).

[12] McEliece, R. J. and L. Swanson, "On the Decoder Error Probability for Reed-Solomon Codes," TDA Progress Report 42(84), 66-72 (1986).

[13] Viterbi, A. J. and J. K. Omura, Principles of Digital Communication and Coding, McGraw-Hill, New York (1979).

[14] Forney, G. D, Jr. , "The Viterbi algorithm," Proc. IEEE 61, 268-278 (1973).

[15] Forney, G. D. , Jr. , Concatenated Codes, MIT Press, Cambridge, MA(1966).

[16] Miller, R. L. , L. J. Deutsch, and S. A. Butman, "On the Error Statistics of Viterbi Decoding

and the Performance of Concatenated Codes,"JPL Publication 81-9,Jet Propulsion Laboratory,Pasadena,California (1981). 176 Chapter 6

[17] Berrou,C. , A. Glavieux, and P. Thitimajshima,"Near Shannon limiterror-correcting coding and decoding: Turbo-codes,"Proc. IEEE Int. Conf. on Communications (ICC 93) 2, 1064-1070 (1993).

[18] Divsalar,D. ,S. Dolinar,F. Pollara,and R. J. McEliece,"Transferfunction bounds on the performance of Turbo codes,"TDA ProgressReport 42-122,44-55 (1995).

[19] Divsalar,D. ,"A simple tight bound on error probability of block codeswith application to turbo codes,"TMO Progress Report 42-139,1-35(1999).

[20] Gallager,R. G. ,"Low density parity check codes,"IRE Trans. Inform. Theory IT-8,21-28 (1962).

[21] Richardson,T. and R. Urbanke,"Design of capacity-approaching low density parity check codes,"IEEE Trans. Inform. Theory 47,619-637(2001).

[22] Kou,Y. ,S. Lin,and M. P. C. Fossorier,"Low-density parity-check codesbased on finite geometries: A rediscovery and new results," IEEE Trans. Inform. Theory 47, 2711-2736 (2001).

[23] CCSDS 131. 1-O-2,Low density parity check for use in near-Earth and deep space applications,Orange Book,Issue 2,CCSDS,Washington,D. C. (September 2007).

[24] Z. ,Li et al. "Efficient Encoding of Quasi-Cyclic Low-Density Parity-Check Codes,"IEEE Trans. Comm. 54(1),71-81 (2006).

第7章 光学传感器的定标

7.1 定标的重要性

在过去的三十多年中,用于地球观测的仪器需求显著增多,特别是应用于自然和环境资源管理的仪器。然而,当各种卫星传感器进行区域或全球范围的环境监控时,需要对仪器进行足够的辐射校正,以确保在仪器的工作时间内,获取关于地球物理和生物物理的精确和可重复的探测结果[1]。传感器的辐射定标是获取高质量科学数据和下游高等级的数据产品的先决条件。如果没有精确的定标,一些显著的误差会通过后续的图像处理不断传递,影响包括空间和多时相分析、目标分类和植被指数的生成等问题[2-6]。为了从卫星数据中获取最大的信息量,必须不断地进行传感器标定,验证获取的数据,从而保证探测数据的稳定性和高质量[6,7]。

光学卫星传感器的定标是对卫星获取数据进行严格校验的基本步骤。可以这样认为,定标是包括从卫星仪器到数据产生整个系统的一个过程。图 7.1 表示光学卫星传感器的定标和校准系统。这是一个复杂的系统,太阳光通过大气,它被吸收、散射和传输,然后照射在地面的物体上。地面物体反射太阳辐射的辐亮度穿过大气层再次到达卫星传感器。定标指的是对于一个已知的控制信号输入,将传感器系统的响应进行量化,已知输入端包括标准定标灯,参考板和地面参照目标等。需要进行定标的主要方面是传感器系统的响应对电磁波辐射(与下述的变量相关)的函数。

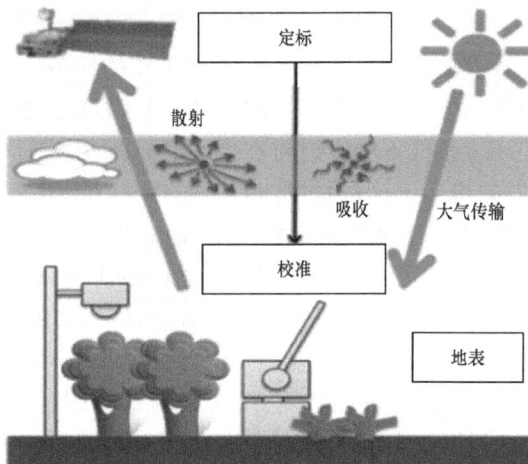

图 7.1 光学卫星传感器的定标和校准系统

① 波长和/或光谱波段(光谱响应)。

② 输入信号强度(辐射响应)。

③ 通过 IFOV 的不同地点和/或全部的场景目标(空间响应或非均匀性)。

④ 不同的积分时间、透镜或者孔径设置。

⑤ 不希望的信号,例如杂散光和其他波段的光谱泄露与串扰。

定标的目的是对测量系统进行定量认识和特性测试,并分析它在时间和空间上的偏差;面临的挑战是确保该测量方法得到的地球物理参数具有一致性和准确性,即使对于不同观测条件的各种卫星传感器,地球物理参数反演方法发生变化的情况,该方法也同样适用。

没有定标,在一些变化发生后,如仪器误差或者大气等因素的影响产生的变化,或者地面真实环境的变化等,将无法探测到卫星数据随之而发生的变化。大量卫星传感器由多个国家和机构操控,这使得上述问题更为严重。定标使具有相同物理标准的传感器数据具有可追溯性,并且定标这一行为在传感器的整个空间生命周期内都是需要的。对于气候变化的影响、碳在海洋-陆地系统流量的研究,定标是处理和研究大量可靠数据的关键。

传感器辐射定标是一个宽泛和复杂的研究领域,在遥感的定量化应用上施加了最大的限制[8,9]。辐射定标方法和使用仪器主要包括以下三个类别[10]。

① 发射前地面定标。

② 发射后机上定标。

③ 在飞行中利用地面目标成像的替代和间接方法定标。

然而,发射前的方法包括获取大量的传感器在实验室详细的特性数据[11]和偶尔户外数据[12]。机上和替代定标主要是为了监测传感器在工作时间内的光谱波段的辐射响应或增益系数的变化。这三类方法的优点和缺点已经由 Dinguirard 和 Slater 讨论过[10]。

一般情况下,光学卫星传感器的定标是一项重要的任务。为了提高定标的精确度,最好是使用独立的方法[8]。许多不同方法已经被用于光学传感器绝对定标和相对定标,在可控环境条件下的发射前实验室定标;使用定标灯、积分球、太阳漫反射板或太阳敏感器的机上定标;通过观测月球的定标;使用具有同步参考数据的地面定标点的定标;使用没有独立参照数据,而地面特征基本不变的定标点的定标,仪器间和波段间的定标[6,13-17]。由于卫星在轨时的不便,使用具有同步参照数据的地面定标点的定标方法被认为是最基本的方法,该方法的投入相对较少,并能确保最佳的精度。这种方法的优点是复制了图像数据获取时的实际情况。其定标精度与图像获取时定标点的辐射稳定性、反射率测量,以及大气参数状况密切相关,在定标点处于最好的状况且测量过程稳定的情况下,可以确保定标精度在 $\pm 2\% \sim \pm 3\%$[10,18,19]。

7.2　绝对和相对辐射定标

对于一个线性传感器,绝对辐射定标是计算传感器的数字输出量与入瞳处精确已知的均匀辐射量的比值。在太阳反射谱段范围内,定标不确定度最大是 $3\%\sim5\%(1\sigma)$,一般在谱段的两端不确定度最高。

相对定标取决于焦平面探测器一个波段内的输出与所有探测器平均输出的归一化结果。归一化的结果是当传感器的焦平面被一个均匀的辐射场照亮时,所有探测器的输出相同。对于相对定标,不需要知道辐射场的绝对值。在调整探测器的归一化输出时,典型的 RMS 的变化范围是 $0.1\%\sim0.5\%$,取决于传感器的数字输出信号的 SNR。相对定标也可以描述传感器两个或多个不同波段的平均输出的比值,通常叫做波段间定标。这个比值的改变反映了一个或者多个光谱波段响应的瞬时变化。最后,多时定标或稳定性取决于两个不同时间、同一固定目标所有波段平均输出的比值。

遥感卫星传感器主要应用在几何测量、瞬态测量及目标分类方面。在几何测量方面,例如用于制图,相对定标可以在图像出现条纹或类似缺陷时对图像进行修正。对于条纹处理,相对定标包括一个独立的探测器修正,例如对一个阵列边缘的低灵敏度探测器进行的多像素修正,或者因像平面辐照度的下降进行的多像素修正。瞬态测量的研究需要知道每个波段传感器响应值的变化,如果这个值不知道,那么传感器响应的变化有可能被错误地认为是由被观测目标的变化引起的。飞行中定标的结果能够被用来监测传感器的瞬时变化。

相对定标因为其自身的高精度,通常被用来检测传感器在几天中发生的变化,绝对定标和相对定标[20]一起被用于更长时间的变化检测,因为绝对定标具有长期的稳定性。目标分类需要对目标的数字输出进行统计分析[21]。相对定标对去除条纹等十分重要。

一些应用,如农业和自然灾害的检测等都得益于正在增加的在轨工作的传感器数量[22],对于这些应用,将来自不同空间分辨率和光谱波段的多种传感器的数据进行对比是期望的。对于其他应用必须知道不同传感器的响应之间如何做比较[23]。这些对比可以是相对的,但如果是绝对量的对比将会更加可靠。这些应用也需要知道目标的物理特性,如光谱及方向反射率、大气影响[24]、传感器在像素级别的响应、杂散光和 MTF 函数等[26]。

考虑到要在飞行过程中不断检查不同仪器的各项参数,就必须建立一个数字输出和期望的物理量之间的关系模型。大气辐射传输模型的程序[27]必须进一步改进[24],或者应该使用更通用的程序计算大气对测量的影响,如大气吸收、大气散射、MTF 相邻物体和方向影响等。这种类型的模型可以让遥感数据的使用者知道一些信息,例如被观测目标改变是由于自然条件的改变;植被水分胁迫的变化,而不是双向反射分布函数、像素尺寸等观测条件的改变。

　　通常的探测器定标方法是以传感器定标模型的构建开始的,这个模型最简单的形式是线性关系[26,28,29],也就是数字输出 X 和仪器入瞳处的辐亮度输入 L_λ 是线性关系,即

$$X = AL_\lambda \tag{7.1}$$

其中,A 是需要被确定的绝对定标系数,需要在发射前被精确测定,并且在轨工作时通过在轨定标的方法进行监测,在轨定标使用二级或三级定标源(标准灯或太阳)的方法,或者以地面已知物体或月球为目标的替代定标方法。

　　以下是 5 个由 Dinguirard 和 Slater 提出的常用定标准则[10]。

　　① 当传感器工作在定标中的图像获取模式时,应该使用相同的几何形状和光谱分布和能级。这可以使由于杂散光、探测器非线性度、波段外光谱抑制等原因造成的测量与实际应用之间的差异最小化。为了符合这个条件,定标应该是全孔径、全视场、全动态范围的,同时应该使用一个合适的光谱分布的光源。

　　② 在发射前和飞行中,应该使用几个不同的、独立的辐亮度测试,从而确定是否存在系统误差,并尽量在定标结果中对误差进行识别、去除和分析。

　　传感器的特性参数应该尽可能的详细,一些参数需要被测试,如 MTF、杂散光和"鬼影"、波段外光谱抑制、线性度、偏振等。大部分参数的测量可以在实验室进行,这比在飞行中测量更准确。对这些参数的精确测量可以帮助写出正确的算法,并用来提高辐射测量精度。

　　③ 使用者需要被告知关于使用与目标数据相关的绝对定标值的限制。例如,靠近云的边沿的像素或者复杂场景中的像素不太可能会正确反映实际的表面辐亮度。定标数据是对一个扩展的、空间均匀的充满视场的光源(如积分球或者太阳漫射器)进行探测的结果。如果图像中没有目标的细节,那么定标的结果(未进行校正)不适用于复杂场景中的成像像素。

　　④ 使用者还需要详细地知道定标结果的不确定性。典型地,定标数据象征传感器在一个宽光谱范围的单独 1σ 值。例如,可见近红外所有波段(400~1000nm)这一宽光谱范围。如果利用标准灯进行定标,不能只有一个单独的值,因为定标灯会在定标范围内发生不确定性变化。其他的量,如 SNR 也可能会发生光谱方向的变化,因此逐个波段的定标不确定性也应该被标出。

7.3　卫星光学传感器模型

　　在定标时,首先要解决的问题是对涉及的物理实体进行模型仿真时定义一个通用的方法[30]。卫星光学传感器可以测量来自地面和大气对太阳辐射的反射和

散射的辐射量。

对于探测器一个像素点的辐射量数字单位的计算公式可以简写为

$$\mathrm{DN}_{i,j}=G\cdot a_{i,j}\cdot\Omega\cdot L_\lambda\cdot\Delta\lambda\cdot\eta\cdot t\cdot\tau \tag{7.2}$$

其中，$\mathrm{DN}_{i,j}$ 是探测器 i 像素单元 j 波段输出的数字值；G 是仪器探测器和电路的总增益；$a_{i,j}$ 为 j 波段对应 i 像素探测器的面积；Ω 是仪器视场立体角；L_λ 是入瞳处的光谱辐亮度；$\Delta\lambda$ 是波段宽度；η 是探测器每个入射光子的量子效率；t 是积分时间；τ 是仪器光学效率。

仪器响应的非线性、背景、焦平面温度影响，以及响应与扫描角的关系未在式(7.2)中显示出来。这些量在仪器发射前的特性参数测试中已经确定，被并入仪器的辐射模型和辐亮度探测结果中。式(7.2)可以改写为

$$\mathrm{DN}_{i,j}=A\cdot L_\lambda \tag{7.3}$$

其中

$$A=G\cdot a_{i,j}\cdot\Omega\cdot\Delta\lambda\cdot\eta\cdot t\cdot\tau \tag{7.4}$$

是增益和仪器响应率的积。

因为光学传感器给定了光谱各个波段，我们通常提到有效或归一化的辐射通量，指光谱灵敏度为 $S(\lambda)$ 的给定光谱波段内通过的 L_λ 的加权平均，即

$$L_\lambda=\frac{\int_0^\infty L(\lambda)S(\lambda)\mathrm{d}\lambda}{\int_0^\infty S(\lambda)\mathrm{d}\lambda}[W/(\mathrm{m}^2\cdot\mathrm{Sr}\cdot\mu\mathrm{m})] \tag{7.5}$$

如果辐亮度与 λ 无关，也就是说 $L(\lambda)=L_0$，则 $L_\lambda=L_0$。

因为辐亮度是由目标（地面＋大气）反射的太阳照度，因此 L_λ 也可以被表达为

$$L_\lambda=\frac{\rho_\lambda}{\pi}E_S\cdot\cos\theta\cdot u(t) \tag{7.6}$$

假定地球大气系统是遵从朗伯定律的，ρ_λ 是场景的大气表层的等效反射率，E_s 是大气层外的等效太阳辐射度，θ_s 是太阳高度角，$u(t)$ 是考虑时变的日地距离，可以归一化为

$$E_s=\frac{\int_0^\infty E_s(\lambda)s(\lambda)\mathrm{d}\lambda}{\int_0^\infty s(\lambda)\mathrm{d}\lambda} \tag{7.7}$$

$$\rho_\lambda = \frac{\int_0^\infty \rho_\lambda(\lambda) E_s(\lambda) s(\lambda) d\lambda}{\int_0^\infty E_s(\lambda) s(\lambda) d\lambda} \qquad (7.8)$$

其中，$E_s(\lambda)$ 由在 Neckel、Labs[31] 及 Iqbal[32] 文献中的表格提供。

上述与输出信号相关的是辐亮度 L_λ 或大气顶部(TOA)反射率 ρ_λ。由于对 ρ_λ 进行界定后减少了 $E_s(\lambda)$ 和 $s(\lambda)$ 的不确定性，因此在应用中对 ρ_λ 的反演将会更准确。

如果探测器是线性的，减去暗电平后，数字输出 X 与辐亮度是成比例的($X = AL_\lambda$)，但是为了考虑在微弱信号情况下可能出现的非线性问题，可以引入一个二次方程，即

$$X = AL_\lambda + BL_\lambda^2 \qquad (7.9)$$

这种定标方法提供了绝对定标系数 A 和必要条件下的系数 B。

对于使用阵列探测器，如 CCD 的光学传感器，为了考虑不同像素单元之间的灵敏度，仪器模型必须更加复杂化。根据探测器的阵列模型(线性或者面阵)，模型要尽可能完善地描述仪器。例如，SPOT 卫星的完整模型为

$$x_{jmk} = A_k G_m g_j L_{jk} + C_{jk} \qquad (7.10)$$

其中

$$g_j = g_{bn} \gamma_b \qquad (7.11)$$

然后，归一化，即

$$\frac{1}{N} \sum_{n=1}^N g_{b\,n} = 1 \qquad (7.12)$$

$$\frac{1}{4} \sum_{b=1}^4 \gamma_b = 1 \qquad (7.13)$$

其中，k 确定了光谱谱段；m 是在轨的工作增益$[G_m = (1,3)m^{-3}]$；j 是在光谱维的像元数；b 是 CCD 阵列(对于 SPOT 来说，在每个光谱维上有四个不同的 CCD 线性阵列)；n 是阵列上的像元数(最大是 N)；x_{jmk} 是未经处理的数字输出；C_{jk} 是暗电平信号；g_j 是像元相对灵敏度(归一化系数)。

运算过程首先要确定系数 C_{jk} 和 g_j，然后计算 Level-1A 数据，即

$$X_{jmk} = \frac{x_{jmk} - C_{jk}}{g_j} = A_k G_m L_{jk} \qquad (7.14)$$

7.4　发射前的地面定标

7.4.1　综述

卫星传感器发射前的定标是在实验室进行的。进行发射前定标的主要原因

如下。

① 对系统进行测试,以确保仪器被装入运载火箭之前能正常工作。

② 实验室定标比起发射后标定更容易控制和实现。例如,在地面时,传感器的光谱特征比发射后和飞行中更容易确定。

③ 起飞前的辐射定标源是可确定的已知量。也就是说,一个特征确定、被校准过的、均匀的光源完全充满卫星传感器的入瞳处,通过对比传感器的输出与已知的光源求得定标系数和增益。

发射前的主要测试内容是绝对辐射定标系数(式(7.1)中的 A 或者式(7.9)中的 A 和 B)、光谱响应,以及归一化系数[10]。波段内响应特征被精确标定,波段外的响应取决于探测器光谱响应范围[33-35]。根据国家标准实验室标定过的标准光源,可以获得绝对标定系数。

实验室的定标主要是对单个仪器标定,这些定标要符合被国家或者国际计量组织认可的辐射度溯源标准,如美国国家技术标准局(NIST)。这些定标过程也包括工作在相同电磁波光谱范围或者对相似的地球目标进行探测仪器之间的相互校正和校准。

卫星传感器,如 SPOT、地球资源卫星、AVHRR、ASTER、MISR、MODIS 利用大的积分球或半球进行核对[11,34-38]。积分球光源经常被用来进行发射前的定标系数的确定,因为它具有空间均匀性,而且能覆盖整个视场。

经光谱辐射计标定的钨灯平行光源也经常被用于定标中。这类光源更适合星上定标装置,如 MERIS 和 SPOT 星上定标系统。为了增加这些光源的准确度,避免系统误差,通常利用传感器自身[39]或者一个传递辐射计(transfer radiometer)对它们进行相互标定[36,40-42]。

积分球或平行光管适合用来定标,因为可以在国家标准实验室将它们溯源成标准源。另一方面,通常不用积分球和平行光管对具有光谱分布的仪器进行辐射定标,因为很难求出符合每一个光谱反射率的定标系数。通常认为比起使用一个3000K 的黑体灯,使用一个近似 6000K 的黑体光源是更好的,因为后者的分布与太阳的光强度分布相似。对于观测海洋的宽视场传感器(SeaWiFS)和辐射平衡扫描仪(ScaRaB),发射前的测量也是通过利用太阳为光源进行的,被称为太阳辐射定标。这种方法明显减少了对于不同光谱分布会出现的问题[43-45],使得发射前的太阳辐射定标和在轨星上太阳漫反射板定标的对比更加完整。

除了模型的变量、光谱响应和绝对定标系数,卫星传感器必须在发射前被仔细的确定各项参数。例如,有必要控制仪器对偏振光的灵敏度、杂散光影响、线性度,以及 MTF 等要素。这些发射前精确测量的结果可以校正算法,提高最终获取的数据产品的辐射质量。

7.4.2 　地球资源卫星仪器的实验室定标

用作多光谱扫描仪发射前定标的光源是一个直径 76cm、具有 12 个能级的积分球(各个能级独立)[18]。光源的能量输出由 NIST 标定为标准源。这些定标也用中性密度滤光片对波段 4 进行定标。然而,为了防止饱和,只有三个辐亮度能级可以使用。直径 76cm 积分球定标源的准确度没有做专门估计,当考虑到积分球定标的不确定度和光谱响应的不确定度时,MSS 的标定准确度估计优于 10%[46]。

地球资源卫星 4 号、地球资源卫星 5 号的主题测绘仪(thematic mapper,TM)的定标使用直径 122cm 的具有 12 个独立能级的积分球。像 MSS 的光源一样,122cm 积分球也由 NIST 标定为标准光源,方法是通过使用单色仪和一个转动的折叠式反射镜,交替的轮流探测 122cm 的积分球和一个压缩的聚四氟乙烯样品。在实验中,一个可溯源的 NIST 标准光谱辐亮度光源照射在压缩的聚四氟乙烯样品上,距离为 50cm,单色仪在 0.4~2.5μm 的光谱范围内的采样间隔为 0.05μm。就像 MSS 定标一样,对 TM 发射前定标绝对精度的相关参数值进行估计。

把外部黑体放置在主题测绘仪内定标装置焦点上,对热辐射波段(TMs 4 和 TMs 5 的波段 6)和内部定标装置进行了发射前的定标,定标实验在一个可设置各种工作环境的热真空仓中进行。主题测绘仪内定标器(TMC)使黑体的光成为一束平行光,为 TM 提供一个全孔径的光信号。通过观测内部 308K 黑体和随着仪器的温度而浮动内部快门的温度可以得到 TM 波段 6 的内部增益,而通过上述内定标设备可将其转换到适合地面场景观测的外部增益。

7.4.3 　AVIRIS 实验室定标

在实验室,AVIRIS 通常是用电脑控制的三光栅单色仪进行光谱的定标,单色仪能够覆盖太阳反射光谱范围。根据低压水银和氪蒸汽灯的发射光谱线,对单色仪进行定标。这些按顺序发射的光谱线用来对单色仪进行全谱段定标,它是 AVIRIS 光谱定标的标准。

AVIRIS 的主定标标准源是一个辐亮度具备 NIST 溯源的 1000W 的石英卤素灯。单色仪完成光谱定标后,石英卤素灯的光线通过入口狭缝进入单色仪,由单色仪产生的谱线宽度为 1nm 的光照通过准直镜,然后充满 AVIRIS 视场,同时记录 AVIRIS 探测到的信号数据。单色仪每个光栅的扫描光谱间隔为 0.5nm。

在已知单色仪的输入和 AVIRIS 输出信号的情况下,利用一系列的计算机程序进行分析和计算,从而确定 AVIRIS 的 224 个通道的光谱中心波长位置、响应函数和不确定度。对 224 个光谱通道进行光谱定标的过程至少需要 48 小时。事实上,AVIRIS 的光谱定标还包含一系列其他插值操作步骤,花费的时间超过两周。

　　目前,一个基于标准辐射源的新的 AVIRIS 定标方法已经被开发。设计并搭建一个固定装置,在这个装置上固定有一个与标准反射率物体保持已知距离的光源。这个装置上也装有一块处于 AVIRIS 视场中的、能够充满 AVIRIS 瞬时视场、被光源照射的标准板。这种方法的优势在于不需要移动光谱仪或辐射计,也不需要第二个辐射光源。

　　AVIRIS 获取来自标准光源并经过标准反射板后的光强。这种方法需要注意遮挡杂散光对标准板的影响,以及标准版的双向反射率特性。来自标准板的反射光强在半径和余弦上的衰减也需要进行补偿。用已知的 AVIRIS 入射辐亮度和 AVIRIS 的输出数字量之间的比值来计算辐射定标系数。

　　除了实验室应用,这个装置也用在 ER-2 飞机的工作现场,目的是为了监控和提高飞行过程中绝对辐射定标准确度。为了测量和标定 AVIRIS 视场内的辐射均匀性,采用 1m 直径、30cm 出光口的积分球作为光源。该光源不需要绝对定标。为了进一步提高 AVIRIS 的绝对辐射定标准确度,还需要两个辐射定标标准物体。一种量子效率的探测器被用于评估可见谱段的绝对辐射定标精度。一种金属冰点黑体辐射源能够为 1000~2500nm 谱段的辐射定标提供一个辅助的绝对参照物标准。

　　AVIRIS 的辐射精确度和 SNR 也是在实验室中确定的。数值为 3000 的暗电平信号的平均值和标准差用来确定信号链和背景噪声通量。另一组数值为 3000 的探测辐射定标目标光谱信号的平均值和标准差来计算信号相关采样噪声。这两个噪声分量用来计算 AVIRIS 在参照辐亮度下的 SNR。

7.5　发射后机上定标

　　在轨定标是为了在飞行中对传感器进行经常性的校正。这些定标利用人工光源(如定标灯)或者自然光源(如太阳光)、参考板(已知反射/发射率)和比辐射计进行。其中光源可以直接使用,也可先经过某些光学系统。

　　在理想情况下,这些光源在视觉上近似于地球目标。也就是说,光源的光通过所有的光学光路后充满整个视场孔径。这就是 SeaWiFS[47]、MERIS、多角光谱辐射成像仪(MISR)[35]、MODIS[48]、模块化光电扫描仪(MOS)[49,50]、模块化多光谱光电扫描仪(MOMS)[51]等在轨定标的方法。它们的在轨定标均使用太阳漫反射板。这些反射板的光谱特征平坦、近似朗伯体。在定标过程中,太阳漫反射板被放置在传感器光路的前面,反射来自太阳的辐射。这种方法的优势在于能够更好的检查“蓝光”波段(而标准灯在“蓝光”波段能量输出很低)和检查整个光学系统两方面。当暴露在空间环境中或者受到高能量的太阳辐射时,这些装置的性能会下降。

　　SPOT 卫星高分辨率可见波段 1~4 使用光纤光学系统,通过定标单元(包括自带光源)传递太阳辐射进入 CCD 焦平面阵列[52]。定标光束通过整个光路,但是未能充满整个光学孔径。尽管由一个快门保护,而且每个月只暴露在太阳辐照下几分钟,但是实验发现在轨的定标装置对辐照是十分敏感的。内部的光源没有经过绝对定标,但是工作时输出稳定,但监测绝对定标系数的随时间的变化是至关重要的。装于 SPOT-4 上的植被相机也是用光源灯,固定在外部装置上,在专门的标定时序期间照射入相机的入瞳处。

对于地球资源卫星的 MSS 和 TM 仪器,对于太阳反射波段的在轨定标通常使用太阳或者光源灯作为定标手段。对于热辐射波段,通常使用黑体,这些系统用于飞行中传感器的辐射定标。根据发射之前每个传感器的绝对辐射定标系统,可以得到在轨工作时对应的绝对定标。

对于地球资源卫星 1~3,MSS 包括一个局部孔径、局部路径的太阳定标装置,这个系统的设计采用一个有四个面的光学模块,当该卫星处于轨道中北极上空时,该模块反射太阳光进入 MSS 的光学路径。

在地球资源卫星 7 上的增强型专用质谱仪(ETM＋,如 MISR、MODIS)有一个可以在每个轨道上进行一次定标的漫反射板。ETM＋也包含一个局部孔径太阳定标装置,与上述的 MSS 上的方式类似,这个定标装置能够产生一束窄的太阳光束通过光路照到所有传感器上[54]。

用于 MSS 的在轨内置定标装置采用快门轮和一对钨丝灯(互为备份)。在快门轮内是一面反射镜和一个中性密度滤光片。钨灯光线经过中性密度滤光片后由反射镜反射至焦平面上。中性密度滤光片具有一个楔形的设计,当旋转快门轮时,中性密度滤光片的衰减倍数发生变化。快门轮同时可以防止光线直接进入焦平面。当定标系统照射时,MSS 的输出因为探测器的饱和而快速达到一个峰值,随着中性密度滤光片的转动,输出缓慢回落。这种定标过程在扫描线列的回扫时每行进行一次。有一点必须指出,内部的定标装置不能进行传感器全光学通路的测试。

用于 TM 的内置定标装置略有不同。基于光源灯的方法仍被使用,但是需要三盏灯。每个灯丝的像落在不同的衰减滤光片上,利用这种设计,通过打开不同的灯,可以产生 8 个不同强度的光照入射到一个光纤束。光纤束被固定在一个被当做标志摆动臂上,每次扫描的开始和结束,通过摆动臂在 TM 的成像平面上形成六个圆形光斑(对应六个太阳反射波段)。传感器在飞行前,通过改变光纤束的间隙间隔,使来自光纤束的光的辐亮度能级与 TM 每个波段的灵敏度相匹配。一个集成杆加在光纤束的末端以保证圆形斑点的均匀性。利用透镜-棱镜系统来指向,并使光斑汇聚在滤光片和探测器上。

热红外波段也使用这种标志性设计。设置温控黑体处于三个温度点,并让其输出通过一个环形反射镜入射至焦平面。快门做发黑处理以提供暗电平。记录八灯图像边缘之外的能级作为定标脉冲,并在用于定标目的之后将它们从图像中去除。用一盏灯的 21 个连续定标脉冲,依次记录下每个辐射能级下图像的每一边输出。为了避免灯的瞬时输出变化,需要记录下这个灯的序号。

在轨光源灯定标的主要优势是定标操作的时间频率高。就 MSS 来说,每隔一次扫描之后都可以进行一次定标,而对于 TM,可以在每次扫描之后进行。在扫描过程中,光源灯是稳定的,变化也是非常小的,因此光源灯系统定标十分适合用于在轨观测探测器内屏变化。地球资源卫星上的定标系统实验中没有出现过光源灯的输出发生突然变化的情况,因此在数周甚至数月的较长定标周期中,光源灯是一种出色的定标光源。然而,在长期的定标过程中,定标系统的性能可能会下降。另外,在轨的定标精度也受到起飞前定标精度的限制,因为起飞前使用 MSS 或者 TM 作为一个转移辐射计和定标源去标定在轨的光源灯,所以飞行过程中的定标精度一定是比起飞前的定标精度更差。

大部分传感器的在轨校准器不会在飞行中对探测器进行光谱响应检测。光谱响应通常被认为是不变的、与飞行前一致的,可能的变化也在绝对定标的不确定性评估之内,但是 MERIS 和 MODIS 是个例外。MERIS 附加使用一个涂有光谱吸收涂层的标准漫反射板,它的光谱定标不确定度是 2nm。在轨光谱辐射定标模块(SRCA)在 $0.4\sim1.0\mu m$ 的光谱范围内,谱段滤光片的中心波长的不确定度为 $0.3\sim0.7nm$。表 7.1 概括了不同在轨定标模式的优缺点。

表 7.1　在轨定标方法比较

在轨定标方法	优点	缺点
光源灯 (如 SPOT、OPS、ASTER、VEGTATION)	1. 光通过整个光学系统 2. 非常稳定	1. 不是全孔径 2. 短波谱段信号小
光源灯 (Landsat TM)	1. 非常稳定 2. 每个扫描列结束可以记录	1. 仅为滤光片、探测器和电子学 2. 短波谱段信号小
太阳漫反射板 (如 MERIS、MODIS、MISR、SeaWIFS、ETM+、MOS、MOMS)	1. 整个太阳反射范围内信号强 2. 全孔径	1. 性能可能会衰减 2. 轨道上的给定位置
太阳+小孔(如 pinhole) (MSS、ETM+)	整个太阳反射范围内信号强	1. 性能可能会衰减 2. 轨道上的给定位置 3. 不是全孔径
太阳+光纤光学(SPOT)	整个太阳反射范围内信号强	1. 性能可能会衰减 2. 轨道上的给定位置 3. 发射前标定困难

7.6　替　代　定　标

　　虽然传感器发射前投入了大量的时间和精力进行辐射定标,但是传感器发射后的改变迫使需要继续进行标定监测和维护,替代定标被用来实现这个需求。替代定标是指传感器在发射后,利用地面人造或者自然物作为目标的定标技术。需要被定标的传感器和一个或多个卫星平台,或者地面上的已经被定标的传感器对这些目标进行近似同步的成像。

　　在轨定标源可以在系统响应范围内做到高精度的瞬时采样,但替代定标技术可以实现相当高精度的全孔径定标,并对传感器性能进行独立评估。替代定标指的是不依赖在轨系统的所有定标方法。具有合适特征的地表目标被作为基准或参照物标准定标点,通过替代定标或者交叉定标来验证卫星传感器发射后的辐射定标操作。这些参照物标准定标点是所有之后定标可靠性保证和可靠性控制的中心问题。

　　替代定标方法包括地表亮目标和暗目标场景(这种方法需要经过高精度定标光谱仪在特征良好的地表目标上空进行亚轨道飞行),也包括利用月亮作为稳定的参照目标,基于地面天文台对月亮全周期内观测结果,月亮作为参照目标具有高的光谱和空间分辨率。

　　因为对在轨系统可能出现的衰变进行监测是必需的,而且一些仪器没有在轨的定标设备(如 SPOT5 和 AVHRR 的太阳反射谱段),这时就必须利用自然的地表场景进行替代定标。这些定标方法需要参照场景有准确的特征,也就是说这些场景的 TOA 辐照度是确定的,才能用作卫星处于轨道时的定标参照标准源。这些方法也被用来验证的 Level-1 的定标算法和 Level-2 的数据处理(如地面发射率和辐亮度)算法。

　　在这些算法中,例如使用定标点或者分子散射的绝对定标方法,它们直接提供 TOA 的辐照度或者目标的反射率。其他的是相对的方法,利用不变的沙漠检测瞬时变化,利用云和闪光进行波段间定标。

　　一些定标地点在进行卫星传感器的绝对标定时经常被用到,如新墨西哥州白沙滩、罗杰斯的干湖、加利福尼亚州的爱德华兹空军基地、内华达的月球湖和铁路谷、法国南部的 La Crau[55]。这些地方都足够大,是均匀的,并且无云,具有良好的地标特征,可以作为辐照或者反射参考目标。当卫星通过时,地面反射率和大气测量同时进行。

　　三种替代定标方法已经被建立和使用[56-59]。第一种方法是基于反射率的方法,这种方法需要对地表目标的反射率进行精确测量,同时要测定其他大气的光谱参数。大气的散射和吸收通常是用近似辐射传递模型和代码程序进行计算,如

6S[60]和 MODTRAN。代码编程的输出是给定的地表反射率的 TOA 辐照度的值。这个辐照度值与来自地表的成像的平均数字量值相对比,从而给出定标系数。

第二种方法是基于辐亮度的方法。在这种方法中,需要一个被定标好的辐射计来测量地面目标在某一高度处(大部分气溶胶散射之上)的辐亮度。这个辐射计可以放于一个直升机或者一个轻型飞机在 3 千米的高度飞行[57],或者放在高海拔飞机上(例如 ER-2 在 20 千米高度)[61]。利用辐射计上的剩余散射(residual scattering)和吸收进行修正得到 TOA 辐亮度。然后,利用辐亮度和图像数据计算出定标系数。

第三种方法是改进的基于反射率的方法。这种方法需要基于反射率方法得到的所有数据和地平面球面漫反射光谱辐照度比值的测量。这个附加的测量帮助减少用于散射计算的气溶胶模型的不确定性。

这些方法被用于 SPOT、Landsat、EOS 等仪器和 SPOT4 搭载的植被相机。这些定标测试地点也被用于中波红外和热辐射传感器定标。从理论上来说,辐亮度的方法是最准确的,其不确定性大约为 1.8%,基于反射率的方法不确定性为 3.3%,改进的基于反射率的方法不确定性为 2.8%。基于辐亮度方法的低不确定度很大程度上取决于机载辐射计的标定和稳定性。

暗定标测试点比亮定标测试点更适合于水色遥感传感器,因为亮的背景可能会产生饱和(特别是夏天)。暗背景测试点也被用于检测陆地扫描传感器的线性度。这样的定标测试点(通常是深湖泊,如内华达州的太浩湖)对大气校是更为敏感的,但是通过一些方法的改进(如新仪器的研制),相比与亮定标测试点,精度可以得到同样数量级的提高。

7.7　换算至传感器辐亮度和大气顶部反射率

将定标后的数字量化值转换为物理量(如传感器辐亮度和大气顶部反射率)的等式和变量已经被报道过[46,62-65]。下面将对这些等式的定义做简略地描述。

7.7.1　传感器辐亮度的换算

计算传感器的光谱辐射率是转换来自各种传感器及平台的图像数据到具有物理意义的通用辐亮度尺度的基本步骤,光学卫星传感器,如 MSS、TM、ETM＋和 ALI 的辐射定标包括来自卫星的原始数据 DNs(Q)和转换成标定后的数据 DNs(Q_{cal}),这些传感器在一个特定时期对所有地面目标进行相同的辐射定标。对于地球资源卫星来说,定标得到的数字量 Q_{cal} 是使用者用 Level-1 数据处理得到的数字量。

辐射定标后,原始数据的像素值(Q)转换为 32 位数据的绝对光谱辐亮度单位。对于 MSS($Q_{calmax}=127$),绝对辐亮度是 7 位数据,对于 TM 和 ETM+($Q_{calmax}=$ 255),绝对辐亮度是 8 位数据,对于 ALI($Q_{calmax}=32767$),绝对辐亮度是 16 位数据,在分布介质输出之前代替 Q_{cal}。从 Q_{cal} 转换为传感器光谱辐亮度 L_λ 需要知道,原始调整因子产生的较低和较高的极限值(Q_{calmax},Q_{calmin})。对于 Level-1 数据处理,下面的等式被用来进行 Q_{cal} 到 L_λ 的计算,即

$$L_\lambda = \left(\frac{\mathrm{LMAX}_\lambda - \mathrm{LMIN}_\lambda}{Q_{calmax} - Q_{calmin}} \right)(Q_{cal} - Q_{calmin}) + \mathrm{LMIN}_\lambda \tag{7.15}$$

或者

$$L_\lambda = G_{rescale} \times Q_{cal} + B_{rescale} \tag{7.16}$$

其中

$$G_{rescale} = \frac{\mathrm{LMAX}_\lambda - \mathrm{LMIN}_\lambda}{Q_{calmax} - Q_{calmin}} \tag{7.17}$$

同时

$$B_{rescale} = \mathrm{LMIN}_\lambda - \left(\frac{\mathrm{LMAX}_\lambda - \mathrm{LMIN}_\lambda}{Q_{calmax} - Q_{calmin}} \right) Q_{calmin} \tag{7.18}$$

式中,L_λ 是传感器孔径上的光谱辐亮度[$\mathrm{W/(m^2 \cdot sr \cdot \mu m)}$];$Q_{cal}$ 是估算量化原始 Q 值到 32 位数据后缩放至 7 位数据(MSS)、8 位数据(TM 和 ETM+)、16 位数据(ALI)的定标像素值[DN];Q_{calmin} 是定标像素值的最小量化值-对于 MSS,$Q_{calmin}=$ 0,对于 TM、ETM+ 和 ALI,$Q_{calmin}=1$;Q_{calmax} 是定标像素值的最大量化值-对于 MSS,$Q_{calmax}=127$,对于 TM、ETM+、$Q_{calmax}=255$,对于 ALI,$Q_{calmax}=32767$;LMIN_λ 是根据 Q_{calmin} 测量的传感器光谱辐亮度[$\mathrm{W/(m^2 \cdot sr \cdot \mu m)}$];$\mathrm{LMAX}_\lambda$ 是根据 Q_{calmax} 测量的传感器光谱辐亮度[$\mathrm{W/(m^2 \cdot sr \cdot \mu m)}$];$G_{rescale}$ 是特定波段增益调节因子[$\mathrm{W/(m^2 \cdot sr \cdot \mu m)/DN}$];$B_{rescale}$ 是特定波段偏差调节因子[$\mathrm{W/(m^2 \cdot sr \cdot \mu m)}$]。

　　就之前的定标来说,MSS 和 TM 定标信号表现为光谱辐亮度单位[$\mathrm{mW/(cm^2 \cdot sr \cdot \mu m)}$]。为了保持与 ETM+ 光谱辐亮度的一致性,现在 MSS 和 TM 的定标信号使用 $\mathrm{W/(m^2 \cdot sr \cdot \mu m)}$ 的单位。从 $\mathrm{mW/(cm^2 \cdot sr \cdot \mu m)}$ 到 $\mathrm{W/(m^2 \cdot sr \cdot \mu m)}$ 转换因子是 1∶10。

　　对于 MSS、TM、ETM+ 和 ALI 来说,定标后得到的从 $\mathrm{LMIN}_\lambda \sim \mathrm{LMAX}_\lambda$ 的动态范围,增益调节 $G_{rescale}$ 和偏差调节 $B_{rescale}$ 可以分别从 Chander 的论文[66]表 2~表 5 中得到。在辐射定标过程中,探测器灵敏度随时间的变化会引起探测器增益的变化。然而,表 2-5 显示的参数是调节因子,是定标后的动态范围,LMIN_λ 和 LMAX_λ 代表在传感器辐亮度单元中地球资源卫星的 Level-1 输出数据是如何获得的。通常不改变 LMIN_λ 和 LMAX_λ,除非传感器发生了一些重大的改变,因此任何调整因子都没有时间依赖性。

7.7.2　大气顶部反射率换算

传感器辐亮度随着目标而变化。通过将传感器辐亮度换算为 TOA 反射率（即波段内星体反射率）可以减小目标到目标的变化而导致传感器辐亮度的变化。当比较不同传感器的图像时,使用 TOA 反射率比使用传感器辐亮度有 3 个优势。①消除了不同的太阳天顶角的余弦效应,因为数据采集之间有时间差。②TOA 反射率补偿了大气层外（因为光谱带差异而产生的）太阳辐照度的不同。③TOA 反射率校正了不同数据采集时间的日地距离的变化,这些变化在地理上和时间上可以是很明显的。

地球的 TOA 反射率可以根据下面的等式计算,即

$$\rho_\lambda = \frac{\pi \cdot L_\lambda \cdot d^2}{E_s \cdot \cos\theta_s} \tag{7.19}$$

其中,ρ_λ 是行星的 TOA 反射率;$\pi = 3.14159$;L_λ 是传感器孔径处的光谱辐亮度;d 是日地距离（天文单位）;E_s 是大气层外的平均太阳辐照度[$W/(m^2 \cdot \mu m)$];θ_s 是太阳天顶角。

太阳天顶角的余弦等于太阳高度角的正弦。例如,对于地球资源卫星,在目标中心处的太阳高度角被包含在 Level-1 数据头文件（. MTL 和. WO）中,或者可根据目标的源数据从美国地质调查局（USGS）的地球资源管理器和 GloVis 网路端口获得（这些网站上也包含采集时间时、分、秒的详细信息）。TOA 反射率计算需要口地距离 d,d 的值由航海天文历编制局制成了表格。

在表 2-5 中,Chander 等[66] 使用 Thuillier 太阳光谱展示的 MSS、TM、ETM＋和 ALI 传感器的平均大气外太阳辐射度 E_s。对于需要使用大气层外的太阳光谱辐照度的地球观测应用,地球观测卫星委员会（CEOS）的校准和验证工作组推荐使用这种光谱。Thuillier 太阳光谱被认为是被改进过最准确的太阳光谱[67]。

7.7.3　传感器的亮度温度换算

根据光学传感器的热辐射波段数据,例如 TM 和 ETM＋的波段 6 可以换算出传感器的有效亮温。传感器的亮温计算需要假定地球是一个黑体（发射率是 1）,也要考虑能量传输路径上的大气吸收和辐射的影响。传感器的温度使用发射前的定标常数。从传感器的光谱辐亮度到传感器的亮度温度的换算公式为

$$T = \frac{K_2}{\ln\left(\dfrac{K_1}{L_\lambda} + 1\right)} \tag{7.20}$$

其中,T 是传感器有效的亮度温度(K);K_1 是定标常量 1 [W/(m² · sr · μm)];K_2 是定标常量 2 (K),L_λ 是传感器孔径的光谱辐亮度[W/(m² · sr · μm)]。

例如,ETM+的 Level-1 数据有两个热辐射波段:一个需要使用低增益设置(通常被称为 6L 波段,温度 130~350K),另一个需要使用高增益设置(通常被称为 6H 波段,温度范围 240~340K)。对于 ETM+来说,等效温差噪声(NEΔT)在 280K 高增益时是 0.22、低增益时是 0.28。TM 的 Level-1 数据只有一个热辐射波段,热辐射波段的图像的温度范围是 200~340K。对于地球资源卫星 5 号 TM 来说,280K 的等效温差噪声是 0.17~0.30。

参 考 文 献

[1] Bannari, A. , P. M. Teillet, and E. G. Richardson, "Nécessité de l' étalonnage radiometrique et standardization des images numériques de télédétection,"Canadian J. Remote Sens. 25(1) ,45-59 (1999).

[2] Goward, S. N. , B. Markham, D. G. Dye, W. Dulaney, and J. Yang, "Normalized difference vegetation index measurement from the Advanced Very High Resolution Radiometer,"Remote Sens. Environ. 35,257-277 (1991).

[3] Gutman, G. G. , "Vegetation indexes from AVHRR: An update and future prospects,"Remote Sens. Environ. 35,121-136 (1991).

[4] Price, J. C. , "Radiometric calibration of satellite sensors in the visible and near-infrared: History and outlook,"Remote Sens. Environ. 22,3-9(1987).

[5] Teillet, P. M. , "Vegetation index monitoring: Radiometric considera-tions,"Remote Sens. Canada22(1),8-9 (1994).

[6] Teillet, P. M. , D. Horler, and N. T. O' Neill, " Calibration, validation, and quality assurance in remote sensing: A new paradigm,"Canadian J. Remote Sens. 23(4),401-414 (1997).

[7] Asrar, G. , Ed. , "EOS data quality: Calibration, validation, and quality assurance,"in MTPE/ EOS Reference Handbook, 53-55, NASA Goddard Space Flight Center, Greenbelt, MD (1995). 198 Chapter 7

[8] Teillet, P. M. , "A status overview of Earth observation calibration/validation for terrestrial applications,"Canadian J. Remote Sens. 23(4),291-298 (1997).

[9] Teillet, P. M. , D. N. H. Horler, and N. T. O' Neill, "Calibration, validation, and quality assurance in remote sensing: a new paradigm," Canadian J. Remote Sens. 23 (4) , 401-414 (1997).

[10] Dinguirard, M. and P. N. Slater, "Calibration of space-multispectral imaging: A Review,"Remote Sens. Environ. 68,194-205 (1999).

[11] Guenther, B. et al. , "MODIS calibration: a brief review of the strategy for the at-launch calibration approach,"J. Atmospheric and Oceanographic Technology 13(2),274-285 (1996).

[12] Biggar, S. F. , P. N. Slater, K. J. Thome, A. W. Holmes, and R. A. Barnes, "Preflight solar-

based calibration of SeaWiFS," Proc. SPIE 1939, 233-242 (1993) [doi: 10. 1117/12. 152850].

[13] Gu, X. , "Étalonnage et Intercomparaison des Données Satellitaires en Utilisant le Site Test de "La Crau (Appliqué aux Images SPOT1-HRV, Landsat5-TM, NOAA11-AVHRR)," Doctorat, Univ. Paris (1991).

[14] Henry, P. , M. Dinguirard, and M. Bodilis, "SPOT calibration over desert areas," Proc. SPIE 1938, 67-76 (1993) [doi: 10. 1117/12. 161572].

[15] Kieffer, H. H. and R. L. Widley, "Absolute calibration of landsat instruments using the moon," Photogramm. Eng. Remote Sens. 51(9), 1391-1393 (1985).

[16] Slater, P. N. et al. , "Reflectance-and radiance-based methods for in-flight absolute calibration of multispectral sensors," Remote Sens. Environ. 22, 11-37 (1987).

[17] Teillet, P. M. , P. N. Slater, Y. Ding, R. P. Santer, R. D. Jackson, and M. S. Moran, "Three methods for the absolute calibration of the NOAA AVHRR sensors in-flight," Remote Sens. Environ. 31, 105-120(1990).

[18] Thome, K. J. , B. Markham, J. Barker, P. N. Slater, and S. F. Biggar, "Radiometric calibration of Landsat," Photogramm. Eng. Remote Sens. 63(7), 853-858 (1997).

[19] Thome, K. J. , D. I. Gellman, R. J. Parada, S. F. Biggar, P. N. Slater, and S. M. Moran, "In-flight radiometric calibration of Landsat-5 Thematic Mapper from 1984 to present," Proc. SPIE 1938, 126-130 (1993) [doi: 10. 1117/12. 161537].

[20] Gellman, G. , S. Biggar, and M. Dinguirard, et al. , "Review of SPOT-1 and -2 calibrations at White Sands from launch to the present," Proc. SPIE 1938, 118-125 (1993) [doi: 10. 1117/ 12. 161536]. 199 Calibration of Optical Sensors

[21] Swain, P. H. , and S. M. Davis, Remote Sensing: The Quantitative Approach, McGraw-Hill, New York (1978).

[22] Kramer, H. J. , Observation of the Earthand Its Environment-Survey of Missions and Sensors, 2ndEd. , Springer-Verlag, New York (1994).

[23] Rao, C. R. N. and J. Chen, "Inter-satellite calibration linkages for the visible and near-infrared channels of the Advanced Very High Resolution Radiometer on the NOAA-7, -9, and -11 spacecraft," Int. J. Remote Sens. 16, 1931-1942 (1995).

[24] Hart, Q. J. , "Surface and aerosol models for use in radiative transfer codes," Proc. SPIE 1493, 163-174 (1991) [doi: 10. 1117/12. 46694].

[25] Laherrere, J. M. , L. Poutier, and T. Bret-Dibat, et al. , "POLDER on-ground stay-light analysis, calibration and correction," Proc SPIE 3221, 132-140 (1997) [doi: 10. 1117/12. 298073].

[26] Schowengerdt, R. A. , Remote Sensing Models and Methods for Image Processing, Academic Press, San Diego, CA (1997).

[27] Herman, B. M. and S. R. Browning, "A numerical solution to the equation of radiative transfer," J. Atmos. Sci. 22, 559-566 (1965).

[28] Schott, J. R. , Remote Sensing-The Image Chain Approach, Oxford University Press, Oxford, UK (1997).

[29] Slater, P. N. , Remote Sensing-Optics and Optical Systems, Addison-Wesley, Reading, MA (1980).

[30] Leroy, M. , "Modele des systemes de mesure imageursSysoptiques," in Remote Sensing from Space: Physical Aspects and Modeling, pp. 311-363, CNES Summer School in Space Physics, Cepadues, Toulouse, France(August 1988).

[31] Neckel, H. and D. Labs, "The solar radiation between 3300 and 12500 A," Solar Phys. 90, 205-258 (1984).

[32] Iqbal, M. , An Introduction to Solar Radiation, 330-381, Academic Press, New York (1983).

[33] Bruegge, C. J. , A. E. Stiegman, R. A. Rainen, and A. W. Springsteen, "Use of spectralon as a diffuse reflectance standard for in-flight calibration of earth orbiting sensors," Opt. Eng. 32 (4), 805-814 (1993)[doi: 10. 1117/12. 132373].

[34] Bruegge, C. J. , N. L. Chrien, B. J. Gaitley, and R. P. Korechoff, "Preflight performance testing of the multi-angle Imaging Spectro-radiometer," Proc. SPIE 2957, 244-255 (1996) [doi: 10. 1117/12. 265439].

[35] Bruegge, C. J. , D. J. Diner, and V. G. Duval, "The MISR calibration program," J. Atmos. Ocean. Technol. 13, 286-299 (1996). 200 Chapter 7

[36] Guenther, B. , J. McLean, M. Leroy, and P. Henry, "Comparison of CNES spherical and NASA hemispherical large aperture integrating sources: I. Using a laboratory transfer specroradiometer," Remote Sens. Environ. 31, 85-95 (1990).

[37] Bret-Dibat, T. , Y. Andre, and J. M. Laherrere, "Preflight calibration of the POLDER instrument," Proc. SPIE 2553, 218-231 (1995).

[38] Ono, A. et al. , "Preflight and in-flight calibration plan for ASTER," J. Atmos. Ocean. Technol. 13, 321-335 (1996).

[39] Leroy, M. , P. Henry, B. Guenther, and J. McLean, "Comparison of CNES spherical and NASA hemispherical large aperture integrating sources: II. Using the SPOT 2 satellite instruments," Remote Sens. Environ. 31, 97-104 (1990).

[40] Biggar, S. F. and P. N. Slater, "Preflight cross-calibration radiometer for EOS AM-1 platform visible and near-IR sources," Proc. SPIE 1939, 243-249 (1993) [doi: 10. 1117/12. 152851].

[41] Sakuma, F. , M. Kobayashi, and A. Ono, "ASTER round robin radiometers for the preflight cross-calibration of EOS AM-1 instruments," Proc. IGARSS 1994 4, 1995 -1997 (1994).

[42] Sakuma, F. et al. , "POLDER/OCTS preflight cross calibration using round robin radiometers," Proc. SPIE 2553, 232-243 (1995) [doi: 10. 1117/12. 221367].

[43] Biggar, S. F. , P. N. Slater, and K. J. Thome, "Preflight solar based calibration of SeaWiFS," Proc. SPIE 1939, 233-242 (1993) [doi: 10. 1117/12. 152850].

[44] Dinguirard, M. , J. Mueller, F. Sirou, and T. Tremas, "Comparison of ScaRaB ground calibra-

tion in the short wave and long wave domains,"Metrologia 35,597-601 (1997).

[45] Mueller,J. ,R. Stulhmann,R. Becker,E. Raschke,J. L. Monge,and P. Burkert," Ground ba sed calibration facility for the Scanner f or Radiation Budget instrument in the solar spectral domain,"Metrologia32,657-660 (1996).

[46] Markham,B. L. and J. L. Barker,"Radiometric properties of U. S. processed Landsat MSS data,"Remote Sens. Env. 22,39-71 (1987).

[47] Barnes,R. A. and A. W. Holmes,"Overview of the Sea-WiFS ocean sensor,"Proc. SPIE 1939,224-232 (1993) [doi:10. 1117/12. 152849].

[48] Guenther,B. et al. ,"MODIS calibration:a brief review of the strategy for the at-launch calibration approach,"J. Atmos. Ocean. Technol. 13,274-285 (1996). 201 Calibration of Optical Sensors

[49] Suemnich,K. H. , A. Neumann, H. Schwarzer, and G. Zimmermann, "Calibration of the Modular Optoelectronic Scanner (MOS) flight models,"Proc. SPIE 2819,218-223 (1996) [doi:10. 1117/12. 258083].

[50] Suemnich,K. H. and H. Schwarzer,"Modular optoelectronic scanner MOS in orbit:results of the in-flight calibration,"Proc. SPIE3118,154-160 (1997) [doi:10. 1117/12. 278932].

[51] Schroeder,M. ,P. Reinartz,and R. Mueller,"Radiometric calibration of the MOMS-2P camera,"Proc. ISPRS 32,14-19 (1998).

[52] Begni, G. , M. Dinguirard, R. D. Jackson, and P. N. Slater, "Absolute calibration of the SPOT-1 HRV cameras,"Proc. SPIE 660,66-76 (1986)[doi:10. 1117/12. 938568].

[53] Meygret,A. ,M. Dinguirard,and P. Henry,"Eleven years of experience and data to calibrate SPOT HRV cameras,"Proc. ISPRS Sensors and Mapping for Space17,183-197 (1997).

[54] Markham,B. L. ,W. C. Boncyk,J. L. Barker,E. Kaita,and D. L. Helder,"Landsat-7 ETM t in-flight radiometric calibration,"Proc. Workshop on Calibration of Optical and Thermal Sensors,CNES,Toulouse,France(1996).

[55] Teillet,P. M. and G. Chander,"Terrestrial reference standard sites for postlaunch sensor calibration,"Canadian J. Remote Sens. 36(5),437-450(2010).

[56] Slater,P. N. et al. ,"Reflectance and radiance based methods for the in-flight absolute calibration of multispectral sensors,"Remote Sens. Environ. 22,11-37 (1987).

[57] Slater,P. N. ,S. F. Biggar,K. J. Thome,D. I. Gellman,and P. R. Spyak,"Vicarious radiometric calibration of EOS sensors,"J. Atmos. Ocean. Technol. 13,349-359 (1996).

[58] Biggar, S. et al. ,"Radiometric calibration of SPOT 2 HRV—a comparison of three methods,"Proc. SPIE 1943,155-162 (1991) [doi:10. 1117/12. 46693].

[59] Santer,R. ,et al. ,"Spot calibration at the La Crau test site (France),"Remote Sens. Environ. 41,227-237 (1992).

[60] Vermote, E. ,D. Tanre,J. L. Deuze, M. Herman, and J. J. Morcrette,Second Simulation of the Satellite Signal in the Solar Spectrum (6S),6S User Guide,Laboratoire d'Optique Atmospherique,Universite des Sciences et Techniques de Lille,France (1995).

[61] Abel,P. ,B. Guenther,R. N. Galimore,and J. W. Cooper," Calibration results for NOAA-11 AVHRR Channels 1 and 2 from congruent path aircraft observations,"J. Atmos. Ocean. Technol. 10,493-508 (1993). 202 Chapter 7

[62] Helder,D. L. ,"MSS radiometric calibration handbook,"Report to the U. S. Geological Survey (USGS) Earth Resources Observation and Science C enter (1993).

[63] Chander, G. and B. L. Markham, "Revised Landsat-5 TM radiometric calibration procedures,and post-calibration dynamic ranges,"IEEE Trans. Geosci. Remote Sens. 41, 2674-2677 (2003).

[64] Chander,G. ,B. L. Markham, andJ. A. Barsi,"Revised Landsat 5 Thematic Mapper radiometric calibration,"IEEE Trans. Geosci. Remote Sens 44,490-494 (2007).

[65] Markham,B. L. ,G. Chander,R. Morfitt,D. Hollaren,J. F. Mendenhall,and L. Ong,"Radiometric processing and calibration of EO-1 Advanced Land Imager data,"Proc. PECORA 16-Global Priorities in Land Remote Sensing,Sioux Falls,SD (2004).

[66] Chander,G. ,B. L. Markham,and D. L. Helder,"Summary of current radiometric calibration coefficients for Landsat MSS,TM,ETMt,and EO-1 ALI sensors,"Remote Sens. Environ. 113,893-903 (2009).

[67] Thuillier,G. et al. ,"The solar spectral irradiance from 200 to 2400 nm as measured by SOLSPEC Spectrometer from the ATLAS 123 and EURECA missions,"Solar Physics 214 (1),1-22 (2003).

第 8 章　空间畸变和光谱弯曲的检测与校正

8.1　成像光谱仪的光谱畸变和空间畸变

本书 1.5.4 节介绍了色散型成像光谱仪的两种工作模式,即摇扫式和推扫式。推扫式成像光谱仪是空间对地球观测比较合适的方式,与摇扫式相比,能得到更高信噪比。由于推扫式成像光谱仪不需要对地面进行穿轨方向的扫描,因此相对于每一地面采样点可以有更多的积分时间去收集更多的光电子。但是,它带来了更多的校正困难(另一类标定任务)。在摇扫式成像光谱仪中,所有的地面采样点,都由同一个线列探测器,一个接一个记录其光谱信息;对于在穿轨方向有 1000 个地面采样点的典型的推扫式成像光谱仪,相当于有 1000 个不同的线列探测器,并对它们逐一定标。

8.1.1　光谱畸变:光谱弯曲

校正任务的困难程度取决于成像光谱仪的种类。摇扫式成像光谱仪,如 AVIRIS[1],一个线列探测器同时探测一个地面采样点在某一峰值时的各个光谱波段,通常只需要对所有的 224 光谱波段进行标定。推扫式成像光谱仪,如 Hyperion[2,3],用一个二维的面阵探测器,在穿轨方向遥测地面 256 个采样点,每个采样点有 198 个光谱波段,需要对 $256 \times 198 = 50\,688$ 像素-波段进行标定。这是因为推扫式成像光谱仪有光谱线的弯曲失真,这种失真在遥感界有时被称作狭缝弯曲或者是光谱的 smile 或者 frown。这些术语经常用于描述探测器单元(或者像素)沿成像仪视场方向光谱维的配准误差。

这种配准误差会导致成像于光谱仪焦平面上的入射线狭缝的单色图像出现几何非线性。通常这种光谱配准误差可由光谱仪的准直镜和成像镜的光学畸变造成,或者由仪器焦平面上探测器阵列的装调误差引起,即使探测器焦平面本身不会造成狭缝像的弯曲。严格地说,这种光谱线弯曲的光学几何畸变是由色散元件——棱镜或者光栅造成的。在光栅光谱仪中,谱线弯曲源于光栅方程,并且随波长、色散角和离轴视场角平方这三者之积的变化而变化[4]。如果不考虑光源,这些配准误差的影响是相似的,可以用通用的方法矫正。我们统称所有这种光谱配准误差为谱线弯曲或者 smile。

在采用二维面阵探测器的成像光谱仪中,光谱在其中一维色散,例如沿着探测器的列色散,而空间视场沿探测器的行方向排列。在理想的情况下,这种成像光谱的输出含有二维(光谱-空间)帧数据,某一个特定行的所有输出数据代表地面穿轨方向一个采样行里每一个像元特定的中心波长和波段带宽的信息。然而,因为探测器件是矩形栅格排列的,光谱 smile 的存在使得入射狭缝的单色像不能在探测器同一行上配准。

图 8.1 给出了一个成像光谱仪的光谱畸变示意图。作为一个例子,将上面一个示意图中的狭缝尺寸设为 $30\mu m \times 30mm$。焦平面上放置一个二维面阵探测器,规格为 1000×256 元素,像元大小为 $30\mu m \times 30\mu m$。在此结构中,高光谱成像仪的视场覆盖地面 1000 个采样点,成像到探测器面阵上。垂直轴表示与地面采样位置相对应的不同波长光谱畸变曲线的值。在理想情况下,所有的 smile 畸变都应该为 0(如无光谱畸变),并且直线应和第 0 行重叠。在本例中,smile 畸变量在不同波长均表示为弯曲线条(smile 曲线)。有些曲线表现为两端畸变大,而有些是中心畸变大。在本例中,最大的 smile 畸变是 $7.7\mu m$,相当于面阵探测器的像元大小的 25.7%。

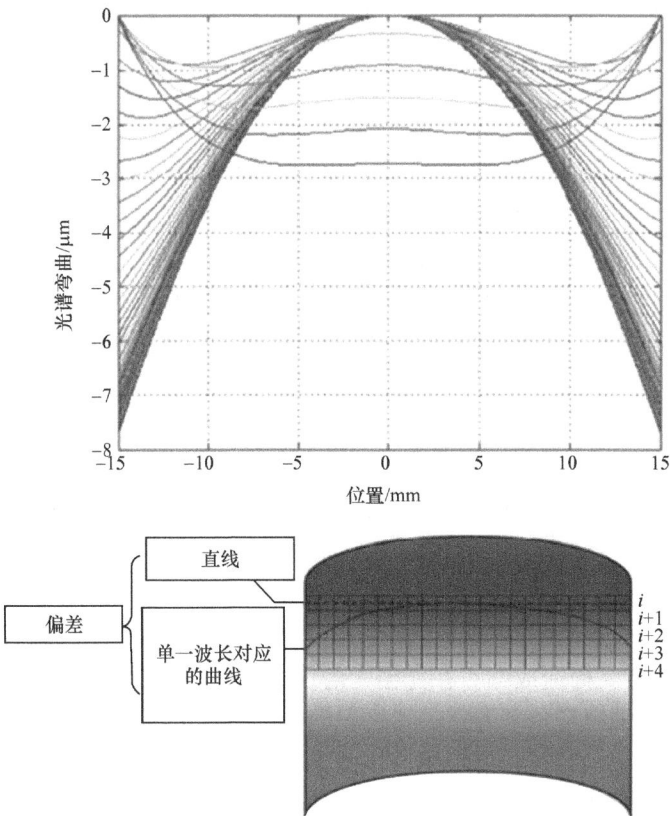

图 8.1　成像光谱仪的光谱弯曲(smile)畸变示意图

　　面阵探测器的光敏元是矩形栅格排列的,光谱 smile 的存在会导致入射到狭缝的单色直线图像表现为弯曲形状,偏离探测器上的直线行,如图 8.1 的下面图片所示(为明显起见,图中夸大了 smile 畸变)。在理想情况下,单一波长的单色光聚焦在入射狭缝上,再成像在探测器的第 i 行上,如虚线所示。由于光谱 smile 的存在,入射到狭缝上的单色光成像在探测器的第 i、$i+1$、$i+2$ 和 $i+3$ 行上,如实线所示。

　　在用户对获得的高光谱数据立方体进行提取应用产品和定量分析之前,需要对仪器进行精确标定。光谱响应曲线的峰值位置、波形、波宽必须和标称值相差很小,如波长带宽通常应是百分之几量级的差别。这样的要求就意味着推扫式成像光谱仪沿空间维和光谱维的光学 PSF 的变化必须非常小,通常在标定之前,这些畸变必须是像元的极小部分(如 1/10 像元)。

　　对焦平面的两维进行波长分布的标定,可以得到探测器每个像元上的中心波长和波段带宽。这些信息可以用来独立的处理每列上的光谱,即每个地面采样点的光谱。然而,大多数图像分析系统假设,按光谱波段排列的所有地面采样点的数据有相同的波长响应。可能的解决方法是基于光谱定标数据,对每列上的图像数据进行重采样,生成理想的输出阵列。

8.1.2　空间畸变:梯形畸变

　　除了上一节中所述的光谱畸变,成像光谱仪还存在空间畸变。空间畸变表现为沿光谱维的波段间的空间配准误差。在高光谱遥感术语中,这种空间畸变通常被称为梯形畸变或 Keystone。狭缝放大倍率是随着波长变化而产生的变化,但实际测量时,常用绝对长度或者探测器像元尺寸的几分之几来表示。Keystone 畸变可能由成像镜头中几何畸变或者色差引起的,抑或是两者共同的作用。在常用术语中,它是指同一地面采样点在光谱仪中不同光谱波段的成像像素在穿轨方向的空间配准误差。

　　图 8.2 示意了一个成像光谱仪的 Keystone 畸变。图的上部分同 8.1.1 节,以狭缝和探测器焦平面为例。垂直轴表示穿轨方向每个地面采样点与探测器像元空间配准误差。水平轴表示每个地面采样点的探测器像元对应的波长或光谱波段数。每条曲线表示探测器像元(对应穿轨方向的一个地面采样点)的空间位置与波长相关的平均位置的偏离量。图中只显示了 $0.4 \sim 0.9 \mu m$ 的可见近红外波段。穿轨方向中心的地面采样点对应空间像元的 Keystone 畸变比较小,而两端的比较大。地面采样点探测器成像像元的空间位置和平均空间位置的最大偏差(即空间配准误差)达 $\pm 3 \mu m$,相当于 10% 的像元中心距的大小。

　　Keystone 对成像光谱仪的影响可以表述为穿轨维方向上尺度的变化量,并与波段数相关。图 8.2 的下部分是 Keystone 畸变一个比较夸大的例子。图中,水平行表示一个地面采样点或者足印在可见近红外范围的整个光谱。垂直轴表示穿轨维—特定波长或波段的所有地面采样点。在理想情况下,成像光谱仪的输出包含二维(光谱-空间)帧数据,一个特定行的所有光敏面对同一个地面足印的所有光谱辐射量进行探测。因为探测器元按方形栅格排列,Keystone 的存在破坏了特定的地面足印与单一探测器像元行的配准关系。如图 8.2 所示,第 i 个地面足印的光谱辐射分量成像到探测器的第 $i+1$、i、$i-1$ 和 $i-2$ 行上,如实线所示;而不是虚线所示的理想情况下,成像到探测器的第 i 行上。对特定波长,如 $0.4\mu m$,记录地面足印 i 的光谱辐射分量的探测器像元是第 $i-3$ 行,而不是第 i 行。

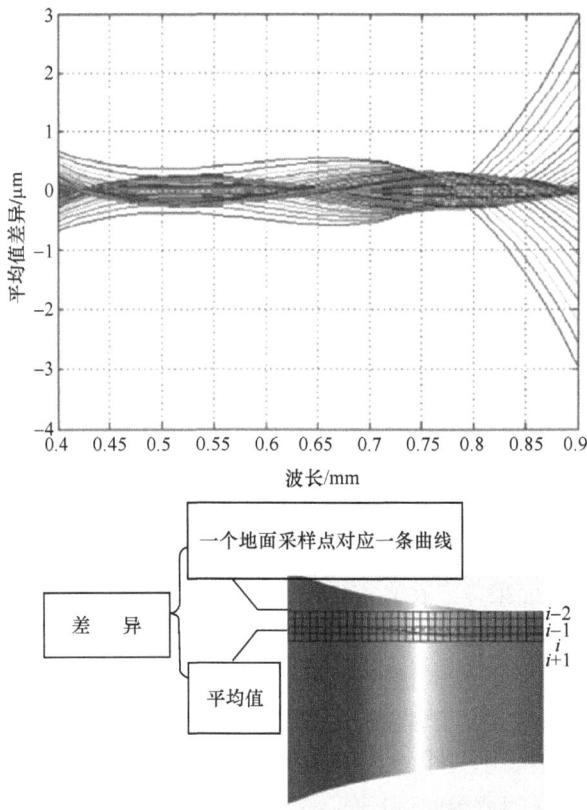

图 8.2 成像光谱仪的 Keystone 畸变示意图

在此例中,地面足印 i 在波长 $0.4\mu m$(或波段 1)沿穿轨维不能配准,约有 2.3 个像元的偏移。这个偏差意味着空间相邻元的光谱混叠量会随波长而变化,这会影响图像中接近尖锐边缘的像元,或小于几个像元的目标的光谱恢复。更特殊的情况,假如相邻的两个地面足印是不同物质的目标,具有不同的光谱,那么成像光谱仪测得的光谱是两种不同物质的混合光谱,光谱中不同物质的含量会随波长或波段的变化而变化。如果 Keystone 能扩散到一个像元,随波长或波段数从最小的一端到最大的一端,测得的光谱在一端是一种物质的光谱,而另一端则是另一种物质的光谱。这完全有可能使得在物质类别变化的场景中,识别物质种类变得非常困难。其困难程度取决于 Keystone 造成的穿轨维各元的配准误差的大小。类似的,光谱匹配和光谱解混技术就不能用来精确分析从这类传感器得到的数据。

8.1.3　Keystone 和 Smile 对成像像元形状和位置的影响

本节讨论 Keystone 和 Smile 对光谱成像的影响,包括这些畸变是如何影响地面足印到焦平面探测器上成像像元的形状和位置。图 8.3 描述了这种影响。

在图 8.3 中,从一个二维探测器阵列中提取了一个规模为 $5 \times 5 = 25$ 探测器像元的子窗。水平轴表示光谱维,垂直轴表示空间维,垂直轴平行于狭缝或者地面穿轨方向。创建 3 组不同形状的地面目标组,每组又有 3 个相同的目标。第一组是长椭圆形状的,标为 1～3;第二组是椭圆形状的,标为 4～6;第三组是圆形状的,标为 7～9。这 9 个目标按 3×3 的阵列形式均匀部署在地面一块区域内。3 个长椭

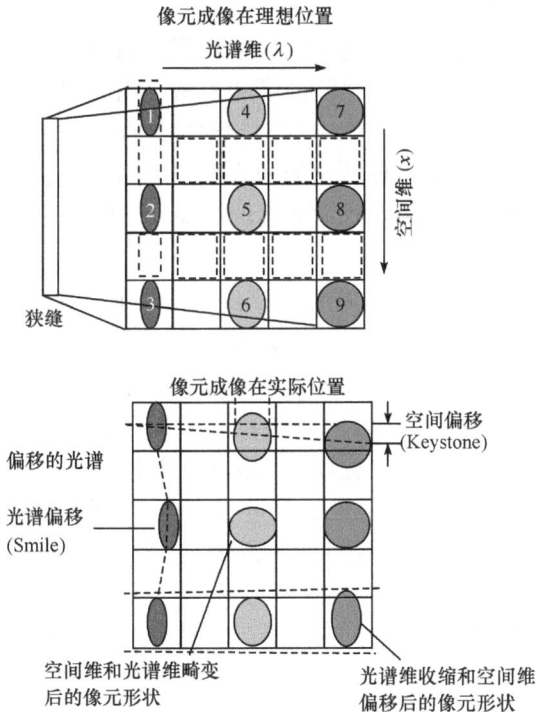

图 8.3　Smile 和 Keystone 混合畸变示意图

圆形的摆放在左侧一列,3 个椭圆形的摆放在中间一列,3 个圆形摆放在右侧一列。在理想情况下,如果没有 Smile 和 Keystone 畸变,这些目标阵列会按照图的上部分一样成像在探测器阵列上。

现在考虑仅有 Smile 或仅有 Keystone 畸变,以及两者同时存在时,地面目标是如何成像在探测器阵列上的,如图 8.3 的下部分所示。假设仅存在 Smile 畸变,左侧列的地面目标 1~3 形状不变地成像在探测器阵列上,但是由于存在 Smile 畸变,目标 2 沿波长变长的一端有轻微的偏移。假设仅存在 Keystone 畸变,中间列的地面目标 4 和右侧列的地面目标 7 形状不变,成像在探测器阵列上,但是由于存在 Keystone 畸变,两者沿空间维都有轻微的向下偏移。当 Smile 和 Keystone 畸变都存在时,地面足印到探测器焦平面上的成像像斑形状和位置都会受到影响。地面目标 5 的像斑由于 Smile 畸变在光谱维上拉长了,同时由于 Keystone 畸变而在空间维上缩短了。地面目标 9 的像斑由于 Smile 畸变而在光谱维上缩短了,同时由于 Keystone 畸变而在空间维上拉长了,并且有轻微位置偏移。

8.2　利用大气吸收特征匹配方法测试 Smile 畸变

对仪器光谱测量精度的要求通常取决于待测光谱的光谱变化率,较陡的光谱变化需要更高的光谱测量精度。最陡的变化通常是由大气吸收造成的,有些情况是由大气层外辐射中的弗朗霍夫线引起的。在机载或星载辐照测量中,通过辐照光谱和大气补偿的方法把测量值转化为地表反照率时,伪尖峰特征会出现在大气层外锐利的光谱特征和大气吸收透过光谱的边缘。这些伪尖峰特征是由仪器光谱定标精度不够引起的。

Neville 等[5]发明了一种测试成像光谱仪的波段中心和波宽的方法,这种方法仅用到仪器在飞行过程中获得的数据。该方法用到探测器响应的目标场景中所有像元的共同光谱特征。这些特征主要是大气的吸收谱线,可以对穿轨维的每个像元进行 Smile 畸变的测定。波段的中心波长和带宽可以通过将传感器测量得到的辐射亮度与模拟得到的入瞳辐射亮度进行相干匹配得到。

文献[6]-[9]报道了用大气吸收特征进行光谱定标的类似方法。在这些方法中,数据是有前提条件的,主要方法是比较测量光谱和参考光谱。测量的精度依赖于大气吸收模型的有效性。在 Neville 的方法中,用 MODTRAN 4.2 进行辐射传输计算[10]。从成像光谱仪特征的角度来看,传感器的指标到一定水平的精度,辐射传输参考数据的精度也必须达到相当的水平。从实用化的角度来看,要消除反演的反射光谱中的尖峰,只需要测量得到的图像经定标后波长与大气参考数据相匹配就可以了。

图 8.4 和图 8.5 给出了两种不同情况下使用该方法的流程图。

　① 目标反射率事先已知。

　② 目标反射率事先未知。

在此方法中,对测量得到的辐射光谱的吸收特征和 MODTRAN4.2 模拟得到的入瞳辐射光谱的吸收特征进行了比较。

在第一种情况下,将已知目标反射率输入到辐射传输模型中,得到模拟的入瞳辐射光谱(图 8.4)。该处理方法中关键的一步是与仪器的光谱响应函数进行卷积。光谱响应函数主要由其中心波长、带宽和形状决定。由数据源提供的这些参数的标称值被作为初始点;通过调整中心波长和带宽,产生一系列模型化的入瞳辐射光谱。实际测得的辐射光谱与此系列的模拟辐射光谱进行比照;与测得的辐射光谱匹配最佳的模拟辐射光谱所对应的波段中心波长和带宽将被视为正确的值。采用计算得到的相关系数作为比较模拟辐射光谱与测量辐射光谱是否匹配的衡量标准。对穿轨维视场的每个像元重复进行,以仪器视场中像元位置为函数测量波段中心波长和带宽。这些操作就实现了对 smile 进行测试。为确保测得的光谱有尽可能高的 SNR,对大数量的图像行的目标场景元沿轨进行平均,可以得到一幅单独的光谱-空间辐射帧。

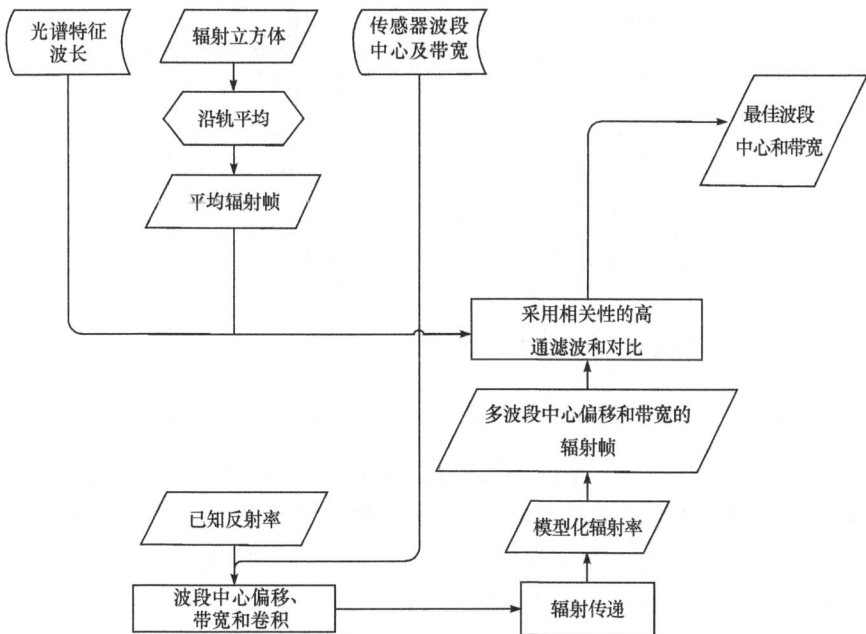

图 8.4　已知目标反射率的光谱定标流程图[5]

已知目标反射率的情况非常少,因为所有测试场景的反射率都需要知道。甚至,场景要有辐射校正的测试点,通常这对绝大多数仪器都是无法做到的,尤其是星载仪器。为了提高测试光谱的 SNR,将沿轨许多图像行信号平均到一行上,要已知反射率就更难了。

在通常情况下,反射率光谱是未知的,而且必须通过探测器的信号数据来计算(图 8.5)。为此,要通过交互迭代处理使得表面反射率光谱和仪器光谱参数得到逐步改善,直到获得稳定的结果。第一步,以标称波段中心波长和带宽作为中心波长和带宽的初始点做大气校正以获得地表反射率。因为这些中心波长和带宽通常不够准确,反演得到的地表反射率光谱在相邻大气吸收特征间会出现尖峰。通过平滑来抑制这些尖峰,得出目标场景的近似反射光谱,这些局部的平滑过的反射率光谱用来作为辐射模拟的输入,以得到模拟的入瞳辐射光谱。

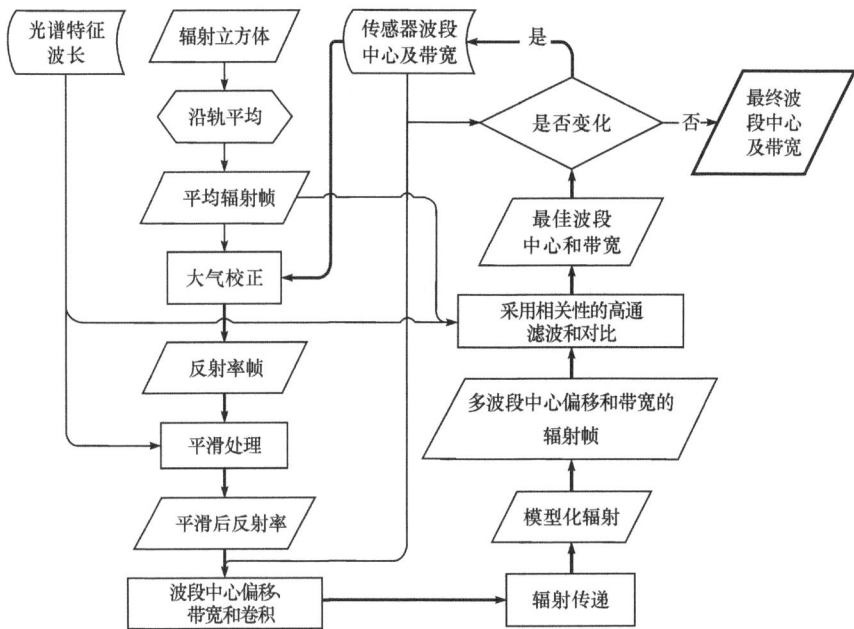

图 8.5　未知目标反射率的光谱定标流程图(加粗线表示迭代循环)[5]

为减轻对表面反射率近似造成的影响,用高通滤波器对这些光谱滤波,去除目标场景中隐含物质光谱特征的大部分影响(包含大部分相比于大气特征变化非常缓慢的特征)。使用与已知反射率情况下光谱定标相同的校正程序,以获得初次正确的波段中心和波段带宽估算值。反复使用这些正确的波段中心波长和波段带宽,对测得的辐射进行大气校正,以产生目标表面反射率的改善值。重复这个过程,每次迭代更新波长值,直到获得一个稳定的结果或者一个设定的迭代次数完成。实际使用 3~5 次迭代就足够了。

　　程序由成像光谱仪数据分析系统（ISDAS）[11]执行。采用查找表（LUT）的方法进行大气校正[12]。用 MODTRAN 4.2 辐射传输代码建立以时刻、日期、位置、高度，以及适当的大气条件生成一个原始的 LUT。在通常的大气校正过程中，每个特定仪器的 LUT 是将原始的 LUT 值与波段光谱响应函数进行卷积而生成的。被卷积的 LUT 随后按仪器的波段波长进行采样。在波段中心波长和波段带宽的测试程序中，诸多被卷积的 LUT 生成。首先，对一些选定的某一范围的带宽重复进行卷积。每个这样的 LUT 按传感器波段的中心波长值采样，该波段的中心波长在一段范围内选定一定偏移量。调整偏移范围应包含可预见的 Smile 畸变幅度，调整偏移增量使其与不同像元间波长偏移量相当，由迭代循环来决定。带宽增量和范围值的选择方式类似。在这些波段特征分析时，如果像元与像元间的非均匀性（响应）系数不足以消除用于特征分析的波段中条带影响，将会产生波长估算误差。为消除这些影响和离散偏移增量引起的影响，低次多项式将用于拟合最终波段中心波长和带宽值。通常一个二级多项式是足够的，并且与光栅光谱仪的余弦预测模型相吻合[4]。这里假设衍射角（在光谱仪光栅中）是小角度。

　　如何选择吸收特征取决于被研究的特定传感器的波长范围、光谱分辨率和 SNR。测量光谱中出现的特征越陡、分辨率越好，则波长估算误差越低。为减轻背景目标反射率的潜在影响，往往选择光谱特征窄或者含有多个窄的子特征峰的特征光谱，而且这些特征光谱是仪器自身可分辨出的。此外，为进一步减轻目标场景反射的影响，在实施校正前，用高通滤波器对待测光谱和模型化光谱进行高通滤波。在理想情况下，为使光谱校正测试能应用到仪器的整个光谱范围内，所选择的吸收特征分应布于仪器的整个光谱范围内。对每个被选的吸收特征都进行测量光谱和模拟光谱比对，从而每个穿轨像元都对应一套波段中心波长偏移和带宽变化，并且在特征集中的每个吸收特征都有一对应的参数。通过内插和外插的方式，将产生于每个特征和每个穿轨像元的波长和带宽估算值扩展到面阵的所有元中。为此，用户可以使用低阶多项式拟合或分段线性插值。把这些特征外推到波段范围之外可能是有问题的，因此经常使用最相近的大气特征来完成波段中心波长和波段带宽变化的测量。

8.3　五台成像光谱仪的 Smile 畸变测试

　　Neville 等[5]对五台成像光谱仪的波段中心波长和波段带宽进行了测试。这些成像光谱仪分别是 AVIRIS、短波红外全光谱成像仪（SFSI）[13]、CASI[14]、CHRIS[15,16]和 Hyperion[2,3]。AVIRIS 的 Smile 数据的测试是一种方法测试，因为 AVIRIS 是摇扫式成像光谱仪。这种成像光谱仪被认为是没有 Smile 畸变的。

SFSI 和 CASI 是机载推扫式仪器,CHRIS 和 Hyperion 是星载推扫式仪器,都有 Smile 畸变。Hyperion 测试用三个不同的数据立方体检测其对时间的变化。成像光谱仪 CASI 飞行了许多数据,测试中使用的数据是由纽约大学在两年中获得的两组数据。对于 Hyperion,用到了不同日期和地点的三种场景:2002 年 1 月 12 日获得的澳大利亚 Coleambally 数据;2002 年 3 月 30 日获得的澳大利亚 Ranger Mill 数据;2002 年 5 月 20 日获得的加拿大 Saskatchewan 数据。Coleambally 场景是密集的植被和光秃的土壤;Ranger Mill 区域是热带稀疏草原,植被比较稀疏;Saskatchewan 是光秃的土壤,覆盖有少量的庄稼残余。

8.3.1　AVIRIS 传感器 Smile 畸变测试

AVIRIS 是摇扫式成像光谱仪。在某一瞬间对地面某一足印(像元)进行观测,通过扫描镜获得穿轨维各像元的成像。AVIRIS 有 4 个覆盖不同的谱段的光谱仪子系统。4 个光谱仪获得 4 个光谱范围,总光谱覆盖范围为 370～2508nm,共 224 个波段,平均波段半高宽(FWHM)为 9.7nm,平均光谱采样间隔约为 9.57nm。

波段响应曲线呈高斯分布。每个光谱仪沿探测器线阵色散,每一空间像元(穿轨维)同时被同一光谱仪及其线列探测器观测,获得的光谱数据应该是无 Smile 畸变的。但这种情况只有在仪器的扫描过程中,入射到光谱仪的准直光束的角度、横截面和形状都在不发生任何变化的条件下才能达到。

AVIRIS 这组测试用到的数据是 1996 年在 Cuprite 和 Nevada 采集到的(沙漠区域,含有极少的植被,却有丰富的矿物)。如图 8.6(a)所示,为 823nm、942nm 和 1136nm 的水汽吸收带测试结果。原始数据沿狭缝穿轨维的各像元用一个二级多项式进行拟合。每一单独测试中相对于拟合曲线的标准偏差列于表 8.1 中,作为平均拟合曲线的标准偏差或标准误差。均值偏移是指传感器数据源定义的波段中心波长和曲线拟合平均值之间的差异。Smile 畸变的幅度是曲线拟合的最大值减去最小值。如图 8.6(b)所示,为 942 nm 水汽特征附近,测量值及相应的二阶多项式曲线拟合出的 AVIRIS 波段的有效带宽。用对标称的特定带宽的百分比变化来表示。在 AVIRIS 光谱范围内,对九种不同的吸收特征,重复用该程序。对单个像元的波段中心偏移和带宽,用内插和外推的方法,推广到 AVIRIS 的所有光谱波段。

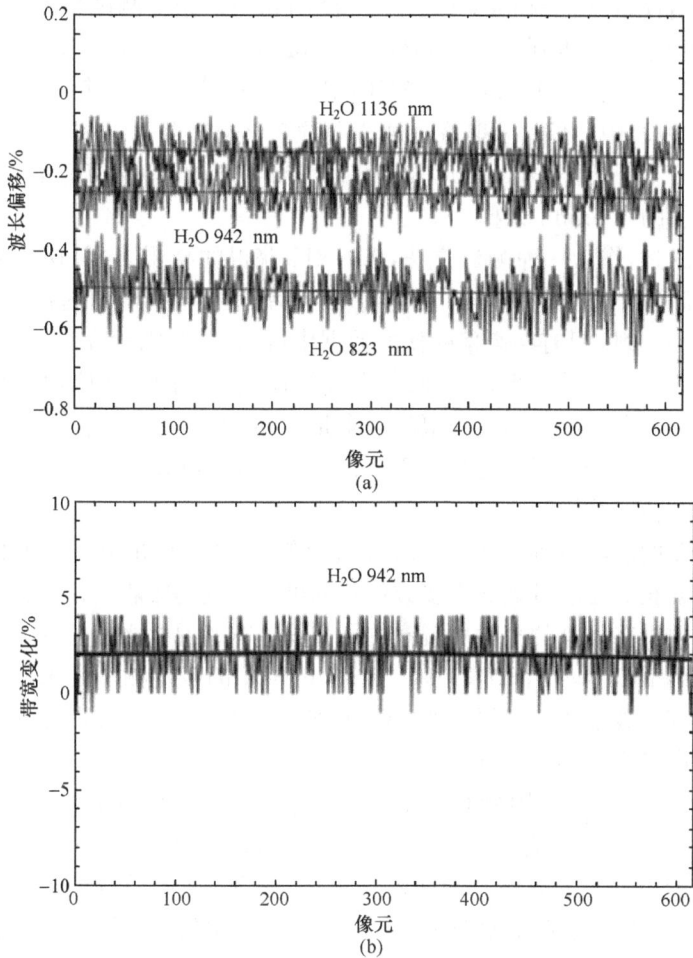

图 8.6　(a)AVIRIS 波长偏移测试数据(823nm、924nm 和 1136nm 水汽带)

(b)AVIRIS 波段带宽变化测试数据(942nm 水汽带)[5]

表 8.1　AVIRIS 数据中三种水汽特征的光谱测试统计结果

测试项/nm	H_2 元 823nm	H_2 元 942nm	H_2 元 1136nm
标准偏差实际测试对比拟合	0.060	0.046	0.045
标准偏差平均拟合	0.002	0.002	0.002
平均偏移	−0.505	−0.257	−0.154
光谱弯曲幅度	0.018	0.016	0.018

对 AVIRIS 数据处理是用来检验这种 Smile 测试方法,期望 AVIRIS 这种摇

扫式成像光谱仪是没有 Smile 畸变的。虽然图 8.6(a)中的测试和表 8.1 的结论显示,像元之间的变化达到 ±0.1nm($\sigma=0.05$nm),二阶多项式拟合的结果表明 Smile 畸变最大只有 0.018nm。对 AVIRIS[7,8],同一地点不同年份的数据结果与此吻合,待测波段中心偏移及其在穿轨方向的变化也吻合,都可以达到要求的测试精度。对于三个水汽带(823nm、942nm 和 1136nm)的波长偏移值都是在 AVIRIS 波段波长标称值的 0.5nm 以内。

更重要的是,作为一种测试方法,AVIRIS 获得的结果表明,这种方法能对单个像元进行测试,标准偏差低至 0.05 nm 和标准误差(平均值的标准偏差)低至 0.002 nm,这种精度只有在高信噪比的数据中可以达到,因为穿轨均匀性没问题。这一点将在下一节作进一步讨论,假设大气校正软件中的大气吸收波长的本身是精确的。对于单个测试中精度受限的因素是 MODTRAN 4.2 代码波数分辨率为 1cm^{-1}。对 1000nm 的波长,这相当于波长步长为 0.1nm,因此可以理解单个测量中标准偏差的精度约为 0.05nm。

假设仪器的波段-响应曲线信息是事先已知的,该方法能确定任何仪器的大多数吸收特征波长的波段带宽和大多数仪器的可探测到的吸收特征波长。例外的是光谱响应函数中有极小的窄的可观察的子波段带宽的混叠光谱特征。在目前的情况下,假定 AVIRIS 是一个高斯响应。图 8.6(b)中的带宽测试是用相对于指定带宽的百分比变化表示的。结果表明,AVIRIS 在 942nm 水汽吸收特征波段附近的波段带宽的增量为 2.06±0.05%。

在图 8.6(a)中,仅采用所有数据中的一个子集(例如 9)来表征 AVIRIS。所计算的波带中心偏移的范围为 −0.914～+0.452nm,平均 Smile 为 0.069nm,且计算的平均带宽为 9.527nm,比标称的 9.704nm 更窄。计算的 AVIRIS 的带宽比指定的要窄,可能表明光谱响应函数的形状不是精确的高斯型。经验表明,所计算的带宽对假定的响应曲线是相当敏感。具体地说,如果假定曲线下沿比实际的长,那么计算出的带宽将比实际的窄。

8.3.2　SFSI 传感器的 Smile 畸变测试

SFSI 仪器是基于光栅的推扫式红外成像光谱仪,能同时获得穿轨空间和光谱维信息。因此,系统存在光谱弯曲或者说光谱 Smile 畸变。SFSI 有 234 个波段,覆盖 1219～2437nm 光谱。平均光谱采样间隔为 5.2nm,标称 FWHM 波段带宽约为 13nm,而且光谱响应曲线为高斯型。这里的分析数据是 2000 年 8 月在加拿大 Saskatchewan,Key Lake 北部采集到的。如图 8.7 所示的结果是 1268nm 的氧气特征、1470nm 的小水汽峰和 2007nm 的大二氧化碳特征峰。总共检测了 1268～2392nm 的 9 个光谱特征。用二阶多项式曲线对穿轨像元进行拟合计算。定义偏移为所有穿轨像元波段平均中心波长相对于波段标称的中心波长值的偏移,

表 8.2 列出了 9 个吸收峰中的 3 个的 Smile 幅值标准偏差,以及平均拟合曲线的标准偏差。

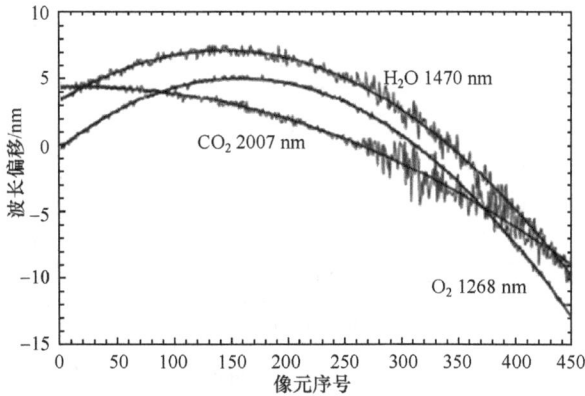

图 8.7　SFSI 1268、1470 和 2007nm 大气吸收特征的波长偏移测试数据及拟合曲线[5]

确定穿轨维波长偏移的二阶多项式曲线,需要对测试光谱特征的相邻波段的波长进行计算。为覆盖探测器响应的所有波段,用这些值进行内插和外推,一种三阶多项式被用于对波段的波长进行拟合。在色散光栅理论中,二阶多项式逼近能满足光栅仪器的色散。然而,对这种仪器,光学像差对色散的贡献,需要三阶多项式拟合。用定标结果来重采样探测器数据阵列生成理想的输出阵列。如图 8.8(a) 和图 8.8(b) 所示,分别是波长定标前、后提取的反射率曲线,显示了穿轨线左侧、中间、右侧的采样光谱。

该方法用于 SFSI 数据立方体,结果表明存在大的光谱线弯曲。用于构建卷积的 LUT 的光谱偏移的范围和步长已经做了适当的调整。在这种情况下,Smile 的幅度接近或者超过了 18nm。因此,该方法提供的波段中心波长的精确度,如表 8.2 所示的标准误差的范围是 0.008~0.03nm。

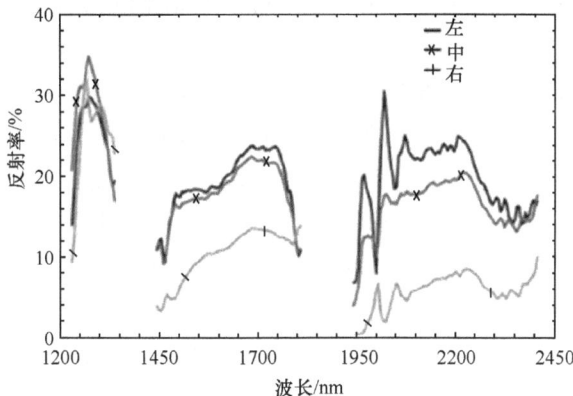

(a) 波段中心和带宽校正之前

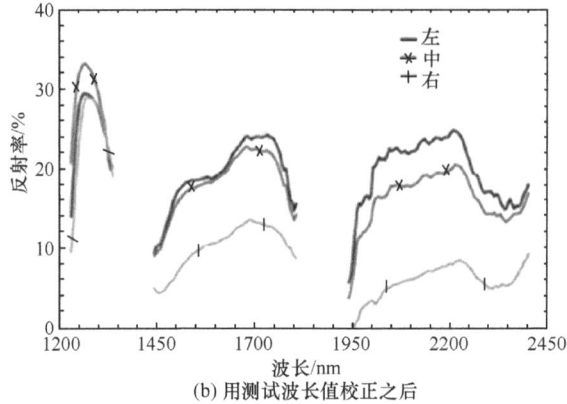

(b) 用测试波长值校正之后

图 8.8　SFSI 在穿轨线不同位置的反射光谱数据[5]

表 8.2　SFSI 数据中 3 个吸收特征的光谱测试统计结果

测试项/nm	O_2 1268nm	H_2O 1470nm	CO_2 2007nm
标准偏差实际测试对比拟合	0.166	0.340	0.576
标准偏差平均拟合	0.008	0.019	0.027
平均偏移	0.511	2.853	0.071
光谱弯曲幅度	18.165	17.133	13.514

　　值得一提的是,Smile 曲线是非对称的或者倾斜的,这表明探测器阵列要么不在光谱仪的光轴中心,要么相对于狭缝有绕光轴的旋转,或者两者兼具。进一步分析 SFSI 数据,非称性的主要贡献是探测器阵列的轴线相对于光谱仪狭缝的非对准旋转[17]。这种旋转对测得的 Smile 的贡献大约是 13nm。

　　据观察,从一个光谱特征到另一个和刈幅的一处到另一处,存在随机的像元与像元之间的波动变化。虽然部分波动还可归咎于仪器的噪声,即便可通过对大量的沿轨图像帧(线图像)进行平均来减小这种波动,但不能用这种方法完全解释该现象。1470nm 处信噪比不如 2007nm 处的高,另外当探测器阵列空间维像元其位置毋超过 300 时,2007nm 处的峰-峰值变化比较高。假设这些波动的一个主要来源是空间均匀性不足,或更具体地说,从一个到另一个光谱波段的非均匀性变化存在于被选用的各个吸收特征的范围中。

　　由于随机性,通过对更多的沿轨图像帧进行平均,来减轻探测器随机时变噪声的影响。非均匀性影响只有通过改善均匀性系数才能减轻,这与 AVIRIS 获得的结果不同,AVIRIS 没有空间均匀性问题,因为对于一个特定的光谱波段的每次测量都是用同一个探测器来完成的。因为 AVIRIS 和 SFSI 的重叠特征从来没有报道过,因此不能对两者作精确的比较。值得一提的是,AVIRIS 的最低精度的结果比 SFSI 最好精度的结果还要好三倍。

在图 8.8 中,定标后新的波段中心和波段宽度在反射率光谱中应用的影响是非常有效的。在 1268nm 氧气带、1470nm 水汽带、1575~1607nm 和 2005~2057nm 二氧化碳带,以及 2200nm 和 2300~2400nm 水汽带附近的改善非常明显。其中,2005~2057nm 二氧化碳的改善最为明显。值得注意的是,并没有对这些光谱进行任何平滑处理。

与 AVIRIS 一样,只有所有数据中的一部分用来表征 SFSI 的特征,其结果如图 8.7 所示。测得的波段中心偏移−3.000~+2.951nm,平均 Smile 畸变为 15.417nm,平均测试波段宽度为 11.401nm,比标称值 14.096nm 更窄。

8.3.3　CASI 传感器的 Smile 畸变测试

CASI 也是推扫式成像光谱仪,有一个二维的面阵探测器,能同时获得穿轨维所有元的光谱信息。CASI 具有多个可选模式。本节所用数据采用的模式为:穿轨维 404 元和 72 个光谱波段,覆盖光谱范围为 406.7~943.3nm,平均光谱采样间隔为 7.56nm,标称 FWHM 带宽为 8.67nm。本节数据是通过合并四个相邻子波段实现此光谱采样间隔和波段带宽。每个高分辨率的子波段源于传感器本身,对应探测器的单行探测像元的输出。子波段的平均光谱采样检测为 1.89nm,平均 FWHM 带宽为 2.42nm,并且假定它们具有高斯响应函数曲线。

本节分析两组数据立方体,由 CASI 在 Sudbury 地区获得(1996 年 8 月和 1998 年 8 月)。在仪器光谱特征化过程中,每组数据立方体用 6 个吸收特征。518nm 的镁(Mg)弗朗霍夫(Fraunhofer)线,大气中 687nm 的氧气(O_2)线,大气中 720nm 的水汽(H_2O)线,大气中 761nm 的氧气(O_2)线,以及大气中 817nm 和 940nm 的水汽(H_2O)线。如图 8.9 所示,1996 年数据立方体测得的拟合曲线产生于 CASI 仪器邻近光谱吸收特征的波段。对于每个这样的特征,表 8.3 列出了波段中心波长偏移,光谱 Smile 畸变,单次测试相对于拟合曲线的标准偏差,以及平均拟合曲线的标准偏差,或者两组数据的标准误差。

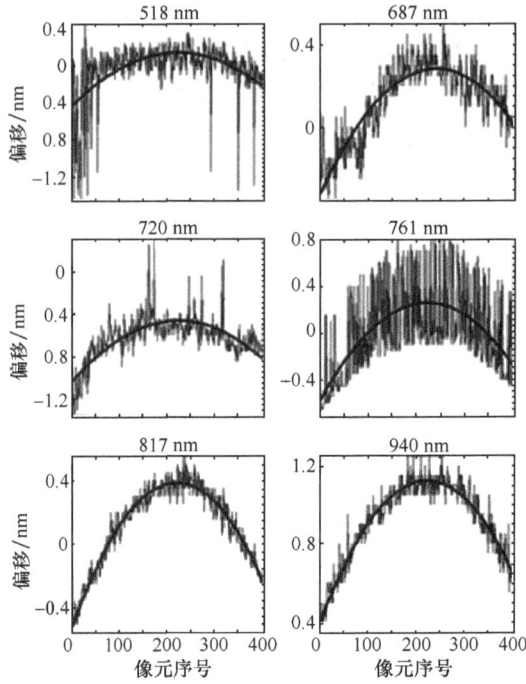

图 8.9 1996 年 CASI 数据的大气吸收特征波长(518、687、720、761、817 和 940nm)
测得的 Smile 畸变(波长偏移)和拟合曲线[5]

表 8.3 CASI 数据中 6 个吸收特征的光谱测试统计结果

测试项/nm	Mg 518nm		O_2 687nm		H_2O 720nm		O_2 761nm		H_2O 817nm		H_2O 940nm	
	1996	1998	1996	1998	1996	1998	1996	1998	1996	1998	1996	1998
标准偏差实际测试对比拟合	0.252	0.291	0.088	0.297	0.136	0.195	0.304	0.359	0.058	0.081	0.056	0.129
标准偏差平均拟合	0.013	0.015	0	0.015	0.010	0.010	0.015	0.018	0	0	0	0.010
平均偏移	−0.030	0.409	0.125	−0.656	−0.626	−1.071	0.019	0.242	0.124	0.351	0.915	1.447
光谱弯曲幅度	0.580	0.477	0.604	1.168	0.568	0.637	0.831	0.481	0.896	0.769	0.727	0.580

1996 年数据中波长偏移范围为−0.625～+0.915nm,平均偏移为 0.234nm,这相当于 3%的光谱采样间隔。对 1998 年的数据中,波长偏移范围为−1.071～+1.447nm,平均偏移为 0.300nm。这些数据表明,仪器的标定非常好。此外,CASI 在两个时期的数据都显示具有低的光谱弯曲,平均 Smile 1996 年数据为 0.675nm,1998 年数据为 0.677nm,相当于 9%的光谱采样间隔。

如图 8.9 所示最大的噪声出现在 761nm 氧气特征带,由于 761nm 的吸收特征非常窄,而且 CASI 仪器具有相对较小的波段间的混叠造成的。为使提出的方法有效,至少两个相邻波段的光谱响应函数能覆盖此特征。窄吸收特征需要连续波段的光谱响应函数互相交叠。对于狭缝像宽与探测器元尺寸匹配的成像光谱仪,连续波段的光谱响应函数的交叠相当于或者大于光谱采样间隔,因此确保了上述条件能够满足。

CASI 仪器的光谱响应函数交叠小,是得益于 CASI 仪器的工作原理,产生了所期望的输出波段光谱采样间隔,即高分辨率子波段合并成一个波段,子波段光谱采样间隔比输出采样间隔小很多(在本节的数据中是四分之一)。相比每个波段对应一个探测元的成像光谱仪,由于子波段的高分辨率,合并波段的光谱响应函数有相当陡的前沿和后沿,以及平缓的中心部分。这样单个波段更可能观测到一个窄的光谱特征。这种情况就会对该特征相对于波段中心波长的位置产生歧义。在本例中就可能发生这种情况。

图 8.9 所示为 1996 年数据的 Smile 曲线,表现出某些非对称性,表明有轻微的探测器旋转失配,Smile 总共大约 0.26nm,相当于 3.5% 的光谱采样间隔,这个量级的 Smile 说明仪器装调是良好的。

在 1996 年和 1998 年数据的结果中,相对于标称的平均波段带宽 8.68nm,测得的平均波段带宽为 8.439nm 和 9.144nm。

8.3.4 CHRIS 传感器的 Smile 畸变测试

CHRIS 是推扫式成像光谱仪,搭载在 PROBA-1 卫星平台上。CHRIS 可以在一组工作模式中选择一个模式工作。本节的分析数据是在工作模式 5 下获得,在该模式下穿轨方向有 370 像元,37 个光谱波段,覆盖 442.6~1023.1nm,光谱采样间隔为 6.1~63.0nm,标称带宽为 6.1~32.8nm。与 CASI 一样,有些波段是对较窄的子波段的合并,子波段光谱采样间隔为 1.25nm~11.25nm,与标称的 FWHM 波段带宽相当。

参考文献[15]中线扩展函数视觉检查表明,至少对于较短的波长部分,形状基本是高斯型的。在本节的分析中,假设 CHRIS 的子波段都是高斯型的。本节分析的数据是 2003 年在加拿大北极地区的 Nanisivik、Nunavut 获得的。

图 8.10 给出了三个吸收特征测得的波段中心波长偏移和相对拟合曲线,即 720nm(水汽)、761nm(O_2)和 940nm(水汽)。单次测量三个特征相对于拟合曲线的波段中心偏移,光谱 Smile 值、标准偏差,以及相对于平均拟合曲线的标准偏差或者标准误差,结果如表 8.4 所示。

在 720nm 和 761nm 吸收特征的光谱范围内,CHRIS 的平均波长偏移是 1.448nm,或者大约是 20% 的采样间隔。这种量级的误差在大气吸收光谱区域会导致明显的"伪尖峰"。另一方面,Smile 量是很小的,平均为 0.343nm 或者约为

5%采样间隔。由图8.10可知,测得的偏移曲线中只显示极小或者零弯曲,这表明Smile可能仅由探测器面阵和光谱狭缝旋转失调造成。

表8.4　CHRIS数据中3个吸收特征的光谱测试统计结果

测试项/nm	H_2 720nm	O_2 761nm	H_2O 940nm
标准偏差实际测试对比拟合	0.149	0.040	0.080
标准偏差平均拟合	0	0	0
平均偏移	0.417	1.773	2.510
光谱弯曲幅度	0.243	0.351	0.462

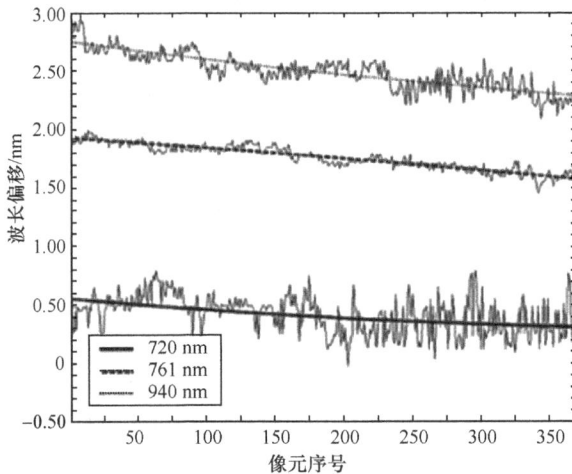

图8.10　CHRIS数据三个大气吸收特征光谱区(720nm(水汽)、761nm(O_2)和940nm(水汽))测得的波长偏移和拟合曲线[5]

在该数据中,相对于标称的平均波段带宽10.99nm,测得的平均波段带宽为13.83nm。

8.3.5　Hyperion传感器的Smile畸变测试

Hyperion是推扫式成像光谱仪,也有Smile光谱畸变。Hyperion包含两个光谱仪,一个覆盖了可见近红外光谱范围(357~1055nm),另外一个覆盖了短波红外光谱范围(851~2576nm)。Hyperion输出198光谱波段,平均采样间隔为10.1nm,平均FWHM波宽为11.0nm。假定光谱响应函数形状为高斯型,对三组数据的测试结果如图8.11和图8.12所示。

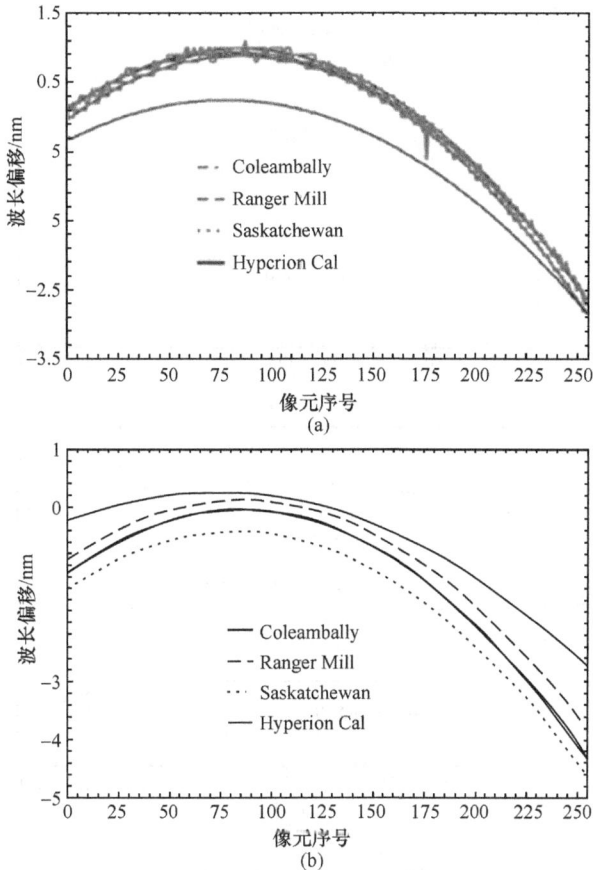

图 8.11　(a)3 组 Hyperion 数据中二阶多项式拟合的 761nm 氧气吸收带的光谱 Smile 畸变测
试结果。为了比较起见，图中还显示了 Hyperion 仪器在 763.14nm 波
段实验室定标曲线的比较。(b)3 组 Hyperion 数据中多项式拟合
的 823nm 水汽吸收带，以及 824.16nm 波段实验室定标曲线[5]

图 8.11(a)是 761nm 氧气特征峰的结果，图 8.11(b)是 823nm 水汽特征峰的
结果，均由仪器的可见近红外光谱仪获得。在图 8.11(a)中，显示了测试结果和相
关的二阶多项式曲线拟合值。为清楚，图 8.11(b)仅显示了拟合曲线。图 8.11(a)
和图 8.11(b)还显示了 Hyperion 发射前对 763.14nm 和 824.16nm 波段的实验室
光谱定标曲线。

在图 8.12(a)中，二阶多项式拟合曲线上覆盖了 1136nm 水气特征的测试结
果。图 8.12(b)只显示了二阶多项式拟合的 1575~1607nm 二氧化碳特征，如图
8.11(b)所示。在这些图中，同样也包括 Hyperion 在短波红外波段中 1134.45nm
和 1578.37nm 波段在发射前实验室定标结果以供比较。

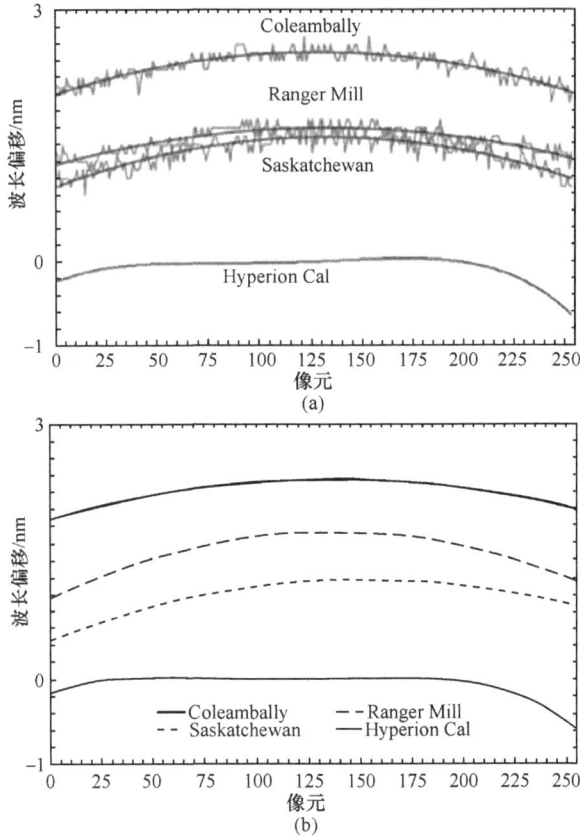

图 8.12 (a)3 组 Hyperion 数据中,1136nm 水汽带的光谱 Smile 畸变测试结果,以
及多项式拟合,图中还显示了 Hyperion 仪器在 1134.45nm 波段实验定标
曲线以供比较。(b)多项式拟合的二氧化碳 1575～1607nm 测试
波长偏移,以及 1578.37nm 波段实验室定标曲线[5]

总之,对 Hyperion 仪器两个谱段区域,用 10 个特征,3 个在可见近红外区域,7 个在短波红外区域,来确立新的波长定标栅格。图 8.13(a)的曲线是从 Coleambally 数据中,用实验室标定的波段中心值计算出的在穿轨线 3、130 和 253 行的单个像元中提取出的反射率光谱。图 8.13(b)是用测试数据进行 Smile 校正之后的相同像元的反射率光谱。

通过计算测试值拟合曲线和实验室定标值计算出的像元平均的差值,可以得到 3 组数据中 4 个吸收特征各自的平均光谱偏移量,如表 8.5 所示。表 8.5 还列出了发射前实验室定标数据和测试数据对应的光谱 Smile 幅值、Smile 差异、标准偏差,以及平均拟合曲线的标准偏差或者标准误差。

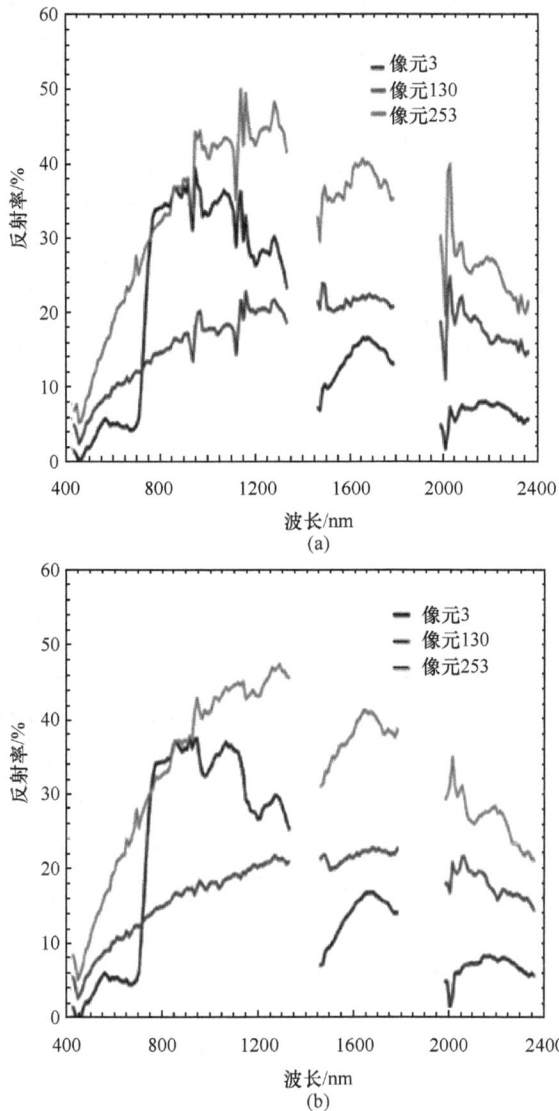

图 8.13 （a)用实验室定标值计算所得的 Hyperion 反射率光谱的波段中心波长，取自 Coleambally 场景的光谱包括植被和土壤。(b)与图(a)相同的像元经过用测得的波段中心和波宽进行 Smile 校正后的反射率光谱，应用中未经平滑处理[5]

Hyperion 数据中测试的 Smile 幅值是 4.25nm，形状与 SFSI 的 Smile 相似。实际上，光谱弯曲也有相似的不对称性，表明存在某种光机装配失配。图 8.11～图8.13 中的结果和表 8.5 中所列数据可知，无论在总体偏移，还是 Smile 幅值中，测试和实验室定标数据存在显著的差别。此外，对于短波红外特征，实验室获得的 Smile

曲线形状，无论与理论和测试的波形相比都表示出不同。总之，对于 823nm 特征，相对于实验室数据，测试偏移为正，例如指定探测器的测试波长波段向长波的一端偏移。

表 8.5　3 组 Hyperion 数据中光谱测试的统计结果，Coleambally(2002 年 1 月)、Ranger Mill(2002 年 3 月)、Saskatchewan(2002 年 5 月)，每组数据中有 4 个吸收特征数被测试

测试项/nm	Colcambally				Ranger Mill				Saskatchewan			
	O_2	H_2O	H_2O	CO_2	O_2	H_2O	H_2O	CO_2	O_2	H_2O	H_2O	CO_2
	761	823	H36	1575	761	823	1136	1575	761	823	1136	1575
标准偏差实际测试对比拟合	0.035	0.084	0.073	0.247	0.046	0.076	0.070	0.270	0.052	0.147	0.091	0.278
标准偏差平均拟合	0	0.010	0	0.016	0	0	0	0.017	0	0.010	0.010	0.017
平均偏移(实验测得)	0.481	−0.611	2.408	2.257	0.611	−0.370	1.532	1.553	0.567	−0.968	1.374	1.049
光谱弯曲幅度测定	3.724	4.248	0.500	0.445	3.635	3.912	0.440	0.728	3.578	4.161	0.587	0.711
每次实验中标定的光谱弯曲幅度	3.06	2.96	0.68	0.59	3.06	2.96	0.68	0.59	3.06	2.96	0.68	0.59
光谱弯曲差异(实验测得)	0.664	1.288	−0.180	0.145	0.575	0.952	−0.240	0.138	0.518	1.201	−0.090	0.121

从实验结果可知，除 761nm 氧气特征，在测得的数据间有明显的偏差，甚至在 761nm 特征处，偏差值也超出了平均拟合的标准偏离(标准误差)，因此不能把这些偏差归为随机测试误差。文献[7]、[8]中报道的工作也用到了早期的 Coleambally 数据，在 761nm 氧气特征处的 Smile 与图 8.11(a)中描述的结果类似，包括在一个位于 176 行上的像元负的伪峰值。对于短波红外谱段，偏移与数据获得的日期相关，偏移量相对于实验室定标数据会随时间而减少。对于可见近红外谱段，三组数据的分析数据与数据采集日期没有相关性。实际上确有这样的情况，这种偏离了常态的 Smile 曲线的独立性在 Coleambally 数据中也显示出来了，因为该数据地表由植被和新鲜的耕地组成。此外，与纬度也没有明显的相关性。

比较 AVRIS 和 Hyperion 的标准误差，值得注意的是 823nm 和 1136nm 处 Hyperion 误差超过了 AVIRIS 误差的 2～3 倍。对于 SFSI 结果，怀疑像元-像元之间起伏变化(图 8.11(a)和图 8.12(a))的主要来源是空间非均匀性系数引起的波段与波段间的失调。与 SFSI 结果比较，误差一般会小些，尽管没有相同光谱特征来进行直接的比较。

在不同 Hyperion 的数据中，偏移量的幅值和变化是很大的，超过了 100 倍，这些都远超过可用随机测试误差(平均拟合的标准偏差)可解释的上限。在计算反射率光谱的数据处理中融入这些偏移时，会引入严重的偏差。后者如图 8.13(a)所

示,在用 Coleambally 数据立方体处理的反射率光谱中,在 942、1136、1470 和 2300～2350nm 水汽带;1268nm 氧气特征;1575～1607、2007 和 2057nm 二氧化碳特征附近出现伪尖峰。942nm、1136nm、2005nm 和 2057nm 最为明显。

如图 8.13(b)所示,如采用测试得到波段中心波长表示,这些伪尖峰多数不再出现或者明显减弱了。虽然在 2005～2007nm 区域还保留了尖峰,但这是碳氧化物吸收特征误补偿的结果,而不是波段中心波长偏差补偿失调的后果。在低反射率光谱的情况下,2057nm 特征被校正得比较好,但在高反射率光谱的情况下略有些过补偿;2005nm 特征,低反射率光谱的情况下严重欠补偿,高反射率光谱的情况下又过补偿。这些现象中有一部分可能是不准确信号补偿的结果。反射率光谱的重要改进使得新的波长测试方法的有效性得到了认可。

所有光谱特征(10 个)中仅有部分子集用来表征 Hyperion 传感器,如图 8.11 和图 8.12,以及表 8.5 所示。在 3 组数据中,可以看到的变化是测得的波段中心波长偏移为 1.00～1.693nm,测得的 Smile 畸变为 0.879～1.033nm,以及相对于标称的 11.045nm 平均波段带宽,测得的平均波段带宽为 11.104～11.261nm。

8.4　利用空间特征的波段间相关性检测空间畸变

Neville 等[17]提出一种基于场景空间特征的波段间相关性来测量成像光谱仪的波段空间配准误差,数据采用传感器飞行中获取的图像。利用此方法对穿轨行里的每个像元及其所有波段进行检测,以检测仪器的 Keystone 及其相关波段之间的空间偏移。计算探测到的多个波段的特征之间的相关性,以确定波段间的空间相关性。

对所有光谱波段,利用 Sobel 滤波方法探测穿轨方向所有波段图像的边缘,然后采用阈值法提取最突出的边缘。每个波段对应一个参考波段,计算每个波段的边缘特征与参考波段的边缘特征之间的相关性,来确定提取出来的边缘的相对空间位置。利用用户自定义的滑动相关窗口计算相关系数。通过对所计算的相关系数进行插值可以确定亚像元偏移。对于每个穿轨像元,偏移值是对所有扫描行中该像元偏移值求平均得到的。这样就得到一个二维偏移矩阵:一维是每个穿轨像元,另一维是每个光谱波段。最后一步是对穿轨像元和光谱波段两个维度,均采用低阶多项式法拟合偏移测量值。为了扩展光谱范围,有些成像光谱仪由多个光学系统和(或)探测器模块组成。针对这些成像光谱仪,可以利用类似方法进行多模块之间的互相配准。该方法利用一个称为成像光谱仪数据分析系统[11]的软件实现。

通常适于边缘检测的特征必须在场景中沿轨方向覆盖若干像元,但是这些特征不一定需要是严格线性的。然而,它们必须能与仪器噪声和随机场景的变化形成足够强的对比度。用于提取边缘的 3×3 的 Sobel 滤波核在沿轨方向进行了加权平均,因此降低了噪声的影响。

主要难点之一是场景辐射调制依赖于波长,因此一个空间特征可能在光谱范围的部分提供高对比度,但并不意味着它在研究中的整个光谱范围内都能提供同样高的对比度。高对比度常常仅在一个有限光谱范围内出现,而在光谱范围的其他部分很低,甚至消失。为了克服这一难题,我们在整个光谱范围内以一定的光谱间隔选择若干参考波段。对一个给定的传感器模块的所有光谱波段与这些所选的中间参考波段进行相关性计算。利用多项式对中间参考波段进行拟合,得到每个中间参考波段相应的中间偏移曲线,分别调整该曲线与一个单一的主参考波段相匹配,由此可以得到每个仪器模块的偏移矩阵。

为了确定模块间的配准误差,对边缘增强图像进行临时 Keystone 校正,然后利用每个模块覆盖的光谱范围内的所有波段的特征组合集确定模块间的偏移。最终的 Keystone 标定矩阵包含仪器所有波段的每个穿轨像元的偏移。这些偏移都是相对于其中某个波段的。

8.5　高光谱成像仪的 Keystone 畸变测试

许多高光谱成像仪都做过 Keystone 畸变测试,包括 AVIRIS、Aurora、CASI、Hyperion 和 SFSI。除 AVIRIS,这些仪器都是推扫式成像光谱仪。推扫式成像光谱仪由二维探测器阵列组成,一维用于生成穿轨图像,另一维生成穿轨行上每像元的光谱曲线。对于 AVIRIS 数据的 Keystone 检测仅作为方法测试,因为 AVIRIS 是摇扫式成像光谱仪,通常认为摇扫式扫描仪不会产生 Keystone。Keystone 与 Smile 相似,是根据二维焦平面定义的,因此属于推扫式成像光谱仪的范畴。然而,就像 Smile,并不意味着摇扫式传感器不会出现波段间配准误差。下面检查 Keystone 对于光谱相似度测量的潜在影响。

8.5.1　AVIRIS 传感器的 Keystone 畸变测试

前面已经提过,AVIRIS 是一个摇扫式成像光谱仪,利用一个扫描镜达到提供 614 像元的穿轨视场。AVIRIS 由四个光谱仪组成,四套光学和四个线性探测器阵列,共 212 个光谱波段。四个光谱仪覆盖 370~2508nm 的光谱范围,对应于 224 个光谱波段,平均 FWHM 为 9.7nm,平均光谱采样间隔约为 9.57nm。因为探测器阵列仅覆盖了焦平面的一个维度,而不是两个,所以 Smile 和 Keystone 的概念并不适用[18]。然而,这并不意味着其他来源的畸变不能差生等价的效应。

　　Neville 等[5,18]发现,AVIRIS 存在 Keystone,尽管非常小但可探测到,如 8.3 节所述。从图 8.14 可以看出,AVIRIS 存在空间偏移,它与光谱波段数和穿轨像元位置(即像元序号)都呈函数关系。另外,四个光谱仪之间也存在相对偏移,第四个(短波红外 2)光谱仪的偏移量最大,短波红外 2 覆盖了波段 155~224。选择可见光区域的第一个光谱仪的第 12 波段作为参考波段。

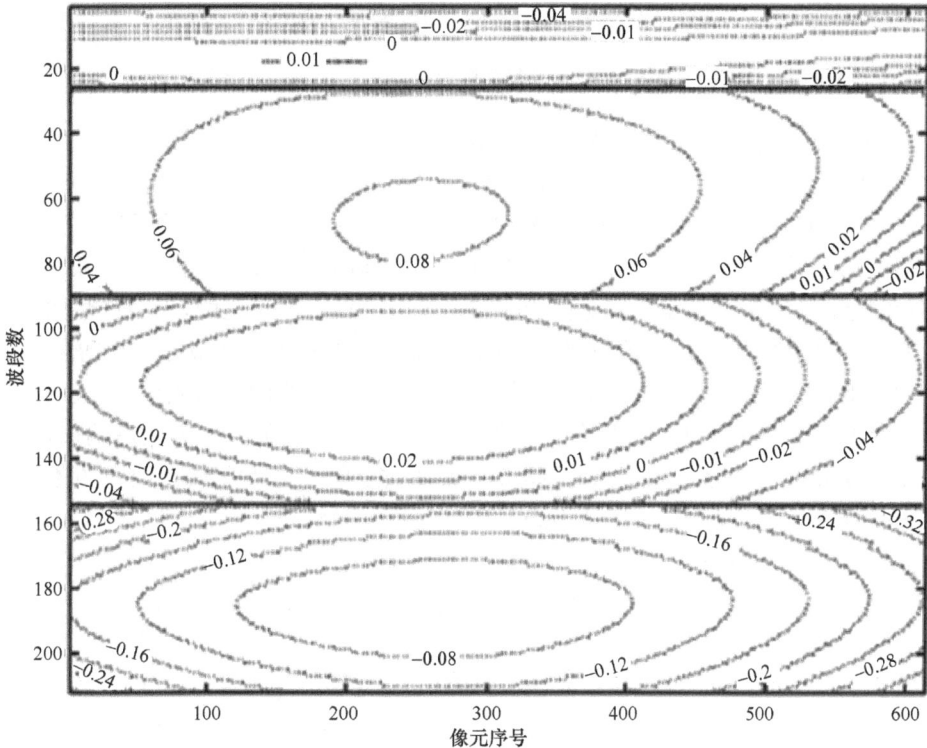

图 8.14　AVIRIS 的 4 个光谱仪的各波段相对于第一个
光谱仪第 12 波段的空间偏移等值线图[17]

　　相对该参考波段,第二个光谱仪展示了整体正向偏移,即向右,中心区域的那些波段和像元的偏移量最大。针对第二个光谱仪,越靠近光谱范围边缘和视场边缘,波段的正向偏移量越少。除包含参考波段的第一个光谱仪,其他光谱仪内也存在这种特征。甚至在第一个光谱仪中,该光谱仪光谱范围边缘的那些波段存在边际负偏移现象。相对第一个光谱仪,第四个光谱仪整体呈现明显负偏移,这意味着第四个光谱仪的所有像元都向左偏移。该光谱仪内的偏移变化也最大。

　　针对一个给定像元,引入 Keystone 的 RMS 作为观测到的整体配准误差的可测的不变量。Keystone 的 RMS 被定义为像元偏移的均方根偏差,均方根偏差是在整个波段维计算的,一个穿轨像元一个均方根偏差。然后,对所有像元,计算它们均方根偏差的平均值,得到平均 Keystone 的 RMS。这个测量结果与参考波段的选择无关。值得注意的是,这个参数值对跨波段的偏移值变化有意义,即对应于一个单一穿轨像元的元素。因此,这个量与 Keystone 的定义一致,Keystone 可以概括为包含其他产生光谱波段配准误差的畸变来源。

总的来说,AVIRIS 传感器的最大和最小测量偏移分别是 0.08 像元和 −0.37 像元,总偏移跨度是 0.45 像元。AVIRIS Keystone 偏移平均的均方根差是 0.081 像元。

8.5.2 Aurora 传感器的 Keystone 畸变测试

Aurora 是一台机载可见光成像光谱仪,光谱范围覆盖 394.50～933.22 nm。它有 640 个穿轨像元,每像元有 57 个波段。Aurora 的 Keystone 测量结果表明,该仪器装调良好,并且存在被称为经典的 Keystone。图 8.15 展示了相对于该传感器的第 29 波段的偏移等值线图。正值偏移是指向右偏移,即向更大的像元数偏移;负值偏移是指向左偏移。等值线图左上象限的偏移值是正的,表明这些像元是向右偏移,偏移大小与这些像元到阵列垂直和水平中线的距离成正比。等值线右上象限的偏移值是负的,偏移幅度与相应像元到阵列中线的距离成正比,表明这些像元是向左偏移的。下方象限的偏移值是相反的,左下象限的像元向左偏移,右下象限的像元向右偏移。这意味着,如果将焦平面上的一些点及其在地面的落点用线连接起来,会发现这些线条从下到上均将呈现内倾状态。

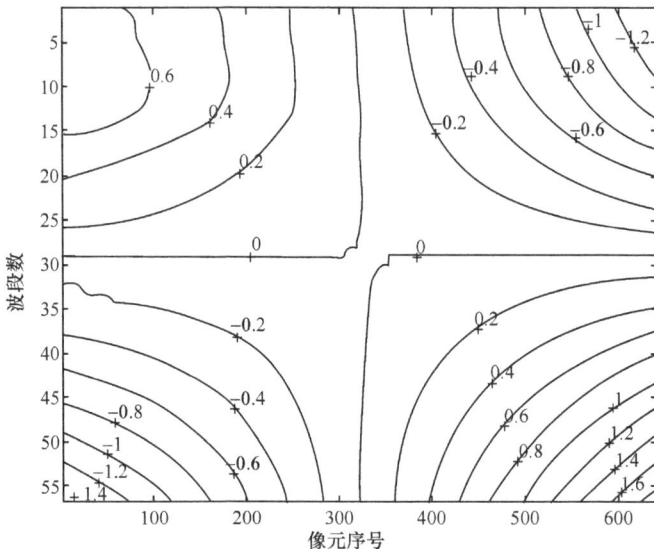

图 8.15　Aurora 传感器各光谱波段相对于第 29 光谱波段的 Keystone 畸变的等值线图[17]

阵列左下角出现了最大测量负向偏移，−1.51 像元；右下角出现了最大测量正向偏移，1.91 像元，整体最大偏移为 3.42 像元。然而，这些偏移值依赖于参考波段的选择。若选择第一个波段作为参考波段，整体最大偏移将增加 2.1 像元，尽管阵列上半部分的偏移值将减小。

对 Aurora 来说，平均 Keystone 的 RMS 值为 0.448 像元。图 8.15 中等值线的整体对称性和零偏移等值线与穿轨像元中心完全对齐这一事实，表明这一仪器的光机调准的高精度。因此，与其他传感器的对不准和畸变截然相反，测量的空间配准误差几乎完全来自 Keystone。

8.5.3　CASI 传感器的 Keystone 畸变测试

CASI 是一个覆盖可见光光谱区域的推扫式成像光谱仪。可以通过对 CASI 不同工作模式的配置，获得不同带宽、波段中心和光谱范围的光谱图像数据。本节分析用到的数据配置参数为穿轨 406 像元，72 个波段，覆盖光谱范围 406.74～943.34nm。

图 8.16 展示了 CASI 传感器各光谱波段相对于参考波段 37 的偏移结果的等值线图。可以看出，这个模式与 Aurora 的结果显著不同，表明这些偏移相比 Keystone 与对不准关系更大，而与 Keystone 的影响相对小。明显，阵列上半部分所有像元都向右偏，可能是旋转造成的。阵列下半部分的结果并不支持该判断，右下象限几乎无偏移。大体上，偏移数值相对较低，相对这一参考波段的最大和最小偏移

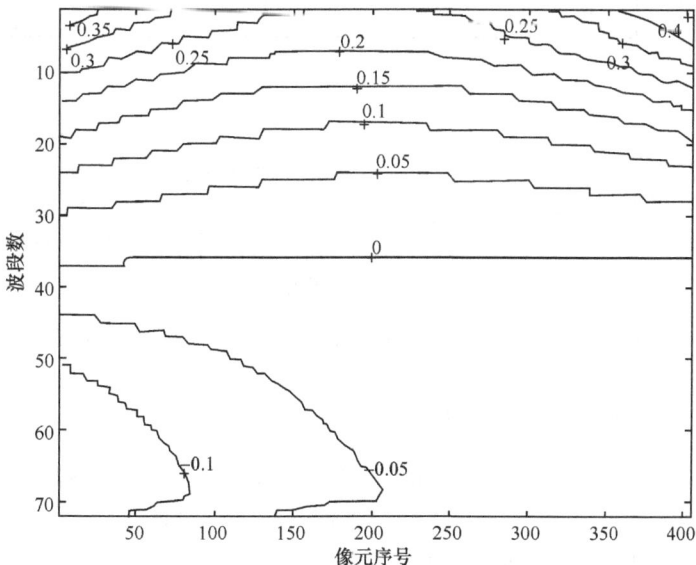

图 8.16　CASI 传感器各光谱波段相对于第 37 光谱波段的空间偏移等值线图[17]

分别是 0.42 像元和－0.15 像元,偏移总跨度为 0.57 像元。总体偏移量(不随参考波段的变化而变化)的测量,CASI 的平均 Keystone 的 RMS 是 0.108 像元。

8.5.4　SFSI 传感器的 Keystone 畸变测试

SFSI 是一个推扫式成像光谱仪,穿轨 496 像元,233 个光谱波段(标称值为240),光谱范围覆盖短波红外 1217.3～2427.9 nm[13]。图 8.17 展示了 Keystone检测结果,各波段相对参考波段 144 的光谱偏移的等值线图。图中空白区域(波段30～48)是大气中水汽强吸收区域之一(～1400nm),该区域传感器信号接近于 0;对本区域进行插值得到的是不合理的结果。图 8.17 的模式表明它是 Keystone 和旋转偏差的综合结果,阵列上半部分旋向右边,下半部分旋向左边。我们注意到,SFSI 的偏移比 CASI 的偏移大,测到的相对参考波段 144 的最大和最小偏移分别是 2.31 像元和－0.78 像元,总跨度为 3.09 像元。对应的平均 Keystone 的 RMS测量值为 0.598 像元。

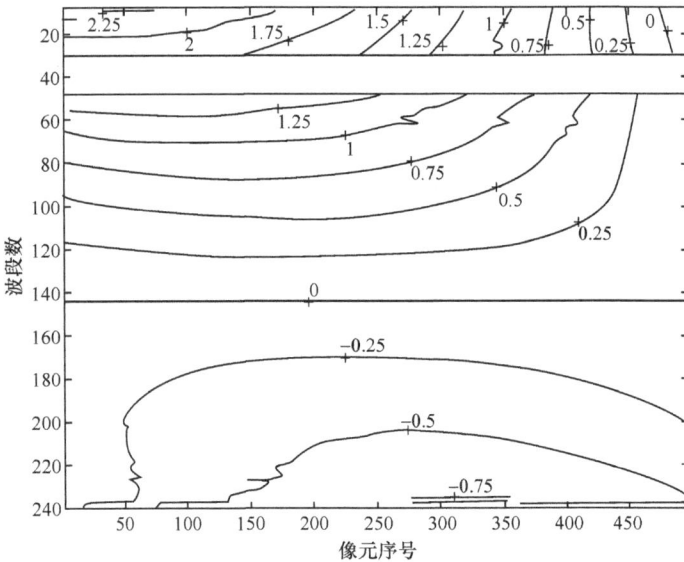

图 8.17　SFSI 传感器各光谱波段相对于第 144 光谱波段的空间偏移等值线图[17]

8.5.5　Hyperion 传感器的 Keystone 畸变测试

Hyerion 是星载推扫式成像光谱仪,由两个光谱仪组成,一个是可见近红外谱段,另一个是短波红外谱段。总共覆盖光谱 427.55～2355.24nm,除去谱段重叠区的重复波段,共有 192 个波段。穿轨视场包括 254 像元[3]。

图 8.18 展示了测得的相对于参考波段 120 的空间偏移的等值线图。短波光谱仪(49～192 波段)的偏移非常小,从－0.06 像元～0.07 像元;等值线的模式表明这些偏移主要是由顺时针旋转造成的。可见近红外光谱仪(波段 1～48)偏移的范围从－0.05～0.46 像元。可见近红外阵列右半部分的模式与顺时针旋转一致,偏移范围从－0.05～0.16 像元,平均 Keystone 的 RMS 是 0.034 像元。其左边部分的模式与经典 Keystone 一致,所有偏移值都是正的,即向右偏移,随着像元数的减少,像元偏移值逐渐增加。这一畸变导致可见近红外光谱仪左半部分的穿轨范围被缩小了。对这一半,偏移值范围从 0～0.49 像元,平均 Keystone 的 RMS 值是 0.041 像元。总的来说,这个仪器的偏移从最小－0.06 像元到最大 0.49 像元,总跨度为 0.55 像元,平均 Keystone 的 RMS 度量为 0.072 像元。

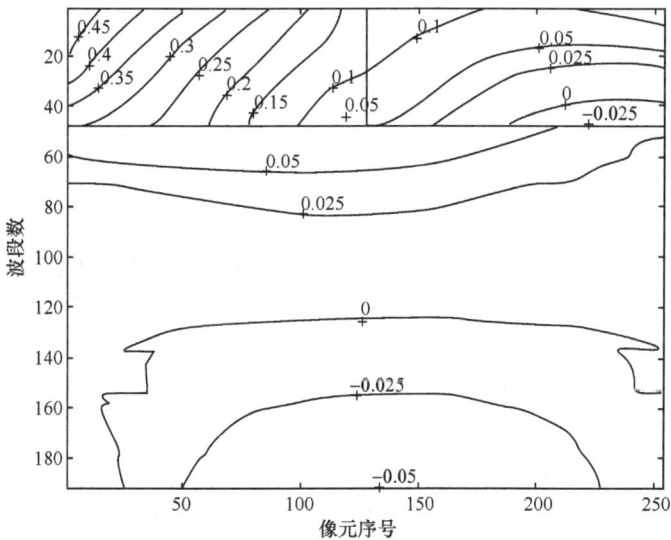

图 8.18　Hyerion 两个光谱仪的空间偏移的等值线图(以第 120 个波段为参考)[17]

8.5.6　Keystone 测试小结

表 8.6 总结了 Keystone 检测结果,展示了每台成像光谱仪器和 AVIRIS、Hyperion 的每个子光谱仪的测量结果。该表包含每个传感器的所有波段和像元的最小和最大偏移量,也总结了穿轨像元维度的 Keystone 的 RMS 数值。

表 8.6　五台成像光谱仪的 Keystone 测试结果(单位:像元)

传感器	参考波段	最小偏移	最大偏移	总偏移量	Keystone RMS		
					最大值	最小值	均值
Aurora	29 of 57	−1.51	1.91	3.42	0.008	1.060	0.448
AVIRIS:Spec. 1		−0.06	0.01	0.07	0.013	0.019	0.017
AVIRIS:Spec. 2		−0.05	0.08	0.13	0.008	0.018	0.008
AVIRIS:Spec. 3	12 of 224	−0.11	0.03	0.14	0.010	0.018	0.013
AVIRIS:Spec. 4		−0.37	−0.05	0.32	0.030	0.051	0.036
AVIRIS:Overall		−0.37	0.08	0.45	0.065	0.120	0.081
CASI	37 of 72	−0.15	0.42	0.57	0.086	0.162	0.108
Hypenion:VNIR		−0.05	0.49	0.54	0.027	0.055	0.037
Hypenion:SWIR	120 of 192	−0.06	0.07	0.13	0.009	0.033	0.025
Hypenion:Overall		−0.06	0.49	0.55	0.027	0.178	0.072
SFSI	144 of 233	−0.78	2.31	3.09	0.157	0.764	0.598

注:Spec.:光谱仪　　VNIR:可见近红外谱段　　SWIR:短波红外谱段　　Overall:全谱段

8.6　Keystone 畸变对光谱相似性度量的影响

Keystone 畸变对于任何高光谱图像分析和光谱解译来说都是一个潜在的严重问题。成像光谱仪数据光谱波段的空间配准误差将导致该仪器获得的光谱识别混乱。实际上,由于偏移量变化是穿轨像元位置的函数,甚至场景内部测量的光谱对比也会出现不一致的结果。影响程度将不仅取决于场景的空间变化,也取决于场景结构的光谱变化。尽管有可能从真实数据中提取例子来证明这一点,定量地计算某一特定场景的总体影响仍然是困难的。另外,如此得到的结果既依赖于场景,又依赖于传感器。

为了检测 Keystone 和相关效应的影响,利用一组模拟数据作为可重复的基准,将该基准与真实传感器获得的真实场景数据进行比较。模拟数据立方体由一组光谱组元为 0~1 的随机数的光谱组成。每条光谱由 200 个组元组成,200 个组元被排成列对应于设备的 200 个波段。每条光谱是一个不同的随机序列。

通过在一像元宽的掩膜下对数据采样,得到 Keystone 模拟,掩膜相对于光谱阵列的列来说是倾斜的;调节倾斜量来模拟期望程度的 Keystone。图 8.19 结果显示,最大偏移限定为 5 像元,对应 Keystone 的最大 RMS 是 1.45 像元。对两个最邻近像元进行线性插值,可以得到每个波段像元间采样,重复此步骤 1000 次。

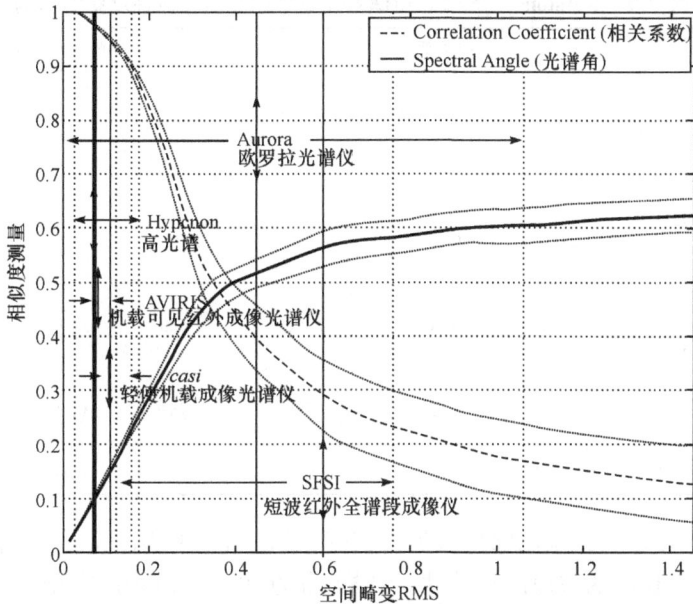

图 8.19　Keystone 畸变对正常光谱矢量与其受 Keystone 失真后光谱矢量间相关系数和光谱角的影响。图中画出了 ±1σ 内平均值曲线。水平箭头表示五台成像光谱仪的 RMS Keystone 的范围,竖直箭头表示 Keystone 的 RMS 平均值[17]

　　利用 Keystone 的 RMS 作为参数的函数,计算原始列和倾斜掩膜下的光谱之间的相关系数和光谱角。图 8.19 所示为 1000 次实验的平均值,以及 ±1σ 限度。Sigma 的值,即所有像元的 Keystone RMS 偏差,是一个 Keystone 影响的差异性的度量,它是场景中的调制函数。注意其值依赖于波段的数量,随着波段数增加而减少。在本次模拟中,假定有 200 个波段,这近似于 AVIRIS（224）、Hyperion（192）、SFSI（233）,但是远远超过 CASI（72）和 Aurora（57）,因此这两个仪器的相关系数和光谱角的变异性将是这里画出的 1.5～2 倍。

　　图 8.19 还表明,五台高光谱传感器的 Keystone 均方根的范围和平均值。以此为基础,我们可以推导出每台传感器 Keystone 对两个相似性度量的影响,相关系数和光谱角（表 8.7）。表 8.7 列出的是相关系数的最大值、最小值和平均值,以及光谱角的最小值、最大值和平均值,对应于每个传感器 Keystone 的 RMS 数值的最小值、最大值和平均值。以 AVIRIS 为例,结果是它的 Keystone 从 0.07 像元变化至 0.12 像元,相关系数从 0.986 降至 0.947。类似地,光谱角从 0.09 增加至 0.17。表 8.7 列出的数值对应于图 8.19 中所示的平均相关系数和光谱角曲线。

表 8.7 Keystone 对光谱和空间变化场景的光谱相似性度量的影响

传感器	相关系数			光谱角/rad		
	最大值	最小值	平均值	最大值	最小值	平均值
AVIRIS(机载可见光/红外成像光谱仪)	0.986	0.947	0.978	0.167	0.090	0.112
Aurora(欧罗拉光谱议)	1.000	0.168	0.398	0.609	0.010	0.518
CASI(轻便机载成像光谱仪)	0.975	0.894	0.958	0.229	0.120	0.150
SFSI(短波红外全谱段成像仪)	0.901	0.235	0.296	0.584	0.222	0.562
Hyperion(高光谱)	0.997	0.867	0.983	0.253	0.037	0.099

注意到,光谱组元采用随机数是光谱变化的一个极端例子;大多数自然物质的光谱具有一定程度的波段间相关性。同样,邻近像元光谱采用完全独立的随机序列也是场景变化的一个极端例子。光谱组成或邻近像元的成分之间经常具有中等程度的相关性,但也不总是这样的。因此,基于模拟数据的结果可以解释 Keystone 对一个空间维和光谱维均高度变化的场景会造成影响。

参 考 文 献

[1] Green,R. O. et al. ,"Imaging spectromety and the Airborne Visible/Infrared Imaging Spectrometer(AVIRIS),"Remote Sens. Environ. 65,227-248(1998.)

[2] Ungar,S. G. ,"Technologies for future Landsat missions,"Photogram-metric Eng. Remote Sens. 63,901-905(1997).

[3] Pearlman,J. S. ,P. S. Barry,C. C. Segal,J. Shepanski,D. Beiro,and S. L. Carman,"Hyperion, a space-based imaging spectrometer,"IEEE Trans. Geosci. Remote Sens. 41(6),1160-1173 (2003).

[4] Schroeder,D. J. ,Astronomical Optics,2ndEd,Academic Press,San Diego,CA(2000).

[5] Neville,R. A. ,L. Sun,and K. Staenz,"Spectral calibration of imaging spectrometers by atmospheric absorption feature matching,"Canadian J. Remote Sens. 34(S1),S29-S42(2008).

[6] Barry,P. S. ,J. Shepanski,and C. Segal,"Hyperion on-orbit validation of spectral calibration using atmospheric lines and an on-board system,"Proc. SPIE 4480,231-235(2002)[doi:10. 1117/12. 453344].

[7] Gao,B-C. ,M. J. Montes,and C. O. Davis,"A curve-fitting technique to improve wavelength calibrations of imaging spectrometer data,"Proc. 11thJPL Airborne Earth Science Workshop, JPL Publication 03-4,99-105(2002).

[8] Gao,B-C. ,M. J. Montes,and C. O. Davis,"Refinement of wavelength calibrations of hyper-

spectral imaging data using a spectrum-matching technique,"Remote Sens. Environ. 90,424-433(2004).

[9] Guanter,L. ,R. Richter,and J. Moreno,"Spectral calibration of hyperspectral imagery using atmospheric absorption features,"Appl. Optics 45,2360-2370(2006.)

[10] Berk,A. et al. ,"MODTRAN cloud and multiple scattering upgrades with applications to AVIRIS,"Remote Sens. Environ. 65,367-375(1998).

[11] Staenz,K. ,T. Szeredi,and J. Schwarz,"ISDAS-A System for Processing/Analyzing Hyperspectral Data,"Canadian J. Remote Sens. 24(2),99-113(1998).

[12] Staenz,K. and D. J. Williams,"Retrieval of surface reflectance from hyperspectral data using a look-up table aproach,"Canadian J. Remote Sens. 23,354-368(1997).

[13] Neville ,R. A. ,N. Rowlands,R. Marois,and I. Powell,"SFSI:Canada's first airborne SWIR imaging spectrometer,"Canadial J. Remote Sens. 21,328-336(1995).

[14] Anger,C. D. et al. ,"Extended operational capabilities of CASI,"Proc2nd International Airborne Remote Sensing Conf. ,124-133,San Francisco,CA(1996).

[15] Cutter,M. A. ,D. R. Lobb,T. L. Williams,and R. E. Renton,"Integration and testing of the compact high-resolution imaging spectrometer(CHRIS),"Proc. SPIE 3753,180-191(1999) [doi:10. 1117/12. 366281].

[16] Barnsley,M. J. et al. ,"The PROBA/CHRIS mission:a low-cost smallsat for hyperspectral multiangle olservations of the earth surface and atmosphere,"IEEE Trans. Remote Sens. 42 (7),1512-1519(2004).

[17] Neville,R. A. ,L. Sun,and K. Staenz,"Detection of keystone in image spectrometer data," Proc. SPIE5425,208-217(2004)[doi:10. 1117/12. 542806].

[18] Neville,R. A. ,L,Sun,and K. Staenz,"Detection"of spectral line curvature in imaging spectrometer data,"Proc. SPIE 5093,144-154(2003)[doi:10. 1117/12. 487342]

第9章 多传感器图像融合

9.1 图像融合定义

卫星载荷为人类提供覆盖不同区域的不同空间分辨率、光谱分辨率和时间分辨率的电磁波谱数据。为了充分利用多源卫星数据，研究人员开发了先进的解析数字图像融合技术。融合的图像综合了不同特性，因此它能够帮助提高解译能力和提供更可靠的结果。融合图像包含更高空间分辨率、光谱分辨率和时间分辨率信息，因此能够更全面的认识观测对象。

图像融合的目标是集成多源数据，以获得相比单一传感器更多的信息。融合可见近红外多光谱图像与主动式合成孔径雷达图像以获得更多信息，就是一个很好的例子[1,2]。可见近红外图像的信息依赖于光照条件下物体的多光谱反射。合成孔径雷达图像的信号强度依赖于物体自身的特性，以及信号自身的特性。这种异构数据的融合能够更好地认识场景下的物体。

图像融合的概念可追溯到 20 世纪 60 年代早期，主要研究将各种传感器的图像合并成一幅图像以更好地识别自然或人造物体的实用的图像融合方法。文献中出现很多融合概念的术语，如组合（combination）[2]、合并（merging）[3]、集成（integration）[4]、合成（synergy）[5]等。

广义图像融合技术[6]指的是一组利用不同性质的多源数据来提高数据蕴含的信息的质量的方法和途径。数据集成是另一个用于图像融合算法的术语[7]，常在地理信息系统领域中出现[8]。

在文献[9]、[10]中，图像融合是指基于图像中某处的输入图像间的已知关系，计算此位置像元的三个新值。输入图像在空间、光谱和时间特性上都不同。经常地，图像融合指的不仅是遥感图像间的融合，也包括与辅助数据的融合，如地形图、GPS 坐标、地球物理信息等，它们也能在融合结果图像中有所贡献[11]。

有些文献在组合（combined）[2]、一致性（coincident）[12]、互补性（complementary）[13]、复合（composited）[14]和互配准（co-registered）[15]的情况下评价多传感器图像融合。在这些情况中，不同图像通道间数据值（DN）的替换并不总是出现。简单叠加红绿蓝（RGB）颜色空间的多源数据，集成一个数据集。用其他数据源替换图像红绿蓝三通道的其中一个通道，叫做置换[16]。信息融合指的是不同级别的图像处理[17]。在信息融合前，图像已经经过解译，并达到信息或知识的级别。

在遥感界，采用下述定义：数据融合是一个正式框架，描述联合不同数据源的数据的方法和工具,旨在获得更高质量的信息。更高质量的准确含义依赖于具体应用[18]"。

图像融合是一个处理不同源的数据和信息以获得更精细或改进的信息的过程,对决策提供支持。融合的性能取决于研究的目标和应用。依据融合发生的阶段,图像融合可分为三种不同处理级别,即像素级、特征级、决策级。

像素级图像融合是发生在最初级处理阶段的融合,指的是合并原始测量物理参数。图 9.1 展示了基于像素的融合的概念。像素级融合处理的是至少经过互配准,但大多还是常规地理编码的原始数据。地理编码非常重要,因为错误的配准会导致多传感器数据集中出现假的色彩或特性,这将误导后续的解译。像素级融合包括图像数据重采样到一个共同的像素空间和地图投影下,后者只发生在地理编码情况下。

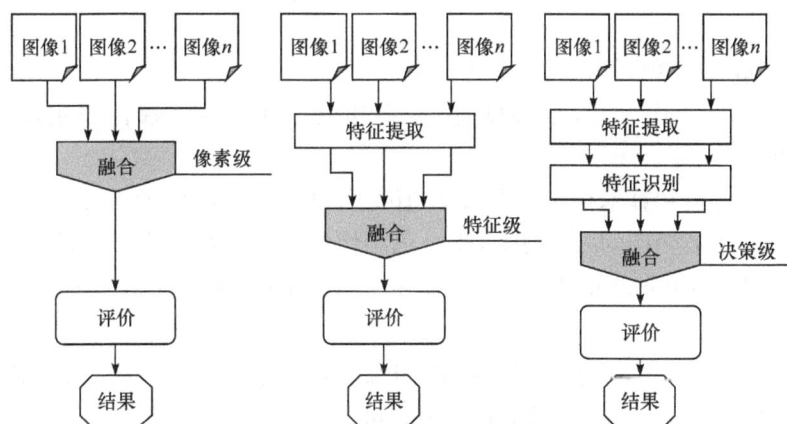

图 9.1　图像融合处理级别

特征级图像融合需要从不同的数据源提取出能够识别的物体,如使用分类方法。特征对应的是从原始图像中提取出来的特性,取决于特征的周边环境,如范围、形状和邻域。来自不同数据源的相似物体(如区域)被相互匹配,然后进行融合,对融合图像利用统计方法做进一步的评价。

决策级图像融合表示一种利用增加值数据的方法,输入图像经过处理后提取信息。获得的信息通过决策规则综合起来,以对观测对象加强常见解释,解决差异,形成更好的理解。

本章重点是像素级图像融合。从图像处理的角度来看,图像融合是一个利用高级图像处理技术综合多源图像的工具。目的是集成不同数据和补充数据,增强图像呈现的信息,同时提高解译的可靠性,生成更准确的数据。另外,融合数据提供鲁棒的操作性能,如提高置信度、减少模糊、提高可靠性和改进分类。通常图像融合用于实现以下目标。

① 锐化图像是图像融合最流行的用法,提高空间分辨率,将多光谱图像与高分辨率的全色图像融合,也就是全色锐化。

② 提高配准精度。

③ 增强某些仅从单一数据源的数据集看不到的特征。

④ 补充数据集来改善分类。

⑤ 利用多时相数据探测变化。

⑥ 为立体摄影测量生成立体观测能力。

⑦ 替换缺陷数据。

⑧ 替代丢失的信息。

9.2　三类图像融合算法

一般地,图像融合算法可以分为三类。

① 投影和替代方法,如强度-色调-饱和度(IHS)颜色融合和主成分分析(PCA)融合。

② 波段比值和算术合成方法,如比值变换和综合变量率(SVR)。

③ 基于小波变换的融合方法,将全色图像的空间特征注入多光谱图像中,如ARSIS(法语 amélioration de la résolution spatial par injection de structures 的缩写)[20]。

在这三种类型中,基于 IHS 变换的图像融合方法是应用最广泛的,基于小波变换的融合方法是最近发表的文献中提到最频繁的,因为后者相比其他融合技术具有某些优势[21-30]。

在 IHS 图像融合中,如果经 IHS 变换的强度图像与被融合的全色图像强相关,就能生成一幅满意的融合图像。相关性越强,融合图像的颜色(或光谱)失真越少。实际上,强度图像和全色图像经常在某种程度上存在差异,因此颜色失真成为 IHS 图像融合技术的一个常见问题,并被很多作者报道[28,31,32]。当 IKONOS、QuickBird 和 Landsat 7 的全色图像和多光谱图像融合时,颜色失真是很显著的。这是因为全色图像和多光谱强度图像之间的相关性通常很低,特别是当自然颜色波段 1、2 和 3 与全色图像融合时。尽管存在颜色失真,IHS 融合的结果图像中通常仍保留了丰富的颜色。

基于小波变换的图像融合通常能够比基于 IHS 的融合技术更好地保留颜色信息,因为小波技术首先从高分辨率的全色图像中提取空间细节信息,然后将空间信息分别注入多光谱波段中。这种方式可以减少光谱失真。然而,从高分辨率全色图像提取的空间细节信息并不等同于原始高分辨率多光谱波段中原本存在的信息。这种区别也会将光谱失真引入融合图像,尤其是 IKONOS、QuickBird 和 Landsat 7 多光谱图像与它们的全色图像融合时。进一步讲,因为光谱细节是分别注入多光谱的各个波段中,融合图像有时像是经过高通滤波处理。融合图像中会出现一些环效应,小目标可能没有得到颜色信息[21,22]。由于这个问题的存在,已开展了进一步的研究来减小这一现象[24,34]。

　　针对 IKONOS 或 QuickBird 基于 IHS 变换的图像融合中存在的颜色失真,许多作者对此进行了研究[28,33]。只有一小部分融合结果让人满意,这些融合方法涉及高级小波变换技术[34,35]。为了克服 IHS 融合技术和小波变换融合技术的缺点,探索一种更有效地融合 IKONOS 或 QuickBird 图像(尤其是自然颜色多光谱波段)的方法,研究人员提出一种 IHS 和小波组合融合方法[36]。无论从视觉直观上,还是统计分析,均得出这种组合方法得到融合图像的质量优于单个方法。

9.3　常见图像融合方法

9.3.1　IHS 融合

　　彩色图像显示广泛采用 RGB 颜色模式。此外,还有一种颜色模式 IHS。在这种模式中,强度代表彩色图像中光度(也称为亮度)的总量;色调代表颜色的属性,取决于波长;饱和度代表颜色的纯度。IHS 颜色模式下的强度图像看起来像是一幅全色图像。这个特性被用在图像融合中,将高分辨率全色图像与低分辨率彩色图像进行融合。

　　为了实现 IHS 图像融合,需要将彩色图像的三个波段或多光谱图像从 RGB 颜色空间转到 IHS 颜色空间。在这之前,三个波段图像要先与高分辨率全色图像进行配准,然后重采样成全色图像相同的像元大小。然后,用高分辨率全色图像替换掉强度图像。为了获得更好的融合质量,通常在替换之前,对全色图像和强度图像进行直方图匹配。在替换之后,将全色图像、色调图像和饱和度图像从 IHS 颜色空间转回到 RGB 颜色空间,这样就得到一幅彩色融合图像。转换过程如图 9.2 所示。

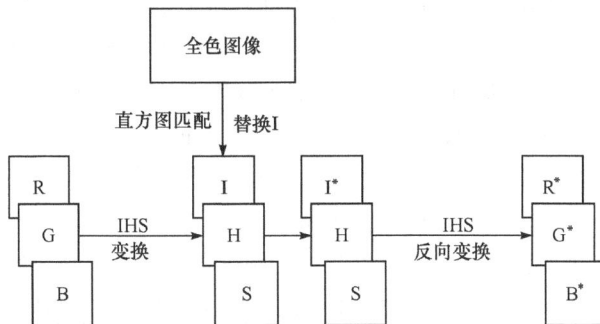

图 9.2　IHS 图像融合过程

IHS 是一种颜色空间,强度与到达人眼的光的总量有关,色调被定义为一种颜色的主要波长,饱和度被定义为到达人眼的光的纯度或总量[37]。IHS 在更大程度上解释了感知颜色空间的流行性,克服了常用的 RGB 颜色空间的缺点,RGB 不能直观地表达人类颜色感知的属性[38]。IHS 彩色变换可以有效地将一幅标准 RGB 图像的空间信息和光谱信息分离,与人类颜色感知参数有关。式(9.1)~式(9.3)是 IHS 彩色变换的数学表达[39],即

$$
\begin{bmatrix} I \\ v_1 \\ v_2 \end{bmatrix} = \begin{bmatrix} \dfrac{1}{\sqrt{3}} & \dfrac{1}{\sqrt{3}} & \dfrac{1}{\sqrt{3}} \\ \dfrac{1}{\sqrt{6}} & \dfrac{1}{\sqrt{6}} & -\dfrac{2}{\sqrt{6}} \\ \dfrac{1}{\sqrt{2}} & -\dfrac{1}{\sqrt{2}} & 0 \end{bmatrix} \begin{bmatrix} R \\ G \\ B \end{bmatrix} \tag{9.1}
$$

$$
H = \arctan\left(\frac{v_2}{v_1}\right) \tag{9.2}
$$

$$
S = \sqrt{v_1^2 + v_2^2} \tag{9.3}
$$

其中,I 代表强度;v_1 和 v_2 代表变换中需要的临时变量;H 和 S 代表色调和饱和度。

下述方程是从 IHS 到 RGB 的反向变换,它将数据转回原始图像颜色模式,得到融合图像,即

$$
\begin{bmatrix} R \\ G \\ B \end{bmatrix} = \begin{bmatrix} \dfrac{1}{\sqrt{3}} & \dfrac{1}{\sqrt{6}} & \dfrac{1}{\sqrt{2}} \\ \dfrac{1}{\sqrt{3}} & \dfrac{1}{\sqrt{6}} & -\dfrac{1}{\sqrt{2}} \\ \dfrac{1}{\sqrt{3}} & -\dfrac{2}{\sqrt{6}} & 0 \end{bmatrix} \begin{bmatrix} I \\ v_1 \\ v_2 \end{bmatrix} \tag{9.4}
$$

IHS 变换方法简单,锐化能力强大,因此得到广泛应用。IHS 融合方法的主要优点是能够将空间信息(由强度 I 成分代表)与光谱信息(由色调 H 和饱和度 S 成分代表)分离开来。可以独立操作空间信息来增强图像,同时保持原始图像的整体光谱平衡。但是,融合图像存在颜色失真(在多光谱图像中指光谱失真),因为 IHS 融合方法假设 RGB 三个波段对强度的贡献是均等的,因此所有蕴含在高分辨率全色图像中的细节直接集成到强度成分中了。当全色图像与多光谱图像相关性低时,光谱失真更加严重。IHS 的另一个局限是它仅能处理三个多光谱波段。

IHS 变换也可以用来展示量化分析的结果,例如变化探测研究和不同传感器参数的图像特性对比。有些研究利用 IHS 变换将雷达数据与不同类型的光学数

据集成起来,如陆地卫星的主成像仪(Landsat TM)、机载物探和专题数据[37]。

　　研究人员分别利用 IHS、主成分分析和其他融合方法分别融合 Landsat TM 和 SPOT 全色图像,并对结果进行比较[31],研究发现基于 IHS 变换的图像融合方法的光谱特性失真最严重。IHS 变换也被用于地质填图,因为 IHS 能够将不同形式的光谱和空间景观信息组合成一个数据集,用于分析[40]。

　　文献[41]提出一种改进的 IHS 变换方法,它能够保护多光谱图像数据的光谱平衡,调节 IHS 以达到整体协调。该方法将显示设备在彩色展示方面的局限性考虑进去,能帮助超出范围的像素在数量和空间分布上,以及强度和饱和度对比上,找到一个平衡。还有一些针对 IHS 融合方法的改进,是将 IHS 变换和小波变换组合起来[42-44]。

　　很多文献提出多种形式的 IHS 变换矩阵,用于图像变换,有些方法得到的融合结果好,有些不好。这带来一种疑惑,是否存在一种标准的 IHS 变换矩阵形式?于是研究人员对不同 IHS 变换形式在 IHS 图像融合中的表现做了评估[45]。

　　在评估实验中,利用 7 种流行的 IHS 变换形式进行图像融合,然后使用图像质量度量对 7 种融合结果进行评价。图像质量度量包括相关系数(CC)、信噪比、归一化均方根误差、标准偏差(standard deviation,SD)、熵[$H(x)$]和偏差指数(deviation index,DI)。图像的标准偏差定义为

$$\sigma = \sqrt{\frac{\sum_{i=1}^{m}\sum_{j=1}^{n}\left[\mathrm{DN}(i,j)-\mu\right]^2}{m \times n}} \tag{9.5}$$

其中,$\mathrm{DN}(i,j)$是待测图像中位于(i,j)处像元的数字化数值;m 和 n 分别是待测图像的行数和列数;μ 是待测图像的均值。

　　图像的熵定义为

$$H(x) = -\sum_{x=0}^{I-1} p(x) \log_2 p(x) \tag{9.6}$$

其中,$p(x)$是图像亮度值为 x 的概率。

　　图像的偏差指数定义为

$$\mathrm{DI}_k = \frac{1}{n \times m}\sum_{i=1}^{n}\sum_{j=1}^{m}\frac{\left| F_k(i,j)-M_k(i,j)\right|}{M_k(i,j)} \tag{9.7}$$

其中,$F_k(i,j)$是融合波段图像 k 在(i,j)处的亮度值;$M_k(i,j)$是原始多光谱波段图像 k 在(i,j)处的亮度值。

　　评估得出结论,利用 IHS 变换矩阵形式 IHS4 和 IHS5 得到的融合图像,表现出最好的空间细节。基于度量的统计分析,利用 IHS5 得到的融合图像在多光谱图像光谱信息方面表现最好。利用 IHS4 得到的融合图像在多光谱图像光谱信息方面的表现仅次于 IHS5,排名第二。IHS4 是式(9.1)~式(9.3)定义的 IHS 变换

矩阵,IHS5 是下式定义的 IHS 变换矩阵[46],即

$$\begin{bmatrix} I \\ v_1 \\ v_2 \end{bmatrix} = \begin{bmatrix} \dfrac{1}{3} & \dfrac{1}{3} & \dfrac{1}{3} \\ \dfrac{1}{\sqrt{6}} & \dfrac{1}{\sqrt{6}} & -\dfrac{2}{\sqrt{6}} \\ \dfrac{1}{\sqrt{2}} & -\dfrac{1}{\sqrt{2}} & 0 \end{bmatrix} \begin{bmatrix} R \\ G \\ B \end{bmatrix} \tag{9.8}$$

$$H = \arctan\left(\dfrac{v_2}{v_1}\right) \tag{9.9}$$

$$S = \sqrt{v_1^2 + v_2^2} \tag{9.10}$$

$$\begin{bmatrix} R \\ G \\ B \end{bmatrix} = \begin{bmatrix} 1 & \dfrac{1}{\sqrt{6}} & \dfrac{1}{\sqrt{2}} \\ 1 & \dfrac{1}{\sqrt{6}} & -\dfrac{1}{2} \\ 1 & -\dfrac{2}{\sqrt{6}} & 0 \end{bmatrix} \begin{bmatrix} I \\ v_1 \\ v_2 \end{bmatrix} \tag{9.11}$$

9.3.2　主成分分析融合

　　主成分分析是一种统计方法,将多元相关的变量数据集转换成原始变量不相关的线性组合的数据集[19]。主成分分析广泛应用在统计学、信号处理及其他方面,如图像编码、图像增强、变化检测、维度降低和图像融合。

　　主成分分析方法的主要优点是不限制图像融合过程中多光谱波段的数量,不像 IHS 方法只能处理三个多光谱波段。主成分分析也存在融合后多光谱图像光谱特性失真的问题,但是失真程度比 IHS 融合图像低。这是因为主成分分析融合方法的第一成分图像比 IHS 方法中的强度图像与高分辨率全色图像更相似[31]。然而,主成分分析方法对分析区域的选择很敏感。相关系数反映了同一样品的相关程度,覆盖类型明显差异会导致波段值偏移,这将影响相关性,尤其是方差[19]。

　　文献[31]利用主成分分析将 Landsat TM 和 SPOT 数据的 6 个波段进行合并,并得出结论,主成分分析融合方法得到的融合图像的光谱失真比 IHS 融合方法要少。一种综合了主成分分析和"àtrous"小波变换的融合方法,应用于一对来自 TM 和 IRS-1C-PAN 传感器的图像的融合[47]。另一种融合方法使用多分辨率小波分解来提取细节和利用主成分分析将高分辨率图像的空间细节注入低空间分辨率多光谱图像中[27]。

　　主成分分析变换一般有标准型和可选型。标准主成分分析变换用到多光谱图像全部可用的波段图像,例如 TM 1-7,而可选主成分分析变换只使用根据先验知

识或应用目标选择出来的波段图像[48]。对于 TM,主成分分析变换后的前三个主
要成分通道包含98%～99%的方差,因此足以代表整幅图像。有两种基于主成分
分析的图像融合方法。

① 对整个多光谱图像进行主成分分析,然后用高分辨率全色图像代替第一主
要成分,即主要成分替换。

② 用主成分分析区分来自不同传感器的波段图像。

第一种方法合并多光谱和全色图像的步骤与 IHS 方法相似。多光谱图像的
所有波段图像,三个或所有六个 TM 波段,都可以作为输入参数进入到主成分分
析步骤中。同 IHS 方法一样,首先对全色图像进行归一化处理,以使全色图像和
第一主要成分具有相同的方差和平均值。利用归一化后的全色图像替换第一主要
成分图像,然后将数据转换回原始图像空间。利用归一化全色图像替换第一主要
成分图像的正当理由是,全色图像约等于第一主要成分图像。做此假设的原因是,
第一主要成分图像将拥有所有用于主成分分析输入波段的共性信息,而任意其他
波段图像的唯一光谱信息将映射给其他成分。多光谱图像在光谱维可叠加成全色
图像,因此它们的光谱信息将表现在第一主要成分图像中[31]。

第二种方法集成多传感器输入图像不同的性质到一幅融合图像中。来自不同
传感器的波段图像组合成一组图像,然后对该图像集进行主成分分析,计算所有这
些图像的主要成分。第一主要成分图像就是融合图像。一些关于第一和第二种主
成分分析方法图像融合的例子在其他文献有也有报道[49,50]。

9.3.3　算术组合融合

不同算术组合方法用于融合多光谱和全色图像。一些波段图像的组合运算可
以实现图像锐化,即更高的空间分辨率。加减乘除等算术运算都以不同的方式组
合起来获得一个更好的融合效果。Brovey 变换、比值增强和合成变量比值法都是
用于 SPOT 全色融合的算术组合技术[33]。有大量的论文研究如何将一幅高分辨
率全色图像与低分辨率多光谱图像融合成一幅高空间分辨率多光谱图像。

为了增强对比度,波段加法和波段乘法的表达式分别为

$$DN_f = A(w_1 DN_a + w_2 DN_b) + B \tag{9.12}$$

$$DN_f = A DN_a DN_b + B \tag{9.13}$$

其中,A 和 B 是范围因子;w_1 和 w_2 是权重参数;DN_f、DN_a 和 DN_b 分别是融合图
像、输入波段图像 a 和 b 的数字化数值。

该方法已成功应用于 Landsat TM 和 SPOT 全色图像融合[48]。

大量的发表论文研究如何将一幅高分辨率全色图像与低分辨率多光谱图像融
合成一幅高空间分辨率多光谱图像。利用乘法或加法有多种图像组合形式,改变

权重和范围因子可能改善结果图像。具体细节可在其他文献中找到[3,32,51-58]。

Brovey 变换是以比率图像和全色图像的乘积为基础。提出该方法是为了直观地增强图像直方图高低端的对比。它可以用一个对多光谱波段图像进行归一化处理的公式表示，用 RGB 显示，将归一化结果乘以任何其他想要的数据来增加图像的强度或亮度成分。此算法用以下公式定义，即

$$\text{DN}_f = \frac{\text{DN}_{b1}}{\text{DN}_{b1} + \text{DN}_{b2} + \text{DN}_{bn}} \text{DN}_{\text{HR}} \tag{9.14}$$

其中，DN_f 代表具有 n 个多光谱波段的输入图像乘以高分辨率图像 DN_{HR} 的融合结果图像的数字化数值。

Brovey 变换适合生成图像直方图高低端对比差别大的 RGB 图像和以产生视觉效果更好的图像。然而，如果需要保持原始图像辐射场景[59]，Brovey 变换就不适用了，因为当强度替换图像与多光谱图像三波段的光谱范围不一样时，该方法会导致颜色失真。Brovey 变换在连续光谱波段彩色合成中存在同样的局限。由于高分辨率全色图像和多光谱图像来自不同传感器或不同时期，融合技术带来的光谱失真难以控制和量化[60]。

文献[61]将融合图像用于变化的检测。这种融合图像是基于同一传感器和不同传感器的输入图像的差值和比值。比值方法更有用处，因为它能更好地突出微小的差异[62,63]。在有些情况下，产生的差值图像会包含负值，因此加上一个 C 常数来保证数字化数值是正的，即

$$\text{DN}_{\text{DR}} = \frac{\text{MS}_3 - \text{MS}_2}{\text{MS}_3 + \text{MS}_2} - \frac{\text{TM}_4 - \text{TM}_3}{\text{TM}_4 + \text{TM}_3} + C \tag{9.15}$$

但是，差值并不总能够代表变化，因为某些因素，例如传感器在不同光照和大气环境下的差异、传感器定标、地面水汽状况和图像配准等都会导致辐射量的差异。

如果同一传感器在不同时间获得的两幅图像具有不止一个通道，比值方法是将两幅图像波段之间相除。如果每个波段图像的反射能量强度几乎一样的话，那么比值图像的像素值等于 1，表示没有变化。比值方法至关重要的一步是选择恰当的阈值，阈值一般选择在表示变化像元值的分布的上下尾部。在这方面，归一化数据具有优势，如式(9.15)所示[64]。

用于空间增强的比值方法由式(9.16)定义。该方法旨在维持图像在空间分辨率增强时的辐射完整性，即

$$\text{DN}_{\text{RatioMS}(i)} = \text{DN}_{\text{Pan}} \frac{\text{DN}_{\text{MS}(i)}}{\text{DN}_{\text{SynPan}}} \tag{9.16}$$

其中，$\text{DN}_{\text{RatioMS}(i)}$ 是第 i 波段的融合图像；DN_{Pan} 是高分辨率全色图像中相应的像素；$\text{DN}_{\text{MS}(i)}$ 是第 i 波段的低分辨率多光谱输入图像；$\text{DN}_{\text{SynPan}}$ 是低分辨率合成全色

图像中相应的像素,由低分辨率多光谱波段与高分辨率全色图像的光谱响应叠加而成[58]。

合成变量比值是比例增强技术的改进,融合过程中参与计算的参数更复杂。合成变量比值方法利用多光谱和全色图像之间的回归分析来计算参数用于低分辨率全色图像合成过程。合成变量比值方法的第一个改进是用于合成低分辨率全色图像的参数直接来自重采样 TM 图像(10m)和原始 SPOT 全色图像,而不是量测的等级。第二个改进是从参与合并的 TM 波段图像计算合成全色图像,而不是经常使用的 TM 1~4 波段[65]。合成变量比值方法非常流行,在各类高分辨率图像融合中应用广泛。然而,当全色或多光谱图像的光谱范围差异很大时,该方法融合效果不太好。

9.3.4　小波变换融合

小波变换是信号处理领域的一个先进数学工具。它将一幅数字图像分解成一组多尺度的子带图像,以及各尺度的小波系数,能探测一个信号的局部特征。各尺度的小波系数都包含两个连续尺度的空间差异。这一多尺度特性被用于不同分辨率级别的图像融合。

因为基于小波变换的图像融合技术比传统图像融合技术表现更好,它们在使用中得到了青睐,因此有大量的相关论文发表。下面简要总结一些典型的基于小波变换的图像融合方法。

文献[21]提出一种基于二维离散小波变换的图像融合方法。在这项工作中,对小波变换融合和基于多光谱和全色图像的 IHS 变换融合进行了比较,结果显示小波技术在合并和保留光谱-空间信息方面表现都更好。同一组作者在前述方法的基础上,还发表了一种改进的基于小波变换技术的融合方法[22]。该新方法经过 SPOT 和 Landsat TM 多光谱图像测试。

文献[66]提出一种基于小波变换的融合方法融合 SPOT 全色图像和一幅多光谱图像。将其与 IHS 和其他方法对比,发现此方法的光谱特性失真最少。据报道,该方法失真非常小,以至于难以检测。

文献[67]利用一种多尺度正交小波变换方法融合 SPOT 全色和 TM 反射率图像。为了评价该方法,图像分解用了两种目标尺度,即原始图像分辨率的 1/4 和 1/8。文献[42]研究了另一种多尺度小波分解图像融合方法,它通过将全色图像的部分小波添加到低分辨率图像的强度成分上来融合高分辨率全色图像和低分辨率多光谱图像。该离散小波变换(即著名的 àtrous 算法)被用于小波分解过程,能提供正交小波系统做不到的平移不变性。文献[23]提出基于信息多尺度模型的 ARSIS 概念来提高空间分辨率,以使合成图像拥有高空间分辨率和高质量的光谱内容。

文献[43]介绍了一种综合 IHS 变换和双正交小波分解的基于小波的图像融合方法,利用 Landsat 7 数据评价了此融合方法。文献[44]研究了非正交(或冗余)小波分解在图像融合中的应用,结论是利用此方法进行图像融合比用标准正交小波分解更好。

基于小波的融合方法的主要优点是,融合图像的光谱特性失真最小。然而,它也存在问题,当利用全色图像以金字塔结构近似代替多光谱图像时,小目标(一个或两个像元)的光谱内容就丢失了。基于小波的融合类似于高通和低通过滤器,最终融合图像可能出现环状效应。另外,在大范围特征均一的区域,可能存在像元强度不一致的问题[22]。

图 9.3 是常见的基于小波变换的图像融合过程的流程图[42]。首先,根据相对应的多光谱图像的 R、G 和 B 波段图像直方图拉伸高分辨率全色图像,生成 R、G 和 B 波段的直方图匹配后全色图像,该过程在图中标记为(1)。其次,将每个直方图匹配后的高分辨率全色图像分解成低分辨率近似小波子带图像(LL^R、LL^G、LL^B)和三幅小波子带详细图像(带上标 R、G、B 的 HH、HL、LH),后者包含局部空间细节信息,此过程在图中标记为(2)。再次,分别用真实低分辨率多光谱波段图像(R、G、B)替换分解后低分辨率全色图像(LL^R、LL^G、LL^B)。最后,对包含局部

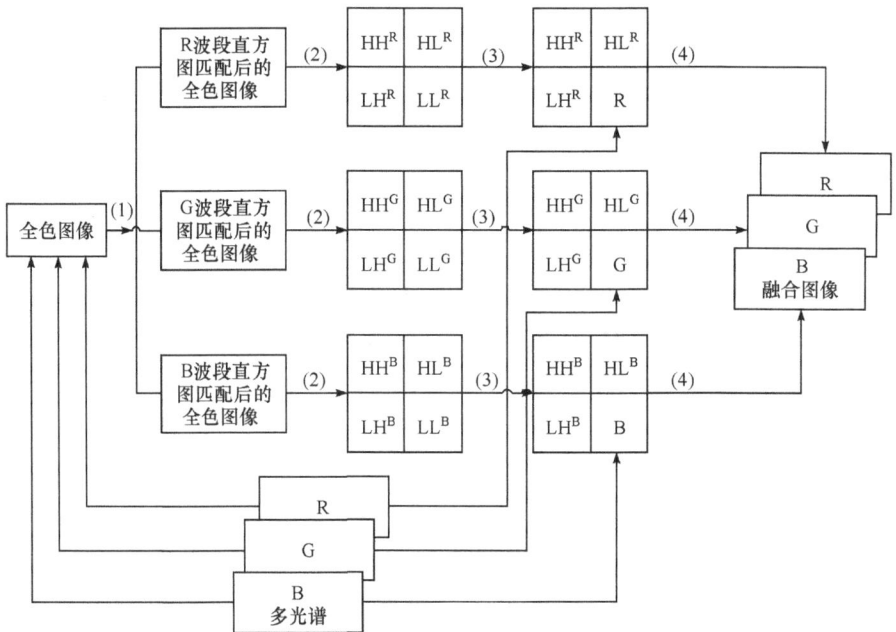

图 9.3　常见基于小波变换的图像融合方法的流程图(圆括号中的数字代表处理步骤,(1)直方图匹配,(2)小波分解,(3)波段替换,(4)反向小波变换。R,G,B 是多光谱图像集的三个波段;上标 R,G,B 代表来自直方图匹配后的全色图像的 R,G,B 的小波分解。
LL^R 表示根据低级分辨率的 R 波段的直方图得到的全色图像的近似图像。
HH^R,HL^R 和 LH^R 分别代表对角线、水平和垂直方向上的小波系数详细子带图像)

空间细节信息和一个多光谱波段(R、G、B)的数据集中每一个数据进行反向小波变换。在三组子带图像经过反向小波变换后,全色图像中高分辨率的空间细节就被注入低分辨率的多光谱波段,生成融合高分辨率多光谱波段图像。

文献[68]报道了基于小波变换的多分辨率分析法的概念和理论。很多研究人员[21,23,24,26,27]已将此理论应用到不同的图像融合,得到了期望结果。令$\{s_{m,n}^{j+1}, m, n \in Z\}$是一幅二维图像,分辨率为$j+1$,$j$是整数;$m$和$n$分别是这幅图像行数和列数,都属于整数集$Z$。多分辨率小波变换可以表示为

$$\begin{cases} s_{m,n}^{j} = \dfrac{1}{2} \sum\limits_{k,l\in Z} s_{k,l}^{j+1} h_{k-2m} h_{l-2n} \\[2mm] d_{m,n}^{j1} = \dfrac{1}{2} \sum\limits_{k,l\in Z} s_{k,l}^{j+1} h_{k-2m} g_{l-2n} \\[2mm] d_{m,n}^{j2} = \dfrac{1}{2} \sum\limits_{k,l\in Z} s_{k,l}^{j+1} g_{k-2m} h_{l-2n} \\[2mm] d_{m,n}^{j3} = \dfrac{1}{2} \sum\limits_{k,l\in Z} s_{k,l}^{j+1} g_{k-2m} g_{l-2n} \end{cases} \tag{9.17}$$

其中,s^j是低分辨率的近似子带图像(如 LL^R);d^{j1}、d^{j2}和d^{j3}是三个包含局部空间细节的详细小波子带图像(如 LH^R,HL^{R}和 HH^R);g_n是高通滤波器;h_n是低通滤波器。

为重建高分辨率图像的反向小波变换,可以定义为

$$s_{m,n}^{j+1} = \frac{1}{2} \left\{ \begin{array}{l} \sum\limits_{k,l\in Z} s_{k,l}^{j} \tilde{h}_{2k-m} \tilde{h}_{2l-n} + \sum\limits_{k,l\in Z} d_{k,l}^{j1} \tilde{h}_{2k-m} \widetilde{g}_{2l-n} \\[2mm] + \sum\limits_{k,l\in Z} d_{k,l}^{j2} \widetilde{g}_{2k-m} \tilde{h}_{2l-n} + \sum\limits_{k,l\in Z} d_{k,l}^{j3} \widetilde{g}_{2k-m} \widetilde{g}_{2l-n} \end{array} \right\} \tag{9.18}$$

其中,$\widetilde{g}_n$和$\tilde{h}_n$满足以下关系,即

$$\begin{cases} g_n = (-1)^{-1+n} h_{1-n} \\ \tilde{h} = h_{1-n} \\ \widetilde{g}_n = g_{1-n} \end{cases} \tag{9.19}$$

方程(9.17)适用于图 9.3 中的步骤(1),方程(9.18)适用于步骤(4)。

9.4　典型图像融合技术的比较

9.4.1　九种融合技术简介

Nikolakopoulos[69]评估了如下 9 种典型图像融合技术。

① 乘法[70]。

② Brovey[71]。

③ IHS[72]。

④ 改进型 IHS[73]。

⑤ 主成分分析[74]。

⑥ 局部均值匹配(LMM)[75]。

⑦ 局部均值和方差匹配(LMVM)[76]。

⑧ 小波[43,77,78]。

⑨ 全色锐化[79]。

乘法是最简单的融合技术,使用一个简单的乘法算法集成二维图像。因为计算简单,计算速度最快,消耗计算资源最少。然而,融合后的图像不保留输入多光谱图像的辐射信息。但是,强度成分被增强了,这点对于突出城市特征(图像中高反射率成分)的应用是很有用的。

Brovey 变换在 9.3 节已经介绍过。开发此方法是为视觉上增强图像直方图的高低端的对比度,以突出阴影、水和高反射率区域,如城市特征。Brovey 变换不能保持原始场景辐射度。

如 9.3 节所述,在 IHS 融合中,将三个 RGB 波段图像转换成强度-色调-饱和度颜色空间。强度成分由全色图像代替,利用最近邻、双线性或卷积技术将色调和饱和度波段图像重采样成高分辨率像素大小。然后,进行反向 IHS 变换,得到融合图像。

融合多光谱图像,改进型 IHS 方法在光谱响应方面比传统 IHS 提高了很多。设计改进型 IHS 的目的是生成的结果图像不但能够保留全色图像的空间完整性,而且能够近似多光谱波段图像的光谱特性。该技术评价每个多光谱图像和全色图像之间的光谱重叠度,根据这些相关波长衡量融合结果。因此,得到的融合图像拥有高光谱保真度,但多光谱图像和全色图像之间波长重叠明显。

主成分分析变换将相关的多光谱图像转换成一组不相关的分量。第一个成分重采样成一幅全色图像。因此,第一成分被全色图像代替,以实现融合。这样,经过反向主成分分析变换后,高分辨率全色图像被集成进低分辨率的多光谱图像中。

为了保留多光谱图像中大部分原始光谱信息,专门设计了局部均值匹配法局部均值和方差匹配法使得融合图像和低分辨率多光谱图像之间的差异最小。这些滤波器在小范围内对图像进行归一化[80],使全色图像的局部均值或者局部均值和方差与原始低分辨率多光谱波段图像的匹配。小的匹配残差对应于全色图像的高分辨率空间信息。这种类型的滤波器极大地提高了融合图像和低空间分辨率多光谱波段图像之间的相关性。通过调整滤波器窗口的大小,来控制融合图像中保留的光谱信息的数量。

由文献[43]报道的小波算法是在参考了众多发表在各种文献[77,78]的工作后的一个改进的版本。在这个小波融合方法中,首先通过多次迭代分解高分辨率全色图像直至生成一个低分辨率低通图像和在递归分解过程中产生的所有相应的高通图像。低分辨率多光谱图像代替源自原始全色图像的低分辨率低通图像,然后利用分解过程产生的高通图像,进行反向小波分解,重建出一幅高分辨率多光谱图像。高光谱分辨率图像的近似成分和高空间分辨率图像的水平、垂直和对角线成分最终融合成一幅新的结果图像。

全色锐化是一种基于统计学的融合技术[79],已被开发成专业模块,集成在商业软件工具 PCI Geomatica® 中。该融合技术解决了图像融合中两个主要问题,即颜色失真和算子依赖性。它与已有的图像融合技术有所不同,主要有两个方面。

① 该技术使用最小二乘法找到待融合多光谱波段图像的灰度值之间的最佳拟合曲线,调整每个波段图像对融合图像的贡献,以减少颜色失真。

② 该技术使用一组统计方法来估计所有输入波段图像之间的灰度值关系,来消除数据集依赖性问题,即减少数据集多样性的影响,以实现自动融合。

9.4.2　评估小结

上述融合技术效率已用 QuickBird 数据的融合进行了比较。这些融合技术适应哪种应用,取决于融合图像的光谱和空间质量(融合图像质量被定量地测量)。首先,直观地定性地检查融合结果。然后,计算原始多光谱图像与融合图像之间的相关性和各种频段的所有统计参数。最后,进行非监督分类,对比分类结果图像。

QuickBird 全色图像的空间分辨率是 0.7m,多光谱图像的空间分辨率是 2.8m。全色图像是 1000×1000 像素,多光谱图像是 250×250 像素,分别利用上述九种不同融合技术进行融合,最终融合图像均拥有 0.7m 的空间分辨率。利用最近邻和卷积重采样方法将多光谱图像重采样到高分辨率像素大小。

由此可知,所有融合技术都提高了多光谱图像的分辨率和视觉质量。就连最简单的融合技术(乘法)都改善了小目标(如汽车和树)的探测,易于建筑制图。

局部均值和方差匹配、局部均值匹配、全色锐化、小波和主成分分析融合技术大体上在所有 RGB 波段合成的图像中都保留了原始颜色,在颜色色调和清晰度方面有些小的差异。通过对比,IHS、Brovey 和乘法融合技术造成了原始图像颜色变化,使得相片解译变得困难。因此,当在自然颜色组合中使用蓝波段时,植被颜色会出现从绿到蓝的变化。改进型 IHS 对原始颜色的影响取决于 RGB 波段组合的方式。小波算法造成了小的失真问题。整体上,利用波段 4,3,2 的 RGB 组合,所有融合算法的结果在原始多光谱图像上的颜色失真都最小。

对于参与比较的 9 种算法中的 8 个,重采样方法对融合结果的影响都不大。只有使用 IHS 算法和波段 4,2,1 RGB 组合时,重采样方法似乎对结果图像有影响。在这种情况下,采用三次卷积重采样方法得到的结果最不理想。

融合图像不同波段组合的相关系数也进行了计算。首先,将原始多光谱波段图像中每个波段图像与其九种融合图像关联起来。融合波段图像与原始多波段图像的相关性应该很强,才能确保好的光谱质量。实现结果显示,局部均值和方差匹配和局部均值匹配方法生成的结果,相关性最强,而 Brovey 和 IHS 方法生成的结果,相关性最差。IHS 生成的波段相关性呈现出很大的波动。

多光谱图像每个波段间在融合前后的相关性被进行了计算。在使用全色锐化、局部均值匹配、局部均值和方差匹配、主成分分析和小波算法的融合方法后,第一波段和第四波段之间的相关值增加了,这表示融合图像光谱质量良好。

局部均值和方差匹配、局部均值匹配、全色锐化和小波融合方法大体上不改变原始多光谱波段的统计参数。改进型 IHS 方法造成的统计参数的变化小于经典的 IHS 或主成分分析;乘法算法拉伸了所有的多光谱波段图像的直方图,降低了标准偏差的值;Brovey 算法导致所有 RGB 波段组合的均值和标准偏差值降低很多。值得注意的是,在不考虑所用的重采样方法的情况下,局部均值匹配和局部均值和方差匹配算法呈现出完全相同的统计结果。

在非监督分类过程中,除了乘法算法得到的结果不理想,9 种算法中其余 8 个都表现出好的结果。综合评比得出,局部均值和方差匹配、全色锐化和局部均值匹配算法在融合全色和多光谱图像中都具有更多优势。如果用户想要对融合结果进行进一步处理,例如植被指数或者利用光谱特征进行分类的话,推荐使用上述三种融合算法。

9.5 基于复数脊波变换的图像融合

本节介绍一种基于复数脊波变换的图像融合方法,用于提高高光谱数据立方体的空间分辨率[81]。采用一种偶树复数小波变换(DTCWT),原因是它具有近似平移不变性,这一点在高光谱图像融合中非常重要。首先,对数据立方体的每个波段图像进行 Radon 变换增强,以获得 Radon 切片,然后沿着每个 Radon 切片实行一维偶树复数小波变换,生成复数脊波变换的系数。实验结果证明,此种方法优于现有融合方法,如小波、有限脊波变换和主成分分析融合方法。

9.5.1 目的

众所周知,脊波变换能够捕捉到图像内的直线和曲线奇异点,而小波变换做不到。基于这些优势,脊波变换已成功应用到模式识别和图像处理中。即使传统脊波变换具有自己的优势,但是它常见的形式(用到一维标量小波变换)并不具备平移不变性,这一点在图像融合中很重要。

为了克服这个缺点,将一维标量小波变换替换成一维偶树复数小波变换,因为这种变换具有近似平移不变性。实验显示,这一方法比常见的图像融合技术,如小波图像融合、有限脊波变换融合和主成分分析融合都有更好的效果。

9.5.2　Radon 变换

Radon 变换已成为医学成像、雷达成像、地球物理成像等[82-85]领域的一个非常有用的工具。它将一幅二维图像变换成一组线参数域,其中图像中的每条线在对应的线参数中有一个峰值。这对于许多图像处理、计算机视觉和地震学中线检测很有用处。

典型的 Radon 变换是指在连续情况下,模式的强度函数 $f(x,y)$ 到函数 RA(t,θ),$t \in R$ 和 $\theta \in [0,\pi)$ 的映射,定义为

$$RA(t,\theta) = \int f(x,y)\delta(x\cos\theta + y\sin\theta - t)\mathrm{d}x\mathrm{d}y \qquad (9.20)$$

其中,δ 是拉克分布。

Radon 变换数字化实现需 $O(N\log(N))$ 次浮点运算,其中 $N = n \times n$ 是图像像素总数。Radon 变换依赖于一个叫做伪极坐标傅里叶变换的离散投影切片理论。它是一对一变换,且不可逆。

Radon 变换可以在傅里叶域内实现。首先,进行二维快速傅里叶变换;然后沿着一组直线进行插值,直线的数量等于选择投影的数量。每条线穿过二维频域的中心,坡度等于投射角度,插值点的数量等于每次投影射线的条数。在沿每条插值射线进行一维逆向快速傅里叶变换后,可以得到 Radon 变换系数。Radon 变换能够有效地提取不变模式识别和其他实际应用中的方向性特征。

9.5.3　脊波变换

脊波变换为光滑物体和有边缘的物体提供了一种近于理想的稀疏表达[86-90]。对于每个 $a>0$,每个 $b \in R$ 和每个 $\theta \in [0,2\pi)$,二元脊波 $\phi_{a,b,\theta} : R^2 \rightarrow R$ 定义为

$$\phi_{a,b,\theta} = a^{-1/2}\phi[(x\cos\theta + y\sin\theta - b)/a] \qquad (9.21)$$

其中,$\phi(\cdot)$ 是小波函数。

脊波沿直线 $x\cos\theta + y\sin\theta = t$ 方向是恒定的。沿着这些边缘横向运动就成了小波。已知一幅可积二元图像 $f(x,y)$,它的脊波系数可以定义为

$$R(a,b,\theta) = \int \phi_{a,b,\theta} f(x,y)\mathrm{d}x\mathrm{d}y \qquad (9.22)$$

脊波变换可以用 Radon 变换的形式表示,定义见式(9.20)。脊波变换恰恰是一个一维小波变换至 Radon 变换切片的应用,其中角变量 θ 是常数,t 是变量。脊波表现出非常强的方向敏感性和各向异质性,在这一点上,脊波不同于小波。图 9.4 展示了脊波变换及其缩放、平移和旋转后的情况。

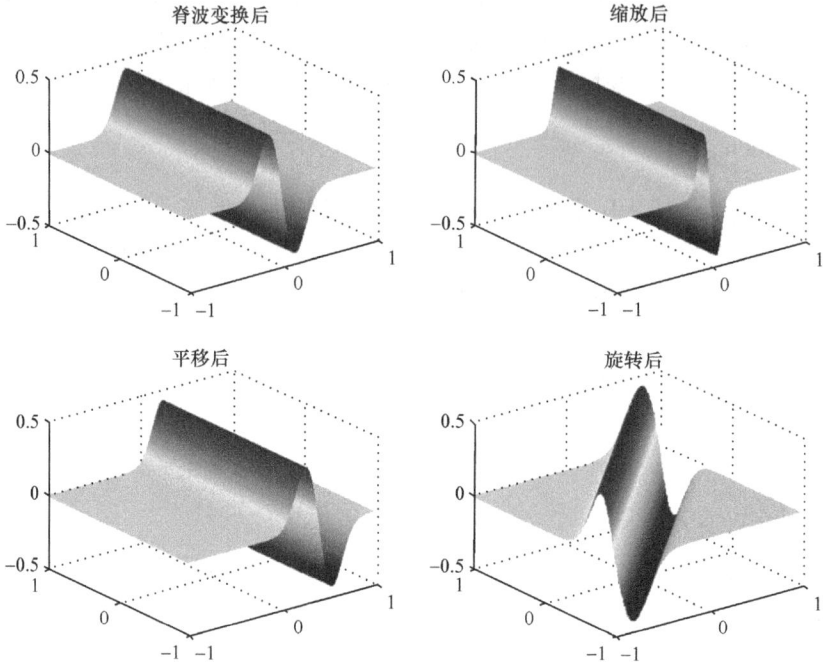

图 9.4　脊波变换及其缩放、平移和旋转后的各版本

　　脊波变换已成功应用于图像处理和模式识别等领域。文献[91]提出一种使用脊波包的不变描述符用于模式识别。偶树复数小波变换被集成到标准脊波变换中用于图像降噪[92]。研究人员开发了三种不变模式识别方法[93-95]，分别使用脊波变换、小波循环转动和傅里叶变换，提出一种利用有限脊波变换的图像融合方法[96]。实验结果显示，基于有限脊波变换的融合方法优于发表的文献[96]中出现的其他融合方法。

9.5.4　迭代反向投影

　　迭代反向投影可以用来在融合前，扩展数据立方体的每个波段图像的空间分辨率[97,98]。简化起见，本节仅考虑空间分辨率提高率为 2×2 的情况。很容易将此方法扩展到更高分辨率的情况。迭代反向投影由两步组成，即投影和反向投影。迭代反向投影执行投影和反向投影的迭代直至得到满意的结果。

　　在投影过程中，当第一次迭代时，四幅（即 $2 \times 2 = 4$）低空间分辨率图像的初始化过程如半个像元，沿 x 和 y 方向均平移半个像元，还有一幅不做平移。这样就由原始图像生成了四幅低空间分辨率图像。这四幅图像用作反向投影的初始输入。

当在其他次迭代时,已生成一幅高空间分辨率近似图像。将该图像的每个像素分别沿 x 方向平移一个像元,沿 y 方向平移一个像元,沿 x 和 y 方向均平移一个像元。连同不做平移的图像,共产生了四幅像元平移图像。在这四幅图像中,将每幅图像的每 2×2 个像元分为一组,取其平均,以生成四幅半像元平移、低分辨率图像。

在反向投影中,首先将四幅这样生成的低分辨率图像和四幅初始输入的低分辨率图像之间的差异扩展到相同空间分辨率的图像,它被作为高空间分辨率图像。这个过程用双线性插值法完成。因为投影过程的输出图像是半像元平移的,这些插值图像应该是反向平移的,然后对高空间分辨率图像取平均,就生成一幅高空间分辨率图像。

9.5.5　图像融合

由于变换过程中的抽取运算,常规小波变换不具备平移不变性。输入信号中一个小的平移会造成不同的输出小波系数。这是小波变换在图像融合中的主要局限。解决这一问题的一种方法是小波变换过程中不进行抽取操作。这种方法的缺点是计算效率低下,尤其是在多维情况下。

文献[99],[100]报道了一种偶树复数小波变换方法,展示出近似平移不变性和更高的角分辨率。这种变换的优点是在两个树 a 和 b 中使用滤波器。在每个树中一级滤波器之间引入一个样本的简单延迟,然后交替使用"奇数长"和"偶数长"线性相位滤波器。正如文献中指出,由于奇/偶滤波器方法有一些困难,因此提出一种 Q 平移偶树方法[101],它的 1 级以上的滤波器都是偶数长。两个树的过滤器正好是时间相反的,如同分析和重建滤波器一样。这些滤波器比普通的滤波器短,新的变换仍然满足平移不变性,具备良好的多维方向选择性。

偶树复数小波变换已成功地应用到很多领域,如模式识别、图像处理等。正如前文指出,偶树复数小波变换具有近似平移不变性,这一点对于图像融合非常重要。由于这个优势将偶树复数小波变换集成进脊波变换来实现所谓的复数脊波变换方法(CRT)。

在复数脊波变换图像融合中,迭代反向投影用来扩展数据立方体每个波段图像的空间分辨率到与全色图像相同的空间分辨率。对于一个波段图像,通过沿 x 方向平移 1 个像元,沿 y 方向平移 1 个像元,沿 x 和 y 方向各平移一个像元,得到三幅平移后的图像。这幅波段图像及其三幅平移图像作为迭代反向投影算法的输入,用来生成空间分辨率提高后的图像。当达到预定义的差异误差或最大迭代次数(如 10),迭代反向投影停止迭代。

复数脊波变换有以下几个步骤。首先,对全色图像和数据立方体的每个空间分辨率提高后的波段图像进行 Radon 变换,以生成 Radon 切片。然后,对每个 Radon 切片进行一维偶树复数小波变换。这样就生成了全色图像和数据立方体每个波段图像的复数脊波系数。图 9.5 展示了低分辨率波段图像 i 和全色图像的复数脊波变换的流程图。

值得注意的是,在复数脊波变换中,偶树复数小波变换代替了标准脊波变换中的小波变换。因为偶树复数小波变换的近似平移不变性,复数脊波变换比标准脊波变换拥有更多更好的性质。

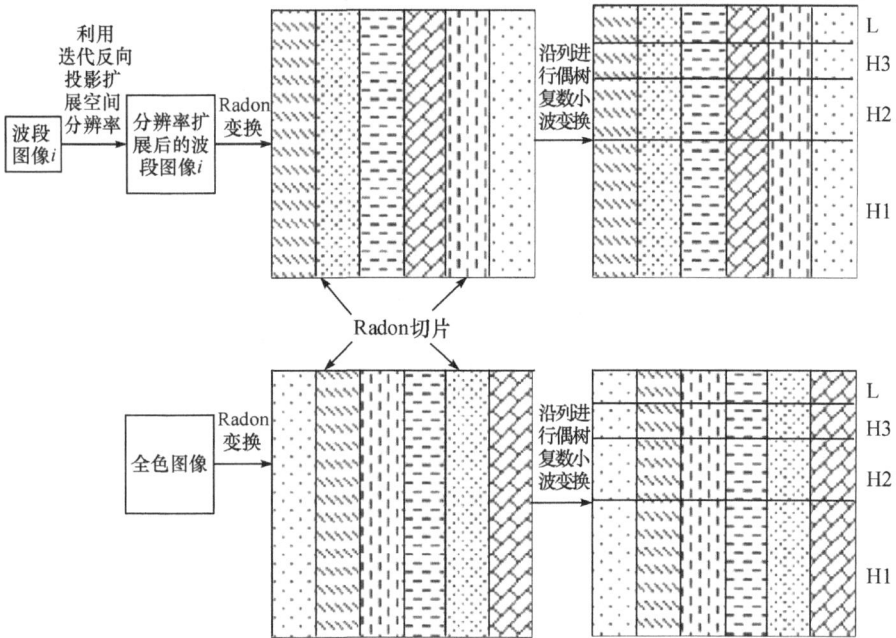

图 9.5　复数脊波变换过程流程图[81]

全色图像与原数据立方体的每个波段图像融合,可以生成高分辨率数据立方体。根据以下规则,融合生成的复数脊波系数为

$$c_{F,K}^{L} = c_{A,K}^{L}, \quad 低频系数 \tag{9.23}$$

$$c_{F,K}^{H} = \begin{cases} c_{A,K}^{H}, & |c_{A,K}^{H}| \geqslant |c_{B,K}^{H}| \\ c_{B,K}^{H}, & 其他 \end{cases}, \quad 高频系数 \tag{9.24}$$

其中,A 是利用迭代反向投影得到的分辨率提高后的波段图像;B 是全色图像;F 是融合后图像;K 是复数脊波系数的索引。

然后,进行逆向复数脊波变换,生成高分辨率数据立方体。图 9.6 展示了复数脊波变换融合步骤。

文献[102]描述了一项通过真 ALI 全色图像提高 Hyperion 高光谱数据空间分辨率的研究。它根据均方差最小化,提出两种图像融合方法。两者都提供了降级最优内射模拟融合方法。文献中的实验定量地说明,这两种方法比其他图像融合方法要好。不难看出,本章描述的图像融合方法不同于以往文献所报道。基于小波的图像融合技术类似的研究在文献中也有描述[103,104]。

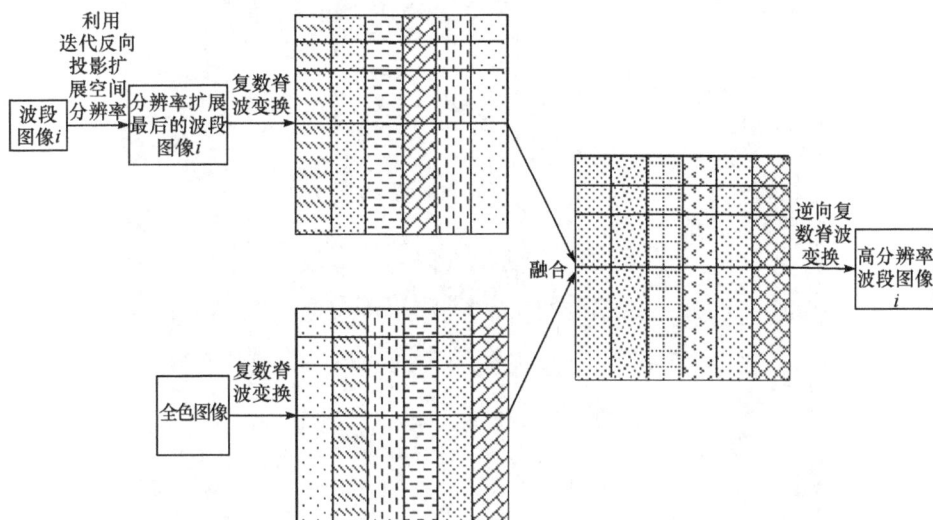

图 9.6　复数脊波变换图像融合方法过程[81]

9.5.6　图像融合实验结果

用复数脊波变换图像融合方法进行了实验以检验该方法的优势。测试数据包括三个高光谱数据立方体和一个多光谱数据立方体。第一个数据立方体是 1997年采集干美国内华达州 Caprite 赤铜矿矿区的 AVIRIS 图像（大小是 614×512 像素，224 个波段，原始图像可以从以下网址下载 http://aviris.jpl.nasa.gov/html/aviris.freedata.html）。裁剪图像，保留右上角，350×350 像素，224 波段。裁剪区域的矿物状态已被很清楚地了解，用来作为遥感方法的验证和评价的标准实验基地。因为水汽吸收和低信噪比，去除 1~3,105~115 和 150~170 波段。最后实验中用到 189 个波段。图 9.7 是 AVIRIS 数据立方体波长为 827nm（波段号为 50）处的波段图像。

第二个和第三个高光谱数据立方体是利用机载短波全光谱成像仪二型传感器获取的。第二个高光谱数据立方体是加拿大东北萨斯喀彻温省的 Key Lake，用于研究成像光谱仪在识别铀矿及其关联活动的能力。像素地面采样距离是 3.19m×3.13m，数据立方体大小是 1090 行×496 列×240 波段。

第三个高光谱数据立方体是用于研究短波红外高光谱成像目标探测，具有240 个波段，光谱范围是 1124~2427nm，波段中心间隔 5.2nm。地面采样距离是2.20m×1.85m，被称为目标数据立方体。该数据立方体大小是 140 行×496 列×240 波段。

多光谱数据集来自 IKONOS 卫星的传感器。与此同时，该卫星在同一时间还

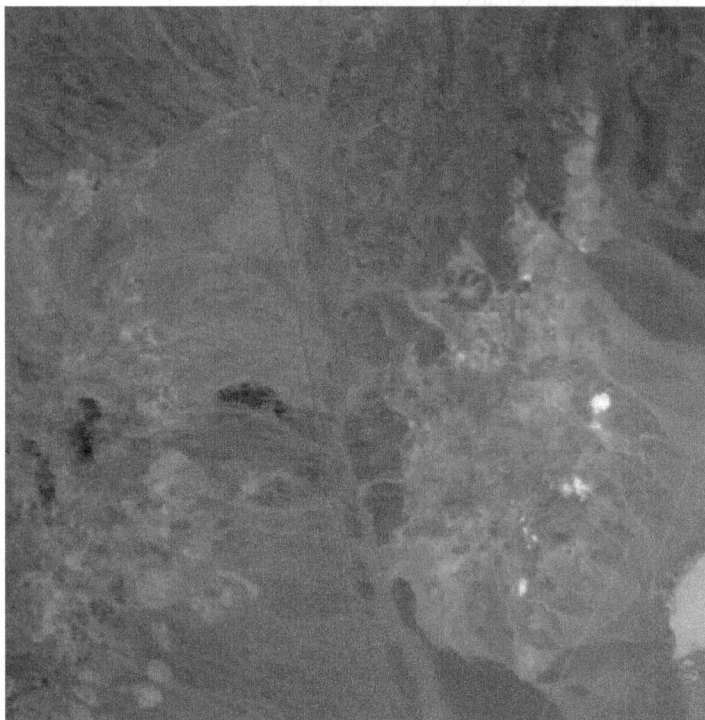

图 9.7　　AVIRIS 在赤矿区波长为 827nm(波段序号为 50)时的场景[81]

获取了全色图像,被用于复数脊波变换融合方法的实验中。多光谱数据集有四个
光谱波段(红、绿、蓝和近红外),每个波段的大小均是 400×400 像素。全色图像的
大小是 1600×1600 像素。该数据集获取自魁北克、Valcartier、加拿大军事基地
(CFB)。全色图像的地面采样距离是 1m,多光谱波段的地面采样距离是 4m。图
9.8 展示了多光谱数据集 RGB 格式组合的三个光谱波段的伪彩色图像。

　　实验分别对四个测试数据立方体进行复数脊波变换、小波变换、有限脊波变换
和主成分分析,生成高分辨率图像。对原始数据立方体进行 2×2 的降采样,生成
低分辨率数据立方体。这样,原始数据立方体就可以作为评价融合方法性能的参
考图像。

　　为融合三个高光谱数据立方体需要一幅全色图像,但是对于这三个测试数据
立方体没有可用的全色图像。这里全色图像是从原始数据立方体中提取的。从三
个原始数据立方体中分别提取光谱波段 50、16 和 13 图像,将其作为全色图像,分
别去融合 Caprite 赤矿、Key Lake 和目标数据立方体。这些"全色"图像看起来与
数据立方体的其他波段图像类似,它们具有高信噪比的强度值。加拿大军事基地
实验场多光谱数据集有真正的全色图像。这样就测试了模拟全色图像和真正全色
图像。

图 9.8　加拿大军事基地实验场多光谱数据集的 RGB 图像[81]

　　图 9.9 展示了 Cuprite 赤矿数据立方体分别应用复数脊波变换、小波变换、有限脊波变换和主成分分析方法的低分辨率图像、模拟全色图像和空间分辨率提高后的图像。从这些图可以看出,在所有测试的融合方法中,复数脊波变换融合生成出来的高分辨率图像最好。

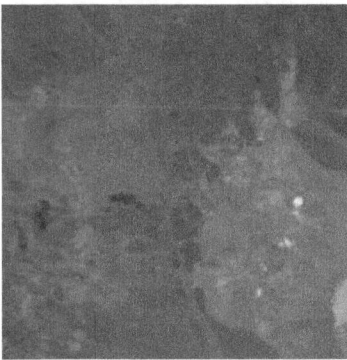
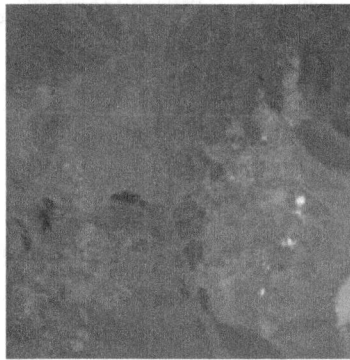

(a) 低分辨率　　　　　　　　　　　　　　　　(b) 模拟全色

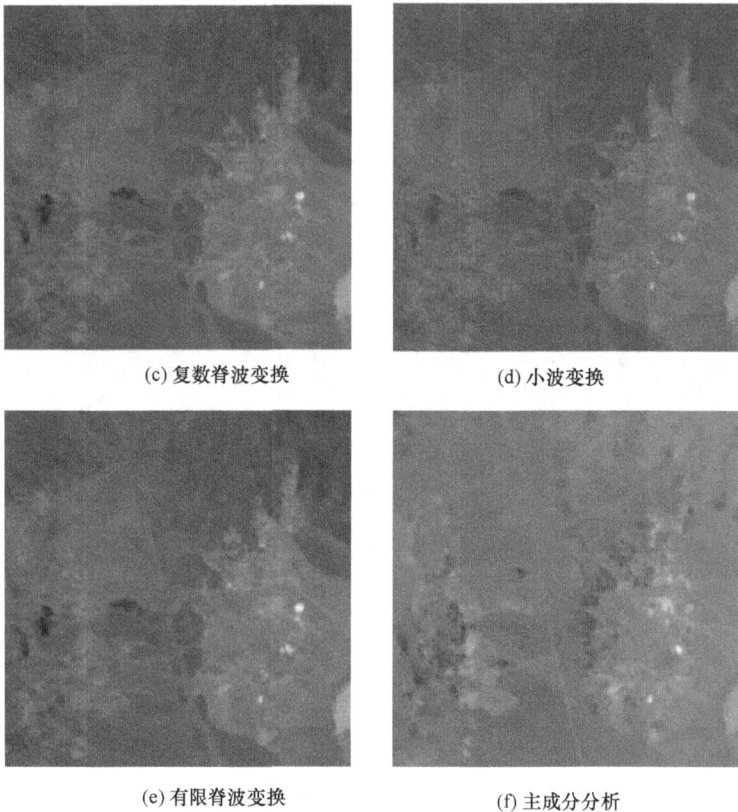

(c) 复数脊波变换　　　　　　　　　　(d) 小波变换

(e) 有限脊波变换　　　　　　　　　　(f) 主成分分析

图 9.9　复数脊波变换、小波变换、有限脊波变换和主成分分析融合
方法产生的 Cuprite 赤矿数据立方体的融合图像(光谱波段 50)对比[81]

图 9.10 展示了加拿大军事基地机场区域的多光谱图像红绿蓝波段形成的伪彩色图(100×100 像素)和真全色图像(400×400 像素)的融合结果,图像分辨率提高比例是 4,融合方法分别是复数脊波变换、小波变换、

从图中可以看出,复数脊波变换融合方法得到的空间分辨率增强后的图像,比其他参与测试的融合方法好。

因为没有空间分辨率为 1m 和图像大小为 400×400 像素的参考多光谱图像,所以不能定量地测量融合后图像质量。于是只有目测融合结果的好坏。

在 1m 分辨率的全色图像中,可以清晰地识别出"H"符号和延长线。机场跑道上停有 7 架直升机,甚至可以分辨出直升机的停靠方向。也可以看到,两个停车场上的一辆辆汽车,可以清晰地看到两座楼顶上通风系统的排气扇,识别场景中所有建筑。

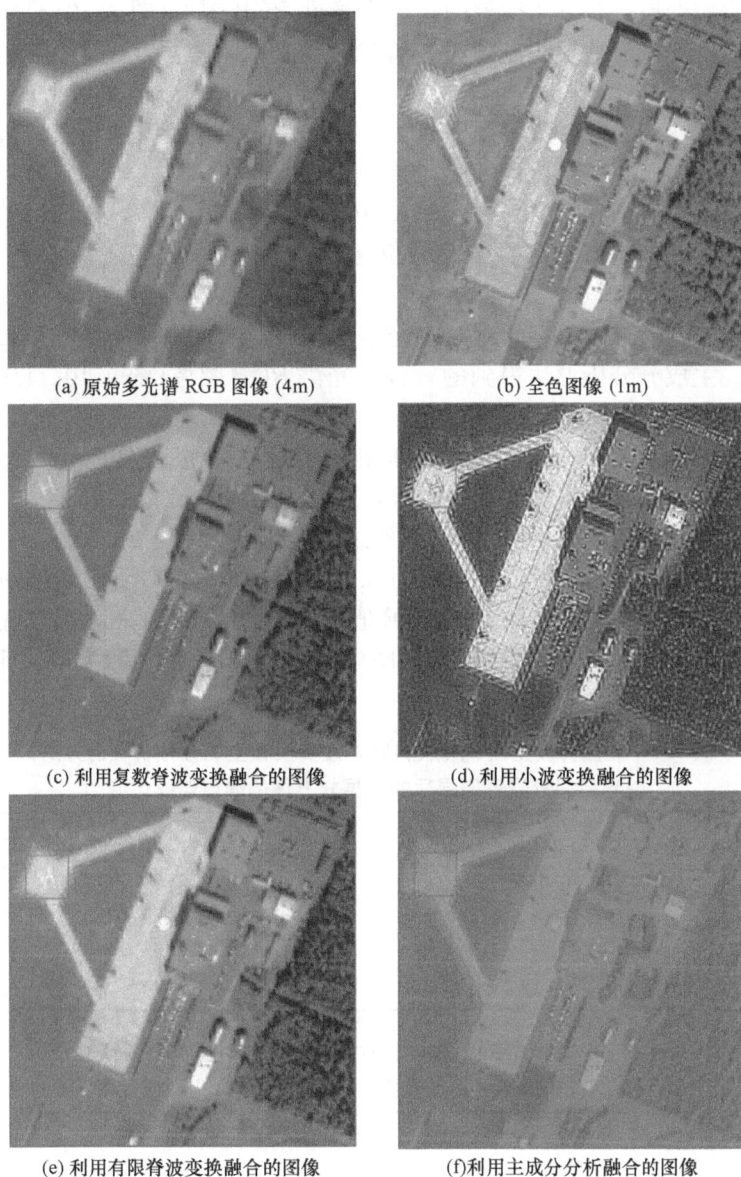

(a) 原始多光谱 RGB 图像 (4m)　　　　　　　　(b) 全色图像 (1m)

(c) 利用复数脊波变换融合的图像　　　　　　(d) 利用小波变换融合的图像

(e) 利用有限脊波变换融合的图像　　　　　　(f) 利用主成分分析融合的图像

图 9.10　小区域(加拿大军事基地机场)多光谱数据立方体与真实全色图像利用复数脊波变换、
小波变换、有限脊波变换和主成分分析融合方法的融合图像[81]

在 4m 地面分辨率的原始多光谱 RGB 伪彩色图像中,不能识别出机场着陆区
上的"H"符号。大致看出机场跑道上停有六架直升机,看不到上方停车场的汽车。
下方停车场的汽车很模糊。不能清晰地分辨出两座楼顶上通风系统的排气扇。有
些建筑与它们的背景混淆分不清。

复数脊波变换融合方法得到的融合多光谱 RGB 图像(图 9.10(c))与全色图像非常接近。可以清晰地识别出"H"符号和延长线。机场跑道上停有 7 架直升机,甚至可以分辨出直升机的停靠方向。也可以看到,两个停车场上的一辆辆汽车。可清晰地看到,两座楼顶上通风系统的排气扇,清楚地识别场景中所有建筑,但是融合 RGB 图像中没有机场跑道的纹理。

小波变换方法得到的融合多光谱 RGB 图像(图 9.10(d)),场景背景大体上是失真的。着陆区和跑道的背景变亮,反倒帮助保护了跑道的纹理;树林和农田的背景也失真。

有限脊波变换方法得到的融合多光谱 RGB 图像(图 9.10(e))是第二接近全色图像的。主成分分析方法得到的融合多光谱 RGB 图像(图 9.10(f))颜色失真和平滑很严重。

利用图像质量度量峰值信噪比、结构相似度指数、合成图像的相对全局误差和光谱角制图对空间分辨率提高后的数据立方体的质量进行了测量。

表 9.1 列出使用复数脊波变换、小波、有限脊波变换和主成分分析融合方法的得到空间分辨率增强后的数据立方体的峰值信噪比值。可以看出,复数脊波变换融合方法比其他三种融合方法表现好,峰值信噪比的值比其他三种方法显著提高。

结构相似度指数[105]通过比较参考图像和失真图像在亮度、对比度和结构方面的局部相关性来测量图像质量。

表 9.1　复数脊波变换、小波、有限脊波变换和主成分分析融合方法
得到空间分辨率增强后的数据立方体的峰值信噪比值

数据立方体	复数脊波变换	小波	有限脊波变换	主成分分析
Cuprite	34.50	14.54	26.86	23.87
Key Lake	32.17	20.38	14.00	22.46
目标	54.66	11.58	35.76	28.84
加拿大军事基地多光谱	31.75	24.11	28.40	22.99

表 9.2　复数脊波变换、小波、有限脊波变换和主成分分析融合
得到空间分辨率增强后的数据立方体的平均结构相似度指数

数据立方体	复数脊波变换	小波	有限脊波变换	主成分分析
Cuprite	0.92	0.73	0.94	0.83
Key Lake	0.82	0.66	0.36	0.76
目标	0.99	0.80	0.99	0.99
加拿大军事基地多光谱	0.85	0.66	0.78	0.54

表 9.2 列出利用复数脊波变换、小波、有限脊波变换和主成分分析融合方法得到空间分辨率增强后的数据立方体的平均结构相似度指数。可以看出,对于 Key Lake 和目标高光谱数据立方体和多光谱数据立方体来说,复数脊波变换融合方法

胜过小波、有限脊波变换和主成分分析融合方法。对于 Key Lake 数据立方体和多光谱数据立方体来说,复数脊波变换融合方法比其他融合方法在平均结构相似度方面有很大的提高。对于 Cuprite 赤矿数据立方体,复数脊波变换融合方法比有限脊波变换融合方法稍微差一点,但是比小波和主成分分析融合方法还是好很多。

Wald 等[106]提出一种合成图像的相对全局误差指数,能全面测量融合数据立方体的质量。合成图像的相对全局误差概括了表示所有波段的全面结果的误差,误差值越小,融合图像质量越好。合成图像的相对全局误差值大于 3 表示融合产品质量差,而合成图像的相对全局误差值小于 3 表示融合产品质量满足要求或者更好。

表 9.3 列出利用复数脊波变换、小波、有限脊波变换和主成分分析融合方法得到空间分辨率增强后的数据立方体的合成图像的相对全局误差值。可以看出,对于 Caprite 赤矿、目标和多光谱数据立方体来说,复数脊波变换融合方法比其他三种融合方法好。复数脊波变换融合方法比其他融合方法在合成图像的相对全局误差值上有显著的提高。即使对于 Key Lake 数据立方体,复数脊波变换融合方法的表现没有像小波变换和主成分分析融合方法一样好,仍然比有限脊波变换好。对于四种融合方法来说,Key Lake 数据立方体的合成图像的相对全局误差值都太大了,这可能是由原始数据立方体中的水汽吸收和低信噪比造成的。

**表 9.3 复数脊波变换、小波、有限脊波变换和主成分分析融合方法
得到空间分辨率增强后的数据立方体的合成图像的相对全局误差值**

数据立方体	复数脊波变换	小波	有限脊波变换	主成分分析
Cuprite	1.53	12.78	5.09	4.5
Key Lake	81.23	70.27	903.93	17.28
目标	0.09	12.5	0.78	1.71
加拿大军事基地多光谱	7.05	16.13	15.91	23.14

**表 9.4 参考立方体与利用复数脊波变换、小波、有限脊波变换和主成分分析融合方法得到空间
分辨率增强后的数据立方体之间的光谱角填图的平均值**

数据立方体	复数脊波变换	小波	有限脊波变换	主成分分析
Cuprite	1.78	2.05	6.43	2.62
Key Lake	7.04	10.42	36.43	6.65
目标	0.08	0.09	0.57	3.27
加拿大军事基地多光谱	6.17	9.98	16.05	10.76

光谱角填图也用来评价空间分辨率提高后的数据立方体的质量,是两个光谱矢量之间光谱角的绝对值。因为它只用矢量方向而不用矢量长度,所以它对照度

不敏感。表9.4是参考立方体与利用复数脊波变换、小波、有限脊波变换和主成分分析融合方法得到空间分辨率增强后的数据立方体之间的光谱角填图的平均值。表中光谱角填图值是整幅图像的光谱角填图平均值,以测量整体光谱失真。对于Cuprite和目标高光谱数据立方体,以及多光谱数据立方体来说,复数脊波变换融合方法比其他方法好。对于Cuprite高光谱数据立方体和多光谱数据立方体来说,复数脊波变换融合方法比其他方法好很多。对于目标数据立方体,复数脊波变换融合方法仅比小波融合方法略微好一点,它比有限脊波变换和主成分分析融合方法好很多。对于Key Lake数据立方体,即使复数脊波变换融合方法没有像主成分分析融合方法一样好,但仍然比小波变换和有限脊波变换融合方法好。四种融合方法产生的Key Lake数据立方体的光谱角填图值都很大,这是由于原始数据立方体的水汽吸收和低信噪比。

9.6 光学和雷达图像融合

光学传感器是被动感知来自地面反射的电磁波的仪器,因此光学传感器能提供有关地面覆盖类型的光谱信息。然而,仅用光学多光谱图像难以区别一些植物种类,因为这些植被具有相似的光谱响应。光学传感器也不能在夜晚成像,而且不能对隐藏在云、树及其他地面覆盖后的目标成像。另一方面,雷达传感器,如合成孔径雷达,是主动传感器,不受任何天气条件影响,白天和夜晚都可以获取图像。合成孔径雷达也能探测植被的水分含量和生长状态,如地形、厚度和地面覆盖的粗糙度等特征的几何形状和结构。合成孔径雷达也能穿透光学不透明的物质,这些物质在光学技术下不可见。在一些特定条件下,低频合成孔径雷达技术可以穿透叶子对植被覆盖下的区域进行制图。因此,用合成孔径雷达图像补充摄影和其他光学成像能力后,可以从单张图像中提取更多信息。为增加从单个传感器获取的信息数量,合成孔径雷达和多光谱图像融合成为一种流行趋势[19]。

9.6.1 基于强度调制的多光谱和合成孔径雷达图像融合

文献[107]描述了一种多光谱和合成孔径雷达图像融合算法,通过强度调制将多光谱图像全色锐化扩展到多光谱和合成孔径雷达图像的集成。这个算法依赖于合成孔径雷达纹理,通过提高去斑合成孔径雷达图像与其低通近似的比率提取合成孔径雷达纹理。通过线性变换将IHS变换扩展到任意多波段,生成多光谱图像的强度图像,合成孔径雷达纹理用于调制产生的多光谱图像的强度图像。在调制前,要先对生成的强度图像进行增强,通过àtrous小波分解[108]从全色图像中提取高通细节,将全色图像高通细节注入生成后的强度图像。将经过纹理调制和利用àtrous小波全色锐化后生成的强度图像代替从原始多光谱图像重采样而来的强度图像。最终,进行反向变换,得到融合图像。

更具体地说,输入数据集由一幅合成孔径雷达振幅图像,一幅已配准的有 N 个波段的多光谱图像,记作 $B_1, B_2, \cdots, B_N$,一幅与合成孔径雷达图像配准的全色图像组成。合成孔径雷达图像和全色图像的空间分辨率比多光谱波段图像的高。通过一个滤波过程对合成孔径雷达图像去斑,同时保留纹理。在去斑之后,计算去斑合成孔径雷达图像与其低通近似之间的比率 M,低通逼近利用 àtrous 小波算法获得,将其作为 $l=L$ 级的近似。当 $l=0$ 时,àtrous 小波变换后得到全色图像的高通细节,通过匹配原始强度图像和平滑后(低通)全色图像计算空间常数增益,利用此增益对重采样多光谱波段图像进行均衡化,然后将全色图像高通细节"注入"重采样后的多光谱波段图像。

这种融合方法已经过 ERS-2 卫星的合成孔径雷达图像、30m 的 Landsat 7/ETM＋图像(波段 $1,2,3,4,5,7$)和 15m 的全色图像测试。所有光学图像已与 ERS 图像配准过。结果证明,植被区域、裸土和有纹理的区域(建筑和路网)保留了准确的光谱,合成孔径雷达纹理信息增强了融合产品(这一点可用于视觉分析和分类)。

9.6.2　基于小波变换的合成孔径雷达和光学图像融合

文献[109]提出一种融合高分辨率光学图像和低分辨率合成孔径雷达图像的算法。首先,利用仿射变换对具有不同尺寸的光学图像和合成孔径雷达图像配准。然后,两幅图像拥有相同的尺寸,且空间对齐。此配准过程也可以看做一种图像融合。在小波域对两幅配准好的图像进行合并,得到进一步的融合函数。

该文献进行仿射变换时,合成孔径雷达图像作为测试图像,光学图像作为参考图像。仿射变换是对图像进行平移、缩放、仿射、旋转和偏转。图像配准是通过找到一幅图像的控制点到另一幅图像相应控制点映射的仿射变换实现,以使两幅图像的细节准确地重合。

在配准后,对配准后的光学和合成孔径雷达图像使用小波变换,生成小波系数子带图像。图像融合过程是比较合成孔径雷达子带图像和光学子带图像在同一位置处的小波系数,选择大的系数作为融合结果。再经过逆向小波变换,就得到了融合图像。

此算法经过 25m 空间分辨率合成孔径雷达图像和同场景的 5m 空间分辨率光学图像融合测试。实验结果显示,此算法能够比用任一单个传感器图像得到更准确和精确的探测。

9.6.3　基于局部方差和均值的合成孔径雷达和光学图像融合

文献[110]提出一种融合方法,使用自适应窗口调节建立输入图像之间的统计关系,计算预定义的规则来融合它们。此方法以输入图像的线性组合构建融合图像。它认为图像融合是保留全色图像的高分辨率空间信息和多光谱图像的光谱信息。根据以下两条规则,计算融合像元。

① 融合图像的局部方差应该等于全色图像相应的局部方差,局部方差指示空间细节,这样全色图像的空间细节才能保留在融合图像中。此规则表达为

$$\text{Cov}(F_i, F_i) = a_i^2\sigma_0^2 + 2a_ib_i\sigma_{0i} + b_i^2\sigma_i^2 = \sigma_0^2 \tag{9.25}$$

其中,F_i 是融合波段图像 i;a_i 和 b_i 是用来重建融合像元的系数;σ_0^2 和 σ_i^2 分别是全色图像和多光谱图像的方差;σ_{0i} 是全色图像和第 i 波段图像的协方差。

② 融合图像的局部均值应该等于多光谱图像相应的局部均值,局部均值指示颜色内容,这样多光谱图像的颜色内容才能保留在融合图像中。此规则表达为

$$\text{Mean}(F_i) = a_i\mu_0 + b_i\mu_i = \mu_i \tag{9.26}$$

其中,μ_0 和 μ_i 分别是全色图像和第 i 波段图像的均值。

该研究使用四个传感器采集的图像。这些图像包括 QuickBird 全色波段(0.7m)、多光谱波段图像(2.7m)、IKONOS 多光谱波段图像(4m)、Landsat TM(30m)和合成孔径雷达图像(2.5m),它们覆盖一片农业区域。当这些图像具有相同空间分辨率时,图像融合自然地开始,因此利用最近邻插值方法重采样多光谱图像,使其与全色和合成孔径雷达图像具有相同的空间分辨率。

合成孔径雷达图像的斑点噪声影响融合结果的质量,因为图像融合算法会把它们带入融合图像。在本研究中,对斑点噪声进行平滑。用此方法融合合成孔径雷达和 QuickBird 多光谱图像,可以得到有意义和有前景的结果。该方法保留了输入多光谱图像的颜色,同时也付出了代价,某些精致细节变得模糊。

相比现有融合方法,此方法的一个优点是它能够在融合过程中调节窗口大小来控制融合图像中空间增强和光谱内容损失的数量。窗口越大,更多的空间细节从全色图像转移到融合结果,而颜色失真也越严重。

9.6.4　RADARSAT-1 和 SPOT 图像融合

文献[111]叙述了一项关于多传感器图像融合技术的对比研究。对融合 RA-DARSAT-1 和 SPOT 图像,测试了 4 种图像融合算法,即 IHS、高通滤波、偶树小波变换和主成分分析技术。对融合结果进行了统计测量,统计测量方法包括偏差、相关系数、方差差异(DIV)、标准偏差差异(SDD)和通用图像质量指数(Q 指数)。统计结果显示,对于融合 RADARSAT 和 SPOT 图像来说,偶树小波变换融合技术得到的结果最好[112]。

在此研究中,将两种不同的合成孔径雷达图像分别与 SPOT-2 图像进行融合,一种合成孔径雷达图像来自 RADARSAT-1,另一种来自相控阵位波束型 L 波段合成孔径雷达(phased array-type L-band synthetic aperture radar,PALSAR)。尽管 PALSAR 和 RADARSAT-1 图像拥有相同的分辨率和极化,这两幅图像的采集频率不同(分别是 L 波段和 C 波段)。尤其在这种情况下,工作频率是穿透深度的一个关键因素,用来判断从融合图像中提取信息的效果。选择 HH 极化 L 波段的

PALSAR 图像和 HH 极化 C 波段的 RADARSAT-1 图像作为 SAR 数据。选择 20m 分辨率具有三个光谱波段的 SPOT HRV-2 多光谱图像作为光学数据。搭载在先进陆地观测卫星上的 PALSAR,是一个具备高空间分辨率观测能力的合成孔径雷达任务。在此研究中,选用的是性能优良的单极化模式的 PALSAT 图像,其像素大小是 6.25m×6.25m。性能优良的波束—模式的 RADARSAT-1 图像,其像素大小也是 6.25m×6.25m。

在融合之前,首先利用常用的去斑滤波技术对合成孔径雷达图像进行预处理。因 Gamma 滤波选用不同大小的核窗口,此处选择 3×3 的核窗口,用于合成孔径雷达图像滤波。

在图像融合中,为达到亚像素精度的图像配准,几何校正是非常重要的。在降低合成孔径雷达图像的斑点效应之后,采用图对图纠正方法将合成孔径雷达图像配准到 SPOT 图像以达到均方根误差小于 1 像素。采用比例尺 1∶5000 的地籍图像和 1∶25000 的地形图,纠正 SPOT 图像。

预处理后,分别利用上述四种融合算法融合 SPOT 图像的三个波段和 RADARSAT 图像,及 SPOT 图像。然后,将融合结果图像重采样成更高分辨率的合成孔径雷达图像 8m×8m。为了评估融合图像的改进后的光谱质量,分别利用偏差数、相关系数、方差差异、标准偏差差异和 Q 指数等统计测量,比较原始 SPOT 多光谱图像和八个融合图像。对比研究的目的是选出最优融合算法,查看相同极化方式不同波段(C 波段和 L 波段)的合成孔径雷达图像(RADARSAT 和 PALSAR)对于融合结果的影响。结果显示,对于 RADARSAT 和 PALSAR 融合图像来说,高通滤波和偶树小波变换生成的视觉质量和量化统计结果类似,IHS 产生的结果最差。

参 考 文 献

[1] Alparone, L., L. Facheris, S. Baronti, A. Garzelli, and F. Nencini, "Fusion of Multispectral and SAR Images by Intensity Modulation," Proc. 7th International Conference on Information Fusion, Stockholm, Sweden (2004).

[2] Lichtenegger, J., "Combining optical/infrared and SAR images for improved remote sensing interpretation," ESA Bull. 66, 119-121 (1991).

[3] Carper, W. J., T. M. Lillesand, and R. W. Kieffer, "The use of Intensity-Hue-Saturation transformations for merging SPOT Panchromatic and multispectral image data," Photogrammetric Eng. Remote Sens. 56, 459-467 (1990).

[4] Welch, R. and M. Ehlers, "Cartographic feature extraction from integrated SIR-B and Landsat TM images," Int. J. Remote Sens. 9, 873-889 (1988).

[5] van Genderen, J. L., A. P. Cracknell, G. Konecny, and A. Sieber, "Synergy of remotely sensed data: European scientific network in the field of remote sensing," Proc. 1st ERS-1 Pilot Project Workshop, SP-365, 229-234, Toledo, Spain (1994).

[6] Mangolini, M., "Apport de la fusion d'images satellitaires multicapteurs au niveau pixel en télédétection et photo-interprétation," Dissertation, University of Nice-Sophia, Antipolis, France (November 1994).

[7] Nandhakumar, N., "A phenomenological approach to multisource data integration: analyzing infrared and visible data," Proc. Workshop on Multisource Data Integration in Remote Sensing, NASA Conference Publication 3099, 61-73 (1990).

[8] Ehlers, M., "Integration of GIS, remote sensing, photogrammetry and cartography: the geoinformatics approach," GIS GEO-Information-System6, 18-23 (1993).

[9] Keys, L. D., N. J. Schmidt, and B. E. Phillips, "A prototype example of sensor fusion used for a sitting analysis," ACSM-ASPRS, Image Processing and Remote Sensing4, 238-249 (1990).

[10] Franklin, S. E. and C. F. Blodgett, "An example of satellite multisensory data fusion," Computers and Geoscience19, 577-583 (1993).

[11] Harris, J. R. and R. Murray, "IHS transform for the integration of radar imagery with geophysical data," Proc. 12th Canadian Symposium on Remote Sensing, Vancouver, Canada (1989).

[12] Crist, E. P., "Comparison of coincident Landsat-4 MSS and TM data over an agricultural region," Proc. 50th ASPRS Annual Meeting ASPACSM Symposium, Washington, D. C. (1984).

[13] Koopmans, B. N. and G. R. Forero, "Airborne SAR and Landsat MSS as complementary information source for geological hazard mapping," J. Photogrammetry and Remote Sens. 48, 28-37 (1993).

[14] Daily, M. I., T. Farr, and C. Elachi, "Geologic interpretation from composited radar and Landsat imagery," Photogrammetric Engineering and Remote Sensing45, 1009-1116 (1979).

[15] Rebillard, P. and P. T. Nguyen, "An exploration of co-registered SIR-A, SEASAT and Landsat images," Proc. Int. Symp. on Remote Sensing of Environment, Second Thematic Conference, Fort Worth, TX (1982).

[16] Suits, G., W. Malila, and T. Weller, "Procedures for using signals from one sensor as substitutes for signals of another," Remote Sens. Environ. 25, 395-408 (1988).

[17] Shufelt, J. and D. M. McKeown, "Use of information fusion to improve the detection of manmade structures in aerial imagery," Proc. Workshop on Multisource Data Integration in Remote Sensing, NASA Conference Publication3099, 94-110 (1990).

[18] Wald, L., "Some terms of reference in data fusion," IEEE Trans. Geosci. Remote Sens. 37 (3), 1190-1193 (1999).

[19] Pohl, C. and J. L. van Genderen, "Multisensor image fusion in remote sensing: concepts, methods and applications," Int. J. Remote Sens. 19(5), 823-854 (1998).

[20] Ranchin, T., L. Wald, and M. Mangolini, "The ARSIS method: a general solution for impro-

ving spatial resolution of images by the means of sensor fusion,"Proc. Fusion of Earth Data,Cannes,France (1996).

[21] Yocky,D. A. ,"Image merging and data fusion using the discrete twodimensional wavelet transform,"J. OSA A 12(9),1834-1841 (1995).

[22] Yocky,D. A. ,"Multiresolution wavelet decomposition image merger of Landsat Thematic Mapper and SPOT panchromatic Data,"Photogrammetric Eng. Remote Sens. 62(3),295-303 (1996).

[23] Ranchin, T. and L. Wald,"Fusion of High Spatial and Spectral Resolution images: The ARSIS Concept and Its Implementation,"Photogrammetric Eng. Remote Sens. 66(1),49-61 (2000).

[24] Aiazzi,B. ,L. Alparone,S. Baroni,and A. Garzelli,"Context-Driven Fusion of Spatial and Spectral Resolution Images Based on Oversampled Multiresolution Analysis. "IEEE Trans. Geosci. Remote Sens. 40(10),2300-2312 (2002).

[25] Chibani,Y. and A. Houacine,"The joint use of IHS transform and redundant wavelet decomposition for fusing multispectral and panchromatic images,"Int. J. Remote Sens. 23 (18),3821-3833 (2002).

[26] Shi,W. ,C. Zhu,C. Zhu,and X. Yang,"Multi-Band Wavelet for Fusing SPOT Panchromatic and Multispectral Images," Photogrammetric Eng. and Remote Sens. 69 (5), 513-520 (2003).

[27] Gonza'lez-Audícana,M. ,J. L. Saleta,R. G. Catala'n,and R. García,"Fusion of Multispectral and Panchromatic Images Using Improved IHS and PCA Mergers Based on Wavelet Decomposition,"IEEE Trans. Geosci. Remote Sens. 42(6),1291-1299 (2004).

[28] Choi,M. , " A New Intensity-Hue-Saturation Fusion Approach to Image Fusion with a Tradeoff Parameter,"IEEE Trans. Geosci. Remote Sens. 44(6),1672-1682 (2006).

[29] Dou,W. and Y. Chen,"An improved IHS image fusion method with high spectral fidelity," Int. Archive of the Photogrammetric,Remote Sensing and Spatial Information Sciences37 (B7),1253-1256 (2008).

[30] Song,M. ,X. Chen,and P. Guo,"A fusion method for multispectral and panchromatic images based on HSI and contourlet transformation,"Proc. 10th Workshop on Image Analysis for Multimedia Interactive Services,77-80 (2009).

[31] Chavez,P. S. ,S. C. Slides,and J. A. Anderson,"Comparison of Three Different Methods to Merge Multiresolution and Multispectral Data:Landsat TM and SPOT panchromatic,"Photogrammetric Eng. Remote Sens. 57(3),295-303 (1991).

[32] Pellemans, A. , R. Jordans, and R. Allewijn, "Merging Multispectral and Panchromatic SPOT Images with Respect to the Radiometric Properties of the Sensor,"Photogrammetric Eng. Remote Sens. 59(1),81-87 (1993).

[33] Zhang,Y. ,"Problems in the Fusion of Commercial High-Resolution Satellites Images as

well as Landsat 7 Images and Initial Solutions,"Proc. ISPRS,CIG,and SDH Joint International Symposium on Geospatial Theory,Processing and Applications,Ottawa,Canada (July 2002).

[34] Aiazzi,B. ,L. Alparone,S. Baroni,A. Garzelli,and M. Selva,"An MTFBased Spectral Distortion Minimizing Model for Pan-Sharpening of High Resolution Multispectral Images of Urban Areas,"Proc. GRSS/ISPRS Joint Workshop on Data Fusion and Remote Sensing over Urban Areas,Berlin,Germany (May 2003).

[35] Laporterie-Dejean,F. ,C. Latry,and H. De Boissezon,"Evaluation of the quality of panchromatic / multispectral fusion algorithms performed on images simulating the future Pleiades satellites,"Proc. GRSS/ISPRS Joint Workshop on Data Fusion and Remote Sensing over Urban Areas,Berlin,Germany (May 2003).

[36] Zhang,Y. and G. Hong,"An IHS and wavelet integrated approach to improve pan-sharpening visual quality of natural color IKONOS and QuickBird images,"Information Fusion6, 225-234 (2005).

[37] Harris,J. R. ,R. Murray,and T. Hirose"IHS transform for the integration of radar imagery with other remotely sensed data,"Photogrammetric Eng. Remote Sens. 56(12),1631-1641 (1990).

[38] Schetselaar,E. M. ,"On preserving spectral balance in image fusion and its advantages for geological image interpretation," Photogrammetric Eng. Remote Sens. 67 (8), 925-934 (2001).

[39] Harrison,B. A. and D. L. B. Jupp,Introduction to Image Processing:Part 2,MicroBRIAN Resource Manual,CSRIO Publications,Melbourne,Australia (1990).

[40] Grasso,D. N. ,"Applications of the IHS color transformation for 1:24,000-scale geologic mapping:A low cost SPOT alternative,"Photogrammetric Eng. Remote Sens. 59(1),73-80 (1993).

[41] Schetselaar,E. M. ,"On preserving spectral balance in image fusion and its advantages for geological image interpretation," Photogrammetric Eng. Remote Sens. 67 (8), 925-934 (2001).

[42] Nunez,J. ,X. Otazu,O. Fors,A. Prades,V. Pala` ,and R. Arbiol,"Multiresolution-based image fusion with additive wavelet decomposition,"IEEE Trans. Geosci. Remote Sens. 37(3), 1204-1211 (1999).

[43] King,R. L. and J. W. Wang,"A wavelet based algorithm for pan sharpening Landsat 7 imagery,"Proc. IEEE Geosc. Remote Sens. Symp. 20012,849-851 (2001).

[44] Chibani,Y. and A. Houacine"Redundant versus orthogonal wavelet decomposition for multisensor image fusion,"Pattern Recognition36(4),879-887 (2003).

[45] Al-Wassai,F. A. ,N. V. Kalyankar,and A. A. Al-Zuky,"The IHS Transformations Based Image Fusion,"Computer Vision and Pattern Recognition,available at http://arxiv. org/

abs/1107. 3348 (July 2011).

[46] Li,S. ,J. T. Kwok,and Y. Wang,"Using the Discrete Wavelet Frame Transform To Merge Landsat TM and SPOT Panchromatic Images,"Information Fusion3,17-23 (2002).

[47] Teggi,S. ,R. Cecchi,and F. Serafini,"TM and IRS-1C-PAN data fusion using multiresolution decomposition methods based on the 'atrous' algorithm,"Int. J. Remote Sens. 24, 1287-1301 (2003).

[48] Yesou,H. ,Y. Besnus,J. Rolet,and J. C. Pion,"Merging Seasat and SPOT imagery for the study of geologic structures in a temperate agricultural region,"Remote Sens. Environ. 43, 265-280 (1993).

[49] Yesou, H. , Y. Besnus, and J. Rolet,"Extraction of spectral information from Landsat TM data and merger with SPOT panchromatic imagery-a contribution to the study of geological structures,"J. Photogrammetry Remote Sens. 48,23-36 (1993).

[50] Richards,J. A. ,"Thematic mapping from multitemporal image data using the principal component transformation,"Remote Sensi. Environ. 16,35-46 (1984).

[51] Simard,R. ,"Improved spatial and altimetric information from SPOT composite imagery," Proc. ISPRS InternationalArchive ofPhotogrammetry and Remote Sensing Conference,Fort-Worth,TX,(December 1982).

[52] Cliche,G. ,F. Bonn,and P. Teillet,"Integration of the SPOT Pan channel into its multispectral mode for image sharpness enhancement,"Photogrammetric Eng. Remote Sens. 51,311-316 (1985).

[53] Pradines,D. ,"Improving SPOT image size and multispectral resolution,"Proc. SPIE 660, 98-102 (1986) [doi:10. 1117/12. 938572].

[54] Price,J. C. ,"Combining panchromatic and multispectral imagery from dual resolution satellite instruments,"Remote Sens. Environ. 21,119-128 (1987).

[55] Welch,R. and M. Ehlers,"Merging multiresolution SPOT HRV and Landsat TMdata," Photogrammetric Eng. Remote Sens. 53,301-303 (1987).

[56] Ehlers,M. ,"Multisensor image fusion techniques in remote sensing,"J. Photogrammetry Remote Sens. 46,19-30 (1991).

[57] Mangolini,M. , T. Ranchin, and L. Wald,"Fusion d' images SPOT multispectrale et panchromatique,et d'images radar,"Proc. From Optics to Radar,SPOT and ERS Applications, Paris (May 1993).

[58] Munechika,C. K. ,J. S. Warnick,C. Salvaggio,and J. R. Schott,"Resolution enhancement of multispectral image data to improve classification accuracy,"Photogrammetric Eng. Remote Sens. 59,67-72 (1993).

[59] ERDAS Field GuideTM,5th Ed. ,ERDAS,Inc,Atlanta,GA (2002).

[60] Alparone,L. ,S. Baronti,A. Garzelli,and F. Nencini,"Landsat ETM+ and SAR image fusion based on generalized intensity modulation,"IEEE Trans. Geosci. Remote Sens. 42(12),

2832-2839 (2004).

[61] Mouat,D. A. ,G. G. Mahin,and J. Lancaster,"Remote sensing techniques in the analysis of change detection,"Geocarto International2,39-50 (1993).

[62] Zobrist,A. L. ,R. J. Blackwell, and W. D. Stromberg, "Integration of Landsat,Seasat,and other geo-data sources,"Proc. ERIM 13th Int. Symp. Remote Sens. Environ. ,Ann Arbor, MI (April 1979).

[63] Singh,A. ,"Digital change detection techniques using remotely-sensed data,"Int. J. Remote Sens. 10,989-1003 (1989).

[64] Griffiths,G. H. ,"Monitoring urban change from Landsat TM and SPOT satellite imagery by image differencing,"Proc. IGARSS 1988,Edinburgh,Scotland (September 1988).

[65] Zhang, Y. ,"A new merging method and its spectral and spatial effects,"Int. J. Remote Sens. 20(10),2003-2014 (1999).

[66] Garguet-Duport,B. ,J. Girel,J. M. Chassery,and G. Pautou,"The use of multiresolution a-nalysis and wavelets transform for merging SPOT panchromatic and multispectral image da-ta,"Photogrammetric Eng. Remote Sens. 62(9),1057-1066 (1996).

[67] Zhou,J. ,D. L. Civco,and J. A. Silander,"A wavelet transform method to merge Landsat TM and SPOT panchromatic data,"Int. J. Remote Sens. 19(4),743-757 (1998).

[68] Mallat,S. G. ,"A theory for multiresolution signal decomposition:The wavelet representa-tion,"IEEE Trans. Pattern Analysis and Machine Intelligence11(7),674-693 (1989).

[69] Nikolakopoulos,K. G. ,"Comparison of Nine Fusion Techniques for Very High Resolution Data,"Photogrammetric Eng. Remote Sens. 74(5),647-659 (2008).

[70] Crippen,R. E. ,"A simple spatial filtering routine for the cosmetic removal of scan-line noise from Landsat TM P-tape imagery,"Photogrammetric Eng. Remote Sens. 55(3), 327-331 (1989).

[71] Gillespie,A. R. ,A. B. Kable,and R. E. Walker,"Color enhancement of highly correlated im-ages-II:Channel ratio and 'chromaticity' transformation techniques,"Remote Sens. Envi-ron. 22,343-365 (1987).

[72] Parcharidis,I. ,N. Konstantinos,S. Konstantinos,and I. Baskoutas,"Synergistic use of opti-cal and radar data for active faults and corresponding displaced landforms detection in Koza-ni Basin (Greece),"Geocario International,A Multi-disciplinary Journal of Remote Sensing and GIS16(3),17-23 (2001).

[73] Siddiqui, Y. ,"The modified illS method for fusing satellite imagery,"Proc. ASPRS 2003 Annual Conference,Anchorage,AK (May 2003).

[74] Zhang,Y. ,"Understanding image fusion,"Photogrammetric Eng. Remote Sens. 70(6),657-661 (2004).

[75] De Bethune,S. ,F. Muller,and M. Binard,"Adaptive intensity matching filters:A new tool for multiresolution data fusion,"Proc. AGARD Conference 595,Multisensor Systems and

Data Fusion for Telecommunications,Remote Sensing and Radar,Lisbon,Spain (September 1997).

[76] S. De Bethune,F. Muller,and J. P. Donnay,"Fusion of multispectral and panchromatic images by local mean and variance matching filtering techniques,"Proc. Second International Conference - Fusion of Earth Data Merging Point Measurements,Raster Maps and Remotely Sensed Images,Paris (January 1998).

[77] Lemeshewsky,G. P,"Multispectral multisensor image fusion using wavelet transforms,"Proc. SPIE3716,214-222 (1999) [doi:10. 1117/12. 354709].

[78] Lemeshewsky,G. P,"Multispectral image sharpening using a shiftinvariant wavelet transform and adaptive processing of multiresolution edges,"Proc. SPIE4736,189-200 (2002) [doi:10. 1117/12. 477580].

[79] Zhang,Y. ,"A new automatic approach for effectively fusing Landsat 7 as well as IKONOS images,"Proc. IGARSS20024,2429-2431 (2002).

[80] Joly,G. ,"Traitements des fichiers images,"Collection Teledetection Satellitaire 3,Paradigme,Caen,137 p. (1986).

[81] Chen,G. Y. ,S. -E. Qian,and J. -P. Ardouin,"Super-resolution of hyperspectral imagery using complex ridgelet transform,"Int. J. Wavelets,Multiresolution & Information Processing. 10(3),1250025 (2012).

[82] Brady,M. L. ,"A fast discrete approximation algorithm for the Radon transform,"SIAM J. Comput. 27(1),107-119 (1998).

[83] Hsung,T. C. ,D. P. K. Lun,and W. C. Siu,"The discrete periodic Radon transform,"IEEE Trans. Signal Process. 44,2651-2657 (1996).

[84] Kelley,B. T. and V. K. Madisetti,"The discrete Radon transform:Part I - Theory,"IEEE Trans. Image Process. 2(3),382-400 (1993).

[85] Matus,F. and J. Flusser,"Image representations via a finite Radon transform,"IEEE Trans. Pattern Analysis and Machine Intelligence 15,996-1006 (1993).

[86] Flesia,G. ,H. Hel-Or,A. Averbuch,E. J. Candes,R. R. Coifman,and D. L. Donoho,"Digital implementation of ridgelet packets,"in Beyond Wavelets,Stoeckler,J. and G. V. Welland, Eds. ,Academic Press,New York (2001).

[87] Candes,E. J. ,"Ridgelets and the representation of mutilated Sobolev functions,"SIAM J. Mathematical Analysis33(2),347-368 (2001).

[88] Candes,E. J. and D. L. Donoho,"Ridgelets:a key to higherdimensional intermittency?"Philosoph. Trans. Royal Soc. London,Ser. A357(1760),2495-2509 (1999).

[89] Candes,E. J. ,"Ridgelets:theory and applications,"Ph. D. Thesis,Stanford University,Stanford,CA (1998).

[90] Do,M. N. and M. Vetterli,"The finite ridgelet transform for image representation,"IEEE Trans. Image Process. 12(1),16-28 (2003).

[91] Chen, G. Y. and P. Bhattacharya, "Invariant pattern recognition using ridgelet packets and the Fourier transform," International Journal of Wavelets, Multiresolution and Information Processing7(2), 215-228 (2009).

[92] Chen, G. Y. and B. Kegl, "Image denoising with complex ridgelets," Pattern Recognition 40 (2), 578-585 (2007).

[93] Chen, G. Y. , T. D. Bui, and A. Krzyzak, "Rotation invariant feature extraction using ridgelet and Fourier transforms," Pattern Analysis and Applications9(1), 83-93 (2006).

[94] Chen, G. Y. , T. D. Bui, and A. Krzyzak, "Rotation invariant pattern recognition using ridgelet, wavelet cycle-spinning, and Fourier features," Pattern Recognition38 (12), 2314-2322 (2005).

[95] Chen, G. Y. , T. D. Bui, and A. Krzyzak, "Invariant pattern recognition using Radon, dual-tree complex wavelet and Fourier transforms," Pattern Recognition42 (9), 2013-2019 (2009).

[96] Miao, Q. G. and B. S. Wang, "A novel algorithm of image fusion using finite ridgelet transform," Proc. SPIE6242, 62420Y (2006) [doi: 10. 1117/2. 668003].

[97] Irani, M. and S. Peleg, "Improving resolution by image registration," Computer Vision, Graphics and Image Processing53, 231-239 (1991).

[98] Irani, M. and S. Peleg, "Motion analysis for image enhancement: resolution, occlusion and transparency," J. Visual Comm. Image Rep. 4, 324-335 (1993).

[99] Kingsbury, N. G. , "The dual-tree complex wavelet transform: a new efficient tool for image restoration and enhancement," Proc. EUSIPCO 1998, 319-322 (September 1998).

[100] Kingsbury, N. G. , "Shift invariant properties of the dual-tree complex wavelet transform," Proc. IEEE ICASSP, Phoenix, AZ (March 1999).

[101] Kingsbury, N. G. , "A dual-tree complex wavelet transform with improved orthogonality and symmetry properties," Proc. IEEE ICIP, Vancouver, Canada (September 2000).

[102] Capobianco, L. , A. Garzelli, F. Nencini, L. Alparone, and S. Baronti, "Spatial enhancement of Hyperion hyperspectral data through ALI panchromatic image," Proc. IEEE IGARSS 2007, 5158-5161 (July 2007).

[103] Li, S. , "Multisensor remote sensing image fusion using stationary wavelet transform: effects of basis and decomposition level," International Journal of Wavelets, Multiresolution and Information Processing6(1), 37-50 (2008).

[104] Li, T. , J. Liu, Z. Wang, and Y. Tian, "A novel image fusion approach based on wavelet transform and fusion logic," International Journal of Wavelets, Multiresolution and Information Processing4(4), 617-626(2006).

[105] Wang, Z. , A. C. Bovik, H. R. Sheikh, and E. P. Simoncelli, "Imagequality assessment: From error visibility to structural similarity," IEEE Trans. Image Process. 13 (4), 600-612 (2004).

[106] Wald, L. , T. Ranchin, and M. Mangolini, "Fusion of satellite images of different spatial resolutions: Assessing the quality of resulting images," Photogrammetric Eng. Remote Sens. 63(6), 691-699 (1997).

[107] Alparone, L. , L. Facheris, S. Baronti, A. Garzelli, and F. Nencini, "Fusion of multispectral and SAR images by intensity modulation," Proc. 7th Int. Conf. on Information Fusion, Stockholm, Sweden (June 2004).

[108] Dutilleux, P. , "An implementation of the 'algorithme a trous' to compute the wavelet transform," in Wavelets: Time-Frequency Methods and Phase Space Combes, J. M. , A. Grossman, and P. Tchamitchian, Eds. , 298-304, Springer, Berlin (1989).

[109] Wang, Y. , Z. You, and J. Wang, "SAR and optical images fusion algorithm based on wavelet transform," Proc. 7th Int. Conf. on Information Fusion, Stockholm, Sweden (June 2004).

[110] Gungor, O. and J. Shan, "An optimal fusion approach for optical and SAR images," Proc. International Society Photogrammetry & Remote Sensing 36(7), (2006).

[111] Abdikana, S. , F. Balik Sanlia, F. Bektas Balcikb, and C. Goksel, "Fusion of SAR images with multispectral SPOT image: a comparative analysis of resulting images," International Archives of the Photogrammetry, Remote Sensing and Spatial Information Sciences 37 (B7), 1197-1202 (2008).

[112] Han, N. , J. Hu, and W. Zhang, "Multi-spectral and SAR images fusion via Mallat and Atrous wavelet transform," Proc. 18th International Conference on Geoinformatics, 1-4 (2010).

第 10 章　利用探测器空间畸变特性增强图像分辨率

10.1　利用信号处理来改善卫星载荷的性能

一项卫星工程通过软件和硬件来完成,即通过搭载在其上的载荷来实现目标。通常不同的载荷对应不同的任务,卫星载荷感知任务主题或与其互动,这些载荷是发射卫星的根本原因。其他卫星子系统的目的是保证卫星载荷的正常工作,并实现正确的指向。卫星载荷很大程度上决定了整个卫星系统的花费、复杂度和效率。理解需要哪一种特定的载荷是任务分析和设计的重要一环,并且把这些需求变成整个卫星系统设计过程重要的一部分,使整个系统能以最小的代价和风险来完成任务目标。

对地观测卫星的主要技术指标包括信噪比、空间分辨率、光谱分辨率、刈幅宽度等。卫星数据的使用者往往倾向于具有更高技术指标的光谱图像。例如,一幅更高信噪比和空间分辨率(即小的地面足印)的图像可以获取更准确的信息,得到更好的应用。设计和制造非常高技术指标的卫星花费巨大。同时,受限于现有技术能力,非常高的技术指标会带来更大的风险。

利用载荷固有特性,通过信号处理这种创新性技术来提高卫星技术性能已有实际应用和报道[1-7],如图 10.1 所示。这些通过信号处理来提高卫星性能的技术已经被验证是可行的,并且更经济。

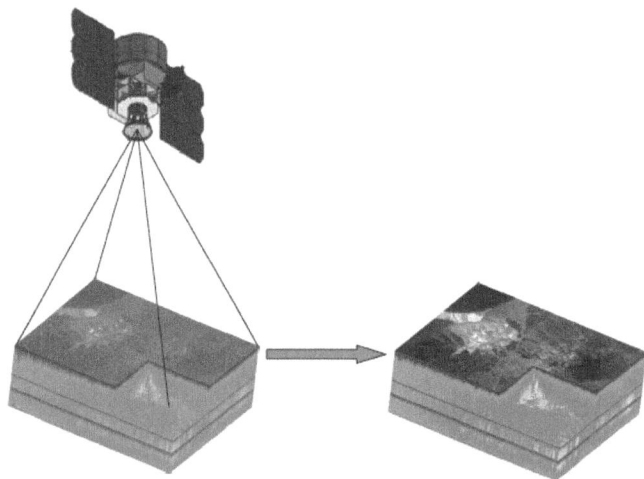

图 10.1　通过信号处理来提高卫星技术指标

在文献[1]～[4]中,利用信号处理方式提高卫星图像的信噪比。信噪比是信号量与噪声的比值,新技术的核心在于通过信号处理算法来消除或减少噪声,而不是制造昂贵的载荷来提高信号量,也不是利用硬件制造低噪声的设备。新技术在不减小信号量的情况下降低图像噪声,实验结果表明利用这种方法可以将星图像信噪比提高 2～4 倍。

在文献[5]～[7]中,利用载荷的固有特性,通过信号处理的方式提高卫星载荷的空间分辨率。图像融合是一种广泛使用的提高卫星图像分辨率的方法。然而,这种方法需要同一目标的若干幅具有子像素位移的图像。这意味着与单幅图像相比,载荷需要额外的工作量,这往往是不可实现的。作者与其同事研究发现,高光谱数据立方体中不同波段之间的系统空间失配包含空间移位信息,这种波段间空间失配是由于高光谱传感器的光谱仪的空间梯形畸变(keystone-KS)引起的。基于此,提出一种利用单幅图像提高空间分辨率的信号处理技术。这种技术利用光谱仪空间梯形畸变的特性,从单个观测数据立方体中提取出若干幅具有子像素级位移的图像,合成这些图像来提高仪器空间分辨率。实验结果表明,利用这种技术可以把空间分辨率提高 2 倍。这种技术同样可以应用于提高刈幅宽度,当地面标称空间采样间隔扩展到两倍时,刈幅宽度也相应提高两倍(利用这种技术处理之后,图像分辨率回到标称状态)。

本章和第 11 章详细介绍了利用信号处理的方式来提高卫星载荷技术指标的方法。

10.2　利用卫星探测器的空间畸变特性来改善空间分辨率

空间分辨率有时也表达为地面采样距离,是卫星成像探测器在设计和制造过程中的关键技术指标之一。人们总是希望获得更高空间分辨率的图像,以便更好地服务于应用。然而,考虑到系统设计的限制,有时往往是难以实现的。例如,加拿大高光谱环境和资源观察卫星(HERO)实现了 30m 的空间分辨率,这是经工程上光谱分辨率和空间分辨率权衡的结果,这种权衡的设计目的是在高光谱分辨率的同时能够满足载荷图像灵敏度的要求。然而,人们更希望得到更高的空间分辨率,如 10m 或 20m。

为了提高卫星图像的空间分辨率,图像融合是一种可选择的解决方案。用同一探测器对同一目标在同一时刻拍摄的多幅图像,或者用不同探测器对同一目标在同一时刻或不同时刻拍摄的多幅图像进行图像融合,来获取一幅高空间分辨率的图像[9]。无论是高光谱探测器,还是多光谱探测器,图像空间分辨率都可以通过图像融合增强。人们将低空间分辨率的高光谱或多光谱图像与高空间分辨率的全彩色图像进行融合。通常这些高空间分辨率的全彩色图像由搭载在同一卫星系统上的全彩色设备同步获取。然而,基于图像融合的提高空间分辨率的方法需要同一目标的多幅观测图像或者额外的单幅高空间分辨率的全色图像。在实际应用中,这些图像并不总是容易获得的,即使成功得到这些图像,通过图像融合准确地提高空间分辨率也是一项复杂的工作。

准确的几何位置信息和辐射量归一化对于将要融合的图像是十分重要的,因为同一目标的多幅图像(来自不同的探测器或来自同一探测器不同时间)是不一样的[10]。这些图像的拍摄不是处于同一几何和辐射环境。如果同一目标的多幅图像几何位置不一样,那么他们的空间信息之间也没有关联,这使得精确空间分辨率的提高变得困难。图像融合的准确与否取决于进行图像融合的多幅图像是否在同一个空间环境中准确配准[11,12]。如果进行图像融合的这些图像未处于同一辐射环境之下,那么这些图像的光照和大气环境、视场角和探测器技术参数也会不同,这些变化会造成图像之间像素级别的差异,这种差异并不是目标之间的真实不同,因此图像融合也变得困难。同一目标的多幅图像必须进行准确的辐射归一化。不准确的归一化对图像融合的质量会产生很大的影响。

由对高空间分辨率卫星图像的需求,以及传统图像融合方法提高空间分辨率的限制和技术困难的驱使,一种基于图像探测器本身特性的新型技术手段被提出[5-7]。这种技术手段可以在不需要额外图像的基础之上,提高图像空间分辨率。这种方法利用高光谱成像仪的固有特性——光谱仪的空间梯形畸变——把它当做额外信息来提高空间分辨率。由于不需要目标的多幅图像,这种提高空间分辨率的方法和几何信息与辐射归一化无关。

就像第 8 章介绍的那样,推扫式成像光谱仪包含一个二维探测器阵列。一维用作分光后的光谱维,例如沿探测器阵列中列那一维当做光谱维。那么阵列中行方向的那一维就做空间维。理论上,这种成像光谱仪采集的两维图像探测器阵列的每一列对应的是同一地面目标,如图 10.2 左所示。实际上,由于几何畸变和色差,或者是两者结合的影响,不同波段之间会存在空间失配,如图 10.2 右图所示。这种空间畸变或失配对应于光谱仪中多个波段地面采样像素垂直于轨迹方向的空间失配。

点探测器按一个矩形网格依次排列,空间梯形畸变的存在使特定的地面采样像素在探测器面阵上的每一列上失配。或者说,在一个光谱波段中,一个特定的空间像元对应于一个在穿轨维上特定的探测器像元,不能与其他波段中相对应的像元的地面采样点相配准。这意味着,如果两个相邻的地面采样点是不同目标(就像图 10.3 中 A 和 B 那样),并具有不同光谱,那么探测器采集的光谱将是目标的混合光谱。在这个混合光谱中,每种材料的含量和对应的光谱将会随波长或光谱波段的变化而发生变化。

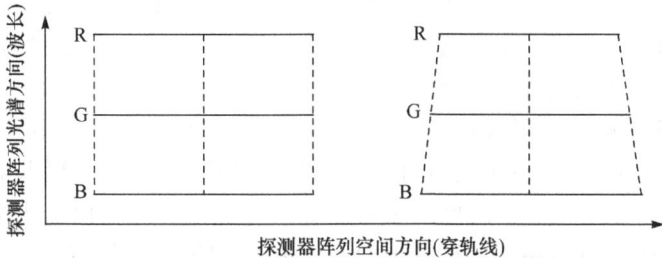

图 10.2　推扫式成像光谱仪空间畸变原理图。左图中,线 B、线 G 和线 R 都是平行直线,与探测器阵列齐平;右图中,线 R 和线 G 比线 B 短一些,因为空间畸变的存在。畸变量是通过计算线 B 和线 R 长度的差值来度量的(图引自文献 6)

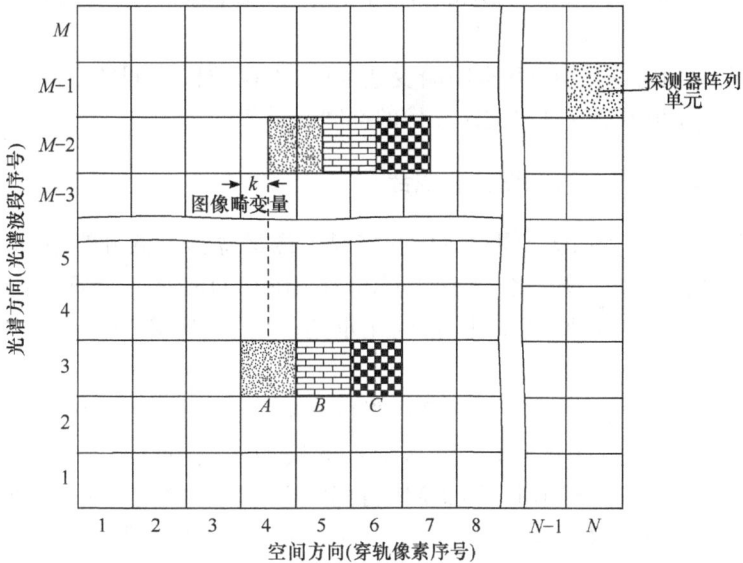

图 10.3　由于空间畸变造成的 A、B 和 C 三点随波段不同而发生了空间位移(图引自文献 6)

图像空间畸变普遍存在于推扫式成像光谱仪,即便是摆扫式成像光谱仪也表现出一定的图像空间畸变[13],这种畸变随着探测器阵列上的空间位置和光谱波段不同而不同。一个成像光谱仪 KS 的总量是“经典”KS 和旋转失配的叠加。Neville 等[13]提出一种方法来检测成像光谱仪的 KS 的量。这种方法利用仪器获取的图像数据集合中的地物场景空间特征的波段相关性(详细的图像矫正参见第八章,包括对于五个成像光谱仪图像的 KS 畸变轮廓图,图 8.14～图 8.18)。本章使用

图 8.17 所示的空间位移轮廓图,图中位移是由短波红外全波段成像仪(SWIR full-spectrum imager,SFSI)的 KS 造成的。

KS 使得从一幅包含多种不同物质的图像中分辨出的物质种类变得十分困难。在设计和制造成像光谱仪的过程中,KS 是一个关键的技术参数。设计制作相当小的 KS 是高光谱成像仪研发过程中一项十分有挑战性的工作[8]。对于获取的图像来说,KS 畸变必须有效地矫正,才能获取有效信息以便应用[15]。

除了负面影响,KS 还使地面目标以波段编号或波长映射到探测器阵列上不同位置。例如,波段 M-2 上的地面像元 A、B 和 C(图 10.3)相比于波段 3,位移了 k 个像素。这种由于 KS 造成的同一地面像元不同波段之间的空间偏移是额外的信息,包含的信息与同一目标的多幅图像包含的信息是相似的。如果此信息可以被很好地利用,那么就可以提高图像的空间分辨率。

10.3　利用 Keystone 提高单波段图像的空间分辨率

本节介绍如何挖掘由 KS 空间畸变造成的、不同波段之间的空间位移图像包含的额外信息,并用于提高单波段图像的空间分辨率。

10.3.1　具有子像素位移的图像的融合

图像融合技术通过融合同一目标的多幅子像素位移的低分辨率(low-resolution,LR)图像来重构一幅高分辨率(high-resolution,HR)图像。这些技术可以总结归纳为非均匀插值、频域重建、正则化重建、凸集投影算法,以及迭代反投影方法[16]。

非均匀插值首先估计出低分辨率图像的相对位移,然后非均匀的在像素之间插值产生一幅高分辨率图像,最后基于观测模型对高分辨率图像进行锐化处理[17-19]。频域重建基于 LR 图像和希望得到的 HR 图像之间的关系,即 HR 图像产生于多幅 LR 图像及其彼此之间由于相对移动而存在的混叠[20]。由于 LR 图像的数量不足及病态模糊运算符的存在,根据处理病态反问题稳定解的过程,正则化重建包括约束最小二乘法和最大后验概率 HR 图像重构法[21-25]。凸集投影法是把先验知识应用于重构过程中的一种迭代方法。基于对相关参数的估计,凸集投影法同时解决重构和插值问题来得到 HR 图像[26,27]。迭代反投影法反复使用当前最佳预测的 HR 图像来产生模拟的 LR 图像,然后将这些模拟 LR 图像和实测 LR 图像进行比较,计算出误差。这些比较出的误差进行迭代反投影得到 HR 图像[28,29]。

本章采用迭代反向投影法,利用 KS 特性而形成的若干幅子像素位移的图像来获取一幅单波段 HR 图像。采用迭代反向投影是因为这种方法对图像之间像移的种类没有限制,如平移、旋转或缩放。它收敛很快,并允许包含其他快速收敛的方法。迭代反向投影运算并不复杂,仅进行一个简单的投影计算,因此满足实时处理的需求。同时包含一个迭代反卷积的过程。迭代反向投影也可以被视作一个迭代锐化的过程。迭代反向投影不需要前置滤波和后置滤波,其他方法都需要做这两种滤波来得到 HR 图像。

不失一般性,让我们来看一下如何利用从 KS 特性中得到的若干幅子像素位移的图像,来得到两倍空间分辨率的 HR 图像。两倍空间分辨率 HR 图像需要 $2 \times 2 = 4$ 幅子像素位移的 LR 图像。利用 KS 效应,本章提出三种如何从高光谱数据立方体提取出四幅子像元位移图像的方法,并介绍两种方案来展示如何在利用迭代反向投影获得高分辨率图像之前对这些衍生的子像素级像移的图像进行排序。利用 KS 特性获得单波段 HR 图像的流程如图 10.4 所示。

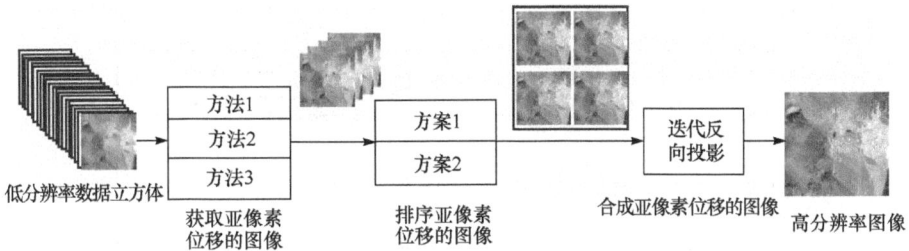

图 10.4 利用空间畸变得到一幅单波段高分辨率图像的流程图[6]

10.3.2 方法 1:基于 Keystone 效应引起的子像素位移提取出波段图像

首先,从待提高空间分辨率的数据立方体中选出一个波段的图像作为参考图像(此图像被称为基准图像),其他随后获得的波段的图像以此图像为参考,计算出子像素位移量。根据从 KS 计算出的所需的子像素位移量,从数据立方体中选择出其他三个波段的图像,如图 10.5 所示。这些图像通常是从一个光谱幅值相对大、光谱变化相对小的区域中选取,以此减小噪声和波段变化的影响。对于两倍空间分辨率提高的情况来说,不同波段之间半个像素的位移是最理想的。在这个位移量的条件下,LR 图像的像素点正好全部位于 HR 图像的网格点上,不需要进行插值。通常情况下,基准图像和选择的波段图像之间的空间像素位移是不同的。这是因为在探测器上,某个波段图像像素点的畸变量在空间方向上是变化的,如图 8.17所示。得益于在迭代反向投影融合中迭代的连续估计特性,任何子像素位移都会贡献到空间分辨率的提高。图 10.6 给出了一个基准图像和提取出图像之间的像素位移的例子(曲线 1)。可以看出,两幅图之间的空间位移量在 $-0.05 \sim$

0.52 个像素。

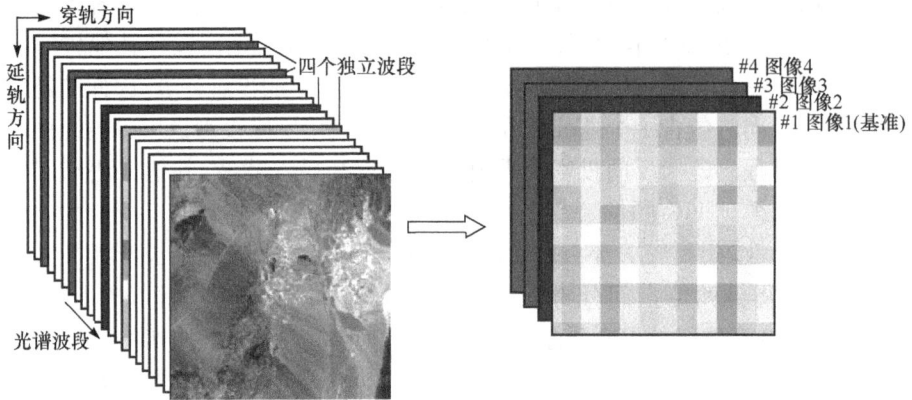

图 10.5　基于空间畸变特性,从一个数据立方体中选取四个波段的
图像用于空间分辨率增强[6]

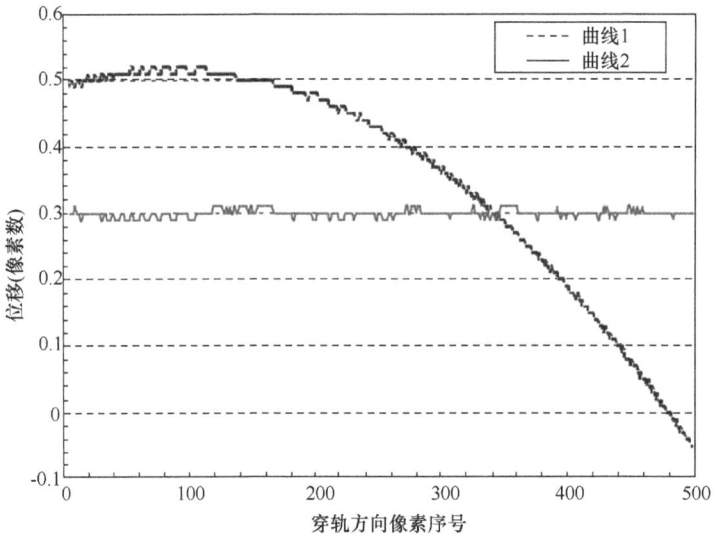

图 10.6　像素位移和像素穿轨方向上空间位置的关系(曲线 1:基准图像和其他提取出的
波段图像之间的空间位移;曲线 2:基准图像和利用方法 2 得到的图像之间的空间位移)[6]

　　因为这些图像的波段不同,所以这些图像像素强度的动态范围可能是不同的。
因此,将这些图像归一化以减少强度不同的影响是十分有必要的。本章提取出的
图像的均值和方差都以基准图像为参考进行归一化。假设基准图像的均值和方差
分别为 μ_b 和 σ_b,像素点 (i,j) 的像素点强度是 $p_b(i,j)$,图像的行数和列数分别为 M
和 N,即

$$\mu_b = \frac{1}{NM} \sum_{j=1}^{N} \sum_{i=1}^{M} p_b(i,j) \tag{10.1}$$

$$\sigma_b = \left(\frac{1}{NM} \sum_{j=1}^{N} \sum_{i=1}^{M} [p_b(i,j) - \mu_b]^2 \right)^{\frac{1}{2}} \tag{10.2}$$

非基准图像的像素强度是 $p_k(i,j)$，图像的均值为

$$\mu_k = \frac{1}{NM} \sum_{j=1}^{N} \sum_{i=1}^{M} p_k(i,j) \tag{10.3}$$

首先，从非基准图像中减去其图像均值，即

$$p_{k-m}(i,j) = p_k(i,j) - \mu_k, \quad i=1,2,\cdots,M, \quad j=1,2,\cdots,N \tag{10.4}$$

然后，减去均值后的图像的标准差利用下式计算，即

$$\sigma_{k-m} = \left(\frac{1}{NM} \sum_{j=1}^{N} \sum_{i=1}^{M} p_{k-m}(i,j)^2 \right)^{\frac{1}{2}} \tag{10.5}$$

最后，归一化该非基准图像的像素值按照下式计算，即

$$p_{k-\mathrm{norm}}(i,j) = p_{k-m}(i,j) \frac{\sigma_b}{\sigma_{k-m}} + \mu_b, \quad i=1,2,\cdots,M, \quad j=1,2,\cdots,N \tag{10.6}$$

10.3.3　方法 2：基于预定的子像素位移量获取合成图像

首先，从数据立方体中选定一个基准图像，就像方法 1 中选择的那样。其他三幅合成图像的获取是通过选择波段图像的某些列完成的，这些列相对于基准图像具有所需要的像素位移，一列一列地从数据立方体中选出。一幅合成图像由来自不同波段的若干列组成，这些列具有相同的预设像素位移。图 10.6 中曲线 2 展示了合成图像和基准图像之间当预设像素位移为 0.3 个像素点时的情况，可以看出像素位移实际值接近预设值。

非基准图像某一列像素值动态范围往往和基准图像同一列的不同，因为两者波段不同，因此为了减少强度变化造成的影响，对其进行归一化十分有必要（本章中某一列的均值和方差以基准图像中对应的那一列进行归一化，如图 10.7 所示）。假设基准图像第 i 列的均值和方差分别为 μ_b^i 和 σ_b^i，即

$$\mu_b^i = \frac{1}{N} \sum_{j=1}^{N} p_b(i,j) \tag{10.7}$$

$$\sigma_b^i = \left(\frac{1}{N} \sum_{j=1}^{N} [p_b(i,j) - \mu_b^i]^2 \right)^{\frac{1}{2}} \tag{10.8}$$

所选择的第 i 列的均值为

$$\mu_k^i = \frac{1}{N} \sum_{j=1}^{N} p_k(i,j) \tag{10.9}$$

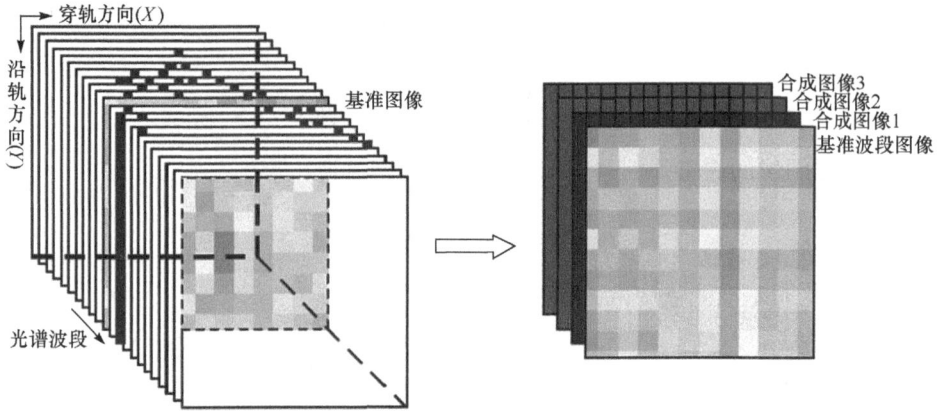

图 10.7　基准图像和三幅合成图像,每幅合成图像由来自于不同波段的若干列组成,这些列具有相同的预设的像素位移,本图只展示了第一幅合成图像所选择的列[6]

其中,$p_k(i,j)$是在所选那一列位于(i,j)像素点的强度值。

首先,减去这一列的均值,即

$$p_{k-m}^i(i,j)=p_k(i,j)-\mu_k^i,\quad j=1,2,\cdots,N \tag{10.10}$$

然后,标准差在减去均值之后以下式进行计算,即

$$\sigma_{k-m}^i=\left(\frac{1}{N}\sum_{j=1}^N\left[p_{k-m}^i(i,j)\right]^2\right)^{\frac{1}{2}} \tag{10.11}$$

最后,这一列以下式进行归一化,即

$$p_{k\text{-norm}}^i(i,j)=p_{k-m}^i(i,j)\frac{\sigma_b^i}{\sigma_{k-m}^i}+\mu_b^i,\quad j=1,2,\cdots,N \tag{10.12}$$

10.3.4　方法 3:基于像素点强度值的接近程度获取合成图像

从数据立方体中选择基准图像的方法和前面两种方法与前文所述一致。其他三幅非基准图像是通过以下规则获取,对于基准图像中的每一个像素点(x,y) $(x=1,2,\cdots,M;y=1,2,\cdots,N)$,在所有波段图像中寻找与其像素点强度值$p_b(i,j)$最接近的同一位置的点。第一幅合成图像是由各个位置上最接近基准图像的点组成的;第二幅合成图像是由各个位置上次接近基准图像的点组成的;第三幅合成图像是由各个位置上第三接近于基准图像的点组成的(图 10.8)。这种方法中三幅合成图像的各个点的强度值接近于基准图像,因此像素点强度值的动态范围不需要处理。注意到在这种情况下,基准图像和合成图像的像素位移在沿轨方向、穿轨方向上都存在,图 10.9 展示了合成图像和基准图像之间的像素位移函数的二维空间平面。

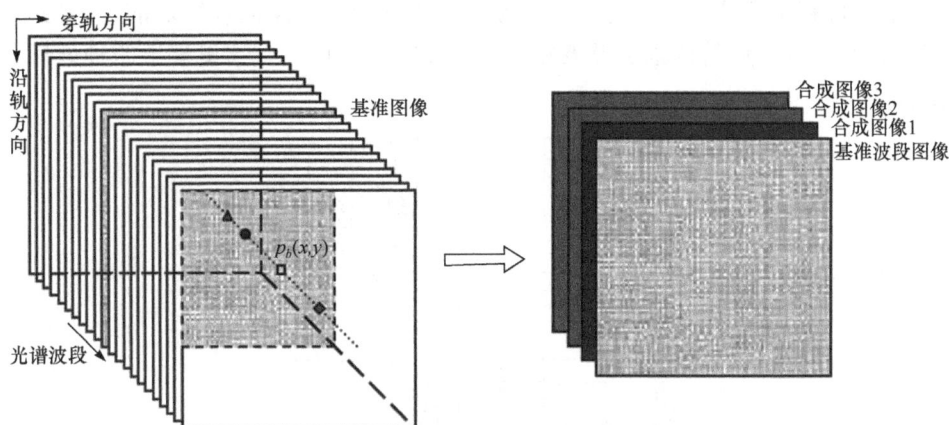

图 10.8　利用方法 3 获取基准图像和合成图像示意图[6]

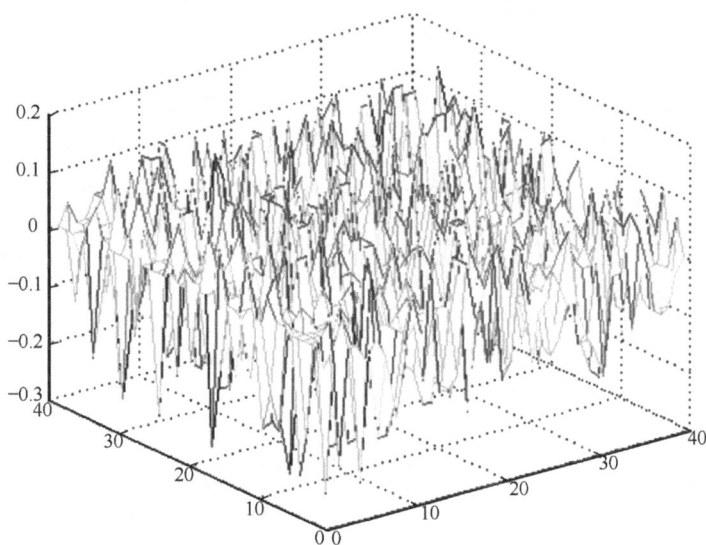

图 10.9　基准图像和一合成图像之间的像素位移平面图,合成图像是用方法 3
得到的。空间位移量(垂直轴,单位为像素)与沿轨方向、穿轨方向的位置都有关[6]

10.3.5　两种处理子像素级位移图像的方案及迭代反向投影的实现方法

对于空间分辨率提高两倍的情况来说,需要四幅同一目标的在两个空间方向
上都有半个像素位移的图像,如图 10.10 所示。利用上述三种方法获取的四幅图
像在用迭代反向投影迭代之前需要处理和排序。已经知道从梯形畸变效应得到的
数据立方体中提取的不同波段图像之间的空间像素位移仅仅在穿轨方向上存在,

而且这个位移量往往并不一定是半个像素。在进行迭代反向投影之前,需要先对其进行处理,处理后的四幅图像被标记为 I_{01}、I_{00}、I_{10} 和 I_{11}。这里提出两种处理方案(图 10.11)。

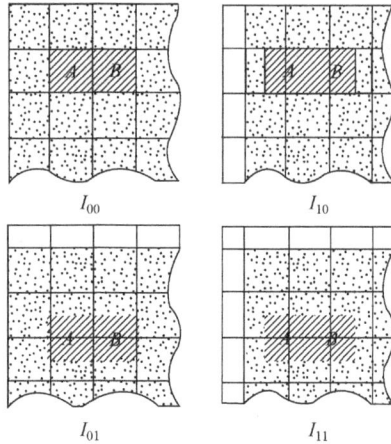

图 10.10 四幅同一目标多次观察获得的具有子像素位移的图像,
这些图像将要用迭代反向投影进行图像融合(I_{10} 与 I_{00} 相比右移了半个像素,I_{01} 与 I_{00}
相比下移了半个像素,I_{11} 与 I_{00} 相比同时右移和下移了半个像素)[6]

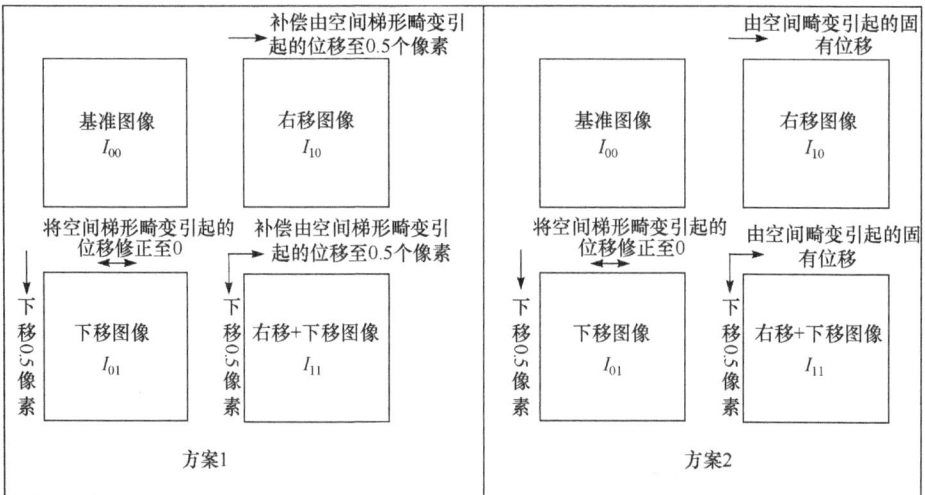

图 10.11 两种排序四幅合成具有子像素位移的合成图像的方案[6]

在方案一中,基准图像称为 I_{00}。从合成图像选出一幅,对其进行重采样来补偿已经存在的位移,使其位移量相对于基准图像为半个像素。该重采样后的图像称为 I_{10}。第二幅合成图像被矫正到相对于基准图像没有 KS 漂移,使得它在穿轨方向上可以和基准图像匹配。然后,将其在沿轨方向下移半个像素,称为 I_{01}。对第三幅合成图像重采样已存在的位移,使其穿轨方向位移为半个像素,同时在沿轨方向也下移半个像素,称为 I_{11}。

在方案二中,四幅图像的处理方式和方案一十分相似,除了 I_{10} 和 I_{11} 不重采样补偿位移量使其恰好是半个像素。它们的 KS 位移保持不变。在此方案中,由于 KS 位移没有被重采样到半个像素,选择 KS 漂移量接近半个像素的合成图像作为 I_{10} 或者 I_{11},并且选择 KS 位移量接近于 0 的合成图像作为 I_{01},这样的选择是十分重要的。

迭代反向投影算法包含投影和反投影两个步骤。反复迭代这两个步骤,直到得出满意的结果。首先,粗略地估计一幅 HR 图像 $f^{(0)}$,然后利用模糊函数 h_k 和降采样运算符 $\downarrow s$ 模拟图像处理过程得到一系列 LR 图像 $\{g_k^{(0)}\}$。如果 $f^{(0)}$ 等于实际 HR 图像(这在实际中是不知道的),那么模拟的 LR 图像几何 $\{g_k^{(0)}\}$ 等同于观测图像 $\{g_k\}$;否则,根据 $\{g_k - g_k^{(0)}\}$ 的差将 $f^{(0)}$ 更新至 $f^{(1)}$。重复这个过程直到模拟 LR 图像和观测图像之间的最小误差达到,即

$$e^{(n)} = \left[\frac{1}{K} \sum_{k=1}^{K} (g_k - g_k^{(n)})^2 \right]^{1/2} \tag{10.13}$$

其中,$g_k^{(n)}$ 是第 n 次迭代中的模拟 LR 图像;K 是 LR 图像的数目。

模拟 LR 图像 $\{g_k^{(n)}\}$ 是通过下式获取的,即

$$g_k^{(n)} = [T_k(f^{(n)}) * h_k] \downarrow s \tag{10.14}$$

其中,T_k 是从 f 到 g_k 两维变换函数;$*$ 是卷积运算符;$\downarrow s$ 代表降采样 s 倍。

新的 HR 图像可以通过下式得到,即

$$f^{(n+1)} = f^{(n)} + \frac{1}{K} \sum_{k=1}^{K} T_k^{-1} \{ [(g_k - g_k^{(n)}) \uparrow s] * p \} \tag{10.15}$$

其中,$\uparrow s$ 代表增采样 s 倍;p 是反投影核,由 h_k 和 T_k 决定。

在投影步骤的第一次迭代过程中,四幅图像 I_{00}、I_{10}、I_{01} 和 I_{11} 作为初始反投影的输入。在其他迭代过程中,估计出的 HR 图像 $f^{(n)}$ 用于生成四幅模拟 LR 图像。首先,通过移位来估计出三幅其他 HR 图像:第一幅在穿轨方向移动一个像素,第二幅在沿轨方向上移动一个像素,第三幅在两个方向上都移动一个像素。加上最初估计的 HR 图像,一共有四幅 HR 图像。然后,通过减采样四幅 HR 图像来得到四幅 LR 图像,即每 $2 \times 2 = 4$ 个像素点平均为一个像素点。为了防止在 LR 图像中出现像素位移,将平均值与 HR 图像的四个像素点的值进行比较,最接近的那个点的位置被选为新的像素点,平均值被赋于这个点。

在反投影过程中,四幅模拟 LR 图像和四幅初始输入图像的差值图像首先

增采样到 HR 图像的大小,通常都是通过零阶线性插值或者双线性插值的方法来完成。然后,将差值图像去位移化,新的 HR 图像 $f^{(n+1)}$ 根据式(10.15)把 LR 图像中相关像素点结合起来得到。这里迭代次数设置为 10,以得到一个满意的结果。

10.4 单波段高分辨率图像实验结果

本节给出了单波段 HR 图像的实验结果,即利用上述三种方法得到子像素位移的图像,然后利用两种方案处理这些图像。

10.4.1 图像质量评价标准:改进型视觉信息保真度

在展示用上述方法产生的单波段 HR 图像实验结果之前,定义一种图像质量的评价标准是十分有必要的。最简单也是使用最广泛的评价标准是峰值信噪比(PSNR)。峰值信噪比是一种基于均方误差的标准。它通过平均参考图像和被测图像之间像素点强度值的平方差得到,但是峰值信噪比和人的视觉感知质量不太相符[30-36]。两幅畸变图像可能有同样的峰值信噪比,但可以有完全不同的误差类型,视觉感受会完全不同。因此,可能一幅畸变图像看起来和参考图像很像,另一幅就完全不同[36]。Sheikh 和 Bovik[37] 提出一种基于人类视觉系统模型的衡量图像信息的方法。他们用人脑从测试图像中提取的信息量与人脑从参考图像中提取的信息量之比来判断图像的视觉质量,将测试图像信息量和参考图像信息量的比值定义为视觉信息保真度(VIF),即

$$
\text{VIF} = \frac{\sum\limits_{j \in \text{subbands}} I(C^{N,j}; F^{N,j} \mid s^{N,j})}{\sum\limits_{j \in \text{subbands}} I(C^{N,j}; E^{N,j} \mid s^{N,j})} \tag{10.16}
$$

其中,$I(C^{N,j}; E^{N,j} \mid s^{N,j})$ 和 $I(C^{N,j}; F^{N,j} \mid s^{N,j})$ 分别代表参考图像和测试图像在某些特定小波子带上能够被大脑完整获取的信息量。

对于实际存在的所有的畸变类型,VIF 值都处于[0,1]。对于测试图像就是参考图像拷贝的情况,VIF 正好等于 1。如果测试图像的信息量大于参考图像的话,那么 VIF 就大于 1。这是 VIF 特有的属性,不同于其他传统图像质量判断方法。

就目前而言,VIF 是已发表的最好图像质量评价标准之一。这也是为什么本章要选择此标准作为判断空间分辨率增强效果标准的原因。然而,VIF 需要测试图像和参考图像的尺寸一致。本章空间分辨率提高后的图像和原始图像尺寸不相同。VIF 计算方式(10.16)可以稍微修改为[38]

$$\mathrm{MVIF} = \frac{\displaystyle\sum_{j \in \text{subbands}} I(C^{N,j}; F^{N,j} \mid s^{N,j})}{f_{\text{size}} \times \displaystyle\sum_{j \in \text{subbands}} I(C^{N,j}; E^{N,j} \mid s^{N,j})} \tag{10.17}$$

此时,以满足测试图像和参考图像尺寸不相同的情况,f_{size} 是两个图像尺寸差的因数。这种 VIF 在本章被称为改进的 VIF(MVIF)。

10.4.2　测试高光谱数据立方体

本节测试两组 SFSI 机载红外成像光谱仪获得的数据立方体。第一组数据用于目标探测的研究,数据来源于 SWIR 通道,包含 240 个波段,波段范围为 1224～2427nm,光谱采用间隔为 5.2nm,GSD 为 2.20m×1.85m。数据立方体的尺寸是 140 行×496 像素×240 波段。由不同尺寸不同材料构成的人造目标部署在沙石和低密度草坪的混合物上,它们都在视场范围之内。总共部署的目标如下,7 块帆布,尺寸为 12m×12m～0.2m×0.2m;4 块聚乙烯材料;4 块白色油布;4 块白色棉布,尺寸为 6m×6m～0.5m×0.5m,以及一块 2m×2m 的毛毡。此外,一块 3m×3m 的白色油布放在一块 11m×14m 的乙烯基垫子上。图 10.12(a)给出了人造目标的布局图,图 10.12(b)给出了由伊科诺斯遥感卫星(IKONOS)拍摄的人造目标的实际布局,分辨率为 1m。此组数据在本章称为目标数据立方体。

第二组测试数据观测的是加拿大萨斯喀彻温南部 Key Lake 地区,目的是研究成像光谱仪在探测铀矿和其他相关活动[39]中的能力。此组数据图像包含一家磨矿厂和一家矿场;铀矿是若干个位于亚达巴斯卡河沙化地区的矿点之一(此矿场已不再生产,但在 Key Lake 的设施里处理由 80 公里外运来的高品质铀矿)。此数据和前文目标数据立方体具有相同的光谱范围和光谱采样间隔,但是此数据的 GSD 为 3.19m×3.13m,数据大小为 1090 行×496 像素×240 波段。

10.4.3　目标数据立方体的处理结果

由于从 SFSI 探测器得到的目标数据立方体处于短波红外波段(SWIR),因此尺寸小于 6m×6m 的人造目标在 1289～1364nm 波长范围(波段 13 到 28)内几乎看不到,原因有以下两点,此数据的 GSD 为 2.20m×1.85m;目标阵列和穿轨方向有一个 36°的旋转。图 10.13(a)给出了第 13 波段的图像,此图为线性对比度增强后的图像。根据图 10.12 人造目标的布局图,12m×12m 和 6m×6m 的帆布棚、6m×6m 的白色油布、6m×6m 的聚乙烯材料和 6m×6m 的棉布几乎不能在窗口内区别出来。11m×14m 的乙烯基垫子看起来很暗,位于窗口之外(接近窗口的左下角)。为了增强这些目标,波段 13 的图像利用商业软件 ENVI 里的交互式线性直方图拉伸工具和中值滤波进行了处理,如图 10.13(b)所示。可以看出,除了 6m×6m 的白色油布,其他目标都连在一起。

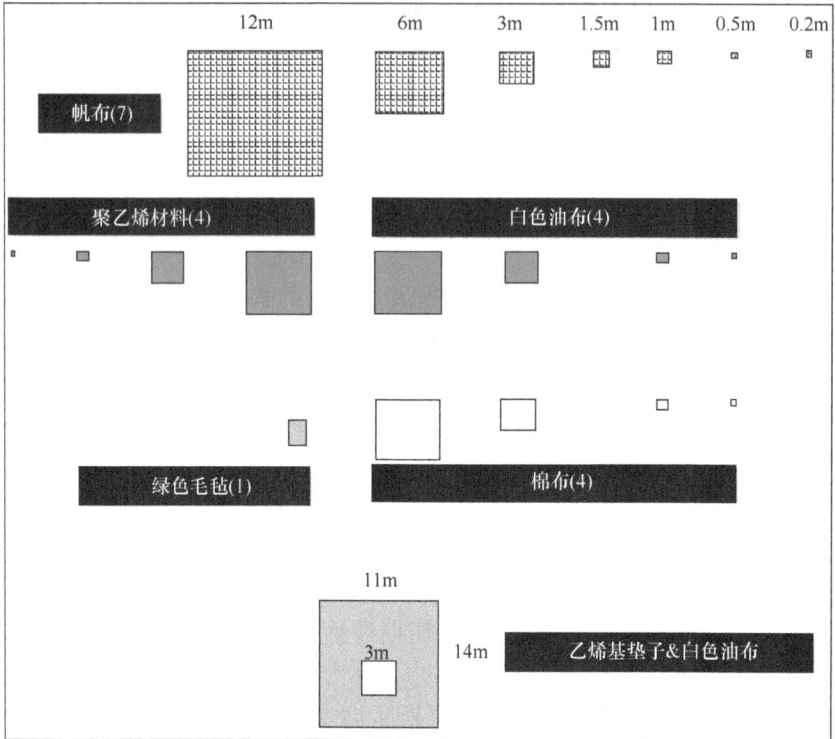

(a)

(b)

图 10.12　(a)目标数据立方体人造目标布局图;(b)IKONOS 卫星
全色探测器(1m 分辨率)拍摄的地面目标[6]

(a) 1289mm(波段13)波段图像

(b) 经过交互式直方图拉伸之后的1289mm波段图像　　　　放大四倍

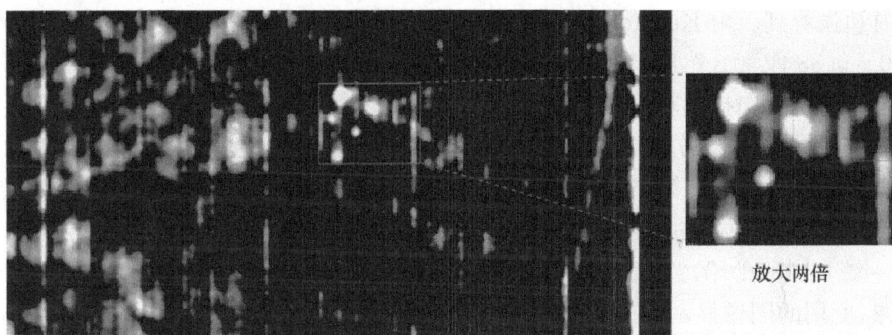

(c) 图(a)经过插值之后的2倍分辨率增强图　　　　放大两倍

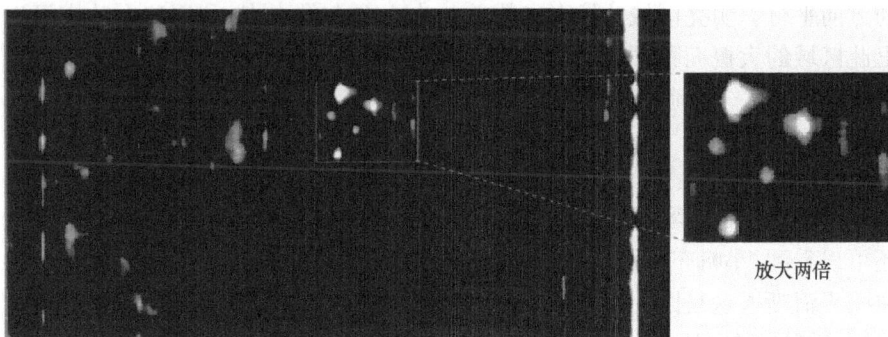

(d) 利用方法1和排序方案2得到的2倍分辨率增强图　　　　放大两倍

图 10.13　目标数据立方体 HR 图像结果[6]

图 10.13(c)显示了 2 倍分辨率提高之后的 HR 图像,此图进行了和图 10.13(b)中同样的处理。可以看出,目标依然很模糊,而且彼此连着;唯一的提高在于插值后像素点变得稍微好了一点。插值 HR 图像的 MVIF 是 0.92,如表 10.1 所示。MVIF 的值显示利用插值获得的 HR 图像并不比原始图像包含更多的信息量。

表 10.1　利用三种图像获取方法和两种排序方案得到的目标数据立方体的 HR 图像的 MVIF 值(基准图像为波段 13 图像)

获取图像方法	MVIF	
	排序方案 1	排序方案 2
直接对基准图像进行插值	0.92	
方法 1:直接从数据立方体中选择四幅图像	0.99	1.03
方法 2:基于指定的子像素位移合成图像	1.04	1.08
方法 3:基于像素值最接近合成图像	1.09	1.12

从目标数据立方体选出第 13、18、23 和 28 波段的图像,将 13 波段的图像作为基准图像。选择这些波段的原因是人造目标在其他波段无法看到,只有 13~28 波段内勉强看到。由 Keystone 效应造成的像素位移在这些波段图像之间相对较小,在 0~0.38 像素。然后,在利用迭代反向投影算法之前,这四幅图用上述两种方案排序。迭代反向投影算法对经两种方案排序的四幅图像进行了 10 轮迭代,产生了两幅 HR 图像,图像分辨率提高了两倍。表 10.1 显示利用第一种方案得到的 HR 图像 MVIF 为 0.99,第二种方案为 1.03。MVIF 大于 1.0,表明进行分辨率增强后,HR 图像比原始图像包含更多的信息。

图 10.13(d)给出了利用方案 2 对这四幅输入图像进行排序后处理得到的 HR 图像,所用的图像显示与图 10.13(b)和图 10.13(c)一样。可以看出,目标清晰且彼此分开。12m×12m 的帆布棚甚至能大概看出其矩形轮廓,其中一条边与目标阵列方向平行。明亮区域的像素点数总共为 148 个像素点,利用这个数字可以估算出此区域的大概面积,即

$$像元 \times \frac{地面位像元面}{f_{size}} = 148 \times \frac{2.20m \times 1.85m}{2 \times 2} = 150.6m^2$$

这个值和实际值 144m² 十分接近。6m×6m 的帆布棚、白色油布、聚乙烯材料和棉布都相对接近于实际大小。帆布棚差距大了一点,以较小的密度展开。从图中还可以看到,小帆布棚(1.5m×1.5m 和 1m×1m)在 HR 图像中在穿轨方向上比原图更清晰。这是因为增加的空间信息是由穿轨方向上的 KS 位移得到的。同时,绿色毛毡能在 HR 图像中隐约地看出来,但它不能在原始图像和插值图像中看出来。

将波段 13 图像作为基准图像,可以通过方法 2(10.3.3 节)得到三幅由 KS 引入的位移接近于 0.1、0.3 和 0.4 个像素点的合成图像。组成的合成图像的列是从

所有波段选出的。利用两种方案对这四幅图像进行排序之后,利用迭代反向投影算法可以得到两幅 HR 图像。在排序方案 2 中,具有 0.4 像素位移的图像作为 I_{10};0.3 像素位移的图像作为 I_{11};0.1 像素位移的图像作为 I_{01}。方案 2 不补偿由 KS 引入的像素位移到 0.5 个像素。两幅获得的 HR 图像的 MVIF 分别为 1.04 和 1.08。这两幅 HR 图像的 MVIF 比从四个波段图像得到的 HR 图像的 MVIF 要大,这可能是因为该方法中由 KS 引入的位移并没有被限制在少数的波段图像中,因此可以获得相对大的位移。

我们还可以通过方法 3(10.3.4 节)得到三幅合成图像。每个像素点的 KS 位移在两个方向上(即穿轨方向和沿轨方向)是一个与像素点位置有关的函数。基准图像和合成图像之间像素位移的范围在 $-0.63 \sim 0.58$ 个像素点。在排序方案 2 中,算法自动计算平均 KS 位移(分别为 0.21、0.29 和 0.36 像素),将最接近于 0.5 像素位移的图像作为 I_{10},次接近于 0.5 像素的图像作为 I_{11}。利用这些合成图像由两种不同的排序方案得到的两幅 HR 图像的 MVIF 分别为 1.09 和 1.12。这些 MVIF 值比其他合成图像的方法的 MVIF 要大,可能是因为基准图像和合成图像的像素点的强度值相对较接近,同时也没有进行强度归一化的缘故。

我们注意到,利用排序方案 2 得到的 HR 图像的 MVIF 要比排序方案 1 中的稍大,这可能是因为在排序方案 1 中重采样 KS 位移使其达到 0.5 个像素增加了额外的误差。

10.4.4　Key Lake 数据立方体实验结果

表 10.2 列出了从 Key Lake 数据立方体得到的 HR 图像的 MVIF。在使用方法 1 和方法 2 的时候,波长 1549nm(band 65)的图像作为基准图像;在使用方法 3 的时候,波长 1304nm(band 16)的图像作为基准图像。用插值方法,将波段 65 和波段 16 的基准图像分辨率提高两倍后得到的 HR 图像的 MVIF 值分别为 0.95 和 0.93。

表 10.2　利用三种图像获取方法和两种排序方案得到的 Key Lake 数据立方体 MVIF 值

获取图像方法	MVIF	
	排序方案 1	排序方案 2
直接对基准图像进行插值(基准图像:波段 65)	0.95	
方法 1:直接从数据立方体中选择四幅图像(基准图像:波段 65)	1.00	1.03
方法 2:基于指定的子像素位移合成图像(基准图像:波段 65)	1.01	1.04
直接对基准图像进行插值(波段 16)	0.93	
方法 3:基于像素值最接近合成图像(基准图像:波段 16)	1.03	1.06

利用方法 1 时,四幅选取的输入图像分别为 Key Lake 数据立方体中的波段
65、72、84 和 96。选择这几个波段是因为这些图像相比于其他波段幅值相对较高
较平坦。KS 引入的像素位移范围是 0~0.58 像素。利用方法 1 和两种排序方案
得到的 HR 图像的 MVIF 分别为 1.00 和 1.03。

利用方法 2 时,获取的三幅合成图像相对于基准图像(band 65)的 KS 引入的
像素位移分别为 0.2、0.3 和 0.4。利用排序方案 2 进行排序时,0.4 像素位移的合
成图像作为 I_{10},0.3 像素位移的合成图像作为 I_{11},0.2 像素位移的合成图像作为
I_{01}。利用方法 2 和两种排序方案得到的 HR 图像的 MVIF 分别为 1.01 和 1.04。

利用方法 3 时,波段 16 的图像作为基准图像。基准图像和三幅合成图像的
KS 引入的像素位移的范围在 -0.54~0.55 像素。利用方法 3 和两种排序方案得
到的 HR 图像的 MVIF 分别为 1.03 和 1.06。与目标数据立方体类似,利用方法 3
得到的 MVIF 比其他两种方法要好。利用排序方案 2 得到的 MVIF 要比排序方
案 1 稍好。

图 10.14 给出了原始的 Key Lake 数据立方体在 1304nm 波段(band 16)的图
像,也给出了利用方法 3 和排序方案 2 得到的 HR 图像,此 HR 图像利用商业软件
ENVI 进行了直方图均衡化。图像左侧中央地方是一家磨矿厂,有五个矩形监控
池,两个水库(小的那个只显示了一半),一些处理设施和建筑。这些目标都非常
暗,因为观测仪器的波段范围处于 SWIR。可以看出,这些目标在 HR 图像中更加
清晰。目标的边界在 HR 图像中比在原始图像中更清楚,图中选择了一个区域并
把它放大了两倍以查看细节。可以看出,三叉路口在 HR 图像中区分度更高。三

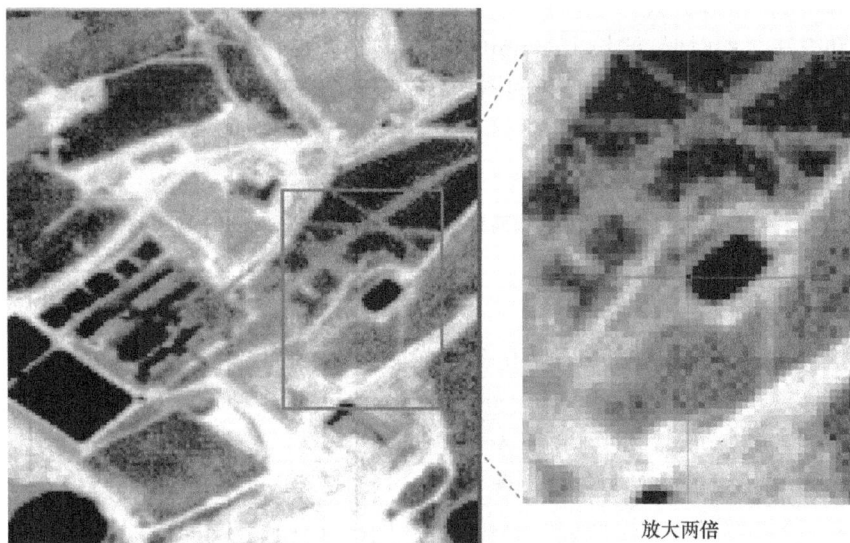

放大两倍

(a) 1304nm(波段16)图像

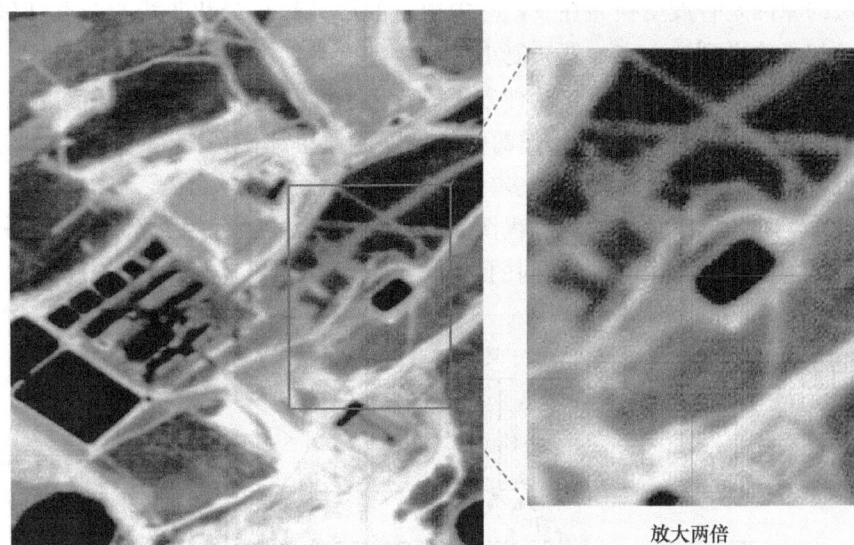

放大两倍

(b) 利用方法3和排序方案2得到的两倍空间分辨率增强的图像

图 10.14　Key Lake 数据立方体 HR 图像结果[6]

条路形成的一个小三角形在原始图像中看不到,在 HR 图像中可以隐约地看到。HR 图像中水库边缘比原始图像中更光滑。方框右下角有一个矿的存放区,在原始图像中几乎不能分辨出来,在 HR 图像中,区域中间的三条平行线都可以大致分辨出。

10.5　整个数据立方体的空间分辨率提高

下面介绍利用 HR 图像提高整个高光谱数据立方体空间分辨率的方法,HR 图像是根据 KS 效应得到的。处理后 HR 图像被用作全色图像,类似于用传统的全光谱图像来增强图像空间分辨率的情况,用来增强高光谱图像的空间分辨率。没必要对每个波段的图像与 HR 图像进行几何配准,因为 HR 图像就是从此数据立方体中获取的。

若干种提高高光谱数据的空间分辨率的方法已被报道。大部分方法都借鉴于锐化多光谱图像的方法,基于一幅更高分辨率的全色图像。这些方法包括分量替代[40-43]、小波变换[44-58]、最小二乘估计[59,60]、统计方法[61]、线性混合模型[62-65]、最大后验概率估计[66-69]和其他一些最近报道的方法[70-72]。

本章使用文献[5]中报道的一种新的基于复脊波变换的方法融合单幅 HR 图像到数据立方体中每个波段图像,来提高整个数据立方体的空间分辨率。选择这种方法的原因是脊波变换能在一幅图中很好的搜寻到直线和曲线的奇点,但是小波变换却不能做到这一点。偶树复小波变换具有类似的移不变性质,这对提高图像空间分辨率非常重要。将这两种方法结合起来可以包含这两者的优点。实验结果表明[5],这种融合方法产生图像的峰值信噪比比单纯使用 PCA 方法,小波变换方法或者是脊波变换方法要好得多。

图 10.15 给出了该方法的流程图。CRT 要求将被融合的数据立方体每个波段的图像必须和 HR 图像有相同的尺寸。每个波段的图像必须被扩展至与 HR 图像相同大小。

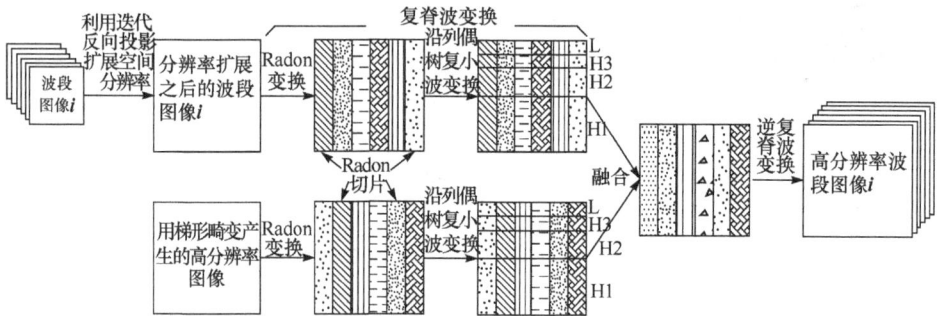

图 10.15　基于 CRT 方法的增强高光谱数据立方图图像分辨率的流程图[6]

首先,对获得的 HR 图像和扩展后的波段图像进行 Radon 变换来得到 Radon 切片图像;一个 Radon 切片是一组 Radon 系数或者一维的列。然后,对每一个 Radon 切片进行一维偶树复小波(偶树复数小波变换)变换。这样,对 HR 图像和数据立方体的每个波段图像的复脊波变换就完成了。

HR 图像和数据立方体的每个波段图像的复脊波系数的融合,是通过以下规则进行的,即

$$c_{F,K}^L = c_{A,K}^L, \quad 对低频率系数 \tag{10.18}$$

$$c_{F,K}^L = \begin{cases} c_{A,K}^H, & |c_{A,K}^H| \geqslant |c_{B,K}^H| \\ c_{B,K}^H, & 其他 \end{cases}, \quad 对高频率系数 \tag{10.19}$$

其中,A 是扩展后的波段图像;B 是获得的 HR 图像;F 是分辨率增强之后的图像;K 是复脊波变换系数。

进行逆复脊波变换之后,就可以得到空间分辨率增强之后的数据立方体。

10.6　数据立方体空间分辨率增强后的实验结果

在实验中,IBP 用来扩展数据立方体中每一个波段图像到 HR 图像的尺寸。

对一幅波段图像来讲，三幅位移图像是通过将此波段图像在穿轨、沿轨和两个方向各移动一个像素得到的。波段图像和三幅位移图像被用作 IBP 算法的输入，来得到分辨率扩展后的图像。当达到预设误差或是达到最多迭代次数之后，IBP 停止。

在使用 CRT 进行空间分辨率增强之前，将 HR 图像强度归一化到每一个波段图像强度是十分有必要的，因为波段图像像素值随着波段不同而不同。

图 10.16 和图 10.17 给出了利用 CRT 方法，目标数据立方体和 Key Lake 数据立方体的空间分辨率增强后图像的 MVIF 的值。对于目标数据立方体而言，波段 1~5、110~170 和 231~240 被剔除了，因为这些波段是水的吸收带，SNR 非常低。类似地，对于 Key Lake 数据立方体，波段 1~10、30~50、115~170 和 231~240 被剔除。在图中，利用小波变换方法得到的 MVIF 也显示在了同一张图中，以方便对比。HR 图像是用前文方法 3 和排序方案 2 得到的，即合成图像是通过选取最接近像素值得到的，因为此种方法获得的 HR 图像的 MVIF 表现最好。可以看出，低幅度值和低 SNR 的波段图像，在经过分辨率增强之后，MVIF 改善的最多，这是因为 MVIF 代表的是改善后的图像信息量和改善前的信息量的比值。分辨率增强后的图像信息量因 HR 图像的信息量而被提高了。

此外，还可以看出，CRT 方法的结果比小波变换的结果要好。

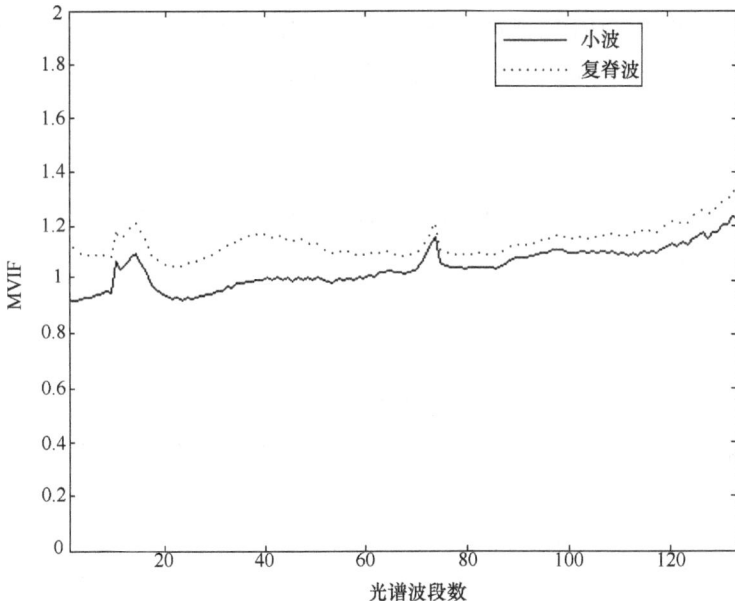

图 10.16　目标数据立方体利用 CRT 及小波变换得到的空间
分辨率增强后的各波段图像的 MVIF 值

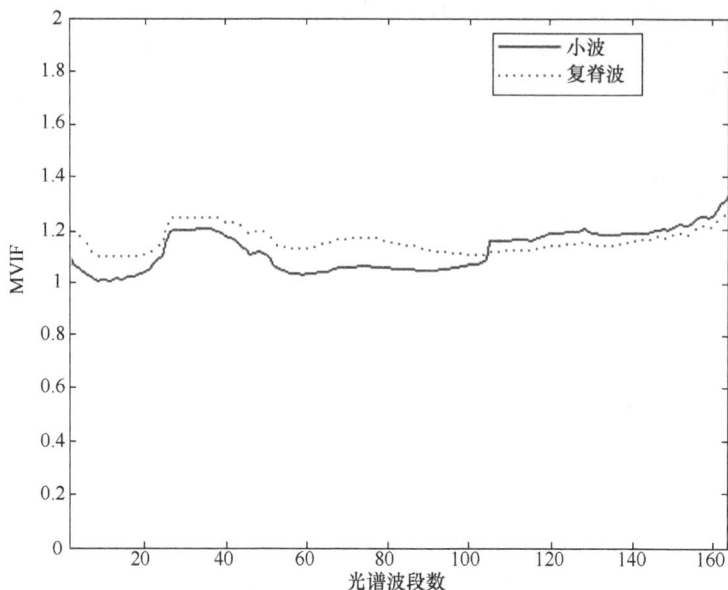

图 10.17　Key Lake 数据立方体利用 CRT 及小波变换得到的空间
分辨率增强后的各波段图像的 MVIF 值

　　表 10.3 给出了两种方法的平均 MVIF 值。空间分辨率增强后整个数据立方体的平均 MVIF 比利用 KS 特征得到的单幅 HR 图像的 MVIF 要大,原因是数据立方体中的噪声图像和 HR 图像进行融合之后,MVIF 显著地提高了,如图 10.16 和图 10.17 所示。

表 10.3　目标数据立方体和 Key Lake 数据立方体利用两种方式进行
空间分辨率增强后整个数据立方体的平均 MVIF

数据立方体	CRT	小波
目标	1.14	1.05
Key Lake	1.15	1.12

　　VIF 和 MVIF 通过人的视觉系统测量二维图像的信息,用它们评价空间分辨率增强后的高光谱数据立方体具有局限性。其他的评价标准需要被引入来测量空间分辨率增强后的空间和光谱的保真度。

　　SAM 用来评估空间分辨率增强之后的高光谱数据立方体的光谱畸变。SAM 定义如下,即

$$\text{SAM} = \arccos\left[\frac{\sum\limits_{b=1}^{n_b}\text{DN}_o(b) \cdot \text{DN}_p(b)}{\sqrt{\sum\limits_{b=1}^{n_b}\left[\text{DN}_o(b)\right]^2 \sum\limits_{b=1}^{n_b}\left[\text{DN}_p(b)\right]^2}}\right] \tag{10.20}$$

其中,$\text{DN}_o(b)$和$\text{DN}_p(b)$分别是原始图像和空间分辨率增强后图像在波段b上的同一位置的 DN 值;n_b是全部波段数;SAM 值的范围从 0~π(180°),0 代表初始图像和变换后图像完全相同。

其他几种图像质量评价标准也经常用来评价空间分辨率增强后的效果,如维数综合误差(ERGAS)、结构相似度(SSIM)、信息保真度(VIF)。ERGAS 定义如下,即

$$\text{ERGAS} = 100\frac{d_h}{d_l}\sqrt{\frac{1}{L}\sum_{l=1}^{L}\left(\frac{\text{RMSE}(l)}{\mu(l)}\right)^2} \tag{10.21}$$

其中,$\dfrac{d_h}{d_l}$是 HR 图像和 LR 图像尺寸比值;$\mu(l)$是波段l的均值,L是波段数。

用这个值用来测量误差,数值越小越好。

SSIM 比较参考图像和测试图像之间亮度、对比度和结构的局部相关性。SSIM 定义如下,即

$$\text{SSIM}(x,y) = \left(\frac{\sigma_{xy}+C_1}{\sigma_x\sigma_y+C_1}\right)\left(\frac{2\mu_x\mu_y+C_2}{\mu_x^2+\mu_y^2+C_2}\right)\left(\frac{2\sigma_x\sigma_y+C_3}{\sigma_x^2+\sigma_y^2+C_3}\right) \tag{10.22}$$

其中,μ_x、μ_y、σ_x^2、σ_y^2、σ_{xy}与式(10.21)中的定义一样;常数C_1、C_2和C_3使得 SSIM 在均值和方差比较小的时候保持稳定;当$x=y$时,SSIM 取其最好的值 1.0,用整个图像 SSIM 的均值 MSSIM 表示图像质量。

SAM、ERGAS、SSIM 和 VIF 都是全图对比的评价标准,这意味着测试图像和参考图像的大小必须一样。空间分辨率增强后,图像尺寸比原始图像要大,这里因为大尺寸的原始图像实际上并不存在。为了使用这些评价标准,原始图像首先得进行降采样处理,然后对这些降采样后的图像进行空间分辨率增强操作。这样,空间图像增强后的图像就和初始图像尺寸相同了。

值得一提的是,原始图像降采样后再进行空间分辨率增强的结果可能并不会反映出基于 KS 特征这种处理方法的真实效果,因为降采样过程可能会改变仪器像素点的特征,这会使利用 KS 特征进行空间分辨率增强结果打上一个折扣。

在本章的实验中,目标数据立方体和 Key Lake 数据立方体都进行了两倍的降采样。我们对目标数据立方体和 Key Lake 数据立方体在表 10.3 中进行的操作都对降采样后的数据进行了一遍。表 10.4 列出了 SAM、ERGAS、MSSIM 和 VIF 的值。表中的值是所有波段图像的平均值。

　　原始图像和增强后图像平均 SAM 值很小。对于目标数据立方体而言,基于
CRT 和基于小波的平均 SAM 分别是 1.37°和 2.84°。对于 Key Lake 数据立方体
而言,分别是 2.25°和 3.81°。这些值很小,表明增强后的图像光谱和原始图像很
接近。图 10.18 给出了一个例子,曲线来自目标数据立方体,红色线为原始图像某
个像素点的光谱曲线;绿色、蓝色、黄色和浅蓝色为用 CRT 方法进行分辨率增强
之后,该像素点产生 2×2 个像素点的光谱曲线。该像素点是最纯净的帆布棚材料
一个点。

表 10.4　采用 CRT 方法和小波方法对降采样(因子为 2)的目标和 Key Lake 两组数据立方体
进行空间分辨率增强后的 SAM、ERGAS、MSSIM 和 VIF 的值

数据立方体	Metrcs	CRT	小波
目标	SAM	1.37°	2.84°
	ERGAS	4.91	7.47
	MSSIM	0.99	0.92
	VIF	0.98	0.92
Key Lake	SAM	2.25°	3.81°
	ERGAS	5.68	6.63
	MSSIM	0.96	0.73
	VIF	1.06	0.99

光谱曲线

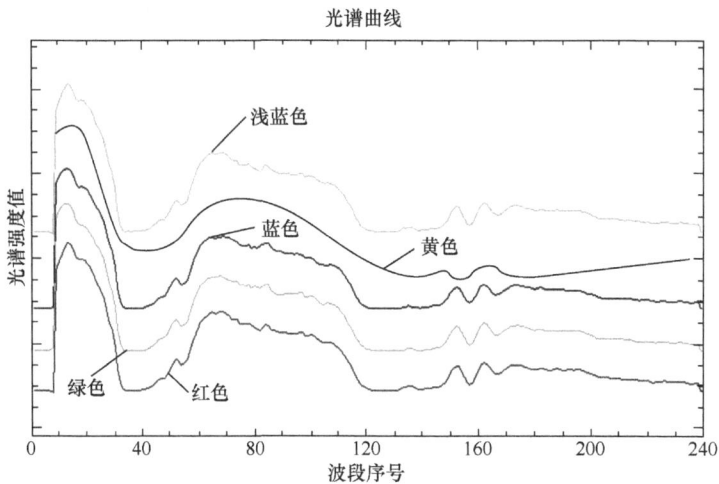

图 10.18　此图给出了一个范例,曲线来自目标数据立方体,红色线为原始图像某个像素
点的光谱曲线;绿色、蓝色、黄色和浅蓝色为用 CRT 方法进行分辨率增强之后,
原像素点产生的 2×2 个像素点的光谱曲线

利用 CRT 方法,目标数据立方体和 Key Lake 数据立方体的平均 ERGAS 分别为 4.91 和 5.68;利用小波方法得到的 ERGAS 分别为 7.47 和 6.63。

利用 CRT 方法,目标数据立方体和 Key Lake 数据立方体的平均 MSSIM 分别为 0.99 和 0.96,都非常接近于 1.0。利用小波方法,目标数据立方体和 Key Lake 数据立方体的平均 MSSIM 分别为 0.92 和 0.73。

利用 CRT 方法,目标数据立方体和 Key Lake 数据立方体的平均 VIF 分别为 0.98 和 1.06,这比表 10.3 中的 MVIF 要小,与之前所担忧的一致,即减采样后数据再进行基于 KS 的分辨率增强时,其分辨率增强能力被削弱了。利用小波方法,目标数据立方体和 Key Lake 数据立方体的平均 VIF 分别为 0.92 和 0.99,这也比表 10.3 中的 MVIF 要小。

高光谱用户界正在共同努力,以遥感应用为基础的全面评估空间分辨率增强后光谱信息保存量的测量方法正在研发中。评估的结果尚待报道。

10.7　总结和讨论

本章描述了一种新型两个步骤的空间分辨率增强技术,这种技术不像图像融合那样需要额外的图像。在步骤一中,该技术利用高光谱成像仪在获取数据立方体时波段之间的空间失配或畸变,通过开发利用这一额外信息来产生一幅高分辨率图像。在步骤二中,这幅单波段的 HR 图像被用来增强整个数据立方体中每个波段穿轨方向的空间分辨率。

为了利用探测器的 KS 特性来产生单波段 HR 图像,本章给出了三种方法从数据立方体得到子像素位移的图像。同时,提出两种方案在利用 IBP 进行融合之前将这些子像素位移图像排序。在这三种方法中,方法 1 是最简单的,直接从数据立方体中选择取出基准图像及三幅相对于基准图像具有特定子像素位移的图像。方法 2 获取三幅合成图像是一行一行进行的,所有的像素点相对于基准图像有接近于期望的子像素位移。这种方式在进行像素强度归一化时比方法 1 要简单得多。方法 3 获取合成图像是选择像素强度值和基准图像接近的点组成,因此合成图像的像素强度值不需要进行归一化。图像排序方案 2 得到的单波段 HR 图像的 MVIF 要比排序方案 1 稍好。

一种基于 CRT 的方法被用来融合生成的 HR 图像来产生所有波段的高分辨率图像。IBP 被用来将数据立方体中每一个波段的图像空间分辨率扩展为单波段 HR 图像的大小。为了进行比较,被广泛使用的小波变换图像融合也进行了实验。实验结果表明,本章提出的两步技术可以将图像分辨率提高两倍。

以下对该技术的发展作出展望,IBP 算法或许可以被新的超分辨率技术取代。IBP 的优势在于比较容易理解和实现,同时其弱点在于没有唯一解,而且在选择反投影核方面也有困难。这个反投影核非常重要,因为它决定了误差水平,即决定了真实的和估计的 LR 图像之间误差对最后的 HR 图像的影响程度。结果就是,反投影核的选择会影响各种可能解的特性,不进行迭代的线性插值也可能是有效的,而且节省时间。

对同一高光谱数据在不同区域的光谱特性多样性可以进行更深入的研究,这可能是影响利用空间畸变的一个重要因素。一个非常明显的事实是,如果考虑到属于不同区域的波段或者接近于吸收峰的波长,那么子像素位移的图像就很难选择,这是由于这些区域的光谱特征可能彼此不匹配,那么产生的 HR 图像中噪声就很大。

本章使用的 SAM 指数并不是最佳的质量度量,因为合成的 HR 图像和增采样的波段图像稍微有点不同,但它是一个很好的标识,尤其是评价处理过程光谱特性并没有改变很多。在高光谱数据立方体的空间分辨率增强之后,希望能够提出既能判断空间质量,又能判断光谱质量的更好的质量评价标准。

参 考 文 献

[1] Othman, H. and S. -E. Qian, "Noise Reduction of Hyperspectral Imagery Using Hybrid Spatial-Spectral Derivative-Domain Wavelet Shrinkage," IEEE Trans. Geosci. Remote Sens. 42(2),397-408 (2006).

[2] Qian, S. -E. and H. Othman, "Method and System for Increasing Signal-to-Noise Ratio," European Patent No. EP 1 982 305 B1,issued on June 15,2011.

[3] Chen, G. and S. -E. Qian, "Denoising of hyperspectral imagery using principal component analysis and wavelet shrinkage," IEEE Trans. Geosci. Remote Sens. 49(3),973-980 (2011).

[4] Chen, G. , S. -E. Qian, and S. Gleason, "Noise Reduction of Hyperspectral Imagery by Combining PCA with Block-Matching 3D Filtering," Canadian J. Remote Sens. 37(6), 590-595 (2011).

[5] Chen, G. Y. , S. -E. Qian, and J. -P. Ardouin, "Superresolution of Hyperspectral Imagery using Complex Ridgelet Transform" Int. J. Wavelets,Multiresolution & Information Process. 10(3),1250025 (2012).

[6] Qian, S. -E. and G. Chen, "Enhancing spatial resolution of hyperspectral imagery using sensors intrinsic keystone distortion," IEEE Trans. Geosci. Remote Sens. 50(12), 5033-5048 (2012).

[7] Qian, S. -E, "Method and System of Increasing Spatial Resolution of Multi-dimensional Optical Imagery using Sensor's Intrinsic Keystone," International Patent Appl. No. PCT/

CA2011/050077,filed on Feb. 11,2011.

[8] Hollinger,A. ,M. Bergeron, M. Maszkiewicz, S. -E. Qian, H. Othman, K. Staenz, R. A. Neville, and D. G. Goodenough, "Recent Developments in the Hyperspectral Environment and Resource Observer (HERO) Mission,"Proceedings IGARSS 2006,1620-1623 (July 2006).

[9] Pohl,C. and J. L. Van Genderen,"Multisensor image fusion in remote sensing:concept,methods and applications,"Int. J. Remote Sens. 19(5),823-854 (1998).

[10] Coppin,P. R. and M. E. Bauer, "Digital change detection in forest ecosystems with remote sensing imagery,"Remote Sens. Rev. 13,207-234 (1996).

[11] Roy,D. P. ,"The impact of misregistration upon composited wide field of view satellite data and implications for change detection,"IEEE Trans. Geosci. Remote Sens. 38(4),2017-2032 (2000).

[12] Zavorin,I. and J. Le Moigne,"Use of multiresolution wavelet feature pyramids for automatic registration of multisensor imagery,"IEEE Trans. Image Process. 14(6),770-782 (2005).

[13] Neville,R. A. ,L. Sun, and K. Staenz, "Detection of keystone in image spectrometer data," Proc. SPIE 5425,208-217 (2004) [doi:10. 1117/12. 542806].

[14] Neville, R. A. , N. Rowlands, R. Marois, and I. Powell, "SFSI: Canada's First Airborne SWIR Imaging Spectrometer,"Canadian J. Remote Sens. 21,328-336 (1995).

[15] Staenz,K. , T. Szeredi,and J. Schwarz,"ISDAS-A System for Processing/Analyzing Hyperspectral Data,"Canadian J. Remote Sens. 24(2),99-113 (1998).

[16] Park,S. C. ,M. K. Park,and M. G. Kang,Super-resolution image reconstruction:A technical overview. IEEE Signal Process. Mag. 20,21-36(May 2003).

[17] Brown,J. L. ,"Multi-channel sampling of low pass signals,"IEEE Trans. Circuits Systems CAS-28 ,101-106 (February 1981).

[18] Clark,J. J. ,M. R. Palmer, and P. D. Laurence, "A transformation method for the reconstruction of functions from nonuniformly spaced samples,"IEEE Trans. Acoust. ,Speech, Signal Process. ASSP-33,1151-1165 (1985).

[19] Kim,S. P. and N. K. Bose,"Reconstruction of 2-D band limited discrete signals from nonuniform samples,"Proc. Inst. Elec. Eng. 137(F),197-204(June 1990).

[20] Tsai, R. Y. and T. S. Huang, "Multipleframe image restoration and registration," in Advances in Computer Vision and Image Processing,317-339,JAI Press,Inc. ,Greenwich,CT (1984).

[21] Katsaggelos, A. K. , Digital Image Restoration 23, Springer-Verlag, Heidelberg, Germany (1991).

[22] Cheeseman,P. B. ,R. Kanefsky, R. Kraft, J. Stutz, and R. Hanson,"Super-resolved surface reconstruction from multiple images,"Tech. Rep. FIA-94-12,NASA Ames Research Center,Moffett Field,CA (December 1994).

[23] Tom,B. C. and A. K. Katsaggelos,"Reconstruction of a high-resolution image by simultane-

ous registration, restoration, and interpolation of low-resolution images,"Proc. *1995* IEEE Int. Conf. Image Processing 2,539-542 (October 1995).

[24] Schulz, R. R. and R. L. Stevenson, "Extraction of high-resolution frames from video sequences,"IEEE Trans. Image Process. 5,996-1011 (June 1996).

[25] Hardie,R. C. ,K. J. Barnard,and E. E. Armstrong, "Joint MAP registration and high-resolution image estimation using a sequence of undersampled images," IEEE Trans. Image Process. 6,1621-1633(December 1997).

[26] Stark, H. and P. Oskoui, "High resolution image recovery from image-plane arrays, using convex projections,"J. OSA A 6,1715-1726 (1989).

[27] Tekalp,A. M. ,M. K. Ozkan,and M. I. Sezan, "High-resolution image reconstruction from lower-resolution image sequences and space varying image restoration,"Proc. ICASSP 3, 169-172 (March 1992).

[28] Irani, M. and S. Peleg, "Improving resolution by image registration,"CVGIP: Graphical Models and Image Proc. 53,231-239 (May 1991).

[29] Irani, M. and S. Peleg, "Motion analysis for image enhancement resolution, occlusion, and transparency,"J. Visual Comm. Image Rep. 4,324-335 (December 1993).

[30] Girod,B. , "What's wrong with mean-squared error,"in Digital Images and Human Vision, A. B. Watson,Ed. ,207-220,MIT Press,Cambridge,MA (1993).

[31] Teo,P. C. and D. J. Heeger, "Perceptual image distortion,"Proc. SPIE 2179,127-141 (1994) [doi:10. 1117/12. 172664].

[32] Eskicioglu,A. M. and P. S. Fisher, "Image quality measures and their performance,"IEEE Trans. Comm. 43,2959-2965 (December 1995).

[33] Eckert,M. P. and A. P. Bradley, "Perceptual quality metrics applied to still image compression,"Signal Process. 70,177-200 (November 1998).

[34] Winkler,S. , "A perceptual distortion metric for digital color video,"Proc. SPIE 3644,175-184 (1999) [doi:10. 1117/12. 348438].

[35] Ranchin,T. and L. Wald, "Fusion of high spatial resolution and spectral resolution images: The ARSIS concept and its implementation,"Photogrammetric Eng. Remote Sens. 66(1), 49-61 (2000).

[36] Wang, Z. , A. C. Bovik, H. R. Sheikh, and E. P. Simoncelli, "Image Quality Assessment: From Error Visibility to Structural Similarity"IEEE Trans. Image Process. 13(4),600-612 (2004).

[37] Sheikh,R. H. and A. C. Bovik, "Image Information and Visual Quality,"IEEE Trans. Image Process. 15(2),430-444 (2006).

[38] Qian, S. -E. and G. Chen, "Four Reduced-Reference Metrics for Measuring Hyperspectral Images after Spatial Resolution Enhancement,"International Archives of the Photogrammetry,Remote Sensing 37(7A),204-208 (2010).

[39] Neville,R. A. ,K. Staenz,J. Levesque,C. Nadeau,O. S. Truong, and G. A. Borstad, "Uranium mine detection using an airborne imaging spectrometer, "Proc. 5th International Airborne Remote Sensing Conference,San Francisco,CA (September 2001).

[40] Carper,W. J. ,T. M. Lillesand,and R. W. Kiefer, "The use of intensity-hue-saturation transformations for merging SPOT panchromatic and multispectral image data, "Photogrammetric Eng. Remote Sens. 56,459-460 (1990).

[41] Gonzalez-Audicana,M. ,X. Otazu,O. Fors,and J. Alvarez-Mozos, "A low computational-cost method to fuse IKONOS images using the spectral response function of its sensors, "IEEE Trans. Geosci. Remote Sens. 44(6),1683-1691 (2006).

[42] Choi,M. , "A new intensity-hue-saturation fusion approach to image fusion with a tradeoff parameter, "IEEE Trans. Geosci. Remote Sens. 44(6),1672-1682 (2006).

[43] Shettigara,V. K. , "A generalized component substitution technique for spatial enhancement of multispectral images using a higher resolution dataset, "Photogrammetric Eng. Remote Sens. 58,561-567 (1992).

[44] Filiberti,D. P. ,S. E. Marsh,and R. A. Schowengardt, "Synthesis of imagery from high spatial and spectral resolution from multiple image sources, "Opt. Eng. 33 (8), 2520-2528 (1994) [doi:10. 1117/12. 173573].

[45] Peytavin,L. , "Cross-sensor resolution enhancement of hyperspectral images using wavelet decomposition, "Proc. SPIE 2758,193-203 (1996)[doi:10. 1117/12. 243214].

[46] Gomez,R. B. , A. Jazaeri,and M. Kafatos, "Wavelet-based hyperspectral and multispectral image fusion, "Proc. SPIE 4383,36-42 (2001) [doi:10. 1117/12. 428249].

[47] Zhang,Y. and M. He, "Multispectral and hyperspectral image fusion using 3D wavelet transform, "J. Electronics (China) 24(2),218-224 (2007).

[48] Jun,D. G. ,Z. Haifang,and Z. Chaojie, "Hyperspectral resolution enhancement using high-resolution imagery with wavelet package algorithm and optimal index principle, "Proc. International Archives of Photogrammetry,Remote Sensing and Spatial Information Sciences 37(B7),1223-1226 (2008).

[49] Hong,G. and Y. Zhang, "Comparison and improvement of wavelet-based image fusion, "Int. J. Remote Sens. 29(3),673-692 (2008).

[50] Aiazzi,B. , L. Alparone,S. Baronti,and A. Garzelli, "Context driven fusion of high spatial and spectral resolution images based on oversampled multiresolution analysis, " IEEE Trans. Geosci. Remote Sens. 40,2300-2312(2002).

[51] Li,S. ,J. K. Kwok,and Y. Wang, "Using the discrete wavelet frame transform to merge Landsat TM and SPOT panchromatic images, "Information Fusion 3,17-23 (2002).

[52] Chibani,Y. and A. Houacine, "The joint use of IHS transform and redundant wavelet decomposition for fusing multispectral and panchromatic images, "Int. J. Remote Sens. 23, 3821-3833 (2002).

[53] Chibani, Y. and A. Houacine, "Redundant versus orthogonal wavelet decomposition for multisensor image fusion," Pattern Recognition 36, 879-887 (2003).

[54] Gonzalez-Audicana, M. , J. L. Saleta, and R. G. Catalan, "Fusion of multispectral and panchromatic images using improved IHS and PCA mergers based on wavelet decomposition," IEEE Trans. Geosci. Remote Sens. 42, 1204-1211 (2004).

[55] Pajares, G. and J. M de la Cruz, "A wavelet-based image fusion tutorial," Pattern Recognition 37(9), 1855-1872 (2004).

[56] Gonzalez-Audicana, M. , X. Otazu, O. Fors, and A. Seco, "Comparison between Mallat's and the 'a trous' discrete wavelet transform based algorithms for the fusion of multispectral and panchromatic images," Int. J. Remote Sens. 26, 595-614 (2005).

[57] Ranchin, T. and L. Wald, "Fusion of high spatial and spectral resolution images: The ARSIS concept and its implementation," Photogrammetric Eng. Remote Sens. 66, 49-56 (2000).

[58] Iverson, A. E. and J. R. Lersch, "Adaptive image sharpening using multiresolution representations," Proc. SPIE 2231, 72-83 (1994) [doi: 10. 1117/12. 179787].

[59] Price, J. C. , "Combining panchromatic and multispectral imagery from dual resolution satellite instruments," Remote Sens. Environ. 21, 119-128(1987).

[60] Munechika, C. K. , J. S. Warnick, C. Salvaggio, and J. R. Schott, "Resolution enhancement of multispectral image data to improve classification accuracy," Photogrammetric Eng. Remote Sens. 59, 67-72(1993).

[61] Nishii, R. , S. Kusanobu, and S. Tanaka, "Enhancement of low resolution image based on high resolution bands," IEEE Trans. Geosci. Remote Sens. 34(5), 1151-1158 (1996).

[62] Robinson, G. D. , H. N. Gross, and J. R. Schott, "Evaluation of two applications of spectral mixing models to image fusion," Remote Sens. Environ. 71, 272-281 (2000).

[63] Gross, H. N. and J. R. Schott, "Application of spectral mixture analysis and image fusion techniques for image sharpening," Remote Sens. Environ. 63, 85-94 (1998).

[64] Winter, M. E. and E. M. Winter, "Physics-based resolution enhancement of hyperspectral data," Proc. SPIE 4725, 580-587 (2002) [doi: 10. 1117/12. 478792].

[65] Keshava, N. and J. F. Mustard, "Spectral unmixing," IEEE Signal Process. Mag. 19(1), 44-57 (2002).

[66] Hardie, R. C. and M. T. Eismann, "MAP estimation for hyperspectral image resolution enhancement using an auxiliary sensor," IEEE Trans. Image Process. 13 (9), 1174-1184 (2004).

[67] Eismann, M. T. and R. C. Hardie, "Resolution enhancement of hyperspectral imagery using coincident panchromatic imagery and a stochastic mixing model," Proc. IEEE Workshop on Advances in Techniques for Analysis of Remotely Sensed Data, 282-289 (2003).

[68] Eismann, M. T. and R. C. Hardie, "Application of the stochastic mixing model to hyperspectral resolution enhancement," IEEE Trans. Geosci. Remote Sens. 42(9), 1924-1933 (2004).

[69] Eismann, M. T. and R. C. Hardie, "Hyperspectral resolution enhancement using high-resolution multispectral imagery with arbitrary response functions," IEEE Trans. Geosci. Remote Sens. 43(3), 455-465 (2005).

[70] Hsu, C. L. , P. Y. Tu, and C. H. Lee, "An adjustable pan-sharpening approach for IKONOS/QuickBird/GeoEye-1/WorldView-2 imagery," IEEE J. Selected Topics in Appl. Earth Observations Remote Sens. 5(1), 125-134 (2012).

[71] Li, S. , "A new pan-sharpening method using a compressed sensing technique," IEEE Trans. Geosci. Remote Sens. 49(2), 738-746 (2011).

[72] Rahmani, S. , M. Strait, D. Merkurjev, M. Moeller, and T. Wittman, "An adaptive IHS pan-sharpening method," IEEE Geosci. Remote Sens. Lett. 7(4), 746-750 (2010).

[73] Qian, S. -E. , H. Othman, and J. Lévesque, "Spectral Angle Mapper based Assessment of Detectability of Synthetic Targets from Hyperspectral Imagery after SNR Enhancement," Proc. SPIE 6361, 63611H (2006) [doi: 10. 1117/12. 689113].

第 11 章　提高卫星传感器信噪比的数字降噪处理方法

11.1　降低噪声提高卫星传感器信噪比

信噪比是卫星传感器的关键参数,因为它定量地反映了噪声在何种程度上污染了信号。尽管卫星传感器有很大进步,但它们所采集的信号依然携带大量的噪声,甚至多到会影响信息的提取和对场景的解释。这种噪声包含依赖于信号的成分,叫做散粒噪声;独立于信号的成分,如热噪声。信噪比决定了卫星传感器的性能和成本。对于地球观测应用所传递的信息的可靠性,则高度依赖于所采集数据的质量[1]。

卫星用户需要高信噪比的数据和图像来更好地满足他们的分析需求[2]。然而,制造高灵敏度的卫星传感器是一件具有挑战的事,通常非常昂贵且受限于现有的技术。对于已经在轨的卫星来说,用户必须应对获得的低信噪比信号。

在卫星设计和建造阶段采用一些特别的措施,可以直接提高信噪比。这包括提高光学系统的口径或镜头尺寸以获取尽可能多的信号,选择更加灵敏、更大尺寸的探测器以采集更多的信号,大幅度地降低探测器的温度以减少噪声,采用更长的积分时间来累积更多的信号。所有这些方法都会对卫星的重量功耗和成本产生负面的影响。有时由于现有技术的限制,最终实现的信噪比仍然不能满足用户的需求[3]。

由于信噪比是信号功率与噪声功率的比值,为了避免上述挑战,可以运用数字信号处理技术降低被观测图像中的噪声以提高信噪比。这种信号处理的方法是一种经济有效的解决方案,而且由于先进的计算设备的发展,这种方法在速度和成本上也越来越让人可以接受。

对于遥感数据,人们提出很多降低噪声的技术。这些技术大体可以分为平滑滤波器(包括时间域和傅里叶变化频域)、图像变换和小波变换。平滑滤波的方法很简单,一种常用的平滑方法是 Savitzky-Golay 滤波器[4]。然而,例如光谱中的吸收特征,光谱细节在平滑滤波后会变得模糊。低通滤波在傅里叶变换的频域中已被广泛用于降低噪声[5]。通过傅里叶变换,信号被分解为一系列不同相位和频率的正弦波和余弦波。平滑的正弦波和余弦波不能有效反映具有尖锐边缘特征的信号,因此傅里叶变换频域平滑方法在保留光谱吸收特点方面是不满意的。

最小噪声分离(MNF)[6]和主成分分析(PCA)[7]是图像变换中广泛应用的降噪方法。这些方法的基本假设是遥感信号在整个图像中是平稳遍历的[8],但现实情况并不总是这样。MNF 和 PCA 的降噪方法在计算能力方面要求相对较高。此外,即使将整个遥感数据作为一个整体完成了降噪处理,对于单个像素而言,也并不一定适用。对于高光谱遥感数据分析而言,光谱匹配和解混等方法往往取决于单一的光谱。

最近人们提出几种基于小波变换的方法,得益于小波变换的紧密性,基于小波域使用这种紧密信号的降噪技术可以降低观测信号中的噪声[9-13],包括小波阈值、均方误差估计,以及结合不同的先验模型的贝叶斯估计,如高斯模型、尺度混合高斯模型、拉普拉斯模型和伯努利-高斯模型。小波变换还可以结合其他光谱分解方法,如离散傅里叶变换[14]和 PCA[15,16],来进一步保留光谱信息,同时降低噪声。

文献[17]报道了一种基于小波变换的降噪技术,该技术使用线性最小均方差方法具有一个全局和两个局部估计。虽然在彩色图像中局部估计优于全局估计,但在多光谱图像中局部估计仍然存在问题,这个问题被描述为不同波段特征的低相关性。

另一种基于小波变换的降噪方法则基于感兴趣的特征出现的概率不同,同时考虑到波段的相关性,以逐个波段的方式进行降噪[18,19]。如果噪声的统计特性在所有波段都是一样的,那么这种方法非常有效,但如果噪声特性在不同波段是不同的,则这种方法并不适用。高光谱图像属于后一种情况,波段间的相关性也可用于在加性噪声的条件下区分噪声系数和信号系数[20]。

大多数高光谱/多光谱遥感图像降噪方法在加性噪声是固定方差的情况下都十分有效。不过在现实中,更多存在的是一种信号相关的噪声成分。事实上,在高信噪比情况下,与信号相关的噪声比固定方差噪声更重要,因为它和信号的幅值成比例。高光谱信号在不同的光谱区域波段与波段之间的平滑度变化很大,例如可见光区域的平滑度与短波红外区域的平滑度就有很大差别。因此,这一章考虑的降噪方法的目的是更好地匹配信号平滑度和小波平滑度,即文献[21]中提到的基于 Besov 球投影的降噪方法。

文献[3]报道了一种先进的高光谱图像降噪技术。该方法在光谱的微分域操作,并得益于高光谱图像空间维和光谱维的信号规律的不同,在空间维和光谱维同时进行小波的收缩处理。

11.2　空间维光谱维混合降噪

11.2.1　小波收缩降噪

小波变换可以将各类信号变换为稀疏表示,尤其是对那些分段光滑和有相干规律的信号,小波收缩算法正是以此为基础。换句话说,小波变换使信号在小波域变为大量小(或零)值的系数和少量大值的系数表示方式。与此相反,假设噪声是白噪声的情况下,把噪声变换到小波域后,噪声能量则在所有尺度和平移上形成一种散开的分布。

利用叠加原理,通过小波变换把存在白噪声污染的分段光滑信号变换为少量大振幅系数（信号相关）和大量小振幅系数（噪声相关）的混合,其中所有的系数都包含噪声成分。

在小波域中删除小系数,收缩大系数将消除大部分噪声的成分,这种方法称为软阈值[22]。然后,应用小波逆变换得到降噪后的信号（"去噪"和"降噪"将交替使用）。

假设纯信号 x 叠加噪声 v 之后的观察信号为 y,即

$$y = x + v \tag{11.1}$$

小波收缩过程可概括为

$$d = \mathrm{DWT}\{y\} \tag{11.2}$$

$$\hat{d} = \eta_\tau(d) \tag{11.3}$$

$$\hat{x} = \mathrm{IDWT}\{\hat{d}\} \tag{11.4}$$

其中,DWT{ · }和 IDWT{ · }分别是离散小波变换和离散小波逆变换;$d = \{d_i\}$ 和 $\hat{d} = \{\hat{d}_i\}$ 分别是收缩前后的小波系数;η_τ 是阈值为 τ 的收缩函数;$\hat{x}$ 是去噪后的信号。

为了避免混淆,用提纲索引 i 标识小波系数 d_i。实际情况是,因小波变换不同,索引也可能不同,但在所有情况下,它们都包含尺度索引和变换索引（或者更多）。例如,在三维小波变换中,小波系数索引包含一个尺度索引和三个变换索引（每一信号都有一个）。基线抽样 DWT 是紧凑的,但它将信号表示为一种平移变形式。一种替代方法是非抽样或平移不变小波变换方法,该方面据文献[23]～[27]中报道在降噪方面有更好的性能。

在小波收缩降噪方法中,核心是确定阈值,系数在其之下的被处理为 0,在其之上的被收缩。很多估计阈值的算法已被提出,在不同的情况下是各自最优的,包括全局阈值,如极大极小和通用阈值[28];数据驱动阈值,包括 SURE 阈值[29]和贝叶斯阈值[30]。本章介绍一个全局阈值和两个基于数据驱动的阈值,分别是极大极小阈值、贝叶斯阀值和 SURE 阈值。

1. 极大极小阈值

这种阈值旨在把信号畸变的风险上限最小化,阈值获取需找到 R_{mnmx} 满足如下条件,即

$$R_{\mathrm{mnmx}} = \inf_\tau \sup_d \left\{ \frac{R_\tau(d)}{n^{-1} + R_{\mathrm{Oracle}}(d)} \right\} \tag{11.5}$$

其中，$\sup(S)$ 表示集合 S 的最小上界；$\text{Inf}(S)$ 表示集合 S 的最大下界；d 是一组噪声信号的小波系数；n 是样本大小；$R_{\text{Oracle}}(d)$ 是从 Oracle 推论中所能得到的理想风险；$R_\tau(d)$ 是阈值处理过程；η_τ 是阈值导致信号畸变的风险，即

$$R_\tau(d) = E\{[\eta_\tau(d) - d]^2\} \tag{11.6}$$

文献[28]，[31]有两个著名的推论，即对角线线性投影(DLP)和对角线线性收缩(DLS)。DLP 提供了一种指导方法以确定将什么系数设置为 0。DLS 对给定的 d 提出一个最佳的收缩量。这两种推论的理想风险如下，即

$$R_{\text{DLP}}(d) = \min(d^2, 1), \quad R_{\text{DLS}}(d) = \frac{d^2}{d^2 + 1} \tag{11.7}$$

2. SURE Shrink 阈值

斯坦因无偏风险估计(SURE)收缩最小化斯坦因无偏风险来进行阈值估计，文献[29]指出 SURE Shrink 阈值可以从下式得到，即

$$\tau_{\text{SURE}} = \underset{0 \leqslant \tau \leqslant \sqrt{2\log n}}{\text{argmin}} R_{\text{SURE}}(\tau, d) \tag{11.8}$$

其中，d 是一组噪声信号的小波系数；n 是小波系数的数目；R_{SURE} 是阈值 τ 的 SURE 风险估计，即

$$R_{\text{SURE}}(\tau, d) = n - 2 \cdot \#\{i: |d_i| \leqslant \tau\} + \sum_{i=1}^{n}[\min(|d_i|, \tau)]^2 \tag{11.9}$$

式中，i 是小波系数的抽象索引；$\#\{S\}$ 表示集合 S 中的元素个数。

3. 贝叶斯收缩

贝叶斯收缩法最小化贝叶斯风险估计函数，在假定广义高斯先验模型[30]的基础上，阈值 τ_{Bayes} 可以表示为

$$\tau_{\text{Bayes}}(\hat{\sigma}_x) = \frac{\hat{\sigma}^2}{\hat{\sigma}_x} \tag{11.10}$$

其中，$\hat{\sigma}$ 和 $\hat{\sigma}_x$ 分别为噪声和纯信号估计的标准差，即

$$\hat{\sigma} = \frac{\text{Median}(|d_j|)}{0.6745} \tag{11.11}$$

$$\hat{\sigma}_x = \sqrt{\max(\hat{\sigma}_y^2 - \hat{\sigma}^2, 0)} \tag{11.12}$$

式中，$\{d_j\}$ 是最细小波变换尺度下的小波系数；$\hat{\sigma}_y$ 是含噪声信号的标准差。

11.2.2 问题描述

这一节首先描述高光谱数据立方体和两个测试数据立方体的结构，之后讨论高光谱图像去噪过程的噪声环境和通常图像去噪文献中提到的环境之间的主要区别。

一个数据立方体是由高光谱成像仪获取的空间上对齐的光谱波段图像组成。每个图像对应于特定的光谱波段。数据立方体有两个空间维度（沿轨和穿轨方向）和一个光谱维（波长）。轨迹是携带成像仪的航天器的飞行跨域。如图 11.1 所示，数据立方体的尺寸用 $\Lambda \times P \times L$ 描述，其中 Λ 是光谱维总波段数，P 是穿轨方向的像素个数，L 是在沿轨方向上穿轨"线图像"的行数。例如，$204 \times 121 \times 292$ 指的是一个含有 204 个波段，在沿轨方向有 292 图像行，穿轨方向有 121 像素的数据立方体。

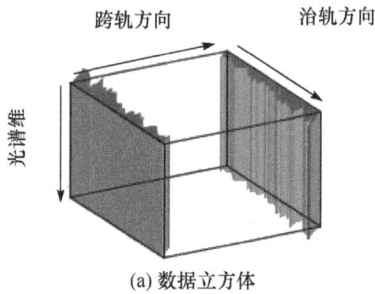

(a) 数据立方体

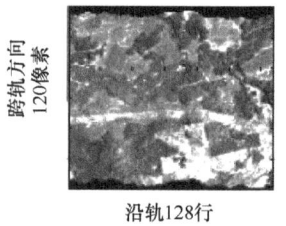

(b) AVIRIS 加拿大大维多利亚流域数据立方体

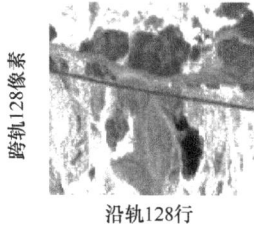

(c) Cuprite 模拟数据立方体

图 11.1　数据立方体尺寸和本章中使用的两个数据立方体的示例[3]

本章的测试数据集是两个不同的高光谱数据立方体，一个以植被为主，另一个以地质为主。第一个数据立方体是用 AVIRIS[32] 在 2002 年 8 月 12 日在加拿大大维多利亚流域区（GVWD）获取的。AVIRIS 获取的数据立方体的地面采样间距为 4m×4m，标称 SNR 为 1000∶1。这里标称 SNR 是指在某些特定的情况给定 SNR 模式下，可见光/近红外光谱区的信噪比[33]。数据立方体是经过处理后的入瞳辐射量度,采用 16 位编码。用平均的方法将 4m×4m GSD 的数据立方体融合成一个 28m×28m GSD 的数据立方体,这样就将标称 SNR 提高到 7000∶1。在这样高的 SNR 下,数据可以看做是无噪声的纯数据立方体[34],可以用来作为衡量去噪前后测量 SNR 的参考。加拿大 MDA 公司也根据 SNR 为 600∶1 的噪声模式产生了具有 600∶1 SNR 的数据立方体[33]。该数据立方体的大小是 202 波段×128 行×120 像素每行。第二个测试数据立方体尺寸是 210 波段×128 行×128 像素,从美国内华达州 Cuprite 的模拟数据立方体中提取,采用同样的噪声模式加入噪声来模拟数据立方体,产生标称 SNR 为 600∶1 的时域立方体。

600∶1 的标称信噪比是基于 HERO 用户及科学家团队的建议而选择的[2]。据称 600∶1 的标称信噪比从仪器的可行范围来说是一个合理地选择。这是全面综合分析后得出的结论,并参考了用户的需求和一些设计参数,如数据质量、成本、重量和技术有效性后而做出的合理折中。

本章讨论的工作的宗旨是采用信号处理方法,通过降低噪声增加其信噪比来提高高光谱图像的数据质量。一个给定像素的信号的平均功率集中在傅里叶域的低频部分,而给定像素的噪声是白噪声,在频域是均匀分布的,如图 11.2 所示。这是类似常规图像去噪文献中指出的噪声环境,但在本项工作中,噪声环境有两个重要的区别。

① 在信号域的光谱维,噪声的方差不是固定的,即高光谱数据立方体的光谱维。在预定义的 SNR 模式下,一个特定波段噪声的方差随这个波段信号的大小而变化[33]。这个预定义的 SNR 模式是与仪器的特性相关的。换句话说,每个波段图像的噪声水平是仪器信噪比模式的函数,因此也是每个波段信号大小的函数(这与模拟时通过向数据立方体添加具有固定的标准偏差的简单、平稳的加性噪声模型是不同的)。

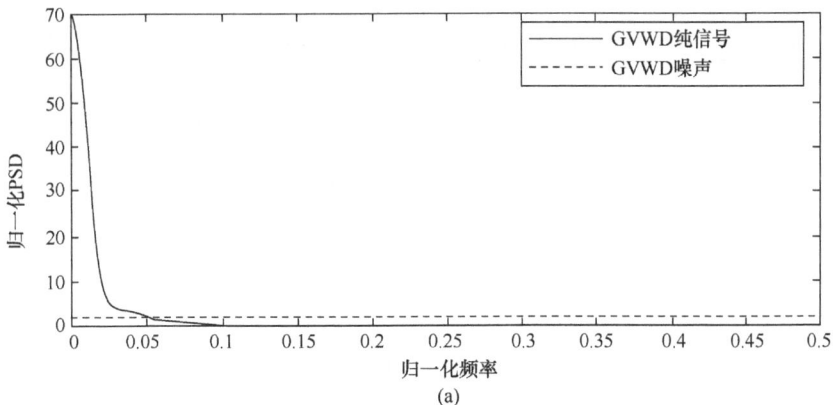

(a)

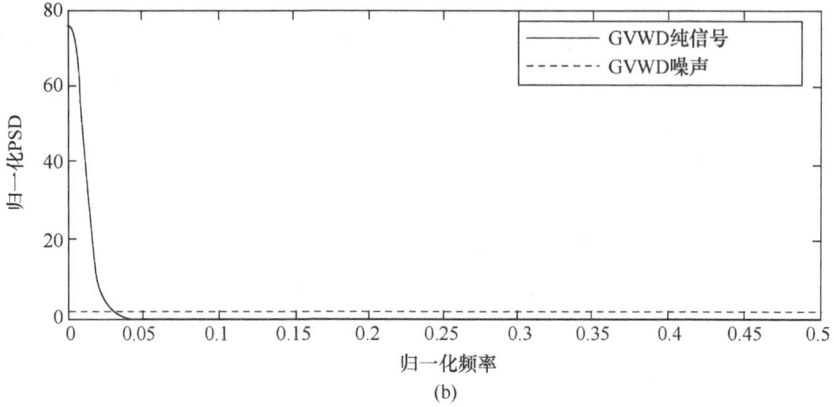

(b)

图 11.2　大维多利亚流域区(顶部)和 Cuprite(底部)两个数据立方体的
归一化功率谱密度(图中只显示正频率范围的频谱)[3]

② 本工作涉及的高光谱数据立方体的平均噪声水平远低于传统图像去噪算法文献中图像的噪声水平。在传统去噪文献中,$\sigma=10$、20、30 的噪声是十分常见的,例如 GVWD 测试数据立方体的 PSNR 为 49.8dB,相当于向一个 8 比特的图像添加标准差为 $\sigma=0.82$ 的平稳噪声,这个噪声水平是人眼不可见的,但它对遥感产品的应用却可能产生影响*。

为了使高光谱数据立方体的噪声和 8 比特图像的格式一致,测试数据立方体被转化为 8 比特(最大值 255),数据立方体的每个波段的 RMSE 噪声如图 11.3所示。

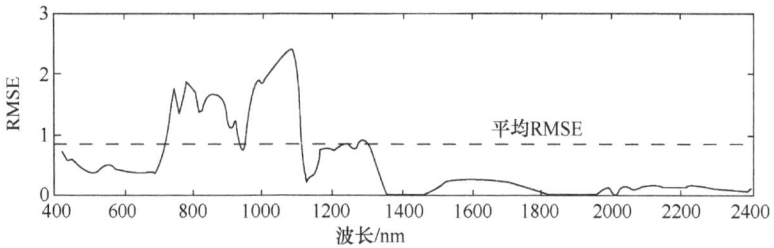

(a) AVIRIS在大维多利亚流域区的数据立方体

---

　　* 请注意傅里叶变换域的"谱"与信号域的"谱"是不同的。信号域的谱指的是三维数据立方体中的光谱,为了避免混淆,傅里叶频域谱采用范围从$-0.5\sim0.5$的归一化频谱。因为在这项工作中处理的信号是实数,只用正的频谱表示,如图 11.1 所示。另一方面,信号域谱也就是光谱维表示的是从 $400\sim2400$nm 的波长,具体波长值基于高光谱传感器的光谱范围。

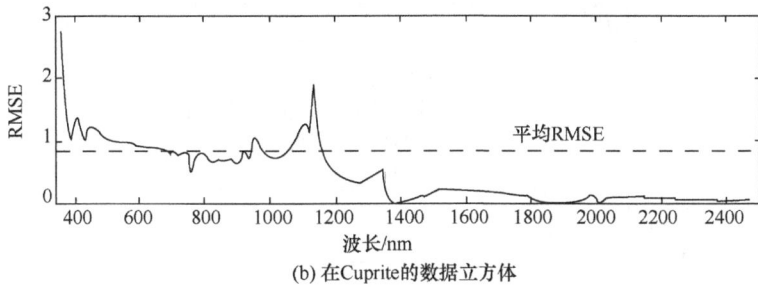

(b) 在Cuprite的数据立方体

图 11.3　测试数据集噪声在不同波段的 RMSE；数据立方体的
数值范围缩小到 8 位，最大 255[3]

11.2.3　提出的方法

1. 混合空间-光谱维降噪

这项工作最重要的问题是处理变化的噪声水平。噪声水平基于传感器的特性，随着信号水平变化而变化。另外，信号在光谱维的特性和在空间维的特性是不一样的，这是由于它们的物理性质不同。对数据立方体作简单观测就会发现，数据立方体在空间维的规则程度要高于光谱维；通过比较沿波段轴的光谱维的平均辐射强度与沿像元列和行的空间维像的平均辐射强度，也可以得出这个结论，如图 11.4和图 11.5 所示。

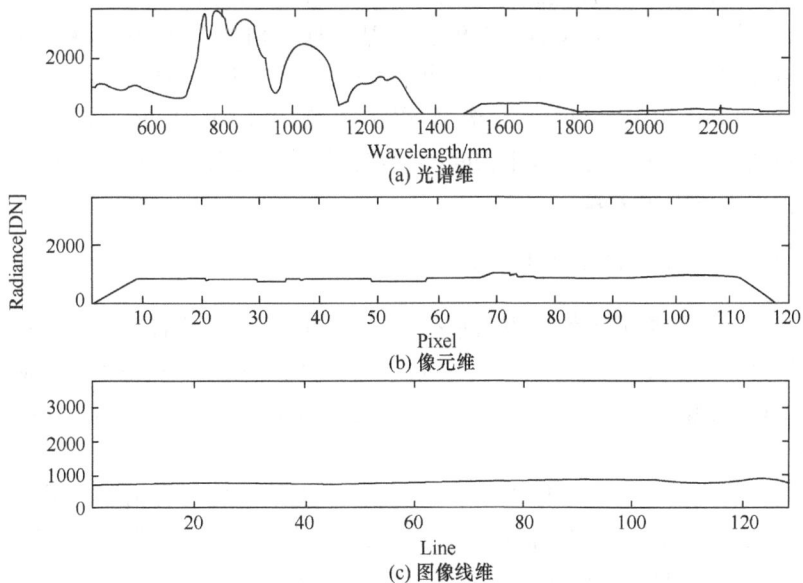

(a) 光谱维

(b) 像元维

(c) 图像线维

图 11.4　GVWD 数据立方体的平均辐射强度[3]

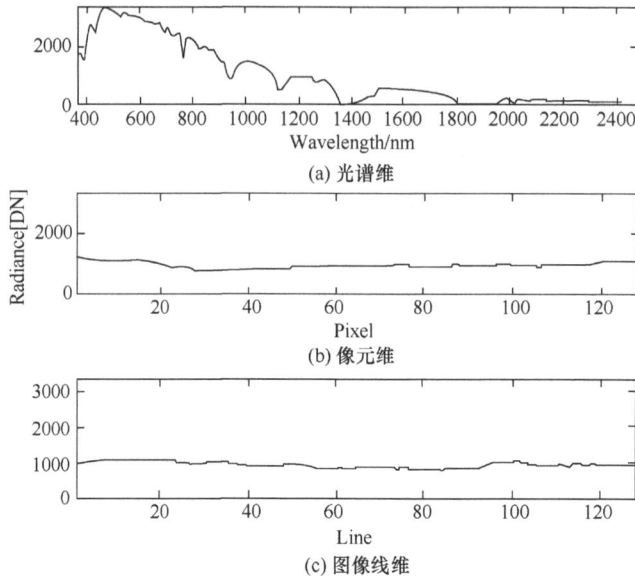

图 11.5 Cuprite 数据立方体的平均辐射强度[3]

虽然在空间维信号可以看做是有规律的"现实图像",但是光谱维信号却显示出了很多的局部尖锐特征。例如,它包含大气成分的吸收峰,叶绿素成分导致的红边特征,细胞结构及矿物吸收特性造成的其他狭窄的吸收峰。这表明,噪声的方差变化在光谱维比在空间维剧烈的多。然而,在数据立方体的三个维度中还是存在一定的相关性。三维小波收缩去噪算法[35]基于这种相关性,但它默认为在三个维度的噪声方差是一样的。本节的工作提出一种混合空间-光谱维降噪算法(HSS-NR),几乎独立作用于空间维和光谱维,以试图包容两者的不同。在此方案中,首先在空间维从相对规则的信号中去除噪声,然后更多的噪声及空间降噪过程引入的失真将在光谱维中去除。

2. 提升噪声水平以有效地降噪

由于高光谱数据的平均噪声水平很低,在小波收缩去噪的过程中存在相当大的信号失真风险。本节提出一种方法,暂时的提升噪声水平,在该条件下对信号进行降噪处理,降噪后再进行逆处理返回原状态。由于其非线性性质,这个技术适合小波收缩去噪。

我们对高光谱数据立方体光谱维数据求导,将其转化为光谱维的导数来提升噪声水平,这相当于高通滤波器,导致噪声与信号比提高,因为如图 11.1 所示,信号的能量主要集中在低频,而噪声则遍布整个频域。

光谱波段图像的导数如下,即

$$\theta(\lambda,p,l)=\frac{\partial y(\lambda,p,l)}{\partial\lambda}=\frac{y(\lambda+\delta_{\lambda},p,l)-y(\lambda,p,l)}{\delta_{\lambda}} \tag{11.13}$$

其中,λ 是光谱波段中心;p 是穿轨行上的像元的列数;l 是在沿轨方向上的行数;δ_{λ} 是在光谱维上一个小的位移。

如图 11.6 所示是波长在 470.93nm 的 GVWD 数据立方体的无噪声图像(图 11.6(a))和带噪声的图像(图 11.6(c)),以及它们相对应的光谱导数图像。虽然噪声水平很低,以至于在图 11.6(c)中无法辨别,但在求导后的图 11.6(d)中噪声在光谱微分域被很清楚的显现了出来。

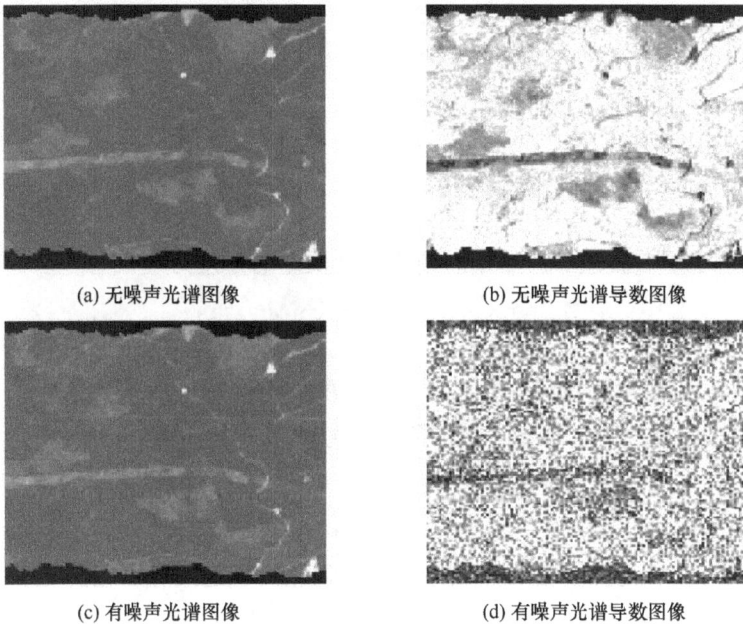

(a) 无噪声光谱图像　　　　　　　　　　　(b) 无噪声光谱导数图像

(c) 有噪声光谱图像　　　　　　　　　　　(d) 有噪声光谱导数图像

图 11.6　波长在 470.93nm 的 GVWD 数据 l 集的无噪声图像和
带噪声的图像及其导数的图像[3]

将有噪声的信号转换到光谱微分域后,提出的 HSSNR 方法就独立地在空间域和光谱域中进行去噪,这样可以去除更多的噪声,同时减少信号的畸变,之后再将去噪后信号从微分域逆变换回去,即

$$\hat{\theta}=\text{IDWT2}\{\eta_{\text{spatial}}\text{DWT2}\{\theta\}\} \tag{11.14}$$

$$\hat{\tilde{\theta}}=\text{IDWT}\{\eta_{\text{spectral}}\text{DWT}\{\tilde{\theta}\}\} \tag{11.15}$$

其中,θ、$\tilde{\theta}$ 和 $\hat{\theta}$ 分别是含噪声数据立方体的光谱维导数、空间降噪后含噪声数据立方体的导数和空间-光谱维降噪后含噪声数据立方体的导数;DWT2 是二维离散小波变换,应用于沿轨和穿轨的空间维;IDWT2 是相关的二维逆离散小波变换;DWT 是一维离散小波变换,应用于光谱维;IDWT 是一维离散小波逆变换;η_{spatial}

是一个应用于各个不同的波段的阈值函数；η_{spectral}是一个应用于同一光谱中不同像元的阈值函数。

降噪后的信号$\hat{x}(\lambda,p,l)$通过光谱维整合得到,即

$$\hat{x}(\lambda_j,p,l) = \begin{cases} \hat{x}_1(p,l), & j=1 \\ \hat{x}_1(p,l) + \sum\limits_{i=1}^{j-1}\hat{\theta}(\lambda_i,p,l)\cdot\delta_\lambda, & j\geqslant 2 \end{cases} \tag{11.16}$$

其中,λ_i和λ_j是对应于第i个和第j个光谱波段的中心波长;$\hat{x}_1(p,l)=y(\lambda_1,p,l)$。

3. 积分误差的校正

设第i个光谱波段的微分域误差为

$$\varepsilon_{\partial_i}(\lambda_i,p,l)=\hat{\theta}_i(\lambda_i,p,l)-\frac{\partial x(\lambda_i,p,l)}{\partial x} \tag{11.17}$$

因此,对于给定单一波段j的降噪信号的积分误差的方差为

$$\sigma^2_{\varepsilon_{\hat{x}}}(\lambda_j,p,l) = \Big[\sum_{i=1}^{j-1}\sigma^2_{\varepsilon_{\partial_i}} + 2\sum_{i=1}^{j-1}\sum_{k=i+1}^{j-1}\sigma^2_{\varepsilon_{\partial_i}\varepsilon_{\partial_k}}\Big]\delta^2_\lambda, \quad j>1 \tag{11.18}$$

其中,$\sigma^2_{\varepsilon_{\partial_i}}$是$\varepsilon_{\partial_i}(\lambda_i,p,l)$的方差;$\sigma^2_{\varepsilon_{\partial_i}\varepsilon_{\partial_k}}$是$\varepsilon_{\partial_i}(\lambda_i,p,l)$和$\varepsilon_{\partial_k}(\lambda_k,p,l)$的协方差。

假定对于给定的像元在微分域的降噪信号的误差是平稳的,即

$$\sigma_{\varepsilon_{\partial_i}} = \sigma_{\varepsilon_{\partial}} \tag{11.19}$$

$$\sigma_{\varepsilon_{\partial_i}\varepsilon_{\partial_k}} = \sigma_{\varepsilon_{\partial}\varepsilon_{\partial}}, \quad i,k,i\neq k \tag{11.20}$$

对于在一个单波段λ_j的去噪信号的积分误差的表达式可以化简为

$$\sigma^2_{\varepsilon_{\hat{x}}}(\lambda_j,p,l)=\big[(j-1)\sigma^2_{\varepsilon_{\partial}} + (j-1)(j-2)\sigma^2_{\varepsilon_{\partial}\varepsilon_{\partial}}\big]\delta^2_\lambda \tag{11.21}$$

因此,一个给定像素(p,l)的 MSE 变为

$$\begin{aligned}
\mathrm{MSE}(p,l) &= \frac{\sum\limits_{j=2}^{\Lambda}\sigma^2_{\varepsilon_{\hat{x}}}(\lambda_j,p,l)}{\Lambda} \\
&= \frac{\delta^2_\lambda}{\Lambda}\Big[\sum_{j=2}^{\Lambda}(j-1)\sigma^2_{\varepsilon_{\partial}} + \sum_{j=2}^{\Lambda}(j-2)(j-1)\sigma^2_{\varepsilon_{\partial}\varepsilon_{\partial}}\Big] \\
&= \frac{\delta^2_\lambda}{\Lambda}\Big[\frac{\Lambda}{2}(\Lambda-1)\sigma^2_{\varepsilon_{\partial}} + \frac{\Lambda}{3}(\Lambda^2-3\Lambda+2)\sigma^2_{\varepsilon_{\partial}\varepsilon_{\partial}}\Big] \\
&= \delta^2_\lambda\Big[\Lambda^2\frac{\sigma^2_{\varepsilon_{\partial}\varepsilon_{\partial}}}{3} + \Lambda\Big(\frac{\sigma^2_{\varepsilon_{\partial}}}{2} - \sigma^2_{\varepsilon_{\partial}\varepsilon_{\partial}}\Big) - \Big(\frac{\sigma^2_{\varepsilon_{\partial}}}{2} - \frac{2}{3}\sigma^2_{\varepsilon_{\partial}\varepsilon_{\partial}}\Big)\Big] \tag{11.22}
\end{aligned}$$

　　显然,MSE 随着光谱波段总数 Λ 的增加而累积。高光谱数据立方体通常包含大量的波段,例如 224 个波段,这可能会导致误差积累(在整个积分过程中),并明显大于初始噪声。11.2.2 节问题的描述意味着在积分处理过程中如果不采取妥善措施,累积的误差不但会降低算法去噪性能,而且会导致信号质量的恶化。

　　假设误差在微分域是均匀分布的,在积分处理之后将集中在低频区域,可以看做是一种低通滤波。这里提出一种简单但有效的方法来减少去噪信号 $\hat{x}$ 低频成分中的误差。前面提到,纯信号能量大部分都是位于低频的部分,而噪声能量则均匀分布在整个频谱,如图 11.2 所示。在这种情况下,信号 y 的低频成分可以很好的替代去噪信号 $\hat{x}$ 的低频部分。之所以可以这样做(用 y 替代 x),纯信号 x 是不知道的,因此它在去噪过程中是无法使用的。

　　如图 11.7 所示,通过使用两个相同的低通滤波器,可以实现这种校正。鉴于有大量的数据需要滤波,一个简单的低通滤波器是首选。这里选择移动平均(MA)滤波器,因为它只用增益因子不需要乘法器。MA 滤波器使用一个宽度为 $\Delta+1$ 的滑动窗口,也被称为校正窗口,校正窗口用有噪声信号 $y(\lambda,p,l)$ 的低频成分代替去噪信号 $\hat{x}(\lambda,p,l)$ 的低频成分,即

$$\tilde{x}(\lambda_j,p,l)=\hat{x}(\lambda_j,p,l)-\frac{\sum_{i=j-\frac{\Delta}{2}}^{j+\frac{\Delta}{2}}\hat{x}(\lambda_j,p,l)}{\Delta}+\frac{\sum_{i=j-\frac{\Delta}{2}}^{j+\frac{\Delta}{2}}y(\lambda_j,p,l)}{\Delta} \tag{11.23}$$

其中,$\Delta+1$ 是校正窗口的宽度;$\hat{x}$ 是校正前的去噪信号;$\tilde{x}$ 是校正后的去噪信号。

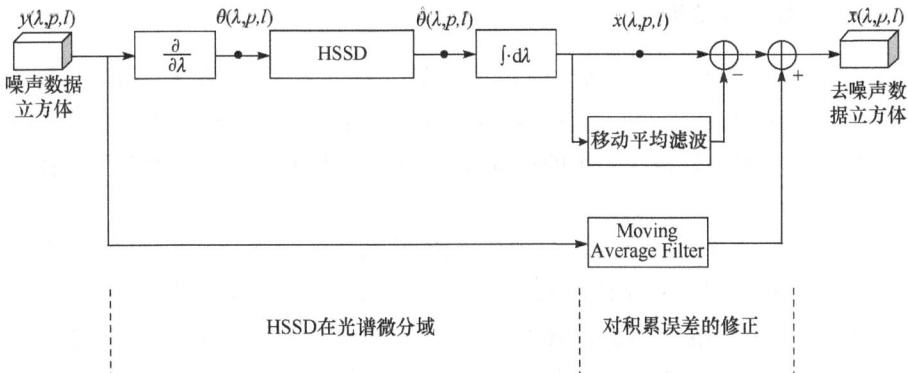

图 11.7　混合空间-光谱维,微分域,小波收缩去噪算法框图

　　低通滤波的截止频率与校正窗口的宽度成反比,意味着一个很窄的窗口将会替代很多波段的频率成分。例如,一个单波段窗口,即 $\Delta=0$ 将会用有噪声的信号 y 代替所有去噪信号 $\hat{x}$(一个波段一个波段的进行)。另一个极端的例子是 $\Delta=\Lambda-1$,会导致只用噪声信号 y 的直流分量替代 $\hat{x}$ 的直流分量。一般来说,过小

的窗口容易受到噪声影响,过大的窗口则导致它无法跟踪真实信号的变化。

滤波器的带宽应该能通过 98% 的信号能量,在归一化频谱中,应略小于 0.1,如图 11.2 所示,这相当于窗口宽度为 5 个光谱波段。

4. 提出的算法

本节根据图 11.7 给出 HSSNR 算法的流程。

对一个含有噪声的数据立方体,执行如下的操作步骤。

① 一阶光谱导数。计算每个光谱波段图像一阶光谱导数。

② 二维空间小波收缩。对于每一个光谱波段图像计算二维小波变换;为每一个光谱波段图像估计一个阈值;执行软阈值操作;计算二维小波逆变换。

③ 一维光谱维小波收缩。对于数据立方体的每一个空间像素,计算其一维光谱曲线小波变换;为每一个光谱曲线估计一个阈值;执行软阈值操作;计算一维小波逆变换。

④ 信号重建。沿光谱维积分,校正累计误差。

⑤ 评价(如果有无噪声的纯数据立方体作为参考)。计算去噪后的数据立方体和纯粹数据立方体之间的均方根误差,在去噪之后,均方根误差可被认为是一种去噪后的遗留噪声。计算 $SNR = (p_x/P_N)$,其中 p_x 是从无噪声的纯数据立方体里获得的信号功率,p_N 是去噪后数据立方体的噪声功率。将 SNR 与去噪前的有噪声数据立方体 SNR 比较。

11.2.4 去噪实验结果

这节介绍将 HSSNR 算法应用到测试数据立方体的实验结果。为了检验算法对两类主要的地貌,即植被和矿物地貌的应用效果,使用两个数据立方体。GVWD 数据立方体是植被为主的场景,而 Cuprite 数据立方体则含丰富矿物质的场景。

对提出的算法性能和文献[23]中介绍的算法进行比较,包括适用于高光谱图像去噪的基线小波收缩、非抽样的小波收缩算法;适用于 3D 维图像去噪的三维小波去噪算法[35];适用于多波段图像去噪的带间相关(IBC)的三维小波收缩算法[20],及 Chang 等为图像去噪提出的 Besov 球投影(BBP)小波收缩算法[30]。

比较是用 SNR 的方式进行的,即

$$SNR_{denoised} = \left(\frac{P_x}{P_{\tilde{N}}}\right) \tag{11.24}$$

其中,P_x 是纯(即无噪声)信号 $x(\lambda, p, l)$ 的功率;$P_{\tilde{N}}$ 是去噪后信号 $\tilde{x}(\lambda, p, l)$ 中的噪声功率,因此

$$\mathrm{SNR_{denoised}} = \left(\frac{\displaystyle\sum_{j=1,p=1,l=1}^{\Lambda,P,L} | x(\lambda_j,p,l) |^2}{\displaystyle\sum_{j=1,p=1,l=1}^{\Lambda,P,L} | \widetilde{x}(\lambda_j,p,l) - x(\lambda_j,p,l) |^2} \right) \tag{11.25}$$

一个更详细的情况比较是用 SNR 表示数据立方体每个波段图像的 SNR,即

$$\mathrm{SNR}(\lambda_j) = \left(\frac{\displaystyle\sum_{p=1,l=1}^{P,L} | x(\lambda_j,p,l) |^2}{\displaystyle\sum_{p=1,l=1}^{P,L} | \widetilde{x}(\lambda_j,p,l) - x(\lambda_j,p,l) |^2} \right), \quad j=1,2,\cdots,\Lambda$$

$$\tag{11.26}$$

表 11.1 和表 11.3 列出了 GVWD 和 Cuprite 数据立方体去噪后的 $\mathrm{SNR_{denoised}}$,同时为了对比也列出了它们去噪前含有噪声的数据立方体的 $\mathrm{SNR_{denoised}}$。实验采用两种不同的小波簇,分别是 Daubechies(N) 和 Coiflets(N) 的小波,N 是小波函数的阶。它们都有 N 阶小波消失矩,Daubechies(N) 小波有更紧支的结果,而 Coiflets(N) 的小波有 2N−1 阶缩放消失炬[36],实验以一层分解为例以便测试高阶小波,使用三种阈值方法 BayesShrink、SURE 和极大极小阈值。

表 11.1 去噪之前初始 SNR 和使用带间相关性(IBC)降噪、Besov 球投影(BBP)、基线小波收缩、3D 小波、非抽样和提出的混合空间-光谱维小波收缩去噪(HSSNR)方法处理后的 AVIRIS GVWD 数据立方体的 SNR。表中阈值栏和小波栏对初始 SNR 无影响,因为去噪前初始 SNR 就存在,而 IBC 和 BBP 方法使用它们自己的阈值标准。

表 11.1

阈值	Wavelet	SNR						
		初始	IBC	BBP	Baseline	3D	Undecimated	HSSNR
	db1	2144.14	2304.7	570.39	2181.31	2202.24	2200.57	3892.45
	db2				2183.94	2202.74	2190.39	3841.66
	db3				2192.41	2202.90	2192.49	3878.15
	db4				2192.62	2198.83	2190.59	3933.63
贝叶斯	db5				2189.18	2195.13	2189.67	3900.45
	db6				2189.66	2195.26	2192.14	3865.07
	coif1				2188.53	2201.29	2192.81	3858.83
	coif2				2187.55	2197.42	2193.76	3948.07
	coif3				2186.77	2194.33	2192.98	3954.85

续表

阈值	Wavelet	SNR						
		初始	IBC	BBP	Baseline	3D	Undecimated	HSSNR
SURE	db1	2144.14	2304.7	570.39	2141.59	2294.17	2305.68	3609.94
	db2				2248.93	2296.11	2307.95	3669.07
	db3				2279.28	2298.39	2307.04	3713.62
	db4				2264.94	2285.75	2305.69	3736.42
	db5				2258.41	2279.60	2290.29	3724.52
	db6				2275.47	2284.68	2306.26	3722.1
	coif1				2244.62	2290.07	2313.40	3624.26
	coif2				2270.72	2285.51	2310.86	3792.62
	coif3				2278.47	2280.37	2309.68	3775.62
Minimax	db1	2144.14	2304.7	570.39	1787.80	2488.70	2410.87	3047.76
	db2				2209.00	2648.42	2453.57	3080.0
	db3				2313.47	2695.36	2424.44	3205.94
	db4				2294.75	2664.46	2415.04	3222.85
	db5				2277.98	2626.84	2373.35	3215.34
	db6				2309.15	2649.96	2406.08	3215.22
	coif1				2189.95	2613.86	2443.94	3313.08
	coif2				2307.12	2637.13	2416.37	3321.07
	coif3				2335.71	2630.40	2406.98	3296.48
最大 SNR			2304.7	570.39	2335.71	2695.36	2335.71	3954.85
最大改修			7.48%	−73.40%	8.93%	25.70%	8.93%	84.44%

（maxSNR 倒数第 2 个为 2453.57）

表 11.1 显示含噪声的 GVWD 数据立方体初始的信噪比是 2144.14，基线小波收缩去噪后的最高信噪比是 2335.71。非抽样和三维小波收缩去噪方法最高分别达到 2453.57 和 2695.36。这个情况表明，这两种方法优于基线小波收缩与文献的结论是一致的。IBC 和 BBP 方法的信噪比分别为 2304.7 和 570.39。尽管后两种方法在中等 SNR 的图像中去除固定方差噪声很有效，但在可变低噪声环境中，因为它们假定一个固定噪声方差，去噪的表现是不一样的。

本节提出的 HSSNR 算法信噪比高达 3954.85，提高了 84.44%。如果算法的两部分，即混合空间-光谱维（HSS）部分和光谱微分（SD）部分单独使用去噪，则它们的信噪比只能分别提高 56.99% 和 5.77%，如表 11.2 所示。然而，当它们联合起来使用，可以提高的信噪比（84.44%）远高于它们两部分单独提高之和。

表 11.2 去噪前的初始信噪比,使用混合空间-光谱维算法和光谱微分算法单独去噪后的信噪比,以及当它们联合使用,即 HSSNR 算法的信噪比。数据立方体是 AVIRIS GVWD 的数据立方体(最后 1 列与表 11.1 最后 1 列是相同的)

表 11.2

阈值	Wavelet	SNR			
		初始	HSS	SD	HSSNR
Bayes	db1	2144.14	3116.12	2189.49	3892.45
	db2		3193.63	2187.25	3841.66
	db3		3195.76	2183.31	3878.15
	db4		3179.19	2185.04	3933.63
	db5		3188.24	2190.66	3900.45
	db6		3241.70	2192.18	3865.07
	coif1		3189.16	2194.41	3858.83
	coif2		3166.21	2194.04	3948.07
	coif3		3184.82	2192.34	3954.85
SURE	db1	2144.14	3059.12	2249.59	3609.94
	db2		3289.10	2252.81	3669.07
	db3		3302.58	2251.93	3713.62
	db4		3250.88	2251.63	3736.42
	db5		3350.12	2256.77	3724.52
	db6		3303.26	2251.58	3722.1
	coif1		3282.07	2262.14	3624.26
	coif2		3316.94	2262.82	3792.62
	coif3		3361.96	2260.35	3775.62
Minimax	db1	2144.14	2385.41	2227.31	3047.76
	db2		3057.43	2217.05	3080.8
	db3		3246.80	2217.27	3205.94
	db4		3303.00	2216.75	3222.85
	db5		3191.61	2229.14	3215.34
	db6		3248.05	2225.64	3215.22
	coif1		3031.64	2268.08	3313.08
	coif2		3280.58	2258.13	3321.07
	coif3		3366.27	2249.5	3296.48
MaximumSNR			3366.27	2268.08	3954.85
Maximum Improvement			56.99%	5.77%	84.44%

图 11.8 详细绘制了 HSSNR 算法在每个波段去噪的效果。在大多数波段,HSSNR 算法的 SNR 明显大于其他的去噪算法。

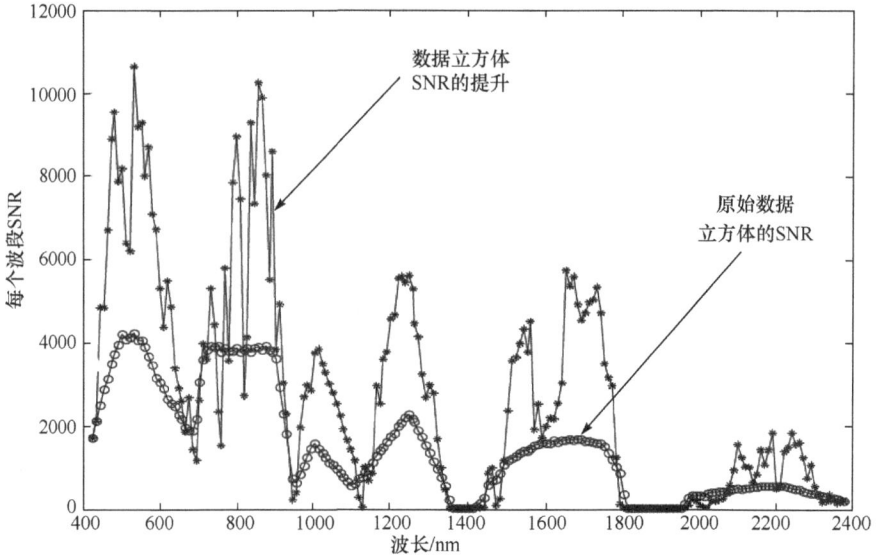

图 11.8　HSSNR 算法应用在 AVIRIS GVWD 数据立方体时各波段图像去噪后的 SNR[3]

图 11.9 显示了纯 GVWD 数据立方体中任选的一个像素的光谱,显示了该像元纯光谱及各种方法去噪后该像元光谱与纯光谱的差值。去噪算法包括基线、非抽样、3D 小波、HSSNR 算法、IBC 和 BBP 小波收缩方法。在这个特定的像元,3D、IBC 和 BBP 算法在 1800～2400nm 波长表现良好,但平均来看,HSSNR 算法的光谱差值是最小的,大多数误差都出现在 800～1200nm 波长,性能比其他算法更好。

将同样的算法应用到模拟产生的 Cuprite 数据立方体,可以获得类似的结果。表 11.3 列出的 HSSNR 算法将数据立方体信噪比从初始值为 3961.45 提高到 7857.42,改善了 98.35%,显著高于其他方法。

图 11.10 显示了 Cuprite 数据立方体每个波段图像的 SNR(经过 HSSNR 算法去噪)比其他算法的 SNR 要高,尤其是在可见光区域。类似于从 GVWD 数据立方体取得的结果,表 11.4 列出了 Cuprite 数据立方体的详细结果。结果表明,HSSNR 算法去噪的最大贡献来自 HSS 部分。

表 11.3 模拟产生的 AVIRIS 内华达州数据立方体降噪前的初始 SNR 和使用 IBC、BBP、基线、3D、非抽样和 HSSNR 算法去噪后的 SNR。表中阈值栏和小波栏对初始 SNR 无影响,因为去噪前初始 SNR 就存在,而 IBC 和 BBP 方法使用它们自己的阈值标准。

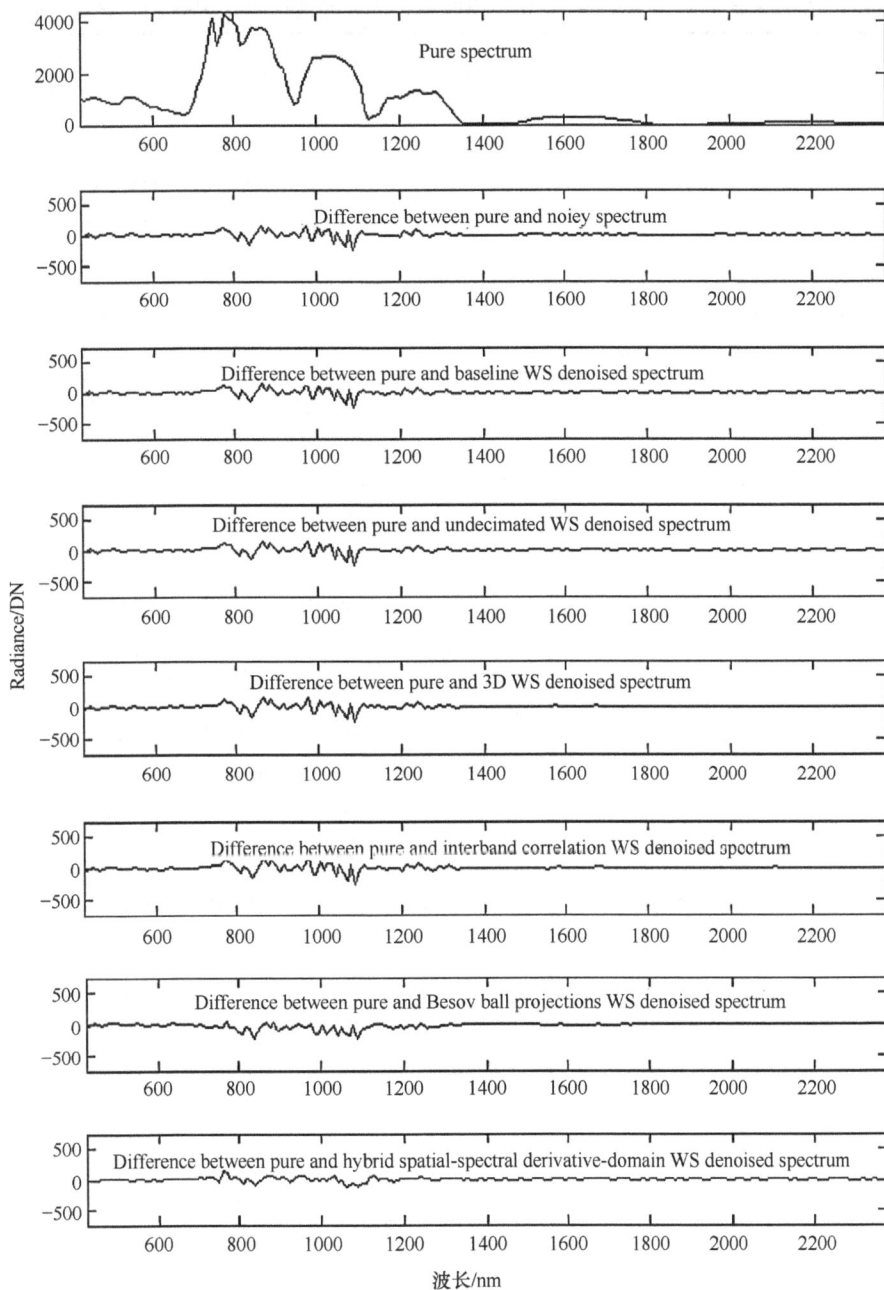

图 11.9　AVIRIS GVWD 数据立方体中一个像元的光谱曲线,纯光谱与含噪声的光谱(未去噪)
的差值,以及纯光谱与使用基线、3D 小波、非抽样、IBC、BBP 和所提出的 HSSNR
算法小波收缩方法去噪后的光谱的差值[3]

表 11.3 降噪前的初始 SNR 和使用 IBC、BBP、基线、3D、非抽样和 HSSNR 算法去噪后的 SNR

阈值	Wavelet	SNR						
		初始	IBC	BBP	Baseline	3D	Undecimated	HSSNR
Bayes	db1	3961.45	4009.8	4811.3	4095.78	4104.68	4180.12	7701.26
	db2				4155.23	4105.24	4119.73	7836.04
	db3				4117.36	4097.98	4119.48	7851.5
	db4				4075.04	4085.46	4091.07	7822.81
	db5				4107.69	4072.97	4116.19	7833.65
	db6				4127.16	4072.09	4113.99	7857.42
	coif1				4133.03	4092.65	4139.72	7776.29
	coif2				4136.37	4080.04	4138.73	7823.33
	coif3				4126.39	4068.22	4135.37	7830.65
SURE	db1	3961.45	4009.8	4811.3	3953.97	4257.18	4389.82	7347.1
	db2				4159.19	4262.01	4341.48	7556.6
	db3				4142.73	4252.43	4362.60	7472.72
	db4				4146.89	4228.99	4329.70	7190.36
	db5				4214.45	4213.35	4343.26	7322.09
	db6				4198.77	4215.85	4303.48	7359.12
	coif1				4171.33	4245.49	4387.40	7382.36
	coif2				4219.21	4231.11	4359.86	7207.1
	coif3				4209.66	4207.51	4329.98	7027.33
Minimax	db1	3961.45	4009.8	4811.3	2912.40	4894.91	4292.86	5539.13
	db2				5656.91	5029.92	4277.33	6281.65
	db3				3738.37	5000.67	4335.80	6258.74
	db4				3863.42	4935.81	4352.21	5674.91
	db5				3965.31	4886.66	4292.55	5815.23
	db6				3874.81	4898.25	4099.59	5733.14
	coif1				3738.06	4928.87	4359.16	5621.51
	coif2				3932.91	4953.45	4238.10	5507.56
	coif3				3927.96	4888.12	4125.23	5351.74
Maximum SNR			4009.8	4811.3	4219.21	5029.92	4389.82	7857.42
Maximum Improvement			1.22%	21.45%	6.51%	26.97%	10.81%	98.35%

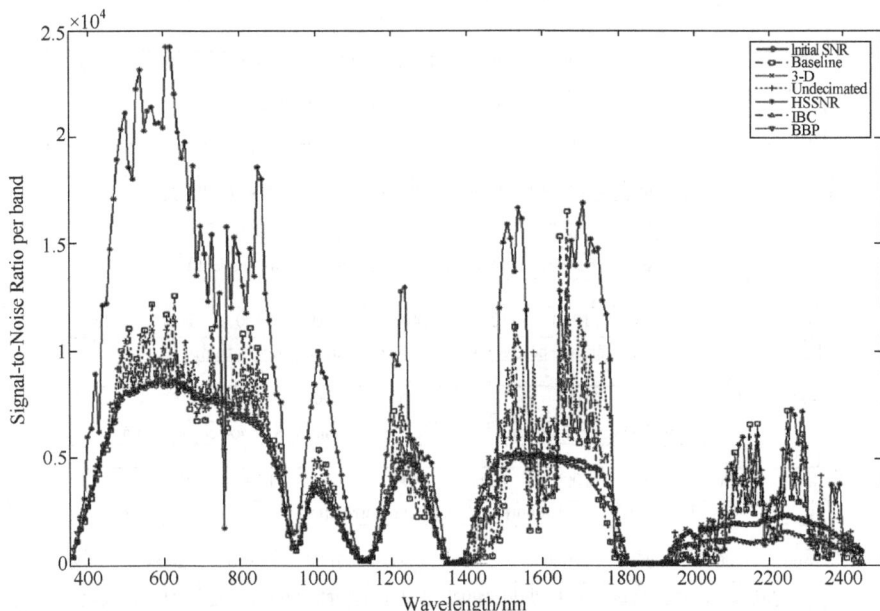

图 11.10　模拟产生的 AVIRIS Cuprite 内华达州数据立方体每个波段不同方法去噪后的
SNR，去噪方法包括基线小波收缩、3D 小波收缩、非抽样小波收缩、IBC、BBP，
以及所提出的 HSSNR 小波收缩方法[3]

　　图 11.11 显示了纯 Cuprite 数据立方体中任意选的一个像素的光谱，纯光谱
与同一像素去噪后的光谱与的差值光谱。去噪算法包括基线、非抽样、3D、HSS-
NR 算法、IBC 和 BBP 小波收缩方法。比较在不同光谱位置，如 800nm、1000nm、
1100nm，可知 HSSNR 算法相对其他算法光谱差值是最小的，BBP 次之。

　　本节针对低噪声水平的高光谱图像去噪问题提出一种新的降噪方法。提出的
方法是空间维和光谱维的混合小波收缩，该方法依赖于空间维度和光谱维信号性
质的不同，并在光谱微分域处理信号。

　　用两种不同类型的高光谱数据立方体，即以植被为主和以地质为主，对提出的
算法进行研究。第一种类型采用 GVWD 数据立方体，第二种类型采用 Cuprite 数
据立方体。对于 GVWD 数据，SNR 改善达到 84.41%；对于 Cuprite 数据，改善为
98.35 %，这比文献中提到的在固定噪声水平情况下其他有效的算法更好。

　　这项工作的目的是改善数据质量，为遥感应用提供更好的最终产品。遥感界
的其他研究人员已对提出的算法进行了研究，以确定对最终的遥感产品会产生什
么样的影响。11.5 节描述提出的算法是如何帮助提高最终产品质量的。

　　表 11.4 模拟 AVIRIS Cuprite 内华达州数据立方体初始信噪比，以及单独使

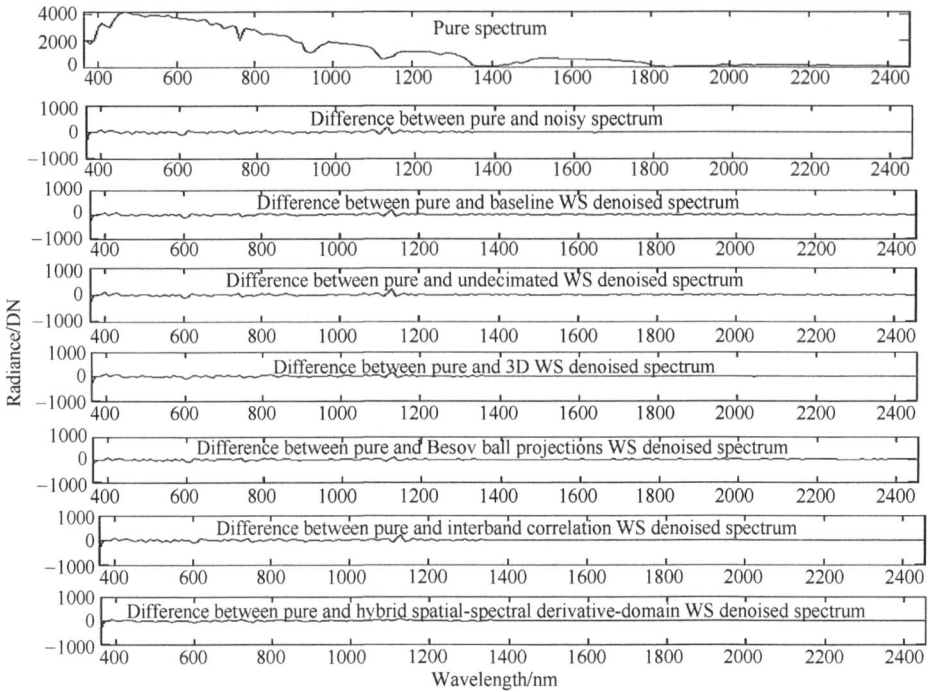

图 11.11　模拟 Cuprite 数据立方体中一个像素的纯光谱
及其与有噪声的光谱和经过去噪算法包括基线、非抽样、3D、HSSNR 算法、
IBC 和 BBP 小波收缩方法处理之后的光谱之间的差值[3]

用所提算法的两部分去噪后的 SNR，以及使用 HSSNR 算法的信噪比（最后一列
与表 11.3 的最后一列是相同）

表 11.4　初始信噪比，以及单独使用算法的两部分去噪后的 SNR，以及使用 HSSNR 算法的信噪比

阈值	Wavelet	SNR			
		初始	HSS	SD	HSSNR
Bayes	db1	3961.45	6402.75	4116.97	7701.26
	db2		6987.16	4113.64	7836.04
	db3		7036.17	4120.68	7851.5
	db4		6954.16	4099.43	7822.81
	db5		7005.03	4069.45	7833.65
	db6		7058.23	4084.97	7857.42
	coif1		6958.39	4068.83	7776.29
	coif2		7106.11	4070.69	7823.33
	coif3		7150.14	4073.61	7830.65

续表

阈值	Wavelet	SNR			
		初始	HSS	SD	HSSNR
SURE	db1	3961.45	5795.65	4135.73	7347.1
	db2		6119.52	4200.26	7556.6
	db3		6035.88	4216.78	7472.72
	db4		6326.09	4151.98	7190.36
	db5		6523.69	4124.39	7322.09
	db6		6610.59	4129.4	7359.12
	coif1		6566.00	4123.82	7382.36
	coif2		6827.50	4095.53	7207.1
	coif3		6764.86	4075.53	7027.23
Minimax	db1	3961.45	3635.12	3652.57	5539.13
	db2		4628.89	3912.23	6281.65
	db3		4834.81	3977.97	6258.74
	db4		5374.37	3828.94	5674.91
	db5		5626.58	3790.01	5815.23
	db6		5521.57	3768.53	5733.14
	coif1		5453.94	3728.91	5621.51
	coif2		5968.79	3677.9	5507.56
	coif3		5829.89	3640.69	5351.74
	MaximumSNR		7150.14	4216.78	7857.42
	Maximum Improvement		80.49%	6.45%	98.35%

11.3　主成分分析法和小波收缩去噪

对于已经有相当高的信噪比(如 600:1)的高光谱数据立方体,本节介绍一种结合 PCA 和小波变换的降噪方法[16]。在这样的信噪比之下,噪声水平相对是比较低的。传统的图像去噪方法有可能在去噪过程中去除了数据立方体的一些细微特性。本节提出使用 PCA 方法把高光谱数据立方体的图像信号从有噪声的图像成分中分离出来,然后在 PCA 的低能量通道里用小波收缩去除噪声。PCA 变换后输出的最初一些通道包含数据立方体的大多数能量,剩余的通道包含很少的能量。人们相信低能量通道也包含大量的噪声。在低能量通道去噪不会损害数据立方体的细微特性。二维二元小波阈值法用于在低能量 PCA 通道去除噪声,一维偶树复小波变换用于在数据立方体每个像素的光谱维中去除噪声。

11.3.1 PCA 与小波变换联合去噪方法

这节提出在 PCA 变换域对数据立方体降噪,并在 PCA 的低能量通道去除噪声。一般认为,经过适当变换后,原始数据立方体的特性和噪声可以得到很好的分离。通过在低能量通道去噪,可以获得更好的降噪结果。因此,建议使用 PCA 将高光谱数据立方体转换到 PCA 变换域。图 11.12 显示了提出的使用 PCA 变换和小波收缩对高光谱数据立方体降噪方法的流程图。

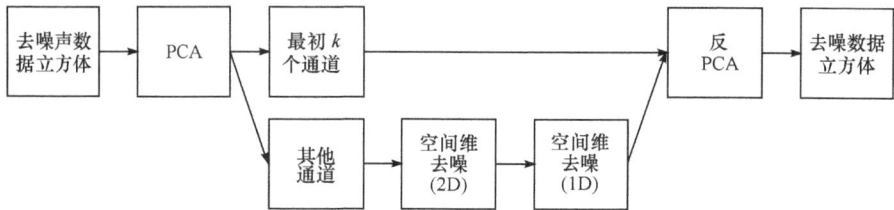

图 11.12 用于高光谱图像的联合 PCA 和小波变换去噪方法的流程

PCA 是一种广泛使用的技术,用于在数据分析中减少维数[37]。它计算高维数据集的低维表示形式,并忠实的保留其协方差结构。求解协方差矩阵的特征值和特征向量是必需的。PCA 的输出只是输入模式在这个子空间的坐标,用这些特征向量所指的方向为主轴。最初的几个主成分包含最多的信息,其余的主成分包含较少的信息。

即使最初的 K 个 PCA 通道包含总能量最重要的部分,这些通道还包含着少量的噪声。如果在这些通道上去噪,将丢失信号的一些细节部分,这是不可取的。本节去噪只在剩余的 $k+1, k+2, \cdots, \Lambda$ 个通道进行,Λ 是整个数据立方体的光谱波段总数。需要提到的是,PCA 变换保持了所有 Λ 个输出通道。在 PCA 逆变换中,所有的 PCA 通道都用于重建降噪后的高光谱数据立方体。PCA 变换数据立方体降噪按照以下两个步骤执行。

① PCA 低能量输出通道的 2D 降噪。

② 场景中每个像元的光谱维 1D 降噪。

PCA 低能量通道的降噪可以使用二元小波阈值去噪,因为这种方法是文献中提到的最佳的图像降噪方法之一[38]。该方法利用小波系数的父-子关系,在计算复杂度和峰值信噪比值两方面都是非常有效的。

对于任何给定的小波系数 w_1,让 w_2 是其父级系数,即

$$y = w + n \tag{11.27}$$

其中,$w = (w_1 + w_2)$ 代表无噪声的小波系数;$y = (y_1 + y_2)$ 是噪声系数;$n = (n_1 + n_2)$ 是高斯白噪声。

二维二元阈值公式如下,即

$$w_1 = y_1 \left(1 - \frac{\frac{\sqrt{3}\sigma_n^2}{\sigma}}{\sqrt{y_1^2 + y_2^2}} \right)_+ \tag{11.28}$$

其中,$(x)_+ = \max(x, 0)$;噪声方差 σ_n 可以近似为[28]

$$\sigma_n = \frac{\text{median}(|y_{1i}|)}{0.6745}, \quad y_{1i} \in \text{subband HH}_1 \tag{11.29}$$

$$\sigma = \sqrt{\left(\frac{1}{M} \sum_{y_{1i} \in S} y_{1i}^2 - \sigma_n^2 \right)_+} \tag{11.30}$$

式中,HH_1 是最细分的 2 维小波变换系数的一个子带;M 是二维邻域窗口 S 的像元个数(采用 7 像元的邻域窗口)。

对于场景中每个像元的一维光谱特征去噪,可以采用如下方式设定光谱系数的收缩阈值:假设前 k 个 PCA 输出通道包含最重要的特征信息;然后对每一个像素的光谱,只有当光谱的值大于前 K 个通道时($y_{k+1}, y_{k+2}, \cdots, y_\Lambda$),才对其进行一维的光谱去噪。单小波变换、多小波变换或偶树复小波变换可以用于像素光谱去噪。收缩阈值的确定可以使用一种逐项进行的方法,或考虑一个小的邻域来确定。

这里提出以下光谱去噪方法。偶树复小波变换具有近似的平移不变性,是较为可取的光谱去噪方法。就像普通的小波变换,偶树复小波变换也产生一个小邻域相关的小波系数。一个大幅值的复小波系数在其邻域位置很可能有大幅值的复小波系数。因此,理想的是设计一个阈值公式,不仅使用当前的复值小波系数,也使用相邻的复值小波系数。本节提出下面的公式计算小波系数的收缩阈值 $d_{j,k}$,即

$$d_{j,k} = d_{j,k} \left(1 - \frac{\text{thr}^2}{S_{j,k}^2} \right)_+ \tag{11.31}$$

其中,$S_{j,k}^2 = (|d_{j,k-1}|^2 + |d_{j,k}|^2 + |d_{j,k+1}|^2)/3$ 是 $|d_{j,k}|^2$ 的平均值;$\text{thr} = \sqrt{2\sigma_n^2 \log n}$ 是统用阈值,统用符号表示如果是正值就不变,否则置零。

式(11.31)使用复小波系数的幅值,因为它平移不变,即使其实部和虚部部分并非独立地平移不变。因为我们在阈值公式中使用当前的和其左右邻域的复小波系数,邻域大小为 1×3。虽然可以使用如 $1\times5, 1\times7, 1\times9$ 之类更大的窗口,我们的实验显示 1×3 的窗口对于光谱去噪最好。

该方法的计算复杂度分析如下。小波变换的复杂度与 $O(M\Lambda)$ 同阶,其中 M 是空间域的像素个数,Λ 是光谱波段数。PCA 算法的复杂度与 $O(M\Lambda^2 + \Lambda^3 + kM\Lambda)$ 同阶。M 和 Λ 的定义如前,K 是保留的数据立方体的主成分的通道数,因此所提的算法与 PCA 算法同阶,即 $O(M\Lambda^2 + \Lambda^3 + kM\Lambda)$。

星载高光谱成像仪涵盖广泛的应用领域,包括农业、地质学、海洋学、林业和目标检测等。就当前可用的技术和成本而言,600∶1的信噪比是可实现的。此信噪比值是考虑了用户团体和政府决策者的需求综合权衡的结果。从仪器设计和建造角度来看,要达到这种水平的 SNR 仍面临诸多挑战。该信噪比能够满足大部分用户的需求,尽管为满足用户分析应用的需求,希望达到更高的 SNR。例如,为了采用林业化学方法从高光谱数据中提取信息,去监测森林健康状况和虫害侵入的情况,林业研究用户迫切要求更高的信噪比。

一台具有 600∶1 的信噪比的仪器永远达不到与 2000∶1 信噪比的仪器相同的性能。去噪技术有望去除卫星图像的噪声并获取更高的信噪比,但对于这种特殊的去噪技术的有效性的验证和评估尚需进一步进行。

11.3.2　PCA 和小波联合去噪方法的实验结果

本节讨论为验证 PCA 和小波相结合的降噪方法的对于高光谱图像的有效性所进行的实验。在 11.2 节使用的两个相同的 GVWD 和 Cuprite 高光谱数据立方体用于本节中实验。这两个数据立方体涵盖两个不同的场景,一个以植被为主,一个以地质为主,数据立方体均有所谓的无噪声的纯数据立方体,可用于评估降噪技术的性能。

值得注意的是,为节省处理时间,11.2 节和本节实验的 GVWD 和 Cuprite 两个数据立方体均是整个数据立方体的子数据集。在这两节,实验的两个数据立方体的空间位置和尺寸大小不同。11.2 节中实验的 GVWD 子数据集的大小为 120 列×128 行×202 波段,Cuprite 子数据集大尺寸小为 128 列×128 行×210 波段。本节 GVWD 子数据集的大小为 121 列×292 行×292 波段,Cuprite 子数据集尺寸大小为 256 列×256 行×213 波段。

由于这些不同之处,对于 GVWD 和 Cuprite 两个数据立方体的初始信噪比也是不同的。在 11.2 节,GVWD 和 Cuprite 两个子数据集的初始信噪比分别为 2144.14(表 11.1 和表 11.2)和 3961.45(表 11.3 和表 11.4)。GVWD 和 Cuprite 两个子数据集的初始信噪比分别为 1811.26 和 5297.47。

降噪后的信噪比定义为

$$\text{SNR} = \frac{\sum\limits_{i,j,k} A(i,j,k)^2}{\sum\limits_{i,j,k} \left[B(i,j,k) - A(i,j,k) \right]^2} \tag{11.32}$$

其中,B 是应用降噪算法后的数据立方体;A 是参考数据立方体(无噪声)。

表 11.5 显示了分别使用本节描述的 PCA＋WT、HSSNR、二元小波收缩、VisuShrink 和维纳滤波器降噪方法进行降噪处理后的数据立方体的 SNR。

表 11.5　使用 PCA＋WT、HSSNR、二元小波收缩、VisuShrink 法和维纳滤波器
降噪后的数据立方体的 SNR

Denoising Method	GVWD 数据立方体	Cuprite 数据立方体
No denoising	1811.26	5297.47
PCA＋WT	6206.18	9193.44
HSSNR	3621.97	9193.44
Bivariate	416.59	1873.01
VisuShrink	46.76	342.57
Wiener	934.06	4074.12

可见,二元小波收缩、VisuShrink 和维纳滤波器在降噪过程中已经去除了有用的特征,由此产生的 SNR 比输入数据立方体还要差。表 11.6 显示了使用降噪方法后 SNR 的改善倍数。实验表明,对于高光谱数据立方体降噪,PCA＋WT 法优于 HSSNR 法。

表 11.6　使用 PCA＋WT、HSSNR、二元小波收缩、VisuShrink 和维纳滤波器方法降噪后
两个实验数据立方体的 SNR 改善倍数

Denoising Method	GVWD 数据立方体	Cuprite 数据立方体
No denoising	1.0	1.0
PCA＋WT	3.43	2.54
HSSNR	2.00	1.74
Bivariate	0.23	0.35
VisuShrink	0.02	0.06
Wiener	0.52	0.77

为了说明问题,图 11.13 显示了 GVWD 实验数据立方体的前 12 个 PCA 输出通道。可见,前 $k=8$ 个输出通道包含较好的特征,而第 8 个以后的输出通道包含明显的噪声,因此提出的 PCA＋WT 降噪方法可用于第 9 个至最后一个通道的降噪处理。

图 11.14 显示了 Cuprite 含噪声数据立方体前 12 个 PCA 输出通道。可见,前 $k=3$ 个输出通道包含细微的特征,而第 3 个以后的通道包含大量的噪声,因此提出的 PCA＋WT 降噪方法可用于该数据立方体的第 4 个至最后一个通道的降噪处理。

图 11.15 和图 11.16 显示了无噪声 GVWD 和 Cuprite 数据立方体中任选的一像元的光谱,以及该像元无噪声光谱与通过不同的降噪方法获得的光谱的差值。在这一特定像素中,PCA＋WT 降噪方法比其他讨论的降噪方法能产生更好的或与其他方法可比拟的光谱。

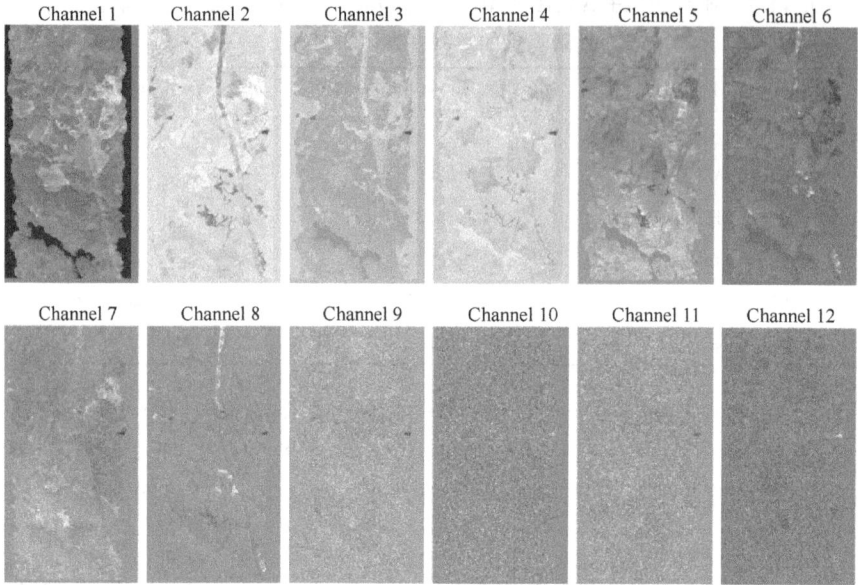

图 11.13　AVIRIS GVWD 数据立方体 PCA 输出通道(1～12)[16]

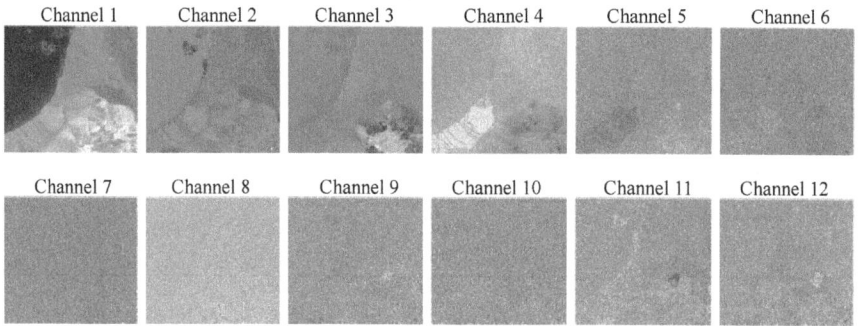

图 11.14　模拟产生的 Cuprite 数据立方体 PCA 输出通道(1～12)[16]

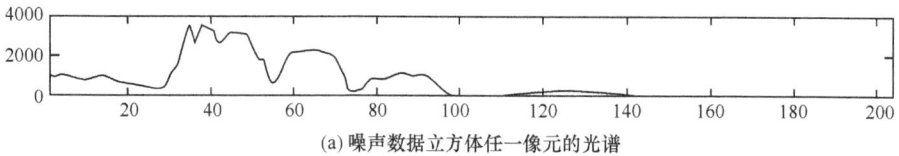

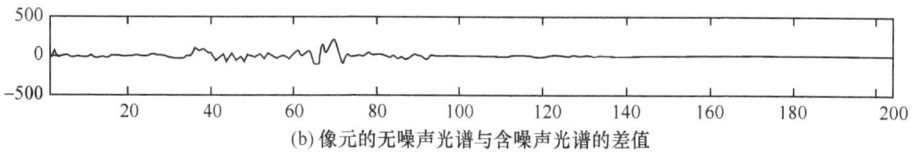

(a) 噪声数据立方体任一像元的光谱

(b) 像元的无噪声光谱与含噪声光谱的差值

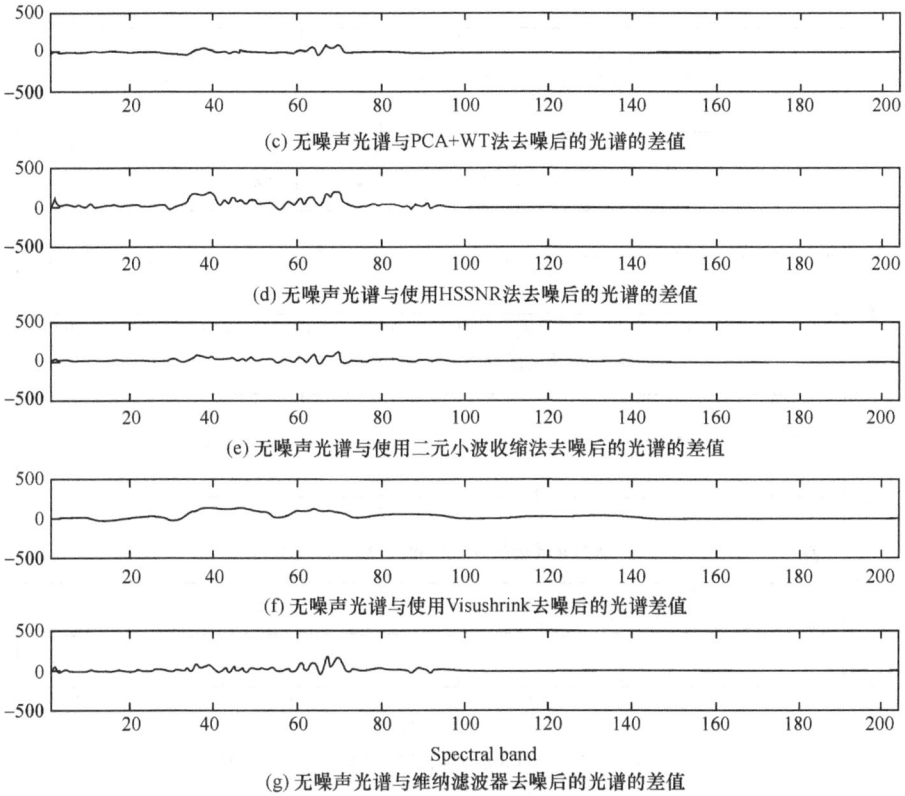

(c) 无噪声光谱与PCA+WT法去噪后的光谱的差值

(d) 无噪声光谱与使用HSSNR法去噪后的光谱的差值

(e) 无噪声光谱与使用二元小波收缩法去噪后的光谱的差值

(f) 无噪声光谱与使用Visushrink去噪后的光谱差值

Spectral band

(g) 无噪声光谱与维纳滤波器去噪后的光谱的差值

图 11.15　去噪前后 AVRIS GVWD 数据立方体的光谱[16]

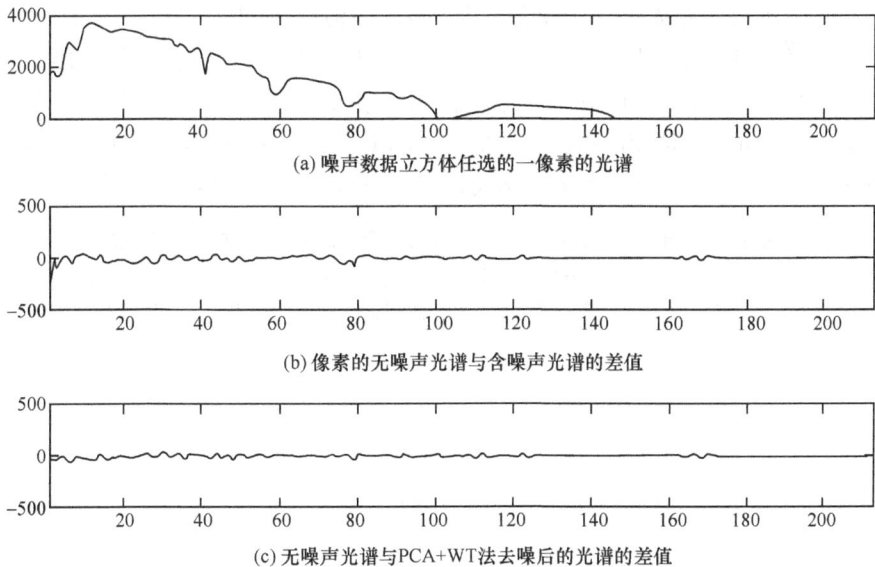

(a) 噪声数据立方体任选的一像素的光谱

(b) 像素的无噪声光谱与含噪声光谱的差值

(c) 无噪声光谱与PCA+WT法去噪后的光谱的差值

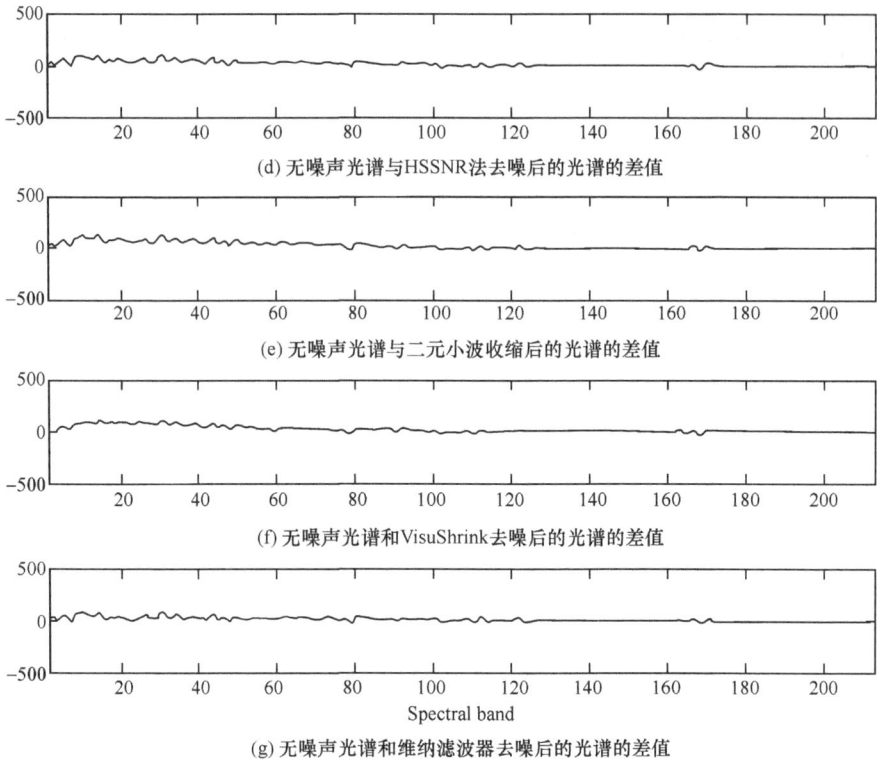

(d) 无噪声光谱与HSSNR法去噪后的光谱的差值

(e) 无噪声光谱与二元小波收缩后的光谱的差值

(f) 无噪声光谱和VisuShrink去噪后的光谱的差值

Spectral band

(g) 无噪声光谱和维纳滤波器去噪后的光谱的差值

图 11.16　去噪前后模拟产生的 Cuprite 数据立方体的光谱[16]

高光谱数据立方体包含大量的数据,因此小波降噪对于邻域尺寸十分挑剔。如果邻域尺寸过大,降噪过程会变慢。对于表 11.5 和表 11.6 报告的实验结果,选择 7×7 的中型窗口尺寸计算二元小波阈值。表 11.7 列出了使用 PCA＋WT 降噪方法所产生的 SNR,窗口尺寸为 3×3 窗口至 13×13 尺寸。窗口尺寸越大,PCA＋WT 降噪法产生的 SNR 值越大,但是处理速度会变得越来越慢。

表 11.7　PCA＋WT 去噪方法影不同二元小波阈值邻域窗口尺寸时
去噪后两个数据立方体的 SNR 值

Windowsize	GVWD 数据立方体	Cuprite 数据立方体
3×3	5599.23	12944.65
5×5	5999.05	13311.76
7×7	6206.18	13473.89
9×9	6340.92	13569.45
11×11	6446.79	13640.73
13×13	6538.56	13700.42

　　PCA＋WT 降噪方法包括一个先行的一维光谱维降噪步骤,为评价这一步骤的有效性,表 11.8 列出了 PCA＋WT 方法有与没有这一步骤的实验结果。从表中可以看出,有一维光谱降噪的方法比无一维光谱降噪的方法好得多。

表 11.8　PCA＋WT 方法有与没有一维光谱去噪步骤时 SNR 的影响

Denoising Method	GVWD 数据立方体	Cuprite 数据立方体
No denoising	1811. 26	5297. 47
PCA＋WT	6206. 18	13473. 89
PCA＋WT without 1D spectral denoising	416. 59	1873. 01

11.4　主成分分析与块匹配三维滤波相结合去噪

　　本节描述一种使用 PCA、块匹配和 3D 滤波(BM3D)[39] 降低高光谱数据立方体的噪声的方法。这种方法是 11.3 节描述的 PCA＋WT 降噪法的进一步研发;PCA 分解后在噪声通道中采用 BM3D 技术进行去噪,而不是像 11.3 节中那样对小波变换后的噪声通道用 PCA＋WT 方法去噪。这种方法简称为 PCA＋BM3D 法。

11.4.1　PCA 联合 BM3D 降噪法

　　在 BM3D 算法[40]中,提出一个基于在变换域中的加强型稀疏表示的图像降噪方法。通过将类似于二维图像的片段归入三维数据阵列,称为群组,从而实现稀疏的增强。通过三个连续的步骤可以实现三维群组的三维变换、变换后的光谱的收缩、逆三维变换。结果便是由相连的过滤了的群组图像块组成的三维估计。通过噪声衰减,协同滤波甚至可以显示出群组块共有的最微小的细节,并且能够保存每一个独立块的主要特征。然后,被过滤掉的块返回至初始位置。使用专门改进的协同维纳滤波就可以得到显著的改善。实验结果[41]显示,提出的方法在 PSNR 和主观视觉质量方面达到了最佳降噪效果。值得注意的是,BM3D 法将导致降噪后的图像呈现模糊的边缘。一个有趣的选择是采用陈和吴提出的有界 BM3D 法[42],这种方法优于最初的 BM3D 法。

　　在 PCA 变换中,由于最初几个成分包含 N 维数据集的大部分信息能量,针对含有大量噪声的成分进行降噪而非针对含有大部分信息的成分降噪的方法是可取的。通过这种方法,可以保留高光谱数据立方体中大部分细节特征。本节提出使用 BM3D 算法对于哪些低信息含量的 PCA 成分进行降噪,因为 BM3D 是所有发表文献中最好的二维图像降噪方法之一。然而,BM3D 算法需要每一个低能量

PCA 成分的噪声方差 σ_n 已知。虽然 PCA 成分的噪声方差 σ_n 是未知的,但是可以通过方程(11.29)[28]得出其近似值。

提出的 PCA＋BM3D 法包括以下步骤。

① 对含噪声的高光谱数据立方体实施 PCA 变换,并保留所有 PCA 成分。

② 对每一个含有大部分噪声的低能量 PCA 成分进行噪声方差 σ_n 估计。

③ 使用 BM3D 算法针对每一个低能量 PCA 成分进行降噪处理。

④ 针对保留的 k 个高能量成分和已经处理过的低能量 PCA 成分进行逆 PCA 转换,以获取降噪后的高光谱数据立方体。

在 PCA＋BM3D 去噪方法中,只有当 PCA 成分中索引 $K>k$ 时,噪声才被去除,这里 k 是用户规定的一个常数。可以通过评估 PCA 成分的噪声方差 σ_n,即可以选出应进行去噪处理的 PCA 成分。如果 PCA 成分的噪声方差 $\sigma_n>T$(预设的阈值),则使用 BM3D 降噪法;如果 PCA 成分的噪声方差 $\sigma_n<T$,则无需降噪处理。

11.4.2　实验结果

为了做对比,使用 11.3 节的两个高光谱数据立方体(GVWN 和 Cuprite)进行实验。这两个数据立方体涵盖两种不同的场景:一个以植被为主,一个以地质为主。两个数据立方体均有无噪声版本,可用于评估降噪技术的效果,这里使用方程(11.32)定义的 SNR。

如图 11.13 所示,对于 AVIRIS GVWD 数据立方体,只有前 5 个 PCA 输出通道没有包含大量的噪声。在第 5 个之后的通道中 PCA 成分显示出了显著的噪声。对于 GVWD 数据立方体,选择 $k=5$。只有当 PCA 成分通道中索引 $K>k=5$ 时,才使用 BM3D 去噪法进行降噪处理。

表 11.9　使用 PCA＋BM3D 法、PCA＋WT 法、HSSNR 法、二元小波收缩法、VisuShrink 法、BM3D 法以及维纳滤波器进行降噪处理后 GVWN 和 Cuprite 数据立方体的 SNR

Denoising Method	GVWD	Cuprite
No denoising	1811.26	5297.47
PCA＋BM3D	10085.99	12162.29
PCA＋WT	6206.18	13473.89
HSSNR	3621.97	9193.44
Bivariate	416.59	1873.01
VisuShrink	46.76	342.57
BM3D	463.11	2011.25
Wiener	934.06	4074.12

注:对于 Cuprite 数据立方体,选择 $k=2$,因为前两个 PCA 通道不包含大量的噪声,如图 11.14 所示。然而,第 2 个以后的 PCA 成分显示出了显著的噪声。因此,只有索引 $K>k=2$ 时,PCA 成分才需要进行去噪处理。

表 11.9 列出了使用 PCA＋BM3D 法、PCA＋WT 法、HSSNR 法、二元小波收缩法、VisuShrink 法、BM3D 法[40]和维纳滤波器去噪后产生的数据立方体 SNR。可以看出,二元小波收缩法、VisuShrink 法、BM3D 法和维纳滤波器在降噪过程中显著地削弱了信号,并且去除了有用的特征,因此处理后的数据立方体的 SNR 反而比初始的两个数据立方体的 SNR 还差。另一方面,PCA＋BM3D 法、PCA＋WT 法、HSSNR 法在两个高光谱数据立方体中去噪表现都比较好,能大幅提高数据立方体的 SNR。结果表示,这三种方法比其他现有的降噪算法更有助于降低高光谱数据立方体的噪声。使用 PCA＋BM3D 法降噪后,GVWD 数据立方体的 SNR 从 1811 提高到了 10 086,提高了近 5.6 倍。对于 GVWD 数据立方体,PCA＋BM3D 法优于 PCA＋WT 法,但对于 Cuprite 数据立方体,PCA＋WT 法表现最佳。

表 11.10 列出了使用 PCA＋BM3D 法随不同的 k 值降噪后 GVWD 和 Cuprite 数据立方体的 SNR 值,其中 k 的变化范围是 1～10。可以看出,对于 GVWD 数据立方体,当 $k＝5$ 时,对于 Cuprite 数据立方体,当 $k＝2$ 时,PCA＋BM3D 法产生了最佳 SNR 值;当 k 大于或小于该值时,SNR 降低。

值得注意的是,PCA＋BM3D、PCA＋WT 和 HSSNR 对于 GVWD 数据立方体产生的 SNR 提高效果(分别为 5.6 倍、3.4 倍和 2.0 倍),比其对于 Cuprite 数据立方体产生的 SNR 提高效果(分别为 2.3 倍、2.5 倍和 1.7 倍)更显著,原因是 GVWN 数据立方体是真实高光谱数据,而 Cuprite 数据立方体是模拟的数据-模拟数据可能包含更多的伪像,这是很难减少的。

表 11.10　使用 PCA＋BM3D 法随不同 k 值去噪后 GVWD 和
Cuprite 数据立方体的 SNR($1 \leqslant k \leqslant 10$)

k	GVWD	Cuprite
1	5749	11606
2	8070	12633
3	8883	12162
4	9787	10824
5	10086	9003
6	9813	8398
7	9379	7923
8	9387	7631
9	8125	7436
10	7085	7240

11.5　混合光谱-空间维降噪技术评估

11.2 节使用统计度量评估 HSSNR 算法,但是仍有必要从实用的角度,即应用的角度[12]来确定 HSSNR 算法的效益。遗憾的是,这并不是一项简单的任务,因为不同的遥感应用存在诸多不同之处。例如,对于一些应用来说,光谱的总体形状很重要,而在 VNIR 区的光谱特征对于其他应用来说是决定性的。虽然以应用为基础的评估仍然是最终目标,本节提供了一种中间的评估方法来评估用 HSSNR 算法降噪后的数据立方体,包括植被指数和光谱相似性测量。

首先,运用多个植被指数和两个红边位置定位方法来评估降噪后的数据立方体。这些评价测量方法在某种意义上是绝对的,它们对于每一个数据立方体独立计算,不构成它们之间的比较数字,更能反映各自数据立方体的特征。因此,使用相对误差测定进行对比。

其次,常用的评估方法是使用光谱匹配(相似性)测定数据立方体。这种方法适用于大范围的遥感应用,而不仅局限于植被应用。这些方法具有内在的可比性,即它们隐含地提供两个光谱之间有多不同(或多相似)这样的信息。这些光谱取自纯数据立方体、含噪声或降噪后的数据立方体。

11.5.1　用于评估的遥感产品

健康的植被一般含有丰富的光合色素,如叶绿素,可以吸收电磁光谱中红区和蓝区的大部分入射光,而反射绿区的光,如图 11.17 所示。这给予了植被特有的绿色。在近红外(NIR)区,光从叶面透过或反射,在红区和近红外区的边缘的反射率形成明显对比。该反射率的对比被称为红边,它在红区反射比较低,而在 NIR 区反射比较高,如图 11.18 所示。该红边作为植被目标的标志,用于区别非植被目标及其他植被目标(或用于区别相同目标的不同健康状况、湿度、生长阶段等)。相反,非植被目标在可见光和 NIR 区显示了相对均匀的光谱。

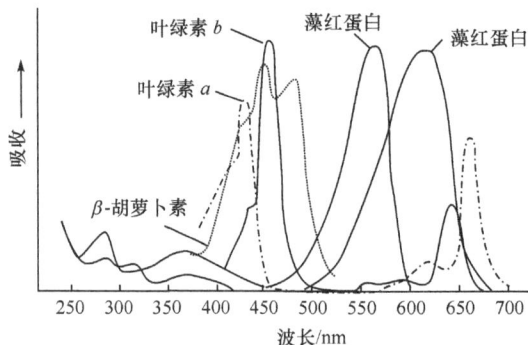

图 11.17　光合色素的吸收

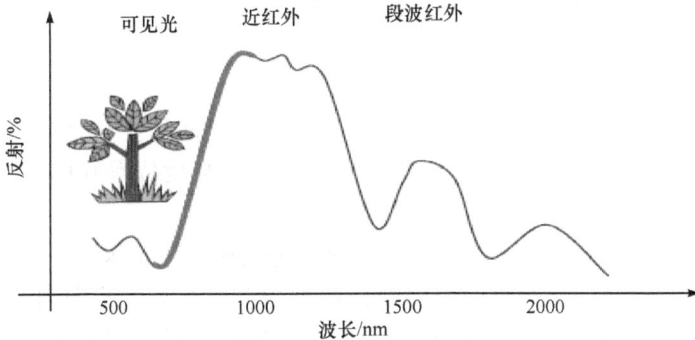

图 11.18　植被目标的高光谱反射率曲线的红边

NIR 区内具体的反射率取决于细胞结构和叶片湿度值。然而,其平均反射率比可见光区高。植被指数可以看做是一个红边幅度(对比)的度量。反射率的对比度越高,目标越健康。

1. 植被指数

近二十多年来,有多种植被指数被引入[43],其中包括坡度指数和距离指数。前者关注红边的光谱坡度,后者与植被样本和在 Rnir-Rr 图中的土壤线之间的垂直距离有关,其中 Rnir 表示 NIR 区平均反射比,Rr 表示红区平均反射比。

最简单且最早的指数为植被指数(VI)[44-46]。VI 的不足,例如它在两个主要峰值间的多样化分布,驱使研究人员开发了多种增强型的指数,包括归一化差分植被指数(NDVI)、土壤调整植被指数(SAVI)、改良型土壤调整植被指数(MSAVI)、再归一化差分植被指数(RDVI)、修正简单比(MSR)和伏格曼指数[43]。

这些指数被称为宽带指数,因为这些指数不需要传感器具有高光谱分辨率。事实上,一台多光谱传感器就可以提供足够的数据用于计算这些指数。由于高光谱传感器的存在,新型的窄带指数应运而生。在这项研究工作中,基于参考文献[47]选择多个窄带指数,因为结果证明这些指数对叶片和林冠层叶绿素测定的重要意义。这些指数包括修正的反射率叶绿素吸收指数(MCARI)、反射率叶绿素吸收转换指数(TCARI)、MCARI/OSAVI,以及 TCARI/OSAVI(其中 OSAVI 是指优化土壤调整植被指数)。这些指数由以下公式给出,即

$$\mathrm{MCARI} = \left[(R_{700} - R_{670}) - 0.2(R_{700} - R_{550}) \right] \frac{R_{700}}{R_{670}} \tag{11.33}$$

$$\mathrm{TCARI} = 3 \left[(R_{700} - R_{670}) - 0.2(R_{700} - R_{550}) \right] \frac{R_{700}}{R_{670}} \tag{11.34}$$

$$\mathrm{OSAVI} = (1 + 0.16) \frac{R_{800} - R_{670}}{R_{800} + R_{670} + 0.16} \tag{11.35}$$

其中,R_x 是给定波长为 x 的光谱波段的反射率。

2. 红边位置

红边位置(REP)用植被光谱的红区和近红外区之间的上升沿拐点表示。研究结果[48]表明,红边的位置独立于土壤背景,同时它还高度依赖叶面指数(LAI),并且是反映氮缺乏的指标。

估计 REP 的最简单的方法是估计光谱微分后极大值的波长。由于尖锐的吸收峰和噪声边缘的存在,一些微分局部极值可能会落在红边范围内[49],这会导致不正确的估计。该方法的准确度也局限于光谱仪的分辨率(如 10 纳米的频带宽度)。其他简单的技术包括把红边近似为直线的四点内插法[50]、基于计算机模拟并需要三点光谱的先验多项式法[51]。

另一方面,针对光谱的复杂性,有逆高斯(IG)法[52],把红边区内的光谱曲线拟合成 IG 曲线,即

$$R_{IG} = R_s - (R_s - R_o)\exp\left(-\frac{(\lambda - \lambda_o)^2}{2\sigma^2}\right) \tag{11.36}$$

其中,R_s 是最大反射比;R_o 是最小反射比;λ 是波长;λ 波是最小反射比时的波长;σ 是 IG 的标准偏差。

相应的,红边拐点(λ)的公式为

$$\lambda_p = \lambda_o + \sigma \tag{11.37}$$

文献[52]介绍了四种估计 IG 参数的方法,包括两种线性方法和两种非线性方法。线性方法比较简单,但不如非线性方法准确。通常,IG 被认为是一个难点,并且发现它和 LAI 相关性较低[53]。与此相反,多项式曲线拟合通过匹配红边到一个给定阶数的多项式来估计红边的位置。首先,通过曲线拟合获得多项式的系数,然后计算出拐点。用小阶多项式可能导致代表性过差,用高阶多项式可能会导致过度拟合而出现多个拐点。例如,三阶多项式必然对称于拐点,这并不能反映真实光谱的性质[49]。另一方面,六阶多项式[49,54]能够捕获红边的潜在不对称。人们发现,多项式的阶越高,红边位置与其他拐点中的某一个拐点混淆的几率越高(值得注意的是,多项式中拐点的数量等于阶数减 2)。五阶多项式被认为是一个很好的折中[53],即

$$P_5(\lambda) = a_1\lambda^5 + a_2\lambda^4 + a_3\lambda^3 + a_4\lambda + a_5\lambda + a_6 \tag{11.38}$$

本节采用 IG 模型和五阶多项式模型的非线性评估方法[53]。

植被指数的重要性依赖于其被计算后的应用,可以通过视觉观察植被场景的指数地图与相同场景的地面真实地图对比后人为确定。然而,确定一个指数的重要性的最常用的步骤(或者 REP 评估方法)是通过统计的方法使之与客观评价相关联,如叶面指数(kg/m²)、湿生物质(WBM)(kg/m²)或植物高度[55]。相关性可以

用于确定给定应用中的某个指数的最佳波长和最佳光谱宽度,如参考文献[55]中报告的指数范围。

11.5.2　评估标准

1. 均方根差

本节运用 RMSE 标准测定降噪后从数据立方体中算出的植被指数和叶面指数的改善情况。该标准可以测定植被特征在光谱区的改善情况。对一个给定的指数,RMSE 定义为

$$\text{RMSE} = \sqrt{\frac{1}{N} \sum_{i=1}^{N} (y_i - x_i)^2} \tag{11.39}$$

其中,y_i 表示含噪声(或降噪后)数据立方体中第 i 个像元的植被指数;x_i 表示从纯粹的(无噪声的)数据立方体计算出的第 i 个像元的相同植被指数;N 表示数据立方体中的像元总数。

2. 全局测量标准

使用全局相似性测量标准测定光谱的改善状况。这些标准提供了一个方法,可以了解任一给定像素的含噪声(或降噪后)光谱与该像素的纯光谱的相似程度。这是一个全面的测量情况,涵盖数据立方体中的全部光谱。

文献[56]发现有多个匹配标准通过对比两个地面样本像元的光谱进行光谱相似性的测量。修正光谱角制图(MSAM)、卡方(x^2)相似性测量(XSM),以及关联相似性测量(CSM)用来对纯数据立方体、含噪声和降噪数据立方体的光谱进行比较。

对于给定纯数据立方体中的某个像元 i 的参照光谱和对有噪数据降噪后同一像元的光谱,本节采用的相似性测量的 MSAM、XSM 和 CSM 等方法[56]的定义如下,即

$$\text{MSAM}(p,l) = 1 - \frac{2}{\pi} \cos^{-1} \left[\frac{\sum_{b=1}^{B} t^{(b)}(p,l) \cdot r^{(b)}(p,l)}{\sqrt{\sum_{b=1}^{B} (t^{(b)}(p,l))^2 \cdot \sum_{b=1}^{B} (r^{(b)}(p,l))^2}} \right]$$

$$\tag{11.40}$$

其中,$r^{(b)}(p,l)$ 表示纯数据立方体中第 l 行第 p 个像元的参照光谱的第 b 个波段的振幅;$t^{(b)}(p,l)$ 表示该数据立方体的降噪后相应像元的振幅;B 表示波段数。

$$\text{CSM}(p,l) = \left[\frac{\sum_{b=1}^{B} t^{(b)}(p,l) \cdot r^{(b)}(p,l) - B \cdot \bar{r}(p,l) \cdot \bar{t}(p,l)}{(B-1) \cdot \sigma_r(p,l) \cdot \sigma_t(p,l)} \right]^2 \tag{11.41}$$

其中，$\bar{r}(p,l)$表示纯数据立方体中第 l 行第 p 个像元的参照光谱的平均值；$\bar{t}(p,l)$表示对应的数据立方体的有噪/降噪后的相应像元的参照光谱的平均值；$\sigma_r(p,l)$表示参照光谱的标准偏差；σ 表示参照光谱的标准表示有噪/降噪光谱的标准偏差。

$$\mathrm{XSM}(p,l) = 1 - \frac{\displaystyle\sum_{b=1}^{B} \frac{(t^{(b)}(p,l) - r^{(b)}(p,l))^2}{r^{(b)}(p,l)}}{\max\left(\displaystyle\sum_{b=1}^{B} \frac{(t^{(b)}(p,l) - r^{(b)}(p,l))^2}{r^{(b)}(p,l)}\right)} \tag{11.42}$$

通常，"1"表示这两个光谱完全相同；"0"表示通过相似性度量最终不匹配。与这些植被指数相反，相似性度量不需要测量标准，如 RMSE，因为它们隐含地可比，本身就是测量标准。

这些相似性测量方法在本节均有应用，通过比较纯数据立方体中每个像元的光谱和在该数据立方体的有噪/降噪版中的相应像元的光谱，产生两维的相似性地图，如图 11.19 所示。

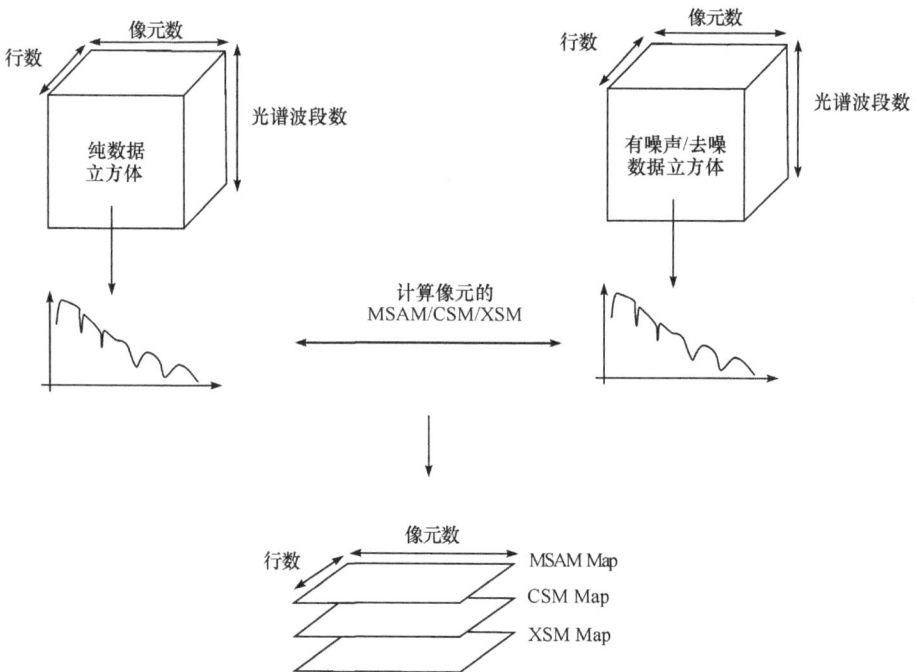

图 11.19　计算含噪声或去噪后数据立方体中每一个像元的相似性度量，与纯数据立方体中相应的像元相比较产生相似性测量[12]

由于噪声水平相对信号水平是如此小这样的事实，相似性度量值近似等于1。为了强调降噪前后的不同之处，含噪声/降噪数据立方体的平均不相似性度量首先和纯数据立方体进行对比,非相似性 MSAM(DMSAM)、非相似性 CSM(DCSM)和非相似性 XSM(DXSM)的定义为

$$DMSAM = 1 - \frac{\sum\limits_{l=1}^{L}\sum\limits_{p=1}^{P}MSAM(p,l)}{PL} \tag{11.43}$$

$$DCSM = 1 - \frac{\sum\limits_{l=1}^{L}\sum\limits_{p=1}^{P}CSM(p,l)}{PL} \tag{11.44}$$

$$DXSM = 1 - \frac{\sum\limits_{l=1}^{L}\sum\limits_{p=1}^{P}XSM(p,l)}{PL} \tag{11.45}$$

其中,p 和 l 分别代表像元和行位置;P 代表每一行的像元数;L 代表相似性图中的行数。

相对于纯数据立方体,不相似性的减少百分比定义如下,即

$$\Delta DMSAM = \frac{DMSAM_{Noisy} - DMSAM_{Denoised}}{DMSAM_{Noisy}}\% \tag{11.46}$$

$$\Delta DCSM = \frac{DCSM_{Noisy} - DCSM_{Denoised}}{DCSM_{Noisy}}\% \tag{11.47}$$

$$\Delta DXSM = \frac{DXSM_{Noisy} - DXSM_{Denoised}}{DXSM_{Noisy}}\% \tag{11.48}$$

其中,$DMSAM_{Noisy}$ 和 $DMSAM_{Denoised}$ 分别表示有噪数据立方体和降噪数据立方体相对于纯数据立方体的 MSAM 平均非相似度;$DCSM_{Noisy}$ 和 $DCSM_{Denoised}$ 分别表示有噪数据立方体和降噪数据立方体相对于纯数据立方体的 CSM 平均非相似度;$DXSM_{Noisy}$ 和 $DXSM_{Denoised}$ 分别表示有噪数据立方体和降噪数据立方体相对于纯数据立方体的 XSM 平均非相似度。

11.5.3　评估结果

对 11.2 节使用的两个高光谱数据立方体进行实验。本节 GVWD 数据立方体的空间尺寸与 11.2 节中的相同,但只使用 64 个波段,覆盖计算植被指数的光谱区域。因此,GVWN 子数据集的尺寸为 120 列×120 行,64 个波段。本节 Cuprite 数据立方体的空间尺寸与 11.2 节中的相同,即 128 列×128 行×210 波段。

按下列步骤执行基于植被指数和红边位置的降噪情况。首先,采用 Baseline、3D、非抽取等小波转换算法、最小噪声分离变换(MNF)、波段相关性(IBC)和 HSSNR 噪声降低算法对含噪数据立方体进行降噪处理。然后,计算下列数据立方体的植被指数和 REP。

① 纯 GVWD 数据立方体。

② 含有噪 GVWD 数据立方体(不执行降噪处理)。

③ 用降噪算法进行过降噪后的数据立方体。

表 11.11　MCARI、TCARI、MCARI/OSAVI 的 RMSE,以及噪声 AVIRIS
数据立方体的 TCARI/OSAVI;数据立方体已经通过 Baseline、3D、非抽取等
小波变换算法、MNF、IBC 和 HSSNR 降噪算法进行了降噪处理

Datacube	RMSE			
	MCARI	TCARI	MCARI/OSAVI	TCARI/OSAVI
Noisy	72.69	62.25	1263.30	4087.00
Baseline	72.70	62.25	1263.30	4087.00
3D	104.85	91.62	1005.00	3231.90
Undecimated	63.52	56.90	901.77	2918.70
MNF	66.78	55.65	1566.50	5114.10
IBC	181.53	200.72	1145.20	3655.10
HSSNR	64.61	51.83	779.01	2503.70

　　将含噪和降噪后的 GVWN 数据立方体中获取的 VI 与通过纯数据立方体计算得出的 VI 比较。对比标准为 RMSE,如果 RMSE 较低表示降噪效果较好且信息恢复较好(参照物为纯数据立方体)。

　　表 11.11 显示了 MCARI、TCARI、MCARI/OSAVI 的 RMSE,以及含噪声 AVIRIS 数据立方体的 TCARI/OSAVI。这些数据立方体已经通过 Baseline、3D、非抽取灯小波变换算法、MNF、IBC 和 HSSNR 降噪算法进行降噪处理。HSSNR 提供了 TCARI、MCARI/OSAVI、TCARI/OSAVI 指数(加阴影部分)最小的 RMSE,以及 MCARI 指数第二小的 RMSE。

　　HSSNR 算法降低了逆高斯评估的红边位置的 RMSE 至 5.74,这是 IBC 算法后的第二小的值。此外,它还降低了多项式评估的 REP 的 RMSE 至 4.04(第二小),这是 MNF 算法后的第二好的结果,如图 11.20 所示。

　　表 11.11 和图 11.20 中的评估是分别基于光谱局部特征,即窄波段光谱特征和 REP。两者在小范围的连续波段内均特征明显,尤其是在红边区附近。表 11.11 和图 11.20 的结果表明,在降噪过程中使用空间-光谱混合结构可以获得很好的效果。

　　必须引起注意的是,任何降噪算法对一个给定的特定局部光谱区域的情况都不可能与其在其他光谱区域相同,也不能代表整个光谱区域的情况。例如,3D 小波降噪算法显示情况退化,MCARI 指数的 RMSE 性能从 72.69(降噪前)退化为 104.85(降噪后),同时在表 11.11 中的性能从 62.25(降噪前)退化为 91.26(降噪后)。尽管局部光谱的特征的性能有所降级,但 3D 小波降噪算法能使不相似度下降,如表 11.12 所示。特别是,对于 DMSAM、DCSM 和 DXSM 的不相似度分别有 1.25％、3.64％和 0.015％的降低。

　　含噪数据立方体通过前面章节中阐述的方法进行了降噪处理。首先,基于式(11.43)~式(11.45)计算出含噪声数据立方体和降噪后的数据立方体的 DM-SAM、DCSM 和 DXSM 值。然后,根据式(11.46)~式(11.48)计算出△DMSAM、△DCSM 和△DXSM。

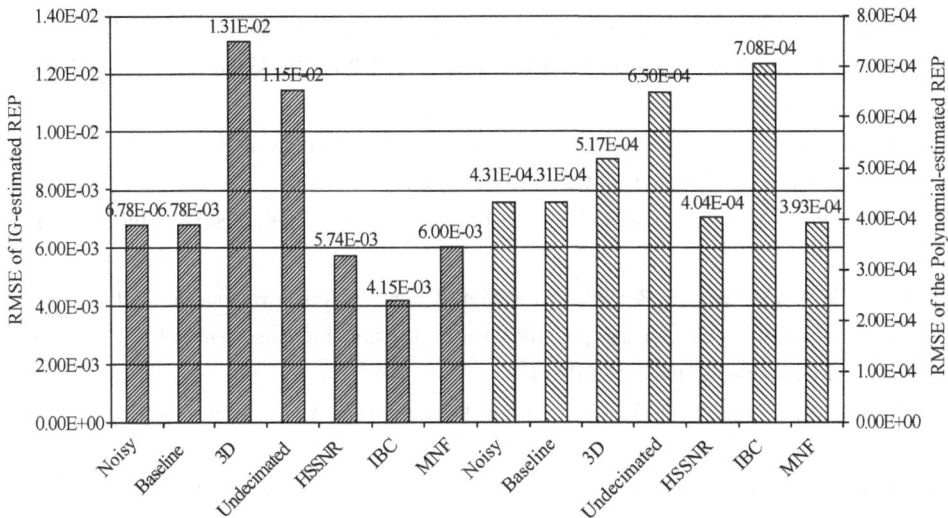

图 11.20　从含噪声 AVRIS 数据立方体和经过 Baseline、3D、非抽取等小波转换、HSSNR、IBC 和 MNF 等降噪算法后的数据立方体提取的红边位置拐点的均方根差[12]

表 11.12　Cuprite 数据立方体降噪后相似性度量 DMSAM、DCSM 和 DXSM 的降低百分比

Datacube	△DMSAM/％	△DCSM/％	△DXSM/％
Baseline	2.01	5.45	−9.43
3D	1.25	3.64	0.15
Undecimated	2.11	5.45	−2.52
IBC	0.67	1.82	0.21
HSSNR	30.08	50.91	29.67

　　表 11.12 显示了 HSSNR 提供非相似度△DMSAM、△DCSM 和△DXSM 最大的百分数下降。表中列出的值代表 Cuprite 数据立方体中 210 个光谱波段降噪处理后的平均表现。大部分降噪方法显示非相似度的下降,但 Baseline 和非抽取小波降噪法除外,这两种方法导致非相似度△DXSM 分别提高 9.43％和 2.52％。通常,HSSNR 降噪法会使非相似度△DMSAM、△DCSM 和△DXSM 分别下降

30.08%、50.91%和 29.67%。

参 考 文 献

[1] Qian, S. -E. , "Enhancing space-based signal-to-noise ratios without redesigning the satellite,"SPIE Newsroom,Jan. 2011 (doi:10. 1117/2. 1201012. 003421).

[2] Hollinger, A. , M. Bergeron, M. Maszkiewicz, S. -E. Qian, H. Othman, K. Staenz, R. A. Neville, and D. G. Goodenough, "Recent Developments in the Hyperspectral Environment and Resource Observer (HERO) Mission,"Proc. IGARSS 2006,1620-1623 (2006).

[3] Othman, H. and S. -E. Qian, "Noise Reduction of Hyperspectral Imagery Using Hybrid Spatial-Spectral Derivative-Domain Wavelet Shrinkage,"IEEE Trans. Geosci. Remote Sens. 42 (2),397-408 (2006).

[4] Savitzky, A. and M. J. E. Golay, "Smoothing and differentiation of data by simplified least squares procedures,"Analytical Chemistry 36,1627-1639 (1964).

[5] Bracewell, R. N. , The Fourier Transform and Its Applications, McGraw-Hill, New York (1986).

[6] Green, A. A. , M. Berman, P. Switzer, and M. D. Craig, "A transformation for ordering multispectral data in terms of image quality with implication for noise removal,"IEEE Trans. Geosci. Remote Sens. 26,65-74 (1988).

[7] Richards, J. A. and X. Jia, Remote Sensing Digital Image Analysis, Springer-Verlag, Berlin (1999).

[8] Sharkov, E. , Passive Microwave Remote Sensing of the Earth:Physical Foundations, Springer, New York (2004).

[9] Crouse, M. S. , R. D. Nowak, and R. G. Baraniuk, "Wavelet-based Signal Processing Using Hidden Markov Models,"IEEE Trans. Signal Process. 46(4),886-902 (1998).

[10] Scheunders, P. and S. De Backer, "Wavelet Denoising of Multicomponent Images Using Gaussian Scale Mixture Models and a Noise- Free Image as Priors,"IEEE Trans. Image Process. 16(7),1865-1872(2003).

[11] Portilla, J. , V. Strela, M. J. Wainwright, and E. P. Simoncelli, "Image Denoising Using Scale Mixtures of Gaussians in The Wavelet Domain,"IEEE Trans. Image Process. 12(11),1338-1351 (2003).

[12] Othman, H. and S. E. Qian, "Evaluation of Wavelet Deniosed Hyperspectral Data for Remote Sensing,"Canadian J. Remote Sens. 34 (1),59-67 (2008).

[13] Scheunders, P. , "Wavelet Thresholding of Multivalued Images," IEEE Trans. Image Process. 13(4),475-483 (2004).

[14] Atkinson, I. , F. Kamalabadi, and D. L. Jones, "Wavelet-Based Hyperspectral Image Estimation,"Proc. IEEE Int. Geosci. & Remote Sens. Symp. 2,743-745 (2003).

[15] Chen, G. and S. -E Qian, "Simultaneous Dimensionality Reduction and Denoising of Hyperspectral Imagery using Bivariate Wavelet Shrinking and Principal Component Analysis,"Ca-

nadian J. Remote Sens. 34(5),447-454 (2008).

[16] Chen,G. and S. -E Qian,"Denoising of Hyperspectral Imagery Using Principal Component Analysis and Wavelet Shrinkage," IEEE Trans. Geosci. Remote Sens. 49 (3), 973-980 (2011).

[17] Scheunders,P. and J. Driesen,"Least-squares interband denoising of color and multispectral images,"Int. Conf. Image Process. ,985-988 (October 2004).

[18] Pizurica,A. ,W. Philips,and P. Scheundersy,"Wavelet domain denoising of single-band and multiband images adapted to the probability of the presence of features of interest,"Proc. SPIE 5914,59141I (2005) [doi:10. 1117/12. 619386].

[19] Pizurica,A. and W. Philips,"Estimating the probability of the presence of a signal of interest in multiresolution single- and multiband image denoising,"IEEE Trans. Image Process. 15(3),654-665 (2006).

[20] Scheunders,P. ,"Wavelet thresholding of multivalued images,"IEEE Trans. Image Process. 13(4),475-483 (2004).

[21] Choi,H. and R. G. Baraniuk,"Multiple wavelet basis image denoising using Besov ball projections,"IEEE Signal Process. Lett. 11(9),717-720 (2004).

[22] Donoho,D. L. and I. M. Johnstone,"Threshold selection for wavelet shrinkage of noisy data,"Proc. IEEE Int. Conf. Engineering in Medicine and Biology Society 1, A24-A25 (November 1994).

[23] Schmidt,K. S. and A. K. Skidmore,"Smoothing vegetation Spectra with Wavelets,"Int. J. Remote Sensing,vol. 25,No. 6,pp. 1167-1184,March,2004.

[24] Lang,M. ,H. Guo,J. E. Odegard,C. S. Burrus,and R. O. Wells,"Nonlinear processing of a shift-invariant DWT for noise reduction,"Proc. SPIE 2491,640-651 (1995) [doi:10. 1117/12. 205427].

[25] Lang,M. ,H. Guo,J. E. Odegard,C. S. Burrus,and R. O. Wells Jr. ,"Noise reduction using an undecimated discrete wavelet transform," IEEE Signal Process. Lett. 3 (1), 10-12 (1996).

[26] Bui, T. D. and G. Y. Chen,"Translation-invariant denoising using Multiwavelets,"IEEE Trans. Signal Process. 64(12),3414-3420 (1998).

[27] Gyaourova,A. ,C. Kamath,and I. K. Fodor,"Undecimated wavelet transforms for image denoising," Technical report UCRL-ID-150931, Lawrence Livermore National Laboratory, Livermore,CA (November2002).

[28] Donoho,D. L. and I. M. Johnstone, "Ideal spatial adaptation via wavelets shrinkage,"Biometrika 81(3),425-455 (1994).

[29] Donoho,D. L. and I. M. Johnstone,"Adapting to unknown smoothness via wavelets shrinkage,"J. American Stat. Assoc. 90(432),1200-1224(1995).

[30] Chang,S. Grace,B. Yu,and M. Vetterli,"Adaptive wavelet thresholding for image denoising and compression,"IEEE Trans. Image Proces. 9(9),1532-1546 (2000).

[31] Bruce, A. G. and H. Y. Gao, "Understanding waveshrink: variance and bias estimation," Biometrika 83, 727-745 (1996).

[32] Porter, W. M. and H. T. Enmark, "A system overview of the Airborne Visible/Infrared Imaging Spectrometer (AVIRIS)," Proc. SPIE 834, 22-30 (1987) [doi: 10. 1117/12. 942280].

[33] MacDonald Dettwiller. , "System studies of a small satellite hyperspectral mission, data acceptability," Contract Technical Report to Canadian Space Agency, HY-TN-51-4972, Issue 2/1, St. Hubert, Canada (March 2004).

[34] Qian, S. -E. , M. Bergeron, I. Cunningham, L. Gagnon, and A. Hollinger, "Near lossless data compression onboard a hyperspectral satellite," IEEE Trans. Aerospace and Electronic Systems 42(3), 851-866 (2006).

[35] Basuhail, A. and S. P. Kozaitis, "Wavelet-based noise reduction in multispectral imagery," Proc. SPIE 3372, 234-240 (1998) [doi: 10. 1117/12. 312604].

[36] Burrus, C. S. , R. A. Gopinath, and H. Guo, Introduction to Wavelets and Wavelet Transforms, A Primer, 88-97, Prentice Hall, New York (1998) .

[37] Jolliffe, T. , Principal Component Analysis, Springer, New York (2002).

[38] Sendur, L. and I. W. Selesnick, "Bivariate shrinkage with local variance estimation," IEEE Signal Process. Lett. 9(12), 438-441 (2002).

[39] Chen, G. , S. -E. Qian, and S. Gleason, "Simultaneous Dimensionality Reduction and Denoising of Hyperspectral Imagery using Bivariate Wavelet Shrinking and Principal Component Analysis," Canadian J. Remote Sens. 37(6), 590-595 (2011).

[40] Dabov, K. , A. Foi, V. Katkovnik, and K. Eglazarian, "Image denoising by sparse 3D transform-domain collaborative filtering," IEEE Trans. Image Process. 16 (8), 2080-2095 (2007).

[41] Wang, Z. , A. C. Bovik, H. R. Sheik, and E. P. Simoncelli, "Image quality assessment: From error visibility to structural similarity," IEEE Trans. Image Process. 13 (4), 600-612 (2004).

[42] Chen, Q. and D. Wu, "Image denoising by bounded block matching and 3D filtering," Signal Process. 90(9), 2778-2783 (2010).

[43] Bannari, A. , D. Morin, A. R. Huete, and F. Bonn, "A Review of Vegetation Indices," Remote Sens. Rev. 13, 95-120 (1995).

[44] Pearson, R. L. and L. D. Miller, "Remote mapping of standing crop biomass for estimation of the productivity of the short-grass Prairie, Pawnee National Grasslands, Colorado," Proc. 8th Int. Symp. Remote Sens. Environ. , Ann Arbor, MI (1972).

[45] Rouse, J. W. , R. H. Haas, D. W. Deering, J. A. Schell, and J. C. Harlan, "Monitoring the vernal advancement and retrogradation (green wave effect) of natural vegetation," NASA/GSFC Type III Final Report, Greenbelt, MD (1974).

[46] Richardson, A. J. and C. L. Wiegand, "Distinguishing vegetation from soil background information," Photogrammetric Eng. Remote Sens. 43(12), 1541-1552 (1977).

[47] Zarco-Tejada,P. J. ,A. Berjón,and J. R. Miller,"Stress Detection in Crops with Hyperspectral Remote Sensing and Physical Simulation Models,"Proc. Airborne Imaging Spectroscopy Workshop,Bruges,Belgium (2004).

[48] Clevers,J. and C. Buker,"Feasibility of the red edge index for the detection of Nitrogen deficiency,"Proc. 5th International Colloquium - Physical Measurements and Signatures In Remote Sensing,Courchevel,France (1991).

[49] Clevers,J. ,L. Kooistra,and E. A. L. Salas,"Study of heavy metal contamination in river floodplains using the red-edge position in spectroscopic data,"Int. J. Remote Sens. 25(19), 3883-3895 (2004).

[50] Guyot,G. ,F. Baret,and S. Jacquemoud,"Imaging Spectroscopy for Vegetation Studies,"in Imaging Spectroscopy: Fundamentals and Prospective Applications Toselli, F. and J. Bodechtel,Eds. ,145-165,Kluwer Acad. Publisher,London (1992).

[51] Baret,F. ,S. Jacquemoud,G. Guyot, and C. Leprieur,"Modeled analysis of the biophysical nature of spectral shifts and comparison with information content of broad bands,"Remote Sens. Environ. 41,133-142(1992).

[52] Bonham-Carter,G. F. ,"Numerical procedures and computer program for fitting an inverted Gaussian model to vegetation reflectance data,"Computers and Geosciences 14, 339-356 (1988).

[53] Pu,R. ,G. Peng,G. S. Biging,and M. R. Larrieu,"Extraction of red edge optical parameters from Hyperion data for estimation of forest leaf area index,"IEEE Trans. Geosci. Remote Sens. 41(4),916-921 (2003).

[54] Broge,N. H. and E. Leblanc,"Comparing prediction power and stability of broadband and Hyperspectral vegetation indices for estimation of green leaf area index and canopy chlorophyll density,"Remote Sens. Environ. 76,156-172 (2000).

[55] Thenkabail,P. S. ,R. B. Smith,and E. De-Pauw,"Hyperspectral vegetation indices for determining agricultural crop characteristics,"Remote Sens. Environ. 71,158-182 (2000).

[56] Staenz,K. ,J. Schwarz,L. Vernaccini,F. Vachon,and C. Nadeau,"Classification of Hyperspectral Agricultural Data with Spectral Matching Techniques,"Proc. International Symposium on Spectral Sensing Research,Las Vegas,NV (1999).

第 12 章　降噪后的高光谱图像小目标探测

12.1　高光谱图像目标探测

本章描述使用通过遥感技术获得的高光谱图像进行小目标探测的技术,是第 11 章的后续研发。它的内容主要是关于评估和验证第 11 章描述的增加信噪比技术的有效性。其目的是检查去噪后的高光谱数据(使用第 11 章介绍的增加信噪比的技术之后的数据)能否帮助提高衍生产品的精度或者提升遥感应用程序的置信度。目标探测在本章作为另一个高光谱图像应用程序的实例来评估混合空间光谱降噪技术(HSSNR)[1]。

自 20 世纪 90 年代以来,使用高光谱图像进行目标探测一直是一个活跃的研究领域。高光谱图像目标探测算法基本上可以分为纯光谱探测和空间加光谱探测。目标的光谱特征已知时,使用纯光谱探测算法进行探测[2],这类算法包括光谱匹配滤波器[3]、光谱角填图[4]和线性混合模型[5-7]。当目标的光谱特征未知时[2],应用空间加光谱算法探测目标。这种算法通过显示目标不同于周围环境的空间及光谱特征来定位目标像素。空间加光谱算法可以进一步分为局部探测和全局异常探测[8-15]。

光谱角填图和光谱匹配滤波器技术都被用来从高光谱数据立方体中探测和识别草地和森林所组成区域的目标,各种目标被部署在这一区域,并带有地面目标的真实光谱[16]。据报道,这两种技术都能够成功地定位目标,尽管在分类处理中,光谱匹配滤波器技术是设定阈值的一个函数,但这种技术似乎受到更多误判。

采用线性相关和正交子空间投影的方法从可见光和近红外高光谱图像中探测地表或在某些情况下埋在地里的地雷的可行性进行演示[17]。当定义 2～5 个像素为一个簇,并超过分类图像的阈值探测到的地表地雷的正确性是 100%。如果探测条件放松到单一像素阈值之上,将有 12% 的虚警率。

一篇关于高光谱图像数据的目标探测算法理论及实践问题的发展、分析和应用的综述论文[18],描述了基于高光谱图像数据进行目标探测的设计、评估和分类,探讨了全像素目标和子像素目标探测器。各种基本算法被推导并证明,为理论实践提供了结论。

一种非线性匹配滤波器被用于高光谱图像目标探测[19],结果表明非线性匹配滤波器可以很容易地在使用内核函数的想法来实现非线性匹配滤波。在这点它优于线性匹配滤波器。

一种线性混合匹配滤波器被用于从高光谱图像中重复探测侵入植物种类的小目标[20]。另一个工作[21]研究了具有非结构化背景特性的光谱匹配滤波器,并评价更新后的方法,非结构化背景描述方法包括一些提高背景的随机建模的新方法。

一些基于高光谱图像探测小目标的方法被报道[22],使用 PCA 进行所有光谱波段的多元统计分析方法,使用地理统计滤波剔除噪声,克里格阶乘的前几个主要成分的区域背景,结合局部空间自相关指标计算局部子集的高、低反射率值,并探测异常的方法。研究人员得出结论,这些方法比传统的目标探测器(即基于马氏距离的探测器)在误判方面做的更好。

一种把光谱特征相关系数作为衡量度的方法被用于从高光谱图像中探测目标,并研究了光谱波段数量和探测过程性能之间的关系,从而找到使用最少光谱数量并具有最优性能的结果[23]。

12.2　基于光谱角填图的方法

本节描述一个简化的目标探测算法,它使用光谱角填图[24]和目标材料端元光谱。目标材料的端元光谱用作种子光谱来匹配目标材料的像元光谱,以测量目标的推测面积。目标的推测面积越接近目标的实际面积,目标的被探测能力就越好。这种简化的目标探测算法用来评估使用混合空间光谱降噪技术增强信噪比后的高光谱数据是否可以更好地服务于遥感应用。我们采用场景中有人造目标的高光谱数据立方体进行测试[25]。

12.2.1　测试数据立方体

本章使用的高光谱数据立方体是 2002 年 6 月 7 日使用机载 SFSI-II[26]在海拔1800m 的高度获得的光谱数据,地面像素大小为 2.20m×1.85m,波长为 1200~2450nm,5nm 的波段间隔 240 个波段。数据采集时,天气晴朗,有少量卷云,空气能见度高,几乎没有粉尘。

这个数据立方体是为了研究使用短波红外高光谱成像进行目标探测所采集的。在沙子和低密度草地混合组成的图像场景中,布置具有不同尺寸和材料的人造目标,包括 7 个尺寸从 0.2m×0.2m~12m×12m 不等大小的帆布篷、4 个不同尺寸的聚乙烯、4 个不同尺寸的白色油布、4 个尺寸从 0.5m×0.5m~6m×6m 不等大小的白色棉布,以及 1 块 2m×2m 的毛毡。另外,1 个 3m×3m 的白色油布被放置在 1 块 11m×14m 的乙烯基垫子上。

图 12.1 展示了这些人造目标的布局。图 12.2 展示了在 1m 分辨率的 IKO-NOS 全色场景的视野中可以看到的目标[27]。在 1m 分辨率的 IKONOS 全色场景中,可以很容易识别出尺寸为 3m×3m 以上的人造目标,在目标阵列的右方 1 个尺

寸为 1.5m×1.5m 的帆布篷和 3 个尺寸为 1m×1m 的帆布篷、白色油布、白色棉布目标几乎不能被识别出来。

　　获得的原始数据立方体首先经过预处理去除周期性噪声、暗电流、狭缝弯曲（Smile）和空间畸变（Keystone）。再将原始数据经过一系列定标后转换成辐射率，未经过几何校正。辐射率的数据存储字长为 16 bit。数据立方体的大小为 240 波段，140×496 像素。

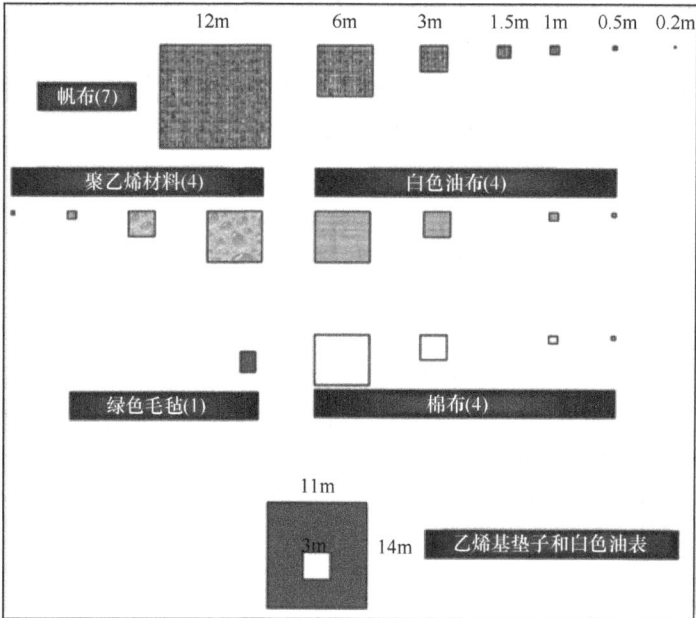

图 12.1　测试数据立方体中人造目标的布局[27]

图 12.2　1 米分辨率的 IKONOS 卫星场景视野中的人造目标布局[27]

12.2.2　使用光谱角填图算法对目标面积进行估算

在本节,某个目标(如帆布篷、棉布)的端元光谱将作为作为种子光谱去匹配一个指定材料目标的像素光谱来计算其目标的光谱角填图。

鉴于每个像素的面积是已知的,我们可以使用目标材料的端元光谱角小于给定阈值的像素数量来估算目标的表面面积。推测目标的面积是被推测出的像素的总面积,即

$$S_{est.} = N_P \times 4.07 \tag{12.1}$$

其中,N_p 是端元的光谱角小于给定阈值的像素的数量;4.07(2.2m×1.85m = 4.07m²)是单个像素覆盖的面积,由 SFSI 传感器 2.2m×1.85m 的空间分辨率决定。

目标估计面积和实际面积的比例接近 1.0,意味着被探测目标有较高的表面覆盖率或更好的目标探测能力。

在本节,只有尺寸为 12m×12m、6m×6m、3m×3m 的人造目标才能被检测出来,由于 SFSI-II 仪器的空间分辨率(2.2m×1.85m),尺寸小于 3m×3m 的目标在获得的数据立方体中显示为亚像素。

帆布篷和棉布材料端元光谱的生成是至关重要的,因为他们直接影响到探测目标的评估结果。首先,找到一个全部被同种目标材料覆盖的像素创建端元掩模。端元覆盖区域下像素的光谱平均值作为这种材料所产生的端元光谱。端元的光谱是由数据立方体决定的,也就是说,使用信噪比增强技术前的端元光谱是从没有应用信噪比增强技术的数据立方体中端元掩模下像素的光谱求平均值得到的,可以用来评估信噪比增强前的数据立方体探测能力。信噪比增强后的端元光谱是从应用了信噪比增强技术的数据立方体中端元掩模下像素的光谱求平均值得到的,可以用来评估信噪比增强后的数据立方体探测能力。

图 12.3 展示了图 12.1 中位于 SFSI 数据立方体测试现场里最大尺寸的帆布篷目标(12m×12m)的材料端元掩模覆盖的 8 个像素。它被用来定位全部帆布篷材料的像素,从而计算出帆布篷材料端元光谱。图 12.4 和图 12.5 分别是使用了信噪比增强技术(用 4 分贝的小波噪声降噪)前后的数据立方体中提取出来的两个帆布篷材料端元光谱。

用来产生棉布端元光谱的端元掩模只包含两个像素,位于 SFSI 数据立方体场景中的(356,62)和(355,63)。要找到一个全部由棉布构成像素的大端元掩模是困难的,这是因为最大的棉花目标只有 6m×6m,而且它在场景中的边界不是水平

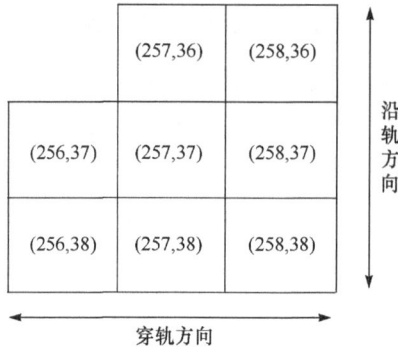

	(257,36)	(258,36)
(256,37)	(257,37)	(258,37)
(256,38)	(257,38)	(258,38)

沿轨方向

穿轨方向

图 12.3　用于产生帆布篷目标端元光谱的端元掩模[25]（8 像素）

帆布篷在(357,37)端元8个像素的辐射信号

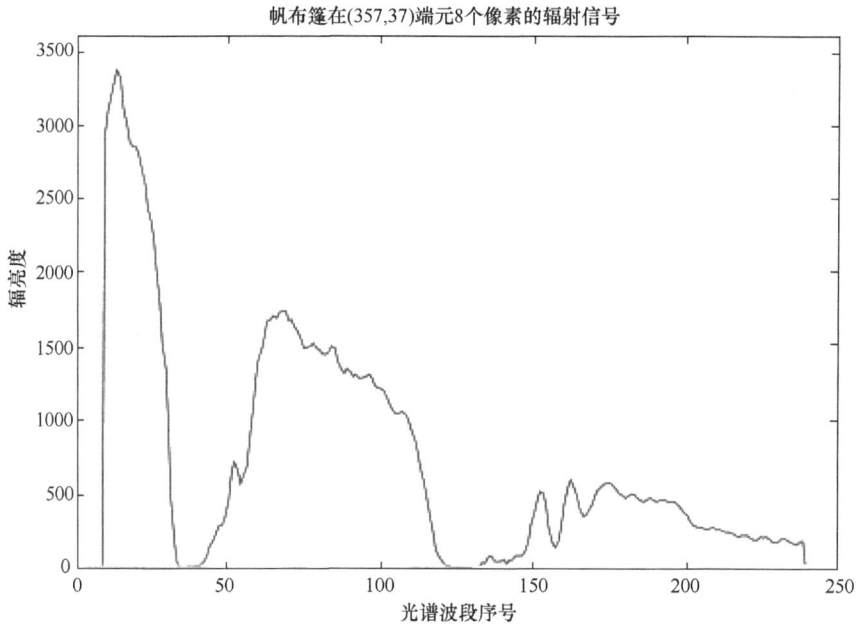

图 12.4　使用信噪比增强技术前（带噪声辐射数据立方体）的帆布篷端元光谱[25]

或垂直的。图 12.6 和图 12.7 展示了从带噪声辐射数据立方体和 W4NR 数据立方体中取出的棉布端元光谱。

　　从图 12.4～图 12.7 可以看出,同一种材料在使用信噪比增强技术前后得到的端元光谱是相似的,但是使用信噪比增强技术后的端元光谱较为平滑。

帆布篷在(357,37)端元8个像元的辐射信号

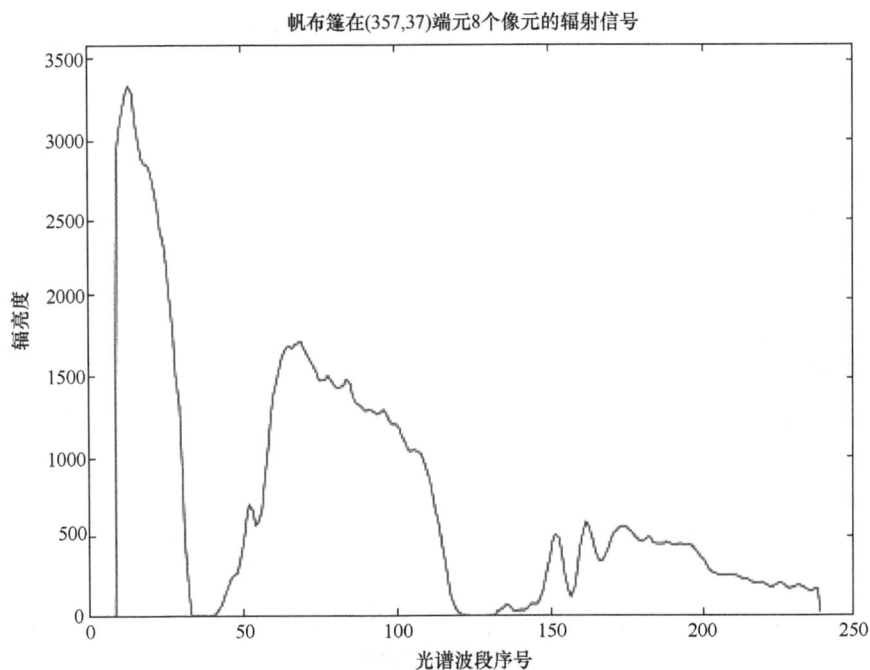

图 12.5　使用信噪比增强技术后(W4NR 数据立方体)的帆布篷端元光谱[25]

棉布在(356,63),(355,2)端元2个像元的辐射信号

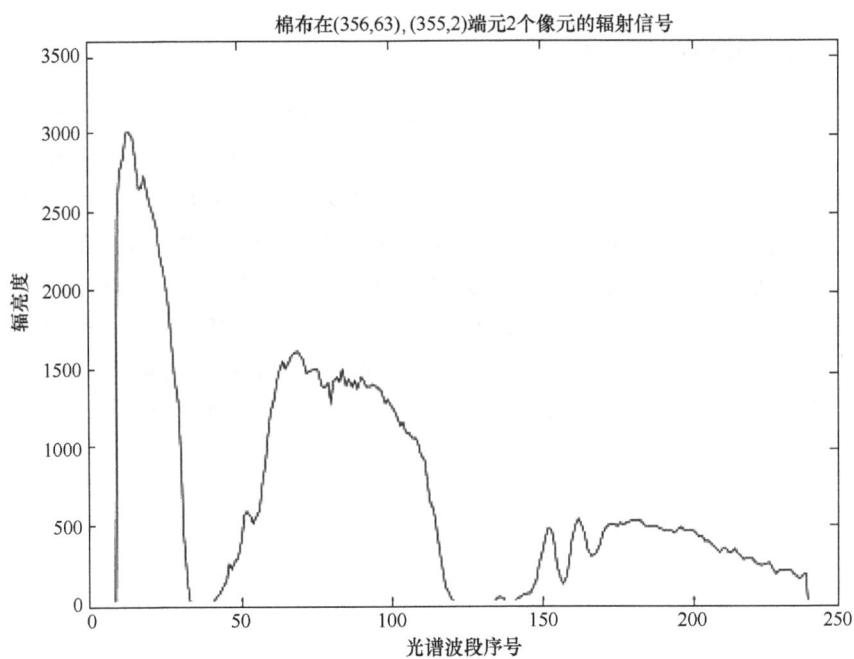

图 12.6　使用信噪比增强技术前(带噪声辐射数据立方体)取出的棉布端元光谱[25]

棉布在(356,63),(355,2)端元2个像素的辐射信号

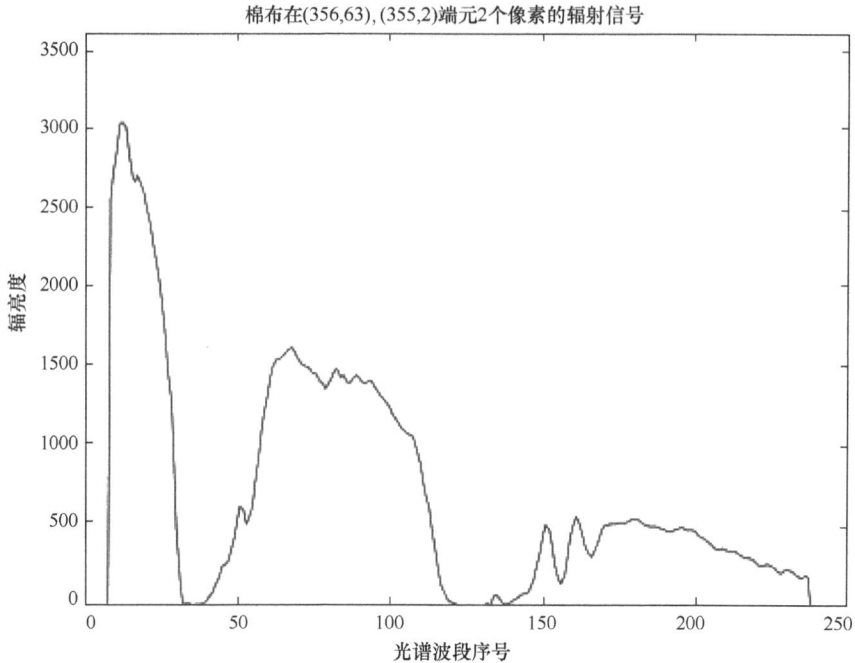

图 12.7　使用信噪比增强技术后(W4NR 数据立方体)取出的棉布端元光谱[25]

12.2.3　目标面积估算结果

本节展示 12m×12m 的篷布目标、6m×6m 和 3m×3m 的棉布目标的面积估算结果。图 12.8 给出了 12m×12m 的帆布篷目标的像素个数与目标像元和篷布端元之间光谱角的函数关系。该光谱角是从信噪比增强前和增强后的数据立方体中估算出来的。可以看出,在任何光谱角度下,信噪比增强后的数据立方体比带噪声辐射数据立方体能产生更多的目标像素。图 12.8 只列出了光谱角在 0°~3.1°的目标像素的数量。超出这个范围的光谱角度,可能导致过多的计算目标像素的个数。表 12.1 列出了光谱角在 0°~3.1°对应的帆布篷材料面积覆盖率及使用信噪比增强技术前后的像素个数,可以用下面的方程式计算,即

$$面积覆盖率(百分比) = \frac{像素 \times 1.85m \times 2.2m}{12m \times 12m} \times 100\% \qquad (12.2)$$

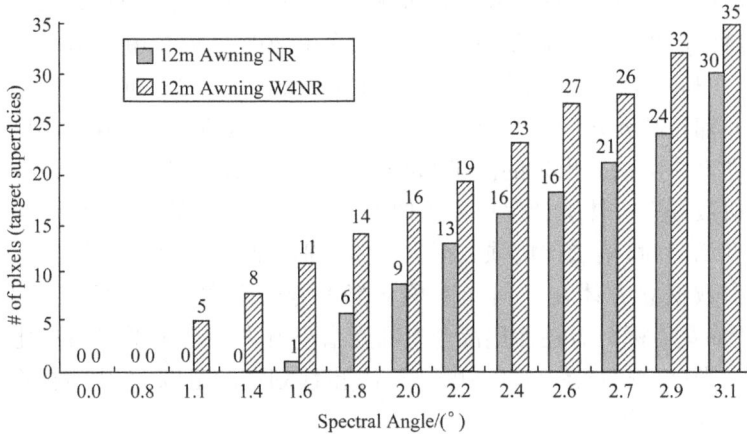

图 12.8　12m×12m 的帆布篷目标的像素个数与目标像元和篷布端元之间的
光谱角的函数关系,该光谱角是从信噪比增强前(NR)和增强后
(W4NR)的数据立方体中估算出来[25]

表 12.1　光谱角在 0°～3.1°信噪比增强技术前后 12m×12m 的篷布目标的面积覆
盖率(篷布目标的面积为 12m×12m=144m², 单个像素代表的面积为 2.2m×1.85m=4.07m²)

光谱角/(°)	信噪比增强前		信噪比增强后	
	像素个数	面积覆盖率/%	像素个数	面积覆盖率/%
0.0	0	0.0	0	0.0
0.8	0	0.0	0	0.0
1.1	0	0.0	5	14.1
1.4	0	0.0	8	22.6
1.6	1	2.8	11	31.1
1.8	6	17.0	14	39.6
2.0	9	25.4	16	45.2
2.2	13	36.7	19	53.7
2.4	16	45.2	23	65.0
2.6	18	50.9	27	76.3
2.7	21	59.4	28	79.1
2.9	24	67.8	32	90.4
3.1	30	84.8	35	98.9

可以看出,在所有的光谱角度下,信噪比增强后的数据立方体比带噪声辐射数据立方体可以产生更大的面积覆盖率(大约多了 20% 的面积覆盖率)。

图 12.9 和图 12.10 展示了用 $6m \times 6m$ 和 $3m \times 3m$ 的棉布目标的像素个数与目标像元和棉花端元之间的光谱角函数关系。该光谱角是从信噪比增强前和增强后的数据立方体中估算出来的。对 $6m \times 6m$ 的棉布目标,信噪比增强数据立方体比噪声辐射数据立方体能产生更多的像素。对 $3m \times 3m$ 的棉花目标,当光谱角分别为 2.6° 和 2.7° 时,信噪比增强数据立方体分别能产生 4 个和 8 个像素,但信噪比增强前辐射数据立方体在任何光谱角下都不能产生像素。由此可以得出结论,$3m \times 3m$ 的棉花目标只有在使用混合空间光谱小波去噪技术增强信噪比后才能够被探测到。光谱角超过图 12.9 和图 12.10 虚线划定的范围,产生目标像素的个数可能导致目标面积被高估。

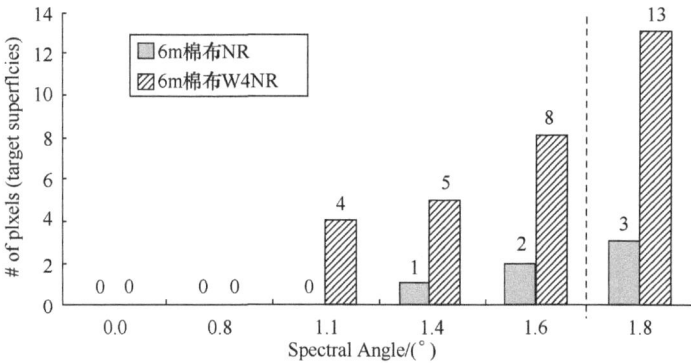

图 12.9 用 $6m \times 6m$ 的棉布目标的像素个数与目标像元和棉布端元之间的光谱角的
函数关系,该光谱角是从信噪比增强前和增强后的数据立方体中估算出来[25]

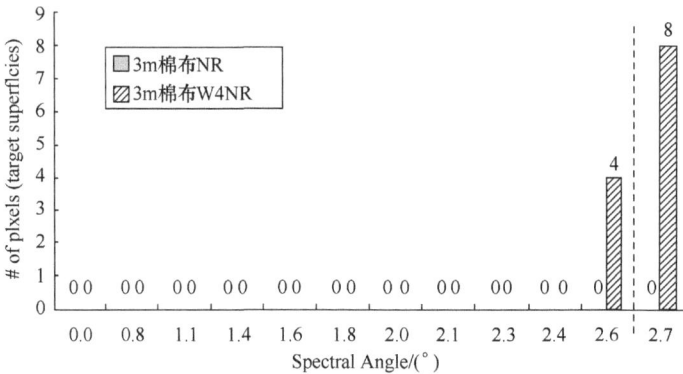

图 12.10 用 $3m \times 3m$ 的棉布目标的像素个数与目标像元和棉布端元之间的光谱角的
函数关系,该光谱角是从信噪比增强前和增强后的数据立方体中估算出来[25]

这种简化的探测目标方法通过匹配目标材料的种子光谱和在场景中像素光谱之间的光谱角来实现。一个目标的像素光谱与种子光谱的光谱角小于一个给定的阈值,将被归类到这个种子材料中。被归类到目标材料中像素的总个数将被用来推测目标的面积。推测面积越接近真实面积,探测能力越好。

12.3　接受器操作特性方法

本节介绍使用接受器操作特性(ROC)方法从原始 SFSI 数据立方体或经过混合空间光谱技术降噪后的数据立方体中探测人工目标。

ROC 曲线是根据一系列不同的二元分类方式作为鉴别阈值变化的性能图表,通过绘制在不同的阈值设置下的真阳性率的真实概率(真阳性率或 TPR)与假阳性率的虚报概率(假阳性率或 FPR)来产生。TPR 也称为灵敏度,FPR 等于 1 减去特异性或真阴性率。

ROC 分析提供了选择最优模型和剔除不理想的独立于环境成本的一个或一类分布的工具。ROC 分析是用来诊断、决策、分析成本及效益的一种直接且自然的方式。几十年来,ROC 分析已被用于医学、放射学、生物和其他领域,并且越来越多地应用于机器学习和数据挖掘领域的研究。

ROC 曲线广泛应用于目标探测及不同目标探测技术之间的比较[18]。ROC 曲线越向上弯曲其探测能力越好。下面给出帆布篷、白色油布棉布目标尺寸从 3m×3m~12m×12m 的 ROC 曲线。图 12.11 显示了一些从原始 SFSI 数据立方体和使用混合空间降噪技术降噪后的数据立方体中推导出的 ROC 曲线[27]。

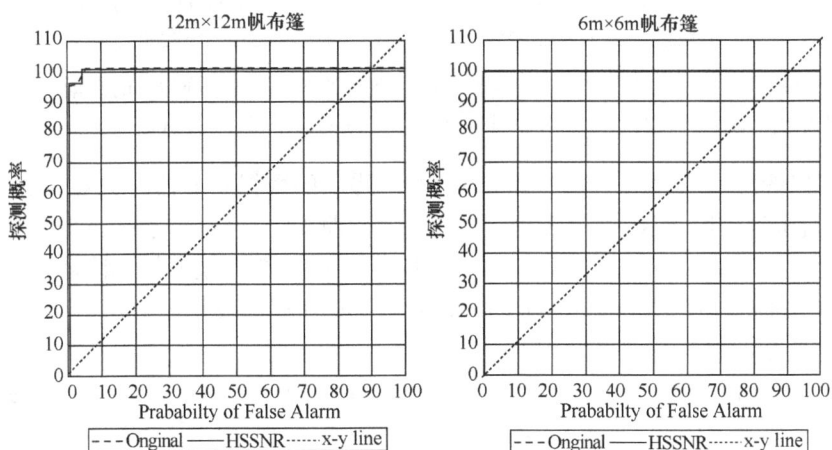

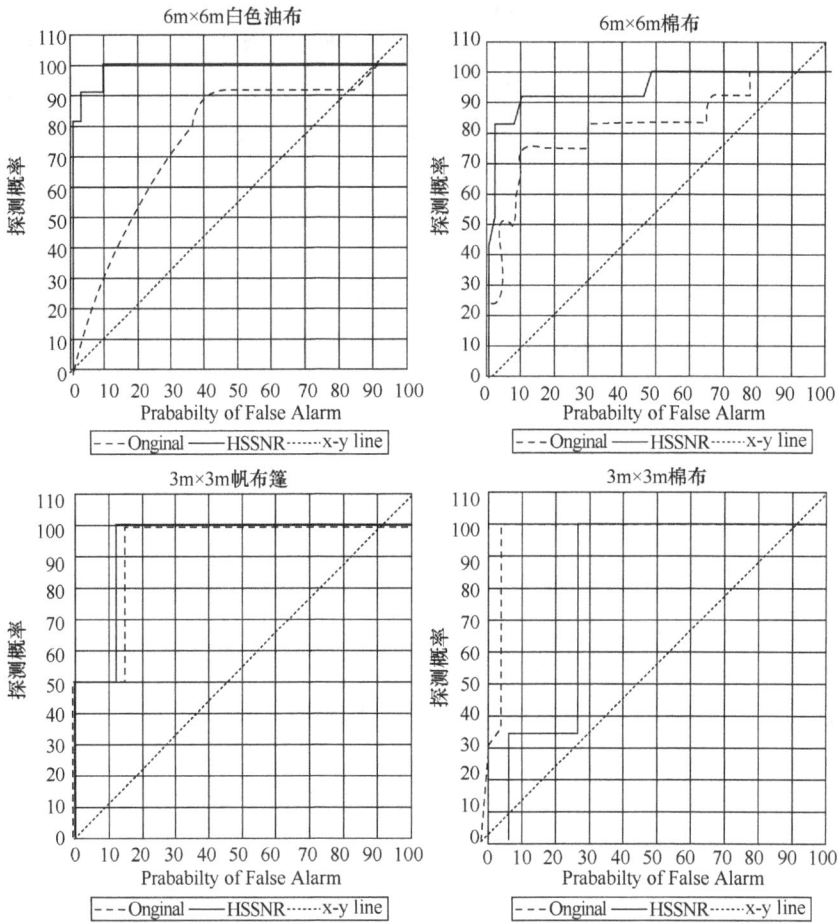

图 12.11　从原始 SFSI 数据立方体和使用混合空间光谱降噪技术降噪后的数据立方体中推导出的帆布篷、白色油布和棉布目标尺寸从 3m×3m～12m×12m 的 ROC 曲线[25]

可以看出,从原始 SFSI 数据立方体和降噪后的数据立方体中推导出的 6m×6m 的帆布篷目标的 ROC 曲线是完美的。两条曲线完全重合,水平方向和垂直方向的虚报概率为 0,探测概率为 100%。从原始 SFSI 数据立方体和降噪后的数据立方体中推导出的 12m×12m 的篷布目标的两条 ROC 曲线几乎可以完全重叠。当虚报概率为 0 时,探测概率为 96%;当虚报概率>3% 时,探测概率为 100%。

从降噪后的数据立方体中推导出的 6m×6m 的白色油布和棉布目标的 ROC 曲线比从原始 SFSI 数据立方体中推导出的 ROC 曲线能展示出更好的可探测能力。对于 3m×3m 的目标,从降噪后的数据立方体中推导出的帆布篷 ROC 曲线略优于从原始 SFSI 数据立方体中推导出的帆布篷 ROC 曲线;从原始 SFSI 数据立方体中推导出的棉布 ROC 曲线明显优于从降噪后的数据立方体中推导出的棉布 ROC 曲线。对于 3m×3m 的目标,从降噪后的数据立方体中推导出的 ROC 曲线相对于从原始 SFSI 数据立方体中推导出的 ROC 曲线没有明显的提高。这是因为 3m×3m 的目标对于空间分辨率是 2.2m×1.85m 的 SFSI-II 仪器及其飞行器的飞行方向只能算是一个亚像素目标。这些目标生成的 ROC 曲线是不稳定的,因此为了评估降噪后的小目标探测技术,就需要另一种方法。

12.4 使用光谱分解进行目标探测

本节采用混合像元分解的方法对高光谱图像进行目标探测。12.2 节和 12.3 节使用的相同的高光谱数据立方体被用于测试。

由 SFSI-II 传感器获取的数据立方体在短波红外区域(1200～2450nm),这样即使把这些波长显示到对人眼可见的 RGB 波长,也很难区分在红外区域数据立方体场景中的目标[图 12.12(a)]。因为目标材料的光谱特征是已知的,基于光谱信息的目标探测算法是可以应用的。一种混合像元分解技术被用来生成每个目标材料的面积比例图(也被称为丰度图)。例如,图 12.12(b)显示了篷布材料的面积比例图的一部分。篷布像素显示高的丰度值,看起来很突出。这样目标材料的面积比例图可以用来识别和探测目标材料所在的位置和大小。

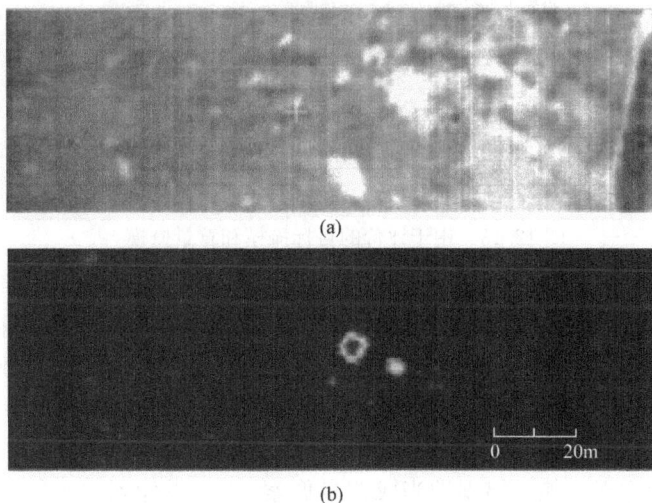

(a)

(b)

图 12.12 (a)SFSI-II 数据立方体线性对比度增强后的 1700nm(第 100 波段)的图像
(b)篷布材料面积比例图的一部分[27]

根据部署在数据立方体场景中的人造目标的已知光谱信息,我们可以对使用混合空间光谱降噪技术降噪后高光谱数据是否能够更好地服务于遥感应用进行检查。对此,我们提出三个评估法则,即推测目标与真实目标(地面真值)覆盖区域的面积百分比,误判为目标的像素面积与真实目标覆盖面积的百分比,目标像素值和其周围的背景像素值之间的差值对比度。

12.4.1　混合像元分解和目标掩模

因为探测目标是人为布置的,而且光谱特征是已知的,这里混合像元分解的目标探测法是纯光谱算法。首先需要提取出各种目标材料的端元,然后把数据立方体分解成这些目标材料的面积比例图。目标材料的面积比例图(如帆布篷)用来识别和探测是否含有这种目标材料。面积比例图是用成像光谱仪数据分析系统(IS-DAS)这套软件中混合像元迭代误差分析(IEA)[29]分解算法生成的。

为了从测试数据立方体中提取目标像素,两种掩模分别被称为目标掩模和背景掩模被引入。图 12.13 显示了篷布、白色油布和 3m×3m~12m×12m 棉布这两种类型的掩模。一个目标掩模包含这个特定尺寸的目标尽可能多的像素,而背景掩模是一个宽 2 像素的环围绕在对应的目标掩模周围的背景,它们之间有 2 个像素的间隙。部署的目标阵列(图 12.1)和 SFSI 数据立方体布局阵列的边界线之间有大约 36°的旋转角(图 12.13)。

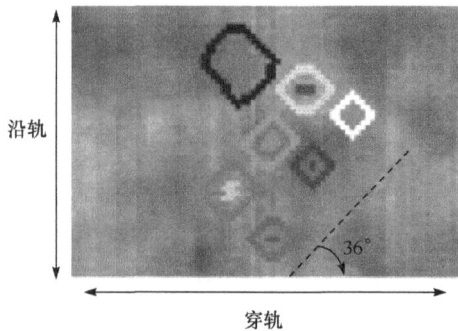

图 12.13　用于评价的目标掩模和背景掩模[28]

确定目标中心和掩模包含的区域至关重要。一个目标掩模的面积大小通过计算近似等于真实目标区域的目标掩模包含的所有像素的总面积来确定。例如,6m×6m 的目标,真正的目标面积是 6m×6m＝36m²。掩模覆盖的像素总数应该在 9~12,因为一个像素的占地面积是 2.20m×1.85m＝4.07m²。一个 3m×3m 的目标掩膜包含的像素总数应该是 2~3 个。

一个目标像素可能被错误地当成背景像素,而背景像素也可能被错误地当成目标像素。如果目标掩模中心相对真正的目标中心向任何方向移动 1 个像素,这对于 3m×3m 的目标是影响很大的。这是因为根据 SFSI 传感器的 2.20m×1.85m 的分辨率,这些目标在数据立方体中只占几个像素。

12.2 节创建的信息将被用来精确定位目标中心位置和计算目标掩模包含的面积。在这一节,目标材料的端元光谱 e 作为种子光谱来匹配每个目标像素的光谱 s 来计算光谱角,也就是在端元和每个目标像素之间计算一个光谱角(光谱角用式(12.3)计算)。光谱角值的范围可以用来协助目标中心的定位和目标掩模包含面积的计算。具有最小光谱角的端元光谱像素的位置(或像素的中心)必定是目标掩模的中心。一个目标掩模覆盖区域必定覆盖了有较小的光谱角的端元光谱的像素。

$$光谱角 = \cos^{-1}(|e| \cdot |s|) \tag{12.3}$$

表 12.2 列出了图 12.13 所示的七个目标掩模和相对应的背景掩模的中心位置和掩模的像素个数。根据光谱角值的范围共有 46 个像素被挑选为 12m×12m 的篷布目标的掩模。像素个数超过理想像素个数 36 个(36 像素×4.07m²/像素 = 146.5m²)10 个像素，这是由于目标和边界线之间的旋转角导致的。共有 8 个像素像被选为 6m×6m 篷布目标掩模，像素的数目小于理想像素个数 9 个。其他目标掩模的像素数目都在预计的范围内。

对目标探测而言，目标材料的端元光谱生成也是至关重要的，因为端元光谱直接影响到从数据立方体中生成的目标面积比例图的质量。这里有两种方法获得目标材料的端元光谱。第一种得到目标材料端元光谱的方法是从光谱数据库中获得或直接采用目标材料的地面光谱。然而，无论是在光谱数据库的光谱，还是在地面上收集到的光谱，都只使用它们的反射率光谱，因此不能与机载或星载传感器采集辐射率的光谱相比(引入了大气的影响)。这种方法被认为是不可行的，因为测试用的 SFSI 数据立方体是辐射光谱。

表 12.2　目标尺寸大于等于 3m×3m 的篷布、白色油布、棉布目标掩模及背景掩模的中心位置和像素个数[28]

目标		掩膜中心位置	掩膜包括的像素个数	
材料	尺寸		目标掩膜	背景掩膜
篷布	12×12	(322,36)	46	68
	6×6	(336,42)	8	44
	3×3	(345,46)	2	32
白色油布	6×6	(329,52)	11	44
	3×3	(337,57)	2	32
棉布	6×6	(321,62)	12	48
	3×3	(329,71)	3	36

第二种得到目标材料端元光谱的方法是从目标材料本身的数据立方体中获得(这是本节采用的方法)。将已知某种材料最纯净像素的光谱(即位于每一种材料的最大目标的中心)进行平均后作为该材料的端元光谱。因此，将 12m×12m 篷布目标掩模(表 12.2 列出了 46 个像素)中心的八个像素的光谱求平均值得到篷布的端元光谱，6m×6m 的白色油布和棉布目标掩模中心的两个像素的光谱求平均值作为这两种材料的端元光谱。

为了评估目标探测使用混合空间光谱技术降噪前后的效果,每个数据立方体(即原始数据立方体和降噪后的数据立方体)都要生成一个端元光谱阵列,这个阵列从各自在相同像素位置的像素的光谱求平均值生成。使用这种方法从原始数据立方体和应用混合空间光谱降噪技术降噪后的数据立方体中推导出的篷布和棉布的端元光谱已被展示在图 12.4~图 12.7 中,并且可以发现它们的光谱是非常相似的,除了非吸收峰值区域降噪后光谱更为平滑。

12.4.2 评价标准

这一节提出三个标准来评价使用混合像元分解方法从降噪后的数据立方体中推测出目标的可靠性。这些标准是推测目标区域与真实目标区域的面积百分比、目标的误判像素与真实目标区域的面积百分比,以及推测目标像素和其周围背景像素的光谱值之间的对比差(或差值)。真实的目标的面积是已知的(如 $12m \times 12m = 144m^2$ 的目标,$6m \times 6m = 36m^2$ 的目标),因为它们是人工布置的。

1. 推测目标与真实目标的面积百分比

推测目标区域的面积是目标探测的关键测量。这一指标计算出推导目标面积与真实目标区域面积的百分比。将推测目标确定为目标之前,推测目标的面积要充分接近真实目标的区域面积。一个推测目标区域面积可以通过统计推测目标像素的个数来估算,因为一个像素等于 $2.20m \times 1.85m = 4.07m^2$(由 SFSI 传感器的空间分辨率决定的)。这个评价标准的定义为

$$目标区域面积\% = \frac{推测目标像素个数 \times 4.07m^2}{真实目标面积} \times 100\% \qquad (12.4)$$

例如,在计算篷布目标区域面积百分数时,用相应的篷布材料面积比例图。篷布面积比例图上光谱丰度值等于或者大于一个给定阈值篷布目标掩模下的像素被作为计算目标区域面积百分数。目标区域面积百分数越高,被探测目标与真实目标就越接近。同样,对于白色油布和棉布材料目标,使用相应的白色油布和棉布材料的面积比例图来计算。

2. 误判目标面积与真实目标面积的百分比

在这项研究中,不同材料的目标被部署。在目标探测能力的评价中,统计目标掩模下属于其他材料的像素的个数和被误判为目标的背景像素数量也是重要的。误判目标像素面积百分比定义为

$$误判目标面积\% = \frac{目标掩膜下其他材料的像素个数 \times 4.07m^2}{目标真实面积} \times 100\%$$

$$(12.5)$$

例如,在篷布目标检测的评价中,式(12.5)用到的在白色油布和棉布端元面积比例图的目标掩模下的像素的比例值小于给定的阈值,篷布目标掩膜下应该没有像素被计入白色油布或棉布掩膜下的误判像素。在这两个面积比例图中,目标掩模下像素的比例值等于或大于给定阈值的像素会被计入篷布目标的误判像素。

3. 目标和背景之间的对比

计算目标像素和背景像素之间的对比(差值)也是一个评价标准。推测目标和背景之间的对比值越大,目标的可探测性越好。一个目标和它的背景之间巨大的对比可以给探测带来更好的结果。为简化评价,一种材料类型的所有尺寸的目标取平均丰度值来计算。例如,对于篷布目标,对 12m×12m、6m×6m 和 3m×3m 的目标掩模下像素的丰度值取平均值。这三个相应的背景掩模下像素的值也被取平均数,这个值用来作为篷布目标的平均背景比例。同样,对于白色油布和棉布目标,6m×6m 和 3m×3m 的背景掩模和目标掩模下像素的值也被取平均值来计算。

12.4.3　目标探测与评价结果

在本节,像素丰度值的阈值设置为 60%。也就是说,如果目标掩模下的一个像素要作为一个推测目标的像素来处理,那么它的面积比例图像像素丰度值要大于或者等于这个阈值。这个阈值的选择是基于混合像元分解的一系列研究的经验(通常在 60%～70%)。这考虑到在混合像元分解过程中的几个因素,例如从数据立方体中推导出的端元是否纯净,分解计算算法是否准确及亚像素目标的个数。一个高的阈值(如 90%)将导致更少的或没有像素被作为目标像素探测到。

像素丰度值阈值的选择是至关重要的,会对目标的探测能力产生重大影响。下一节将介绍一种类似基于光谱分离的目标探测方法,该方法不使用像素丰度值的阈值。

在本节,60% 的阈值限制下的目标像素的数量使推测目标区域非常接近真正的目标区域。

从原始数据立方体和降噪后的数据立方体推导出的掩模中识别目标像素使用了相同的阈值,因此阈值的选择对评估混合空间光谱降噪技术没有显著影响。

为了与使用混合空间光谱降噪技术降噪后的数据立方体进行比较评估,一种采用平滑降噪技术[30]的数据立方体也被评估。这是因为在混合空间光谱降噪技术发展之前,这种平滑降噪技术已被广泛用于 SFSI 数据立方体的应用程序。文献[31],[32]报道,它通过基于已知的 SFSI 传感器噪声特性的空间光谱平滑方法消除了 SFSI 数据的随机噪声。这种噪声去除技术可以显著提高遥感应用中的 SFSI 数据的质量。根据其他报道[31],在 1470nm 这个波段下,水和水蒸气的原始辐射光谱特征在 SFSI 原始数据立方体中不能被很好地区别。然而,在使用了平滑降噪技术后的辐射光谱中,能够很好地分辨它们。

1. 推测目标的面积

表 12.3 列出了从三种数据立方体中推导出的目标材料的面积比例图中像素丰度值大于或等于 60% 的像素个数和目标区域面积百分比。可以看出,在原始数据立方体中,46 个像素大小的掩模下的 29 个像素被认作 12m×12m 篷布目标的像素,这个目标是最大的。这些像素占据的面积为 $29 \times 4.07\text{m}^2 = 118.03\text{m}^2$,真实目标区域面积百分比是 118.03/144=82%。从这个目标区域面积百分比,可以认为 12m×12m 的篷布目标可以从原始数据立方体中探测出来。

表 12.3　使用降噪技术前后推测目标的像素个数和推测目标相对于真实目标的目标区域面积

数据立方体类型	目标材料	12m×12m		6m×6m		3m×3m		材料类别和数据立方体中目标像素总数	
		像素个数	面积百分比	像素个数	面积百分比	像素个数	面积百分比		
原始数据立方体	篷布	29	82.0	1	11.3	0	0.0	30	36
	白色油布	/	/	4	45.2	0	0.0	4	
	棉布	/	/	2	22.6	0	0.0	2	
HSSNR 降噪后数据立方体	篷布	32	90.4	4	45.2	0	0.0	36	58
	白色油布	/	/	11	100.0	0	0.0	11	
	棉布	/	/	11	100.0	0	0.0	11	
平滑降噪后数据立方体	篷布	29	82.0	2	22.6	0	0.0	31	41
	白色油布	/	/	4	45.2	0	0.0	4	
	棉布	/	/	6	67.8	0	0.0	6	

对于 6m×6m 的篷布目标,在 8 个像素大小的掩模下,只有 1 个像素被当做目标像素被探测出来,由此可以算出占据真实目标区域的百分比是 $1 \times 4.07/36 = 11.3\%$。对于这么低的目标区域面积百分比,6m×6m 的篷布目标不能算从原始数据立方体中探测出来了。对于 3m×3m 的篷布目标,在 2 个像素大小的掩模下,没有像素被当做目标像素被探测出来。对于三种尺寸的篷布目标的原始数据立方体,共有 30 个像素被当作目标像素被探测出来。

对于 6m×6m 的白色油布目标,11 个像素大小的目标掩模下的 4 个像素被探测为目标像素,由此可以算出占据真实目标区域的 $4 \times 4.07/36 = 45.2\%$。这个目标区域面积百分比的值是临界的,目标的探测能力待定,它取决于目标的误判区域面积百分比。只有误判区域面积百分比是合理的,并且小于目标区域面积百分比,才可以认为能够被探测到。误判区域面积百分比在下一节将被讨论。

对于 6m×6m 的棉布目标,12 个像素大小的目标掩模下的 2 个像素被探测为目标的像素,由此可以算出占据真实目标区域的百分比是 $2 \times 4.07/36 = 22.6\%$。

通过这个目标区域面积百分比,可以说 6m×6m 的棉花目标在原始数据立方体中不能被探测到。3m×3m 的白色油布和棉花目标掩模下没有像素被探测到。在原始数据立方体中,共有 36 个像素被探测到并且用来评估目标。

使用混合空间光谱降噪后的数据立方体中,46 个像素大小的掩模下的 32 个像素被认作 12m×12m 篷布目标的像素。这些像素占了 32 × 4.07m² = 130.24m²,占据真实目标区域的 130.24/144=90.4%。使用混合空间光谱降噪技术后目标区域面积百分比从 82.0% 增加到 90.4%。

对于 6m×6m 的篷布目标,8 个像素大小的真实目标掩模下的 4 个像素被当做目标的像素,可以算出占真实目标区域区域的 4×4.07/36=45.2%。目标区域面积百分比从 11.3% 增加到 45.2%。6m×6m 篷布目标不能算从原始数据立方体中探测到的。纯混合空间光谱降噪技术降噪后的数据立方体的这个目标检测能力仍然是待定的,取决于误判区域面积百分比。

对于 3m×3m 的篷布目标,即使使用降噪后的数据立方体也没有像素被探测到。三种尺寸的篷布目标,在混合空间光谱技术降噪后的数据立方体中,共有 36 个像素被探测到,而原始数据立方体中只探测到 30 个像素。

对于 6m×6m 的白色油布目标,11 个像素大小的目标掩模下的所有像素被当做目标的像素,由此可以算出占据真实目标区域的 11×4.07/36=124.4%。注意,这个目标区域面积百分比超过 100%,这是我们使用阈值(60%)的缘故。当阈值增加到 70%,目标像素的数量变成 8(最好保持一个常数阈值在整个评价过程中)。在混合空间光谱降噪技术降噪后的数据立方体中,6m×6m 的白色油布目标在两种阈值下能够被完全探测到。在 60% 的阈值下,从原始数据立方体中推导出的目标区域掩模的面积百分比为 45.2%,它的探测能力仍然是待定的。

对于 6m×6m 的棉布目标,12 个像素大小的目标掩模下有 11 个像素被当作目标的像素。这个数量的像素也超过了真实目标面积的 100%(124.4%)。当阈值设置为 70%,目标像素的数量变成 9。这个目标也能完全被探测到。这个目标不能从原始数据立方体中探测到,因为它的目标区域面积百分比低至 22.6%。

对于 3m×3m 的白色油布和棉布目标,使用降噪后的数据立方体也没有像素被探测到。在运用混合空间光谱降噪技术降噪后的数据立方体中一共有 58 个像素被探测到,并用来评估目标的探测能力。

表 12.3 还列出了使用平滑降噪技术降噪后的降噪数据立方体中目标像素的数量和目标区域面积百分比。可以看出,从这个数据立方体中推测出的目标区域面积百分比比那些来自原始数据立方体的目标区域面积百分比好,但是比使用混合空间光谱降噪技术降噪后的数据立方体推测出的目标区域面积百分比差。这是预料之中的,因为平滑降噪技术的降噪效果低于混合空间光谱降噪技术。

平滑降噪后 12m×12m 的篷布目标探测能力没有提高。6m×6m 的篷布目标探测能力略有改善,多发现了一个像素。但 6m×6m 的篷布目标仍然是不能算作被检测到的,3m×3m 的篷布目标也没有像素被探测到。6m×6m 的白色油布目标已在原始数据立方体中相同数量的像素(4)被检测到。6m×6m 的棉布目标有6 个像素被确定为目标像素,算出 6×4.07/36＝67.8％的目标区域面积百分比,与来自原始数据立方体的 2 像素和 22.6％的目标区域面积百分比相比,有着显著提高。在这个目标区域面积百分比下,6m×6m 的棉花目标称具有合理的置信度,可以被探测到。平滑降噪后的 3m×3m 的白色油布和棉花掩模下没有像素被探测到。

可以看到,在原始数据立方体和降噪后数据立方体中,3m×3m 的目标掩模没有一个像素被探测为目标像素。这可能有两个原因。其中一个原因是 3m×3m 的目标像素只占用了端元的亚像素。它们的目标材料的像元丰度可能小于使用的阈值(60％)。另一个原因是 3m×3m 的目标掩模中心可能不够准确。如果一个目标掩模的中心从实际中心平移了一个像素,由于它的小尺寸(2~3 个像素),一个高丰度像元的目标像素就有可能被错过。

2. 误判像素

不同材料的 3m×3m 的目标被排除在误判像素探测之外,因为它们没有目标像素被探测到。表 12.4 列出了从三个数据立方体中误判的目标像素的数量和误判像素面积对应真正的目标区域面积的百分比。

误判像素的数目是通过计数在各端元比例图中在目标掩模下的像元数,并且丰度值大于或等于不同于目标(材料)的其他端元的丰度阈值。在这项研究中,由于目标区域面积百分比较高,从原始数据立方体中推测出的 12m×12m 篷布目标误判像素百分比不是特别重要。对 6m×6m 和一些更小的目标进行目标探测,这是个棘手的问题。因此,本节讨论的重点将放在 6m×6m 的目标,由于 3m×3m 的目标被排除在外。

对于从原始数据立方体中推导出的 6m×6m 的篷布目标,目标掩模下的两个像素被误判到棉布、沙子和草的面积比例图像中。这两个误判像素占了目标真实面积的 22.6％。在没有考虑误判像素面积百分比之前,这个目标是不能从原始数据立方体中探测出来的,因为只有 1 个像素被探测认为是目标像素,占了真实目标面积的 1×4.07/36＝11.3％。

对于从原始数据立方体中推导出的 6m×6m 的白色油布目标,误判像素最坏的情况是在草地面积比例图 11 个像素的目标掩模下,有 4 个像素丰度值等于或大于阈值的像素被探测到。这四个误判像素占了真实目标面积的 45.2％,这些误判像素损害了目标的检测能力。因为在表 12.3 中只有四个像素被探测到,作为白色油布目标的像素,这种对等的 4 个目标像素和 4 个误判像素不能给人们信心,宣称 6m×6m 的白色油布目标可以从原始数据立方体中探测到。这就否定了 6m×6m 白色油布目标待定的探测能力。

表 12.4　使用降噪技术前后的数据立方体推导出的误判像素的数量和目标误判像素区域面积百分比[28]

数据立方体	目标种类	误判像素														目标种类和数据立方体中误判像素总数
		篷布		白色油布		棉布		聚乙烯		乙烯基		沙石		草地		
		误判像素	误判面积/m²	误判像素	误判面积/m²	误判像素	误判面积/m²	误判像素	误判面积/m²	误判像素	误判面积/m²	误判像素	误判面积/m²	误判像素	误判面积/m²	
原始数据立方体	12m×12m 篷布	/	/	0	0.0	4	11.3	2	5.7	0	0.0	3	8.5	8	22.6	17
	6m×6m 篷布	/	/	0	0.0	2	22.6	1	11.3	0	0.0	2	22.6	2	22.6	7
	6m×6m 白色油布	0	0.0	/	/	0	0.0	1	11.3	0	0.0	2	22.6	4	45.2	7
	6m×6m 棉布	0	0.0	0	0.0	/	/	3	33.9	1	11.3	3	33.9	3	33.9	10
																41
混合空间光谱降噪后数据立方体	12m×12m 篷布	/	/	0	0.0	4	11.3	1	2.8	0	0.0	2	5.7	7	19.8	14
	6m×6m 篷布	/	/	0	0.0	1	11.3	1	11.3	0	0.0	1	11.3	1	11.3	4
	6m×6m 白色油布	0	0.0	/	/	0	0.0	0	0.0	0	0.0	0	0.0	0	0.0	0
	6m×6m 棉布	0	0.0	0	0.0	/	/	0	0.0	0	0.0	1	11.3	0	0.0	1
																19
平滑降噪后数据立方体	12m×12m 篷布	/	/	0	0.0	5	14.1	1	2.8	0	0.0	2	5.7	9	25.4	17
	6m×6m 篷布	/	/	0	0.0	2	22.6	1	11.3	0	0.0	1	11.3	2	22.6	6
	6m×6m 白色油布	0	0.0	/	/	0	0.0	1	11.3	1	11.3	2	22.6	3	33.9	7
	6m×6m 棉布	0	0.0	0	0.0	/	/	3	33.9	0	0.0	2	22.6	1	11.3	6
																36

对于从原始数据立方体中推导出的 6m×6m 的棉布目标,发现只有两个目标像素。这两个像素占目标真实面积的 22.6%。然而,有 3 个其他目标的像素被误判为棉花,分别来自这 3 个面积比例图像,即聚乙烯、沙石和草地。这 3 个误判像素占了真实目标面积的 33.9%,并且进一步验证了从原始数据立方体中推导出的 6m×6m 的棉布目标不能被探测到。

混合空间光谱降噪技术还降低了误判像素的数量。所有评估目标的误判像素的总数从 41 下降到 19。混合空间光谱降噪技术降噪后的数据立方体中误判像素的主要来源是 12m×12m 和 6m×6m 的篷布目标,它们有 14+4=18 个误判像素,这比从原始数据立方体中推导出的篷布目标的 17+7=24 个误判像素要小,6m×6m 的篷布目标总共有 4 个像素被误判为其他目标,分别被当做棉布与聚乙烯目标像素和沙石与草地背景像素。这样一个单像素误判只是轻微影响目标的探测能力,因为正如表 12.3 所示有 4 个像素被探测为目标像素。从使用混合空间光谱降噪技术降噪后的数据立方体中推导出的 6m×6m 篷布目标待定的探测能力,说明 6m×6m 篷布目标在使用混合空间光谱降噪技术降噪后,能被探测到的声明是公平的。对 6m×6m 白色油布目标,相比从原始数据立方体中推导出的 7 个误判像素,该方法没有一个单一的像素被误判。对 6m×6m 棉布目标,相比从原始数据立方体中推导出的 10 个误判像素,该方法只有一个误判像素。

在考虑误判像素的情况下,现在考虑平滑去噪技术是如何影响目标探测能力的。所有评估目标的误判像素的数从 41 个下降到 36 个。6m×6m 的篷布目标共有 6 个误判像素,2 个混在棉布目标像素里,2 个混在草地背景像素里。6m×6m 的白色油布目标,误判像素的最大数量是 3,这种情况出现在目标混杂草地时。这 3 个像素占了目标真实面积的 33.9%,相比从原始数据立方体中推导出的同种目标的 4 个误判像素或占据目标真实面积的 45.2% 略有改善。相比从降噪后数据立方体中推导出的 6m×6m 白色油布目标目标像素与从原始数据立方体中推导出的有着相同数量,可以被考虑认为是临界探测。这个目标在原始数据立方体是不能被探测到的。6m×6m 棉布目标的误判像素的最大数量也是 3 个,这发生在与聚乙烯混合时。这 3 个误判像素占了真实面积的 33.9%,没有对目标的探测能力产生重大影响,因为在表 12.3 中列出了有 6 个像素被探测为目标像素。我们可以有足够的信心说,使用平滑降噪技术降噪后,6m×6m 的棉布目标可以被探测到。这个目标从原始数据立方体中无法被探测到。

3. 目标的比例值差

表 12.5 列出了从原始数据立方体和两个降噪后数据立方体中推导出的同种材料所有尺寸目标的平均丰度值、目标背景的平均丰度值,以及它们的差异。篷布目标(12m×12m、6m×6m、3m×3m)的丰度值差异在使用混合空间光谱降噪技术

后从 38.8％增加到 47.0％。白色油布目标(6m×6m、3m×3m)的丰度值差异降噪后从 31.6％增加到 45.3％。白色油布目标(6m×6m、3m×3m)的丰度值差异在使用混合空间光谱降噪技术后从 2.9％增加到 20.6％。从原始数据立方体中推导出的目标丰度比例值平均差异是 24.4％,在使用混合空间光谱降噪技术后增加到 37.6％。

应用平滑降噪技术降噪后的目标丰度值差异与从原始数据立方体中推导出的相比有所改善,尽管他们和从使用混合空间光谱降噪技术降噪后的数据立方体中推导出的值相比略有不如。应用平滑降噪技术降噪后,数据立方体推导出的目标丰度比例值平均差异增加到 27.5％。

表 12.5　从原始数据立方体和降噪后数据立方体中推导出的同种材料所有尺寸目标的平均丰度值、背景的平均丰度值,以及它们的差异[28]

数据立方体	目标种类	目标像素平均丰度值	背景像素平均丰度值	差值	平均差值
原始数据立方体	篷布	61.9	23.1	38.8	24.4
	白色油布	45.7	14.1	31.6	
	棉布	57.8	54.9	2.9	
混合空间光谱降噪后数据立方体	篷布	68.7	21.7	47.0	37.6
	白色油布	78.4	33.1	45.3	
	棉布	65.7	45.1	20.6	
平滑降噪后数据立方体	篷布	69.6	23.4	46.2	27.5
	白色油布	63.7	42.8	20.9	
	棉布	61.7	46.4	15.3	

4. 评价结果总结

本节描述基于混合像元分解的高光谱目标探测技术和使用混合空间光谱降噪技术后目标探测应用程序的有效性评估。评估使用以下标准。

① 估测目标的面积与真实目标面积的百分比。

② 误判目标与真实目标面积的面积百分比。

③ 目标和背景的差异。

目标的评价结果表明,使用混合空间光谱降噪技术后的数据立方体探测能力显著提高。在这之前,目标从原始数据立方体中不能被可靠地探测到。表 12.6 总结了使用混合空间光谱降噪技术和平滑降噪技术降噪前后目标(12m×12m～6m×6m)的探测能力。

表 12.6　使用混合空间光谱降噪技术和平滑降噪技术降噪前
后目标(12m×12m～6m×6m)的探测能力总结[28]

数据立方体	目标	是否探测到	目标区域面积百分比	误判区域面积百分比
原始数据立方体	12m×12m 篷布	是	82.0	22.6
	6m×6m 篷布	否	11.3	22.6
	6m×6m 白色油布	否	45.2	45.2
	6m×6m 棉布	否	22.6	33.9
混合空间光谱降噪后数据立方体	12m×12m 篷布	是	90.4	19.8
	6m×6m 篷布	是	45.2	11.3
	6m×6m 白色油布	是	100.0	0.0
	6m×6m 棉布	是	100.0	11.3
平滑降噪后数据立方体	12m×12m 篷布	是	82.0	25.4
	6m×6m 篷布	否	22.6	22.6
	6m×6m 白色油布	是(少量)	45.2	33.9
	$6×6m^2$ 棉布	是	67.8	33.9

对这项研究中最大的目标(12m×12m)篷布目标来说,在丰度阈值为 60% 时,使用混合空间光谱降噪技术降噪后目标区域面积百分比从 82.0% 增加到 90.4%。从原始 SFSI 数据立方体中推导出的 6m×6m 篷布目标不能被探测到。在使用混合空间光谱降噪技术降噪后可以被探测到,因为目标区域面积百分比从 11.3% 增加到 45.2%,降噪后误判目标区域面积百分比下降到 11.3%。6m×6m 白色油布目标和 6m×6m 棉布目标从原始数据立方体中无法被探测到。使用混合空间光谱降噪技术降噪后,两种目标都可以完全被探测到。相比从原始数据立方体中推导出的 6m×6m 白色油布目标的 7 个误判像素,使用混合空间光谱降噪技术没有一个单一像素被误判。相比从原始数据立方体中推导出的 6m×6m 棉布目标的 10 个误判像素,使用混合空间光谱降噪技术只有一个单一像素被误判。所有目标和背景之间的平均丰度值差异在使用混合空间光谱降噪技术降噪后从 24.4% 增加到 37.6%。

使用基于光谱空间平滑降噪的技术是为了与混合空间光谱降噪技术进行评估和比较。使用这种降噪技术后,12m×12m 篷布目标的探测能力没有改进。同样,6m×6m 篷布目标降噪后仍然不能被探测到。从原始数据立方体中推导出的 6m×6m 白色油布目标不能被探测到,最大误判目标区域面积百分比从 45.2% 降到 33.9%。从原始数据立方体推导出的目标区域面积百分比是相同的(45.2%)。这个目标在使用这种技术降噪后可以略微探测到,最大误判像素的面积百分比从

45.2%降到 33.9%。虽然 6m×6m 的棉布目标可以被探测到,但是目标的面积百分比是 67.8%,这是小于从使用混合空间光谱降噪技术降噪后得到的目标面积百分比。最大目标误判像素区域面积百分比为 33.9%,比使用混合空间光谱降噪技术降噪后得到的目标面积百分比大了 11.3%。所有目标和背景之间的平均丰度值差异在使用平滑降噪技术降噪后从 24.4%增加到 27.5%。

12.5　基于像素的端元光谱丰度值总和的目标探测

12.4 节描述的使用混合像元分解进行目标探测的方法需要在目标掩模下设置一个预先定义的像素光谱丰度阈值来识别像素,从而确定一个目标像素。像素光谱丰度值阈值设置为 60%,也就是说如果一个像素的光谱丰度值大于或等于阈值,这个像素就可以当做目标的一部分。阈值的选择是根据以前的光谱分离研究,因此阈值的选择是至关重要的,并对目标的探测能力产生重大影响。缺点是,当像素丰度值小于阈值(如目标像素是亚像素)时,将被排除在外。本节描述一种类似基于混合像元分解进行目标探测的方法,但它不使用像素丰度阈值。

12.5.1　亚像素目标探测

在图 12.1 所示的 SFSI-II 数据立方体的场景中,人造目标阵列的方向不能和飞机飞行方向在同一条直线上。在 SFSI-II 数据立方体中,目标阵列和航迹的穿轨线(垂直于飞机飞行方向)之间有大约 36°的旋转。图 12.14 显示 SFSI-II 数据立方体中顺时针旋转 36°后的人造目标阵列。

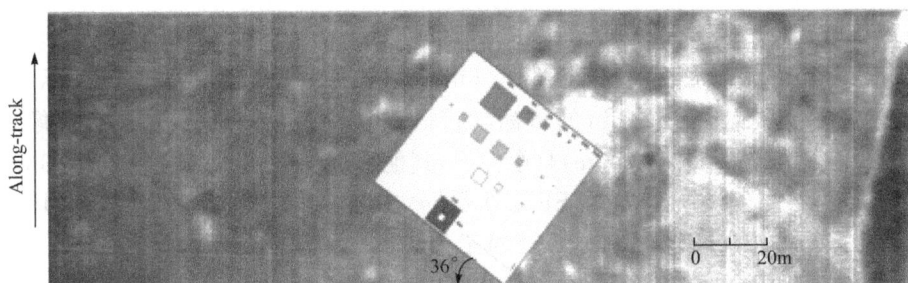

图 12.14　SFSI-II 数据立方体的场景中人造目标阵列的布置;SFSI-II 数据立方体中目标阵列和航迹的穿轨线之间有大约 36°的旋转角[27]

为了从测试数据立方体中推导出目标,首先引入和创建目标掩模。目标掩模要尽可能多地覆盖具体尺寸目标的像素。图 12.15 展示了目标掩模。在确定目标中心位置和每个目标掩模的覆盖范围时有许多因素需要考虑。由于 SFSI-II 仪器地面像素(空间分辨率)的大小是 2.20m×1.85m,小目标只占用一个地面像素的一部分,被称为亚像素。SFSI-II 数据立方体场景和目标阵列之间的旋转角度使情况更加复杂。

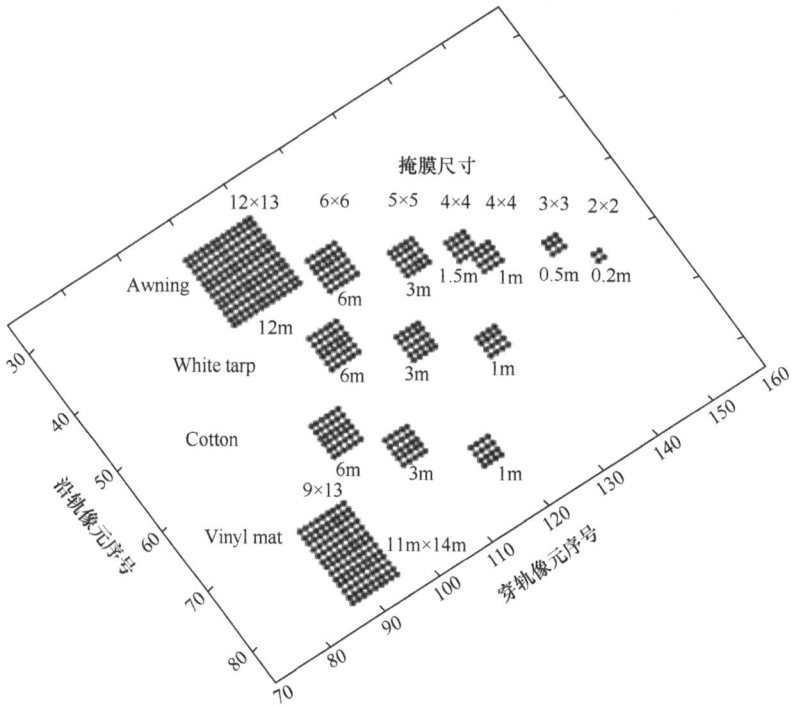

图 12.15　SFSI-II 数据立方体用于推导目标的目标掩模的位置和大小，目标
阵列的目标掩模与图 12.1 中的目标阵列是匹配的

　　图 12.16 给出了 3 个例子，当 SFSI-II 数据立方体中目标阵列和航迹穿轨线之间有大约 36° 的旋转角时，分别是 6m×6m、3m×3m 和 1m×1m 尺寸的目标所覆盖的地面像素。对于 6m×6m 的目标，如图 12.16(a) 所示，目标占据 13 个像素。里面只有三个像素（即 h、l 和 m）是全像素，其他 10 个是亚像素。对于 3m×3m 的目标，如图 12.16(b) 所示，它在 SFSI-II 数据立方体现场中包括 7 个像素（即 h、l、m、n、q、r、s），这些像素都是亚像素。对于 1m×1m 的目标，如图 12.16(c) 所示，涵盖包括 4 亚像素（即 g、h、l 和 m）。

　　确定目标掩模的覆盖范围需要考虑下面两点。

　　① 目标占据的亚像素。

　　② 由于掩模中心定位不准确导致掩模中心从真实中心被平移。

　　如果近似两个像素的错误定位被采用，可能导致目标区域面积增加。例如，1m×1m 的目标（图 12.16(c)），粗线框标记的矩形区域覆盖 4×4＝16 个像素的区域被选中作为掩模。这样，如果掩模中心位置定位不准确（由真正的目标中心向任何方向平移一个像素或最大两个像素），掩膜还可以覆盖目标占据的像素。对于

3m×3m 的目标(图 12.16(b)),图中粗线框里的 5×5＝25 像素被作为掩模的覆盖区域。对于 6m×6m 的目标(图 12.16(a))选择 6×6＝36 个像素被作为掩模的覆盖区域。掩模的位置及大小(像素的个数)在图 12.15 中已给出。在图 12.15 中,从航迹线像素到原始 SFSI-II 图像有 255 个像素的平移。

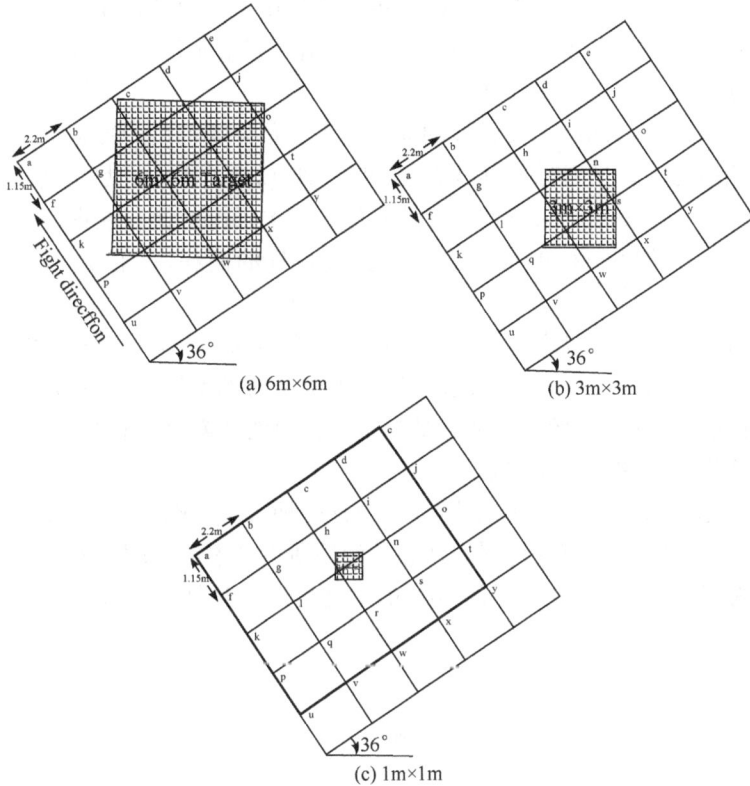

图 12.16　SFSI-II 数据立方体中目标覆盖的地面像素,
传感器地面像素大小是 2.20m×1.85m,目标阵列和航迹线之间有 36°的旋转角[27]

为了准确定位目标掩模的中心,使用 12.2 节创建的信息。把目标材料的端元光谱(e)作为种子光谱与目标光谱(s)生成每个像素在端元光谱和每个目标像素光谱之间的光谱角(即光谱角＝cos^{-1}(|e| · |s|))。光谱角的等角轮廓线可以用来帮助确定目标掩模的中心。与端元光谱之间具有最小光谱角的像素的位置(或像素的中心),有很大可能是目标中心。这个中心可以作为目标掩模中心。

在评估中,目标材料端元光谱的计算是至关重要的,端元光谱的质量直接影响数据立方体中推导目标面积比例图像的质量。有两种方法获取目标材料的端元光谱。第一种方法是获取目标材料的端元光谱的光谱库或使用地面目标材料的光谱。第二种方法是获取数据立方体中目标材料本身的端元光谱。在 12.4.1 节和本节采用第二种方法。

我们使用图像光谱数据分析系统软件中的迭代误差分析(IEA)算法从降噪前后数据立方体中提取端元。使用迭代误差分析算法,将为每个数据立方体(即原始数据立方体和降噪后数据立方体)创建端元光谱阵列数组。从原始数据立方体和使用混合空间光谱降噪技术降噪后的数据立方体中推导出的篷布材料的端元光谱和棉布材料端元光谱在 12.2 节展示。这些光谱看起来非常相似,除了在非吸收峰值区域降噪后的光谱要平滑一些。

本节基于推测目标和真实目标的面积比来评估降噪前后的数据立方体中推导目标的探测能力。真实目标的面积是已知的(如 12m×12m 的目标为 144m², 6m×6m 的目标为 36m²),因为它们是人造目标。推测目标的面积在探测中是一个关键的测量指标。推测目标的面积越接近真实目标的面积,就有更好的目标探测能力。

推测目标的面积可以通过统计目标像素的数量来计算,一个地面像素的大小是 2.20m×1.85m＝4.07m²,这是由 SFSI-II 传感器的空间分辨率决定的。在现实中,目标掩模下的目标像素并非全部是目标材料的像素,如图 12.16 所示。大部分小目标掩模下的像素是亚像素。

为了考虑亚像素对目标面积的贡献,根据一种特定的端元材料,在掩模下对所有像素的该端元的丰度值进行累加计算。使用所有像素的该端元光谱丰度值之和来计算目标材料的纯像素数。每 100% 的丰度可以认为是一个端元材料完整的像素。标准定义为

$$目标区域面积的比例 = \frac{4.07\text{m}^2 \times \sum\limits_{i=1}^{N} f_i}{目标区域的真面积} \tag{12.6}$$

其中,f_i 是目标掩模下像素 i 的丰度值;N 是目标掩模下像素的总数。

例如,在评价篷布目标时,使用相应的篷布端元(篷布材料)面积比例图。篷布面积比例图中掩模下纯像素的丰度值按照式(12.6)计算目标区域所占的比例。目标区域所占的比例越接近 1,那么目标就具有更好的探测能力。同样,对于白色油布材料和棉布材料的目标,使用相对应的面积比例图像来计算。

12.5.2　目标探测和评价结果

混合空间光谱降噪技术和平滑降噪技术两种算法被用于对原始数据立方体降噪。之后把原始数据立方体和降噪后数据立方体中的条纹删除,这是施加遥感程序前数据的最后预处理过程。使用 ISDAS 图像光谱数据分析系统中的迭代误差分析算法[30]从每个数据立方体中提取最纯净的像素作为端元。在图像光谱数据分析系统软件模型中,提取的端元数量被设置为 20,这是该数据分析的开发人员

的建议。在提取端元后,迭代误差分析会报告端元在数据立方体场景中的位置。在这项研究中,由于目标的位置已知,通过迭代误差分析算法提取的端元可以使用目标的位置来验证。第一次观测的是通过迭代误差分析,一些目标材料端元无法获得。迭代误差分析可以从使用混合空间光谱降噪后的数据立方体中发现所有目标的端元;然而,它不能从原始数据立方体中发现棉布材料的端元,也不能从平滑降噪后的数据立方体中发现棉布和白色油布材料的端元。那些被遗漏的端元在提高端元保本数量限制(在使用的图像光谱数据分析系统软件的版本中是 66)的时候依然被遗漏了。

根据可用端元的不确定性,人们可以使用强制约束和弱无约束来分离数据立方体,或者在光谱数据分析系统中采取无约束分离算法。强制约束无约束的端元提取方法的区别在于在分离过程中条件存在与否。弱约束端元提取的方法使用所有可用的面积比例图像计算端元,但是需要假设所有的像素光谱丰度值不完全是已知的。这导致像素丰度在 0~1,以及它们每个像素的总和也在 0~1。强制约束分离和前者相反,必须增加一个约束条件。

为了探测从降噪前后的数据立方体中推导出的目标,使用从这些数据立方体中提取的端元来分离数据立方体。分离过程通过光谱数据分析系统来实现。为了防止遗漏端元,我们使用无约束分离方法。在评估中使用目标材料的面积比例图像。在某些情况下,如果对一种材料发现不止一个端元,相应面积比例图像的端元光谱值加在一起计算相应的目标光谱(表 12.7)。

表 12.7　从降噪前后数据立方体中推导出的标称丰度值总和以及目标的丰度值总和,
即推导目标区域面积和真实目标区域面积的百分比(没有去除污染光谱丰度值)

材料	目标尺寸/m²	标称丰度值总和	原始数据立方体		HSSNR 降噪数据立方体		平滑降噪数据立方体	
			获得的像素值总和	面积比	获得的像素值总和	面积比	获得的像素值总和	面积比
篷布	12×12	3538.1	3198.5	0.90	3753.3	1.06	3135.6	0.89
	6×6	884.5	885.4	1.00	1005.2	1.14	876.9	0.99
	3×3	221.1	183.0	0.83	198.5	0.90	132.5	0.60
	1.5×1.5	55.3	88.6	1.60	78.4	1.42	101.1	1.83
	1×1	24.6	40.5	1.65	53.2	2.16	18.7	0.76
	0.5×0.5	6.1	48.1	7.84	44.3	7.21	51.6	8.40
	0.2×0.2	1.0	0.0	0.00	11.9	12.13	9.3	9.46

材料	目标尺寸/m²	标称丰度值总和	原始数据立方体		HSSNR 降噪数据立方体		平滑降噪数据立方体	
			获得的像素值总和	面积比	获得的像素值总和	面积比	获得的像素值总和	面积比
白色油布	6×6	884.5	838.1	0.95	927.6	1.05	0.0	0.00
	3×3	221.1	306.3	1.39	318.6	1.44	0.0	0.00
	1×1	24.6	27.8	1.13	49.9	2.03	0.0	0.00
棉布	6×6	884.5	0.0	0.00	1052.1	1.19	0.0	0.00
	3×3	221.1	0.0	0.00	133.4	0.60	0.0	0.00
	1×1	24.6	0.0	0.00	45.4	1.85	0.0	0.00
乙烯基	11×14	3783.8	5015.5	1.33	5714.3	1.51	4566.2	1.21

表 12.7 列出了使用混合空间光谱降噪技术和平滑降噪技术降噪前后数据立方体中推导出的目标丰度值总和与标称丰度值总和,以及推导目标区域面积和真实目标区域面积的百分比。因为迭代误差分析没有从原始数据立方体中找到棉布材料的端元,也没有从使用平滑降噪技术降噪后的数据立方体中找到白色油布材料和棉布材料的端元,在表中这些目标端元的总像素数以 0 列出。在表中,标称丰度值总和通过下式计算,即

$$标称丰度值总和=\frac{目标真实面积}{标称每个像素的面积}\times100 \tag{12.7}$$

例如,对于 12m×12m 的目标,名义上的总像素数为

$$\frac{12\times12(m^2)}{4.07(m^2)}\times100\%=3538.1\% \tag{12.8}$$

标称丰度值总和是一个目标被探测到的最大丰度值和。在理论上,一个目标的丰度值总和不应超过其标称的总和。可以看出,很多目标的丰度值总和大于标称丰度值总和,尤其是对小目标(0.2m×0.2m 篷布目标)目标面积与真实目标面积的面积比高达 12.13。这些丰度值总和对评价探测来说是有问题的。

有许多因素影响一个目标的丰度值的总和,例如在光谱分离过程中产生的噪声(包括许多未知干扰和误差来源)是主要因素;端元的纯净度是另一个因素;分离矩阵计算的准确性也是其中一个因素。

当前光谱分离技术是根据假设的线性混合进行分离的。在现实生活中,天然材料的混合并不是线性混合。除了这些因素,像素的点扩散函数也会导致这个问题。一个孤立像素的单一材料不会产生 100%的丰度值,因为基于点扩散函数它

的能量会扩散到邻近的像素。一个 30% 被测材料覆盖的像素(亚像素)在现实生活中不会产生这种材料光谱的 30% 丰度。

为了减少前面提到的人为因素影响结果,我们对数据进行了后处理。在这里,我们假定人为影响作为"污染"。换句话说,数据立方体中的每个独立像素都有相同的概率被单独污染。要消除这种污染,每个污染目标所在的区域将要从其面积比例图中移除,然后计算端元面积比例图的平均丰度。因为在移除目标后的面积比例图中没有目标存在,这个平均丰度值显示了每个端元数据立方体中每个像素的污染值,使用这些污染值,我们现在可以修改面积比例图的目标区域。假设端元 i 的污染丰度是 r_i,相应的丰度 c_i 可以修改为

$$\hat{c}_i = c_i - r_i \tag{12.9}$$

表 12.8 列出了从原始数据立方体和使用平滑降噪技术与混合空间光谱降噪技术降噪后的数据立方体中推导出的每个端元的污染丰度值。再次重复前述,在表中从原始数据立方体中的棉布材料和使用平滑降噪技术降噪后的数据立方体中的白色油布材料和棉布材料的污染像素数被设置为 0,因为迭代误差分析没有探测到端元。同种材料使用混合空间光谱降噪技术降噪后的数据立方体的污染丰度值低于原始数据立方体丰度值,尤其是白色油布材料(0.78% 对 2.01%),这表明混合空间光谱降噪技术多少可以去除噪声。对于使用平滑降噪技术降噪后的数据立方体的污染丰度值,两种不同材料的端元是不一致的,篷布材料的污染丰度值比原始数据立方体更差,而聚乙烯材料的污染丰度值低于原始数据立方体和使用混合空间光谱降噪技术降噪数据立方体的丰度值。

表 12.8　从原始数据立方体和使用平滑降噪技术与混合空间光谱降噪技术降噪后的数据立方体中推导出的每个端元的污染丰度值

目标材料	原始数据立方体	HSSNR 降噪后数据立方体	平滑降噪后数据立方体
篷布	1.61	1.58	3.51
白色油布	2.01	0.78	0.0
棉布	0.0	2.67	0.0
乙烯基	8.25	7.52	2.87

考虑除去污染的丰度值后的总丰度值,表 12.9 列出了从原始数据立方体和使用混合空间光谱降噪技术与平滑降噪技术降噪后的数据立方体推导出的调整后的丰度值总和。因为去除污染丰度值得到丰度值总和是一种减法操作,如果污染丰度大于目标丰度值,调整后的目标的丰度值总和可能是负数。一般而言,从调整后目标的丰度值总和可以发现,使用混合空间光谱降噪技术降噪后的数据立方体的目标区域面积比从原始数据立方体和使用平滑降噪技术降噪后的数据立方体更接近真实目标面积。然而,从原始数据立方体和使用平滑降噪技术降噪后的数据立

方体推导出的丰度值总和包含负数。

对于篷布目标,有 7 个不同尺寸,从 12m×12m~0.2m×0.2m 的目标。0.5m ×0.5m 和 0.2m×0.2m 的目标在这项研究中是探测不到的,因为考虑到篷布端元每个像素的污染率是 1.58%,当它们目标掩模下的污染丰度分别是 9×1.58% =14.22% 和 4×1.58%=6.32% 时,标称丰度值分别为 6.1% 和 1.0%。这些目标像素的污染标称丰度值总和大于标称的丰度值总和。这就是说,即使在去除了污染丰度后,从原始数据立方体和降噪后数据立方体中推导出的这两个目标的面积比例分别是如此的大和负数(-6.55 和 5.68)的原因。表中两行阴影标记的结果表明,它们是不可靠的,在此仅供参考。

表 12.9　使用降噪技术降噪前后的数据立方体推导出的目标的丰度值总和以及推导目标面积(去除污染光谱丰度后)和真实目标面积的面积百分比

材料	目标尺寸/ (m×m)	标称丰度值总和	原始数据立方体		HSSNR 降噪后数据立方体		平滑降噪后数据立方体	
			丰度值总和	面积比	丰度值总和	面积比	丰度值总和	面积比
篷布	12×12	3538.1	2947.4	0.83	3506.1	0.99	2588.0	0.73
	6×6	884.5	827.4	0.94	948.2	1.07	750.5	0.85
	3×3	221.1	142.8	0.65	158.9	1.72	44.8	0.20
	1.5×1.5	55.3	62.8	1.14	53.1	0.96	44.9	0.81
	1×1	24.6	14.8	0.60	27.8	1.13	−37.5	−1.52
	0.5×0.5	6.1	33.7	5.48	30.0	4.89	20.0	3.25
	0.2×0.2	1.0	−6.4	−6.55	5.6	5.68	−4.7	−4.78
白色油布	6×6	884.5	765.8	0.87	899.5	1.02	0.0	0.00
	3×3	221.1	256.1	1.16	299.1	1.35	0.0	0.00
	1×1	24.6	−4.4	−0.18	37.4	1.52	0.0	0.00
棉布	6×6	884.5	0.0	0.00	956.1	1.08	0.0	0.00
	3×3	221.1	0.0	0.00	66.7	0.30	0.0	0.00
	1×1	24.6	0.0	0.00	2.8	0.11	0.0	0.00
乙烯基	11×14	3783.8	4075.3	1.08	4857.4	1.28	4239.0	1.12

① 对于 12m×12m 的篷布目标,推导出的标称丰度值总和为 3538.1%。从原始数据立方体、使用混合空间光谱降噪技术和平滑降噪技术降噪后的数据立方体中推导出的丰度值总和分别是 2947.4%、2506.1% 和 2588.0%,分别对应的面积百分比为 0.83、0.99 和 0.73。从使用混合空间光谱降噪技术降噪后的数据立方体可以推导出一个几乎完美的目标区域面积百分比(0.99)。

② 对于 6m×6m 的篷布目标,从三个数据立方体中推导出的面积百分比分别为 0.94、1.07 和 0.85。原始数据立方体推导出的面积百分比比真实面积少 0.06,而使用混合空间光谱降噪技术降噪后的数据立方体推导出的面积比比真实面积多 0.07。

③ 对于 3m×3m 的篷布目标,从三个数据立方体中推导出的面积百分比分别为 0.65、0.72 和 0.20。其中,使用混合空间光谱降噪技术降噪后的数据立方体推导出的面积百分比最接近真实值,而且使用平滑降噪技术降噪后的数据立方体推导出的面积百分比最低(0.20)。

④ 对于 1.5m×1.5m 的篷布目标,从三个数据立方体中推导出的面积百分比分别为 1.14、0.96 和 0.81。其中,使用混合空间光谱降噪技术降噪后的数据立方体推导出的面积比最接近真实值,原始数据立方体则推导出了一个超出真实面积 0.14 的面积百分比。

⑤ 对于 1m×1m 的篷布材料,平滑降噪后的数据立方体不能探测到它,因为总像素数是负的。原始数据立方体推导出了一个 0.6 的面积百分比,使用混合空间光谱降噪技术降噪后的数据立方体推导出了 1.13 的面积百分比,比真实面积多了 0.13。

⑥ 对于白色油布目标,在使用平滑降噪技术降噪后的数据立方体中迭代误差分析没有探测到目标。6m×6m 的目标是白色油布材料的最大目标。从原始数据立方体和使用混合空间光谱降噪技术降噪后的数据立方体推导出的这一目标的面积百分比分别是 0.87 和 1.02。使用混合空间光谱降噪技术降噪后的数据立方体推导出了几近完美的面积百分比,只比真实面积多了 0.02 的比率。对于 3m×3m 的白色油布目标,从两个数据立方体推导出的面积百分比分别是 1.16 和 1.35。这些面积分别比真实面积多了 0.16 和 0.35。对于 1m×1m 白色油布目标,原始数据立方体中探测不到,因为总像素数是负的。使用混合空间光谱降噪技术降噪后的数据立方体推导出的面积百分比为 1.52,超出了真实面积 0.52。

⑦ 对于棉布目标,在原始数据立方体和使用平滑降噪技术降噪后的数据立方体中,迭代误差分析算法没有探测到目标。在使用混合空间光谱降噪技术降噪后的数据立方体推导出的 6m×6m、3m×3m 和 1m×1m 棉布目标的面积百分比分别为 1.08、0.30 和 0.11。

⑧ 对于乙烯基目标,从数据立方体中推导出的面积百分比分别是 1.08、1.28 和 1.12,所有的面积百分比都超过了真实面积。

12.5.3　讨论和结论

本节描述一种基于混合像元分解方法的目标探测方法。该方法考虑所有亚像素目标所占据的空间对目标探测的影响。对目标掩模下所有像素值相对一个特定材料端元的丰度值求总和来估算推导目标区域内该材料的纯像素数。本节测量使用降噪技术降噪前后数据立方体推导出的数据来评估使用混合空间光谱降噪技术降噪的有效性,通过比较提取目标区域和真正目标区域来评估目标的探测能力。推导目标面积和真实目标之比作为一个标准。推导目标的面积比越接近1,目标的探测能力就越好。

评估一个推导目标的面积时,在每个面积比例图中,计算了所谓的每个像素的污染丰度,从而减少噪声带来的影响和其他分离技术导致的负面因素。

表12.10总结了评估结果,如果目标的面积比大于0.5,该目标可以量化为可探测;如果目标的面积比大于0小于0.5,该目标可以量化为略可探测;如果目标的面积比是负的或者迭代误差分析没有找到这个目标材料的端元,该目标可以量化为不可探测。在表中目标的面积比率仍然保留,以提供读者详细信息。

表12.10　使用混合空间光谱降噪技术和平滑降噪技术降噪前后目标探测能力的总结

材料	目标尺寸/ (m×m)	原始数据立方体		HSSNR 降噪数据立方体		平滑降噪数据立方体	
		探测性量化	面积比	探测性量化	面积比	探测性量化	面积比
篷布	12×12	可探测	0.83	可探测	0.99	可探测	0.73
	6×6	可探测	0.94	可探测	1.07	可探测	0.85
	3×3	可探测	0.65	可探测	1.72	略可探测	0.20
	1.5×1.5	可探测	1.14	可探测	0.96	可探测	0.81
	1×1	可探测	0.60	可探测	1.13	不可探测	−1.52
白色油布	6×6	可探测	0.87	可探测	1.02	不可探测	0.00
	3×3	可探测	1.16	可探测	1.35	不可探测	0.00
	1×1	不可探测	−0.18	可探测	1.52	不可探测	0.00
棉布	6×6	不可探测	0.00	可探测	1.08	不可探测	0.00
	3×3	不可探测	0.00	略可探测	0.30	不可探测	0.00
	1×1	不可探测	0.00	略可探测	0.11	不可探测	0.00
乙烯基	11×14	可探测	1.08	可探测	1.28	可探测	1.12

表中列出的结果清楚地表明,使用混合空间光谱降噪技术降噪后所有的目标都可被探测或略可被探测(3m×3m 和 1m×1m 的两个棉布目标),探测目标的面积百分比相对接近1。同时,从原始数据立方体中探测到的目标的面积百分比相对较低,棉布目标被全部遗漏。白色油布和篷布小目标的探测不是被遗漏,就是效果不佳。这些结果表明,混合空间光谱降噪技术能更好地为遥感应用程序服务。

在这一章,为了与混合空间光谱降噪技术对比,一种基于空间光谱的平滑降噪技术也被评估。实验结果表明,从使用平滑降噪技术降噪后的数据立方体不能更好的探测到目标,尤其是小目标,这可能是由平滑降噪技术性造成的。这种使用空间光谱平滑降噪的方法可能损坏一些细微的特征光谱。

参 考 文 献

[1] Othman, H. and S. -E. Qian, "Noise Reduction of Hyperspectral Imagery Using Hybrid Spatial-Spectral Derivative-Domain Wavelet Shrinkage," IEEE Trans. Geosc. Remote Sens. 42 (2), 397-408 (2006).

[2] Manolakis, D. , G. Shaw, and N. Keshava, "Comparative analysis of hyperspectral adaptive matched filter detectors," Proc. SPIE 4049, 2-17 (2000) [doi: 10. 1117/12. 410332].

[3] Crist, E. , C. Schwartz, and A. Stocker, "Pairwise adaptive linear matched filter algorithm," Proc. DARPA Adaptive Spectral Reconnaissance Algorithm Workshop (1999).

[4] Haskett, H. T. and A. K. Sood, "Adaptive real-time EM selection algorithm for subpixel target detection using hyperspectral data," Proc. 1997 IRIS Specialty Group Camouflage, Concealment, Deception (1997).

[5] Grossmann, J. et al. , "Hyperspectral analysis and target detection system for the adaptive-spectral reconnaissance program (ASRP)," Proc. SPIE 3372, 2-131 (1998) [doi: 10. 1117/12. 312591].

[6] Chang, C. -I. , X. -L. Zhao, M. L. G. Althouse, and J. J. Pan, "Least squares subspace projection approach to mixed pixel classification for hyperspectral images," IEEE Trans. Geosci. Remote Sens. 36, 898-912 (1998).

[7] Slater, D. and G. Healey, "Exploiting an atmospheric model forautomated invariant material identification in hyperspectral imagery," Proc. SPIE 3372, 60-71 (1998) [doi: 10. 1117/12. 312609].

[8] Masson, P. and W. Pieczynski, "SEM algorithm and unsupervised statistical segmentation of satellite images," IEEE Trans. Geosci. Remote Sens. 31, 618-633 (1993).

[9] Ferrara, C. F. , "Adaptive spatial/spectral detection of subpixel targets with unknown spectral characteristics," Proc. SPIE 2235, 82-93 (1994) [doi: 10. 1117/12. 179107].

[10] Yu, X. , L. E. Hoff, I. S. Reed, A. M. Chen, and L. B. Stotts, Automatic target detection and recognition in multiband imagery: A unified ML detection and estimation approach," IEEE Trans. Image Process. 6, 143-156 (1997).

[11] Schowengerdt, R. A. , Remote Sensing: Models and Methods for Image Processing, Academic Press, New York (1997).

[12] Ashton, E. , "Detection of subpixel anomalies in multispectral infrared imagery using an adaptive Bayesian classifier," IEEE Trans. Geosci. Remote Sens. 36, 506-517 (1998).

[13] Jain, A. K. , "Two Dimensional Systems and Mathematical Preliminaries," Ch. 2 in Fundamentals of Digital Image Processing, Prentice-Hall, Englewood Cliffs, NJ (1998).

[14] Stocker, A. , "Stochastic expectation maximization (SEM) algorithm," Proceedings DARPA Adaptive Spectral Reconnaissance Algorithm Workshop (1999).

[15] Schweizer, S. M. and J. M. F. Moura, "Efficient detection in hyperspectral imagery," IEEE

Trans. Image Process. 10(4),584-597 (2001).

[16] Olsen,R. C. ,S. Bergman,and R. G. Resmini,"Target detection in a forest environment using spectral imagery,"Proc SPIE 3118,46-56 (1997) [doi:10. 1117/12. 283842].

[17] Achal,S. B. ,C. D. Anger,J. E. McFee,and R. W. Herring,"Detection of surface-laid mine fields in VNIR hyperspectral high spatial resolution data,"Proc. SPIE 3710,808-818 (1999) [doi:10. 1117/12. 357103].

[18] Manolakis,D. ,D. Marden,and G. A. Shaw,"Hyperspectral Image Processing for Automatic Target Detection Applications,"Lincoln Laboratory Journal 14(1),79-116 (2003).

[19] Kwon, H. and N. M. Nasrabadi, "Hyperspectral Target detection using kernel spectral matched filter,"Proc. Conference on Computer Vision and Pattern Recognition Workshop (CVPRW'04) 8,127-130 (2004).

[20] Glenn,N. F. ,J. T. Mundt,K. T. Weber,T. S. Prather,L. W. Lass,and J. Pettingill,"Hyperspectral data processing for repeat detection of small infestations of leafy spurge,"Remote Sens. Environ. 95,399-412.

[21] West,J. E. ,"Matched Filter Stochastic Background Characterization for Hyperspectral Target Detection,"M. S. Thesis,Rochester Institute of Technology,Rochester,NY (2005).

[22] Goovaerts,P. ,G. M. Jacquez,and A. Marcus,"Geostatistical and local cluster analysis of high resolution hyperspectral imagery for detection of anomalies,"Remote Sens. Environ. 95,351-367 (2005).

[23] Park,K. S. ,S. Hong,P. Park,and W. -D. Cho,"Spectral Contents Characterization and Analysis for Efficient Image Detection Algorithm Design," EURASIP J. Appl. Signal Process. ,Article ID 82874,14 pages (2007).

[24] Kruse,F. A. et al. ,"The Spectral Image Processing System (SIPS) -interactive visualization and analysis of imaging spectrometer data,"Remote Sens. Environ. 44,145-163 (1993).

[25] Qian,S. -E. ,H. Othman,and J. Lévesque,"Spectral Angle Mapper based assessment of detectability of man-made targets from hyperspectral imagery after SNR enhancement,"Proc. SPIE 6361,63611H (2006) [doi:10. 1117/12. 689113].

[26] Neville,R. A. ,N. Rowlands,R. V. Marois,and I. Powell,"SFSI:Canada's first airborne SWIR imaging spectrometer,"Canadian J. RemoteSens. 21(3),328-336 (1995).

[27] Qian,S. -E. ,J. Lévesque,and R. Rashidi Far,"Assessment of noise reduction of hyperspectral imagery using a target detection application,"Int. J. Remote Sens. 32(12),3267-3284 (2011).

[28] Qian,S. -E. and J. Lévesque,"Target detection from noise-reduced hyperspectral imagery using spectral unmixing approach,"J. Opt. Eng. 48(2),026401 (2009) [doi: 10. 1117/1. 3077179].

[29] Neville,R. A. ,K. Staenz,T. Szeredi,J. Lefebvre,and P. Hauff,Automatic EM extraction from hyperspectral data for mineral explora-tion,"Proc. 21st Canadian Symposium Remote Sensing,21-24 (1999).

[30] Staenz,K. ,T. Szeredi,and J. Schwarz,"ISDAS-A System for Processing/Analyzing Hyper-spectral Data,"Canadian J. Remote Sens. 24(2),99-113(1998).

[31] Qian,S. -E. ,M. Bergeron,J. Lévesque,and A. Hollinger,"Impact of pre-processing and ra-diometric conversion on data compression onboard a hyperspectral satellite," Proc. 2005 IEEE International Geoscience and Remote Sensing Symposium 2,700-703 (2005).

[32] Qian,S. -E. ,J. Lévesque,and R. A. Neville,"Effect of removing random noise of radiance data using smoothing on data compression onboard a hyperspectral satellite," WSEAS Trans. on Systems 5,219-224 (2006).

第 13 章　高光谱图像降维

13.1　三种降维方法和波段选择方法回顾

高光谱传感器能同时获取一个场景的高光谱分辨率图像,称为高光谱图像集或数据立方体。与只有几个或十几个波段的多光谱图像相比,高光谱图像有数以百计的波段,这意味着高光谱图像蕴含更加丰富的光谱信息。高光谱图像的处理与分析已成为遥感科学中最活跃的研究领域之一。不过,高光谱传感器生成的数据量很大,这对传统的数据处理技术提出了挑战。如果高光谱图像不经过降维的预处理过程,就无法使用传统的图像分类方法对它进行分类(图 13.1)。为了降低维度对高光谱数据信息提取的影响,许多学者相继提出大量方法,如主成分分析降维[1]、最小噪声分离[2]、小波变换降维[3,4]、独立成分分析(ICA)[5]。陈和钱将空间邻域窗口引入局部线性嵌入(LLE)方法用于高光谱降维[6]。他们又进一步提出一种局部线性嵌入与拉普拉斯特征映射组合的非线性高光谱降维方法[7]。

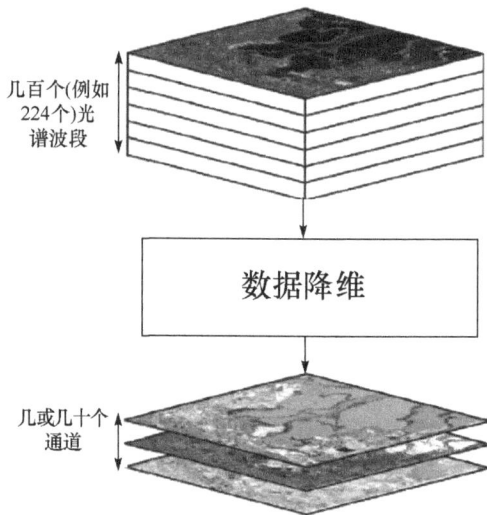

图 13.1　降维——高光谱数据立方体信息提取前的预处理

本章首先回顾三种常用降维方法——主成分分析、小波变换和最小噪声分离和一种波段选择方法,然后评价和比较这些方法,并示范哪种方法对某一特定应用更具有鲁棒性[8]。在评价和比较这些方法的实验中,端元提取实验被选作应用案例。端元提取实验采用 N-FINDR 算法[9]从 AVIRIS 数据立方体中提取端元。N-FINDR 算法是一种基于凸集的几何形状来找到数据立方体中的独特的最纯像元集的端元提取方法。作为应用案例之一,也开展了矿物检测、矿物分类和森林分类实验。

实验发现,在经过主成分分析、小波变换和波段选择降维后的数据立方体中,N-FINDR 算法可以找到所有 5 种端元。然而,在经过最小噪声分离降维后的数据立方体中,N-FINDR 算法只找到了 4 种端元,这与其他研究[5]报道的结果一致。与其他方法相比,在矿物检测方面,最小噪声分离降维方法得到的矿物检测分类图最接近从原始数据立方体得到的分类图;在矿物分类和森林分类方面,主成分分析方法的分类正确率最高。

13.1.1　主成分分析降维

在遥感数据处理与分析中,主成分分析是一种应用广泛的降维方法。通过求解协方差矩阵的特征值和特征向量,主成分分析方法可以计算出高维数据在低维空间中的表示形式,协方差的表达式为

$$C = \frac{1}{M} \sum_i r_i r_i^{\mathrm{T}} \tag{13.1}$$

其中,r_i 为输入样本(即单个像元的光谱曲线,译者注);M 为输入样本的数量(即像元数量,译者注)。

主成分分析的输出结果就是低维了空间中输入模式的坐标,低维子空间是以这些特征向量代表的方向作为主要坐标轴的。前几个主成分蕴含绝大部分的信息/方差,剩余的主成分则包含极少量的信息。关于主成分分析及其在高光谱数据分析中应用的更多细节请参考文献[1],[10],[11]。

13.1.2　小波变换降维

小波变换[12]是许多应用的基础。对一维离散小波变换来说,每一层的分解就是对上一层的近似系数进行高通和低通滤波。因此,对于 m 层的分解,一维小波变换会产生 $m+1$ 个系数集。由于降采样过程,系数总体数量仍然与原始数据相同,而且也没有冗余。对于高光谱数据降维来说,输出通道正是那些在光谱域上一维小波变换的最低近似波段[3]。关于小波降维的更多信息请参考文献[4],[13]。

对于一维小波变换来说,信号的标准长度通常需要是 2 的幂。然而,在高光谱图像中,这一点难以在所有情况下都得到满足。本节采取的对策是,填补最少量的零,使得分解层数达到一个合理的值。这样一来,在光谱域,就可以进行一维小波变换了。其他选项包括对边界信号值进行镜像映射,或者重复边界值。

13.1.3　最小噪声分离降维

Green 等[2]最早介绍了最小噪声分离算法。在进行主成分分析变换之前,先对数据进行最小噪声分离变换,这样使得噪声去相关化和缩放变换,最小噪声分离是基于一个估计的噪声协方差矩阵对数据进行变换的。噪声协方差矩阵可以通过计算差分矩阵 dX 的协方差得到,即

$$dX(i,:)=X(i,:)-X(i+1,:) \tag{13.2}$$

数据经变换后得到,噪声方差是归一化的,且波段之间不存在相关性。然后,对噪声白化数据(noise-whitened)进行标准主成分变换。这样就可以将数据分为两部分:一部分与较大的特征值及相对应的特征图像有关,其余补充部分与近似 1 的特征值及噪声占主导地位的图像有关。随后,可对相关的特征图像集的第一部分数据进行下一步的遥感应用。关于最小噪声分离的更多信息请参考李等[14]的研究。

13.1.4　波段选择

波段选择方法是从原始光谱波段集中选择出合适的波段来代表原始数据立方体。有学者提出基于线性约束最小方差的约束波段选择(LCMV-CBS)[15]。这是目前已公开发表的方法中,效果最好的波段选择方法之一,可以演化为以下最优化问题,即

$$\min_{v_l}\{v_l^{\mathrm{T}}v_l\}\text{约束条件为 }B_l^{\mathrm{T}}v_l=1_N \tag{13.3}$$

最终的解为

$$v_l = \sum{}^{-1} B_l \,(B_l^{\mathrm{T}} \sum{}^{-1} B_l)^{-1} 1_N \tag{13.4}$$

其中,$\sum = (1/L)\sum_{l=1}^{L} B_l B_l^{\mathrm{T}}$ 为取样波段相关矩阵。

针对下一节实验用到的含有赤铜矿的 AVIRIS 图像,前 22 个波段就是用基于线性约束最小方差的约束波段选择方法基于波段相关性最小化(BCM)/波段依赖性最小化(BDM)原则选出的,即 26,117,48,37,189,64,1,185,10,172,47,4,60,28,165,17,5,2, 151,158,3,94。

之所以选择 22 个波段,主要是为了与 Chang 和 Wang[15]的研究作对比。在该文中,作者基于数据立方体的虚拟维数选择了 22 个波段。更多波段选择的信息可在Chang 等[16]、Huang 和 He[17]的文献中找到。

13.2　三种降维方法和一种波段选择方法的评估

13.2.1　端元提取实验

实验使用的数据为 AVIRIS 数据立方体,其成像区域位于美国内华达的赤铜矿开采区,获取时间为 1997 年,原始场景大小为 614×512 像元,共 224 个波段。该数据立方体可在网上下载(http://aviris.jpl.nasa.gov/html/aviris.freedata.html)。由于该数据立方体的场景在矿物学上已被很好地认知,成为验证和评估遥感图像处理方法的标准实验场地。在本实验中,选取场景右上角 350×350 大小和 224 个波段的数据。该子区域含有 5 个纯矿物像元,分别为明矾石(alunite)(62,161)、水铵长石(alunite)(209,234)、方解石(calcite)(30,347)、高岭石(kaolinite)(22,298)和云母石(muscovite)(33,271)。由于水汽的吸收和低信噪比,去掉了 1～3,105～115 和 150～170 波段,于是实验总共使用了 189 个波段。图 13.2 为该数据立方体在第 50 波段的图像,其中心波长为 827nm。

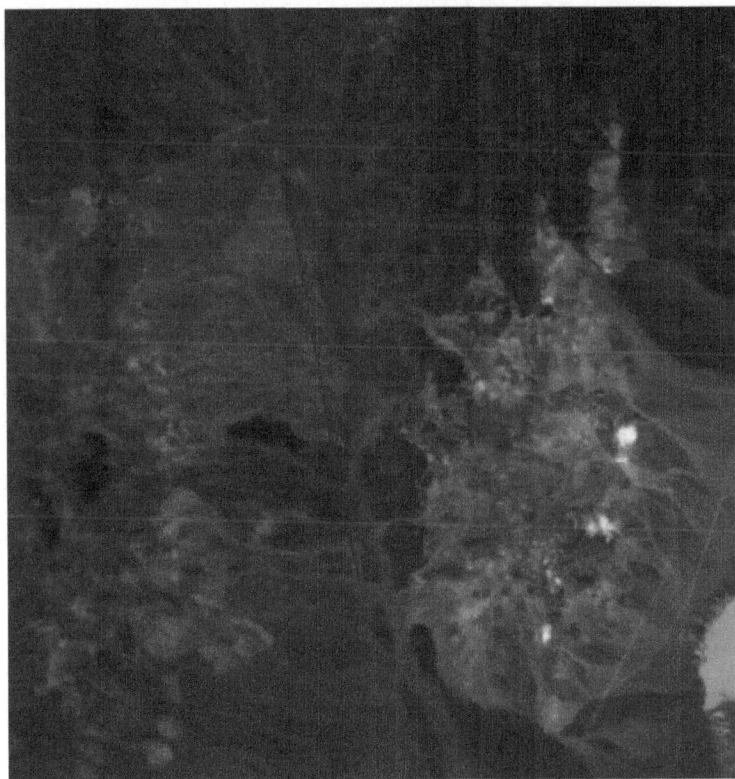

图 13.2　AVIRIS 赤铜矿数据立方体在第 50 波段的图像,中心波长为 827nm[8]

使用 N-FINDR 算法[9]从赤矿数据立方体中提取端元。N-FINDR 是一种基于凸集的几何形状找到数据立方体中独特的最纯像元集的端元提取方法。该算法的基本思想是,在 N 维光谱空间中,由纯像元组成的单纯的 N 维体积比任何由其他像元组合而成的 N 维体积大。该方法用光谱角衡量两条光谱的相似度,对于光谱向量 x 和 y,有

$$\theta(x,y) = \arccos\left(\frac{\langle x,y \rangle}{\parallel x \parallel_2 \parallel y \parallel_2}\right) \tag{13.5}$$

其中,⟨·,·⟩为点积(数量积)。

因为从图像中提取的端元光谱和地面真实的端元光谱可能不完全匹配,所以二者的光谱角通常并不为 0,但通常都很小。

表 13.1～表 13.4 分别为地面真实端元光谱与使用 N-FINDR 算法分别从经过主成分分析、小波变换、最小噪声分离和波段选择方法降维后的数据立方体中选出的 22 个波段图像中提取的端元光谱之间的光谱角。光谱角越小意味着提取的端元光谱越接近地面真实端元光谱。有阴影的数值是每行光谱角的最小值,并假定阴影数值所在行对应的提取端元正是阴影数值所在列对应的真实端元的物质。

表 13.1 地面真实光谱与使用 **N-FINDR** 算法从经过主成分分析方法降维后的数据立方体中提取的端元光谱之间的光谱角涂有阴影的数值为每行光谱角的最小值,并假定阴影数值所在行对应的提取端元正是阴影数值所在列对应的真实端元的物质[8]

提取端元 (x,y)	地面真实端元				
	明矾石 (62,161)	水铵长石 (209,234)	方解石 (30,347)	高岭石 (22,298)	云母石 (33,271)
(286,237)	0.0981	0.1884	0.2124	0.1387	0.1667
(206,228)	0.1247	0.0422	0.1143	0.1395	0.0845
(10,342)	0.2490	0.1314	0.0725	0.2426	0.1381
(23,298)	0.1098	0.1524	0.1918	0.0613	0.1079
(19,281)	0.1458	0.0781	0.1141	0.1347	0.0706

表 13.2 地面真实光谱与使用 **N-FINDR** 算法从经过小波变换方法降维的数据立方体中提取的端元光谱之间的光谱角[8]

提取端元 (x,y)	地面真实端元				
	明矾石 (62,161)	水铵长石 (209,234)	方解石 (30,347)	高岭石 (22,298)	云母石 (33,271)
(258,284)	0.0949	0.2131	0.2454	0.1405	0.1916
(209,233)	0.1735	0.0448	0.0958	0.1946	0.1114
(298,59)	0.2430	0.1227	0.0824	0.2697	0.1713
(22,298)	0.0961	0.1733	0.2114	0.0000	0.1263
(232,138)	0.1517	0.0901	0.1047	0.1345	0.0217

表 13.3　地面真实光谱与使用 N-FINDR 算法从经过最小噪声分离方法降维的数据立方体中提取的端元光谱之间的光谱角[8]

提取端元 (x,y)	地面真实端元				
	明矾石 (62,161)	水铵长石 (209,234)	方解石 (30,347)	高岭石 (22,298)	云母石 (33,271)
(80,234)	0.0235	0.1665	0.2143	0.1012	0.1542
(19,104)	0.2235	0.1003	0.0511	0.2276	0.1222
(17,148)	0.0812	0.1435	0.1771	0.0418	0.1011
(33,274)	0.1675	0.0934	0.0971	0.1481	0.0382

表 13.4　地面真实光谱与使用 N-FINDR 算法从经过波段选择方法降维的数据立方体中提取的端元光谱之间的光谱角[8]

提取端元 (x,y)	地面真实端元				
	明矾石 (62,161)	水铵长石 (209,234)	方解石 (30,347)	高岭石 (22,298)	云母石 (33,271)
(273,188)	0.0567	0.1991	0.2427	0.0982	0.1742
(205,228)	0.1247	0.0396	0.1123	0.1452	0.0866
(11,156)	0.2115	0.0967	0.0350	0.2136	0.1167
(22,299)	0.1076	0.1789	0.2177	0.0220	0.1305
(33,272)	0.1519	0.0964	0.1040	0.1413	0.0264

可以看出,在经过主成分分析、小波变换和波段选择方法降维的数据立方体中,提取出了全部 5 种矿物端元。然而,在经过最小噪声分离方法降维的数据立方体中,只找到了 4 种端元。虽然在主成分分析降维后的数据立方体中识别出了全部 5 种端元,但是它们与地面真实光谱的光谱角相对较大。小波变换降维表现得更加稳定,因为在使用它降维后的数据立方体中找到的高岭石端元与地面真实的高岭石位置(22,298)一样。最小噪声分离降维后的数据立方体中丢失了一种端元,然而这与 Wang 和 Chang[5]所报道的结果是一致的,在他们发表的文章中也丢失了一种端元。从波段选择方法降维后的图像中找到的端元与地面真实端元光谱的光谱角最小,如表 13.4 所示。

13.2.2　矿物检测实验

本节使用约束能量最小(CEM)[18]技术从赤铜矿数据立方体中检测矿物光谱。约束能量最小检测方法定义为

$$\delta_{CEM}(r) = \frac{r^T C^{-1} d}{d^T C^{-1} d} \tag{13.6}$$

其中，d 为待检测的目标光谱；r 为地面真实光谱；$C = (1/M) X X^T$，为协方差矩阵；X 为由地面像元 $r_1, r_2, \cdots, r_M$ 组成的数据矩阵；M 为数据立方体的像元总数。

图 13.3 为分别从原始赤铜矿数据立方体和经过主成分分析、小波变换、最小噪声分离和波段选择方法降维后的数据立方体中选出的 22 个波段图像中，得到的白云母矿物检测结果图。这些图像中最亮的像元对应图像场景中最纯的矿物像元。使用均方误差衡量两幅结果图 A 和 B 的差异，均方误差的定义为

$$均方误差(A, B) = \sum [A(i,j) - B(i,j)]^2 / M \tag{13.7}$$

其中，M 为图像 A 和 B 的像元数量，分别计算了由原始数据立方体得到的矿物检测结果图与从经过主成分分析、小波变换、最小噪声分离和波段选择方法降维后的数据立方体得到的矿物检测结果图之间的均方误差。

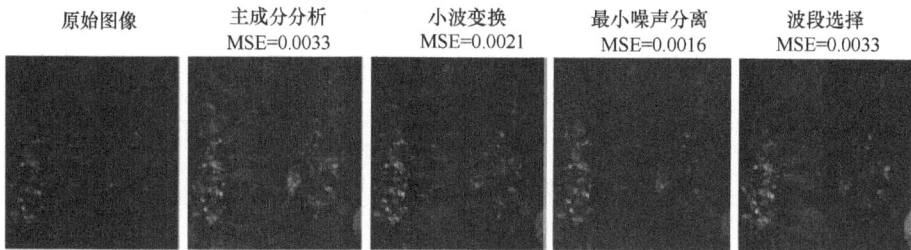

| 原始图像 | 主成分分析
MSE=0.0033 | 小波变换
MSE=0.0021 | 最小噪声分离
MSE=0.0016 | 波段选择
MSE=0.0033 |

图 13.3　分别为从原始赤铜矿数据立方体和经过主成分分析、小波变换、最小噪声分离和波段选择方法降维后的数据立方体中得到的白云母矿物检测结果图，经过降维后的图像有 22 个波段[8]

结果显示，最小噪声分离降维方法对应的检测结果图的均方误差最小。这说明在矿物探测中，最小噪声分离降维比其他降维方法更鲁棒。如果选择将数据立方体降维到更少的波段，结论依然是最小噪声分离降维方法效果最好。

13.2.3　矿物分类实验

本节使用赤铜矿数据立方体进行矿物分类实验。图 13.4 为分别从原始数据立方体和从经过主成分分析、小波变换、最小噪声分离和波段选择方法降维后的数据立方体得到的共五幅矿物分类图。与前一节相同，三种降维方法都只输出 22 个波段。

由于该数据立方体有 5 种矿物端元，因此将场景中的像元分为 5 类。本次分类方法采用光谱角制图。通过对比分类结果图，可以看出主成分分析降维方法对应的分类正确率最高，因为其结果图与原始数据立方体的分类结果图最接近。经过主成分分析、小波变换、最小噪声分离和波段选择降维后的数据立方体的分类正确率分别为 99.86%、92.60%、37.92% 和 84.33%。这些正确率是三种降维方法

和波段选择方法得到的分类结果图与对应的原始数据立方体分类结果图中同一位置上像元的匹配百分比。除了主成分分析降维方法的分类正确率最高,小波变换降维方法的分类结果也是可以接受的。在这些比较方法中,最小噪声分离降维方法不适用于矿物分类。

| 原始图像 | 主成分分析
(99.86%) | 小波变换
(92.60%) | 最小噪声分离
(37.92%) | 波段选择
(84.33%) |

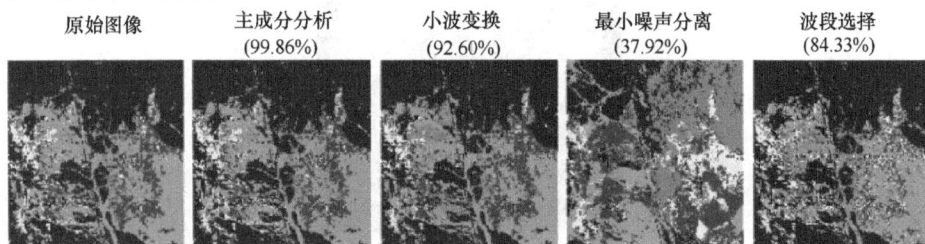

图 13.4　从原始赤铜矿数据立方体和经过主成分分析、小波变换、最小噪声分离和波段选择方法降维后的数据立方体分别得到的矿物分类图,使用 22 个降维输出波段,三种降维方法,即波段选择方法对应原始数据立方体分类图的分类正确率也展示出来[8]

表 13.5　三种数据降维方法和波段选择方法在端元提取、矿物检测和分类中的性能对比总结[8]

降维方法	端元提取 (N-FINDR)→1	检测(均方误差)	分类率/%
主成分分析	5	0.0033	99.86
小波变换	5	0.0021	92.60
最小噪声分离	4	0.0016	37.92
波段选择	5	0.0033	84.33

表 13.5 列举了本节针对赤铜矿数据立方体开展的评估实验的总体结果。基于以上实验,可以发现对于端元提取,主成分分析降维、小波变换降维和波段选择方法都找到了全部 5 种端元。最小噪声分离降维方法丢失了 1 种端元。对于矿物检测,相比其他降维方法和波段选择,最小噪声分离降维方法得到的结果图最接近真实图。对于分类,主成分分析降维方法得到的分类率最高,而其他方法得到的分类率要低一些。

13.2.4　森林分类应用

除了矿物分类,也利用另一个 AVIRIS 数据立方体开展了森林分类实验。该数据立方体成像区域为加拿大维多利亚流域区,成像时间为 2002 年 8 月 12 日。使用的数据立方体是一个经过空间聚合后的数据立方体,经过均值平滑,空间分辨率由原始的 4m×4m 变为 28m×28m[19]。图像大小为 292×121 像元,共 204 个波段。图 13.5 为该数据立方体第 50 波段的图像。对于三种降维方法的前 10 个输出波段,采用非监督分类方法、k-均值法进行分类。分类结果如图 13.6 所示。

图 13.5　加拿大维多利亚流域区数据立方体第 50 波段的图像[8]

原始图像　　　　主成分分析(99.11%)　　　小波变换(98.85%)　　　最小噪声分离(44.64%)

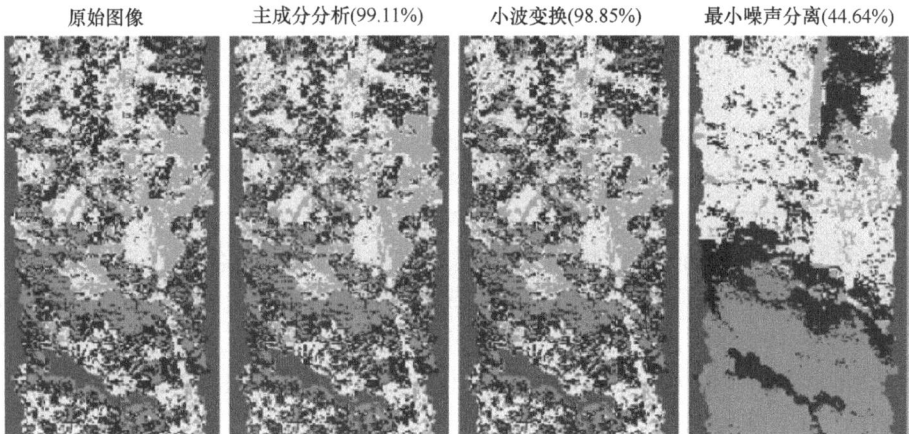

图 13.6　k-均值非监督分类结果图。三种降维方法(主成分分析,小波变换和最小噪声分离)
选择输出前 10 个波段。三种降维方法得到的分类结果图相对于
原始数据立方体得到的分类结果图的分类正确率也展示出来[8]

ENVI 软件中 k-均值方法类别数设为 5,迭代次数设为 5,变化阈值设为 5.0。主成分分析、小波变换和最小噪声分离降维方法对应的分类正确率分别为 99.11%、98.85% 和 44.64%;分类正确率为三种降维方法得到的分类结果图与原始数据立方体得到的分类结果图在同一像元处的匹配百分比。结果显示,主成分分析和小波变换方法适用于森林分类。对于该数据立方体,由于没有该场景的地

面真实光谱,所以未开展端元提取和矿物检测实验。

13.2.5 小结

本节叙述了针对高光谱数据分析的三种常用的降维方法(主成分分析、小波变换和最小噪声分离)和一种波段选择方法的评估和对比实验,使用端元提取、矿物检测、矿物分类和林地分类等高光谱应用开展评估实验。基于实验结果,可以得出如下结论,在端元提取中,主成分分析、小波变换和波段选择这三种降维方法识别出全部 5 种端元,而最小噪声分离降维丢失了一种端元;对于矿物和林地分类,主成分分析降维得到的分类率最高;对于矿物检测,最小噪声分离降维得到的结果图与原始数据得到的结果图最接近。

关于比较数据降维方法和波段选择方法的论文很少。据作者所知,本节描述的研究(最初由 Chen 和 Qian[8] 报道)可能是第一次系统化地比较和评估了数据降维方法和波段选择方法。文献[3]和文献[11]分别在 2003 年和 2005 年更早地报道了类似内容。文献[3]在 2003 年比较了主成分分析和小波变换降维方法,研究发现二者的分类结果类似,但是小波变换方法的速度比主成分分析快很多。文献[11]在 2005 年研究了主成分分析降维对高光谱检测复杂目标的影响,比较了包括约束能量最小降维在内的 7 种检测方法,发现在目标和背景光谱相似时,主成分分析降维对检测统计值的影响最小。

本节实验用了两个 AVIRIS 数据立方体。本节的结论应该也同样适用于其他类似于 AVIRIS 的高光谱传感器所获取的数据,如 CASI 等。

13.3 局部线性嵌入降维

在高光谱遥感中,非线性特性来源于光子与地面目标之间的多次散射、像元混合光谱和场景异质性。在降维中保持数据的非线性特性对于高光谱遥感应用来说是很重要的。13.1 节和 13.2 节介绍的常用方法不一定在降维后保持非线性特性。

局部线性嵌入[20,21]最早出现于语义空间中的人脸图像和文字排列问题。它是一种将高维空间数据映射到低维欧几里得空间并保持局部拓扑结构的非线性特征提取方法。局部线性嵌入已被引入到星载高光谱数据立方体的降维中[6,7,22]。用局部线性嵌入进行数据降维时,计算的复杂程度和内存开销是一个挑战。已有学者提出一种局部线性嵌入非线性降维方法用于解决奇异值问题[23]。

本节介绍一种用于高光谱数据的基于局部线性嵌入的非线性数据降维方法[6]。它通过引入一个计算 k 个最邻近点的空间邻域窗口,改进了普通局部线性嵌入方法,使得它在计算复杂度和内存开销方面都得到了提高。相比普通局部线性嵌入方法,改进的局部线性嵌入方法可以处理更大的高光谱图像,且处理速度也更快。同时,本节也进行了端元提取实验,来评估改进的局部线性嵌入数据降维方法的有效性。实验结果显示,在识别端元上,改进的局部线性嵌入数据降维方法的表现优于主成分分析和普通局部线性嵌入方法。

13.3.1 改进的局部线性嵌入方法非线性降维

局部线性嵌入是一种将高维空间数据映射到低维欧几里得空间,并保持局部拓扑结构的非线性特征提取方法。它假设在拓扑空间中的采样是完备的,即有足够的数据。对于某个数据点来说,它和周围的点都位于拓扑空间的一个局部线性面元上。因此,数据点 x_i 可以近似表示为其周围数据点的线性组合。用于最小化误差的约束权重具有如下特性:对于任一数据点,它和其周围的数据点具有旋转、缩放和平移不变性。实际上,局部线性嵌入是一种非监督、非迭代的数据降维方法,可以避免像许多其他方法那样深陷局部极小值问题中。它将高维空间近似为由一些小面元组成,并认为每个小面元几乎都是平的。这些小面元在低维空间中拼接在一起,能很好地保持高维空间中的非线性结构。局部线性嵌入方法由以下三个计算步骤组成。

① 搜索最邻近数据点。对于原高维空间中的每个点 x_i,找到 k 个与它最邻近的点。

② 计算重构权重。每个数据点就可以用它周围的点重构。度量将数据点 x_i 由其邻近数据点近似表示的重构误差,并计算重构权重 $w_{i,j}$,计算方法为

$$\text{Minimize}\left(x_i - \sum_j w_{i,j}x_j\right), \quad \sum_j w_{i,j} = 1 \tag{13.8}$$

③ 确定嵌入低维空间中的向量 y_i。它可以最大限度地保持局部几何形态,可以由重构权重表示,即

$$\text{Minimize}\sum_{i=1}^{n}\left(y_i - \sum_j w_{i,j}y_j\right), \quad \frac{1}{n}\sum_i y_i y_i^{\mathrm{T}} = 1 \text{ 和 } \sum_i y_i = 0 \tag{13.9}$$

其中,n 为图像场景中像元的数量。

以上局部线性嵌入的三个计算步骤的计算复杂度分别为 $O(dn^2)$,$O(dnk^3)$ 和 $O(rn^2)$ 数量级,其中 d 为输入数据的维度,k 为邻近数据点的数量,n 为数据点的数量,r 为输出维度。显然,局部线性嵌入的计算量和内存开销是非常大的,尤其是对高光谱数据的降维来说,输入维度 d 等于光谱波段数,一般在 $100\sim300$,n 等于待处理的数据立方体的空间像元的总数(典型地从 $512\times512\sim1024\times1024$)。权重矩阵 W 的大小则为 $n\times n$,即使 W 是稀疏矩阵,仍然超出了普通 PC 机的内存容量。因此,一般的局部线性嵌入方法一次只能处理高光谱数据立方体的一小块区域。

　　有学者对局部线性嵌入方法做了改进[6]，使其可以用普通个人计算机（在其内存容量范围内）处理较大的高光谱数据立方体。在这之前，文献[22]曾考虑利用局部线性嵌入方法对高光谱数据非线性降维，用光谱波段信息计算 k 个最邻近的数据点。本节将这种非线性降维方法称为普通局部线性嵌入方法。

　　众所周知，在高光谱图像中空间信息与光谱信息都是有用且同等重要的。本节通过将空间邻域信息合并到普通局部线性嵌入的第一步计算中，利用高光谱数据中的空间信息。本节将同时使用空间信息和光谱信息的基于局部线性嵌入的非线性降维技术称为改进的局部线性嵌入方法。

　　在 Roweis 和 Saul 等[20]的研究中，他们计算了图像中一个像元到其他每个像元的距离，计算复杂度为 $O(dn^2)$。众所周知，在自然图像中，每个像元都与其空间邻近的像元具有相似的属性。基于此，引入了以当前像元为中心的 $m \times m$ 空间邻近窗口，只计算当前像元及其邻近窗口内的像元之间的距离。这样，普通局部线性嵌入第一步的计算复杂度降至 $O(dnm^2)$，其中 m 可选择为一个奇数，如 $m=21$。

　　由于像元数量 n（如 $n=512 \times 512=262\,144$）要远大于 m^2（$m^2=441$），这样就节省了大量计算时间，用于计算 k 个最邻近数据点，而且这种方法需要的内存也更少。因此，相比普通局部线性嵌入方法，改进的局部线性嵌入方法能够处理更大的高光谱图像。注意普通局部线性嵌入方法使用欧氏距离计算采样点像元间的距离。在高光谱数据中，常用光谱角作为距离度量，因为它对光照影响相对不敏感。像元间的光谱角越小，它们的光谱越相似。

　　局部线性嵌入方法的第二步不需要很大的计算量。只需要对线性方程组 $\sum_j C_{k,j} w_{i,j} = 1$ 求解即可，然后将权重做归一化处理，使得权重和为1，即 $\sum_j w_{i,j} = 1$，$C_{k,j}$ 为局域协方差。由于这一步的计算复杂度不高，新方法没有对该步骤做改进。

　　局部线性嵌入方法的第三步是计算对应于权重矩阵 $M=(I-W)^{\mathrm{T}}(I-W)$ 的 r 最小非 0 特征值的特征向量，其中 I 为一个 $n \times n$ 单位矩阵，W 也是 $n \times n$ 矩阵，W 的每一行对应于一个数据像元的重构权重。

　　由于 M 是一个大的、稀疏、对称半正定矩阵，任意熟知的特征值解法都可以用来求解它。MATLAB 中的 eigs（）函数就能够计算少量最小特征值（在量级上）和对应的特征向量。然而，eigs（）函数无法对很大的矩阵进行求解。

　　JDQR 算法[24]也可以求解 M 矩阵的少量最小特征向量及其对应的特征值。JDQR 算法是一种 Jacobi-Davidson 式的 QR 算法，用于计算 M 矩阵的少量有选择性的特征值及其特征向量。Jacobi-Davidson 方法用于计算 M 的部分 Schur 分解，然后得到所需要的特征对。与 eigs（）相比，JDQR 算法对内存的需求小得多，因此可以用来解决有关较大图像的问题。JDQR 算法存在的一个问题就是，计算高精度特征对时，JDQR 算法收敛速度极慢。值得一提的是，子空间迭代法是另一种可用于大的、稀疏、对称矩阵求解的方法[25]。该方法是指数法的直接推广。QR 因子分解是一个正规化过程,与指数法中的正规化过程类似。

典型的高光谱图像波段数一般在 $100 \sim 300$。例如,AVIRIS 数据立方体有 224 个波段,这要比人脸图片分类问题中的维度少得多。在人脸图片分类问题中,待解译的人脸图片像元数(维度)被限制为 3009[29]。因此,局部线性嵌入更适用于高光谱数据的分析,因为它的维度正好在限制内。将局部线性嵌入方法用于高光谱数据的唯一难题是一幅图像场景内的像元数量太大,这也是改进局部线性嵌入方法在第一步中引入空域最邻近窗口以一次处理更大数据立方体的主要原因。通过引入局域窗口,改进的局部线性嵌入方法降低了寻找最邻近点时的计算复杂度。

局域窗口的大小对经局部线性嵌入方法处理后的数据立方体的质量影响很大。当窗口太小时,利用改进局部线性嵌入方法找到的最邻近点可能并不是整幅图像场景中真正的最邻近点。另外,空间窗口太小,可能导致纹理等空间信息丢失。当窗口太大时,利用改进局部线性嵌入方法找到的最邻近点很接近整幅图像场景中的真正的最邻近点,然而可能不能正确地保持局部结构。

实验表明,选择 21×21 中等大小的局域窗口,数据降维的效果较好。另外,在端元提取实验和检测实验中,与本书中测试的其他方法相比,改进的局部线性嵌入方法得到的结果更好。引入局域窗口,能够降低寻找最邻近点过程的计算复杂度。尽管在寻找最邻近点过程中,相似性是以光谱为基础,但是通过将邻近像元限制在局域窗口中,也能够保持局部空间结构。

例如,地物的纹理、形态等空间信息在端元提取中是有用的。考虑到图像场景中当前像元的小邻域,改进的局部线性嵌入方法保持了重要的空间信息。这是改进的局部线性嵌入方法在端元提取和检测上比其他方法表现更好的主要原因。

13.3.2 基于端元提取和矿物检测的评估

端元提取和矿物检测制图,作为高光谱应用算法的例子,用来评估基于局部线性嵌入降维方法的性能。使用的数据依然是 13.2 节用到的 AVIRIS 赤铜矿数据立方体。

在评估实验中,选择 64×64 像元大小的子图像进行测试。普通基于局部线性嵌入的降维方法对于内存的需求大,而个人计算机的内存又有限(奔腾 4 个人计算机,中央处理器主频 3.20GHz,内存 1G),这两点决定了子图像的大小。在上述可用内存条件下,该方法只能处理 64×64 像元,总共 192 个波段的子图像。

将用于重构的邻近数据点数量设置为 $k=26$,邻域窗口大小设置为 $m=21$。输出维数设置为 $r=10$。在主成分分析/最小噪声分离方法中,输出维数是通过计算特征值累计和确定的,特征值代表了需要保留下来的能量的特定百分比。因为

局部线性嵌入方法无法像主成分分析/最小噪声分离一样计算特征值,所以本节采
用人工设置输出维数 r。

图 13.7 和图 13.8 分别为经过普通局部线性嵌入方法和改进的局部线性嵌入
方法降维后的前三个输出波段,使用熵值对图像的信息量进行测量。图像的熵定
义为

$$E = -\sum_{i=1}^{g} p_i \log_2 p_i \qquad (13.10)$$

其中,g 为灰度级的数量;p_i 为灰度级 i 在图像中出现的概率。

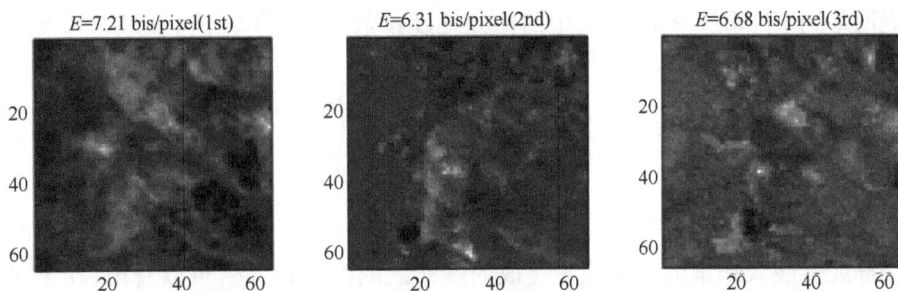

图 13.7　经普通局部线性嵌入方法降维后的前三波段图像及其熵[6]

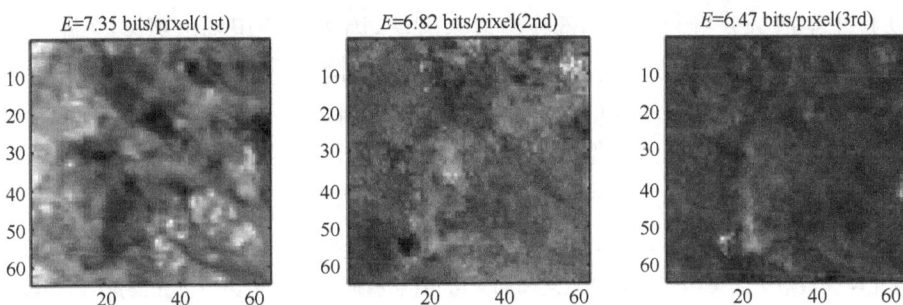

图 13.8　经改进的局部线性嵌入方法降维后的前三波段图像及其熵[6]

对于高光谱数据来说,拓扑结构可以理解为地物的纹理或形态。从图 13.7 和
图 13.8 可以看出,对比前几个波段的图像,图像经改进的局部线性嵌入方法降维
后比经普通局部线性嵌入方法降维后聚集的内容多。从熵值来看,改进的局部线
性嵌入方法也比普通局部线性嵌入方法好。就前两个输出波段而言,改进后的局
部线性嵌入方法降维图像的熵大于普通局部线性嵌入方法降维图像的熵。从图
13.7 和图 13.8 可以看出,相比普通局部线性嵌入,改进的局部线性嵌入方法更好
地保留了地物纹理或形态信息。

　　尽管寻找最邻近点是基于光谱相似性的,但是通过将邻近像元限制在邻域窗口内可以使局部空间结构得以保持。熵是信息量的度量,并不是能量的度量。熵值可以很好地指示降维后输出波段的信息保持效果。值得注意的是,局部线性嵌入方法改进前后都无法生成唯一解,这归因于二者对求解稀疏对称矩阵 $M = (I-W)^\mathrm{T}(I-W)$ 的非常小的特征值的敏感性。

　　对基于普通局部线性嵌入方法和改进的局部线性嵌入方法降维后的测试数据立方体,开展了端元提取实验。350×350 像元图像场景中的地面真实端元,只有两个出现在含有 64×64 像元的子图像中,即高岭石(22,298)和云母(33,271)。端元提取采用 ENVI 4.2 软件[27]中的像元纯度指数(PPI)[26]方法。ENVI 4.2 软件最初由 AIG(analytical imaging and geophysics)开发。像元纯度指数是一个高光谱分析过程中的自动化过程,用于潜在图像端元光谱的确定。在提取端元光谱时,选取落在生成的数据云“角落”的那些单一像元的光谱为端元光谱,而不是整个端元数据集的平均光谱。

　　表 13.6 列出了地面真实端元与分别从主成分分析、普通局部线性嵌入和改进的局部线性嵌入降维的子图像中提取的端元之间的光谱角。可以看出,在主成分分析、普通局部线性嵌入和改进的局部线性嵌入方法降维后的图像中分别提取 3、3 和 4 种端元(表中带有阴影的数字),表明在端元提取方面,改进的局部线性嵌入方法优于主成分分析和普通局部线性嵌入方法,因为它能识别出更多的端元。从找到的端元位置来看,在改进的局部线性嵌入方法降维图像中找到的端元中,有一个端元位置与地面真实端元(22,298)的位置完全相同,另一个端元与地面真实端元(33,271)的位置只有一个像元的偏差。与此相反,在主成分分析和普通局部线性嵌入方法降维后图像中找到的端元都与地面真实端元的位置偏离较大。

表 13.6　地面真实端元分别从主成分分析、普通局部线性嵌入和改进的局部线性嵌入降维的像元纯度指数子图像中提取的端元之间的光谱角(涂有阴影的数值为每行光谱角的最小值,并假定阴影数值所在行对应的提取端元正是阴影数值所在列对应的真实端元的物质)

降维方法	提取端元 (x, y)	地面真实端元				
		明矾石 (62,161)	水铵长石 (209,234)	方解石 (30,347)	高岭石 (22,298)	云母石 (33,271)
主成分分析	(56,303)	0.24	0.12	0.05	0.24	0.14
	(23,304)	0.10	0.18	0.22	0.03	0.14
	(20,281)	0.14	0.09	0.12	0.13	0.07
普通局部线性嵌入	(56,304)	0.25	0.12	0.07	0.25	0.15
	(23,304)	0.10	0.18	0.22	0.03	0.14
	(19,281)	0.15	0.08	0.12	0.13	0.07

续表

降维方法	提取端元 (x,y)	地面真实端元				
		明矾石 (62,161)	水铵长石 (209,234)	方解石 (30,347)	高岭石 (22,298)	云母石 (33,271)
改进的 局部线性嵌入	(38,272)	0.14	0.07	0.10	0.15	0.08
	(49,268)	0.23	0.10	0.09	0.24	0.14
	(22,298)	0.10	0.17	0.21	0.00	0.13
	(32,271)	0.15	0.09	0.11	0.13	0.02

　　与 13.2.2 节相同,也用同样的约束能量最小技术进行矿物检测制图实验[18]。图 13.9 为分别从原始数据立方体、普通局部线性嵌入方法和改进的局部线性嵌入方法降维数据立方体中检测出的云母石结果图。图像中最亮的像元对应于场景中最纯的矿物特征像元。

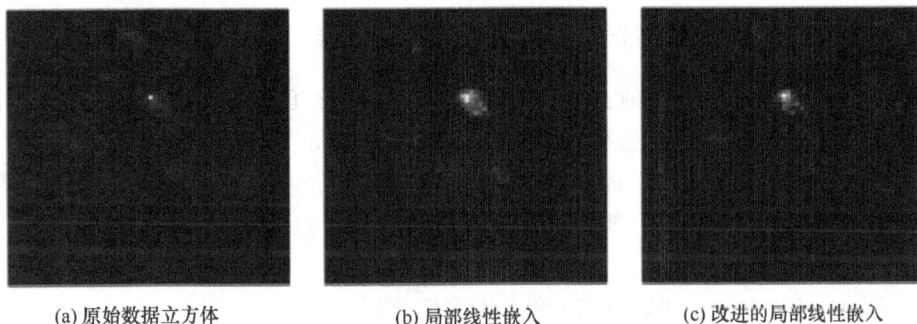

(a) 原始数据立方体　　　　　　(b) 局部线性嵌入　　　　　　(c) 改进的局部线性嵌入

图 13.9　分别从原始数据立方体、普通局部线性嵌入方法和改进的局部线性嵌入方法
降维数据立方体中检测出的云母石约束能量最小探测图[6]

　　从图 13.9 可以看出,三幅结果图中亮区的形状都很相似。然而,从改进的局部线性嵌入方法降维数据立方体中得到的检测结果图与原始数据立方体的检测结果更接近,尤其是亮度高的像元少于普通局部线性嵌入方法,正如原始数据立方体。另外,在改进的局部线性嵌入方法的结果图中,处于中间值的像元遍布整个子图像场景,这与原始数据立方体的结果一致。然而,在普通局部线性嵌入方法的结果图中,处于中间值的像元比原始数据立方体像元少得多,这说明改进的局部线性嵌入方法比普通局部线性嵌入方法更适于矿物检测。

　　从以上实验可以看出,对于端元提取和矿物检测来说,改进的局部线性嵌入方法是一个非常有效的、有前途的数据降维方法。

13.4　利用局部线性嵌入与拉普拉斯特征映射组合方法

本节介绍一种局部线性嵌入与拉普拉斯特征映射相结合的非线性降维方法[7]。前面几节讲到，局部线性嵌入可以在保持拓扑结构的情况下将高维空间中的数据映射到低维欧几里得空间。然而，它不一定会保持降维后空间内数据点之间的相对距离不变，还像原始数据空间中的相对距离一样。但是，拉普拉斯特征映射能够保护数据点之间的位置特征，这里指的是距离。通过将这两种方法组合，可以得到一种更好地保护位置特征的非线性降维方法。实验已经证明，这种新型高光谱降维方法的性能确实提高了。从新方法、主成分分析和局部线性嵌入降维后的赤铜矿数据中，提取的端元数量相同，但是从新方法降维数据中提取的端元，在场景中的位置更准确。另外，组合方法也比单独使用拉普拉斯映射方法降维效果更好，因为它能识别出更多纯矿物端元。

13.4.1　局部线性嵌入与拉普拉斯特征映射组合降维

关于拉普拉斯特征映射方法用于降维，有文献[28]已发表，构建了一个由 n 个节点和一组连接相邻点的边组成的一个权重图，包括如下步骤。

① 构建邻接图。如果 x_i 和 x_j 很接近，则在节点 i 和 j 之间放置一条边。是否放置一条边，可以使用距离 ε 度量，也可以使用邻近点的数量 k 来约束。

② 选择权重。

第一，热核方法。如果节点 i 和 j 相连接，则令

$$v_{i,j} = \mathrm{e}^{-\frac{\|x_i - x_j\|^2}{t}} \tag{13.11}$$

反之，令 $v_{i,j}=0$。

第二，如果节点 i 和 j 相连接，令 $v_{i,j}=1$；反之，令 $v_{i,j}=0$。

③ 计算广义特征向量问题的特征值和特征向量，即

$$\boldsymbol{L}f = \lambda \boldsymbol{D}f \tag{13.12}$$

其中，$\boldsymbol{D} = \mathrm{diag}\{D_{11}, D_{22}, \cdots, D_{m}\}$ 为对角矩阵，$D_{i,j} = \sum_j v_{i,j}$；$\boldsymbol{L} = \boldsymbol{D} - \boldsymbol{V}$ 为拉普拉斯矩阵。

去掉特征值为 0 所对应的特征向量，将底部 r 个特征向量嵌入到降维空间中。

由于拉普拉斯特征映射的位置保持特性，它对异常值和噪声相对不敏感。只要在该算法中使用局部距离，拉普拉斯映射也不会轻易发生"短路"现象。

局部线性嵌入利用线性系数 $w_{i,j}$ 来保持局部几何特征，用数据点 x_i 周围的 k 个最邻近点以加权（线性系数 $w_{i,j}$）的方式来重构该点。然而，它却不一定保证在原始空间中距离很近的点在数据降维空间中也很近。如果相邻点 x_i 和 x_j 被映射

离得很远,拉普拉斯特征映射可以通过代价函数的形式来保证原始空间的点 x_i 和 x_j 的相对距离保持不变。将局部线性嵌入与拉普拉斯特征映射组合成一种新的非线性降维方法,既可以保持局部几何特征,又能保证数据点之间的相对距离。同样,组合方法也有三个步骤。

① 对于原始空间中的每个数据点 x_i,找到它的 k 个最邻近点。如果数据点 x_i 和 x_j 的距离很近(即达到一定条件),则在二者之间添加一条边。

② 根据局部线性嵌入方法,度量利用最邻近点近似表达数据 x_i 时的重构误差,并计算重构权重 $w_{i,j}$。根据拉普拉斯特征映射,选择权重 $w_{i,j}$。

③ 通过求解以下最优化问题,确定低维空间中的既能保持局部几何特征,又能保持数据点相对距离的嵌入点 y_i,即

$$\min \sum_{i=1}^{n} y_i - \sum_{j=1}^{k} w_{i,j} y_i{}^2 + \frac{1}{2} \sum_{i,j=1}^{n} y_i - y_j^2 v_{i,j} \tag{13.13}$$

$$\text{s. t.} \quad \frac{1}{n} \boldsymbol{YY}^{\mathrm{T}} = \boldsymbol{I} \tag{13.14}$$

$$\boldsymbol{YI} = 0 \tag{13.15}$$

其中,$\boldsymbol{Y} = [y_1, y_2, \cdots, y_n]_{r \times n}$;$\boldsymbol{I}$ 为单位矩阵。

如果邻近点 x_i 和 x_j 被映射到低维空间中相距很远的点,则权重 $v_{i,j}$ 将会引入重罚值。

显然

$$\sum_{i=1}^{n} y_i - \sum_{j-1}^{k} w_{i,j} y_j^2$$
$$= \sum_{i,j} (\delta_{i,j} - w_{i,j} - w_{j,i} + \sum_{k} w_{k,i} w_{k,j}) \langle y_i, y_j \rangle$$
$$= \mathrm{tr}(\boldsymbol{Y}(\boldsymbol{I} - \boldsymbol{W})(\boldsymbol{I} - \boldsymbol{W})^{\mathrm{T}} \boldsymbol{Y}^{\mathrm{T}})$$
$$= \mathrm{tr}(\boldsymbol{YMY}^{\mathrm{T}}) \tag{13.16}$$

其中,$\boldsymbol{M} = (\boldsymbol{I} - \boldsymbol{W})(\boldsymbol{I} - \boldsymbol{W})^{\mathrm{T}}$;$\langle y_i, y_j \rangle$ 为 y_i 与 y_j 的数量积;$\boldsymbol{W} = [w_1, w_2, \cdots, w_n]$。

此外,有

$$\sum_{i,j} \| y_i - y_j \|^2 v_{i,j}$$
$$= \sum_{i,j} \{ \| y_i \|^2 + \| y_j \|^2 - 2 \langle y_i, y_j \rangle \} v_{i,j}$$
$$= \sum_{i} \| y_i \|^2 D_{ii} + \sum_{j} \| y_j \|^2 D_{jj} - 2 \sum_{i,j} v_{i,j} \langle y_i, y_j \rangle$$
$$= 2 \sum_{i} \| y_i \|^2 D_{ii} - 2 \sum_{i,j} v_{i,j} \langle y_i, y_j \rangle$$
$$= 2 \sum_{k} \sum_{i} (y_i^k)^2 D_{ii} - 2 \sum_{k} \sum_{i,j} v_{i,j} y_i^k y_j^k$$
$$= 2 \{ \mathrm{tr}(\boldsymbol{YDY}^{\mathrm{T}}) - \mathrm{tr}(\boldsymbol{YVY}^{\mathrm{T}}) \}$$

$$= 2\{\operatorname{tr}(\boldsymbol{Y}(\boldsymbol{D}-\boldsymbol{V})\boldsymbol{Y}^{\mathrm{T}})\} \tag{13.17}$$

其中，$\boldsymbol{D} = \operatorname{diag}\{D_{11}, D_{22}, \cdots, D_{nn}\}$ 为对角阵；$D_{i,j} = \sum_j v_{i,j}$。

约束最小化问题可以用拉格朗日乘子求解，即

$$L(\boldsymbol{Y}) = \boldsymbol{Y}\boldsymbol{M}\boldsymbol{Y}^{\mathrm{T}} + \boldsymbol{Y}(\boldsymbol{D}-\boldsymbol{V})\boldsymbol{Y}^{\mathrm{T}} + (N\boldsymbol{I} - \boldsymbol{Y}\boldsymbol{Y}^{\mathrm{T}})\boldsymbol{\Lambda} \tag{13.18}$$

对 $\boldsymbol{Y}$ 求导并令其为 0，则有

$$2\boldsymbol{M}\boldsymbol{Y}^{\mathrm{T}} + 2(\boldsymbol{D}-\boldsymbol{V})\boldsymbol{Y}^{\mathrm{T}} + 2\boldsymbol{Y}^{\mathrm{T}}\boldsymbol{\Lambda} = 0 \tag{13.19}$$

因此，需要对以下对称特征值问题进行求解，即

$$(\boldsymbol{M}+\boldsymbol{D}-\boldsymbol{V})\boldsymbol{Y}^{\mathrm{T}} = \boldsymbol{Y}^{\mathrm{T}}\boldsymbol{\Lambda} \tag{13.20}$$

基于嵌入点具有正交性且其均值为 0 的约束条件，去掉该向量。剩余的 r 个最小特征值对应的特征向量构成了降维空间的嵌入。因为 $\boldsymbol{M}+\boldsymbol{D}-\boldsymbol{V}$ 是一个大的、稀疏、对称矩阵，很多熟知的特征求解算法可以用来对它求解。本节用 MAT-LAB 中的 eigs() 函数计算该矩阵的若干最小特征值（在量级上）及其对应的特征向量。

13.4.2 端元提取实验结果

利用端元提取实验对提出的数据降维方法进行检验。所使用的数据仍然是13.2 节中的 AVIRIS 赤铜矿数据立方体。为了与 13.3 节的结果进行比较，仍然使用 64×64 像元的赤铜矿数据立方体，端元提取方法也用 ENVI 4.2 软件[27]中的像元纯度指数算法[26]。在端元提取实验中，像元纯度指数提取算法的迭代次数设置为 10 000，阈值因子设置为 1。像元纯度指数找到的最终端元光谱不是所有的落在数据云极端"角落"点的像元光谱的均值，而是选取数据云"角落"的单个像元光谱作为最终的端元光谱。与 13.3 节相同，局部线性嵌入方法中用于重构数据点的最邻近点数量设为 $k=26$，输出维数设为 $r=10$。

表 13.7 列出了地面真实端元光谱与分别从主成分分析、普通局部线性嵌入方法、拉普拉斯特征映射方法和局部线性嵌入与拉普拉斯特征映射组合方法降维后数据集（光谱波段从 192 降到 $r=10$）中提取的端元光谱之间的光谱角。可以看出，从主成分分析、普通局部线性嵌入方法、拉普拉斯特征映射方法和局部线性嵌入与拉普拉斯特征映射组合方法降维后数据中分别提取 3、3、2 和 3 个端元。从提取的端元数量来看，局部线性嵌入与拉普拉斯特征映射组合方法与主成分分析和普通局部线性嵌入方法相当，比单独拉普拉斯特征映射要好。

另外，从提取的端元位置来看，从局部线性嵌入与拉普拉斯特征映射组合方法降维数据中提取的端元中有一个端元（高岭石）的位置与地面真实端元位置（22，298）完全一样。另一个端元（云母石）的位置与地面真实端元位置（33，271）也只差一个像元。与此相反，从主成分分析和普通局部线性嵌入方法降维数据中提取的

端元的位置与地面真实端元位置相差较大。从单独拉普拉斯特征映射方法降维数据中提取的端元中,也有一个与地面真实端元位置完全相同(22,298)。不过,从这种方法降维数据中只提取了 2 个端元,少于其他降维方法。

表 13.7 地面真实端元光谱与利用像元纯度指数方法分别从主成分分析、普通局部线性嵌入方法、拉普拉斯特征映射方法和局部线性嵌入与拉普拉斯特征映射组合方法降维数据中提取的端元光谱之间的光谱角

降维方法	提取的端元(x,y)	地面真实端元				
		明矾石 (62,161)	水铵长石 (209,234)	方解石 (30,347)	高岭石 (22,298)	云母石 (33,271)
主成分分析	(56,303)	0.24	0.12	0.05	0.24	0.14
	(23,304)	0.1	0.18	0.22	0.03	0.14
	(20,281)	0.14	0.09	0.12	0.13	0.07
普通局部线性嵌入方法	(56,304)	0.25	0.12	0.07	0.25	0.15
	(23,304)	0.10	0.18	0.22	0.03	0.14
	(19,281)	0.15	0.08	0.12	0.13	0.07
拉普拉斯特征映射	(22,298)	0.10	0.17	0.21	0.00	0.13
	(26,278)	0.14	0.07	0.10	0.13	0.08
局部线性嵌入＋拉普拉斯特征映射	(22,298)	0.10	0.17	0.21	0.00	0.13
	(33,270)	0.15	0.09	0.11	0.13	0.04
	(63,274)	0.16	0.07	0.11	0.16	0.08

13.5 双变量小波收缩与主成分分析方法

本节描述了一种既能用主成分分析将高光谱数据立方体降低维度,又能同时用双变量小波收缩方法减少数据立方体中噪声的方法[29]。利用主成分分析降维后的数据中常包含大量噪声,于是考虑将双变量小波收缩加入到主成分分析降维方法中来降低噪声。通过降低数据立方体的噪声,降维后的数据质量更高,有利于后续的高光谱数据处理和分析。该方法称为双变量小波收缩与主成分分析方法(双变量小波收缩＋主成分分析)。

双变量小波收缩是一种非常有效的图像降噪方法,它充分考虑了小波域中的父子系数关系[30,31]。首先,将高光谱数据立方体分解为一组小波系数子带图像。然后,用双变量小波收缩方法对子带图像降噪。最后,用主成分分析对降噪后数据立方体进行降维,得到降维后数据立方体。与传统的主成分分析相比,双变量小波收缩＋主成分分析方法压缩了更多能量到输出的前几个波段的图像。这两种变换

分别在不同的域进行操作。小波变换在二维空间域进行，主成分分析在光谱域进行。实验结果表明，该方法不仅可以降低高光谱数据立方体的维数，还可以减少高斯白噪声。它在矿物检测中得到的结果比主成分分析好，在端元提取中得到的结果与主成分分析相当。

13.5.1 双变量小波收缩＋主成分分析方法的数据降维与降噪

有学者提出基于软和硬阈值的小波收缩降噪方案[32]，可以概括如下。

① 将待降噪图像变换到小波域。

② 将软或硬阈值应用于小波系数。

③ 进行逆小波变换得到降噪后的图像。

一维小波函数满足如下扩张方程，即

$$\phi(x) = \sqrt{2} \sum_{k=0}^{L-1} h_k \phi(2x-k) \tag{13.21}$$

$$\varphi(x) = \sqrt{2} \sum_{k=0}^{L-1} g_k \phi(2x-k) \tag{13.22}$$

其中，$g_k = (-1)^k h_{L-k-1}, k=0,1,\cdots,L-1$。

对于 $k=0,1,\cdots,2^j-1$ 和 $\varphi_k^j(x) = a^{-j/2} \varphi(2^{-j}x-kb)$，令 $\phi_k^j(x) = \phi(2^{-j}x-k)$。在前向小波变换中，$J$ 层离散小波变换可以表示为

$$f(x) = \sum_k c_k^J \phi_k^J(x) + \sum_{j=1}^{J} \sum_k d_k^j \varphi_k^j(x) \tag{13.23}$$

其中，系数 c_k^0 已知；j 层的系数 c_k^j 和 d_k^j 与 $j-1$ 层的系数 c_k^{j-1} 相关，它们的关系可以表达为以下递归方程，对于 $j=1,2,\cdots,J$，有

$$c_k^j = \sum_{n \in Z} c_k^{j-1} h_{n-2k} \tag{13.24}$$

$$d_k^j = \sum_{n \in Z} c_k^{j-1} g_{n-2k} \tag{13.25}$$

在逆小波变换中，信号的原始尺度系数可以通过低分辨率尺度系数和小波系数重构，即

$$c_k^j = \sum_{n \in Z} c_k^{j+1} h_{n-2k} + \sum_{n \in Z} d_k^{j+1} g_{n-2k} \tag{13.26}$$

通过引入可分离的二维尺度和小波函数（可以表示为一维补数的张量积），一维多分辨率小波分解可以很容易地扩展到二维情况。对于二维图像的小波分解，可以使用以下可分离小波基，即 $\phi(x)\phi(y)$、$\phi(x)\varphi(y)$、$\varphi(x)\phi(y)$ 和 $\varphi(x)\varphi(y)$。

对于每个分解尺度，共产生 4 个小波子带图像，即低-低（LL）、低-高（LH）、高-低（HL）和高-高（HH）。然后，对 LL 子带图像再进行分解，得到 4 个子带图像，就这样重复上述过程，直至达到预定分解尺度为止。

使用一个小的邻域窗口或层间依赖对小波系数进行阈值化已成为一个研究热点。这就包含双变量阈值法[30,31]，该方法对带噪声的小波系数 y_1 的定义为

$$w_1 = \frac{\left(\sqrt{y_1^2 + y_2^2} - \dfrac{\sqrt{3}\sigma_n^2}{\sigma}\right)_+}{\sqrt{y_1^2 + y_2^2}} \times y_1 \tag{13.27}$$

其中，y_2 为 y_1 的父系数；w_1 为降噪后的小波系数。

为了从小波系数中估算噪声方差 σ_n，可以选择从尺度最小的小波系数开始用稳定性较高的中值算子来估算，即

$$\sigma_n = \frac{\text{median}(|y_i|)}{0.6745} \tag{13.28}$$

其中，$y_i \in HH_1$，HH_1 为尺度最小的 HH 子带图像。

令 σ_y^2 为方形邻域窗口内小波系数平方的均值，σ 的计算方法为

$$\sigma = \sqrt{(\sigma_y^2 - \sigma_n^2)_+} \tag{13.29}$$

为了降低高光谱数据立方体的维度，利用主成分分析在光谱域对降噪后的子带图像进行降维，选取前 k 个主成分作为输出波段，可以得到降维后的数据立方体。

主成分分析是数据分析中一种广泛应用的降维技术[1]。它可以计算出代表高维空间低维特征向量，并最大限度的保持高维空间的协方差结构。主成分分析变换首先要计算以下协方差矩阵的特征值和特征向量，即

$$C = \frac{1}{M} \sum_i r_i r_i^T \tag{13.30}$$

其中，r_i 变量为输入样本；M 为输入样本的数量。

主成分分析的输出结果只是低维空间中的输入模式的坐标，低维空间是以已求得的特征向量作为主要坐标轴的。前几个主成分包含大部分信息/方差，剩余的成分仅含有少量信息。

可以同时降维和降噪的双变量小波收缩＋主成分分析方法的主要步骤，可归纳为如下。

① 在空间域，对数据立方体的每个波段图像进行二维前向小波变换。

② 用双变量小波阈值法对数据立方体的每个波段的小波系数进行阈值化处理。

③ 对经过阈值化处理后的小波系数进行逆二维小波变换，重建数据立方体的波段图像。

④ 在光谱域，对降噪后的数据立方体进行主成分分析变换，然后选择前 k 个波段作为输出数据。

对双变量小波收缩＋主成分分析方法的计算复杂度的分析如下，小波变换的计算复杂度为 $O(MN)$ 数量级，其中 M 为空间域的像元数量，N 为光谱域的波段数量；主成分分析的计算复杂度为 $O(MN^2 + N^3 + kMN)$ 数量级，其中 k 为降维后数据立方体中保留的主成分数量。因此，双变量小波收缩＋主成分分析方法的总计算复杂度为 $O(MN^2 + N^3 + kMN)$，与主成分分析的计算复杂度相当。

13.5.2　双变量小波收缩＋主成分分析方法的评估

本小节用 MATLAB 软件进行实验,验证双变量小波收缩＋主成分分析方法的有效性,数据仍然是 13.2 节～13.4 节使用的 AVIRIS 赤铜矿数据立方体。该区域有 5 个纯矿物像元,分别为明矾石（62,161）、水铵长石（209,234）、方解石（30,347）、高岭石（22,298）和云母石（33,271）。鉴于水汽吸收和低信噪比的影响,实验去掉了 1～3、105～115 和 150～170 波段,总共使用 189 个波段。

小波变换通常要求图像的大小是 2 的幂,如 256×256、512×512 等。然而,高光谱图像未必总能满足该条件。在赤铜矿数据立方体中,选择的场景大小为 350×350×189。在空间域上,需要对每个 350×350 像元的空间图像进行小波变换。为了满足小波变换的需求,对策是增加最少的数值使分解层数达到最大。针对该数据立方体,通过复制最后行/列的值,在原数据上增加两行/列,新图像大小变为 352×352。这样一来,最大小波分解层数可以为 5。

分别用单独主成分分析和双变量小波收缩＋主成分分析方法对新数据立方体进行降维,输出波段数为 10。然后,再进行适当分解层数的小波变换。在本节,小波分解层数选为 4。与 Sendur 和 Selesnick[30,31] 的研究相同,邻域窗口大小选为 7×7 像元。

图 13.10 和图 13.11 分别为经主成分分析和双变量小波收缩＋主成分分析方法降维后的前 10 个输出波段图像。从图 13.10 可以看出,主成分分析输出图像的一些波段含有明显的噪声,如第 4 波段。另一方面,图 13.11 中由双变量小波收缩＋主成分分析方法降维后的输出图像并不包含与主成分分析同样级别的噪声。这说明双变量小波收缩＋主成分分析方法成功地降低了原始数据立方体中的噪声。

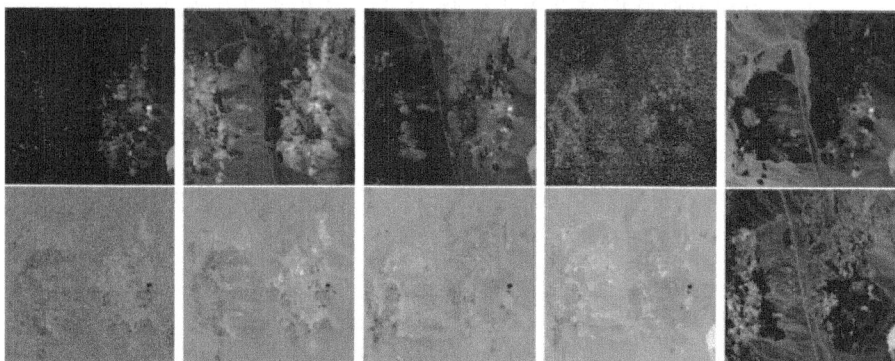

图 13.10　经主成分分析降维后的前 10 个波段图像(部分波段含有大量噪声)[29]

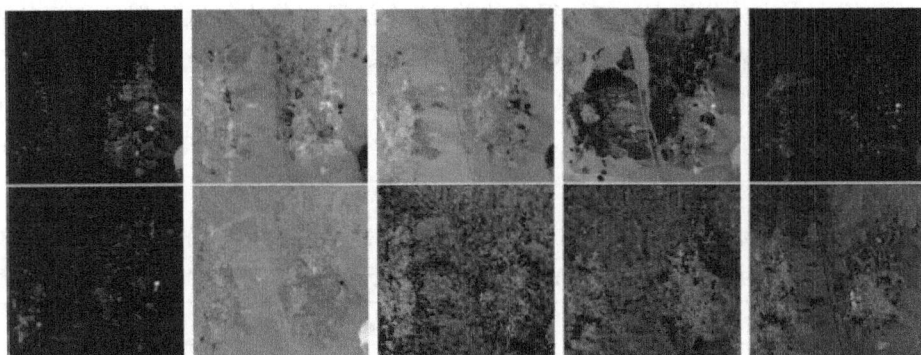

图 13.11　经双变量小波收缩＋主成分分析方法降维后
的前 10 个波段图像(没有波段含有大量噪声)[29]

图 13.12 分别为用主成分分析(虚线)和双变量小波收缩＋主成分分析方法
(实线)得到的前 10 个特征值。可以看出,双变量小波收缩＋主成分分析方法可以
保证原始数据立方体的前几个波段汇聚了相当多的能量。因此,双变量小波收缩
＋主成分分析方法要优于主成分分析,在双变量小波收缩＋主成分分析方法得到
的前 10 个波段中保留了更多图像信息,且包含的噪声比主成分分析少得多。

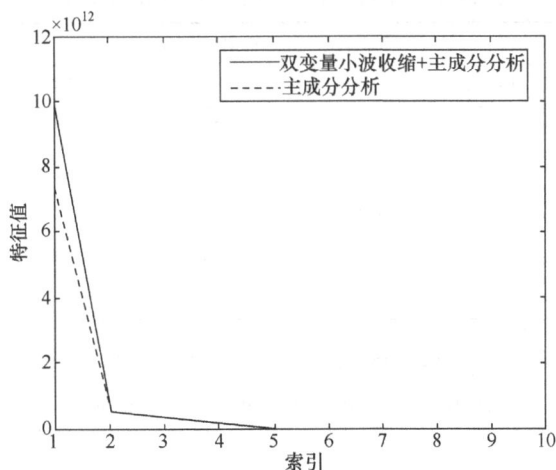

图 13.12　用主成分分析和双变量小波收缩＋主成分分析方法变换得到的
前 10 个特征值(双变量小波收缩＋主成分分析方法
比主成分分析在前几个波段汇聚了更多的能量)[29]

与 13.2 节～13.4 节一样,本节也是用 N-FINDR 算法[9]从赤铜矿数据立方体
(含有五个地面真实矿物端元)中进行端元提取。表 13.8～表 13.10 分别列出了
地面真实端元光谱与用 N-FINDR 算法从原始数据立方体、主成分分析和双变量

小波收缩＋主成分分析方法变换得到的前 10 个波段图像中提取的端元之间的光谱角。对比三个表格可以看出,表 13.8 中的结果整体上最好,表 13.9 和表 13.10 中的结果大致相似。然而,从双变量小波收缩＋主成分分析方法找到了一个与地面真实端元位置完全一样的端元,即高岭石(22,298),而其他两种方法都没有做到这一点。

表 13.8　地面真实端元光谱与用 N-FINDR 算法从原始数据立方体中提取的端元之间的光谱角 (阴影背景的单元格为每行最小的光谱角,假定该行提取端元就是所在列对应地面真实端元的物质)

提取的端元(x,y)	地面真实端元				
	明矾石 (62,161)	水铵长石 (209,234)	方解石 (30,347)	高岭石 (22,298)	云母石 (33,271)
(285,234)	0.0933	0.1732	0.1984	0.1445	0.1572
(245,165)	0.1672	0.0809	0.1216	0.1555	0.0947
(147,86)	0.2009	0.0937	0.0526	0.2165	0.1171
(22,303)	0.1105	0.1507	0.1896	0.0446	0.1065
(32,271)	0.1517	0.0901	0.1047	0.1345	0.0217

表 13.9　地面真实端元光谱与用 N-FINDR 算法从主成分分析变换得到的前 10 个波段图像中提取的端元之间的光谱角

提取的端元(x,y)	地面真实端元				
	明矾石 (62,161)	水铵长石 (209,234)	方解石 (30,347)	高岭石 (22,298)	云母石(33,271)
(286,237)	0.0981	0.1884	0.2124	0.1387	0.1667
(206,228)	0.1247	0.0422	0.1143	0.1395	0.0845
(10,342)	0.2490	0.1314	0.0725	0.2426	0.1381
(23,298)	0.1098	0.1524	0.1918	0.0613	0.1079
(19,281)	0.1458	0.0781	0.1141	0.1347	0.0706

表 13.10　地面真实端元光谱与用 N-FINDR 算法从双变量小波收缩＋主成分分析方法变换得到的前 10 个波段图像中提取的端元之间的光谱角

提取的端元(x,y)	地面真实端元				
	明矾石 (62,161)	水铵长石 (209,234)	方解石 (30,347)	高岭石 (22,298)	云母石(33,271)
(289,235)	0.0897	0.2112	0.2441	0.1323	0.1857
(23,166)	0.1813	0.0836	0.1052	0.1715	0.0949
(338,300)	0.1597	0.1066	0.0925	0.1891	0.1095
(22,298)	0.0961	0.1733	0.2114	0.0000	0.1263
(15,278)	0.1593	0.0869	0.1168	0.1384	0.0677

用 13.3.2 节定义的约束能量最小方法(式(13.6))开展矿物检测实验来评估双变量小波收缩＋主成分分析方法。图 13.13 为分别为从原始数据立方体、经主成分分析降维后数据立方体和经双变量小波收缩＋主成分分析降维后数据立方体中得到的云母石检测结果图,降维后保留的输出波段数量为 30。在结果图中,图像场景中最亮的像元对应最纯的矿物特征。

图 13.13　分别为从原始数据立方体、经主成分分析降维后数据立方体和经双变量小波收缩＋主成分分析降维后数据立方体中得到的云母石检测结果图[29]

平方误差和(sum of squared errors,SSE)是一个用于衡量由降维图像得到的矿物检测结果图与原始数据立方体中得到的矿物检测结果图的度量。平方误差和定义为

$$SSE = \sum_{i,j} (f(i,j) - g(i,j))^2 \tag{13.31}$$

其中,$f(i,j)$ 为从原始数据立方体中得到的矿物检测结果;$g(i,j)$ 为从降维后数据立方体中得到的矿物检测结果图。

可以看出,双变量小波收缩＋主成分分析方法与原始数据立方体的结果更加接近,所以双变量小波收缩＋主成分分析方法比主成分分析方法更好。双变量小波收缩＋主成分分析方法的平方误差和(312.8)要小于主成分分析的平方误差和(332.7),说明在赤铜矿数据立方体的矿物检测上,双变量小波收缩＋主成分分析方法优于主成分分析方法。

13.6　小波包和主成分分析组合方法

本节介绍一种应用小波包、邻域收缩和主成分分析对高光谱数据同时进行降维和降噪的方法[33]。该方法充分利用小波包和邻域收缩的独有特性,小波包可以在多种分辨率下有效地表征边缘和图像信息(在图像降噪方面也非常有效);对于当前待阈值化处理的系数,引入它的一个小邻域,再对小波包系数进行收缩。

在空间域,对高光谱数据立方体的每个波段图像进行二维前向小波包变换,然后使用一个邻域小波阈值机制对小波包系数进行收缩,之后对阈值化后的系数进行二维逆小波包变换,得到降噪后的数据立方体。在光谱域,对降噪后的数据立方体进行主成分分析降维,得到降维后的数据立方体。对降噪后的数据立方体进行主成分分析降维,能够更高效地得到保持在降维后的数据立方体中的边缘和图像信息。因此,该方法可以得到图像质量比单独使用主成分分析方法更高的图像,同时也降低了输出数据立方体中的噪声。为了便于描述,本节将该方法称为小波包、邻域收缩和主成分分析(小波包＋邻域收缩＋主成分分析)方法。

13.6.1　小波包＋邻域收缩＋主成分分析方法降维与降噪

二维前向小波包变换是一种利用滤波和降采样将信号分解到空间频率子空间的多分辨率技术。它可以将图像的大部分能量压缩到只有很少数量的大系数中,而大多数小波包系数都很小。这一特性可以用于对小波包系数进行阈值化处理以达到降噪效果,因为高斯白噪声的小波包系数都非常小。Chen 等[34]提出采用 3×3 邻域窗口进行阈值化处理。令

$$S_{j,k}^2 = \sum_{(i,l)\in B_{j,k}} d_{i,l}^2 \tag{13.32}$$

其中,$d_{i,l}^2$ 为邻域 $B_{j,k}$ 中的小波系数。

图 13.14 给出一个 3×3 邻域窗口的示意图,以待阈值化的小波系数为中心。

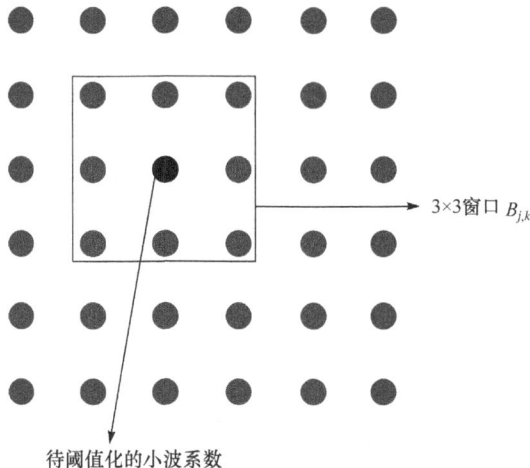

待阈值化的小波系数

图 13.14　3×3 邻域窗口示意图[33]

本节对通过二维离散小波包变换得到的小波包系数 $\{d_{j,k}\}$ 进行收缩(阈值化),即

$$d_{j,k} = d_{j,k}\beta_{j,k} \tag{13.33}$$

其中,收缩因子 $\beta_{j,k}$ 定义为

$$\beta_{j,k} = \left(1 - \frac{\lambda^2}{s_{j,k}^2}\right)_+ \tag{13.34}$$

其中,右下角的"+"表示取非负值;$\lambda = \sqrt{2\sigma^2 \log M}$ 为图像阈值,M 为像元数量。

因为原始数据立方体中的每个波段图像噪声的标准差是未知的,所以用下面的公式近似估计,即

$$\sigma = \frac{\text{median}(\,|d_j|\,)}{0.6745} \tag{13.35}$$

其中,$|d_j|$ 为最小尺度的小波系数。

需要注意的是,本节使用的阈值与 Chen 等[34]在另一工作中所用的不同。本节对由二维离散小波包变换得到的小波包系数进行阈值化处理。文献[34]对由标准二维离散小波变换得到的小波系数进行阈值化处理。

为了对高光谱数据立方体降维,在光谱域利用主成分分析对高光谱数据立方体进行降维,保留前 k 个输出波段。小波包＋邻域收缩＋主成分分析方法可以概括为以下步骤。

① 在空间域,对原始数据立方体进行二维前向小波包变换。

② 对步骤①得到的数据立方体,利用当前小波包系数的小邻域对小波包系数进行阈值化处理,以达到降低噪声的目的(对每个小波包子带图像进行阈值化处理,除最低频逼近子带图像)。

③ 在空间域,对步骤②得到的结果进行逆二维小波包变换,得到降噪后数据立方体。

④ 在光谱域,对整个降噪后数据立方体进行主成分分析变换,选择前 k 个输出波段。

图 13.15 为小波包＋邻域收缩＋主成分分析方法的框图。该方法的计算复杂度分析如下:小波包变换的计算复杂度为 $O(MN)$ 数量级,其中 M 为空间域中的像元数量,N 为光谱域的波段数量;主成分分析的计算复杂度为 $O(MN^2 + N^3 + kMN)$ 数量级,其中 k 为降维后数据立方体中保留的主成分的数量。因此,双变量小波收缩＋主成分分析方法的总计算复杂度为 $O(MN^2 + N^3 + kMN)$ 数量级,与主成分分析的一样。

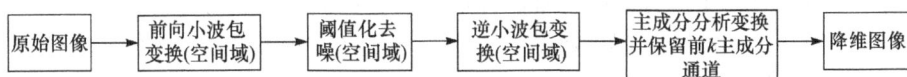

图 13.15　同时降噪和降维的小波包＋邻域收缩＋主成分分析方法框图[33]

13.6.2　小波包＋邻域收缩＋主成分分析方法评估

本节的评估实验使用的数据仍然是 13.2 节～13.5 节使用的 AVIRIS 赤铜矿数据立方体。利用 MATLAB 软件来实现小波包＋邻域收缩＋主成分分析方法，并评价和验证该方法在降维上的有效性。小波包变换层数选择 2 层，小波滤波器选择 Daubechies-4 滤波器。

图 13.16 为分别用主成分分析和小波包＋邻域收缩＋主成分分析方法降维得到的前 5 个输出通道图像。可以看出，主成分分析的输出波段含有大量噪声(如第 4 波段)，而小波包＋邻域收缩＋主成分分析方法的输出波段包含的噪声较少。相比主成分分析方法，小波包＋邻域收缩＋主成分分析方法在前几个波段图像压缩的能量更多，因为利用主成分分析和小波包＋邻域收缩＋主成分分析方法降维后得到的前 10 个特征值的曲线与图 13.12 相似。因此，小波包＋邻域收缩＋主成分分析方法更好，它的输出波段保留了更多图像信息，且包含的噪声少得多。

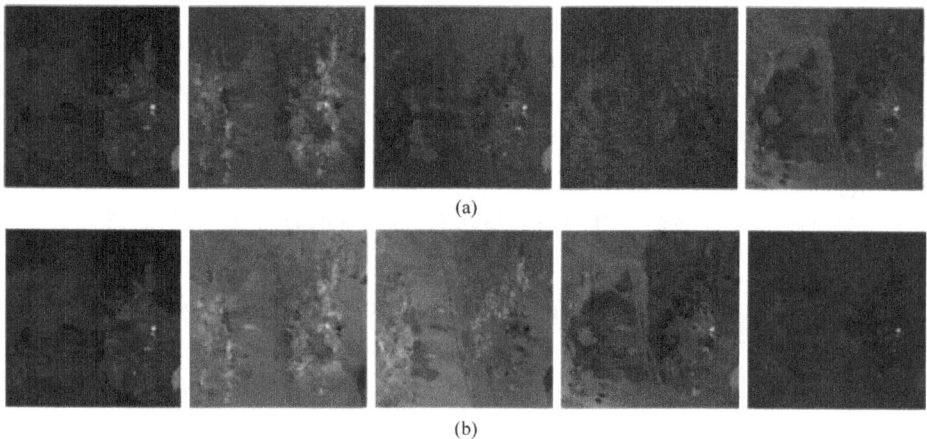

(a)

(b)

图 13.16　用主成分分析(a)和小波包＋邻域收缩＋主成分分析
(b)降维得到的前 5 个输出通道图像[33]

与 13.5.2 节相同，利用约束能量最小方法对分别从主成分分析降维图像和小波包＋邻域收缩＋主成分分析降维图像得到的矿物检测图进行评价。

分别得到了从原始赤铜矿数据立方体、主成分分析降维后 30 个输出波段和小波包＋邻域收缩＋主成分分析降维后 30 个输出波段的云母石检测图。这些结果与图 13.13 中的结果类似。

通过比较由原始和降维后数据立方体中得到的检测结果图得知，小波包＋邻域收缩＋主成分分析方法的平方误差和(313.0)比主成分分析(332.7)的小。小波包＋邻域收缩＋主成分分析方法得到的检测结果图也更接近于原始数据立方体得到的结果图。因此,在矿物检测方面,将降噪与降维结合起来,得到的检测结果更好。

参 考 文 献

[1] Jolliffe, T. , Principal Component Analysis, Springer, New York (2002).

[2] Green, A. A. , M. Berman, P. Switzer, and M. D. Craig, "A transformation for ordering multispectral data in terms of image quality with implications for noise removal," IEEE Trans. Geosci. Remote Sens. 26(1), 65-74 (1988).

[3] Kaewpijit, S. , J. L. Moigne, and T. El-Ghazawi, "Automatic reduction of hyperspectral imagery using wavelet spectral analysis," IEEE Trans. Geosci. Remote Sens. 41 (4), 863-871 (2003).

[4] Bruce, L. M. , C. H. Koger, and J. Li, "Dimensionality reduction of hyperspectral data using discrete wavelet transform feature extraction," IEEE Trans. Geosci. Remote Sens. 40(10), 2331-2338 (2002).

[5] Wang, J. and C. I. Chang, "Independent component analysis-based dimensionality reduction with applications in hyperspectral image analysis," IEEE Trans. Geosci. Remote Sens. 44(6), 1586-1600 (2006).

[6] Chen, G. Y. and S. -E. Qian, "Dimensionality reduction of hyperspectral imagery using improved locally linear embedding," J. Appl. Remote Sens. 1, 013509 (2007) [doi: 10. 1117/1. 2723663].

[7] Qian, S. -E. and G. Y. Chen, "A new nonlinear dimensionality reduction method with application to hyperspectral image analysis," Proc. IGARSS2007 , 270-273 (2007).

[8] Chen, G. Y. and S. -E. Qian, "Evaluation and comparison of dimensionality reduction methods and band selection," Canadian J. Remote Sen. 34(1), 26-32 (2008).

[9] Winter, M. E. , "N-FINDR: an algorithm for fast autonomous spectral end-member determination in hyperspectral data," Proc. SPIE 3753, 266-277 (1999) [doi: 10. 1117/12. 366289].

[10] Chang, C. I. and Q. Du, "Interference and noise-adjusted principal components analysis," IEEE Trans. Geosci. Remote Sens. 37(5), 2387-2396 (1999).

[11] Farrell Jr. , M. D. and R. M. Mersereau, "On the impact of PCA dimension reduction for hyperspectral detection of difficult targets," IEEE Geosci. Remote Sens. Lett. 2(2), 192-195 (2005).

[12] Mallat, S. G. , "A theory for multiresolution signal decomposition: The wavelet representation," IEEE Trans. Pattern Analysis and Machine Intelligence 11, 674-693 (1989).

[13] Gupta, M. R. and N. P. Jacobson, "Wavelet principal components analysis and its application to hyperspectral imagery," Proc. IEEE Int. Conf. Image Process. , Atlanta, GA (2006).

[14] Lee, J. , S. Woodyatt, and M. Berman, "Enhancement of high spectral resolution remote sensing data by a noise adjusted principal component transform," IEEE Trans. Geosci. Re-

mote Sens. 28(3),295-304 (1990).

[15] Chang,C. I. and S. Wang,"Constrained band selection for hyperspectral imagery,"IEEE Trans. Geosci. Remote Sens. 44(6),1575-1585 (2006).

[16] Chang,C. I. ,Q. Du,T. S. Sun,and M. L. G. Althouse,"A joint band prioritization and band decorrelation approach to band selection for hyperspectral image classification," IEEE Trans. Geosci. Remote Sens. 37(6),2631-2641 (1999).

[17] Huang,R. and M. He,"Band selection based feature weighting for classification of hyperspectral data,"IEEE Geosci. Remote Sens. Lett. 2(2),156-159 (2005).

[18] Farrand,W. H. and J. C. Harsanyi,"Mapping the distribution of mine tailings in the Coeur d'Alene valley through the use of a constrained energy minimization technique,"Remote Sens. Environ. 59,64-76 (1997).

[19] Mates,D. M. , H. Zwick,G. Jolly,and D. Schulten,"System studies of a small satellite hyperspectral mission,data acceptability,"Can. Gov. Contract Rep. HY-TN-51-4972,Macdonald,Dettwiller,and Assoc. ,Richmond,BC,Canada (2004).

[20] Roweis,S. T. and L. K. Saul,"Nonlinear dimensionality reduction by locally linear embedding,"Science 290,2323-2326,2000.

[21] Saul,L. K. and S. T. Roweis,"Think globally,fit locally:unsupervised learning of low dimensional manifolds,"J. Machine Learning Res. 4,119-155 (2003).

[22] Han,T. and D. G. Goodenough,"Nonlinear feature extraction of hyperspectral data based on locally linear embedding (LLE),"Proc. IEEE Int. Symp. Geosci. Remote Sens. 2,1237-1240 (2005).

[23] Chang,H. and D. Y. Yeung,"Robust locally linear embedding,"Pattern Recognition 39(6), 1053-1065 (2006).

[24] Fokkema,D. R. ,G. L. G. Sleijpen,and H. A. van der Vorst,"Jacobi- Davidson style QR and QZ algorithms for the reduction of matrix pencils," SIAM J. Sci. Comp. 20(1), 94-125 (1998).

[25] Rutishauser, H. R. ,"Simultaneous iteration method for symmetric matrices,"Numerische Mathematik 16,205-223 (1970).

[26] Boardman,J. W. ,F. A. Kruse,and R. O. Green,"Mapping target signatures via partial unmixing of AVIRIS data,"Summaries of JPL Airborne Earth Science Workshop,Pasadena, CA (1995).

[27] ENVI User's Guide,Research Systems,Inc. ,Boulder,CO (2001).

[28] Belkin,M. and P. Niyogi,"Laplacian Eigenmaps for dimensionality reduction and data representation,"Neural Computation 15,1373-1396 (2003).

[29] Chen,G. Y. and S. -E. Qian,"Simultaneous dimensionality reduction and denoising of hyperspectral imagery using bivariate wavelet shrinking and PCA,"Canadian J. Remote Sens. 34 (5),447-454 (2008).

[30] Sendur, L. and I. W. Selesnick, "Bivariate shrinkage functions for wavelet-based denoising exploiting interscale dependency," IEEE Trans. Sign. Process. 50(11),2744-2756 (2002).

[31] Sendur, L. and I. W. Selesnick, "Bivariate shrinkage with local variance estimation," IEEE Sign. Process. Lett. 9(12),438-441 (2002).

[32] Donoho, D. L. , "Denoising by soft-thresholding," IEEE Trans. Information Theory 41(3), 613-627 (1995).

[33] Chen, G. Y. and S. -E. Qian, "Denoising and dimensionality reduction of hyperspectral imagery using wavelet packets, neighbour shrinking and principal component analysis," Int. J. Remote Sens. 30(18),4889-4895 (2009).

[34] Chen, G. Y. , T. D. Bui, and A. Krzyzak, "Image denoising using neighbouring wavelet coefficients," Integrated Computer-Aided Engineering 12,99-107 (2005).

第14章　基于数据立方体几何形状的快速端元提取

14.1　混合像元与线性光谱分解

高光谱传感器获取视场角范围内地物几百个窄波段的数据,为地球表面地物组成的识别提供可能。高光谱遥感的空间分辨率由传感器的瞬时视场角决定,但是瞬时视场角是由于传感器的光学系统决定的。由于地球表面的地理特征,获取数据立方体的场景本质上是异构的。在传感器的瞬时视场内往往包含不止一种地物类型,结果导致高光谱图像(常被称为数据立方体)一个像元内观测获取的地面反射辐射信息很少仅包含单一物质的地物信息[1,2]。由于获取了非同质地物表面的辐射信息,这些像元通常称为包含一种或多种的地物类型的混合像元。瞬时视场获取的地面范围越大,只包含单一物质的纯净像元就会越少,即使当瞬时视场覆盖的是单一物质的目标,由于大气散射的影响,还是会混合相邻像元的辐射信息[3]。高光谱分析的术语中,只包含单一纯物质的像元称为端元。

混合像元产生的原因包含以下几个方面。

① 在瞬时视场成像范围内所有物质的混合反射构成了混合像元。

② 可变照明条件下,由于地形的影响导致光谱信号的混合,以及较薄的透明/半透明的材料与入射太阳光的交互反应。

③ 传感器光学系统本身的影响。

地表的自然分布特征对图像的混合像元同样造成影响,Fisher 将这些地表状态总结包括以下方面。

① 两种或多种测图单元的边界(如农田和林地的边界)。

② 测图单元间的过渡带。

③ 线性亚像元对象。

④ 小的亚像元对象(如一间房屋或者一棵树)。

从图像中提取地表覆盖信息传统意义上被视为图像的分类问题,将图像的每个像元划归为各自的类别。然而,在现实中由于地物的连续变化[6]及大部分地表本质上是混合覆盖[7],在图像中可能出现混合不同地物类型的像元。遥感混合模型可以预测像元内的各部分土地覆盖类型或丰度,还可以通过将一个像元分解为少数几种"纯"的类别来准确识别地表特征。混合像元分解的结果就是获取了每个像元各种纯地物覆盖类型的百分比。例如,一个像元内混合比例 80% 是黏土,10% 是沙土,10% 是石灰质土,根据多数原则,这个像元在制图中可以被分为黏土类别。因此,利用遥感图像获取亚像元的非均质地表特征,光谱解混是一个必要过程。

目前已有利用光谱解混模型来获取高光谱数据的单像元的组分比例的研究[8],学者也提出多种类型的解混模型,包括线性模型、概率模型、几何模型及随机几何模型。线性光谱解混由于其简单性应用最为广泛[1]。

在线性解混模型中,像元光谱可以认为由像元内部多种纯净地物光谱按其丰度线性混合,Settle 和 Drake[3]对该理论的假设包括两点。

① 不同的覆盖类型之间不存在大量的多次散射,每个光子到达传感器只与一种地物类型作用。

② 所有的端元类型已知——土地覆盖和为 1,即单个像元内所有组分的和或者所有端元丰度的和为 1。

在线性混合模型中,每个像元的光谱曲线是像元内各单一地物光谱乘以各自在像元成像范围内所占表面比例的总和。如果已知端元的数目及纯净像元光谱,观测像元的任意波段可以用该像元内部每个纯净光谱的线性组合表示。该线性模型可以用数学公式表述为位于 (x,y) 的像元光谱矢量 $s(x,y)$ 可以表示为端元矢量 $E_i, i=1,2,\cdots,L$ 的线性组合为

$$s(x,y) = \sum_{i=1}^{L} f_i(x,y) \cdot E_i + \varepsilon \tag{14.1}$$

$$\sum_{i=1}^{L} f_i(x,y) = 1, \quad 0 \leqslant f_i(x,y) \leqslant 1 \tag{14.2}$$

其中,L 代表端元的数目;$f_i(x,y)$ 代表端元 E_i 在像元 (x,y) 中的覆盖比例;ε 是误差矢量。

在真实情况下,系数 $f_i(x,y)$ 取值在 $0\sim1$,并且和为 1。

很显然,端元的获取是光谱解混的关键[9],选取的端元应该足以表达所有像元的光谱变化,获取端元通常有两种途径,即从光谱库中获取和从图像数据立方体自身提取。

从第一种途径获取的端元称为已知端元,第二种途径提取的端元称为未知端元。早期获取端元的方式往往基于人工经验,专家利用图像处理领域的先验知识从光谱库中提取候选端元。光谱库中的端元必须包含传感器的特征以达到匹配和解混的目的。除了方法自身的不足,这种方法在处理海量数据显示是不适用的。通过高光谱数据立方体自身提取端元的方法具有明显的优越性,这种途径从原始图像立方体提取少数像元光谱作为最近似的端元[10,11],或者从变换的图像立方体计算估计的端元光谱[12,13]。

形成高光谱数据立方体光谱特征的数据通常未知,因此从数据立方体可以提取的端元数目也未知。虚拟维度[14,15]的理论目前已经应用到高光谱数据的端元

数目估计。

14.2　端元提取方法

14.2.1　方法概述

目前已有众多从图像立方体提取端元的算法。这些算法假设"纯"像元存在于高光谱数据立方体中,以所使用的方法分类,端元提取算法包括以下类别。

① 几何方法,试图找到覆盖数据立方体的单一像元。

② 使用网格理论或数学形态学方法的网格计算方法。

③ 不是很严格的理论框架下的启发式近似方法。

几何方法提取端元遵循以下原则,几何法通过搜索凸集覆盖的高光谱数据顶点的方式获取端元。由于数据在多维空间的分布通常是被撕裂形,几何法寻找能够涵盖所有的数据的最小单形体。具体的算法包括 N-FINDR 算法[16]、凸锥分析算法[13]、约束端元迭代算法[17]、顶点成分分析算法[18]、单体增长算法[19]、最小体积约束的非负矩阵分解算法[20]等。

网格是一种采用区域最优理论的计算方法,数学形态学是这种模式一个非常成功的理论,但是还包含模糊系统和神经网络的理论。自动形态学光谱端元提取方法[10]是一种数学形态学的端元提取算法。

启发式的方式使用不固定在一个理论背景下的不同途径实现端元提取,具体包含一系列异构的端元提取算法,应用最广泛的算法就是 ENVI 遥感处理软件里的像元纯度指数算法。像元纯度指数算法通过数据降维和最小噪声分离变换进行噪声白化处理,然后将所有像元投影到一个随机的单元向量决定该像元的纯度,并且记下每个像元在投影矢量下表现为极值点的次数,最终确定最纯净的像元。像元纯度指数算法需要人工交互选择最适合目标光谱的像元。其他的算法还包括独立主成分分析[23]和空间-光谱端元提取算法[24]。

端元提取算法使用某一评价指标来搜索候选端元。使用的标准主要分为基于最大单形体的多维几何标准和像元光谱相似度标准。

N-FINDR 算法适用第一条标准。该方法基于在 N 维空间中,由端元组成的 N 维单形体相比其他像元组成的单形体具有最大体积的原理[16]。

第二条标准定义了像元光谱相似性的度量。自动目标生成过程(ATGP)[25]适用于该标准,该方法利用正交子空间投影(OSP)[26]方法在将候选端元投影到正交投影空间中,选择与已知端元最不相似的像元集作为新的端元。顶点成分分析[18]类似于自动目标生成算法,利用正交投影的方式搜索单形体的顶点。完全约束最小二乘法线性解混(FCLSLU)[27]利用线性混合模型,用已知端元对候选端元进行线性解混,选取解混误差最大的光谱作为新的端元。

端元提取方法还可以按实现方式的不同来划分,如并行或顺序的方法。在并行模型下,端元可同时被确定,而在顺序模式下,端元逐个被确定。如果是并行模式,端元的数目需要预先确定,而在顺序模式下算法具有更大的灵活性。传统的 N-FINDR 算法采用并行的方式实现,而顶点增长算法[19]是采用顺序的方式。总的来说,并行的算法可以更高效的提取端元,但是计算的复杂度比顺序方法更大。

端元提取方法还可以按数据处理步数划分。例如,传统的 N-FINDR 算法必须经过最小噪声分离变换进行数据降维的处理步骤[28],否则应用选择的数学公式不能计算出单形体的体积。算法可以看成 N-FINDR 算法顺序执行的模式,因此首先需要进行降维的处理。顶点成分分析[18]算法同样需要进行最小噪声分离变换,但是自动目标生成算法不需要降维的处理。显然,降维在很大程度上降低了端元提取运算的复杂度,降维通过信息压缩可以明显改善端元提取的性能[29]。

14.2.2　N-FINDR 算法

N-FINDR 算法[16]通过寻找具有最大体积的单形体从而自动获取图像中的多个端元。首先,利用最小噪声分离变换对原始数据立方体进行降维,然后随机选择某一个像元光谱作为初始端元,并计算其体积。用剩余的像元依次替换当前候选端元,同时计算凸多面体体积,如果某个替换能够得到更大体积,就用新的像元替换为候选端元,以这样的方式选择和替换直到没有剩余的端元可以选择,这个过程不需要输入任何参数。

N-FINDR 算法初始端元的数目定为 $n+1$,通过最小噪声分离变换,原始 N 维的高光谱数据立方体被降为 n 维,$e_0^{(0)}$,$e_1^{(0)}$,$e_2^{(0)}$,$\cdots$,$e_n^{(0)}$ 是随机选择的初始端元光谱,计算获得这些端元光谱构成的单形体的体积,即

$$V(\boldsymbol{E}^{(0)}) = \frac{|\det(\boldsymbol{E}^{(0)})|}{n!} \tag{14.3}$$

其中

$$\boldsymbol{E}^{(0)} = \begin{bmatrix} 1 & 1 & \cdots & 1 \\ e_0^{(0)} & e_1^{(0)} & \cdots & e_n^{(0)} \end{bmatrix} \tag{14.4}$$

使用数据立方体第 i 个像元的光谱 r_i 替换临时端元集中的每个端元,计算新的单形体的体积,如果替换后的最大体积比 $V(\boldsymbol{E}^{(i-1)})$ 大,则用当前像元光谱 r_i 替换临时端元,否则用第 $i+1$ 像元的光谱 r_{i+1}。重复以上的步骤,直至所有像元都进行计算后,算法终止。

由于使用式(14.3)计算单形体体积,式(14.4)中的 $\boldsymbol{E}$ 需要保持为一个方阵计算行列式,因此 N-FINDR 算法需要进行数据的降维。

N-FINDR 算法对于随机选择的初始端元集比较敏感,如果初始估计比较合适,算法进行较少的迭代步骤就可以达到最优解。另一方面,一个新像元光谱加入端元点集时算法都需要重新计算单形体的体积,这种计算的特性使算法对于噪声非常敏感。

14.2.3 单体增长法

单体增长法是一个顺序执行的 N-FINDR 算法,步骤如下。

① 将原始数据立方体利用最小噪声分离变换的方式进行降维,降维后的维度为 n。

② 通常选取具有最大模的像元作为初始像元,记为 e_0。

③ 对于每个像元矢量 r,(e_0,r) 为单形体的顶点,计算单形体的体积(如果 r 的加入生成了最大单形体,则记为 e_1)。

④ 循环第③步,直至端元的数目满足要求。

除了单体增长法是顺序生成端元,另一个与 N-FINDR 算法的不同之处是,当搜索第 i 个端元时,单体增长法使用最小噪声分离变换数据集的前 $i-1$ 个主成分,而 N-FINDR 算法在提取 $n+1$ 个端元时始终使用前 n 个主成分,因此单体增长法算法端元构成的单形体体积比 N-FINDR 算法的单形体体积小很多,同时计算量也大大减少。

14.2.4 像元纯度指数法

像元纯度指数法也是应用最为广泛法算法之一[21],算法基于凸面几何学[13]。假设所有像元光谱曲线是 N 维空间的矢量,首先使用最小噪声分离变换的方法对原始的数据立方体进行降维,然后算法随机生成多条穿过数据立方体的 N 维矢量,叫做投影矢量[30],将所有像元投影到这些直线上,根据投影的位置,记录投影产生极值的像元并列表。随着投影矢量的变化,不同的光谱会表现为投影矢量的极值,记录下每个光谱作为极值的次数。

在投影矢量极值列表中,计数最多的像元被认为是纯度最高的像元(像元纯度指数算法)。值得重点强调的是,像元纯度指数算法不会确定最终的端元列表,算法提供的是一个指导而不是结果。实际上,算法提出者建议参与比较像元纯度的光谱应该从光谱库获取,将像元光谱数据投影到低维空间以确定端元数据。目前已有很多工具辅助选取端元,但是这类工具的通常需要一个训练有素人员的干预,而这种交互的方案在时间效率需求较高的大图像处理时不能有效地发挥作用。其次,随机选择投影矢量也是该算法的缺点。

像元纯度指数算法提出者建议在随机方向的 N 维空间使用统一的矢量作为投影矢量。该方案可以通过谨慎选择现有矢量加以改进偏斜的数据集,智能选择投影矢量的引入使像元纯度指数的算法更高效。基于变化的像元纯度指数,学者又提出多个工具算法[30]。

快速迭代像元纯度指数(FIPPI)是一种改进的像元纯度指数算法[12]。快速迭代像元纯度指数算法使用一组合适的初始端元替代 PPI 算法随机产生的矢量作为端元的方式对算法处理进行加速,而且快速迭代像元纯度指数针对像元纯度指数算法端元数目不确定的关键问题提出利用降维来估计端元数目的方式。快速迭代像元纯度指数采用迭代的方式通过设置迭代的规则不断的迭代,直至获得最终的端元数据集。最重要的是,相对像元纯度指数算法,快速迭代像元纯度指数是一个非监督的算法,需要人工干预选出最终的端元集。实验显示,快速迭代像元纯度指数和像元纯度指数算法的结果十分接近,但是快速迭代像元纯度指数收敛非常迅速,可以大大降低计算量。

14.2.5　迭代误差分析

迭代误差分析是一种早期提出的端元提取算法[31],不需要降维直接从全数据立方体中提取端元,首先选择初始的矢量(通常为数据立方体的平均光谱),对数据立方体中所有像元应用约束(丰度非负,丰度和为 1)进行光谱解混,应用原始数据立方体和由端元生成的数据产生误差图,误差图中误差最大的像元作为第一个端元。然后,进行第二次混合像元分解,生成新的误差图,误差最大的像元作为第二个端元。重复以上步骤,直至获取预先设定的端元数目,经过最后的约束解混生成丰度图。由于算法在运算过程中重复约束解混过程,可以导致计算复杂度非常高。

迭代误差分析算法基于以下 3 个方面进行改进[32]。

① 全约束光谱解混的约束条件替换为一个弱约束(丰度非负,丰度和小于或等于 1)。在高光谱数据立方体中,只有部分端元在迭代过程中具有丰度和为 1 的特征。

② 在搜索合适端元集的过程中,使用的搜索策略从连续正向选择(SFS)转换为连续正向浮动选择(SFFS)降低在搜索过程中产生的嵌套效应。

③ 一个像元是否确定成为一个新的端元不仅由其在特征光谱空间的光谱特征决定,还由区分其他混合像元的能力决定。判断的标准可以采用误差图的均值和标准差对端元集进行评估。

14.2.6　自动形态学光谱端元提取

自动形态学光谱端元提取是 Plaza 等[10]提出的端元提取算法。该算法是不经过降维直接将所有数据立方体作为输入的迭代端元提取算法。参数 L 是迭代的次数,参数 S_{min} 和 S_{max} 是迭代过程中需要考虑的最小核和最大核,迭代过程的迭代次数由最小最大核决定,因此这些参数都是互相关联的。

首先,确定最小核 S_{min},遍历数据立方体的所有像元,在核内通过多光谱膨胀和腐蚀操作获取核内最纯和最混合像元,利用形态偏心指数(MEI)通过比较腐蚀扩张效果来关联最纯净元。增加核的大小,不断重复上述操作,迭代直至达到设定的核大小最大值 S_{max}。

每次迭代后使用新获取的值更新选定像元的形态学偏心指数,随着空间的增加,经过 L 次迭代最终生成形态学偏心指数值的图像。

一旦完成以上相对端元的选择过程,使用阈值 N 作为控制系数,以形态学偏心指数图作为参考,采用空间-光谱种子生长过程方法最终完成端元的提取和获得。

14.2.7 自动目标生成方法/顶点成分分析

自动目标生成的基本观点是查找正交投影子空间差异最大的光谱相似度规则确定端元。算法详细步骤如下。

① 选定一个初始变量,记为 e_0。

② 应用正交投影算子 $P_{e_0}^{\perp}$ 作用所有像元的光谱矢量 r,设定 $i=0,U_0=e_0$,则

$$P_{e_0}^{\perp}=I-e_0(e_0^{\mathrm{T}}e_0)^{-1}e_0^{\mathrm{T}} \tag{14.5}$$

③ 查找第一个端元并记为 e_1,即

$$e_1=\arg\{\max_r[(P_{e_0}^{\perp}r)^{\mathrm{T}}(P_{e_0}^{\perp}r)]\} \tag{14.6}$$

其中,e_1 为正交投影空间的最大值,设 $i=1,U_1=e_1$。

④ 查找到第 i 个端元记为 e_i,即

$$e_i=\arg\{\max_r[(P_{U_{i-1}}^{\perp}r)^{\mathrm{T}}(P_{U_{i-1}}^{\perp}r)]\} \tag{14.7}$$

其中,$U_{i-1}=[e_1e_2\cdots e_{i-1}]$ 是第 $i-1$ 步获取的端元矩阵。

⑤ 如果获取足够的端元,则终止算法;否则,重复式(14.7)进一步提取端元。

顶点成分分析[18]算法与自动目标生成算法十分相似,顶点成分分析算法也利用正交子空间投影来寻找像元作为单形体的顶点,唯一的不同点在于顶点成分分析算法在提取端元之前进行了降维处理。

14.2.8 完全约束最小二乘法线性解混

完全约束最小二乘法线性解混[27]的基本观点是利用像元光谱相似度规则查找最大差异像元,也就是说,由已有端元线性组合重构差异最大,并且丰度相似性最小的像元选为端元,重构最小二乘误差最小的线性组合作为最优组合。算法的线性步骤如下。

① 选定一个初始变量记为 e_0,设定 $i=0,U_0=e_0$。

② 假设图像所有像元光谱矢量由 e_0 组成,丰度为1,计算像元光谱与 e_0 的最小二乘误差。

③ 根据最大最小二乘误差查找第一个端元 e_1,设 $i=1,U_1=e_1$。

④ 查找第 i 个端元并记为 e_i,即

$$e_i=\arg\{\min_r r-U_{i-1}\hat{\pmb{\alpha}}_{i-1}\} \tag{14.8}$$

其中,$U_{i-1}=[e_1e_2\cdots e_{i-1}]$ 是第 $i-1$ 步获取的端元矩阵;$\hat{\pmb{\alpha}}_{i-1}=(\hat{\alpha}_1\hat{\alpha}_2\cdots\hat{\alpha}_{i-1})^{\mathrm{T}}$ 是通过完全约束最小二乘法算法估计的丰度矩阵。

⑤ 如果获取足够的端元,则终止算法;否则,重复式(14.8)进一步提取端元。

14.3　基于减少搜索空间的快速端元提取算法

本节描述一种利用高光谱数据立方体的几何结构提取端元的方法[33]。寻找端元使用的准则是单形体的体积。与广泛使用的端元提取算法 N-FINDR 不同，N-FINDR 算法需要每次计算数据立方体中像元作为单形体顶点时的单形体体积，从而寻找顶点的替换者。该算法考虑高光谱数据立方体的几何结构，仅需对数据立方体的每个像元计算一次体积。该算法首先找到离像元最邻近的单形体顶点，然后用像元替换最邻近顶点来更新单形体。该算法的复杂度比 N-FINDR 算法低一个量级。由于使用的准则和 N-FINDR 相同，被称作快速 N-FINDR（FN-FIN-DR）。

14.3.1　快速 N-FINDR

在一个由 L 个波段和 K 个端元线性混合组成的高光谱数据立方体模型中，数据立方体场景位置 (i,j) 处的像元光谱可以写为

$$r_{i,j} = Ma + n, \quad i = 1, 2, \cdots, M; j = 1, 2, \cdots, N \qquad (14.9)$$

其中，$r_{i,j} = [r_{i,j}^1, \cdots, r_{i,j}^L]^T$ 是像元在位置 (i,j) 处的光谱；$M = [m_1, \cdots, m_K]$ 是 K 个端元的光谱特征矩阵；$a = [a_1, \cdots, a_K]^T$ 是这些特定像元的丰度向量；n 是噪声。

从物理上考虑[34]，a 要满足两个条件，首先必须是非负的（$a_i \geqslant 0$），其次总和为 1（$\sum\limits_{i=1}^K a_i = 1$）。将这些条件用于式（14.9）并假设噪声是可忽略的，就可以捕获位于单形体内部和单形体上的点，其中单形体的顶点为端元。在这一框架内，端元提取的问题可以转换为寻找包围数据立方体像元（或像元光谱）的单形体顶点。

假设数据立方体中的纯像元组成所需的顶点集合，这些顶点对应构成的单形体就会包围数据立方体的所有像元，因此在由不同数据立方体像元构成的单形体集合中具有最大的体积。N-FINDR 算法在搜索端元时依赖不断扩张的单形体。N-FINDR 使用每次迭代计算的单形体体积元作为准则来达到这一点。为了判定当前像元是否可以替换单形体的顶点，N-FINDR 用该像元替换单形体的顶点，临时创建实验单形体，并计算出临时单形体的体积。具有最大体积的单形体（如果存在）标记的顶点用该像元替换。不断重复该过程，直至数据立方体的所有像元都遍历一遍。N-FINDR 算法的流程如图 14.1 所示。

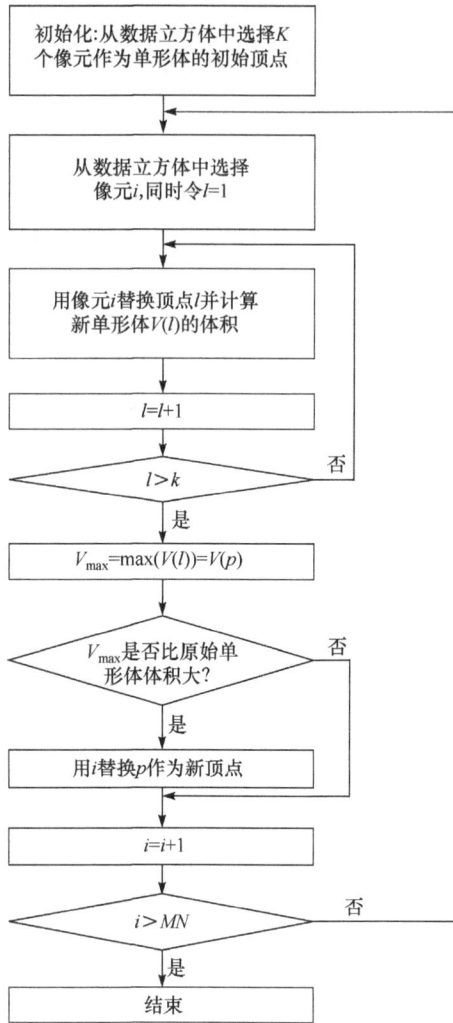

图 14.1　N-FINDR 算法流程图

对于一个具有 MN 个像元空间大小的高光谱数据立方体,要提取 K 个端元(在降维后的 $K-1$ 波段影像中),需要对数据立方体中的每个像元计算 K 次 $K \times K$ 矩阵的行列式。如果计算行列式$[O(K^3)]$时使用标准的 LU 分解方法,则 N-FINDR 方法的计算复杂度为 $MN \cdot O(K^4)$。

另一方面,如果用来替换当前单形体顶点的像元概率可以提前预测,实验单形体的体积只需要计算一次,那么该算法计算复杂度就会降低 K 量级,变为 $MN \cdot O(K^3)$。

Qian 和 Far[33]的研究表明,使用要处理的数据立方体的几何结构可以降低 N-FINDR 计算的复杂。作者提出对数据立方体每个像元只计算一次单形体的体积,那就是比当前单形体体积大的最可能单形体。这样只需要拿当前单形体体积和该像元替换当前单形体中最邻近顶点后产生的实验单形体体积进行比较。

这样做的基本原理如下:为了获得不断扩张的单形体,研究人员寻找一个当前像元要代替的顶点,以此产生具有更大体积的单形体。为达到这一目的,他们尝试获得的单形体边长与当前单形体的边长相等或更大。他们提出将最接近该像元的当前单形体的顶点作为替换候选者。假设当前单形体(除了最邻近顶点)的任意顶点被像元取代,那么结果就是实验单形体至少有一个边长要比当前单形体短。这就提高了获得具有更小体积的实验单形体的可能性。这在图 14.2 的 2D 情形中已有说明,其中 V_1、V_2 和 V_3 是当前单纯形的 3 个顶点,该算法就是检核当前像元 P。P 到 V_1、V_2 和 V_3 的距离分别表示为 d_1、d_2 和 d_3,如图 14.2(a)所示。P 可以替换任意顶点并生成一个实验单形体,分别在图 14.2(b)~图 14.2(d)中有描述,正如这些图像所示,替换顶点 V_1 对应就换掉最短距离 d_1(图 14.2(a)),避免了 d_1 成为更新单形体(图 14.2(b))其中的一条边,从而提高了获得具有更大体积的实验单形体的可能性。找到最邻近的顶点后,用提出的算法检测实验单形体体积是否增加。

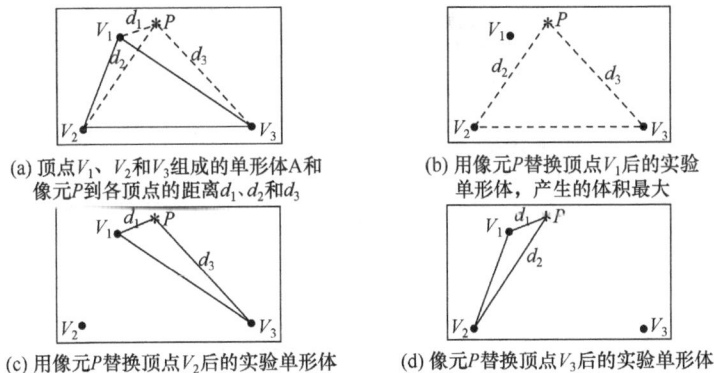

(a) 顶点 V_1、V_2 和 V_3 组成的单形体 A 和像元 P 到各顶点的距离 d_1、d_2 和 d_3

(b) 用像元 P 替换顶点 V_1 后的实验单形体,产生的体积最大

(c) 用像元 P 替换顶点 V_2 后的实验单形体

(d) 像元 P 替换顶点 V_3 后的实验单形体

图 14.2　快速 N-FINDR 算法二维示意图

即使在实验单形体边长已经是最大的情况下,也有可能会产生体积等于 0 的情况,这是由于这些顶点都位于同一平面上。因此,可以采用一种距离测度方法来指定最可能的顶点作为替换值,然后使用体积测度作为最终确定替换值的准则,这使得计算复杂度降低了一个数量级。N-FINDR 算法在图 14.2(b)~图 14.2(d)中计算了所有实验单形体的体积,并将其与当前单形体的体积进行比较,然而 FN-FINDR 算法仅计算出像元替换最临近顶点后对应的实验单形体的体积,并将其与当前单形体进行比较。

简而言之,假设最初选择的顶点中任意两个顶点之间都不接近,那么为了在防止其重叠的情况下扩张单形体,找到每个像元的最邻近顶点需要 $[O(K^2)]$。在替换最邻近像元的顶点后计算实验单形体的体积。如果体积增大,像元就保留为顶点,否则像元就会被移除,为数据立方体的下一个像元重复这一过程。图14.3描述了该算法的流程图,FN-FINDR算法的计算复杂度为 $MN \cdot O(K^3)$。

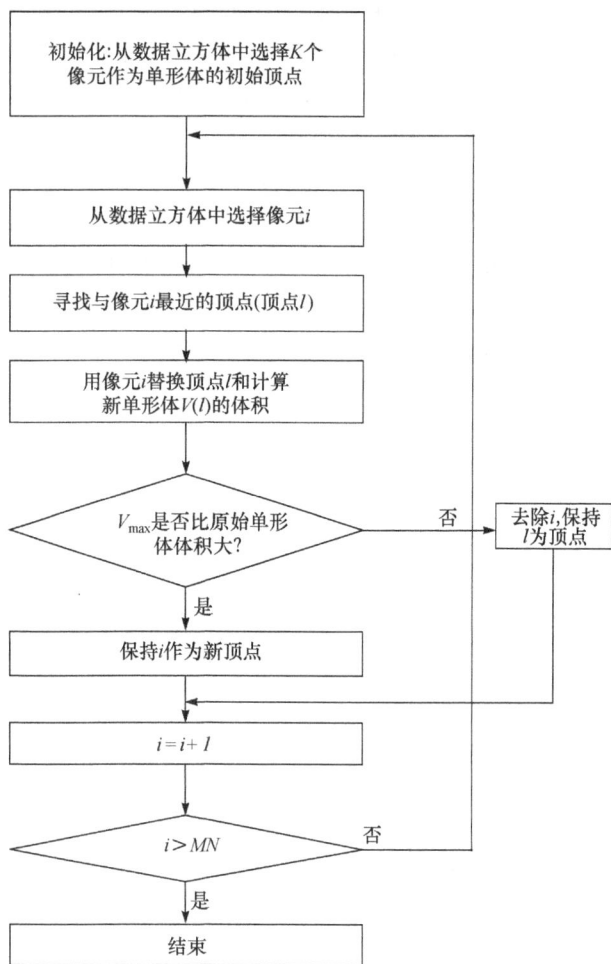

图14.3　快速N-FINDR端元提取算法的流程图

14.3.2　仿真结果

1. 估算过程

快速N-FINDR算法使用当前像元和单形体顶点光谱之间的距离度量来获取最近顶点,因此需要定义一个距离测量的度量。这里使用不同的距离度量算法,并用N-FINDR的提取效果对度量算法进行比较。

使用的 3 种度量算法如下。

① 光谱角。

② 欧氏距离。

③ 改进的欧氏距离(EDM)。

第 3 章已对光谱角和欧氏距离进行了定义和描述。改进的欧氏距离是在测距前进行了点中心化的欧氏距离。改进的欧氏距离定义为

$$d_{\mathrm{DEM}}(x_1,x_2)=d_{\mathrm{ED}}(x_1-\overline{x}_1,x_2-\overline{x}_2) \tag{14.10}$$

其中,d_{DEM} 和 d_{ED} 分别表示改进的欧氏距离和欧氏距离的距离;$\overline{x}$ 表示向量 x 的平均值。

为了比较 N-FINDR 算法在不同的高光谱传感器上数据的应用效果结果,端元提取使用 AVIRIS 和 HYDICE 两组高光谱数据进行实验。图 14.4 展示了上述数据集一个波段的影像。

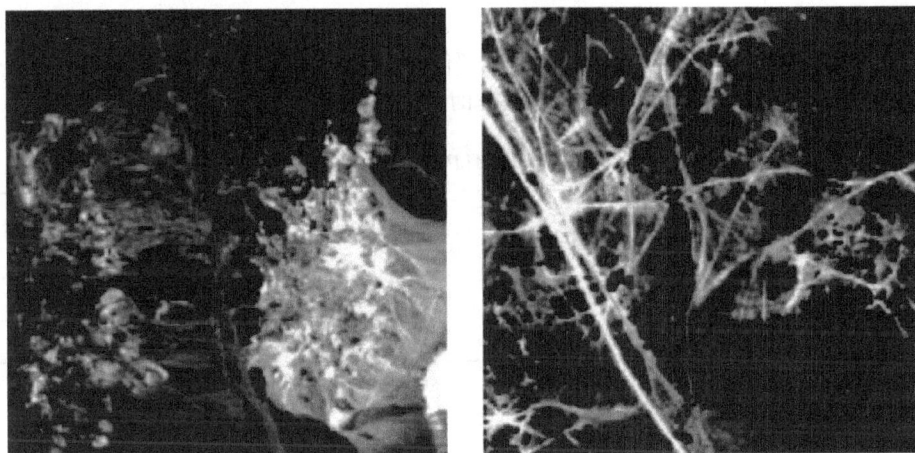

图 14.4　在算法研究中使用两个数据立方体的第 15 个波段[33]

图 14.5 描述了算法实现过程的框图和算法性能评估。使用该算法提取的端元和解混后的丰度矩阵生成了重建后的(合成的)数据立方体。通过计算原始数据集和重建数据集的均方根误差以评估端元提取算法的性能。

虚拟维度[14]被用来估计数据立方体中的端元数目。在 HFC 方法中[35],使用不同的虚警率 P_{fi} 来估计虚拟维度。测试数据估计虚拟维度的不同虚警率如表 14.1所示。

在端元提取前对数据立方体进行降维,利用端元的估计数目确定降维的数目。降维方法采用最小噪声分离和主成分分析两种,利用以上两种降维方法对端元提取算法的效果进行比较。

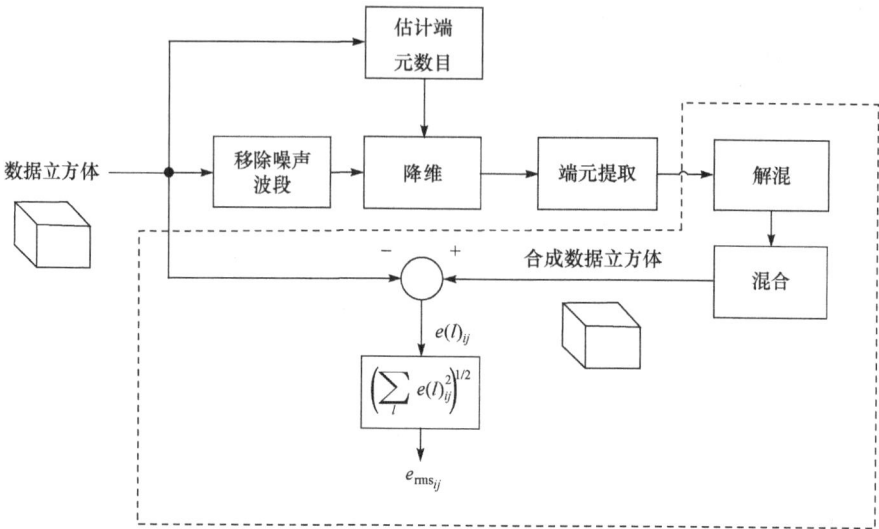

图 14.5　端元算法提取和算法性能评估流程图(虚线内的区域是用于计算
合成数据立方体的均方根误差)[33]

表 14.1　利用不同的虚警率(P_f)对数据立方体的维度估计

数据立方体	P_f								
	10-9	10-8	10-7	10-6	10-5	10-4	10-3	10-2	10-1
AVIRIS-Cuprite	16	17	18	18	20	22	24	30	34
HYDICE-Terrain	21	21	24	27	29	30	33	40	63

2. AVIRIS 结果

　　AVIRIS 数据立方体来自美国内华达州赤铜矿,数据立方体包含 224 个波段,大小是 350×350 像素。为了更好地进行算法评估,从 224 个波段中剔除信噪比低和水汽吸收波段(1~3,105~115,150~170)。采用 HFC 算法在虚警率 $P_f = 10^{-4}$ 条件下估计端元的数目为 22。使用最小噪声分离和主成分分析变换,将不良波段去除后的数据立方体降维为 22。

　　图 14.6 展示了原始数据立方体和分别通过最小噪声分离和主成分分析降维后 N-FINDR 和 FN-FINDR 算法重建后数据集利用三种距离指标(光谱角、欧氏距离、改进的欧氏距离)集和计算的均方根误差。例如,FN-FINDR-MNF-SA 代表通过最小噪声分离变换采用 FN-FINDR 算法的光谱角距离测度结果。深色区域显示端元算法提取效果较好(均方根误差较小),将最小噪声分离变换与主成分分析变换做的数据集降维进行比较,最小噪声分离变换提取的效果更好,使用主成分

分析降维时,很多有效信息没有被提取出来。主成分分析变换的结果误差相对更高,在图中表现为更多的明亮区域。

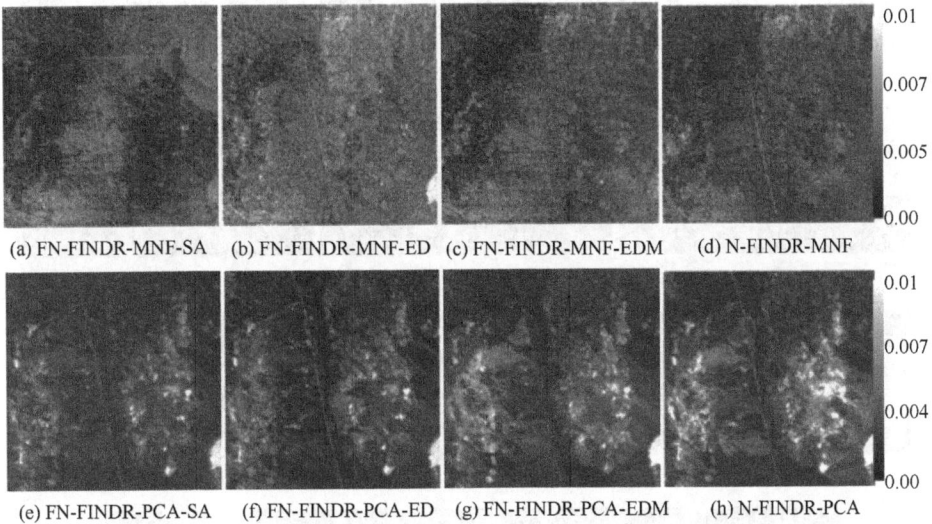

(a) FN-FINDR-MNF-SA　　(b) FN-FINDR-MNF-ED　　(c) FN-FINDR-MNF-EDM　　(d) N-FINDR-MNF

(e) FN-FINDR-PCA-SA　　(f) FN-FINDR-PCA-ED　　(g) FN-FINDR-PCA-EDM　　(h) N-FINDR-PCA

图 14.6　原始 AVIRIS 数据和通过不同降维方式运算的 N-FINDR 及本章提出的
端元算法提取端元与相应的丰度图像重建数据用三种不同距离测度的均方根误差[33]

在最小噪声分离变换的降维结果中,FN-FINDR-MNF-SA 背景颜色较深,但是道路(在图像的中的近似直线)没有被提取出来,图像中少量像元的少数矿物也较为明亮。FN-FINDR-MNF-ED 提取效果最差,在影像的右下角大面积信息缺失,同时道路和其他少数矿物也未被提取出来。FN-FINDR-EDM-MNF 比 FN-FINDR-MNF-SA 的提取效果略差,但是成功提取了道路(垂直的亮线几乎消失),但是还是有少量明亮的点漏提取了矿物。采用最小噪声分离降维的 N-FINDR 方法,还是也比 FN-FINDR-MNF-SA 和 FN-FINDR-MNF-EDM 残差图更为明亮,另一方面还漏提取了道路。

图 14.7 和图 14.8 分别展示了采用最小噪声分离降维,并选用 FN-FINDR-EDM 和 N-FINDR 方法 AVIRIS 数据立方体解混后的丰度图像。

3. HYDICE 结果

应用 210 波段的 HYDICE 数据立方体对端元提取算法进行同样的性能评估。从原始影像[36]选取 200×200 像素并剔除低信噪比和大气水汽影响的 $1 \sim 2$、$101 \sim 111$、$137 \sim 153$ 和 $200 \sim 210$ 波段。对剩余 169 波段进行了降维处理。为了简便,指定 $P_f = 10^{-8}$,因此端元数目估计为 VD $= 21$。

(a)　　　　(b)　　　　(c)　　　　(d)　　　　(e)　　　　(f)

(g)　　　　(h)　　　　(i)　　　　(j)　　　　(k)　　　　(l)

(m)　　　　(n)　　　　(o)　　　　(p)　　　　(q)　　　　(r)

(s)　　　　(t)　　　　(u)　　　　(v)　　　　(w)

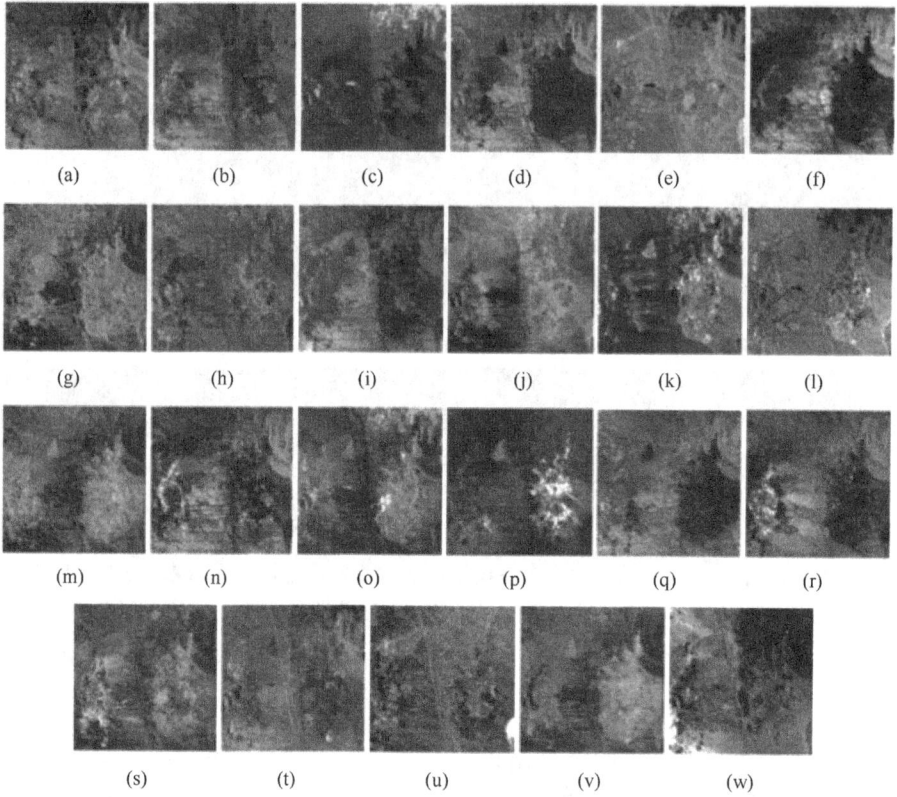

图 14.7　使用 FN-FINDR-MNF-EDM 方法完成端元解混后的 AVIRIS 丰度图像[33]

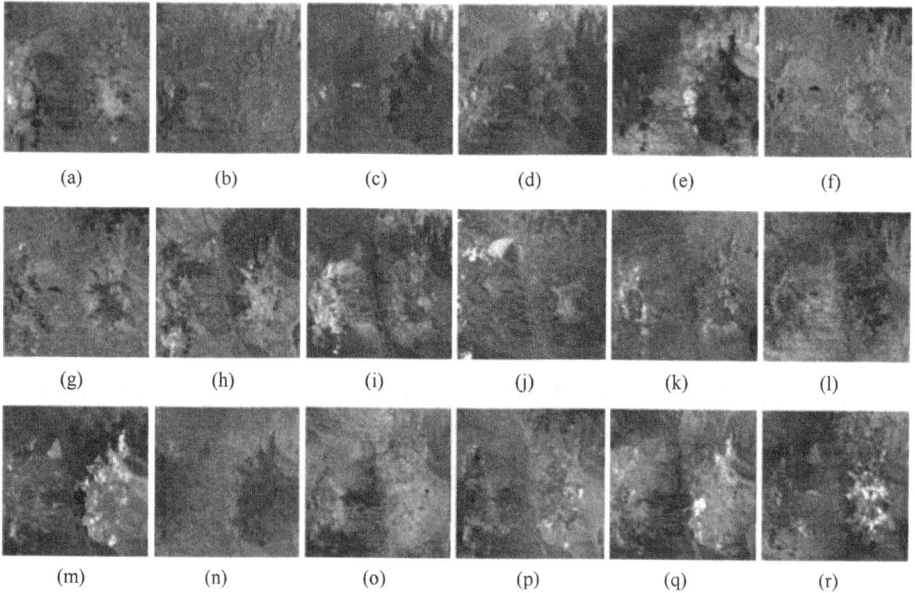

(a)　　　　(b)　　　　(c)　　　　(d)　　　　(e)　　　　(f)

(g)　　　　(h)　　　　(i)　　　　(j)　　　　(k)　　　　(l)

(m)　　　　(n)　　　　(o)　　　　(p)　　　　(q)　　　　(r)

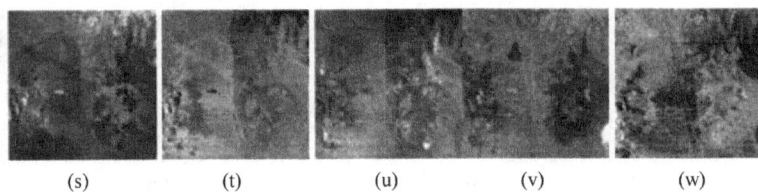

图 14.8　使用 N-FINDR-MNF 方法完成端元解混后的 AVIRIS 丰度图像[33]

　　图 14.9 展示了原始数据和分别采用最小噪声分离和主成分分析降维 N-FIN-DR 和 FN-FINDR 方法提取端元和相应的丰度图像重建后数据集的均方根误差。在这些结果中,对结果相对较好的 FN-FINDR-MNF-EDM、N-FINDR-MNF 和 FN-FINDR-PCA-SA 方法进行比较,其他三种方法漏提取的信息较多。FN-FIN-DR-PCA-SA 虽然可以在左侧的场景较好的提取道路,但是漏提影像左上角的水体,而且使用该方法还是漏提了一些地物导致影像中间的亮点。FN-FINDR-MNF-EDM 和原始的 N-FINDR-MNF 方法提取了水体和这些亮像元,但是左侧的部分道路没有被提取出来。

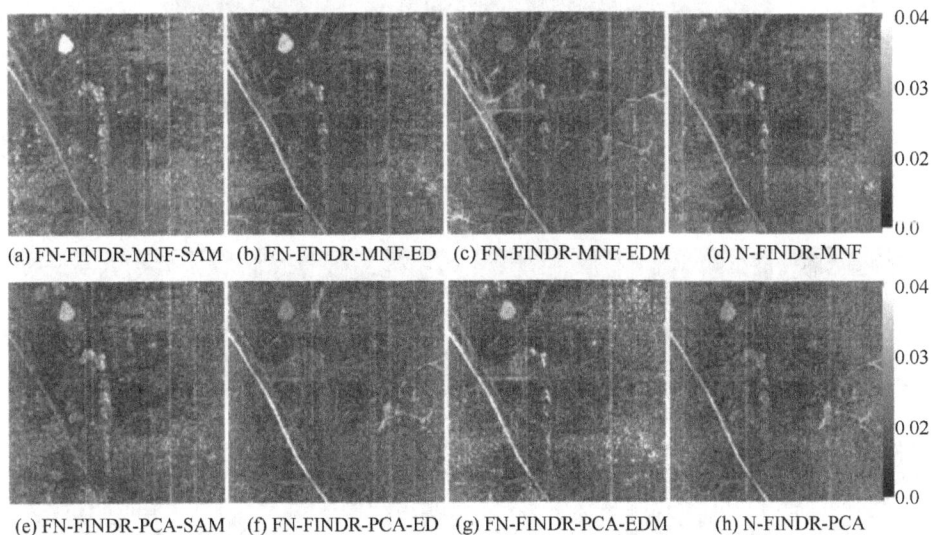

(a) FN-FINDR-MNF-SAM　(b) FN-FINDR-MNF-ED　(c) FN-FINDR-MNF-EDM　(d) N-FINDR-MNF

(e) FN-FINDR-PCA-SAM　(f) FN-FINDR-PCA-ED　(g) FN-FINDR-PCA-EDM　(h) N-FINDR-PCA

图 14.9　原始 HYDICE 数据集和使用提取端元及相应的丰度图重建后数据的均方根误差[33]

　　图 14.10 和图 14.11 展示了 HYDICE 数据利用 FN-FIND-MNF-EDM 和 N-FINDR-MNF 方法获取的相应丰度图。丰度图中部分图像模糊不清,并且含有噪声包含信息较少。这可能是由于 HYDICE 相比 AVIRIS 数据信噪较低,导致 HFC 过多估计了端元数目。

(a)　　　　(b)　　　　(c)　　　　(d)　　　　(e)　　　　(f)

(g)　　　　(h)　　　　(i)　　　　(j)　　　　(k)　　　　(l)

(m)　　　　(n)　　　　(o)　　　　(p)　　　　(q)　　　　(r)

(s)　　　　(t)　　　　(u)　　　　(v)

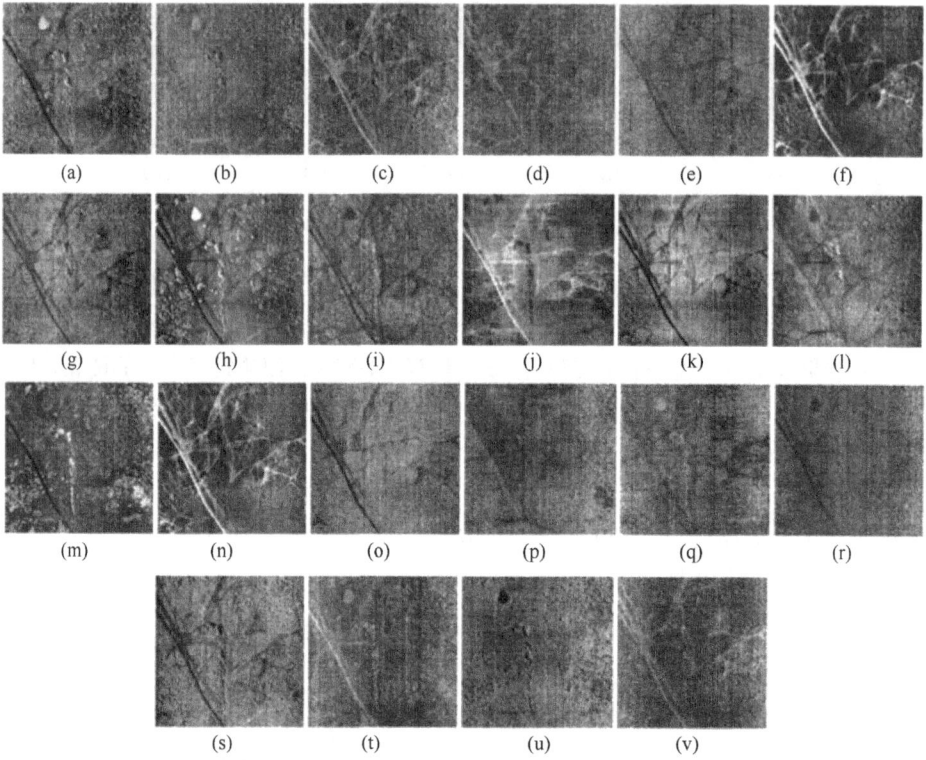

图 14.10　采用 FN-FINDR-MNF-EDM 端元提取解混的 HYDICE 丰度图像[33]

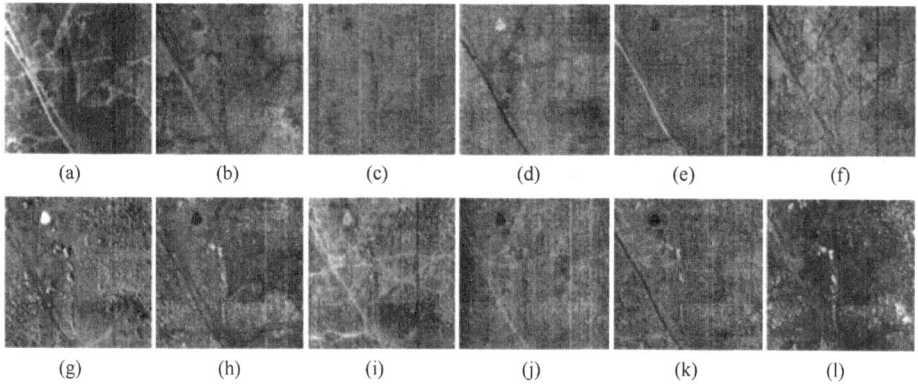

(a)　　　　(b)　　　　(c)　　　　(d)　　　　(e)　　　　(f)

(g)　　　　(h)　　　　(i)　　　　(j)　　　　(k)　　　　(l)

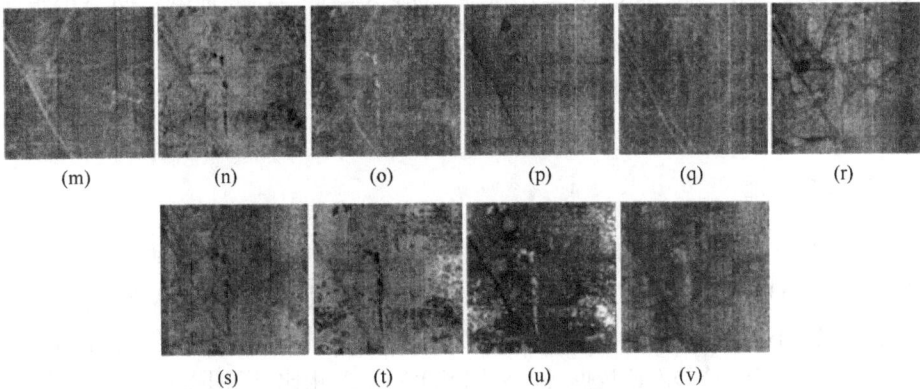

(m)　　　(n)　　　(o)　　　(p)　　　(q)　　　(r)

(s)　　　(t)　　　(u)　　　(v)

图 14.11　采用原始 N-FINDR-MNF 端元提取解混的 HYDICE 丰度图像[33]

14.3.3　讨论

1. 计算时间

对采用不同距离测度的 FN-FINDR 算法和 N-FINDR 算法进行运算时间统计,表 14.2 中展示了两种数据端元提取运算的时间。可以看出,FN-FINDR 算法明显快于 N-FINDR 算法。采用 FN-FINDR 算法时使用不同距离测度,EDM 需要的时间更多,但正如 14.3.2 节中所示,相比其他距离测度,FN-FINDR-EDM 产生了更优的端元。值得注意的是,FN-FINDR-EDM 方法速度加快的代价是消耗更多的内存,算法首先同时处理数据的所有像元而不是逐个处理。

表 14.2　采用不同的距离测度:光谱角、欧氏距离、改进的欧氏距离使用 N-FINDR 和 FN-FINDR 方法,提取 HYDICE 和 AVIRIS 数据端元的运算时间

数据集	N-FINDR	FN-FINDR		
		光谱角	欧氏距离	改进的欧氏距离
AVIRID	507.2	43.87	73.65	70.50
HYDICE	358.67	29.38	50.8	54.96

2. 搜索空间

当搜索最大体积单形体的顶点时,理想情况是在数据集中达到全局最大。无论如何,计算的结果要求达到全局最大。这就需要计算数据集所有可能的体积。例如,对 $M \times N$ 像元的数据集提取 K 个端元,必须计算 $\dfrac{(M \cdot N)!}{K! \ (M \cdot N - K)!}$ 种可能的情况的单形体体积。另一方面,N-FINDR 在所有可能的情况中顺序搜索并不一定达到全球最大值。N-FINDR 采用 $K \times (M \times N - K + 1)$ 的搜索空间会少得多，但是这样会导致获取的单形体并不是全局最大。FN-FINDR 搜索空间的大小为 $M \times N - K + 1$，这可能被理解为更加远离全局最大，但是 FN-FINDR 算法类似 N-FINDR 算法，在数据集中顺序搜索像元。

3. 体积标准

对于 AVIRIS 数据，N-FINDR-MNF 未能获取研究区域的一些矿物质，但它提取了最大单形体体积。FN-FINDR-MNF-EDM 相比 N-FINDR-MNF 获取的单形体体积较小，但是和 N-FINDR 相比该方法成功提取了更多的详细信息（图 14.6）。对于 HYDICE 数据，同 N-FINDR-PCA 相比，FN-FINDR-PCA-ED 提取了更多的详细信息（图 14.9），但是单形体体积较小。总之，在一个线性和无噪声的环境，利用单形体最大可以搜索端元。在有噪声和非线性混合的高光谱影像采用单形体作为端元提取标准导致提取效率降低。

为了证实这一结论，表 14.3 比较了提取的单形体体积。结果显示，尽管 N-FINDR 可以获取更大的单形体（阴影），FN-FINDR-MNF-SA 可以获取 HYDICE 数据较大的单形体（阴影）。

表 14.3　比较欧氏距离、改进的欧氏距离和光谱角分别采用最小噪声分离和主成分分析降维的 N-FINDR 和 FN-FINDR 方法获取的最后单形体的体积

方法	单形体体积			
	AVIRIS 数据集		HYDICE 数据集	
	最小噪声分离	主成分分析	最小噪声分离	主成分分析
N-FINDR	8.9×1035	8.2×1074	3.27×1033	9.59×1049
FN-FINDR-ED	2.63×1035	6.17×1073	1.31×1033	8.73×1048
FN-FINDR-EDM	6.06×1035	3.92×1073	2.54×1033	7.52×1048
FN-FINDR-SA	4.94×1035	2.11×1074	3.86×1033	6.93×1048

参 考 文 献

[1] Adams, J. B., M. O. Smith, and P. E. Johnson, "Spectral mixture modeling: A new analysis of rock and soil types at the Viking Lander 1 site," J. Geophys. Res. 91(B8), 8090-8112 (1985).

[2] Van der Meer, M., "Spatial statistics for remote sensing," in Image Classification Through Spectral Unmixing, Stein, A., F. Van der Meer, and B. Grote, Eds., 185-193, Kluwer Academic, Norwell, MA (1999).

[3] Settle, J. J. and N. A. Drake, "Linear mixing and the estimation of ground cover proportions," Int. J. Remote Sens. 14, 1159-1177 (1993).

[4] Bateson, C. A., G. P. Asner, and C. A. Wessman, "endmember bundles: a new approach to in-

corporating endmember variability into spectral mixture analysis," IEEE Trans. Geosci. Remote Sens. 38(2), 1083-1094(2000).

[5] Fisher, P. , "The pixel: a snare and a delusion," Int. J. Remote Sens. 18, 679-685 (1997).

[6] Foody, G. M. , "Relating the land-cover composition of mixed pixels to artificial neural network classification output models," Photogrammetric Engineering 62, 491-499 (1996).

[7] Schowengerdt, A. R. , Remote Sensing - Models and Methods for Image Processing, Acadamic Press, London (1997).

[8] Charles, I. and K. Arnon, "A review of mixture modeling techniques for subpixel land cover estimation," Remote Sens. Rev. 13, 161-186 (1996).

[9] Dennison, P. E. and D. A. Roberts, "Endmember selection for multiple endmember spectral mixture analysis using endmember average RMSE," Remote Sens. Environ. 87, 123-135 (2003).

[10] Plaza, A. , P. Martinez, R. Perez, and J. Plaza, "Spatial/spectral endmember extraction by multidimensional morphological operations," IEEE Trans. Geosci. Remote Sens. 40, 2025-2041 (2002).

[11] Grana, M. and J. Gallego, "Associative morphological memories for endmember induction," Proc. IEEE GARSS 2003 6, 3757-3759 (2003).

[12] Chang, C. -I. and A. Plaza, "A fast iterative algorithm for implementation of pixel purity index," Geosci. Remote Sens. Lett. 3, 63-67 (2006).

[13] Ifarraguerri, A. and C. -I. Chang, "Multispectral and hyperspectral image analysis with convex cones," IEEE Trans. Geosci. Remote Sens. 37, 756-770(1999).

[14] Chang, C. -I. and Q. Du, "Estimation of number of spectrally distinct signal sources in hyperspectral imagery," IEEE Trans. Geosci. Remote Sens. 42, 608-619 (2004).

[15] Plaza, A. and C. -I. Chang, "Impact of initialization on design of endmember extraction algorithms," IEEE Trans. Geosci. Remote Sens. 44, 3397-3407 (2006).

[16] Winter, M. E. , "N-FINDR: an algorithm for fast autonomous spectral endmember determination in hyperspectral data," Proc. SPIE 3753, 266-275 (1999).

[17] Berman, M. , H. Kiiveri, R. Lagerstrom, A. Ernst, R. Dunne, and J. F. Huntington, "ICE: a statistical approach to identifying EMs in hyperspectral images," IEEE Trans. Geosci. Remote Sens. 42, 2085-2095(2004).

[18] Nascimento, J. M. P. and J. M. B. Dias, "Vertex component analysis: a fast algorithm to unmix hyperspectral data," IEEE Trans. Geosci. Remote Sens. 43, 898-910 (2005).

[19] Chang, C. -I. , C. -C. Wu, W. Liu, and Y. -C. Ouyang, "A new growing method for simplex-based endmember extraction algorithm," IEEE Trans. Geosci. Remote Sens. 44, 2804-2819 (2006).

[20] Miao, L. and H. Qi, "Endmember extraction from highly mixed data using minimum volume constrained nonnegative matrix factorization," IEEE Trans. Geosci. Remote Sens. 45, 765-777 (2007).

[21] Boardman, J. W. , F. A. Kruse, and R. O. Green, "Mapping target signatures via partial unmixing of AVIRIS data," Summaries of JPL Airborne Earth Science Workshop, Pasadena,

CA (1995).

[22] ENVI User's Guide,Research Systems,Inc. ,Boulder,CO (2001).

[23] Wang,J. and C. -I. Chang,"Applications of independent component analysis in endmember extraction and abundance quantification for hyperspectral imagery,"IEEE Trans. Geosci. Remote Sens. 44,2601-2616(2006).

[24] Rogge,D. M. ,B. Rivard,J. Zhang,A. Sanchez,J. Harris,and J. Feng,"Integration of spatial-spectral information for the improved extraction of EMs,"Remote Sens. Environ. 110,287-303 (2007).

[25] Ren,H. and C. -I. Chang,"Automatic spectral target recognition in hyperspectral imagery,"IEEE Trans. Aerosp. Electron. Syst. 39,1232-1249 (2003).

[26] Harsanyi,J. C. and C. -I. Chang,"Hyperspectral image classification and dimensionality reduction:an orthogonal subspace projection,"IEEE Trans. Geosci. Remote Sens. 32,779-785 (1994).

[27] Heinz,D. and C. -I. Chang,"Fully constrained least squares linear mixture analysis for material quantification in hyperspectral imagery,"IEEE Trans. Geosci. Remote Sens. 39,529-545 (2001).

[28] Roger,R. E. ,"A faster way to compute the noise-adjusted principal components transform matrix,"IEEE Trans. Geosci. Remote Sens. 32,1194-1196 (1994).

[29] Du,Q. ,N. Raksuntorn,N. H. Younan,and R. L. King,"Endmember extraction for hyperspectral image analysis,"Appl. Opt. 47(28),F77-F84 (2008).

[30] Theiler,J. ,D. D. Lavenier,N. R. Harvey,S. J. Perkins,and J. J. Szymanski,"Using blocks of skewers for faster computation of Pixel Purity Index,"Proc. SPIE 4132,61-71 (2000) [doi: 10. 1117/12. 406610].

[31] Staenz,K. ,T. Szeredi,and J. Schwarz,"ISDAS-A system for processing/analyzing hyperspectral data,"Canadian J. Remote Sens. 24,99-113(1998).

[32] Sun,L. ,Y. Zhang,and B. Guindon,"Improved iterative error analysis for endmember extraction from hyperspectral imagery,"Proc. SPIE 7086,70860S (2008) [doi:10. 1117/12. 799232].

[33] Qian,S. -E. and R. Rashidi Far,"Fast endmember extraction method using the geometry of the hyperspectral datacube,"Proc. SPIE 8157,815707 (2011) [doi:10. 1117/12. 892424].

[34] Keshava,N. and J. F. Mustard,"Spectral unmixing,"IEEE Signal Proc. Mag. 19,44-57 (2002).

[35] Harsanyi,J. ,W. Farrand,and C. -I. Chang,"Determining the number and identify of spectral EMs:An integrated approach using Neyman-Pearson eigenthresholding and iterative constrained rms error minimization,"9th Thematic Conf. Geologic Remote Sensing (1993).

[36] http://www. tec. army. mil/hypercube/.

术语中英文对照表

acousto-optical tunable filter(AOTF) 声光可调滤波器

additive white Gaussian noise(AWGN) 加性高斯白噪声

advanced land imager(ALI) 先进陆地成像仪

advanced land-observing satellite(ALOS) 先进陆地观测卫星

advanced orbiting systems(AOSs) 先进在轨系统

advanced responsive tactically effective military imaging spectrometer(ARTEMIS) 先进战术有
效响应军事成像光谱仪

advanced visible and near-infrared radiometer(AVNIR) 先进的可见光和近红外辐射计

airborne visible/infrared imaging spectrometer(AVIRIS) 机载可见光/红外成像光谱仪

application-specific integrated circuit(ASIC) 专用集成电路

atmospheric chemistry experiment-Fourier transform spectrometer(ACE-FTS) 大气化学实验-
傅里叶变换光谱仪

atmospheric dynamics mission aeolus(ADM-Aeolus) 大气动力学任务-埃俄罗斯

atmospheric infrared sounder(AIRS) 大气红外探测器声呐

atmospheric laser doppler lidar instrument(ALADIN) 大气激光多普勒激光雷达仪器

automated morphological endmember extraction(AMEE) 自动形态学端元提取

automatic target generation process(ATGP) 自动目标生成过程

avalanche photodiode(APD) 雪崩光电二极管

band correlation minimization(BCM) 波段相关性最小化

band dependence minimization(BDM) 波段依赖性最小化

belief propagation(BP) 置信传播

Besov ball projections(BBPs) 别索夫球投影

bidirectional reflectance distribution function(BRDF) 双向反射分布函数

binary phase shift keying(BPSK) 二进制相移键控

bit-error rate(BER) 比特误码率

bit signal-to-noise ratio(bit-SNR) 比特信噪比

bit plane encoder(BPE) 位平面编码器

bits per pixel per band(bpppb) 每波段每像元位数

bivariate wavelet shrinkage and PCA(BWS+PCA) method 二元小波收缩和主成分分析法

block-matching and 3D filtering(BM3D) 块匹配和三维滤波

Bose-Chaudhuri-Hocquenghem(BCH) codes 博斯-乔达利-奥昆冈码

cadmium-zinc-telluride(CZT) 碲锌镉

Canadian force base(CFB) 加拿大军事基地

Canadian hyperspectral environment and resource observer(HERO)　加拿大高光谱环境与资源观测卫星

CCSDS 121.0-B　空间数据系统咨询委员会推荐标准 121.0-B

CCSDS 122.0-B　空间数据系统咨询委员会推荐标准 122.0-B

CCSDS 123.0-B　空间数据系统咨询委员会推荐标准 123.0-B

CCSDS file delivery protocol(CFDP)　空间数据系统咨询委员会文件传输送协议

charge-coupled device(CCD)　电荷耦合器件

China-Brazil earth resources satellites(CBERS)　中巴地球资源卫星

cloud-aerosol lidar and infrared pathfinder satellite observations(CALIPSO)　云气溶胶激光雷达和红外探路者卫星观测

cloud-aerosol lidar with orthogonal polarization(CALIOP)　云气溶胶正交偏振激光雷达

cluster SAMVQ　聚类逐次逼近多级矢量量化

committee on earth observation satellites(CEOS)　地球观测卫星委员会

compact high-resolution imaging spectrometer(CHRIS)　紧凑型高分辨率成像光谱仪

compact reconnaissance imaging spectrometer for mars(CRISM)　火星紧凑型侦察成像光谱仪

complex ridgelet transform(CRT)　复杂脊波变换

compression engine(CE)　压缩引擎

compression ratio(CR)　压缩率(压缩比)

convex cone analysis(CCA)　凸锥分析

convolutional code(CC)　卷积码

correlation similarity measure(CSM)　相关相似性度量

correlation vector quantization(CVQ)　相关矢量量化

cross-track infrared sounder(CrIS)　穿轨红外探测器声呐

data compression working group(DCWG)　数据压缩工作组

Department of Defense(DoD)　美国国防部

deviation index(DI)　偏差指数

diagonal linear projection(DLP)　对角线性投影

diagonal linear shrinker(DLS)　对角线性收缩

difference in variance(DIV)　方差差异

differential pulse code modulation(DPCM)　差分脉码调制

digital number(DN)　数字化数值

digital surface model(DSM)　数字表面模型

discrete cosine transform(DCT)　离散余弦变换

discrete wavelet transform(DWT)　离散小波变换

dissimilarity CSM　相异相关相似性度量

dissimilarity MSAM　相异修正型光谱角制图

distributed active archive centers(DAACs)　分布式主动存档中心

dual-tree complex wavelet transform(DTCWT)　双树复数小波变换

earth observer-1 （EO-1） 地球观测卫星 1 号

earth observing system(EOS) 地球观测系统

electronically tunable filter(ETF) 电子可调滤波器

embedded zerotree wavelet(EZW) 嵌入零树小波编码

engineering demonstration unit(EDU) 工程示范单元

enhanced thematic mapper plus(ETM＋) 增强型专题制图仪加型

enhancing spatial resolution(ESR) 提高空间分辨率

environment for visualizing images(ENVI) 图像可视化环境软件工具

environmental mapping and analysis(EnMAP) 环境制图与分析卫星

ENVISAT 欧洲环境卫星

ERGAS 合成图像的相对全局误差,一种遥感图像质量评估度量指标

Euclidean distance(ED) 欧几里得距离

European Organization for the Exploitation of Meteorological Satellites(EUMETSAT) 欧洲气象卫星开发组织

Fabry-Pérot(F-P) filter 法布里-珀罗滤波器

false positive rate(FPR) 假阳性率

far-infrared(FIR) 远红外

fast Fourier transform(FFT) 快速傅里叶变换

fast iterative pixel purity index(FIPPI) 快速迭代像元纯度指数

fast N-FINDR(FN-FINDR) 快速取景器算法

fast precomputed vector quantization(FPVQ) 快速预计算矢量量化

field of view(FOV) 视场角

finite ridgelet transform(FRIT) 有限脊波变换

first-in-first-out(FIFO) 先进先出

Fourier transform hyperspectral imager(FTHSI) 傅里叶变换高光谱成像仪

Fourier transform spectrometer(FTS) 傅里叶变换光谱仪

full width at half maximum(FWHM) 半高全宽

generalized Lloyd algorithm(GLA) 广义劳埃德算法

geoscience laser altimeter system(GLAS) 地球科学激光测高系统

geosynchronous imaging Fourier transform spectrometer(GIFTS) 地球同步傅里叶变换成像光谱仪

greater victoria watershed district(GVWD) 加拿大大维多利亚流域区

ground sample distance(GSD) 地面采样距离

hierarchical self-organizing cluster vector quantization(HSOCVQ) 分层自组织聚类矢量量化

high resolution(HR) 高分辨率

high-resolution geometrical(HRG) 高分辨率几何

high-resolution stereoscopic(HRS) imaging instrument 高分辨率立体成像仪器

high-resolution visible(HRV) 高分辨率可见

high-resolution visible and infrared(HRVIR)　高分辨率可见和红外

human visual system(HVS)　人类视觉系统

hybrid spatial-spectral noise reduction(HSSNR)　空间光谱混合噪声降低

hyperspectral digital image collection experiment(HYDICE)　高光谱数字图像采集实验

ice,cloud,and land elevation satellite(ICESat)　冰、云和地面高程卫星

ICER　一种渐进的基于小波变换的无损到有损图像压缩算法

IKONOS　伊科诺斯卫星

imaging Fourier transform spectrometer(IFTS)　成像傅里叶变换光谱仪

imaging infrared radiometer(IIR)　成像红外辐射计

imaging spectrometer data analysis system(ISDAS)　成像光谱仪数据分析系统

independent component analysis(ICA)　独立成分分析

Indian Space Research Organization(ISRO)　印度太空研究组织

infrared atmospheric sounding interferometer(IASI)　红外大气探测声呐干涉仪

infrared multispectral scanner(IRMSS)　红外多光谱扫描仪

instantaneous field of view(IFOV)　瞬时视场角

integer DWT(IDWT)　整数离散小波变换

integer wavelet transform(IWT)　整数小波变换

intensity-hue-saturation(IHS)　强度-色调-饱和度

International Organization for Standardization(ISO)　国际标准化组织

inverse discrete wavelet transform(IDWT)　逆离散小波变换

inverse Gaussian(IG)　逆高斯

irregular LDPC code　非规则低密度奇偶校验码

iterated constrained endmembers(ICEs)　迭代限制端元

iterative back-projection(IBP)　迭代后向投影

iterative error analysis(IEA)　迭代误差分析

Japan aerospace exploration agency(JAXA)　日本宇宙航空开发机构

jet propulsion laboratory(JPL)　喷气推进实验室

Kullback-Leibler distance　KL 距离

leaf area index(LAI)　叶面积指数

lidar in-space technology experiment(LITE)　激光雷达空间技术实验

Linde-Buzo-Gray(LBG) algorithm　林德-彼邹-格雷格林算法

linear spectral unmixing(LSU)　线性光谱解混

linearly constrained minimum variance-based constrained band selection(LCMV-CBS)　基于线
　　性约束最小方差的约束波段选择

liquid crystal tunable filter(LCTF)　液晶可调谐滤光器

local mean and variance matching(LMVM)　局部均值和方差匹配

local mean matching(LMM)　局部均值匹配

lookup table(LUT)　查找表

lossless data compression(LDC)　无损数据压缩

low earth orbit(LEO)　近地轨道

low-density parity-check(LDPC) code　低密度奇偶校验码

lunar orbiter laser altimeter(LOLA)　月球轨道激光高度计

lunar reconnaissance orbiter(LRO)　月球勘测轨道飞行器

mars global surveyor(MGS)　火星全球探测器

mars orbiter laser altimeter(MOLA)　火星轨道激光高度计

mars reconnaissance orbiter(MRO)　火星勘测轨道飞行器

maximum absolute difference(MAD)　最大绝对差

mean-square error(MSE)　均方差

mean-square spectral error(MSSE)　均方光谱差

medium-resolution imaging spectrometer(MERIS)　中分辨率成像光谱仪

mercury-cadmium-telluride(MCT)　碲镉汞

mercury laser altimeter(MLA)　水星激光高度计

mercury surface, space environment, geochemistry, and ranging(MESSENGER)　水星表面、空
间环境、地球化学和测距

midcourse space experiment(MSX)　中段空间实验

middle-infrared(MIR)　中红外

minimum noise fraction(MNF)　最小噪声分离

modified spectral angle mapper(MSAM)　修正型光谱角制图

modified VIF(MVIF)　修正型视觉保真度

modular optoelectronic multispectral scanner(MOMS)　模块化多光谱光电扫描仪

modular optoelectronic scanner(MOS)　模块化光电扫描仪

modulation transfer function(MTF)　调制传递函数

moon mineralogy mapper(M3)　月球矿物绘图仪

morphological eccentricity index(MEI)　形态偏心离指数

multiangle imaging spectroradiometer(MISR)　多角度光谱成像辐射计

multispectral camera(Mx-T)　多光谱相机

multispectral sensor(MSS)　多光谱传感器

near-infrared(NIR)　近红外

nearest neighbor(NN)　最近邻

next-generation space telescope(NGST)　下一代太空望远镜

no-reference(NR) metrics　无参考度量

noise-equivalent change in temperature(NEΔT)　噪声等效变化温度

normalized difference vegetation index(NDVI)　归一化差分植被指数

optical path difference(OPD)　光程差

optimized soil-adjusted vegetation index(OSAVI)　最优化土壤调整植被指数

panchromatic remote-sensing instrument for stereo mapping(PRISM)　全色遥感立体制图仪

peak signal-to-noise ratio(PSNR)　峰值信噪比

percentage maximum absolute difference(PMAD)　最大绝对差百分比

phased array-type L-band synthetic aperture radar(PALSAR)　相控阵位波束型 L 波段合成孔径雷达

pixel purity index(PPI)　像元纯度指数

planetary data system(PDS)　行星数据系统

point spread function(PSF)　点扩散函数

principal component analysis(PCA)　主成分分析

probability density functions(PDFs)　概率密度函数

project for onboard autonomy(PROBA)　机上自主项目

radio frequency(RF) signal　射频信号

receiver operating characteristic(ROC)　接受器操作特性

region of interest(ROI)　感兴趣区域

relative-mean-square error(ReMSE)　相对均方误差

return beam vidicon(RBV)　返束视像管

root-mean-square error(RMSE)　均方根误差

root-mean-square spectral error(RMSSE)　均方根光谱误差

root relative mean-square error(RReMSE)　相对均方根误差

sea-viewing wide-FOV sensor(SeaWiFS)　海洋观测宽视场传感器

sequential forward-floating selection(SFFS)　连续正向浮动选择

set partitioning in hierarchical trees(SPIHT)　多级树集合分裂

short-wave infrared(SWIR)　短波红外

shuttle laser altimeter(SLA)　航天飞机激光高度计

signal-to-noise ratio(SNR)　信噪比

simplex growing algorithm(SGA)　单体生长算法

soil-adjusted vegetation index(SAVI)　土壤调整植被指数

Space Communications Protocol Specifications(SCPS)　空间通信协议规范

spectral angle(SA)　光谱角

spectral angle mapper(SAM)　光谱角制图

spectral correlation(SC)　光谱相关

spectral-feature-based binary code(SFBBC)　基于光谱特征的二进制编码

spectrographic imagers(SPIMs)　光谱成像仪

spectral similarity(SSIM) index　光谱相似度指数

standard deviation difference(SDD)　标准偏差

stein's unbiased Risk estimator(SURE) threshold　斯坦因无偏风险估计阈值

structural similarity(SSIM) index　结构相似度指数

successive approximation multistage vector quantization(SAMVQ)　逐次逼近多级矢量量化

sum of squared error(SSE)　误差平方和

support vector machine(SVM)　支持向量机

synthetic variable ratio(SVR)　综合变量率

système Pour l'Observation de la Terre(SPOT)　法国地球观测实验卫星

telecommand(TC)　遥控

thematic mapper(TM)　主题测绘仪

thematic mapper calibrator(TMC)　主题测绘仪定标器

time-division multiplexing(TDM)　时分多路复用

top-of-atmosphere(TOA)　大气顶层

transformed chlorophyll absorption in reflectance index(TCARI)　转换型叶绿素吸收反射率
　指数

tropospheric emission spectrometer(TES)　对流层辐射光谱仪

true positive rate(TPR)　真阳性正率

ultraviolet and visible imagers and spectrographic imagers(UVISI)　紫外/可见光成像仪和光谱
　成像仪

vector quantization(VQ)　矢量量化

vegetation index(VI)　植被指数

vertex component analysis(VCA)　顶点成分分析

very large-scale integration(VLSI)　超大规模集成电路

visual information fidelity(VIF)　视觉保真度

virtual channel(VC)　虚拟通道

virtual dimensionality(VD)　虚拟维度

wavelet packet,neighbor-shrinking,and PCA(WP+NS+PCA) transform　小波包、近邻收缩和
　主成分分析变换

wavelet packet transform(WPT)　小波包变换

wavelet transform(WT)　小波变换

wide-field camera(WFC)　宽幅相机

word-error rate(WER)　误字率